Leopoldina-Jahrbuch 2012

Jahrbuch 2012

Leopoldina Reihe 3, Jahrgang 58

Herausgegeben von

Jörg Hacker

Präsident der Akademie

Deutsche Akademie der Naturforscher Leopoldina
Nationale Akademie der Wissenschaften, Halle (Saale) 2013
Wissenschaftliche Verlagsgesellschaft Stuttgart

Redaktion: Dr. Michael KAASCH und Dr. Joachim KAASCH

Das Jahrbuch erscheint bei der Wissenschaftlichen Verlagsgesellschaft Stuttgart, Birkenwaldstraße 44, 70191 Stuttgart, Bundesrepublik Deutschland.

Das Jahrbuch wird gefördert durch das Bundesministerium für Bildung und Forschung sowie das Ministerium für Wissenschaft und Wirtschaft des Landes Sachsen-Anhalt.

Bitte zu beachten:
Die Leopoldina Reihe 3 bildet bibliographisch die Fortsetzung von:
(R. 1) Leopoldina, Amtliches Organ … Heft 1–58 (Jena etc. 1859–1922/23)
(R. 2) Leopoldina, Berichte … Band 1–6 (Halle 1926–1930)

Zitiervorschlag: Jahrbuch 2012. Leopoldina (R. 3) 58 (2013)

Die Abkürzung ML hinter dem Namen steht für Mitglied der Deutschen Akademie der Naturforscher Leopoldina – Nationale Akademie der Wissenschaften.

Bibliografische Information der Deutschen Nationalbibliothek
Die Deutsche Nationalbibliothek verzeichnet diese Publikation in der Deutschen Nationalbibliografie; detaillierte bibliografische Daten sind im Internet über http//dnb.ddb.de abrufbar.

Alle Rechte einschließlich des Rechts zur Vervielfältigung, zur Einspeisung in elektronische Systeme sowie der Übersetzung vorbehalten. Jede Verwertung außerhalb der engen Grenzen des Urheberrechtsgesetzes ist ohne ausdrückliche Genehmigung der Akademie unzulässig und strafbar.

© 2013 Deutsche Akademie der Naturforscher Leopoldina e. V. – Nationale Akademie der Wissenschaften
Postadresse: Jägerberg 1, 06108 Halle (Saale), Postfachadresse: 11 05 43, 06019 Halle (Saale),
Hausadresse der Redaktion: Emil-Abderhalden-Straße 37, 06108 Halle (Saale)
Tel.: +49 345 47 23 91 34, Fax: +49 345 47 23 91 39
Herausgeber: Prof. Dr. Dr. h. c. mult. Jörg HACKER, Präsident der Akademie
ISBN: 978-3-8047-3208-7
ISSN: 0949-2364
Printed in Germany 2013
Satz und Druck: druckhaus köthen GmbH
Gedruckt auf chlorfrei gebleichtem Papier.

Inhalt

1. Personen

Präsidium 15
Senat 17
Ständiger Ausschuss der Nationalen Akademie der Wissenschaften 21
Arbeitsgruppen 2012 23
    Bioenergie 23
    Herausforderungen für die taxonomische Forschung im Zeitalter
    der ‚-omics'-Technologien 24
    Neurobiologische und psychologische Faktoren der Sozialisation 25
    Palliativmedizin 26
    Personalisierte Medizin 28
    Quantentechnologie 30
    Staatsschulden in der Demokratie 31
    Tierversuche 32
    Zum Verhältnis zwischen Wissenschaft, Öffentlichkeit und Medien 33
    Zukunft mit Kindern 34

Ad-hoc-**Arbeitsgruppe** 36
    Antibiotika-Forschung 36

Wissenschaftliche Kommissionen 37
    Gesundheit 37
    Demografischer Wandel 38
    Lebenswissenschaften 39
    Klima, Energie und Umwelt 40
    Wissenschaftsakzeptanz 41
    Wissenschaftsethik 42
    Zukunftsreport Wissenschaft 43

Neugewählte Mitglieder 45
    Maria Amparo Acker-Palmer, Annette G. Beck-Sickinger, Bruce Alan Beutler, Michael Böhm, Arndt Borkhardt, Ueli Braun, Marc Burger, Webster K. Cavenee, Matthias Drieß, Rena D'Souza, Reinhard Georg Dummer, William B. Durham, Christian Dustmann, Felix Eckstein, Martin Eimer, Jochen Feldmann, Brett B. Finlay, Peter Forster, Michael Forsting, Raghavendra Gadagkar, Markus Gangl, Bernd Gerber, Ursula Hamenstädt, Hanns Hatt, Gerald H. Haug,

Peter Hegemann, Lutz Hein, Bernhard Hommel, Stipan Jonjic, Sir Peter Knight, Kurt Kremer, Ulrike Kutay, Thomas Langer, Jiayang Li, Wolfgang Lutz, Stefan M. Maul, Wolfgang Meyerhof, Klaus-Robert Müller, Jürgen Osterhammel, Norbert Pfeiffer, Gerald Rimbach, Melitta Schachner Camartin, Peter Schirmacher, Brigitta Schütt, Reinhard Selten, Ali Mehmet Celâl Şengör, Christine Silberhorn, Gabriele Irmgard Stangl, Barbara Stollberg-Rilinger, Martin Andreas Suhm, Sara Anna van de Geer, Julia Vorholt, Huanming Yang

Verstorbene Mitglieder 151
Bertalan Csillik, Helmut Eschrig, Norbert Hilschmann, Friedrich Hirzebruch, Louis F. Hollender, Sir Andrew F. Huxley, Heinz Jagodzinski, Anders Kjær, Erkki Koivisto, Leopold G. Koss, Hans Kuhn, Yves Laporte, Karl Lennert, Hans Mau, Hans Richter, Egbert Schmiedt, Urs W. Schnyder, Hubert E. Schroeder, Werner Schroth, Heinz A. Staab, Friedrich-Ernst Stieve, László Szekeres, Willy Taillard, Hans Thoenen, Volker Weidemann, Carl R. Woese, Vladimir Zvara

Glückwünsche zum 80. Geburtstag 159
André Authier, Gottfried Benad, Friedrich Bonhoeffer, Vlastislav Červený, Rudolf Cohen, Barry John Dawson, Jacques J. Diebold, Dietmar Gläßer, Alexander von Graevenitz, Helmut Koch, Klaus Müntz, Benno Parthier, Heinz Penzlin, Stephan Perren, Hermann Schmalzried, Max Schwab, Andreas G. A. Tammann, Jürgen van de Loo, Peter K. Vogt, Ekkehard Winterfeldt

Auszeichnungen
   Auszeichnung zur Jahresversammlung
   Frank Rösler: Laudatio für Herrn Dr. Thomas Mölg anlässlich der Verleihung des Early Career Awards der Leopoldina 203
   Verleihung des Carl Friedrich von Weizsäcker-Preises 2012 an Prof. Dr. Dr. h. c. mult. Jürgen Baumert
   Jörg Hacker: Begrüßung 207
   Ursula M. Staudinger: Laudatio für Herrn Jürgen Baumert anlässlich der Verleihung des Carl Friedrich von Weizsäcker-Preises 211
   Verleihung der Kaiser Leopold I.-Medaille an Prof. Dr. h. c. mult. Berthold Beitz 215

Persönliches aus dem Kreise der Mitglieder
   Jubiläen 2012 217
   Personelle Veränderungen und Ehrungen 221

Organigramm 227

Betriebsrat 228

Spender für die Bibliothek und das Archiv 2012 229

2. Berichte

Aktivitäten des Präsidiums und des Präsidenten
Vorstellung der Leopoldina 233
Beteiligung an externen Veranstaltungen 234
Mitwirkung in nationalen und internationalen Gremien und Organisationen 235
Aktivitäten zur Geschichte der Leopoldina 236
Feierliche Einweihung des neuen Hauptsitzes der Leopoldina 237
Wahl von Präsidiumsmitgliedern durch den Senat 238

Wissenschaft – Politik – Gesellschaft
(Bericht: *Elmar König*)

Beratung von Politik und Gesellschaft 239
Stellungnahmen 240
    Stellungnahme: Bioenergie: Möglichkeiten und Grenzen 240
    Ad-hoc-Stellungnahme: Tierversuche in der Forschung 242
Studie: Zukunft mit Kindern 244
Arbeitsgruppen 2012 245
    Themenbereich: Klima – Energie – Umwelt/Technologien
        Quantentechnologie 245
    Themenbereich: Gesundheit/Lebenswissenschaften
        Herausforderungen für die taxonomische Forschung im Zeitalter
        der ,-omics'-Technologien 246
        Klinische Prüfung mit Arzneimitteln am Menschen 246
        Palliativmedizin 246
        Schutzimpfungen – Aktualisierung der Stellungnahme aus dem Jahr 2008 ... 246
        Personalisierte Medizin 246
        Eckpunkte für ein Fortpflanzungsmedizingesetz 247
    Themenbereich: Demografischer Wandel/Wirtschafts-, Sozial- und Verhaltenswissenschaften
        Staatsschulden in der Demokratie 247
        Neurobiologische und psychologische Faktoren der Sozialisation 247
        Zum Verhältnis zwischen Wissenschaft, Öffentlichkeit und Medien 247
Wissenschaftliche Kommissionen 248
    Übersicht über die Wissenschaftlichen Kommissionen der Leopoldina 248
    Kommission Gesundheit 248
    Kommission Demografischer Wandel 248
    Kommission Lebenswissenschaften 249
    Kommission Klima, Energie und Umwelt 249
    Kommission Wissenschaftsakzeptanz 249
    Kommission Wissenschaftsethik 249
    Wissenschaftliche Kommission „Zukunftsreport Wissenschaft" 250

Veranstaltungen 250
   Parlamentarische Begegnung Landtag Sachsen-Anhalt am 22. März 2012
   in Magdeburg 250
   Wissenschaftsjahr 2012 „Zukunftsprojekt ERDE":
   Podiumsdiskussion „Nachhaltigkeit = Gerechtigkeit?" am 17. Oktober 2012 251

Internationale Beziehungen und EASAC
(Bericht: *Marina Koch-Krumrei*)

Gemeinsame Empfehlungen der G8+-Wissenschaftsakademien 253
Leopoldina-Lectures des russischen Nobelpreisträgers Prof. Dr. Zhores Alferov
   in Halle und Berlin 253
2nd German-Russian Young Researchers Cooperation Forum in Berlin
   und Halle 254
Abschlussveranstaltung des Deutsch-Russischen Wissenschaftsjahres in Berlin 255
Leopoldina-Symposium „Russian-German Cooperation in the Scientific Explora-
   tion of Northern Eurasia and the Adjacent Arctic Ocean" und Leopoldina-
   Lecture „From Lomonosov to Modern Times" in St. Petersburg 255
Partnerschaftsabkommen mit der *Korean Academy of Science and Technology* 256
Leopoldina-KAST *Founding Conference* 257
Erneuerung eines Partnerschaftsabkommens mit der *Indian National Science*
   Academy 257
Deutsch-Indische Leopoldina-Lecture „Challenges for the Engineering
   Sciences" 257
3. Symposium „Human Rights and Science" in Berlin 257
Leopoldina kooperiert mit der *Academy of Science of South Africa* (ASSAf) 258
European Academies Science Advisory Council (EASAC)
   Publikation von EASAC-Berichten und -Stellungnahmen 259
   EASAC „Science-Policy-Dialogue"-Workshop an der Leopoldina in Halle 259
   EASAC-Akademien mit der EU-Kommission im Gespräch 260
   Gemeinsamer Workshop von EASAC und NASAC „Planting the Future"
      in Addis Abeba 260
   Vollversammlungen und Präsidiumssitzungen 261
NASAC-Kooperation
   Konferenz „Water Management" 261
   Capacity Building Grants 261
   Gesundheitskonferenz 262
   Workshop „Water Management" 262

Presse- und Öffentlichkeitsarbeit
(Bericht: *Caroline Wichmann*)

Leopoldina-Nacht 263
Ausstellung zur Gesundheitsforschung „Es betrifft DICH!" 264
Leopoldina-Fishbowl-Diskussionen 265

Leopoldina-Gespräch: „Neue Anforderungen an die Wissenschafts-
    kommunikation" 266
Messe „Wissenswerte" in Bremen 266
Website www.leopoldina.org 267
Leopoldina-Bildband 267
Leopoldina-Facebook-Auftritt 268
Leopoldina-Filmprojekt 268
Wissenschaftskolleg „Tauchgänge in die Wissenschaft" für Journalisten 268

Leopoldina-Förderprogramm im Jahr 2012
(Bericht: *Andreas Clausing*) 269

Die Junge Akademie im Jahr 2012
(Bericht: *Manuel Tröster*) 279

3. Veranstaltungen

Jahresversammlung 2012
Rolle der Wissenschaft im Globalen Wandel
22. bis 24. September 2012 in Berlin 284

Bericht über die Leopoldina-Jahresversammlung
    Rolle der Wissenschaft im Globalen Wandel
    (Bericht: *Michael Kaasch* und *Joachim Kaasch*) 285
Jörg Hacker: Begrüßung 293
Georg Schütte: Grußwort 295
Marco Tullner: Grußwort 299
Jörg Hacker: Ansprache des Leopoldina-Präsidenten 301

Eröffnung des Leopoldina-Studienzentrums für Wissenschafts- und Akademiengeschichte
Jörg Hacker: Wissenschaft und Gesellschaft – Leitlinien für das Leopoldina-
    Studienzentrum 307

Klassensitzungen

Feierliche Übergabe der Urkunden an die neuen Mitglieder
Jörg Hacker: Begrüßung durch den Präsidenten der Leopoldina 317
Symposium der Klasse I – Mathematik, Natur- und Technikwissenschaften:
    Welt im Wandel – Über den Umgang mit Ungewissheiten
    (Bericht: *Christian Anton*) 325
Symposium der Klasse II – Lebenswissenschaften:
    New Advances in the Life Sciences
    (Bericht: *Kathrin Happe*) 327

Symposium der Klasse III – Medizin:
  Erfolge der klinischen Medizin
  (Bericht: *Henning Steinicke*) 331

Symposium der Klasse IV – Geistes-, Sozial- und Verhaltenswissenschaften:
  Wissenschaft in der Gesellschaft – Gesellschaft in der Wissenschaft
  (Bericht: *Constanze Breuer*) 335

Tagungen und Kolloquien

Symposium: Personalisierte Medizin
  (Bericht: *Georg Stingl*, *Martin Röcken* und *Patrick M. Brunner*) 339

EURAT-Symposium: Forschung und Verantwortung im Konflikt?
  Ethische, rechtliche und ökonomische Aspekte der Totalsequenzierung
  des menschlichen Genoms
  (Bericht: *Felicitas Eckrich*) 343

Symposium: The Circadian System: From Chronobiology to Chronomedicine
  (Bericht: *Horst-Werner Korf*) 347

Internationales Symposium: European Calcium Channel Conference
  (Bericht: *Veit Flockerzi*, *Martin Biel* und *Jörg Striessnig*) 351

Symposium: Risiko: Erkundungen an den Grenzen des Wissens
  (Bericht: *Hans-Georg Bohle* und *Jürgen Pohl*) 357

Wissenschaftliche Tagung: Carl Friedrich von Weizsäcker:
  Physik – Philosophie – Friedensforschung
  (Bericht: *Klaus Hentschel* und *Dieter Hoffmann*) 365

Gemeinsames Leopoldina-DFG(SPP1257)-Symposium: Meeresspiegel
  (Bericht: *Herbert Fischer*) 371

Jena Life Science Forum 2012: Designing Living Matter – Can We Do Better
  than Evolution?
  (Bericht: *Bernd-Olaf Küppers* und *Peter Schuster*) 375

Symposium: Stem Cells and Cancer
  (Bericht: *Otmar D. Wiestler*) 381

2012 IMB Conference: DNA Demethylation, Repair and Beyond
  (Bericht: *Christof Niehrs*) 387

Workshop: Nachhaltigkeit in der Wissenschaft
  (Bericht: *Stefan Artmann* und *Yvonne Borchert*) 393

2nd International Conference: The Pathophysiology of Staphylococci in the Post-
  Genomic Era
  (Bericht: *Michael Hecker*, *Barbara Bröker* und *Susanne Engelmann*) 397

Symposium: Klinische Immunintervention: Aktuelle und künftige Ansätze
  (Bericht: *Rolf Hömke*) 403

Arbeitstagung des Projektes zur Geschichte der Leopoldina: Wissenschaftsakademien im Zeitalter der Ideologien. Politische Umbrüche – wissenschaftliche Herausforderungen – institutionelle Anpassung
(Bericht: *Torsten Kahlert*) 407

Symposium: Autopsie und Religion
(Bericht: *Brigitte Tag* und *Holger Moch*) 413

Meeting: Ergebnisse des Leopoldina-Förderprogramms VII – Berichte ehemaliger Leopoldina-Stipendiaten
(Bericht: *Andreas Clausing*) 421

Weitere Veranstaltungen (Übersicht) 423

Wissenschaftshistorische Seminare 428

Ausstellungen

Das Antlitz der Wissenschaft. Gelehrtenporträts aus drei Jahrhunderten
(Bericht: *Danny Weber*) 429

Salutem et Felicitatem. Gründung und internationale Ausstrahlung der Leopoldina
(Bericht: *Danny Weber*) 433

4. Veröffentlichungen

Nova Acta Leopoldina, Neue Folge 438
Supplement zu den Nova Acta Leopoldina, Neue Folge 441
Jahrbuch der Akademie 442
Acta Historica Leopoldina 443
Sonderschriften 444
Empfehlungen und Stellungnahmen 446

5. Anhang

Chronik 2012 450

Vor 350 Jahren 451

Satzung
Deutsche Akademie der Naturforscher Leopoldina e. V.
(Stand 8. Dezember 2009) 453

Statutes
German Academy of Sciences Leopoldina, reg. Ass.
(Status 8th December 2009) 458

Wahlordnung
Deutsche Akademie der Naturforscher Leopoldina e. V. 463

Anhang I zur Wahlordnung der Leopoldina
Zuordnung der Sektionen zu den vier Klassen 470

Election Regulations
German Academy of Sciences Leopoldina, reg. Ass. 471

Annex I of the Election Regulations of the Leopoldina
Assignment of the Sections to the Classes 478

Bildnachweis 479

Personenregister 481

1. Personen

Leopoldina
Nationale Akademie
der Wissenschaften

Präsidium

Präsident:
 Prof. Dr. Dr. h.c. mult. Jörg HACKER, Berlin/Halle (Saale)

Vizepräsidenten:
 Prof. Dr. Dr.-Ing. Gunnar BERG, Halle (Saale)
 Prof. Dr. Bärbel FRIEDRICH, Berlin
 Prof. Dr. Martin J. LOHSE, Würzburg
 Prof. Dr. Ursula M. STAUDINGER, Bremen (Wiederwahl)

Sekretar Klasse 1:
 Prof. Dr. Dr. h.c. mult. Herbert GLEITER, Karlsruhe (bis 22. 9. 2012)
 Prof. Dr.-Ing. Dr-Ing. E. h. Dr. h.c. mult. Sigmar WITTIG, Karlsruhe (seit 22. 9. 2012)

Sekretar Klasse 2:
 Prof. Dr. Peter PROPPING, Bonn

Sekretar Klasse 3:
 Prof. Dr. Philipp U. HEITZ, Zürich (Schweiz)

Sekretar Klasse 4:
 Prof. Dr. Frank RÖSLER ML, Marburg/Potsdam

Präsidiumsmitglieder:
 Prof. Dr. Dr. h.c. mult. Helmut SCHWARZ, Berlin
 Prof. Dr. Georg STINGL, Wien (Österreich) (Wiederwahl)
 Prof. Dr. Dr. h.c. mult. Hans-Peter ZENNER, Tübingen

Altpräsidialmitglieder mit beratender Stimme:
 Prof. Dr. Gunter S. FISCHER, Halle (Saale)
 Prof. Dr. Dr. h.c. mult. Harald ZUR HAUSEN, Heidelberg
 Prof. Dr. Dr. h.c. Benno PARTHIER, Halle (Saale)
 Prof. Dr. Dr. h.c. Volker TER MEULEN, Würzburg

Beauftragter für Archiv, Bibliothek und Langzeitvorhaben (mit beratender Stimme):
 Prof. Dr. Dr. Heinz SCHOTT, Bonn

Generalsekretärin (mit beratender Stimme):
 Prof. Dr. Jutta SCHNITZER-UNGEFUG, Halle (Saale)

CAROLINA NATURAE CURIOSORUM * ACADEMIA CAESAREA LEOPOLDINO

1652

NUNQUAM OTIOSUS

Senat

Senatoren der Sektionen

Sektion 1, Mathematik

    Senator: Gisbert WÜSTHOLZ, Zürich (Schweiz)
    Stellv. Senator: Wolfgang HACKBUSCH, Leipzig

Sektion 2, Informationswissenschaften

    Senator: Thomas LENGAUER, Saarbrücken
    Stellv. Senator: Manfred BROY, München

Sektion 3, Physik

    Senator: Paul LEIDERER, Konstanz
    Stellv. Senator: N.N.

Sektion 4, Chemie

    Senator: Manfred T. REETZ, Mülheim a. d. Ruhr
    Stellv. Senator: Bernt KREBS, Münster

Sektion 5, Geowissenschaften

    Senator: Wolf Dieter BLÜMEL, Stuttgart
    Stellv. Senator: Karl-Heinz GLASSMEIER, Braunschweig

Sektion 6, Agrar- und Ernährungswissenschaften

    Senator: Klaus EDER, Gießen
    Stellv. Senator: Bertram BRENIG, Göttingen

Sektion 7, Ökowissenschaften (ruht wegen Umstrukturierung)

Sektion 8, Organismische und Evolutionäre Biologie

    Senator: Eberhard SCHÄFER, Freiburg (i. Br.)
    Stellv. Senator: Horst BLECKMANN, Bonn

Sektion 9, Genetik/Molekularbiologie und Zellbiologie

    Senator: Widmar TANNER, Regensburg (bis 1. 11. 2012)
                                   Lothar WILLMITZER, Potsdam (ab 1. 11. 2012)
    Stellv. Senator: Lothar WILLMITZER, Potsdam (bis 1. 11. 2012)

Sektion 10, Biochemie und Biophysik

    Senator: Alfred WITTINGHOFER, Dortmund
    Stellv. Senator: Franz-Xaver SCHMID, Bayreuth

Sektion 11, Anatomie und Anthropologie
    Senator: Detlev DRENCKHAHN, Würzburg
    Stellv. Senator: Bernd HERRMANN, Göttingen

Sektion 12, Pathologie und Rechtsmedizin
    Senator: Hans Konrad MÜLLER-HERMELINK, Würzburg
    Stellv. Senator: Wolfgang EISENMENGER, München

Sektion 13, Mikrobiologie und Immunologie
    Senator: Michael HECKER, Greifswald
    Stellv. Senator: Hermann WAGNER, München

Sektion 14, Humangenetik und Molekulare Medizin
    Senator: Claus R. BARTRAM, Heidelberg
    Stellv. Senator: Oliver BRÜSTLE, Bonn

Sektion 15, Physiologie und Pharmakologie/Toxikologie
    Senator: Franz HOFMANN, München
    Stellv. Senatorin: Irene SCHULZ-HOFER, Konstanz

Sektion 16, Innere Medizin und Dermatologie
    Senator: Thomas KRIEG, Köln
    Stellv. Senator: Joachim R. KALDEN, Erlangen

Sektion 17, Chirurgie, Orthopädie und Anästhesiologie
    Senator: J. Rüdiger SIEWERT, Heidelberg
    Stellv. Senator: Jochen SCHULTE AM ESCH, Hamburg

Sektion 18, Gynäkologie und Pädiatrie
    Senator: Walter JONAT, Kiel
    Stellv. Senator: Matthias BRANDIS, Freiburg (i. Br.)

Sektion 19, Neurowissenschaften
    Senator: Michael FROTSCHER, Hamburg
    Stellv. Senator: Peter FALKAI, Göttingen

Sektion 20, Ophthalmologie, Oto-Rhino-Laryngologie und Stomatologie
    Senator: Gottfried SCHMALZ, Regensburg
    Stellv. Senator: Rudolf GUTHOFF, Rostock

Sektion 21, Radiologie
    Senator: Karl-Jürgen WOLF, Berlin
    Stellv. Senator: Wolfram H. KNAPP, Hannover

Sektion 22, Veterinärmedizin
    Senator: Hartwig BOSTEDT, Gießen
    Stellv. Senator: Holger MARTENS, Berlin

Sektion 23, Wissenschafts- und Medizingeschichte
    Senator: Alfons LABISCH, Düsseldorf
    Stellv. Senator: Christoph MEINEL, Regensburg

Sektion 24, Wissenschaftstheorie
    Senator: Gereon WOLTERS, Konstanz
    Stellv. Senator: Martin CARRIER, Bielefeld

Sektion 25, Ökonomik und Empirische Sozialwissenschaften
    Senator: Andreas DIEKMANN, Zürich (Schweiz)
    Stellv. Senatorin: Regina RIPHAHN, Nürnberg

Sektion 26, Psychologie und Kognitionswissenschaften
    Senator: Onur GÜNTÜRKÜN, Bochum
    Stellv. Senator: Klaus FIEDLER, Heidelberg

Sektion 27, Technikwissenschaften
    Senator: Peter GUMBSCH, Freiburg (i. Br.)
    Stellv. Senatorin: Ellen IVERS-TIFFÉE, Karlsruhe (bis 6. 12. 2012)
                                Hermann-Josef WAGNER, Bochum (ab 6. 12. 2012)

Sektion 28, Kulturwissenschaften
    Senator: Otfried HÖFFE, Tübingen
    Stellv. Senator: Jürgen BAUMERT, Berlin

Senatoren für Österreich und Schweiz

Österreich
    Senator: Wolfgang BAUMJOHANN, Graz

Schweiz
    Senator: Rüdiger WEHNER, Zürich
    Stellv. Senator: Martin E. SCHWAB, Zürich

Externe Mitglieder (*ad personam*) des Senats

    Andreas BARNER, Ingelheim
    Andreas J. BÜCHTING, Einbeck
    Michał KLEIBER, Warschau (Polen)

Wilhelm Krull, Hannover
Ursula Peters, Köln

Senatoren *ex officio* als Präsidenten oder deren beauftragte Vertreter der wissenschaftsfördernden Institutionen

Deutsche Forschungsgemeinschaft: Matthias Kleiner, Bonn
Max-Planck-Gesellschaft: Peter Gruss, München
Alexander-von-Humboldt-Stiftung: Helmut Schwarz, Berlin
Hochschulrektorenkonferenz: Margret Wintermantel, Bonn (bis April 2012)
 Horst Hippler, Karlsruhe/Bonn (ab 1. Mai 2012)
Union der Deutschen Akademien der Wissenschaften: Günter Stock, Berlin

Ehrensenatoren (mit beratender Stimme im Senat)

Berthold Beitz, Essen
Hans-Dietrich Genscher, Bonn

Ehrenmitglieder (mit beratender Stimme im Senat)

Gottfried Geiler, Leipzig
Reimar Lüst, Hamburg
Joachim-Hermann Scharf, Halle (Saale)
Eugen Seibold, Freiburg (i. Br.)
Volker ter Meulen, Würzburg

Ständiger Ausschuss der Nationalen Akademie der Wissenschaften

Seit ihrer Ernennung zur Nationalen Akademie der Wissenschaften am 14. Juli 2008 nimmt die Leopoldina die Aufgabe der wissenschaftsbasierten Gesellschafts- und Politikberatung wahr. Dabei arbeitet sie eng mit der Deutschen Akademie der Technikwissenschaften acatech, der Berlin-Brandenburgischen Akademie der Wissenschaften (BBAW) und den anderen Länderakademien zusammen, die in der Union der Deutschen Akademien der Wissenschaften vertreten sind.

Für diese Zusammenarbeit hat die Leopoldina einen Ständigen Ausschuss (ehemals Koordinierungsgremium) unter Vorsitz ihres Präsidenten eingerichtet.

Der Ständige Ausschuss der Nationalen Akademie der Wissenschaften

Deutsche Akademie der Technikwissenschaften acatech

Union der deutschen Akademien der Wissenschaften
(ein Vertreter stets von der BBAW)

Nationale Akademie der Wissenschaften Leopoldina
(der Präsident hat den Vorsitz)

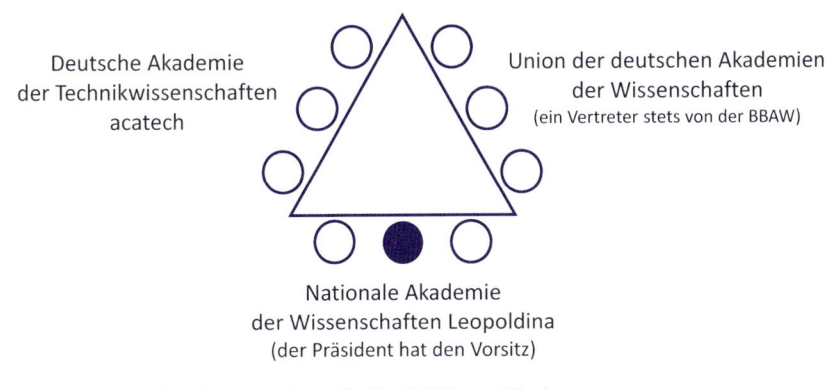

Abb. 1 Schema Ständiger Ausschuss (Grafik: SBK/Leopoldina)

Der Ständige Ausschuss tritt vierteljährlich zusammen und berät die Themen der Politikberatung. Es setzt Arbeitsgruppen zur Erarbeitung von Stellungnahmen oder Empfehlungen ein und verabschiedet diese nach externer Evaluierung. Die Ergebnisse werden der breiten Öffentlichkeit zugänglich gemacht.

Im Ständigen Ausschuss sind vertreten:

Für die Leopoldina:
- Jörg Hacker (Halle/Saale, Berlin), Präsident der Leopoldina, Vorsitz;
- Bärbel Friedrich (Berlin, Greifswald), Vizepräsidentin der Leopoldina;
- Volker ter Meulen (Würzburg, Halle/Saale), Altpräsident der Leopoldina.

Für acatech:
- Reinhard F. HÜTTL (Potsdam, München), Präsident acatech;
- Henning KAGERMANN (München), Präsident acatech;
- Michael KLEIN (München), Generalsekretär acatech.

Für die Union der deutschen Akademien der Wissenschaften:
- Günter STOCK (Berlin), Präsident der Berlin-Branburgischen Akademie der Wissenschaften;
- Heimo REINITZER (Hamburg), Präsident der Akademie der Wissenschaften in Hamburg;
- Pirmin STEKELER-WEITHOFER (Leipzig), Präsident der Sächsischen Akademie der Wissenschaften zu Leipzig.

Arbeitsgruppen 2012

Bioenergie

Leitung
Prof. Dr. Bärbel FRIEDRICH ML, Vizepräsidentin der Leopoldina, Institut für Biologie/Mikrobiologie, Humboldt-Universität zu Berlin
Prof. Dr. Bernhard SCHINK ML, Fachbereich Biologie, Universität Konstanz
Prof. Dr. Rudolf K. THAUER ML, Max-Planck-Institut für Terrestrische Mikrobiologie, Marburg

Mitwirkende
Prof. Dr. Fraser A. ARMSTRONG FRS, Department of Inorganic Chemistry, University of Oxford (Großbritannien)
Dr. Vincent ARTERO, Institute de Recherches en Technologies es Sciences pour le Vivant, Université Joseph Fourier, Grenoble (Frankreich)
PD Dr. Nicolaus DAHMEN, Institut für Katalyseforschung und -Technologie, Karlsruher Institut für Technologie (KIT)
Prof. Dr. Holger DAU, Fachbereich Physik, Freie Universität Berlin
Prof. Dr. Eckhard DINJUS, Institut für Katalyseforschung und -Technologie, Karlsruher Institut für Technologie (KIT)
Prof. Dr. Peter DÜRRE, Institut für Mikrobiologie und Biotechnologie, Universität Ulm
Prof. Dr. Helmut HABERL, Institut für Soziale Ökologie (SEC), Universität Klagenfurt (Österreich)
Dr. Thomas HAPPE, Lehrstuhl Biochemie der Pflanzen, AG Photobiotechnologie, Ruhr-Universität Bochum
Prof. Dr. Gerd KOHLHEPP, Geografisches Institut, Eberhard-Karls-Universität Tübingen
Prof. Dr. Katharina KOHSE-HÖINGHAUS ML, Fakultät für Chemie, Universität Bielefeld
Prof. Dr. Christian KÖRNER ML, Institut für Botanik, Universität Basel (Schweiz)
Dr. Philipp KURZ, Institut für Anorganische Chemie, Christian-Albrechts-Universität Kiel
Christian LAUK, Institut für Soziale Ökologie (SEC), Universität Klagenfurt (Österreich)
Prof. Dr. Wolfgang LUBITZ, Max-Planck-Institut für Chemische Energiekonversion, Mülheim a. d. Ruhr
Prof. Dr. Matthias RÖGNER, Lehrstuhl für Biochemie der Pflanzen, Ruhr-Universität Bochum
Dr. Ulrike SCHMID-STAIGER, Fraunhofer-Institut für Grenzflächen- und Bioverfahrenstechnik IGB, Stuttgart
Prof. Dr. Ernst-Detlef SCHULZE ML, Max-Planck-Institut für Biogeochemie, Jena
PD Dr. Thomas SENN, Institut für Lebensmittelwissenschaft und Biotechnologie, Universität Hohenheim
Prof. Dr. Victor SMETACEK, Alfred-Wegener-Institut für Polar- und Meeresforschung, Bremerhaven
Dr. Peter WEILAND, Johann Heinrich von Thünen-Institut, Braunschweig
Dr. Karen WILSON, Cardiff School of Chemistry, Cardiff University (Großbritannien)

Herausforderungen für die taxonomische Forschung im Zeitalter der ‚-omics'-Technologien

Leitung
Prof. Dr. Rudolf AMANN ML, Max-Planck-Institut für Marine Mikrobiologie Bremen

Mitglieder
Prof. Dr. Gerhard BRAUS, Institut für Mikrobiologie und Genetik, Universität Göttingen
Dr. Birgit GEMEINHOLZER, Institut für Botanik, Universität Gießen
Prof. Dr. Jörg HACKER ML, Präsident der Leopoldina, Berlin/Halle (Saale)
Dr. Christoph HÄUSER, Naturkundemuseum Berlin
Prof. Dr. Axel MEYER ML, Zoologie und Evolutionsbiologie, Universität Konstanz
Dr. Michael RAUPACH, Deutsches Zentrum für Marine Biodiversitätsforschung DZMB, Senckenberg am Meer, Wilhelmshaven
Prof. Dr. Susanne RENNER ML, Systematische Botanik und Mykologie, Ludwig-Maximilians-Universität München
Dr. Christian ROOS, Primatengenetik, Deutsches Primatenzentrum Göttingen
Dr. Ramon ROSSELLO-MORA, Mediterranean Institute of Advanced Studies (CSIC-UIB), Esporles, Balearen (Spanien)
Prof. Dr. Karl-Heinz SCHLEIFER, Mikrobiologie, Technische Universität München
Prof. Dr. Sebastian SUERBAUM ML, Institut für Medizinische Mikrobiologie und Krankenhaushygiene, Medizinische Hochschule Hannover
Prof. Dr. Johannes VOGEL, Naturkundemuseum Berlin
Prof. Dr. Wolfgang WÄGELE, Museum Alexander Koenig, Rheinische Friedrich-Wilhelms-Universität Bonn

Neurobiologische und psychologische Faktoren der Sozialisation

Leitung
Prof. Dr. Frank Rösler ML, Sekretar der Klasse 4 und Mitglied des Präsidiums der Leopoldina, Universität Potsdam
Prof. Dr. Brigitte Röder ML, Fachbereich Psychologie, Universität Hamburg
Prof. Dr. Ursula M. Staudinger ML, Vizepräsidentin der Leopoldina, Jacobs University Bremen

Mitglieder
Prof. Dr. Jürgen Baumert ML, Max-Planck-Institut für Bildungsforschung Berlin
Prof. Dr. Hans-Peter Blossfeld ML, Otto-Friedrich-Universität Bamberg
Prof. Dr. Thomas Cremer ML, Ludwig-Maximilians-Universität München
Prof. Dr. Angela D. Friederici ML, Max-Planck-Institut für Kognitions- und Neurowissenschaften Leipzig
Prof. Dr. Markus Hassehorn, Deutsches Institut für internationale pädagogische Forschung (DIPF), Frankfurt (Main)
Prof. Dr. Gerd Kempermann, Technische Universität Dresden
Prof. Dr. Ulman Lindenberger ML, Max-Planck-Institut für Bildungsforschung Berlin
Prof. Dr. Karl Ulrich Mayer ML, Leibniz-Gemeinschaft, Berlin
Prof. Dr. Jürgen Meisel, Universität Hamburg
Prof. Dr. Markus M. Nöthen ML, Rheinische Friedrich-Wilhelms-Universität Bonn
Prof. Dr. Katharina Spiess, Deutsches Institut für Wirtschaftsforschung Berlin
Prof. Dr. Frank Spinath, Universität des Saarlandes Saarbrücken
Prof. Dr. Elsbeth Stern, Eidgenössische Technische Hochschule (ETH) Zürich (Schweiz)
Prof. Dr. Giesela Trommsdorf, Universität Konstanz
Prof. Dr. Hans-Peter Zenner ML, Mitglied des Präsidiums der Leopoldina, Universitäts-Hals-Nasen-Ohren-Klinik, Eberhard-Karls-Universität Tübingen

Arbeitsgruppen

Palliativmedizin

Leitung

Prof. Dr. Lukas RADBRUCH, Lehrstuhl für Palliativmedizin, Medizinische Fakultät, Rheinische Friedrich-Wilhelms-Universität Bonn

Prof. Dr. Hans-Peter ZENNER ML, Mitglied des Präsidiums der Leopoldina, Universitäts-Hals-Nasen-Ohren-Klinik, Eberhard-Karls-Universität Tübingen

Mitglieder

Dipl.-Theologe Klaus AUERNHAMMER, Palliativstation, Marienhaus Klinikum St. Elisabeth, Saarlouis

Prof. Dr. Georg ERTL ML, Medizinische Klinik und Poliklinik I, Julius-Maximilians-Universität Würzburg

Prof. Dr. Dr. Dr. Dominik GROSS, Institut für Geschichte, Theorie und Ethik der Medizin, Universitätsklinikum Aachen

Prof. Dr. Michael HALLEK ML, Klinik I für Innere Medizin, Universitätsklinikum Köln

Prof. Dr. Gerhard HÖVER, Lehrstuhl für Moraltheologie, Rheinische Friedrich-Wilhelms-Universität Bonn

Prof. Dr. Ferdinand HUCHO, Institut für Chemie und Biochemie, Freie Universität Berlin

Dr. Saskia JÜNGER, Lehrstuhl für Palliativmedizin, Medizinische Fakultät, Rheinische Friedrich-Wilhelms-Universität Bonn

Martina KERN, Zentrum für Palliativmedizin, Malteser Krankenhaus Bonn/Rhein-Sieg

Prof. Dr. Ulrich R. KLEEBERG, Hämatologisch-Onkologische Praxis Altona (HOPA), Tagesklinik Struensee-Haus, Hamburg

Prof. Dr. Volker LIPP, Lehrstuhl für Bürgerliches Recht, Zivilprozessrecht, Medizinrecht und Rechtsvergleichung, Universität Göttingen

Prof. Dr. Friedemann NAUCK, Abteilung Palliativmedizin, Universitätsklinikum Göttingen

Dipl.-Ing. Thomas NORGALL, Fraunhofer-Institut für Integrierte Schaltungen IIS, Erlangen

Prof. Dr. Jürgen OSTERBRINK, Institut für Pflegewissenschaft, Paracelsus Medizinische Privatuniversität, Salzburg (Österreich)

Prof. Dr. Christoph OSTGATHE, Palliativmedizinische Abteilung in der Anästhesiologischen Klinik, Universitätsklinikum Erlangen

Dr. Klaus-Maria PERRAR, Zentrum für Palliativmedizin, Universitätsklinikum Köln

Prof. Dr. Holger PFAFF, Institut für Medizinsoziologie, Versorgungsforschung und Rehabilitationswissenschaft (IMVR), Universität Köln

PD Dr. Mathias PFISTERER, Zentrum für Geriatrie, AGAPLESION Elisabethenstift, Darmstadt

PD Dr. Jan SCHILDMANN, Institut für Medizinische Ethik und Geschichte der Medizin, Ruhr-Universität Bochum

Prof. Dr. Thomas SCHMITZ-RODE, Institut für Biomedizinische Technologien (Helmholtz-Institut), Universitätsklinikum Aachen

Prof. Dr. Nils SCHNEIDER, Institut für Epidemiologie, Sozialmedizin und Gesundheitssystemforschung, Medizinische Hochschule Hannover

Prof. Dr. Werner SCHNEIDER, Lehrstuhl für Soziologie, Philosophisch-Sozialwissenschaftliche Fakultät, Universität Augsburg
Prof. Dr. Rolf-Detlef TREEDE, Lehrstuhl für Neurophysiologie, Zentrum für Biomedizin und Medizintechnik, Medizinische Fakultät der Universität Heidelberg, Mannheim
Prof. Dr. Boris ZERNIKOW, Institut für Kinderschmerztherapie und Pädiatrische Palliativmedizin, Vestische Kinder- und Jugendklinik Datteln

Personalisierte Medizin

Leitung

Prof. Dr. Bärbel FRIEDRICH ML, Vizepräsidentin der Leopoldina, Institut für Biologie/ Mikrobiologie, Humboldt-Universität zu Berlin

Prof. Dr. Heyo K. KROEMER, Pharmakologisches Institut, Ernst-Moritz-Arndt-Universität Greifswald

Prof. Dr. Philipp U. HEITZ ML, Sekretar der Klasse 3 und Mitglied des Präsidiums der Leopoldina, Departement Pathologie, Universität Zürich (Schweiz)

Mitglieder

Prof. Dr. Dr. Thomas BIEBER ML, Klinik und Poliklinik für Dermatologie, Rheinische Friedrich-Wilhelms-Universität Bonn

Prof. Dr. Manfred DIETEL ML, Institut für Pathologie, Charité – Universitätsmedizin Berlin

Prof. Dr. Georg ERTL ML, Medizinische Klinik und Poliklinik I, Universitätsklinik Würzburg

Prof. Dr. Carl Friedrich GETHMANN ML, Institut für Philosophie, Universität Duisburg-Essen

Prof. Dr. Michael HALLEK ML, Klinik I für Innere Medizin, Universitätsklinikum Köln

Prof. Dr. Michael HECKER ML, Centrum für Funktionelle Genomforschung, Ernst-Moritz-Arndt-Universität Greifswald

Prof. Dr. Heinz HÖFLER ML, Institut für Allgemeine Pathologie und pathologische Anatomie, Technische Universität München

Prof. Dr. Jan C. JOERDEN, Lehrstuhl für Strafrecht, insbesondere Internationales Strafrecht und Strafrechtsvergleichung, Rechtsphilosophie, Europa-Universität Viadrina, Frankfurt (Oder)

Prof. Dr. Klaus-Peter KOLLER, Fachbereich Biowissenschaften, Goethe-Universität Frankfurt (Main)

Prof. Dr. Thomas LENGAUER ML, Max-Planck-Institut für Informatik Saarbrücken

Prof. Dr. Martin J. LOHSE ML, Vizepräsident der Leopoldina, Institut für Pharmakologie und Toxikologie, Julius-Maximilians-Universität Würzburg

Prof. Dr. Peter OBERENDER, Rechts- und Wirtschaftswissenschaftliche Fakultät, Lehrstuhl für Mikroökonomie, Universität Bayreuth

Prof. Dr. Peter PROPPING ML, Sekretar der Klasse 2 und Mitglied des Präsidiums der Leopoldina, Institut für Humangenetik, Universität Bonn

Prof. Dr. Alfred PÜHLER ML, Centrum für Biotechnologie, Universität Bielefeld

Prof. Dr. Thomas SCHMITZ-RODE, Institut für biomedizinische Technologien, Rheinisch-Westfälische Technische Hochschule (RWTH) Aachen

Prof. Dr. Otmar SCHOBER, Klinik und Poliklinik für Nuklearmedizin, Westfälische Wilhelms-Universität Münster

Prof. Dr. Karl SPERLING ML, Institut für Humangenetik, Charité – Universitätsmedizin Berlin

Prof. Dr. Georg STINGL ML, Mitglied des Präsidiums der Leopoldina, Universitätsklinik für Dermatologie, Medizinische Universität Wien (Österreich)

Prof. Dr. Hermann WAGNER ML, Institut für Medizinische Mikrobiologie, Immunologie und Hygiene, Technische Universität München

Prof. Dr. Bernhard WOLF, Lehrstuhl für Medizinische Elektronik, Technische Universität München

Prof. Dr. Rüdiger WOLFRUM ML, Max-Planck-Institut für ausländisches öffentliches Recht und Völkerrecht, Heidelberg

Prof. Dr. Hans-Peter ZENNER ML, Mitglied des Präsidiums der Leopoldina, Universitäts-Hals-Nasen-Ohren-Klinik, Tübingen

Quantentechnologie

Leitung
Prof. Dr. Wolfgang SCHLEICH ML, Universität Ulm

Mitglieder
Prof. Dr. Markus ARNDT, Universität Wien (Österreich)
Prof. Dr. Markus ASPELMEYER, Universität Wien (Österreich)
Prof. Dr. Manfred BAYER, Technische Universität Dortmund
Prof. Dr. Tommaso CALARCO, Universität Ulm
Prof. Dr. Harald FUCHS ML, Universität Münster
Prof. Dr. Elisabeth GIACOBINO ML, Université Paris (Frankreich)
Dr. Markus GRASSL, National University of Singapore (Singapore)
Prof. Dr. Peter HÄNGGI ML, Universität Augsburg
Prof. Dr. Wolfgang M. HECKL, Deutsches Museum München und Technische Universität München
Prof. Dr. Ingolf-Volker HERTEL, Max-Born-Institut und Humboldt-Universität zu Berlin
Prof. Dr. Susana HUELGA, Universität Ulm
Prof. Dr. Bernhard KEIMER, Max-Planck-Institut für Festkörperforschung, Stuttgart
Prof. Dr. Jörg P. KOTTHAUS ML, Ludwig-Maximilians-Universität München
Prof. Dr. Gerd LEUCHS ML, Universität Erlangen-Nürnberg
Prof. Dr. Ueli MAURER ML, Eidgenössische Technische Hochschule (ETH) Zürich (Schweiz)
Prof. Dr. Tilmann PFAU, Universität Stuttgart
Prof. Dr. Martin B. PLENIO, Universität Ulm und Imperial College, London (Großbritannien)
Prof. Dr. Ernst Maria RASEL, Universität Hannover
Prof. Dr. Ortwin RENN, Universität Stuttgart
Prof. Dr. Jörg SCHMIEDMAYER, Universität Wien (Österreich)
Prof. Dr. Doris SCHMITT-LANDSIEDEL, Technische Universität München
Prof. Dr. Kurt SCHÖNHAMMER, Universität Göttingen
Prof. Dr. Christine SILBERHORN ML, Universität Paderborn
Dr. Philip WALTHER, Universität Wien (Österreich)
Prof. Dr. Emo WELZL ML, Eidgenössische Technische Hochschule (ETH) Zürich (Schweiz)
Prof. Dr. Roland WIESENDANGER ML, Universität Hamburg
Prof. Dr. Stefan WOLF, Eidgenössische Technische Hochschule (ETH) Zürich (Schweiz)
Prof. Dr. Anton ZEILINGER ML, Universität Wien (Österreich)
Prof. Dr. Peter ZOLLER ML, Universität Innsbruck (Österreich)

Staatsschulden in der Demokratie

Leitung
Prof. Dr. Carl-Ludwig HOLTFRERICH, Freie Universität Berlin

Mitglieder
Prof. Dr. Lars P. FELD ML, Walter-Eucken-Institut, Freiburg (i. Br.)
Prof. Dr. Jürgen VON HAGEN ML, Universität Bonn
Prof. Dr. Werner HEUN, Institut für Allgemeine Staatslehre und Politische Wissenschaften, Göttingen
Prof. Dr. Gerhard ILLING, Ludwig-Maximilians-Universität München
Prof. Dr. Gebhard KIRCHGÄSSNER ML, Universität St. Gallen (Schweiz)
Prof. Dr. Jürgen KOCKA ML, Wissenschaftszentrum Berlin für Sozialforschung
Prof. Dr. Moritz SCHULARICK, Freie Universität Berlin
Prof. Dr. Wolfgang STREECK, Max-Planck-Institut für Gesellschaftsforschung, Köln
Prof. Dr. Stefanie WALTER, Universität Heidelberg
Prof. Dr. Carl-Christian VON WEIZSÄCKER, Universität Köln

Tierversuche

Leitung
Prof. Dr. Bernhard RONACHER ML, Humboldt-Universität zu Berlin
Prof. Dr. Martin J. LOHSE ML, Vizepräsident der Leopoldina, Institut für Pharmakologie und Toxikologie, Julius-Maximilians-Universität Würzburg

Mitglieder
Prof. Dr. Dieter BIRNBACHER ML, Universität Düsseldorf
Prof. Dr. Horst DREIER ML, Universität Würzburg
Prof. Dr. Bernhard FLECKENSTEIN ML, Universität Erlangen
Prof. Dr. Carl Friedrich GETHMANN ML, Universität Duisburg-Essen
Prof. Dr. Gerhard HELDMAIER, Universität Marburg
Prof. Dr. Heribert HOFER, Leibniz-Institut für Zoo- und Wildtierforschung, Berlin
Prof. Dr. Andreas NIEDER, Universität Tübingen
Prof. Dr. Bettina SCHÖNE-SEIFERT ML, Universität Münster
Prof. Dr. Horst SELLER, Universität Heidelberg
Prof. Dr. Wolf SINGER ML, Max-Planck-Institut für Hirnforschung
Prof. Dr. Jochen TAUPITZ ML, Universität Mannheim
Prof. Dr. Stefan TREUE, Deutsches Primatenzentrum
Prof. Dr. Hermann WAGNER ML, Universität Aachen

Zum Verhältnis zwischen Wissenschaft, Öffentlichkeit und Medien

Mitglieder
Heidi BLATTMANN, Freie Publizistin (Schweiz)
Prof. Dr. Gerd GIGERENZER ML, Max-Planck-Institut für Bildungsforschung, Berlin
Prof. Dr. Reinhard F. HÜTTL, acatech – Deutsche Akademie der Technikwissenschaften, Berlin
Prof. Dr. Otfried JARREN, Universität Zürich (Schweiz)
Prof. Dr. Alfred PÜHLER ML, Universität Bielefeld
Prof. Dr. Ortwin RENN, Universität Stuttgart
Ulrich SCHNABEL, Die ZEIT, Hamburg
Prof. Dr. Pirmin STEKELER-WEITHOFER, Sächsische Akademie der Wissenschaften, Leipzig
Prof. Dr. Peter WEINGART, Universität Bielefeld
Prof. Dipl.-Chem. Holger WORMER, Technische Universität Dortmund

Zukunft mit Kindern

Leitung

Prof. Dr. Günter Stock, Präsident Berlin-Brandenburgische Akademie der Wissenschaften, Berlin

Vorstand

Prof. Dr. Jörg Hacker ML, Präsident der Leopoldina, Berlin/Halle (Saale)

Prof. Dr. Hans Bertram ML, Leitung der Unterarbeitsgruppe „Fertilität und Familienpolitik", Lehrstuhl für Mikrosoziologie, Humboldt-Universität zu Berlin

Prof. Dr. Alexia Fürnkranz-Prskawetz, Leitung der Unterarbeitsgruppe „Demographische Analyse der Fertilitätsentwicklung", Technische Universität Wien, Institut für Wirtschaftsmathematik, Stellvertretende Direktorin, Vienna Institute of Demography, Österreichische Akademie der Wissenschaften (Österreich)

Prof. Dr. Wolfgang Holzgreve ML, MBA, Leitung der Unterarbeitsgruppe „Medizinische und biologische Aspekte der Fertilität", Universitätsklinikum Bonn

Prof. Dr. Martin Kohli, Leitung der Unterarbeitsgruppe „Sozialwissenschaftliche Grundlagen der Fertilität", Professor der Soziologie, European University Institute – Department of Social and Political Sciences, San Domenico di Fiesole (Italien)

Mitglieder

Prof. Dr. Laura Bernardi, Université de Lausanne, Faculté des sciences et politiques, Institut des sciences sociales (Schweiz)

Prof. Dr. Klaus Diedrich ML, Universität Lübeck, Universitätsklinikum Schleswig-Holstein, Klink für Frauenheilkunde und Geburtshilfe

Prof. Dr. Joachim Dudenhausen, Charité – Universitätsmedizin Berlin, Centrum für Frauen-, Kinder- und Jugendmedizin mit Perinatalzentrum und Humangenetik

Prof. Dr. Josef Ehmer, Institut für Wirtschafts- und Sozialgeschichte der Universität Wien (Österreich)

Prof. Dr. Gerd Gigerenzer ML, Max-Planck-Institut für Bildungsforschung, Berlin

Prof. Dr. Josh Goldstein, Max-Planck-Institut für demografische Forschung, Rostock

Prof. Dr. Ursula-F. Habenicht, Bayer Schering Pharma AG, Forschung Women's Healthcare, Berlin

Prof. Dr. Johannes Huinink, Universität Bremen, Institut für empirische und angewandte Soziologie

Dr. Gerda Ruth Neyer, Department of Sociology, Stockholm University (Schweden)

Prof. Dr. Ilona Ostner, Georg-August-Universität Göttingen

Dr. Dimiter Philipov, Institut für Demographie, Österreichische Akademie der Wissenschaften, Wien (Österreich)

Dr. Tomáš Sobotka, Institut für Demographie, Österreichische Akademie der Wissenschaften, Wien (Österreich)

Prof. Dr. Katharina Spiess, Deutsches Institut für Wirtschaftsforschung DIW, Berlin

Prof. Dr. Ursula M. Staudinger ML, Vizepräsidentin der Leopoldina, Jacobs University Bremen

Prof. Dr. Egbert R. TE VELDE, Emeritus Professor Reproductive Medicine, University Utrecht, Utrecht; Department of Public Health, Erasmus MC, University Medical Center, Rotterdam (Niederlande)

Ad-hoc-Arbeitsgruppe

Antibiotika-Forschung

Leitung
Prof. Dr. Ansgar W. Lohse, Universitätsklinikum Hamburg-Eppendorf
Prof. Dr. Jörg Hacker ML, Präsident der Leopoldina, Berlin/Halle (Saale)

Mitglieder
Prof. Dr. Bernhard Fleischer ML, Institut für Immunologie, Universitätsklinikum Hamburg-Eppendorf
Prof. Dr. Michael Hecker ML, Institut für Mikrobiologie, Ernst-Moritz-Arndt-Universität Greifswald
Prof. Dr. Jürgen Heesemann ML, Max-von-Pettenkofer-Institut für Hygiene und Medizinische Mikrobiologie, Ludwig-Maximilians-Universität München
Prof. Dr. Dirk Heinz, Helmholtz-Zentrum für Infektionsforschung Braunschweig
Prof. Dr. Hans-Georg Kräusslich ML, Department für Infektiologie, Virologie, Universitätsklinikum, Ruprecht-Karls-Universität Heidelberg
Prof. Dr. Chris Meier, Institut für Chemie, Universität Hamburg
Prof. Dr. Thomas C. Mettenleiter ML, Friedrich-Loeffler-Institut, Greifswald – Insel Riems
Prof. Dr. Heimo Reinitzer, Präsident der Akademie der Wissenschaften in Hamburg
Prof. Dr. Werner Solbach, Institut für Medizinische Mikrobiologie und Hygiene, Universitätsklinikum Schleswig-Holstein, Lübeck
Prof. Dr. Norbert Suttorp ML, Medizinische Klinik mit Schwerpunkt Infektiologie und Pneumologie, Charité – Universitätsmedizin, Berlin
Prof. Dr. Peter Zabel, Medizinische Klinik Borstel, Forschungszentrum Borstel

Wissenschaftliche Kommissionen

Gesundheit

Sprecher
Prof. Dr. Detlev GANTEN ML, Stiftung Charité, Berlin
Prof. Dr. Volker TER MEULEN ML, Altpräsident der Leopoldina, Würzburg

Mitglieder
Prof. Dr. Hannelore DANIEL ML, Lehrstuhl für Ernährungsphysiologie, Wissenschaftszentrum Weihenstephan für Ernährung, Landwirtschaft und Umwelt, Technische Universität München
Prof. Dr. Georg ERTL ML, Zentrum für Innere Medizin, Uniklinikum Würzburg
Prof. Dr. Carl Friedrich GETHMANN ML, Institut für Philosophie, Universität Duisburg-Essen
Prof. Dr. Annette GRÜTERS-KIESLICH ML, Institut für Experimentelle Pädiatrische Endokrinologie, Charité – Universitätsmedizin Berlin
Prof. Dr. Jörg HACKER ML, Präsident der Leopoldina, Berlin/Halle (Saale)
Prof. Dr. Wolfgang HOLZGREVE ML, Ärztlicher Direktor und Vorstandsvorsitzender, Universitätsklinikum Bonn
Prof. Dr. Reinhard HÜTTL, Präsident der Deutschen Akademie für Technikwissenschaften (acatech), Potsdam
Prof. Dr. Reinhard KURTH ML, Schering-Stiftung, Berlin
Dr. Peter LANGE, Abteilungsleiter a. D., Bundesministerium für Bildung und Forschung, Bonn/Berlin
Prof. Dr. Jürgen MITTELSTRASS ML, Konstanzer Wissenschaftsforum, Universität Konstanz
Prof. Dr. Erich R. REINHARDT, Medical Valley Europäische Metropolregion Nürnberg e. V.
Prof. Dr. Eberhard SCHMIDT-ASSMANN Institut für deutsches und europäisches Verwaltungsrecht, Universität Heidelberg (bis Mitte 2012)
Prof. Dr. Markus STOFFEL ML, Institut für Molekulare Systembiologie, Eidgenössische Technische Hochschule (ETH) Zürich (Schweiz)
Prof. Dr. Günter STOCK, Präsident der Berlin-Brandenburgischen Akademie der Wissenschaften (BBAW) und der Akademienunion, Berlin
Prof. Dr. Norbert SUTTORP ML, Infektiologie und Pneumologie, Charité – Universitätsmedizin Berlin

Wissenschaftliche Kommissionen

Demografischer Wandel

Sprecher
Prof. Dr. Wolfgang HOLZGREVE ML, Universitätsklinikum Bonn
Prof. Dr. Ursula M. STAUDINGER ML, Vizepräsidentin der Leopoldina, Jacobs Center on Lifelong Learning and Institutional Development, Jacobs University Bremen

Mitglieder
Dr. Annette BAUDISCH, Max-Planck-Forschungsgruppe: Modellentwicklung zur Evolution des Alterns, Max-Planck-Institut für demografische Forschung Rostock
Prof. Dr. Hans BERTRAM ML, Institut für Sozialwissenschaften, Mikrosoziologie, Humboldt-Universität zu Berlin
Prof. Dr. Axel BÖRSCH-SUPAN ML, Münchener Zentrum für Ökonomie und Demographischer Wandel (MEA), Max-Planck-Institut für Sozialrecht und Sozialpolitik, München
Prof. Dr. Klaus DIEDRICH ML, Klinik für Frauenheilkunde und Geburtshilfe, Universitätsklinikum Schleswig-Holstein, Lübeck
Prof. Dr. Joachim DUDENHAUSEN, Charité – Universitätsmedizin Berlin
Prof. Dr. Josef EHMER, Institut für Wirtschafts- und Sozialgeschichte, Universität Wien (Österreich) (seit Ende 2012)
Prof. Dr. Ulrich KEIL, Institut für Epidemiologie und Sozialmedizin, Zentrum für Klinisch-Theoretische Medizin I, Westfälische Wilhelms-Universität Münster
Prof. Dr. Gerd KEMPERMANN, DFG-Forschungszentrum und Exzellenzcluster für Regenerative Therapien Dresden (CRTD), Technische Universität Dresden
Prof. Dr. Stephan LEIBFRIED, Zentrum für Sozialpolitik, Universität Bremen
Prof. Dr. Ulman LINDENBERGER ML, Entwicklungspsychologie, Max-Planck-Institut für Bildungsforschung, Berlin
Prof. Dr. Karl Ulrich MAYER ML, Präsident der Leibniz-Gemeinschaft, Berlin (seit Ende 2012)
Prof. Dr. Dr. Pierluigi NICOTERA, Deutsches Zentrum für Neurodegenerative Erkrankungen, Bonn (seit Ende 2012)
Prof. Dr. Linda PARTRIDGE, Max-Planck-Institut für Biologie des Alterns, Köln
Prof. Dr. Cornel SIEBER, Medizinische Klinik 2, Klinikum Nürnberg Nord
Prof. Dr. Johannes SIEGRIST, Institut für Medizinische Soziologie, Universitätsklinikum Düsseldorf
Prof. Dr. Thomas STROWITZKI, Gynäkologische Endokrinologie und Fertilitätsstörungen, Universitätsklinikum Heidelberg (seit Ende 2012)
Prof. Dr. Hans VAN DER VEN, Abteilung für Gynäkologische Endokrinologie und Reproduktionsmedizin, Zentrum für Geburtshilfe und Frauenheilkunde Universitätsklinikum Bonn

Lebenswissenschaften

Sprecher
Prof. Dr. Bärbel FRIEDRICH ML, Vizepräsidentin der Leopoldina, Institut für Biologie/Mikrobiologie, Humboldt-Universität zu Berlin
Prof. Dr. Jörg HACKER ML, Präsident der Leopoldina, Berlin/Halle (Saale)

Mitglieder
Prof. Dr. Rudolf AMANN ML, Max-Planck-Institut für Marine Mikrobiologie, Bremen
Prof. Dr. Henning BEIER ML, Institut für Anatomie und Reproduktionsbiologie, Rheinisch-Westfälische Technische Hochschule (RWTH) Aachen
Prof. Dr. Michael HECKER ML, Zentrum für Funktionelle Genomforschung, Ernst-Moritz-Arndt-Universität Greifswald
Prof. Dr. Reinhard JAHN ML, Max-Planck-Institut für Biophysikalische Chemie, Göttingen
Prof. Dr. Regine KAHMANN ML, Max-Planck-Institut für Terrestrische Mikrobiologie, Marburg
Prof. Dr. Alfred PÜHLER ML, Centrum für Biotechnologie, Universität Bielefeld
Prof. Dr. Bernhard RONACHER ML, Institut für Biologie, Humboldt-Universität zu Berlin
Prof. Dr. Wolf SINGER ML, Max-Planck-Institut für Hirnforschung, Frankfurt (Main)
Prof. Dr. Hans SCHÖLER ML, Max-Planck-Institut für Molekulare Biomedizin, Münster
Prof. Dr. Klaus TANNER ML, Wissenschaftlich-theologisches Seminar, Ruprecht-Karls-Universität Heidelberg
Prof. Dr. Jochen TAUPITZ ML, Institut für Deutsches, Europäisches und Internationales Medizinrecht, Gesundheitsrecht und Bioethik der Universitäten Heidelberg und Mannheim
Prof. Dr. Rüdiger WEHNER ML, Institut für Hirnforschung, Universität Zürich
Prof. Dr. Eckard WOLF ML, Gen-Zentrum, Ludwig-Maximilians-Universität München

Wissenschaftliche Kommissionen

Klima, Energie und Umwelt

Sprecher

Prof. Dr. Detlef DRENCKHAHN ML, Universität Würzburg

Prof. Dr. Hans Joachim SCHELLNHUBER ML, Potsdam-Institut für Klimafolgenforschung, Potsdam

Prof. Dr. Ferdi SCHÜTH ML, Max-Planck-Institut für Kohlenforschung, Mülheim

Mitglieder

Prof. Dr. Alexander BRADSHAW ML, Max-Planck-Institut für Plasmaforschung, München

Prof. Dr. Martin CLAUSSEN ML, Max-Planck-Institut für Meteorologie, Hamburg

Prof. Dr. Paul CRUTZEN ML, Max-Planck-Institut für Chemie, Mainz

Prof. Dr. Ottmar EDENHOFER, Potsdam-Institut für Klimafolgenforschung, Potsdam

Prof. Dr. Klaus HASSELMANN, Max-Planck-Institut für Meteorologie, Hamburg

Prof. Dr. Karl LEO, Institut für angewandte Photophysik, Dresden

Prof. Dr. Karin LOCHTE, Alfred-Wegener-Institut für Polar- und Meeresforschung, Bremerhaven

Prof. Dr. Robert PITZ-PAAL, Deutsches Zentrum für Luft- und Raumfahrt, Köln

Prof. Dr. Ortwin RENN, Institut für Sozialwissenschaften, Universität Stuttgart

Prof. Dr. Robert SCHLÖGL ML, Fritz-Haber-Institut der Max-Planck-Gesellschaft, Berlin

Prof. Dr. Jürgen SCHMID, Fraunhofer-Institut für Windenergie und Energiesystemtechnik, Kassel

Prof. Dr. Georg TEUTSCH, Helmholtz-Zentrum für Umweltforschung UFZ, Leipzig

Prof. Dr. Rudolf K. THAUER ML, Max-Planck-Institut für terrestrische Mikrobiologie, Marburg

Prof. Dr. Hermann-Josef WAGNER ML, Ruhr-Universität Bochum

Wissenschaftsakzeptanz

Sprecher
Prof. Dr. Martin J. LOHSE ML, Vizepräsident der Leopoldina, Institut für Pharmakologie und Vizepräsident der Universität Würzburg
Prof. Dr. Ursula M. STAUDINGER ML, Vizepräsidentin der Leopoldina, Jacobs Center of Lifelong Learning Bremen und Vizepräsidentin der Jacobs University Bremen

Mitglieder
Prof. Dr. Patrick CRAMER ML, Gen-Zentrum der Ludwig-Maximilians-Universität München
Prof. Dr. Klaus FIEDLER ML, Psychologisches Institut, Universität Heidelberg
Prof. Dr. Carl Friedrich GETHMANN ML, Institut für Philosophie, Universität Duisburg-Essen
Prof. Dr. Wolfgang M. HECKL, Deutsches Museum München
Dr. Patrick ILLINGER, Süddeutsche Zeitung, München
Prof. Dr. Bernhard IRRGANG, Institut für Philosophie, Technische Universität Dresden
Prof. Dr. Christoph KLAUER ML, Institut für Psychologie, Universität Freiburg (i. Br.)
Prof. Dr. Renate KÖCHER, Institut für Demoskopie Allensbach
Prof. Dr. Ortwin RENN, Institut für Sozialwissenschaften, Universität Stuttgart
Prof. Dr. Lothar WILLMITZER ML, Max-Planck-Institut für molekulare Pflanzenphysiologie, Potsdam

Wissenschaftsethik

Sprecher
Prof. Dr. Philipp U. HEITZ ML, Sekretar der Klasse 3 und Mitglied des Präsidiums der Leopoldina, Departement Pathologie, Universität Zürich (Schweiz)
Prof. Dr. Hans-Peter ZENNER ML, Mitglied des Präsidiums der Leopoldina, Universitäts-Hals-Nasen-Ohren-Klinik, Eberhard-Karls-Universität Tübingen

Mitglieder
Prof. Dr. Otfried HÖFFE ML, Philosophisches Institut, Eberhard-Karls-Universität Tübingen
Prof. Dr. Christiane NÜSSLEIN-VOLHARD ML, Max-Planck-Institut für Entwicklungsbiologie, Tübingen
Prof. Dr. Peter PROPPING ML, Sekretar der Klasse 2 und Mitglied des Präsidiums der Leopoldina, Institut für Humangenetik, Universität Bonn
Prof. Dr. Bettina SCHÖNE-SEIFERT ML, Lehrstuhl für Ethik in der Medizin, Westfälische Wilhelms-Universität Münster
Prof. Dr. Rüdiger WOLFRUM ML, Max-Planck-Institut für ausländisches öffentliches Recht und Völkerrecht, Heidelberg

Zukunftsreport Wissenschaft

Ständige Mitglieder
Prof. Dr. Gunnar BERG ML, Vizepräsident der Leopoldina, Halle (Saale)
Prof. Dr. Martin J. LOHSE ML, Vizepräsident der Leopoldina, Institut für Pharmakologie und Vizepräsident der Universität Würzburg

Mitglieder auf Zeit
Prof. Dr. Rudolf AMANN ML, Max-Planck-Institut für Marine Mikrobiologie, Bremen
Prof. Dr. Roland EILS, Deutsches Krebsforschungszentrum, Heidelberg
Prof. Dr. Michael HECKER ML, Zentrum für Funktionelle Genomforschung, Greifswald
Prof. Dr. Regine KAHMANN ML, Max-Planck-Institut für Terrestrische Mikrobiologie, Marburg
Prof. Dr. Alfred PÜHLER ML, Centrum für Biotechnologie, Universität Bielefeld
Prof. Dr. Dierk SCHEEL ML, Leibniz-Institut für Pflanzenbiochemie, Halle (Saale)

CCI.
Dn. Bernhardinus Ramazzinus.
Curios. Hippocrates III.

Vid. Lit. Acad.
N° 129.

Archiater Mutinensis, Academicis Curiosis adscriptus d. 10. Sept. A. 1693. vid. de eo Giornale di Venezia Tom. 2. pag. 291. et ejus Oratio de Principis valetudine Lipsiae impressa.

Natus est d. 5. Nov. A. 1633. Carpi in regionis Cispadanae civitate, a patre Bartholomaeo, et matre Catharina Federzonia; post jacta latinitatis fundamenta, annos aetatis 19. Parmam profectus, ibi Philosophiae triennium operam dedit, ac per aliud triennium arti medicae sedulo incubuit, anno autem 1659. d. 21. Febr. Doctorali laurea decoratus fuit. Postea Romae praxi medicae addiscendae vacavit, quam et aliquot annos in Castro Ducali exercuit; et ob parum prosperam valetudinem in patriam reversus, sanitatem commodiorem ubi nactus fuit, Franciscam Pricilian uxorem duxit, ex qua quoque duas filias, filium suscepit, qui tamen octo mensis ileo decessit. Cum vero per plures annos ibidem naturae satisfecit, Mutinam A. 1671. se contulit, ubi aegris medendo inserviit, et A. 1675. in Urbis Lyceo primus medicinae theoricae professor electus fuit: cum a. A. 1700. ad Patavinam praxeos medicae cathedram Reatus Venetus vocavit, ubi strenue officiis suis satisfaciens, post severam hemicraniam, visu saltem amisso, nihilominus studiis porro vacare non intermisit, donec A. 1714. d. 5. Nov. graviter correptus apoplexia vitam cum morte commutavit. Ego vitam operibus meis, Genevae A. 1716. editis, addidi.

Clarus Tract. de constitutione A. 1690. epidemica. Mutinae A. 1690. 4.
et in Eph. nostr. Dec. II. Ann. 9.
A. 1691. Ibid. A. 1691. 4. et ad Eph. Ann. 10.
de fontium Mutinensium admiranda scaturigine. Mutin. 1691. 4.
Ephemeridibus barometricis Mutinensibus Anni 1694. 18. 1695. 12.
Tr. de constitutione A. 1692. epid. Mutinae. 1695. 4.
Tr. Francisci Ariosti † oleo montis Zibinii. Mutinae. 1690. in 12.
Tr. de morbis artificum. Mutinae. 1701. in 12.
Orationes. Patav. 1708. in 8. (vid. Giorn. Venet. Tom. 1.)
Tr. de Principis valetudine tuenda. Patav. 1710. in 4. (vid. Giorn. Venet. T. 4. et Act. L. 1711. Oct. p. 463.)
Or. de frigore hyemali. Eph. N.C. Cent. I. II. app.
Lib. de contagione epid. boum. Patav. 1711. 8. (vid. Giorn. Venet. Tom. 10.)

opera et edita Genev. 1716. 4.

Neugewählte Mitglieder

Prof. Ph.D.
Maria Amparo Acker-Palmer
*10. 9. 1968 Sueca (Valencia, Spain)

Section: Human Genetics and Molecular Medicine
Matricula Number: 7481
Date of Election: 24th May 2012

Present Position:
W3 Professor/Department Chair Molecular and Cellular Neurobiology, Institute of Cell Biology and Neurosciences, Biology Faculty, Goethe University Frankfurt (Main) (since 2011) and Faculty member of the Focus Program Translational Neurosciences (FTN) of the Johannes Gutenberg University, Mainz (since 2012)

Education and Career:
- 1986–1991 Bachelor of Biology (Biochemistry), Valencia University (Spain);
- 1992–1996 Ph.D. Thesis ("Characterization of the proteasome in different subcellular locations", summa cum laude, directed by Erwin KNECHT at the *Instituto de Investigaciones Citológicas*, Valencia [Spain]);
- 1992/93/94 Visiting research scientist, Department of Biochemistry University of Leicester (UK);
- 1996–2011 Postdoctoral Fellow, Developmental Biology, European Molecular Biology Laboratory (EMBL), Heidelberg (Germany), Signal Transduction (Supervisor: Angel NEBREDA) and Neurobiology (Supervisor: Ruediger KLEIN);
- 2001–2007 Group leader, Max-Planck Institute of Neurobiology, Martinsried (Germany);
- 2007–2011 W2 Professor, Cluster of Excellence Macromolecular Complexes (CEF) Goethe University Frankfurt (Main);
- 2010 Call W3 Professor-Director, Institute of Cellular Biophysics, Research Center Jülich GmbH, Helmholtz Society and the Heinrich-Heine-Universität Düsseldorf (declined);
- since 2011 W3 Professor and Department Chair Molecular and Cellular Neurobiology, Institute of Cell Biology and Neurosciences, Biology Faculty, Goethe University Frankfurt (Main)
- since 2012 Faculty *Forschungsschwerpunkt Translationale Neurowissenschaften* (FTN) Johannes-Gutenberg-Universität Mainz.

Main Fields of Work:
- Developmental Neurobiology;
- Neurovascular Link;
- Angiogenesis;
- Tumor Biology.

Memberships and Honours (Selection):
- 1997 Ph.D. Extraordinary Award by Valencia University;
- 2010 Paul Ehrlich and Ludwig Darmstädter Prize for Young Investigators;
- since 2012 Gutenberg Forschungskolleg (GFK) Fellow;
- Marie Curie Fellowship Association;
- American Society for Biochemistry and Molecular Biology (ASBMB);
- German Neuroscience Society;
- German Society for Cell Biology;
- German Society for Biochemistry and Molecular Biology;
- Interdisciplinary Center for Membrane Proteomics Frankfurt (CMP);
- Cluster of Excellence "Macromolecular Complexes" (CEF);
- Cluster of Excellence "Cardio-Pulmonary System" (ECCPS).

Cooperation in Organisations and Committees (Selection):
- 2009–2012 Board of Directors Cluster of Excellence Macromolecular Complexes;
- since 2011 Vice-speaker of the Rhine-Main-Neuroscience Network (rmn2);
- since 2012 Speaker GRADE-Brain (Frankfurt University);
- since 2013 Deputy-Speaker SFB 1080 "Molecular and Cellular Mechanisms of Neuronal Homeostasis" Mainz/Frankfurt.

Publications (Selection):
- PALMER, A., ZIMMER, M., ERDMANN, K. S., EULENBURG, V., PORTHIN, A., HEUMANN, R., DEUTSCH, U., and KLEIN, R.: EphrinB phosphorylation and reverse signaling: regulation by Src kinases and PTP-BL phosphatase. Molecular Cell 9, 725–737 (2002)
- SEGURA, I., ESSMANN, C. L., WEINGES, S., and ACKER-PALMER A.: Grb4 and GIT1 transduce ephrinB reverse signals modulating spine morphogenesis and synapse formation. Nature Neurosci. 10, 301–310 (2007)
- ESSMANN, C. L., MARTINEZ, E., GEIGER, J., ZIMMER, M., TRAUT, M., STEIN, V., KLEIN, R., and ACKER-PALMER, A.: Serine phosphorylation of ephrinB2 regulates trafficking of synaptic AMPA receptors. Nature Neurosci. 11, 105–104 (2008)
- SAWAMIPHAK, S., SEIDEL, S., ESSMANN, C. L., WILKINSON, G., PITULESCU, M. E., ACKER, T., and ACKER-PALMER, A.: EphrinB2 regulates VEGFR2 function in developmental and tumour angiogenesis. Nature 465, 487–491 (2010)
- SENTURK, A., PFENNIG, S., WEISS, A., BURK, K., and ACKER-PALMER, A.: EphrinBs are functional co-receptors for Reelin to regulate neuronal migration. Nature 472, 356–360 (2011)

Prof. Dr. rer. nat.
Annette G. Beck-Sickinger
*28. 10. 1960 Aalen

Sektion: Chemie
Matrikel-Nummer: 7466
Aufnahmedatum: 21. 3. 2012

Derzeitige berufliche Position:
Professorin (C4) für Bioorganische Chemie und Biochemie an der Universität Leipzig

Ausbildung und beruflicher Werdegang:
- 1986 Diplom Chemie an der Eberhard-Karls-Universität Tübingen;
- 1989 Promotion in Organischer Chemie unter Anleitung von G. JUNG an der Eberhard-Karls-Universität Tübingen;
- 1990 Diplom Biologie an der Eberhard-Karls-Universität Tübingen;
- 1990–1991 Postdoktoriat an der Eidgenössischen Technischen Hochschule (ETH) Zürich (E. CARAFOLI) (Schweiz);
- 1992 Forschungsaufenthalt Rigshospitalet Kopenhagen (T. W. SCHWARTZ) (Dänemark);
- 1995 Habilitation für Biochemie, Universität Tübingen;
- 1997–1999 Assistenzprofessur Pharmazeutische Biochemie ETH Zürich;
- 1999 Berufung als C4-Professorin für Bioorganische Chemie und Biochemie an die Universität Leipzig;
- 2009 Gastprofessur an der Vanderbilt University, Nashville (TN, USA).

Hauptarbeitsgebiete:
- Peptid-Protein-Interaktionen mit Schwerpunkt auf Wechselwirkungen von Peptid- und Protein-Liganden mit G-Protein-gekoppelten Rezeptoren;
- Modulation und Aufklärung der Wirkmechanismen, Bindung und Signaltransduktion;
- Entwicklung von therapeutischen Peptiden und Proteinen zur Behandlung metabolischer Erkrankungen, in der Tumortherapie und in der Schmerzforschung;
- chemische Modifizierung von Proteinen;
- selektive Immobilisierung von Proteinen an Oberflächen in der Biotechnologie;
- Entwicklung neuartiger Biomaterialien durch multifunktionelle Beschichtung.

Mitgliedschaften und Ehrungen (Auswahl):
- 1997 „Scientia Europaea", Pornichet (Frankreich);
- 1997 Leonidas Zervas Award der European Peptide Society;
- 1998 Phoenix-Science Award;
- 2009 Sigma-Aldrich-Award Lecture der Royal Chemical Society Netherlands;

- 2009 Max-Bergmann-Medaille in Gold;
- seit 2009 Mitglied der Sächsischen Akademie der Wissenschaften;
- 2010 George Cornell Lecture, Toronto University (Kanada).

Mitarbeit in Organisationen und Gremien (Auswahl):
- seit 2012 Mitglied im Wissenschaftsrat der Bundesregierung;
- Mitglied im Kuratorium der Mercator-Stiftung;
- Mitglied des Hochschulrats der Universität Leipzig und der Universität Hohenheim;
- Mitglied im Kuratorium der Gesellschaft für Biochemie und Molekularbiologie;
- Mitglied im Kuratorium des Fonds der Chemischen Industrie;
- Mitglied des Wissenschaftlichen Beirats, Helmholtz-Zentrum Dresden-Rossendorf;
- 2004–2011 Mitglied des Vorstands, 2006–2008 Vizepräsidentin, Gesellschaft Deutscher Chemiker;
- Mitglied des Innovationsbeirats der Sächsischen Landesregierung;
- 2004–2012 Fachkollegiatin, 2008–2012 Sprecherin, DFG-Fachkollegium „Grundlagen der Biologie und Medizin";
- 2001–2012 Sprecherin des DFG-Sonderforschungsbereiches 610 „Proteinzustände mit zellbiologischer und medizinischer Relevanz";
- Vertrauensdozentin der Studienstiftung des Deutschen Volkes.

Veröffentlichungen (Auswahl):
- David, R., Günther, R., Baumann, L., Lühmann, T., Seebach, D., Hofmann, H. J., and Beck-Sickinger, A. G.: Artificial chemokines: combining chemistry and molecular biology for the elucidation of interleukin-8 functionality. J. Amer. Chem. Soc. *130*, 15311–15317 (2008)
- Haack, M., Enck, S., Seger, H., Geyer, A., and Beck-Sickinger, A. G.: Pyridone dipeptide backbone scan to elucidate structural properties of a flexible peptide segment. J. Amer. Chem. Soc. *130*, 8326–8336 (2008)
- Bellmann-Sickert, K., and Beck-Sickinger, A. G.: Peptide drugs to target G protein-coupled receptors. Trends Pharmacol. Sci. *31*, 434–441 (2010)
- Khan, I. U., Zwanziger, D., Böhme, I., Javed, M., Naseer, H., Hyder, S. W., and Beck-Sickinger, A. G.: Breast-cancer diagnosis by neuropeptide Y analogues: from synthesis to clinical application. Angew. Chem. Int. Ed. Engl. *49*, 1155–1158 (2010)
- Kosel, D., Heiker, J. T., Juhl, C., Wottawah, C. M., Blüher, M., Mörl, K., and Beck-Sickinger, A. G.: Dimerization of adiponectin receptor 1 is inhibited by adiponectin. J. Cell Sci. *123*, 1320–1328 (2010)
- Bellmann-Sickert, K., and Beck-Sickinger, A. G.: Palmitoylated SDF1a shows increased resistance against proteolytic degradation in liver homogenates. ChemMedChem. *6*, 193–200 (2011)
- Ahrens, V. M., Bellmann-Sickert, K., and Beck-Sickinger, A. G.: Peptides and peptide conjugates: therapeutics on the upward path. Future Med. Chem. *4*, 1567–1586 (2012)
- Baumann, L., Prokoph, S., Gabriel, C., Freudenberg, U., Werner, C., and Beck-Sickinger, A. G.: A novel, biased-like SDF-1 derivative acts synergistically with starPEG-based heparin hydrogels and improves eEPC migration in vitro. J. Control Release *162*, 68–75 (2012)
- Nordsieck, K., Pichert, A., Samsonov, S. A., Thomas, L., Berger, C., Pisabarro, M. T., Huster, D., and Beck-Sickinger, A. G.: Residue 75 of interleukin-8 is crucial for its interactions with glycosaminoglycans. ChemBioChem. *13*, 2558–2566 (2012)
- Rathmann, D., Lindner, D., DeLuca, S. H., Kaufmann, K. W., Meiler, J., and Beck-Sickinger, A. G.: Ligand-mimicking receptor variant discloses binding and activation mode of prolactin-releasing peptide. J. Biol. Chem. *287*, 32181–32194 (2012)

Neugewählte Mitglieder

Prof. M. D.
Bruce Alan Beutler
*29th December 1957 Chicago (IL, USA)

Section: Genetics/Molecular Biology and Cell Biology
Matricula Number: 7482
Date of Election: 24th May 2012

Present Position:
Regental Professor and Director, Center for the Genetics of Host Defense, Raymond and Ellen Willie Distinguished Chair in Cancer Research in Honor of Laverne and Raymond Willie, Sr.

Education and Career:
- 1976 Undergraduate: B. A., University of California, San Diego (Revelle College) (CA, USA);
- 1981 M. D., Medical School, University of Chicago (IL, USA);
- 1983–1985 Fellow, The Rockefeller University New York (NY, USA);
- 1984–1986 Associate, The Rockefeller University Hospital Physician New York;
- 1985 Professor 1986 Assistant Associate Physician, The Rockefeller University, New York;
- 1986–1990 Assistant, Department of Internal Medicine;
- 1986–1991 Investigator, The Howard Hughes Medical Institute Dallas (TX, USA);
- 1990–1996 Associate, Department of Internal Medicine;
- 1991–2000 Associate, The Howard Hughes Medical Institute Investigator Dallas;
- 1991–2000 Assistant, The Howard Hughes Medical Institute Investigator Dallas;
- 1996–2000 Professor, Department of Internal Medicine, University of Texas (UT), Southwestern Medical Center, Dallas;
- 2000–2011 Professor, Department of Immunology and Microbial Sciences, The Scripps Research Institute, La Jolla (CA, USA);
- 2007–2011 Chairman Department of Genetics, The Scripps Research Institute, La Jolla;
- Regental Professor and Director UT Southwestern Medical Center, Dallas.

Main Fields of Work:
- Genetic analysis of the mammalian immune response.

Memberships and Honours (Selection):
- 1990 Elected Member, American Society for Clinical Investigation (USA);
- 1993 Alexander von Humboldt Prize (Germany);
- 1994 Young Investigator Award (American Federation for Clinical Research, USA);
- 2001 "Highly Cited" Researcher, Institute for Scientific Information (USA);

- 2001 Elected Member, Association of American Physicians (USA);
- 2004 Robert Koch Prize (Robert-Koch-Stiftung, Germany);
- 2006 Gran Prix Charles-Léopold Mayer (Académie des Sciences, France);
- 2006 William B. Coley Award (Cancer Research Institute, USA);
- 2007 Balzan Prize (International Balzan Foundation, Italy and Switzerland);
- 2007 Dr. med. h. c., Technical University of Munich (Germany);
- 2007–2016 Recipient of NIH/NIGMS MERIT Award (USA);
- 2008 Elected Member, The Institute of Medicine of the National Academies (USA);
- 2008 Elected Member, The National Academy of Sciences (USA);
- 2008 Frederik B. Bang Award (The Stanley Watson Foundation, USA);
- 2009 Albany Medical Center Prize in Medicine and Biomedical Research;
- 2009 Elected Associate Member, European Molecular Biology Organization (EMBO);
- 2009 Honorary Doctoral Degree, Xiamen University (China);
- 2009 Will Rogers Institute Annual Prize for Scientific Research;
- 2010 University of Chicago, Professional Achievement Citation;
- 2011 Nobel Prize in Physiology or Medicine;
- 2011 Shaw Prize in Life Science and Medicine 2011, Hong Kong (China);
- 2012 Drexel Medicine Prize in Immunology;
- 2012 Officier de la Legion D'Honneur (France);
- 2013 Korsmeyer Award.

Editorial Activities (Selection):
- *PeerJ* (Honorary Academic Advisory Board);
- *Journal of Biological Chemistry* (Editorial Board);
- *Journal of Innate Immunity* (Editorial Board);
- *Journal of Experimental Medicine* (Advisory Editor);
- *Journal of Clinical Investigation* (Consulting Editor);
- *Microbes and Infection* (Editorial Board);
- *Journal of Endotoxin Research* (Editorial Board);
- *Nature Reviews Immunology* (Highlights Consulting Editor).

Publications (Selection):
- BEUTLER, B., GREENWALD, D., HULMES, J. D., CHANG, M., PAN, Y. C., MATHISON, J., ULEVITCH, R., and CERAMI, A.: Identity of tumour necrosis factor and the macrophage-secreted factor cachectin. Nature *316*, 552–554 (1985)
- PEPPEL, K., CRAWFORD, D., and BEUTLER, B.: A tumor necrosis factor (TNF) receptorIgG heavy chain chimeric protein as a bivalent antagonist of TNF activity. Journal of Experimental Medicine *174*, 1483–1489 (1991)
- POLTORAK, A., HE, X., SMIRNOVA, I., LIU, M.-Y., VAN HUFFEL, C., DU, X., BIRDWELL, D., ALEJOS, E., SILVA, M., GALANOS, C., FREUDENBERG, M., RICCIARDI-CASTAGNOLI, P., LAYTON, B., and BEUTLER, B.: Defective LPS signaling in C3H/HeJ and C57BL/10ScCr mice: Mutations in the *TLR4* gene. Science *282*, 2085–2088 (1998)

Prof. Dr. med.
Michael Böhm
*18. 9. 1958 Bückeburg (Niedersachsen)

Sektion: Innere Medizin und Dermatologie
Matrikel-Nummer: 7498
Aufnahmedatum: 11. 7. 2012

Derzeitige berufliche Position:
Direktor der Klinik für Innere Medizin III (Kardiologie, Angiologie und internistische Intensivmedizin) am Universitätsklinikum des Saarlandes in Homburg/Saar (seit 2000)

Ausbildung und beruflicher Werdegang:
– Studium der Humanmedizin an der Medizinischen Hochschule Hannover;
– Ausbildung zum Arzt für Innere Medizin mit der Weiterbildung Kardiologie am Universitätsklinikum Großhadern;
– Wechsel an die Klinik für Innere Medizin III der Universität zu Köln als Oberarzt;
– 1994 Aufnahme in das Heisenberg-Programm;
– 1995 Ruf auf eine C3-Professur für Kardiologie an der Universität zu Köln;
– 2000 Berufung auf die C4-Professur für Kardiologie, Angiologie und internistische Intensivmedizin in Homburg/Saar.

Hauptarbeitsgebiete:
– Experimentelle und klinische Studien bei chronischer und akuter Herzinsuffizienz, vaskuläre Biologie;
– Interventionelle Therapie bei schwerem Hochdruck;
– Pathomechanismen und Signaltherapie bei der hypertensiven Herzerkrankung und der Herzinsuffizienz.

Mitgliedschaften und Ehrungen (Auswahl):
– 1988 Forschungspreis des Bundesministeriums für Bildung und Forschung (BMBF);
– 1989 Theodor-Frerichs-Preis der Deutschen Gesellschaft für Innere Medizin;
– 1992 Fraenkel-Preis der Deutschen Gesellschaft für Kardiologie (DGK);
– 1992 Wissenschaftspreis Klinische Forschung der Smith Kline Beecham-Stiftung;
– 1993 Gerhard-Hess-Programm der Deutschen Forschungsgemeinschaft;
– 1996 Walter-Clawiter-Preis 1995 der Universität Düsseldorf (Hochdruckforschung);
– 1997 E. K. Frey-Preis der Deutschen Gesellschaft für Internistische Intensivmedizin
– 2000 Arthur-Weber-Preis der DGK;
– 2002 Franz-Groß-Wissenschaftspreis der Deutschen Hochdruck-Liga;
– 2008 Franz-Loogen-Preis, Gesellschaft zur Förderung der Herz-Kreislaufforschung;
– 2012 Ernennung zum Ehrenmitglied der Ungarischen Gesellschaft für Kardiologie;
– 2012 Verdienstkreuz am Bande des Verdienstordens der Bundesrepublik Deutschland.

Herausgebertätigkeiten (Auswahl):
- *Clinical Research in Cardiology* (Chief Editor);
- *Basic Research in Cardiology* (Corresponding Editor);
- Editoral Board: *European Heart Journal*, *Cardiovascular Research* u. a.

Mitarbeit in Organisationen und Gremien (Auswahl):
- 1998–2001 Vorstandsmitglied der Deutschen Liga zur Bekämpfung des hohen Blutdruckes;
- 2000–2006 Vorstand der Working Group of Heart Failure der European Society of Cardiology (ESC);
- 2006–2012 Vorstandsmitglied der Deutschen Gesellschaft für Kardiologie (DGK);
- 2009–2011 Präsident der Deutschen Gesellschaft für Kardiologie (DGK);
- 2009–2011 Vorstandsmitglied der ESC, Chairman des Scientific Programme Committees der ESC.

Veröffentlichungen (Auswahl):
- Böhm, M., Baumhäkel, M., Koon, T., Sleight, P., Probstfield, J., Gao, P., Mann, J. F., Diaz, R., Dagenais, G. R., Jennings, G. L. R., Liu, L., Jansky, P., Yusuf, S., and for the *ONTARGET/TRANSCEND Erectile Dysfunction Substudy Investigators*: Erectile dysfunction predicts cardiovascular events in high-risk patients receiving telmisartan, ramipril, or both. Circulation *121*, 1439–1446 (2010)
- Böhm, M., Swedberg, K., Komajda, M., Borer, J. S., Ford, I., Dubost-Brama, A., Tavazzi, L., and on behalf of the *SHIFT Investigators*: Heart rate as a risk factor in chronic heart failure (SHIFT): the association between heart rate and outcomes in a randomised placebo-controlled trial. Lancet *376*, 886–894 (2010)
- Esler, M. D., Krum, H., Sobotka, P. A., Schlaich, M. P., Schmieder, R. E., Böhm, M., and on behalf of the *Symplicity HTN-2 Investigators*: Renal sympathetic denervation in patients with treatment-resistant hypertension (The Symplicity HTN-2 Trial): a randomised controlled trial. Lancet *376*, 1903–1909 (2010)
- Ruilope, L. M., Dukat, A., Böhm, M., Lacourcière, Y., Gong, J., and Lefkowitz, M.: Blood pressure reduction with LCZ696, a novel dual-acting inhibitor of the angiotensin II receptor and neprilysin: a randomized, double-blind, placebo-controlled, active comparator study. Lancet *375*, 1255–1266 (2010)
- Swedberg, K., Komajda, M., Böhm, M., Borer, J. S., Ford, I., Dubost-Brama, A., Lerebours, G., Tavazzi, L., and on behalf of the *SHIFT Investigators*: Ivabradine and outcomes in chronic heart failure (SHIFT): a randomised placebo-controlled study. Lancet *376*, 875–885 (2010)
- Mahfoud, F., Schlaich, M., Kindermann, I., Ukena, C., Cremers, B., Brandt, M. C., Hoppe, U. C., Vonend, O., Esler, M., and Böhm, M.: Effect of renal sympathetic denervation on glucose metabolism in patients with resistant hypertension. Circulation *123*, 1940–1946 (2011)

Prof. Dr. med. habil.
Arndt Borkhardt
*22. 9. 1963 Lübz (Mecklenburg-Vorpommern)

Sektion: Gynäkologie und Pädiatrie
Matrikel-Nummer: 7499
Aufnahmedatum: 11. 7. 2012

Derzeitige berufliche Position:
Lehrstuhlinhaber und Direktor der Klinik für Kinder-Onkologie, -Hämatologie und Klinische Immunologie, am Universitätsklinikum der Heinrich-Heine-Universität Düsseldorf (seit 2006)

Ausbildung und beruflicher Werdegang:
- 1984–1990 Medizinstudium an der Medizinischen Akademie Magdeburg;
- 1990 Promotion an der Medizinischen Akademie Magdeburg;
- 1990–1991 Assistenzarzt; Medizinische Akademie Magdeburg;
- 1991–1998 Ausbildung zum Facharzt für Kinderheilkunde am Zentrum für Kinderheilkunde der Justus-Liebig-Universität Gießen;
- 1998 Oberarzt für pädiatrische Intensivmedizin und pädiatrische Hämatologie/Onkologie am Zentrum für Kinderheilkunde der Justus-Liebig-Universität Gießen;
- 1999 Habilitation für das Fach Kinderheilkunde (Thema: „Molekulargenetik chromosomaler Aberrationen bei Hämoblastosen im Kindesalter"), Ernennung zum Privatdozenten am Zentrum für Kinderheilkunde der Justus-Liebig-Universität Gießen;
- 2003 C3-Professor, Leiter der Abteilung für Pädiatrische Hämatologie/Onkologie am Dr. von Haunerschen Kinderspital der Ludwig-Maximilians-Universität München;
- 2005/2006 Ruferteilungen auf C4/W3-Professuren für Pädiatrische Hämatologie/Onkologie bzw. Allgemeine Pädiatrie von den Universitäten Halle, Essen, Düsseldorf und Jena;
- seit 2006 Lehrstuhl für Kinder-Hämatologie, -Onkologie und Klinische Immunologie und Direktor der gleichnamigen Klinik am Universitätsklinikum der Heinrich-Heine-Universität Düsseldorf.

Hauptarbeitsgebiete:
- Pädiatrische Onkologie (Etablierung neuer methodischer Verfahren zum molekulargenetischen Nachweis von Genrekombinationen in Leukämiezellen);
- Verständnis der Pathogenese der akuten lymphatischen Leukämie im Kindesalter.

Mitgliedschaften und Ehrungen (Auswahl):
- Gesellschaft für Pädiatrische Onkologie und Hämatologie;
- European Hematology Association;
- American Society of Hematology;

- 1998 Adalbert-Czerny-Preis der Deutschen Gesellschaft für Kinderheilkunde;
- 1999 Forschungspreis der Kind-Philipp-Stiftung für Leukämieforschung;
- 2001 Forschungspreis der Deutschen Gesellschaft für Hämatologie und Onkologie;
- 2006 Carus-Medaille der Deutschen Akademie für Naturforscher Leopoldina.

Mitarbeit in Organisationen und Gremien (Auswahl):
- Mitglied des Board der European Hematology Association.

Veröffentlichungen (Auswahl):
- BORKHARDT, A., FUCHS, U., and TUSCHL, T.: MicroRNA in chronic lymphocytic leukemia. New Engl. J. Med. *354*/5, 524–525 (2006)
- SCHUETZ, C., HUCK, K., GUDOWIUS, S., MEGAHED, M., FEYEN, O., HUBNER, B., SCHNEIDER, D. T., MANFRAS, B., PANNICKE, U., WILLEMZE, R., KNÜCHEL, R., GÖBEL, U., SCHULZ, A., BORKHARDT, A., FRIEDRICH, W., SCHWARZ, K., and NIEHUES, T.: An immunodeficiency disease with RAG mutations and granulomas. New Engl. J. Med. *358*/19, 2030–2038 (2008)
- HUCK, K., FEYEN, O., NIEHUES, T., RÜSCHENDORF, F., HÜBNER, N., LAWS, H. J., TELIEPS, T., KNAPP, S., WACKER, H. H., MEINDL, A., JUMAA, H., and BORKHARDT, A.: Girls homozygous for an IL-2-inducible T cell kinase mutation that leads to protein deficiency develop fatal EBV-associated lymphoproliferation. J. Clin. Invest. *119*/5, 1350–1358 (2009)
- HOELL, J. I., LARSSON, E., RUNGE, S., NUSBAUM, J. D., DUGGIMPUDI, S., FARAZI, T. A., HAFNER, M., BORKHARDT, A., SANDER, C., and TUSCHL, T.: RNA targets of wild-type and mutant FET family proteins. Nature Struct. Mol. Biol. *18*/12, 1428–1431 (2011)
- LINKA, R. M., RISSE, S. L., BIENEMANN, K., WERNER, M., LINKA, Y., KRUX, F., SYNAEVE, C., DEENEN, R., GINZEL, S., DVORSKY, R., GOMBERT, M., HALENIUS, A., HARTIG, R., HELMINEN, M., FISCHER, A., STEPENSKY, P., VETTENRANTA, K., KÖHRER, K., AHMADIAN, M. R., LAWS, H. J., FLECKENSTEIN, B., JUMAA, H., LATOUR, S., SCHRAVEN, B., and BORKHARDT, A.: Loss-of-function mutations within the IL-2 inducible kinase ITK in patients with EBV-associated lymphoproliferative diseases. Leukemia *26*/5, 963–971 (2012)
- WILDENHAIN, S., INGENHAG, D., RUCKERT, C., DEGISTIRICI, Ö., DUGAS, M., MEISEL, R., HAUER, J., and BORKHARDT, A.: Homeobox protein HB9 binds to the prostaglandin E receptor 2 promoter and inhibits intracellular cAMP mobilization in leukemic cells. J. Biol. Chem. *287*/48, 40703–40712 (2012)

Prof. Dr. med. vet. Dr. med. vet. h.c.
Ueli Braun
*7. 11. 1951 Frauenfeld (Schweiz)

Sektion: Veterinärmedizin
Matrikel-Nummer: 7500
Aufnahmedatum: 11. 7. 2012

Derzeitige berufliche Position:
Ordentlicher Professor für Innere Krankheiten der Wiederkäuer und Direktor des Departements für Nutztiere, Vetsuisse-Fakultät, Universität Zürich (Schweiz) (seit 1993)

Ausbildung und beruflicher Werdegang:
- 1975 Staatsexamen in Veterinärmedizin, Universität Zürich;
- 1977–1984 Assistent an der Gynäkologischen Tierklinik, Universität München;
- 1978 Promotion zum Dr. med. vet., Universität Zürich;
- 1984 Habilitation, Universität München;
- 1985–1987 Oberassistent und Privatdozent, Vetsuisse-Fakultät, Universität Zürich;
- 1987–1993 Außerordentlicher Professor für Innere Krankheiten der Wiederkäuer, Universität Zürich;
- seit 1993 Ordentlicher Professor für Innere Krankheiten der Wiederkäuer und Direktor der Klinik für Wiederkäuer, Universität Zürich;
- 1995–2001 Vorsteher des Departements für Innere Veterinärmedizin, Universität Zürich;
- seit 1996 Vorsitzender der Klinikdirektorenkonferenz, Tierspital, Universität Zürich;
- seit 2001 Fachtierarzt für Rinder (Gesellschaft Schweizerischer Tierärzte);
- seit 2002 Vorsteher des Departements für Nutztiere, Universität Zürich;
- seit 2004 Diplomate des European College of Bovine Health Management (ECBHM).

Hauptarbeitsgebiete:
- Betreuung der in das Tierspital Zürich eingelieferten Rinder, Schafe und Ziegen mit inneren Erkrankungen;
- Lehre auf dem Gebiet der inneren Krankheiten der Wiederkäuer;
- Ultraschalluntersuchung der inneren Organe des Rindes;
- infektiöse Erkrankungen des Rindes (*Border Disease*, *Mucosal Disease*);
- Untersuchungen über das Fressen und Wiederkauen von Rindern unter verschiedenen Bedingungen.

Mitgliedschaften und Ehrungen (Auswahl):
- Gesellschaft der Schweizerischen Tierärzte;
- Schweizerische Vereinigung für Wiederkäuermedizin;

- European College of Bovine Health Management (ECBHM);
- 2004 Ehrendoktor der Tierärztlichen Fakultät der Universität München.

Herausgebertätigkeiten (Auswahl):
- *Atlas und Lehrbuch der Ultraschalldiagnostik beim Rind* (Parey Buchverlag, Berlin);
- *BSE und andere spongiforme Enzephalopathien* (Parey Buchverlag, Berlin);
- Lehrfilm über BSE in verschiedenen Sprachen;
- *Schweizer Archiv für Tierheilkunde* (Mitglied im Wissenschaftlichen Beirat).

Mitarbeit in Organisationen und Gremien (Auswahl):
- Vorsitzender der Klinikdirektorenkonferenz des Tierspitals, Universität Zürich;
- Mitarbeit in zahlreichen Kommissionen der Vetsuisse-Fakultät, Universität Zürich;
- Prodekan für Lehre, Vetsuisse-Fakultät, Universität Zürich (während 6 Jahren);

Veröffentlichungen (Auswahl):
- BRAUN, U., IRMER, M., AUGSBURGER, H., MÜLLER, U., JUD, R., and OHLERTH, S.: Computed tomography of the abdomen in Saanen goats: II. Liver, spleen, abomasum, and intestine. Schweiz. Arch. Tierheilk. *153*, 314–320 (2011)
- BRAUN, U., IRMER, M., AUGSBURGER, H., and OHLERTH, S.: Computed tomography of the abdomen in Saanen goats: III. Kidneys, ureters and urinary bladder. Schweiz. Arch. Tierheilk. *153*, 321–329 (2011)
- BRAUN, U., IRMER, M., AUGSBURGER, H., JUD, R., and OHLERTH, S.: Computed tomography of the abdomen in Saanen goats: I. Reticulum, rumen and omasum. Schweiz. Arch. Tierheilk. *153*, 307–313 (2011)
- BRAUN, U., and JACQUAT, D.: Ultrasonography of the reticulum in 30 Saanen goats. Acta Vet. Scand. *53*, 19 (2011)
- BRAUN, U., and JACQUAT, D.: Ultrasonography of the omasum in 30 Saanen goats. BMC Vet. Res. *7*, 11 (2011)
- BRAUN, U., JACQUAT, D., and HÄSSIG, M.: Ultrasonography of the rumen in 30 Saanen goats. Schweiz. Arch. Tierheilk. *153*, 393–399 (2011)
- BRAUN, U., STEININGER, K., TSCHUOR, A., and HÄSSIG, M.: Ultrasonographic examination of the small intestine, large intestine and greater omentum in 30 Saanen goats. Vet. J. *189*, 330–335 (2011)
- BRAUN, U., and GAUTSCHI, A.: Ultrasonography of the reticulum, rumen, omasum and abomasum in 10 calves before, during and after ingestion of milk. Schweiz. Arch. Tierheilk. *154*, 287–297 (2012)
- BRAUN, U., GAUTSCHI, A., TSCHUOR, A., and HÄSSIG, M.: Ultrasonography of the reticulum, rumen, omasum and abomasum before, during and after ingestion of hay and grass silage in 10 calves. Res. Vet. Sci. *93*, 1407–1412 (2012)

Prof. Dr. rer. nat.
Marc Burger
*31. 10. 1959 Neuchâtel (Schweiz)

Sektion: Mathematik
Matrikel-Nummer: 7467
Aufnahmedatum: 21. 3. 2012

Derzeitige berufliche Position:
Ordentlicher Professor für Mathematik an der Eidgenössischen Technischen Hochschule (ETH) Zürich (Schweiz, seit 1997)

Ausbildung und beruflicher Werdegang:
– 1983 Diplome de Mathématicien („Sur les representations de Weil des groupes symplectiques"), Université de Lausanne (Schweiz);
– 1986 Docteur ès Sciences („Petites valeurs propres du laplacien et topologie de Fell"), Université de Lausanne;
– 1989–1990 Invited Assistant Professor, Stanford University (CA, USA);
– 1990 Habilitation („Small eigenvalues of Riemann surfaces and graphs"), Universität Basel (Schweiz);
– 1990–1991 Mitglied am Institute for Advanced Study Princeton (NJ, USA);
– 1991–1992 Invited Professor, Graduate Center, City University of New York (CUNY, NY, USA);
– 1992–1997 Professeur ordinaire, Université de Lausanne;
– 1997 Berufung als ordentlicher Professor, ETH Zürich;
– 1999–2009 Direktor des Forschungsinstitutes für Mathematik, ETH Zürich.

Hauptarbeitsgebiete:
– Entwicklung der beschränkten stetigen Kohomologie und Anwendungen in Starrheitstheorie, insbesondere in höheren Teichmüllertheorien;
– Produkte von Bäumen und Konstruktionen exotischer Gruppen.

Mitgliedschaften und Ehrungen (Auswahl):
– Invited Address, International Congress of Mathematicians, Zürich 1994.

Herausgebertätigkeiten (Auswahl):
– *International Mathematics Research Notices* (seit 1995);
– *Commentarii Mathematici Helvetici* (seit 1997);
– *Inventiones Mathematicae* (1994–2005).

Mitarbeit in Organisationen und Gremien (Auswahl):
- seit 2000 Mitglied, Conseil d'administration de l'Institut des Hautes Études Scientifiques, Bures-sur-Yvette (Frankreich);
- seit 2005 Mitglied des Forschungsrates des Schweizerischen Nationalfonds;
- 2006 International Mathematical Union (IMU), Committee on Lie Groups, ICM.

Veröffentlichungen (Auswahl):
- BURGER, M.: Horocycle flow on geometrically finite surfaces. Duke Math. J. *61*, 779–803 (1990)
- BURGER, M., and SARNAK, P.: Ramanujan duals II. Invent. Math. *106*, 1–11 (1991)
- BURGER, M., and MOZES, S.: Lattices in products of trees. Inst. Hautes Études Sci. Publ. Math. *92*, 151–194 (2000)
- BURGER, M., and MONOD, N.: Continuous bounded cohomology and applications to rigidity theory. Geom. Funct. Anal. *12*, 219–280 (2002)
- BURGER, M., IOZZI, A., and WIENHARD, A.: Surface group representations with maximal Toledo invariant. Ann. Math. *172*, 517–566 (2010)

Prof. Ph.D.
Webster K. Cavenee
*12th September 1951 Manhattan (KS, USA)

Section: Human Genetics and Molecular Medicine
Matricula Number: 7483
Date of Election: 24th May 2012

Present Position:
Director, Ludwig Institute for Cancer Research and Distinguished Professor of Medicine, University of California San Diego (CA, USA)

Education and Career:
– 1969–1973 B.Sc. (Microbiology), Kansas State University (KS, USA);
– 1973–1977 Ph.D. (Microbiology, honors), University of Kansas (KS, USA);
– 1977–1979 Anna Fuller Research Fellow, The Jackson Laboratory, Bar Harbor (ME, USA);
– 1979–1981 National Institute of Health (NIH) Research Fellow, Massachusetts Institute of Technology (MIT), Cambridge (MA, USA);
– 1981–1983 Associate, Howard Hughes Medical Institute, Salt Lake City (UT, USA);
– 1983–1986 Assistant/Associate Professor, Molecular Genetics, University of Cincinnati (OH, USA);
– 1986–1991 Director, Ludwig Institute for Cancer Research and Professor of Medicine, Pathology, Neurology, Human Genetics and Biology, McGill University, Montreal (Canada);
– since 1991 Director, Ludwig Institute for Cancer Research and Distinguished Professor of Medicine, University of California San Diego (CA, USA).

Main Fields of Work:
– Human genetics;
– Cancer biology;
– Cellular signaling.

Memberships and Honours (Selection):
– 1988 Rhoads Award, American Association for Cancer Research;
– 1990 Charles S. Mott Award, General Motors Cancer Research Foundation;
– 1994 Farber Prize, American Association of Neurological Surgeons;
– 1995 Elected Member, American Society of Clinical Investigation;
– 1997 Elected Member, National Academy of Sciences (USA);
– 2002 Anthony Dipple Award, European Association for Cancer Research;
– 2002 Raymond Bourgine Award, Paris (France);

- 2007 Albert Szent Gyorgyi Award, National Foundation for Cancer Research;
- 2007 AACR-Princess Takamatsu Award, American Association for Cancer Research.

Editorial Activities (Selection):
- *WHO Classification of Tumors of the CNS* (Editor);
- *Journal of Neuro-Oncology* (Editor).

Cooperation in Organisations and Committees (Selection):
- 2002–2004 Chair, Executive Committee, World Alliance of Cancer Research Organizations;
- 2004–2007 Scientific Advisory Board, Cancer Research Institute, National University of Singapore (Singapore);
- 2007–present Chair, Scientific Advisory Board, German Cancer Research Center, Heidelberg (Germany);
- 2009–present Scientific Advisory Board, Institute for Personalized Medicine, Barcelona (Spain).

Publications (Selection):
- CAVENEE, W. K., DRYJA, T. P., PHILLIPS, R. A., BENEDICT, W. F., GODBOUT, R., GALLIE, B. L., MURPHREE, A. L., STRONG, L. C., and WHITE, R. L.: Expression of recessive alleles by chromosomal mechanisms in retinoblastoma. Nature *305*, 779–784 (1983)
- CAVENEE, W. K., HANSEN, M. F., NORDENSKJOLD, M., KOCK, E., MAUMENEE, I., SQUIRE, J. A., PHILLIPS, R. A., and GALLIE, B. L.: Genetic origin of mutations predisposing to retinoblastoma. Science *228*, 501–503 (1985)
- CAVENEE, W. K., MURPHREE, A. L., SHULL, M. M., BENEDICT, W. F., SPARKES, R. S., KOCK, E., and NORDENSKJOLD, M.: Prediction of familial predisposition to retinoblastoma. New Engl. J. Med. *314*, 1201–1207 (1986)
- CAVENEE, W. K., and WHITE, R. L.: The genetic basis of cancer. Scientific American *272*, 50–57 (1995)
- LOUIS, D. N., OHGAKI, H., WIESTLER, O. D., and CAVENEE, W. K. (Eds.): Pathology and Genetics of Tumours of the Nervous System. 3rd edition. Lyon (France): IARC Press 2007

Prof. Dr. rer. nat.
Matthias Drieß
*7. 7. 1961 Eisenach

Sektion: Chemie
Matrikel-Nummer: 7468
Aufnahmedatum: 21. 3. 2012

Derzeitige berufliche Position:
Professor (W3) für Anorganische Chemie (Metallorganische Chemie und Anorganische Materialien) an der Technischen Universität Berlin (seit 2005)

Ausbildung und beruflicher Werdegang:
– 1981–1984 Studium der Chemie an der Universität Heidelberg;
– 1983–1985 Philosophie-Studium an der Universität Heidelberg;
– Abschlussarbeit: „Zum Logischen Empirismus von Rudolf Carnap und der Einheit der Wissenschaften";
– 1985 Chemie-Diplom (Diplomarbeit „Synthese und Struktur eines 1H-1,2,5-Phosphadiborol Derivats");
– 1985–1988 Wissenschaftlicher Angestellter am Anorganisch chemischen Institut der Universität Heidelberg;
– 1988 Promotion zum Dr. rer. nat. (Dissertation „Neue Bor-Phosphor-Heterocyclen mit Phosphoratomen in unterschiedlichen Koordinationszahlen");
– 1988–1989 Postdoktorand bei Prof. Dr. Robert WEST in Madison (WI, USA);
– 1990–1996 Wissenschaftlicher Assistent (C1) am Anorganisch-Chemischen Institut der Universität Heidelberg;
– 1993 Habilitation für Anorganische Chemie am Anorganisch-Chemischen Institut der Universität Heidelberg;
– 1993 Ernennung zum Privatdozent für Anorganische Chemie;
– 1996 Vertretung einer C3-Professur am Institut für Anorganische und Analytische Chemie der Universität Freiburg;
– 1996–2004 C4-Professor für Anorganische Chemie an der Ruhr-Universität Bochum („Cluster und Koordinationschemie");
– 2005–2009 C4-Professor für Chemie an der TU Berlin;
– ab 2009 W3-Professor für Anorganische Chemie an der TU Berlin.

Hauptarbeitsgebiete:
– Aktivierung kleiner Moleküle (z. B. Diwasserstoff, Disauerstoff, Ammoniak und Alkane) durch bioinspirierte Übergangsmetallkomplexe, darunter Modellkomplexe für Nickel- und Eisen-basierte Oxygenasen und Hydrogenasen;
– Metallfreie Aktivierung von reaktionsarmen Bindungen in kleinen Molekülen, insbesondere durch das Silicium (divalente Siliciumverbindungen, stabile Silanonkomplexe, kooperative Silicium-basierte Liganden);

– Metallorganische Präkursoren für Tieftemperatursynthesen von nanoskopischen Funktionsmaterialien für energieschonende Schlüsseltechnologien, wie die Katalyse und Optoelektronik, darunter molekular präorganisierte Materialiensynthesen von multinären Metalloxiden als Basismaterialien für energiesparende Dünnschicht-Feldeffekttransistoren; Molekulare Modelle für heterogene Katalysatoren.

Mitgliedschaften und Ehrungen (Auswahl):
– seit 1983 Mitglied der Gesellschaft Deutscher Chemiker (GDCh);
– 1988–1990 Liebig-Stipendiat des Fonds der Chemischen Industrie;
– 1995 Dozentenstipendium des Fonds der Chemischen Industrie;
– 1996 Akademiepreis für Chemie der Göttinger Akademie der Wissenschaften;
– 2000 Otto-Klung-Preis für Chemie;
– 2010 Alfred-Stock-Gedächtnispreis der Gesellschaft Deutscher Chemiker;
– 2011 Wacker Silicone Award.

Herausgebertätigkeiten (Auswahl):
– *Organometallics* (2009–2011 Mitglied des Scientific Advisory Board);
– *ChemPlusChem* (ab 2011 Mitglied des Editorial Boards).

Mitarbeit in Organisationen und Gremien (Auswahl):
– 2001–2004 und ab 2011 Mitglied der GDCh-Auswahlkommission der „Liebig Denkmünze";
– 2001–2005 Mitglied der PHD-Kommission (*P*romotionen an *H*ochschulen in *D*eutschland) des Deutschen Akademischen Austauschdienstes (DAAD) und der Deutschen Forschungsgemeinschaft (DFG);
– ab 2000 Vertrauensdozent des Stifterverbandes der Deutschen Wissenschaft für Berufungen auf Stiftungsprofessuren;
– 2003–2007 Vorstandsmitglied der Wöhler-Vereinigung für Anorganische Chemie;
– 2004–2007 Vizesprecher des Fachkollegiums „Molekülchemie" der DFG;
– seit 2007 Sprecher des DFG-Exzellenzclusters „Unifying Concepts in Catalysis";
– ab 2008 Vertrauensdozent der Studienstiftung des Deutschen Volkes;
– ab 2008 Mitglied des Scientific Advisory Board des Max-Planck-Instituts für Kolloid- und Grenzflächenforschung in Potsdam-Golm;
– seit 2009 Berliner Co-Koordinator des BMBF-Projekts „Light-to-Hydrogen".

Veröffentlichungen (Auswahl):
– Yao, S., Bill, E., Milsmann, C., Wieghardt, K., and Driess, M.: An isolable side-on superoxonickel-complex [LNi(O$_2$)] with planar tetracoordinate Ni^{II} and its conversion to the unusual LNi(µ-OH)$_2$NiL complex with planar tetracoordinate and tetrahedral Ni^{II} sites (L = β-Diketiminato). Angew. Chem. Int. Ed. Engl. *37*, 7110 (2008)
– Aksu, Y., and Driess, M.: A low-temperature molecular approach to highly conductive indium tin oxide thin films with durable electro-optical performance. Angew. Chem. Int. Ed. *48*, 7778–7782 (2009)
– Xiong, Y., Yao, S., and Driess, M.: An isolable NHC-stabilized silanone. J. Amer. Chem. Soc. *131*, 7562–7563 (2009)
– Xiong, Y., Yao, S., Müller, R., Kaupp, M., and Driess, M.: From silicon(II)-based dioxygen activation to adducts of dioxasilirane and sila-urea stable at room temperature. Nature Chem. *2*, 577–580 (2010)
– Krackl, S., Company, A., Aksu, Y., Avnir, D., and Driess, M.: Entrapment of heteropolyacids in metallic silver matrices: Unique heterogenized catalysts. ChemCatChem *1*, 227–232 (2011)

Prof. Ph.D.
Rena D'Souza
*22nd January 1955 Bombay (India)

Section: Ophthalmology, Oto-Rhino-Laryngology
and Stomatology
Matricula Number: 7501
Date of Election: 11th July 2012

Present Position:
Dean of University of the Utah School of Dental Medicine, Salt Lake City (since 2013)

Education and Career:
– 1979–1981 Graduate Teaching Assistant and Resident Pathologist, Department of Pathology and Laboratory Medicine, UTHSCH Medical School;
– 1985 DDS (Doctor of Dental Surgery), Dental Branch, University of Texas Health Science Center at Houston (UTHSCH) (TX, USA);
– 1985 MS, 1987 Ph.D., Biomedical Sciences, Graduate School of Biomedical Sciences, UTHSCH;
– 1985–1989 Assistant Professor (Part-time), Department of Anatomical Sciences;
– 1989–1995 Assistant Professor (Full-time), Departments of Basic Sciences and Anatomical Sciences;
– 1992–present Faculty, Graduate School of Biomedical Sciences, UTHSCH;
– 1995–2001 Associate Professor with tenure, Department of Basic Sciences (1995–1999); Department of Orthodontics (1999–2001);
– 2001–2006 Professor with tenure and Director of Research, Department of Orthodontics;
– 2003–2006 Principal Investigator and Director, NIH/NIDCR Comprehensive T32 Program for Dentist-Scientists and Director of DDS/PhD Program – UTORCH; Director of DDS/PhD Program;
– 2006–2012 Professor and Chair, Department of Biomedical Sciences, Texas A&M University – Baylor College of Dentistry, Dallas (TX, USA) (TAMU-BCD);
– since 2006 Professor with tenure and Faculty, Graduate School of Biomedical Sciences;
– 2008–2012 Principal Investigator and Director of NIH/NIDCR T32 Training Program-B-STARS and Director of BCD's DDS/PhD Program.

Main Fields of Work:
– Developmental Biology and Genetics;
– Matrix Biology;
– Biomaterials, Tissue Engineering, Stem Cells.

Memberships and Honours (Selection):
- 1990–2004 Dean's Teaching Excellence Award; awarded a total of 10 times;
- 2002 IADR Distinguished Scientist Award in recognition of outstanding contributions in Pulp Biology Research;
- 2004 Special Commendation from Part-time Faculty for Dedication and Service in Research, Department of Orthodontics, Dental Branch, UTHSCH;
- 2004 Award for Excellence in Research Mentorship, Center for Biomedical Engineering (UT MD Anderson Cancer Center, UT Austin and UTHSCH);
- 2005 American Association for Dental Research (AADR);
- 2005 National Student Research Group Mentor Award;
- 2010 Fellow of the American College of Dentists (F.A.C.D.);
- 2010 Texas A&M Health Science Center Presidential Award for Research Excellence;
- 2011 Selected Fellow of the American Association for the Advancement of Science.

Editorial Activities (Selection):
- *Pulp Biology Group Newsletter*, IADR/AADR (1991–1994 Editor);
- *International Journal of Oral Biology* (1998–2002 Editorial Advisory Board);
- *Critical Reviews in Oral Biology and Medicine* (1998–2003 Editorial Advisory Board);
- *Journal of Dental Research* (1999–2003 Editorial Board);
- *Journal of Dental Research* (2008–present Editorial Board);
- *Tissue Engineering* (2009–2012 Editorial Board).

Cooperation in Organisations and Committees (Selection):
- 2005–2009 Elected AADR Publications Committee Member-at-Large;
- 2006, 2007 Chair, Distinguished Scientist Award Committee, Pulp Biology Group, International Association for Dental Research (IADR);
- 2006, 2007 Chair, Young Investigator Award Committee, IADR;
- 2007–2010 Member, Science Information Committee, AADR;
- 2008–2011 Member, AAAS Annual Program Scientific Program Committee;
- 2008–2012 Member, National Advisory Dental and Craniofacial Research Council;
- 2009–2012 Member, IADR Regional Development Committee;
- 2009–2012 Director, Friends of NIDCR (FNIDCR) Board;
- 2010–2012 Chair, Oral Biology Section Member, Council of Sections, American Dental Education Association;
- 2010 Member, AADR/IADR Ad Hoc Strategic Work Session Design Committee;
- 2010–2014 Vice-President, President-Elect, President and Immediate Past President, AADR.

Publications (Selection):
- GALLER, K. M., and D'SOUZA, R. N.: Tissue engineering approaches for regenerative dentistry. Regen. Med. *6*, 111–124 (2011)
- GALLER, K. M., SCHWEIKL, H., HILLER, K. A., CAVENDER, A. C., BOLAY, C., D'SOUZA, R. N., and SCHMALZ, G.: TEGDMA reduces mineralization in dental pulp cells. J. Dent. Res. *90*, 257–262 (2011)
- GALLER, K. M., HARTGERINK, J. D., CAVENDER, A. C., SCHMALZ, G., and D'SOUZA, R. N.: A customized self-assembling peptide hydrogel for dental pulp tissue engineering. Tissue Engineering, Part A. *18*, 176–184 (2012)

Prof. Dr. med.
Reinhard Georg **Dummer**
*9. 1. 1960 Burghausen

Sektion: Innere Medizin und Dermatologie
Matrikel-Nummer: 7502
Aufnahmedatum: 11. 7. 2012

Derzeitige berufliche Position:
Außerordentlicher Professor der Universität Zürich und Stellvertretender Klinikdirektor an der Dermatologischen Klinik, Universitäts-Spital Zürich (Schweiz)

Ausbildung und beruflicher Werdegang:
– 1987 Assistenzarzt an der Medizinischen Klinik der Universität Heidelberg (Hämatologie und Onkologie, Prof. W. HUNSTEIN);
– 1988–1991 Assistenzarzt an der Dermatologischen Klinik der Universität Würzburg (Prof. G. BURG);
– 1991 Assistenzarzt der Dermatologischen Klinik des Universitätsspitals Zürich (Prof. G. BURG);
– 1992 Facharztanerkennung als Hautarzt nach mündlicher Prüfung durch die Bayerische Ärztekammer;
– 1992 Oberarzt der Dermatologischen Klinik des Universitätsspitals Zürich (Prof. G. BURG);
– 1993 Research Fellow am Skin Disease Research Center der Case Western Reserve University in Cleveland (OH, USA) als Stipendiat des Schweizer Nationalfonds;
– 1994 Oberarzt Universitätsspitals Zürich (Prof. G. BURG);
– 1995 Habilitation an der Universität Zürich;
– 1996 Leitender Arzt der Dermatologischen Klinik des Universitätsspitals Zürich (Prof. G. BURG);
– 2001 Titularprofessur;
– 2004 Facharzttitel Allergologie und Klinische Immunologie.

Hauptarbeitsgebiete:
– Immunologie und Therapie kutaner T-Zell-Lymphome;
– Immunologie und Immuntherapie des Malignen Melanoms.

Mitgliedschaften und Ehrungen (Auswahl):
– 1993 Wilhelm-Lutz-Förderpreis der Alfred-Marchioni-Stiftung für Arbeiten auf dem Gebiet der kutanen Lymphome;
– 2001 Götz-Preis der Medizinischen Fakultät des Universitätsspitals Zürich;
– 2003 Deutscher Krebspreis für Translationale Forschung;

- Mitglied des Steering Committee des Cancer Network Zürich der medizinischen Fakultät Zürich;
- 2006–2008 Fakultätsmitglied für Melanom, European Society for Medical Oncology (ESMO);

Herausgebertätigkeiten (Auswahl):
- *Dermatologie Praxis* (bis 2009).

Mitarbeit in Organisationen und Gremien (Auswahl):
- seit 1999 Präsident der Fachkommission Hautkrebs der Schweizer Krebsliga;
- seit 2000 Gründungsmitglied und Vorstandsmitglied der European Association for Dermatological Oncology (EADO);
- 2007–2009 Präsident der International Society for Cutaneous Lymphoma (ISCL);
- 2008–2009 Präsident der European Society for Dermatological Research (ESDR);
- 2011–2013 Vorstandsmitglied der Society for Melanoma Research (SMR);
- Präsident der Projektgruppe „Melanome" des Schweizerischen Instituts für Angewandte Krebsforschung.

Veröffentlichungen (Auswahl):
- Dummer, R., Quaglino, P., Becker, J. C., Hasan, B., Karrasch, M., Whittaker, S., Morris, S., Weichenthal, M., Stadler, R., Bagot, M., Cozzio, A., Bernengo, M. G., and Knobler, R.: Prospective international multicenter phase II trial of intravenous pegylated liposomal Doxorubicin monochemotherapy in patients with stage IIB, IVA, or IVB advanced mycosis fungoides: final results from EORTC 21012. J. Clin. Oncol. *30*/33, 4091–4097 (2012) [Epub ahead of print]
- Flaherty, K. T., Infante, J. R., Daud, A., Gonzalez, R., Kefford, R. F., Sosman, J., Hamid, O., Schuchter, L., Cebon, J., Ibrahim, N., Kudchadkar, R., Burris, H. A. 3rd, Falchook, G., Algazi, A., Lewis, K., Long, G. V., Puzanov, I., Lebowitz, P., Singh, A., Little, S., Sun, P., Allred, A., Ouellet, D., Kim, K. B., Patel, K., and Weber, J.: Combined BRAF and MEK inhibition in melanoma with BRAF V600 mutations. New Engl. J. Med. *367*/18, 1694–1703 (2012)
- Goldinger, S. M., Dummer, R., Baumgaertner, P., Mihic-Probst, D., Schwarz, K., Hammann-Haenni, A., Willers, J., Geldhof, C., Prior, J. O., Kündig, T. M., Michielin, O., Bachmann, M. F., and Speiser, D. E.: Nano-particle vaccination combined with TLR-7 and -9 ligands triggers memory and effector CD8(+) T-cell responses in melanoma patients. Eur. J. Immunol. *42*/11, 3049–3061 (2012)
- Shakhova, O., Zingg, D., Schaefer, S. M., Hari, L., Civenni, G., Blunschi, J., Claudinot, S., Okoniewski, M., Beermann, F., Mihic-Probst, D., Moch, H., Wegner, M., Dummer, R., Barrandon, Y., Cinelli, P., and Sommer, L.: Sox10 promotes the formation and maintenance of giant congenital naevi and melanoma. Nature Cell Biol. *14*/8, 882–890 (2012)

Ph.D.
William B. Durham
*20th May 1947 Ithaca (NY, USA)

Section: Earth Sciences
Matricula Number: 7469
Date of Election: 21st March 2012

Present Position:
Senior Research Scientist, Department of Earth, Atmospheric and Planetary Sciences, Massachusetts Institute of Technology, Cambridge (MA, USA) (since 2006)

Education and Career:
- 1965–1969 B.S. (Engineering Physics), Cornell University, Ithaca (NY, USA);
- 1969–1975 Ph.D. (Geophysics), Massachusetts Institute of Technology, Cambridge (MA, USA);
- 1975–1977 Research Associate, Centre National de la Recherche Scientifique (CNRS), University of Paris, Orsay (France);
- 1975 Ph.D., Earth and Planetary Sciences (Thesis: Plastic Flow of Single-Crystal Olivine, Advisor: C. GOETZE);
- 1977–2006 Physicist, University of California Lawrence Livermore National Laboratory, Livermore (CA, USA);
- 1985–1986 Alexander von Humboldt-Stipendiat, Alexander von Humboldt-Stiftung, Institut für Physikalische Chemie und Elektrochemie, Hannover (Germany);
- 1994–1995 Alexander von Humboldt-Preisträger, Bayerisches Geoinstitut Bayreuth (Germany);
- since 2006 Senior Research Scientist, Massachusetts Institute of Technology.

Main Fields of Work:
- Rock and mineral physics;
- Flow and fracture of ice and icy materials.

Memberships and Honours (Selection):
- 1970 Member American Geophysical Union;
- 1985–1986 Alexander von Humboldt Fellowship;
- 1994–1995 Alexander von Humboldt Senior U.S. Scientist Award;
- 2003 Fellow, American Geophysical Union.

Editorial Activities (Selection):
- *Journal of Geophysical Research-Solid Earth* (1989–1996 Associate Editor).

Cooperation in Organisations and Committees (Selection):
- 1994–1996 American Geophysical Union Publications Committee;
- 2005–2008 Facilities Committee, Consortium for Materials Properties Research in Earth Sciences (COMPRES);
- 2008–2009 American Geophysical Union Fellows Committee;
- 2011 Mars Data Analysis Program Review Panel, NASA.

Publications (Selection):
- DURHAM, W. B., and GOETZE, C.: Plastic flow of oriented single crystals of olivine: 1. Mechanical data. J. Geophys. Res. *82*, 5737–5753 (1977)
- DURHAM, W. B., HEARD, H. C., and KIRBY, S. H.: Experimental deformation of polycrystalline H_2O ice at high pressure and low temperature: preliminary results. J. Geophys. Res. *88*, B377–B392 (1983)
- DURHAM, W. B., WEIDNER, D. J., KARATO, S.-I., and WANG, Y.: New developments in deformation experiments at high pressure (review). In: KARATO, S.-I., and WENK, H.-R. (Eds.): Plastic Deformation of Minerals and Rocks. Reviews in Mineralogy *51*, pp. 21–49. Washington (DC): Mineralogical Society of America 2002

**Prof. Ph.D.
Christian Dustmann**
*Herford

Sektion: Ökonomik und Empirische Sozialwissenschaften
Matrikel-Nummer: 7509
Aufnahmedatum: 21.11.2012

Derzeitige berufliche Position:
Professor für Wirtschaftswissenschaften, Department of Economics, University College London (Großbritannien)

Ausbildung und beruflicher Werdegang:
– 1983 Vordiplom (B.A.) in Betriebswirtschaftslehre, Universität Bielefeld;
– 1985 Masters Degree in Economics (mit "distinction"), University of Georgia, Athens (GA, USA);
– 1988 Diplom (M.A.) in Betriebswirtschaftslehre (mit Prädikat), Universität Bielefeld;
– 1992 Ph.D. in Economics (mit "distinction"), European University Institute (EUI), Florenz (Italien);
– 1997 Habilitation (Venia legendi in Volkswirtschaftslehre und Ökonometrie), Universität Bielefeld;
– 1992–1994 Hochschulassistent in Volkswirtschaftslehre, Universität Bielefeld;
– 1994–2004 Lecturer, Senior Lecturer, Reader, Department of Economics, University College London (Großbritannien);
– seit 2004 Professor of Economics, Department of Economics, University College London (Großbritannien);
– seit 2004 Direktor CReAM (Centre for Research and Analysis of Migration);
– seit 2008 Wissenschaftlicher Direktor, Norface Programme on Migration.

Hauptarbeitsgebiete:
Arbeitsökonomik, Ökonomie der Migration und Bildungsökonomik.

Herausgebertätigkeiten (Auswahl):
– *Economic Journal* (2005–2011 Editorial Board);
– *Journal of Population Economic* (2003–2010 Editor).

Mitarbeit in Organisationen und Gremien (Auswahl):
– Seit 2011 Mitglied der Economics and Resource Analysis Advisory Group (ERAG), British Home Office;
– 2006–2008 British Home Office Economics Advisory Panel;
– Research Fellow, Centre for Economic Policy Research (CEPR), London;

- Research Fellow, CESifo (ifo Institut, Center for Economic Studies [CES], CESifo GmbH), München;
- Research Associate, Institute for Fiscal Studies (IFS), London;
- Research Associate, Centre for Economic Policy (CEP), London;
- Mitglied im Bevölkerungsökonomischen Ausschuss des Vereins für Socialpolitik;
- seit 2006 Scientific Advisory Committee, Institut für Arbeitsmarkt- und Berufsforschung (IAB), Nürnberg;
- seit 2006 Advisory Committee, Institute for Social & Economic Research, Essex;
- seit 2008 Advisory Committee, Integration of Immigrants Programme (IIP), Neuseeland.

Veröffentlichungen (Auswahl):
– BORGERS, T., and DUSTMANN, C.: Strange bids: Bidding behaviour in the United Kingdom's third generation spectrum auction. Econ. J. *115*/505, 551–578 (2005)
– DUSTMANN, C., and MEGHIR, C.: Wages, experience and seniority. Rev. Econ. Studies *72*/1, 77–108 (2005)
– DUSTMANN, C., LUDSTECK, J., and SCHÖNBERG, U.: Revisiting the german wage structure. Quart. J. Economics *124*/2, 843–881 (2009)
– DUSTMANN, C., and SCHÖNBERG, U.: Training and Union wages. Rev. Economics and Statistics *91*/2, 363–376 (2009)
– DUSTMANN, C., FADLON, I., and WEISS, Y.: Return migration, human capital accumulation, and the brain drain. J. Developm. Economics *91*/1, 58–67 (2011)
– DUSTMANN, C., MACHIN, S., and SCHÖNBERG, U.: Ethnicity and educational achievement in compulsory schooling. Econ. J. *120*/546, F272–F297 (2011)
– CARD, D., DUSTMANN, C., and PRESTON, I.: Immigration, wages, and compositional amenities. J. Europ. Econ. Assoc. *10*/1, 78–119 (2012)
– DUSTMANN, C., and SCHÖNBERG, U.: What makes firm-based vocational training schemes successful? The role of commitment. Amer. Econ. J. – Applied Economics *4*/2, 36–61 (2012)
– DUSTMANN, C., and SCHÖNBERG, U.: Expansions in maternity leave coverage on children's long-term outcomes. Amer. Econ. J. – Applied Economics *4*/3, 190–224 (2012)
– DUSTMANN, C., FRATTINI, T., and PRESTON, I.: The effect of immigration along the distribution of wages. Rev. Econ. Studies *80*/1, 145–173 (2013)

Univ.-Prof. Dr. med.
Felix Eckstein
*20. 6. 1964 Freiburg (i. Br.)

Sektion: Anatomie und Anthropologie
Matrikel-Nummer: 7503
Aufnahmedatum: 11. 7. 2012

Derzeitige berufliche Position:
Professor für Anatomie und Vorstand des Institutes für Anatomie und muskuloskelettale Forschung der Paracelsus Medizinischen Privatuniversität Salzburg (Österreich) (seit 2004)

Ausbildung und beruflicher Werdegang:
– 1991 Abschluss des Studiums der Humanmedizin (Universität Heidelberg) und Promotion (Universität Freiburg) (Thema: „Die Verteilung der subchondralen Knochendichte, Knorpeldicke und Knorpeldegeneration an der menschlichen Patella");
– 1991–2004 Wissenschaftlicher Mitarbeiter an der Anatomischen Anstalt der Ludwig-Maximilians-Universität (LMU) München (Vorstand: R. Putz);
– 1993/1994 Zivildienst am Institut für Radiologische Diagnostik der LMU, Klinikum Großhadern München (M. Reiser);
– 1995/1996 DFG-Stipendium für mehrwöchige Forschungsaufenthalte bei Chris Jacobs an der Pennsylvania State University, Hershey (PA, USA);
– 1997 Teilnahme an einem 10-tägigen Ausbildungsprogramm für „Advanced Medical Education" der Harvard Medical School, Boston (MA, USA) und Mitarbeit als Tutor und Dozent in der München-Harvard-Alliance;
– 1997 Habilitation für das Fach Anatomie an der LMU München mit dem Thema: „Die Bedeutung der Inkongruenz für die Druckübertragung in synovialen Gelenken und den mechano-adaptiven Umbau des subchondralen Knochens";
– 2003 Gründung und Geschäftsführung der Firma Chondrometrics GmbH – medical-dataprocessing;
– 2004 Berufung zum Professor für Anatomie und Vorstand des Institutes für Anatomie und muskuloskelettale Forschung der Paracelsus Medizinische Privatuniversität, Salzburg.

Hauptarbeitsgebiete:
– Form-Funktions-Beziehungen und die Mechanobiologie muskuloskelettaler Gewebe, speziell der Gelenke, unter physiologischen und patho-physiologischen Bedingungen;
– Determinanten und Vorhersagemethoden der mechanischen Festigkeit von Knochen im Kontext der Pathophysiologie und Diagnostik der Osteoporose;
– Charakterisierung von strukturellen Veränderungen von Knorpel, Knochen, Meniskus und Muskel im Rahmen der Inzidenz und Progression degenerativer Veränderungen der Gelenke (Osteoarthrose);

– Entwicklung und Validierung quantitativer Bildgebungsmarker als Surrogate für klinische Endpunkte interventioneller und beobachtender klinischer und epidemiologischer Studien.

Mitgliedschaften und Ehrungen (Auswahl):
- seit 1992 Mitglied der Anatomischen Gesellschaft;
- seit 1999 Gründungsmitglied der Deutschen Gesellschaft für Biomechanik;
- seit 2001 Mitglied der Osteoarthritis Research Society International (OARSI);
- 2010 Clinical Research Award der OARSI, verliehen auf dem Weltkongress für Osteoarthrose in Brüssel (Belgien).

Herausgebertätigkeiten (Auswahl):
- *Annals of Anatomy* (Mitherausgeber);
- *Cells, Tissues Organs* (Mitherausgeber);
- *Osteoarthritis & Cartilage* (Mitglied im Editorial Board).

Mitarbeit in Organisationen und Gremien (Auswahl):
- 2002/2003 Präsident und 2000–2005 Vorstandsmitglied der Deutschen Gesellschaft für Biomechanik;
- 2005/2006 Secretary General und 2005–2010 Vorstandsmitglied der Gesellschaft der OARSI;
- 2007 Organisation des 1., und 2011 Organisation des 5. internationalen Workshops für Bildgebung bei Osteoarthrose in Salzburg, Mitarbeit im Organisationsteam des seitdem jährlich stattfindenden Workshops.

Veröffentlichungen (Auswahl):
- HERBERHOLD, C., FABER, S., STAMMBERGER, T., STEINLECHNER, M., PUTZ, R., ENGLMEIER, K. H., REISER, M., and ECKSTEIN, F.: In situ measurement of articular cartilage deformation in intact femoropatellar joints under static loading. J. Biomech. *32*/12, 1287–1295 (1999)
- ECKSTEIN, F., LE GRAVERAND, M. P., CHARLES, H. C., HUNTER, D. J., KRAUS, V. B., SUNYER, T., NEMIROVSKYI, O., WYMAN, B. T., and BUCK, R., and *A9001140, investigators*: Clinical, radiographic, molecular and MRI-based predictors of cartilage loss in knee osteoarthritis. Ann. Rheum. Dis. *70*/7, 1223–1230 (2011)
- ECKSTEIN, F., KWOH, C. K., BOUDREAU, R. M., WANG, Z., HANNON, M. J., COTOFANA, S., HUDELMAIER, M. I., WIRTH, W., GUERMAZI, A., NEVITT, M. C., JOHN, M. R., HUNTER, D. J., and *the OAI investigators*: Quantitative MRI measures of cartilage predict knee replacement: a case-control study from the Osteoarthritis Initiative. Ann. Rheum. Dis. *72*/5, 707–714 (2012)
- ECKSTEIN, F., WIRTH, W., and NEVITT, M. C.: Recent advances in osteoarthritis imaging the osteoarthritis initiative. Nature Rev. Rheumatol. *8*/10, 622–630 (2012)

Prof. Dr. phil.
Martin Eimer
*5. 8. 1959 Kamen

Sektion: Psychologie und Kognitionswissenschaften
Matrikel-Nummer: 7510
Aufnahmedatum: 21. 11. 2012

Derzeitige berufliche Position:
Professor für Psychologie, Department for Psychological Sciences, Birkbeck College, University of London (Großbritannien)

Ausbildung und beruflicher Werdegang:
– 1986 Diplom in Psychologie an der Universität Bielefeld;
– 1989 Promotion in Philosophie an der Universität Bielefeld;
– 1990–1997 Wissenschaftlicher Mitarbeiter am Institut für Psychologie, Ludwig-Maximilians-Universität (LMU) München;
– 1995 Habilitation in Psychologie, LMU München;
– 1995 Vertretungsprofessur am Institut für Psychologie, Philipps-Universität Marburg;
– 1997–2000 University Lecturer, Department of Experimental Psychology, University of Cambridge (Großbritannien);
– 2000–2001 Anniversary Reader, School of Psychology, Birkbeck College, University of London (Großbritannien);
– 2001 Berufung als Professor für Psychologie, Birkbeck College, University of London (Großbritannien).

Hauptarbeitsgebiete:
– Kognitive und neuronale Mechanismen der selektiven Aufmerksamkeit;
– Gesichterwahrnehmung;
– Intermodale Aufmerksamkeit;
– Interaktionen zwischen Wahrnehmung und Handlung;
– Kognitive Elektrophysiologie.

Mitgliedschaften und Ehrungen (Auswahl):
– 2005 Royal Society – Wolfson Research Merit Award;
– 2006 Queen's Anniversary Prize for Excellence in Higher and Further Education;
– 2013 Mid-Career Award, Experimental Psychology Society (EPS) (Großbritannien).

Herausgebertätigkeiten (Auswahl):
– *Psychophysiology* (2003–2006 Associate Editor);
– *Neuropsychologia* (seit 2004 Editorial Board Member);

- *Journal of Experimental Psychology: Human Perception and Performance* (2000–2006 Consulting Editor);
- *Behavior Research Methods, Instruments, & Computers* (1998 Guest Editor: „Methodological Issues in Event-Related Potential Research").

Mitarbeit in Organisationen und Gremien (Auswahl):
- Advisory Council, International Association for the Study of Attention and Performance.

Veröffentlichungen (Auswahl):
- EIMER, M., and SCHLAGHECKEN, F.: Effects of masked stimuli on motor activation: Behavioral and electrophysiological evidence. J. Exp. Psychol. Human Perception and Performance *24*, 1737–1747 (1998)
- HAGGARD, P., and EIMER, M.: On the relation between brain potentials and the awareness of voluntary movements. Exp. Brain Res. *126*, 128–133 (1999)
- EIMER, M.: Event-related brain potentials distinguish processing stages involved in face perception and recognition. Clin. Neurophysiol. *111*, 694–705 (2000)
- EIMER, M, VAN VELZEN, J., and DRIVER, J.: Crossmodal interactions between audition, touch, and vision in endogenous spatial attention: ERP evidence on preparatory states and sensory modulations. J. Cogn. Neurosci. *14*, 254–271 (2002)
- EIMER, M., and KISS, M.: Involuntary attentional capture is determined by task set: Evidence from event-related brain potentials. J. Cogni. Neurosci. *20*, 1423–1433 (2008)
- KISS, M., DRIVER, J., and EIMER, M.: Reward priority of visual target singletons modulates ERP signatures of attentional selection. Psychol. Sci. *20*, 245–251 (2009)
- EIMER, M., GOSLING, A., and DUCHAINE, B.: Electrophysiological markers of covert face recognition in developmental prosopagnosia. Brain *135*, 542–554 (2012)

Prof. Dr. rer. nat.
Jochen Feldmann
*3. 8. 1961 Olpe (Westfalen)

Sektion: Physik
Matrikel-Nummer: 7470
Aufnahmedatum: 21. 3. 2012

Derzeitige berufliche Position:
Professor für Experimentalphysik, Lehrstuhl für Photonik und Optoelektronik, Ludwig-Maximilians-Universität (LMU) München (seit 1995)

Ausbildung und beruflicher Werdegang:
– 1990 Promotion in Experimentalphysik an der Universität Marburg;
– 1990–1991 Postdoktorand, AT&T Bell Laboratories, Holmdel (NJ, USA);
– 1995 Habilitation an der Universität Marburg;
– seit 1995 Professur (Lehrstuhlinhaber) an der LMU München.

Hauptarbeitsgebiete:
– Optische Spektroskopie an Nanosystemen;
– Nano-Plasmonik;
– Hybride Materialsysteme.

Mitgliedschaften und Ehrungen (Auswahl):
– Gerhard-Hess-Preis der Deutschen Forschungsgemeinschaft (DFG);
– Walter-Schottky-Preis der Deutschen Physikalischen Gesellschaft (DPG);
– Gottfried-Wilhelm-Leibniz-Preis der DFG;
– Preis für exzellente Lehre;
– Bundesverdienstkreuz;
– ERC Advanced Investigator Grant, European Research Council.

Mitarbeit in Organisationen und Gremien (Auswahl):
– Sprecher des DFG-Exzellenzclusters „Nanosystems Initiative Munich" (NIM);
– Kommission des Bayerischen Staates zu „Energie: Forschung und Technologie";
– Center for Advanced Studies (CAS) an der LMU München;
– Advisory Board, „Nano Doctoral Training Centre", University of Cambridge (Großbritannien);
– Advisory Board, „Center for Functional Photonics", City-University of Hong Kong (China);
– Advisory Board, „Photon Science Institute", University of Manchester (Großbritannien).

Veröffentlichungen (Auswahl):

- FELDMANN, J., PETER, G., GÖBEL, E. O., DAWSON, P., MOORE, K., FOXON, C. T., and ELLIOTT, R. J.: Linewidth dependence of radiative exciton lifetimes in quantum wells. Phys. Rev. Lett. *59*, 2337 (1987)
- FELDMANN, J., LEO, K., SHAH, J., MILLER, D. A. B., CUNNINGHAM, J. E., SCHMITT-RINK, S., MEIER, T., PLESSEN, G. VON, SCHULZE, A., and THOMAS, P.: Optical investigation of Bloch oscillations in a semiconductor superlattice. Phys. Rev. *B46*, 7252 (1992)
- KALLINGER, C., HILMER, M., HAUGENEDER, A., PERNER, M., SPIRKL, W., LEMMER, U., FELDMANN, J., SCHERF, U., MÜLLEN, K., GOMBERT, A., and WITTWER, V.: Flexible conjugated polymer laser. Advanced Materials *10*, 920 (1998)
- KLAR, T., PERNER, M., GROSSE, S., PLESSEN, G. VON, SPIRKL, W., and FELDMANN, J.: Surface-plasmon resonance of single metallic nanoparticles. Phys. Rev. Lett. *80*, 4249 (1998)
- DULKEITH, E., MORTEANI, A. C., NIEDEREICHHOLZ, T., KLAR, T. A., FELDMANN, J., LEVI, S., van VEGGEL, F. C., REINHOUDT, D. N., and MÖLLER, M.: Fluorescence quenching of dye molecules near gold nanoparticles: radiative and non-radiative effects. Phys. Rev. Lett. *89*, 203002 (2002)
- SÖNNICHSEN, C., FRANZL, T., WILK, T., PLESSEN, G. VON, FELDMANN, J., WILSON, O., and MULVANEY, P.: Drastic reduction of plasmon damping in gold nanorods. Phys. Rev. Lett. *88*, 077402 (2002)
- RASCHKE, G., KOWARIK, S., FRANZL, T., SÖNNICHSEN, C., KLAR, T. A., FELDMANN, J., NICHTL, A., and KÜRZINGER, K.: Biomolecular recognition based on single gold nanoparticle light scattering. Nano Lett. *3*, 935 (2003)
- FRANZL, T., KLAR, T. A., SCHIETINGER, S., ROGACH, A. L., and FELDMANN, J.: Exciton recycling in graded gap nanocrystal structures. Nano Lett. *4*, 1599 (2004)
- RINGLER, M., SCHWEMER, A., WUNDERLICH, M., NICHTL, A., KÜRZINGER, K., KLAR, T. A., and FELDMANN, J.: Shaping emission spectra of fluorescent molecules with single plasmonic nanoresonators. Phys. Rev. Lett. *100*, 203002 (2008)
- URBAN, A. S., LUTICH, A. A., STEFANI, F. D., and FELDMANN, J.: Laser printing single gold nanoparticles. Nano Lett. *10*, 4794 (2010)
- OHLINGER, A., DEAK, A., LUTICH, A. A., and FELDMANN, J.: Optically trapped gold nanoparticle enables listening at the microscale. Phys. Rev. Lett. *108*, 018101 (2012)

Prof. Ph.D.
Brett B. Finlay
*4th April 1959 Edmonton (Alberta, Canada)

Section: Microbiology and Immunology
Matricula Number: 7484
Date of Election: 24th May 2012

Present Position:
Professor, Michael Smith Laboratories and the Departments of Microbiology and Immunology, Biochemistry and Molecular Biology, University of British Columbia (since 1996), Distinguished Professor, University of British Columbia (UBC), Peter Wall Institute for Advanced Studies (Canada) (since 2002)

Education and Career:
- 1981 B.A. (Biochemistry), University of Alberta, Edmonton;
- 1986 Ph.D. (Biochemistry), University of Alberta, Edmonton;
- 1986–1989 Post-doctoral Research Fellow, University of California, Stanford (CA, USA);
- 1989–1994 Assistant Professor, University of British Columbia;
- 1994–1996 Associate Professor, University of British Columbia.

Main Fields of Work:
- *Salmonella* as a model intracellular pathogen;
- Enteropathogenic and enterohemorrhagic *E. coli*;
- Interplay between innate immune responses and bacterial interactions;
- Role of microbiota in infectious and allergic diseases.

Memberships and Honours (Selection):
- 2001 Fellow of the Royal Society of Canada;
- 2002 Peter Wall Institute for Advanced Studies UBC Distinguished Professor (renewed 2007);
- 2004 Infectious Disease Society of America Squibb Award;
- 2005 Fellow of the Canadian Academy of Health Sciences;
- 2006 Canada Council Killam Prize for Health Sciences;
- 2006 Officer of the Order of Canada;
- 2006 Flavelle Medal of the Royal Society of Canada;
- 2007 Officer of the Order of BC;
- 2009 Canadian Society of Microbiologists Roche Diagnostics Award.

Editorial Activities (Selection):
- *Infection and Immunity* (1994–2002 Editorial Board);
- *Molecular Microbiology* (1997–2005 Editorial Board);
- *Current Opinion in Microbiology* (1997–present Editorial Board);

- *Traffic* (1997–2010 Editorial Board);
- *Microbes and Infection* (1998–present Editorial Board);
- *Cellular Microbiology* (1999–present Editorial Board);
- *Infection and Immunity* (2000–2003 Editor);
- *Current Drug Targets – Infectious Disorders* (2000–present Editorial Board);
- *Current Biology* (2001–present Editorial Board);
- *Future Microbiology* (2005–present Editorial Advisory Panel);
- *Cell Host & Microbe* (2006–present Editorial Board);
- *Gut Microbes* (2009–present Associate Editor);
- *mBio, American Society for Microbiology* (2009–present Editorial Board);
- *Nature Communications* (2010–present Editorial Advisory Panel);
- *Nature Index* (2011–present Member, Senior Medical Expert Panel).

Cooperation in Organisations and Committees (Selection):
- 2002–2011 Chair, Inimex Pharmaceuticals Scientific and Medical Advisory Board;
- 2006–present Member, CIHR Governing Council Committee Member (renewed);
- 2007–present Advisor, US Investigator Reviews, Howard Hughes Medical Institute;
- 2007–present Member, BC Committee Canadian Academy of Health Sciences;
- 2007–present Member, Canadian Microbiome Initiative Committee;
- 2008–present Member, CIHR Executive Committee;
- 2008 Founding Member, Indel Therapeutics;
- 2009–present Member, Selection panel for annual Canada's Steacie Prize;
- 2009–2011 Member, Scientific Advisory Board of Grand Challenges Canada/Grand Defis Canada (GCC);
- 2011 Royal Society of Canada Division Committee for the Selection of New Fellows in Life Sciences;
- 2011 HHMI Review Board, International Early Career Scientist Program (IECS);
- 2012 Member, German Center for Infectious Disease Research (DZIF) – Scientific Advisory Board;
- 2012 Chair, Alberta/Pfizer Translation Research Fund Opportunity, Alberta Innovates Health Solutions;
- 2012–present Chair, C.H.I.L.D. Foundation Scientific Advisory Board, Children with Intestinal and Liver Disorders;
- 2012–present Member, PLoS Academic Advisory Board;
- 2012–present Member, Scientific Advisory Board, German Centre for Infection Research, German Federal Ministry of Education and Research.

Publications (Selection):
- FINLAY, B. B., and FALKOW, S.: Common themes in microbial pathogenicity. Microbiol. Rev. *53*, 210–230 (1989)
- KENNY, B., DeVINNEY, R., STEIN, M., REINSCHEID, D. J., FREY, E. A., and FINLAY, B. B.: Enteropathogenic *Escherichia coli* (EPEC) transfers its receptor for intimate adherence into mammalian cell. Cell *91*, 511–520 (1997)
- DENG, W., PUENTE, J. L., GRUENHEID, S., LI, Y., VALLANCE, B. A., VÁZQUEZ, A., BARBA, J., IBARRA, J. A., O'DONNELL, P., METALNIKOV, P., ASHMAN, K., LEE, S., GOODE, D., PAWSON, T., and FINLAY, B. B.: Dissecting virulence: Systemic and functional analyses of a pathogenicity island. Proc. Natl. Acad. Sci. *101*, 3597–3602 (2004)

Dr. rer. nat.
Peter Forster
*27. 6. 1967 London (Großbritannien)

Sektion: Pathologie und Rechtsmedizin
Matrikel-Nummer: 7504
Aufnahmedatum: 11. 7. 2012

Derzeitige berufliche Position:
Forschungsdirektor am Institut für Rechtsmedizin der Universität Münster (seit 2009), Fellow am Murray Edwards College der Universität Cambridge (Großbritannien) und Director, Genetic Ancestor Ltd/Roots for Real, Clare (Großbritannien) (seit 2011)

Ausbildung und beruflicher Werdegang:
- 1987–1990 Studium der Chemie, Universität Kiel (Vordiplom);
- 1990–1992 Studium der Chemie an der Universität Hamburg (Diplom, durchgeführt am Heinrich-Pette-Institut für Virologie und Immunologie bei Wolfram OSTERTAG und Klaus HARBERS);
- 1993–1997 Studium der Biologie an der Universität Hamburg (Promotion: „Human mtDNA evolution", bei Hans-Jürgen BANDELT [Mathematisches Institut] und Virenda CHOPRA [Institut für Humanbiologie]);
- 1997–1999 Postdoktorand am Institut für Rechtsmedizin der Universität Münster bei Bernd BRINKMANN;
- 1999–2006 Research Associate am McDonald Institute for Archaeological Research, Cambridge University (Großbritannien) („Population genetic research". Mentor: Lord Colin RENFREW);
- 2006–2009 University Senior Lecturer am Department of Forensic Science and Chemistry, Anglia Ruskin University, Cambridge (Großbritannien);
- seit 2009 Forschungsdirektor, Institut für Rechtsmedizin Universität Münster.

Hauptarbeitsgebiete:
- Populationsgenetik zur humanen Prähistorie;
- Populationsgenetik zur Pferdehistorie;
- Medizinische und Forensische Genetik;
- Sprachgeschichte;
- Bioinformatik.

Memberships and Honours (Selection):
- 1991 *ERASMUS* Scholar for genetic research, Universität Rennes (Frankreich);
- 1995–1997 Friedrich Naumann Foundation Grant Award for the Highly Gifted;
- 2000–2005 Gründungsmitglied, Junge Akademie, Berlin;

- 2003 Ranked second-most highly cited researcher amongst archaeologists/anthropologists in the UK in the 5-year RAE period ending 2001;
- 2005 Preis für die beste rechtsmedizinische Dissertation in Deutschland;
- 2008 Highest RAE funding in university (£ 550,000, with 9 colleagues);
- 2009 Highest student satisfaction NSS rating (93%) in university (with 7 colleagues);
- 2011 William Bate Hardy Prize (Cambridge Philosophical Society).

Mitgliedschaften und Ehrungen (Auswahl):
- *International Journal of Legal Medicine* (seit 1999 Editor);
- *Archaeological & Anthropological Sciences* (seit 2009 Associate Editor).

Mitarbeit in Organisationen und Gremien (Auswahl):
- seit 1999 Direktor, Fluxus Technology Limited, Clare (Suffolk) (Großbritannien);
- seit 1999 Fellow (1999–2006, 2010–present) New Hall/MEC, University of Cambridge (Großbritannien);
- seit 2006 Founding Member, Transatlantic Slavery Workgroup, Harvard University, Boston (MA, USA);
- seit 2007 Fellow, Higher Education Academy (Großbritannien);
- seit 2009 Vice-President, Cambridge Society for the Application of Research, Cambridge (Großbritannien);
- seit 2010 Fellow, McDonald Institute for Archaeological Research, University of Cambridge (Großbritannien);
- seit 2011 Direktor, Genetic Ancestor Ltd/Roots for Real, Clare (Suffolk).

Veröffentlichungen (Auswahl):
- Haak, W., Forster, P., Bramanti, B., Matsumura, S., Brandt, G., Tänzer, M., Villems, R., Renfrew, C., Gronenborn, D., Alt, K. W., and Burger, J.: Ancient DNA from the first European farmers at 7500-year-old Neolithic sites. Science *310*, 1016–1018 (2005)
- Forster, P., and Romano, V.: Timing of a back-migration into Africa. Science *316*, 50–51 (2007)
- Bramanti, B., Thomas, M. G., Haak, W., Unterlaender, M., Jores, P., Tambets, K., Antanaitis-Jacobs, I., Haidle, M. N., Jankauskas, R., Kind, C. J., Lueth, F., Terberger, T., Hiller, J., Matsumura, S., Forster, P., and Burger, J.: Genetic discontinuity between local hunter-gatherers and central Europe's first farmers. Science *326*, 137–140 (2009)

Prof. Dr. med.
Michael Forsting
*7. 12. 1960 Haselünne (Niedersachsen)

Sektion: Radiologie
Matrikel-Nummer: 7518
Aufnahmedatum: 19. 12. 2012

Derzeitige berufliche Position:
Direktor des Instituts für Radiologie und Neuroradiologie

Ausbildung und beruflicher Werdegang:
- 1980–1986 Studium der Medizin an der Rheinisch-Westfälischen Technischen Hochschule (RWTH) Aachen und der Universität Bern (Schweiz);
- 1986–1993 Wissenschaftlicher Assistent an den Universitätskliniken Aachen und Heidelberg;
- 1993 Habilitation und Verleihung der Venia legendi;
- seit 1993 Oberarzt in der Abteilung Neuroradiologie der Universitätsklinik Heidelberg;
- seit 1996 Leitender Oberarzt der Abteilung für Neuroradiologie an der Universitätsklinik Heidelberg;
- 1997 Berufung auf die C3-Professur für Neuroradiologie an der Universitätsklinik Essen;
- seit 2002 gleichzeitig Chefarzt der Radiologischen Klinik am Elisabeth-Krankenhaus Essen;
- seit 2004 Lehrstuhl für Diagnostische und Interventionelle Radiologie und Neuroradiologie am Universitätsklinikum Essen;
- seit 2008 gleichzeitig Chefarzt der Radiologischen Klinik am St. Marien-Hospital in Mülheim an der Ruhr.

Hauptarbeitsgebiete:
- Endovaskuläre Behandlung intrakranieller Gefäßerkrankungen;
- Studien zur Behandlung intrakranieller Aneurysmen in der Akutphase durch die Kombination intravasaler Behandlungsverfahren;
- Behandlung intrakranieller Gefäßstenosen mit selbstexpandierbaren Stents;
- MR-Bildgebung beim Schlaganfall und bei intrazerebralen Tumoren.

Mitgliedschaften und Ehrungen (Auswahl):
- Kurt-Decker-Preis der Deutschen Gesellschaft für Neuroradiologie;
- Conrad-Wilhelm-Röntgen-Preis der Deutschen Röntgengesellschaft (DRG);
- Scientific Award der Europäischen Gesellschaft für Neuroradiologie;
- Kontrastmittel-Forschungspreis der DRG;
- Felix-Wachsmann-Preis der DRG.

Herausgebertätigkeiten (Auswahl):
- *Röfo* (Mitherausgeber);
- *Stroke* (Editorial Board);
- *Cerebro Vascular Diseases* (Editorial Board);
- *Der Nervenarzt* (Editorial Board);
- *Zentralblatt für Neurochirurgie* (Editorial Board).

Mitarbeit in Organisationen und Gremien (Auswahl):
- 2000–2004 gewähltes Mitglied der Medizinischen Fakultät, Universität Duisburg-Essen;
- 2002 Berufung in den Apparateausschuss der Deutschen Forschungsgemeinschaft (DFG);
- seit 2003 gewähltes Mitglied des Vorstandes der DRG;
- 2006–2008 gewähltes Mitglied des Senats der Universität Duisburg-Essen;
- 2008–2011 Vorsitzender des Apparateausschusses der DFG;
- 2008–2012 Dekan der Medizinischen Fakultät des Universitätsklinikums Essen;
- 2009–2012 gewähltes Mitglied des Präsidiums des Medizinischen Fakultätentages;
- seit 2011 Präsident der Deutschen Röntgengesellschaft für die Amtsperiode 2011–2013;
- seit 2012 Prodekan für Forschung und wissenschaftlichen Nachwuchs der Medizinischen Fakultät des Universitätsklinikums Essen.

Veröffentlichungen (Auswahl):
- Forsting, M., Albert., F. K, Kunze., S, Adams, H. P., Zenner, D., and Sartor., K: Extirpation of glioblastomas: MR and CT follow-up of residual tumor and regrowth patterns. Amer. J. Neurorad. *14*, 77–87 (1993)
- Forsting, M., Albert., F. K., Jansen, O., Kummer, R. von, Aschoff, A., Kunze., S., and Sartor., K.: Coiling after clipping: Endovascular treatment of incomplete clippt cerebral aneurysm. J. Neurosurg. *85*, 966–970 (1996)
- Forsting, M.: Shortcomings and promises of recent carotid-stenting trials. Lancet Neurol. *6/2*, 101–102 (2007)

**Prof. Ph.D.
Raghavendra Gadagkar**
*28th June 1953 Kanpur (India)

Section: Organismic and Evolutionary Biology
Matricula Number: 7485
Date of Election: 24th May 2012

Present Position:
Professor, Centre for Ecological Sciences and Chairman, Centre for Contemporary Studies, Indian Institute of Science, Bangalore (India)

Education and Career:
- 1969–1972 B.Sc. (Hons.) Zoology, Bangalore University, Bangalore;
- 1972–1974 M.Sc. Zoology, Bangalore University, Bangalore;
- 1979 Ph.D. (Title: "Physiological and Biochemical Studies on Mycobacteriophage β"), Indian Institute of Science, Bangalore;
- 1979–1983 Research Associate, Centre for Theoretical Studies, Indian Institute of Science (CTS, IIS), Bangalore;
- 1983–1984 Senior Research Fellow, CTS, IIS, Bangalore;
- 1984–1987 Lecturer, Centre for Ecological Sciences, Indian Institute of Science (CES, IIS), Bangalore;
- 1987–1991 Assistant Professor, CES, IIS, Bangalore;
- 1991–1997 Associate Professor, CES, IIS, Bangalore;
- 1992–2002 Chairman, CES, IIS, Bangalore;
- 1993–2014 Honorary Senior Fellow/Honorary Professor, Jawaharlal Nehru Centre for Advanced Scientific Research, Bangalore;
- 1995–2000 Secretary, Indian Academy of Sciences, Bangalore;
- 2002–2017 Non-Resident Permanent Fellow, Wissenschaftskolleg (Institute for Advanced Study), Berlin (Germany);
- 2003–2005 Vice-President, Indian National Science Academy, New Delhi (India);
- since 2004 Chairman, Centre for Contemporary Studies, Indian Institute of Science, Bangalore;
- 2010–2015 INSA S. N. Bose Research Professor.

Main Fields of Work:
- Evolution of Social Life in Insects;
- Insect Biodiversity.

Memberships and Honours (Selection):
- 1985 Young Scientist Medal, Indian National Science Academy in Animal Sciences;
- 1990 Elected Fellow, Indian Academy of Sciences;

- 1993 Elected Fellow, Indian National Science Academy;
- 1993 Shanti Swarup Bhatnagar Award in Biological Sciences;
- 1995 Elected Fellow, The National Academy of Sciences, India;
- 1998 Elected Fellow, Indian Academy of Entomology;
- 1999 Third World Academy of Sciences Award in Biology;
- 2001 Elected Fellow, Third World Academy of Sciences;
- 2006 Elected Foreign Associate, National Academy of Sciences, USA;
- 2006–2016 J. C. Bose National Fellowship, Department of Science and Technology, Government of India;
- 2008 H. K. Firodia Award for Excellence in Science & Technology;
- 2010 Millennium Plaques of Honour, Indian Science Congress Association, Kolkata (India).

Editorial Activities (Selection):
- *Journal of Genetics* (1984–1995 Editorial Board);
- *Journal of Biosciences* (1991–1997 Editorial Board);
- *Journal of Bombay Natural History Society* (1993–2006 Editorial Board);
- *Current Science* (since 1994 Editorial Board);
- *Ecotropica* (1995–1997 Editorial Board);
- *Resonance. Journal of Science Education*, Indian Academy of Sciences (1996–2004 Editor/Associate Editor);
- *Ecological Research*, Japan (1996–2011 Editorial Advisory Board);
- *Journal of Ethology* (2002–2013 Editorial Board);
- *Biotropica* (2003–2004 Subject Editor);
- *Science*, (2003–2006 Board of Reviewing Editors);
- *Frontiers in Zoology*, German Zoological Society (DZG) (since 2004);
- *Journal of Theoretical Biology* (2007–2010 Editorial Board);
- *Indian Journal of History of Science* (since 2009 Chief Editor).

Cooperation in Organisations and Committees (Selection):
- since 2009 Member, Public Library of Science (PloS) International Advisory Group;
- 2009–2013 Peer Reviewer, European Research Council (Belgium);
- 2009–2013 Member, International Scientific Committee, Ecology: Into the next 100 Years, British Ecological Society, London (UK);
- since 2010 Member, Nomination Council for Infosys Prize, Infosys Science Foundation;
- 2014 Member, Advisory Board, Australian Section of the International Union for the Study of Social Insects (IUSSI), Cairns (Australia).

Publications (Selection):
- GADAGKAR, R.: Survival Strategies – Cooperation and Conflict in Animal Societies. Cambridge (MA, USA): Harvard University Press 1997 and Hyderabad (India): Universities Press 1998 (also Chinese and Korean edition)
- GADAGKAR, R.: The Social Biology of *Ropalidia marginata*: Toward Understanding the Evolution of Eusociality. Cambridge (MA, USA): Harvard University Press 2001
- BANG, A., and GADAGKAR, R.: Reproductive queue without conflict in the primitively eusocial wasp *Ropalidia marginata*. Proc. Natl. Acad. Sci. USA *109*, 14494–14499 (2012)

Prof. Dr. rer. pol.
Markus Gangl
*4. 5. 1972 Stuttgart

Sektion: Ökonomik und Empirische Sozialwissenschaften
Matrikel-Nummer: 7511
Aufnahmedatum: 21. 11. 2012

Derzeitige berufliche Position:
Professor für Soziologie (W3) mit Schwerpunkt Sozialstruktur und Sozialpolitik an der Goethe-Universität Frankfurt am Main (seit 2011), zugleich Honorarprofessor (Honorary Fellow) an der University of Wisconsin, Madison (WI, USA) (seit 2011)

Ausbildung und beruflicher Werdegang:
- 1997 Diplom-Sozialwissenschaftler, Universität Mannheim;
- 2002 Promotion zum Dr. rer. pol. (Soziologie/Volkswirtschaftslehre) an der Universität Mannheim (Dissertation „Unemployment dynamics in the United States and West Germany: Economic restructuring, institutions and labour market dynamics in the 1980s and 1990s");
- 1997–2001 wissenschaftlicher Mitarbeiter am Mannheimer Zentrum für Europäische Sozialforschung, 1998–2001 im Projekt „A Comparative Analysis of Transitions from Education to Work in Europe (CATEWE)";
- 2001–2004 wissenschaftlicher Projektleiter in der Abteilung Arbeitsmarktpolitik und Beschäftigung am Wissenschaftszentrum Berlin für Sozialforschung;
- 2004–2008 Professor (C4) für Methoden der empirischen Sozialforschung und angewandte Soziologie an der Universität Mannheim;
- 2007–2010 Professor of Sociology am Department of Sociology der University of Wisconsin, Madison (WI, USA), seit 2011 dort Honorarprofessor;
- seit 2011 Professor für Soziologie (W3) mit Schwerpunkt Sozialstruktur und Sozialpolitik an der Goethe-Universität Frankfurt am Main.

Hauptarbeitsgebiete:
- Statistische Beschreibung sowie empirische und analytische Modellierung von Lebensverläufen mit besonderem Schwerpunkt auf Erwerbs- und Einkommensverläufen sowie der Rolle kritischer Lebensereignisse (*trigger events*);
- statistische Beschreibung sowie empirische und analytische Modellierung der Sozialstruktur mit besonderen Schwerpunkten in den Bereichen Einkommensverteilung und -ungleichheit, intergenerationale Mobilität und weibliche Erwerbsbeteiligung;
- Evaluation der Interaktion von institutionellen Rahmenbedingungen, insbesondere Arbeitsmarkt-, Bildungs- und Sozialpolitik, Sozialstruktur und Lebensverläufen;

– Entwicklung und Anwendung statistischer Modelle zur Analyse von Längsschnitt- und hierarchischen Daten, zur parametrischen und nichtparametrischen Schätzung kausaler Effekte sowie zum Einsatz in der international vergleichenden Sozialforschung.

Mitgliedschaften und Ehrungen (Auswahl):
- 1993–1997 Stipendiat der Studienstiftung des deutschen Volkes;
- 2002 Gerhard-Fürst-Preis des Statistischen Bundesamtes.

Herausgebertätigkeiten (Auswahl):
- *American Journal of Sociology* (2007–2009 Consulting Editor);
- Mitglied im Editorial Board verschiedener Fachzeitschriften.

Veröffentlichungen (Auswahl):
- GANGL, M.: Changing labour markets and early career outcomes: labour market entry in Europe over the past decade. Work Employment Society *16*/1, 67–90 (2002)
- GANGL, M.: The only way is up? Employment protection and job mobility among recent entrants to European labour markets. European Sociological Review *19*/5, 429–449 (2003)
- MÜLLER, W., and GANGL, M. (Eds.): Transitions from Education to Work in Europe: the Integration of Youth into EU Labour Markets. Oxford: Oxford University Press 2003
- DIPRETE, T. A., and GANGL, M.: Assessing bias in the estimation of causal effects: Rosenbaum bounds on matching estimates and instrumental variables with imperfect instruments. Sociological Methodology *34*, 271–310 (2004)
- GANGL, M.: Welfare states and the scar effects of unemployment: A comparative analysis of the United States and West Germany. American Journal of Sociology *109*/6, 1319–1364 (2004)
- GANGL, M.: Institutions and the structure of labour market matching in the United States and West Germany. European Sociological Review *20*/3, 171–187 (2004)
- GANGL, M.: Income inequality, permanent incomes and income dynamics: Comparing Europe to the United States. Work and Occupations *32*/2, 140–162 (2005)
- GANGL, M.: Scar effects of unemployment: An assessment of institutional complementarities. American Sociological Review *71*/6, 986–1013 (2006)
- SCHERER, S., OTTE, G., POLLAK, R., and GANGL, M. (Eds.): From Origin to Destination. Trends and Mechanisms in Social Stratification Research. Essays in Honor of Walter Müller. Frankfurt (Main): Campus 2007
- GANGL, M., and ZIEFLE, A.: Motherhood, labor force behavior and women's careers: An empirical assessment of the wage penalty for motherhood in Britain, Germany and the United States. Demography *46*/2, 341–369 (2009)
- GANGL, M.: Causal inference in sociological research. Annual Review of Sociology *36*, 21–47 (2010)
- GANGL, M.: Partial identification and sensitivity analysis. In: MORGAN, S. L. (Ed.): Handbook of Causal Analysis for Social Research; pp. 377–402 New York: Springer 2013
- GANGL, M.: Matching estimators for treatment effects. In: BEST, H., and WOLF, C. (Eds.): Regression Analysis and Causal Inference. Thousand Oaks: Sage 2013 (im Druck)

Prof. Dr. med.
Bernd Gerber
*11. 8. 1957 Waren-Müritz

Sektion: Gynäkologie und Pädiatrie
Matrikel-Nummer: 7505
Aufnahmedatum: 11. 7. 2012

Derzeitige berufliche Position:
Direktor der Universitätsfrauenklinik am Klinikum Südstadt der Hansestadt Rostock (seit 2005)

Ausbildung und beruflicher Werdegang:
- 1979–1985 Studium der Humanmedizin, Universität Rostock;
- 1985–1986 Wissenschaftlicher Assistent am Physiologischen Institut der Universität Rostock;
- 1986–2002 Universitätsfrauenklinik Rostock;
- 1994 Habilitation („Bedeutung immunhistologisch nachgewiesener Tumorzellen in Lymphknoten und Knochenmark beim Mammakarzinom") an der Universität Rostock;
- 2002–2004 Stellvertretender Klinikdirektor, I. Frauenklinik Maistraße, Ludwig-Maximilians-Universität München (Direktor: Prof. Dr. K. FRIESE);
- 2004 Ruf auf das Ordinariat der Frauenklinik der Otto-von-Guericke-Universität Magdeburg – 05/2004 abgelehnt;
- 2004 Ruf auf das Ordinariat der Universitätsfrauenklinik Rostock;
- 2005 Direktor der Universitätsfrauenklinik am Klinikum Südstadt der Hansestadt Rostock.

Hauptarbeitsgebiete:
- Operative und systemische Therapie des frühen Mammakarzinoms;
- gynäkologische Onkologie;
- minimal-invasive Operationsverfahren;
- Geburtshilfe (HELLP-Syndrom, Gestosen);
- okkulte Tumorzellen, Ovarprotektion, Systemtherapien, Apoptose, Prävention, Tumorbiologie der gynäkologischen Karzinome, insbesondere des Mammakarzinoms.

Mitgliedschaften und Ehrungen (Auswahl):
- American Society of Clinical Oncology (ASCO);
- Deutsche Gesellschaft für Senologie (DGS);
- seit 1991 Deutsche Krebsgesellschaft (DKG);
- 1996 Staude-Pfannenstiel-Preis der Norddeutschen Gesellschaft für Gynäkologie und Geburtshilfe;

- 1997 Apogepha-Forschungspreis;
- 2012 John-Mendelsohn-Preis der DKG.

Mitarbeit in Organisationen und Gremien (Auswahl):
- 1998–2002 Mitglied im Vorstand der Deutschen Gesellschaft für Gynäkologie und Geburtshilfe;
- Vorstandsmitglied, DGS;
- Vorstandsmitglied, Arbeitsgemeinschaft für Wiederherstellende Operationen in der Gynäkologie (AWOgyn);
- Arbeitgemeinschaft Gynäkologische Onkologie (AGO);
- Advisory Board, German Breast Group (GBG).

Veröffentlichungen (Auswahl):
- Gerber, B., Krause, A., Müller, H., Reimer, T., Külz, T., Makovitzky, J., Kundt, G., and Friese, K: Effects of adjuvant tamoxifen on the endometrium in postmenopausal women with breast cancer: A prospective long-term study using transvaginal ultrasound. J. Clin. Oncol. *18*, 3464–3470 (2000)
- Gerber, B., Krause, A., Müller, H., Richter, D., Reimer, T., Makovitzky, J., Herrnring, C., Jeschke, U., Kundt, G., and Friese, K.: Simultaneous immunohistochemical detection of tumor cells in lymph nodes and bone marrow aspirates in breast cancer and its correlation with other prognostic factors. J. Clin. Oncol. *19*, 960–971 (2001)
- Dieterich, M., Bolz, M., Reimer, T., Costagliola, S., and Gerber, B.: Two different entities of spontaneous ovarian hyperstimulation in a woman with FSH receptor mutation. Reprod. Biomed Online. *20*/6, 751–758 (2010)
- Gerber, B., Freund, M., and Reimer, T.: Recurrent breast cancer: treatment strategies for maintaining and prolonging good quality of life. Dtsch. Ärztebl. Int. *107*/6, 85–91 (2010)
- Gerber, B., Heintze, K., Stubert, J., Dieterich, M., Hartmann, S., Stachs, A., and Reimer, T.: Axillary lymph node dissection in early-stage invasive breast cancer: is it still standard today? Breast Cancer Res. Treat. *128*/3, 613–624 (2011)
- Gerber, B., Minckwitz, G. von, Stehle, H., Reimer, T., Felberbaum, R., Maass, N., Fischer, D., Sommer, H. L., Conrad, B., Ortmann, O., Fehm, T., Rezai, M., Mehta, K., and Loibl, S., and *German Breast Group Investigators*: Effect of luteinizing hormone-releasing hormone agonist on ovarian function after modern adjuvant breast cancer chemotherapy: the GBG 37 ZORO study. J. Clin. Oncol. *29*/17, 2334–2341 (2011)
- Sautter-Bihl, M. L., Souchon, R., and Gerber, B.: Adjuvant therapy for women over age 65 with breast cancer. Dtsch. Ärztebl. Int. *108*/21, 365–371 (2011)

Prof. Dr. rer. nat.
Ursula Hamenstädt
*15. 1. 1961 Kassel

Sektion: Mathematik
Matrikel-Nummer: 7472
Aufnahmedatum: 21. 3. 2012

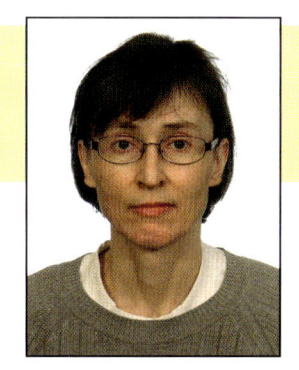

Derzeitige berufliche Position:
Professorin (W3) für Geometrie an der Rheinischen Friedrich-Wilhelms-Universität Bonn (seit 1992)

Ausbildung und beruflicher Werdegang:
– 1985 Diplom in Mathematik an der Rheinischen Friedrich-Wilhelms-Universität Bonn;
– 1986 Promotion zum Dr. rer. nat. (Dissertation: „Zur Theorie der Carnot-Caratheodory-Metriken und ihren Anwendungen", Rheinische Friedrich-Wilhelms-Universität Bonn);
– 1986–1988 Miller Fellow for Basic Research in Science, University of California, Berkeley (CA, USA);
– 1988–1990 Assistant Professor, California Institute of Technology, Pasadena (CA, USA);
– 1990–1991 Professorin (C3), Rheinische Friedrich-Wilhelms-Universität Bonn;
– seit 1992 Ordentliche Professorin (C4/W3), Rheinische Friedrich-Wilhelm-Universität Bonn.

Hauptarbeitsgebiete:
– Untersuchung der Beziehung zwischen der Geometrie negativ gekrümmter Mannigfaltigkeiten und dynamischen Eigenschaften ihres geodätischen Flusses und Herleitung von Starrheitseigenschaften;
– Geometrische Gruppentheorie, insbesondere Untersuchungen zur Geometrie von Abbildungsklassengruppen und topologische Invarianten, die über Gruppenwirkungen definiert werden können;
– Teichmüllertheorie, insbesondere Untersuchung der Geometrie des Modulraums Riemannscher Flächen und dynamischer Eigenschaften des Teichmüllerflusses.

Mitgliedschaften und Ehrungen:
– 1992 eingeladene Sprecherin, First European Congress of Mathematics;
– 2010 eingeladene Sprecherin, International Congress of Mathematics;
– 2012 Advanced Grant, European Research Council.

Herausgebertätigkeiten:
– Mitglied im Editorial Board diverser Fachzeitschriften.

Mitarbeit in Organisationen und Gremien (Auswahl):
- 1998 Scientific Board, European Congress of Mathematics;
- 2010 Scientific Board, International Congress of Mathematics;
- bis 2011 wissenschaftlicher Ausschuss der Alexander von Humboldt Stiftung;
- seit 2012 Scientific Board, Mathematisches Forschungsinstitut Oberwolfach.

Veröffentlichungen (Auswahl):
- HAMENSTÄDT, U.: Entropy rigidity of locally symmetric spaces of negative curvature. Ann. Math. *131*, 35–51 (1990)
- HAMENSTÄDT, U.: Harmonic measures for compact negatively curved manifolds. Acta Math. *178*, 39–107 (1997)
- HAMENSTÄDT, U.: Geometry of the mapping class groups I: Boundary amenability. Invent. Math. *175*, 545–609 (2009)
- HAMENSTÄDT, U.: Invariant Radon measures on measured lamination space. Invent. Math. *176*, 223–273 (2009)

Prof. Dr. rer. nat. Dr. med. Dr. med. habil.
Hanns Hatt
*8. 7. 1947 Illertissen

Sektion: Physiologie und Pharmakologie/Toxikologie
Matrikel-Nummer: 7486
Aufnahmedatum: 24. 5. 2012

Derzeitige berufliche Position:
Professor (C4), Leiter des Lehrstuhls für Zellphysiologie an der Fakultät für Biologie und Biotechnologie der Ruhr-Universität Bochum (seit 1992)

Ausbildung und beruflicher Werdegang:
- 1972 Staatsexamen in Biologie und Chemie an der Ludwig-Maximilians-Universität (LMU) München;
- 1975–1981 Studium der Humanmedizin an der LMU München;
- 1976 Promotion in Zoologie zum Dr. rer. nat. (Betreuer: Prof. H.-J. Autrum), LMU München;
- 1981 Staatsexamen und Approbation in Humanmedizin, LMU München;
- 1983 Promotion zum Dr. med. (Betreuer: Prof. J. Dudel) Technische Universität (TU) München;
- 1984 Habilitation in Physiologie an der Medizinischen Fakultät der TU München (zum Dr. med. habil.);
- 1984 Weiterbildung als Arzt für Naturheilverfahren;
- 1991 ordentlicher Universitätsprofessor (C3) an der Medizinischen Fakultät der TU München;
- 1992 ordentlicher Universitätsprofessor (C4), Lehrstuhl für Zellphysiologie an der Fakultät für Biologie und Biotechnologie der Ruhr-Universität Bochum (RUB).

Hauptarbeitsgebiete:
- Biophysikalische und pharmakologische Eigenschaften von Liganden-gesteuerten Ionenkanälen ($GABA_A$, Glutamat, ACh, CN6, TRPs, KCNK);
- Expression und funktionale Charakterisierung olfaktorischer Rezeptorproteine in Riechzellen und in Zellen verschiedener Gewebe bei Mensch und Tier, insbesondere die Aufklärung und Modellierung der Struktur sowie die beteiligten Signaltransduktionswege und die zellbiologischen Wirkungen;
- Untersuchung der molekularen und zellulären Mechanismen der Chemoperzeption in trigeminalen Neuronen.

Mitgliedschaften und Ehrungen (Auswahl):
- 1994–1998 Präsident, European Chemoreception Research Organization (ECRO);
- 1998–2002 Präsident, International Commission of Olfaction and Taste (ICOT);

- seit 2001 Mitglied der Nordrhein-Westfälischen Akademie der Wissenschaften und der Künste;
- 2003, 2005, 2007 Lecturer Award IGSN (International Graduate School Neuroscience), Ruhr-Universität Bochum (RUB);
- 2005 Philip-Morris-Forschungspreis;
- 2006 Erfinderpreis der Ruhr-Universität Bochum;
- 2007–2009 Vize-Präsident der Nordrhein-Westfälischen Akademie der Wissenschaften und der Künste;
- 2007 Transferpreis der Ruhr-Universität Bochum;
- 2010 Communicator-Preis;
- 2010 Robert-Pfleger-Forschungspreis;
- seit 2010 Präsident (2012 Wiederwahl) der Nordrhein-Westfälischen Akademie der Wissenschaften und der Künste;
- 2012 Korrespondierendes Mitglied der Bayerischen Akademie der Wissenschaften.

Mitarbeit in Organisationen und Gremien (Auswahl):
- 1995–1999 Prodekan der Fakultät für Biologie und Biotechnologie der RUB;
- 1999–2003 Dekan der Fakultät für Biologie und Biotechnologie der RUB;
- 2003–2011 Mitglied des Senats der RUB;
- 2004–2008 Mitglied des Fachkollegiums „Neurowissenschaft" der DFG;
- seit 2005 Sprecher der International Graduate School Bioscience, RUB;
- seit 2005 Vorsitzender des Promotionsausschusses der Fakultät für Biologie und Biotechnologie der RUB;
- 2006–2010 Sprecher der Life Sciences Research School der RUB;
- 2008–2010 Mitglied des Vorstands der Deutschen Neurowissenschaftlichen Gesellschaft.

Veröffentlichungen (Auswahl):
- Hatt, H., and Ache, B.: Cyclic nucleotide and inositol phosphate-gated ion channels in lobster olfactory receptor neurons. Proc. Natl. Acad. Sci. USA *91*, 6264–6268 (1994)
- Weyand, I., Godde, M., Frings, S., Weiner, J., Müller, F., Altenhofen, W., Hatt, H., and Kaupp, U. B.: Cloning and functional expression of a cyclic-nucleotide-gated channel from mammalian sperm. Nature *368*, 859–863 (1994)
- Wetzel, C. H., Behrendt, H.-J., Gisselmann, G., Störtkuhl, K. F., Hovemann, B., and Hatt, H.: Functional expression and characterization of a *Drosophila* odorant receptor in a heterologous cell system. Proc. Natl. Acad. Sci. USA *98*/16, 9377–9380 (2001)
- Spehr, M., Schwane, K., Heilmann, S., Gisselmann, G., Hummel, H., and Hatt, H.: Dual capacity of a human olfactory receptor. Curr. Biol. *14*/19, 832–833 (2004)
- Hatt, H.: Das Maiglöckchen-Phänomen. Alles über das Riechen und wie es unser Leben bestimmt. München: Piper 2009
- Neuhaus, E. M., Zhang, W., Gelis, L., Deng, Y., Noldus, J., and Hatt, H.: Activation of an olfactory receptor inhibits proliferation of prostate cancer cells. J. Biol. Chem. *284*/24, 16218–16225 (2009)
- Sergeeva, O. A., Kragler, A., Poppek, A., Kletke, O., Fleischer, W., Schubring, S. R., Haas, H. L., Görg, B., Rudolph, U., Zhu, X. R., Lübbert, H., Gisselmann, G., and Hatt, H.: Fragrant dioxane derivatives identify β1 subunit-containing GABA(A) receptors. J. Biol. Chem. *285*/31, 23985–23993 (2010)
- Hatt, H.: Das kleine Buch vom Riechen und Schmecken. München: Albrecht Knaus 2012

Prof. Dr. rer. nat.
Gerald H. Haug
*14. 4. 1968 Karlsruhe

Sektion: Geowissenschaften
Matrikel-Nummer: 7473
Aufnahmedatum: 21. 3. 2012

Derzeitige berufliche Position:
Ordentlicher Professor für Klimageologie an der Eidgenössischen Technischen Hochschule (ETH) Zürich (Schweiz)

Ausbildung und beruflicher Werdegang:
– 1992 Diplom in Geologie an der Universität Karlsruhe;
– 1995 Promotion zum Dr. rer. nat. an der Christian-Albrechts-Universität Kiel;
– 1996 Postdoctoral-Fellow an der University of British Columbia, Vancouver (Kanada);
– 1997 Postdoctoral-Fellow an der Woods Hole Oceanographic Institution, Woods Hole (MA, USA);
– 1998–1999 Research Assistant Professor an der University of Southern California Los Angeles (CA, USA);
– 2000–2002 Oberassistent an der ETH Zürich;
– 2002 Habilitation an der ETH Zürich;
– 2003–2007 ordentlicher Professor (C4) an der Universität Potsdam und Sektionsleiter am Geoforschungszentrum Potsdam (GFZ);
– 2007 Berufung zum ordentlichen Professor für Klimageologie an der ETH Zürich.

Hauptarbeitsgebiete:
– Klimageologie;
– Paläoklimadynamik;
– Paläoozeanographie.

Mitgliedschaften und Ehrungen (Auswahl):
– 2001 Albert-Maucher-Preis (Deutsche Forschungsgemeinschaft);
– 2006 Gottfried-Wilhelm-Leibniz-Preis (Deutsche Forschungsgemeinschaft);
– 2008 Mitglied der Academia Europaea;
– 2010 Rössler-Preis (ETH Zürich).

Veröffentlichungen (Auswahl):
– DRISCOLL, N. W., and HAUG, G. H.: A short circuit in the ocean's thermohaline circulation: A cause for northern hemisphere glaciation? Science *282*/5388, 436–438 (1998)
– HAUG, G. H., and TIEDEMANN, R.: Effect of the formation of the Isthmus of Panama on Atlantic Ocean thermohaline circulation. Nature *393*, 673–676 (1998)

- Haug, G. H., Sigman, D. M., Tiedemann, R., Pedersen, T. F., and Sarnthein, M.: Onset of permanent stratification in the subarctic Pacific. Nature *401*, 779–782 (1999)
- Haug, G. H., Hughen, K. A., Peterson, L. C., Sigman, D. M., and Röhl, U.: Southward migration of the Intertropical Convergence Zone through the Holocene. Science *293*, 1304–1308 (2001)
- Haug, G. H., Günther, D., Peterson, L. C., Sigman, D. M., Hughen, K. A., and Aeschlimann, B.: Climate and the collapse of Maya Civilzation. Science *299*, 1731–1735 (2003)
- Sigman, D. M., Jaccard, S., and Haug, G. H.: Polar ocean stratification in a cold climate. Nature *428*, 59–63 (2004)
- Haug, G. H., Ganopolski, A., Sigman, D. M., Rosell-Mele, A., Swann, G. E. A., Tiedemann, R., Jaccard, S. L., Bollmann, J., Maslin, M. A., Leng, M. J., and Eglinton, G.: North Pacific seasonality and the glaciation of North America 2.7 million years ago. Nature *433*, 821–825 (2005)

Prof. Dr. rer. nat.
Peter Hegemann
*11. 12. 1954 Münster

Sektion: Biochemie und Biophysik
Matrikel-Nummer: 7487
Aufnahmedatum: 24. 5. 2012

Derzeitige berufliche Position:
Professor für Experimentelle Biophysik an der Humboldt-Universität (HU) zu Berlin (seit 2005)

Ausbildung und beruflicher Werdegang:
– 1975–1980 Chemiestudium in Münster und München (Ludwig-Maximilians-Universität);
– 1980–1984 Dissertation bei Dieter OESTERHELT am Max-Planck-Institut (MPI) für Biochemie, Martinsried;
– 1985–1986 Postdoktorand bei K. W. FOSTER, Physik-Department Syracuse University (NY, USA);
– 1986–1992 Arbeitsgruppenleiter am MPI für Biochemie („Photorezeption in Mikroalgen");
– 1992 Habilitation an der Ludwig-Maximilians-Universität München;
– 1993–2004 Professor (C3) für Biochemie an der Universität Regensburg;
– seit 2005 Professor (C4, seit 2012 W3) für Experimentelle Biophysik an der HU-Berlin.

Hauptarbeitsgebiete:
– Photobiologie von Grünalgen;
– ungewöhnliche Rhodopsine;
– Flavin-basierte Photorezeptoren;
– homologe DNA-Rekombination in Algen („nuclear gene targeting");
– Optogenetik.

Mitgliedschaften und Ehrungen (Auswahl):
– 2010 Wiley-Preis für Biomedizinische Innovation, New York (NY, USA);
– 2010 Karl-Heinz-Beckurts-Preis, München;
– 2012 Zülch-Preis, Köln;
– 2013 Louis-Jeantet Award, Genf (Schweiz);
– Gottfried-Wilhelm-Leibniz-Preis, Deutsche Forschungsgemeinschaft;
– Grete Lundbeck European Brain Research Prize, Kopenhagen (Dänemark).

Mitarbeit in Organisationen und Gremien (Auswahl):
– DFG-Senatskommission für Sonderforschungsbereiche (SFBs).

Veröffentlichungen (Auswahl):
– Harz, H., and Hegemann, P.: Rhodopsin-regulated calcium currents in *Chlamydomonas*. Nature *351*, 489–491 (1991)
– Braun, F.-J., and Hegemann, P.: Two light activated conductances in the eye of the green alga *Volvox carteri*. Biophys. J. *76*, 1668–1678 (1999)
– Nagel, G., Ollig, D., Fuhrmann, M., Kateriya, S., Musti, A.-M., Bamberg, E., and Hegemann, P.: Channelrhodopsin-1, a light-gated proton channel in green algae. Science *296*, 2395–2398 (2002)
– Nagel, G., Szellas, T., Huhn, W., Kateriya, S., Adeishvilli, N., Berthold, P., Ollig, D., Hegemann, P., and Bamberg, E.: Channelrhodopsin-2, a light-gated cation channel in green algae. Proc. Natl. Acad. Sci. USA *100*/24, 13940–13945 (2003)
– Berndt, A., Yizhar, O., Gunaydin, L., Hegemann, P., and Deisseroth, K.: Bistable neural state switches. Nature Neurosci. *12*/2, 229–234 (2009)
– Guanaydin, L., Yizhar, O., Berndt, A., Sohal, V., Deisseroth, K., and Hegemann, P.: Ultrafast optogenetics: precise neural control beyond the gamma band. Nature Neurosci. *13*, 387–393 (2010)
– Yizhar, O., Fenno, L. E., Prigge, M., Schneider, F., Davidson, T. J., O'Shea, D. J., Sohal, V. S., Goshen, I., Finkelstein, J., Paz, J., Stehfest, K., Fudim, R., Ramakrishnan, C., Huguenard, J., Hegemann, P., and Deisseroth, K.: Neocortical excitation/inhibition balance in information processing and social dysfunction. Nature *477*, 171–178 (2011)

Prof. Dr. med.
Lutz Hein
*12. 5. 1963 Lübeck

Sektion: Physiologie und Pharmakologie/Toxikologie
Matrikel-Nummer: 7488
Aufnahmedatum: 24. 5. 2012

Derzeitige berufliche Position:
Professor (W3) für Pharmakologie und Toxikologie an der Albert-Ludwigs-Universität in Freiburg (Br.) (seit 2004)

Ausbildung und beruflicher Werdegang:
– 1982–1988 Studium der Humanmedizin an den Universitäten in Kiel und San Diego (CA, USA);
– 1988 Promotion zum Dr. med. an der Universität Kiel;
– 1988–1991 Arzt im Praktikum und Wissenschaftlicher Mitarbeiter, Institut für Pharmakologie, Universität Kiel;
– 1990 Approbation als Arzt;
– 1991–1996 Postdoktorand und Clinical Assistant Professor, Stanford University (CA, USA);
– 1996–2002 Postdoktorand, Institut für Pharmakologie und Toxikologie, Universität Würzburg;
– 1999 Facharzt für Pharmakologie und Toxikologie;
– 1999 Habilitation für Pharmakologie und Toxikologie;
– 2002–2004 Professor für Pharmakologie (C3), Universität Würzburg;
– 2003 Facharzt für Klinische Pharmakologie;
– seit 2004 Professor für Pharmakologie und Toxikologie (C4/W3), Universität Freiburg.

Hauptarbeitsgebiete:
– Pharmakologie G-Protein-gekoppelter Rezeptoren, Funktionen von Angiotensin- und adenergen Rezeptoren im Herz-Kreislauf- und im sympathischen und zentralen Nervensystem, insbesondere Subtyp-spezifische Mechanismen α_2-adrenerger Rezeptoren;
– epigenetische Mechanismen der chronischen Herzinsuffizienz (DNA-Methylierung, Chromatin-Modifikationen, microRNAs).

Mitgliedschaften und Ehrungen (Auswahl):
– 1979 European Contest Award, Philips Contest for Young Scientists and Inventors, Oslo (Norwegen);
– 1980 Bundessieger „Jugend forscht" im Fachbereich Biologie;

- 1981 1. Preis, Philips Contest for Young Scientists and Inventors, Brüssel (Belgien);
- 1982–1988 Stipendiat der Studienstiftung des deutschen Volkes;
- 1991–1993 Bugher Fellow, American Heart Association;
- 1995 Cardiovascular Medicine Award for Excellence in Physiological and Pharmacological Research, Stanford University (CA, USA);
- 2006 Preis für innovative Lehre, Universität Freiburg.

Herausgebertätigkeiten (Auswahl):
- *Naunyn-Schmiedeberg's Archiv of Pharmacology* (Editorial Board);
- *Brain Research Bulletin* (Editorial Board).

Mitarbeit in Organisationen und Gremien (Auswahl):
- 1999–2001 Sprecher der Arbeitsgruppe „Kardiovaskuläre Molekularbiologie und Gentechnologie" der Deutschen Gesellschaft für Kardiologie;
- seit 2007 Mitglied der Arzneimittelkommission der deutschen Ärzteschaft, Berlin;
- seit 2008 Wissenschaftlicher Beirat der Deutschen Stiftung für Herzforschung;
- 2011–2016 Vorsitzender der Deutschen Gesellschaft für Pharmakologie e. V.;
- seit 2012 Mitglied im Fachkollegium Medizin der Deutschen Forschungsgemeinschaft (DFG), Bonn;
- 2013 Präsident, Deutsche Gesellschaft für Experimentelle und Klinische Pharmakologie und Toxikologie (DGPT).

Veröffentlichungen (Auswahl):
- HEIN, L., BARSH, G. S., PRATT, R. E., DZAU, V. J., and KOBILKA, B. K.: Behavioural and cardiovascular effect of disrupting the angiotensin II type-2 receptor gene in mice. Nature *377*, 744–747 (1995)
- MACMILLAN, L. B., HEIN, L., SMITH, M. S., PIASCIK, M. T., and LIMBIRD, L. E.: Central hypotensive effects of the α_{2A}-adrenergic receptor subtype. Science *273*, 801–803 (1996)
- LINK, R. E., DESAI, K., HEIN, L., STEVENS, M. E., CHRUSCINSKI, A., BERNSTEIN, D., BARSH, G. S., and KOBILKA, B. K.: Cardiovascular regulation in mice lacking α_2-adrenergic receptor subtypes b and c. Science *273*, 803–805 (1996)
- HEIN, L., ALTMAN, J. D., and KOBILKA, B. K.: Two functionally distinct α_2-adrenergic receptors regulate sympathetic neurotransmission. Nature *402*, 181–184 (1999)
- PHILIPP, M., BREDE, M., HADAMEK, K., GESSLER, M., LOHSE, M. J., and HEIN, L.: Placental α_2-adrenoceptors control vascular development at the interface between mother and embryo. Nature Genetics *31*, 311–315 (2002)
- BEETZ, N., HARRISON, M. D., BREDE, M., ZONG, X., URBANSKI, M. J., SIETMANN, A., KAUFLING, J., LORKOWSKI, S., BARROT, M., SEELIGER, M. W., VIEIRA-COELHO, M. A., HAMET, P., GAUDET, D., SEDA, O., TREMBLAY, J., KOTCHEN, T. A., KALDUNSKI, M., NUSING, R., SZABO, B., JACOB, H. J., COWLEY, A. W. Jr., BIEL, M., STOLL, M., LOHSE, M. J., BROECKEL, U., and HEIN, L.: Phosducin influences sympathetic activity and prevents stress-induced hypertension in humans and mice. J. Clin. Invest. *119*, 3597–3612 (2009)
- LÜLLMANN, H., MOHR, K., und HEIN, L.: Taschenatlas Pharmakologie. 6. Aufl. Stuttgart: Thieme u. a. 2008 (Übersetzung in 13 Sprachen)
- LÜLLMANN, H., MOHR, K., und HEIN, L.: Pharmakologie und Toxikologie. 17. Aufl. Stuttgart u.a.: Thieme 2010

Neugewählte Mitglieder

Prof. Dr. phil. habil.
Bernhard Hommel
*19. 3. 1958 Niederstotzingen (Kreis Heidenheim)

Sektion: Psychologie und Kognitionswissenschaften
Matrikel-Nummer: 7512
Aufnahmedatum: 21. 11. 2012

Derzeitige berufliche Position:
Full Professor for General Psychology (hoogleraar algemene psychologie) an der Universiteit Leiden (Niederlande) (seit 1999)

Ausbildung und beruflicher Werdegang:
– 1987 Diplom in Psychologie an der Universität Bielefeld;
– 1987–1990 Wissenschaftlicher Mitarbeiter an der Abteilung Psychologie der Universität Bielefeld;
– 1990 Promotion zum Dr. phil. (Dissertation „Quellen der Interferenz beim Simon-Effekt: Eine Untersuchung zur Verwendung räumlicher Information bei der Auswahl und Planung einer einfachen Handlung", Universität Bielefeld);
– 1990–1999 Wissenschaftler am Max-Planck-Institut für Psychologie in München;
– 1997 Habilitation in Psychologie an der Ludwig-Maximilians-Universität München;
– 1997–1999 Leiter der Arbeitsgruppe „Exekutive Funktionen" am Max-Planck-Institut für Psychologie;
– 1999 Berufung auf den Lehrstuhl für Allgemeine Psychologie an der Universität Leiden (Niederlande);
– seit 2000 Leitung der Abteilung Kognitive Psychologie an der Universität Leiden;
– seit 2006 Vorstand des Leiden Institute for Brain and Cognition (LIBC).

Hauptarbeitsgebiete:
– Menschliche und artifizielle (in humanoiden Robotern) Handlungskontrolle; inklusive der neuronalen und neurochemischen Basisprozesse, der funktional-kognitiven Mechanismen und Einflüsse von Kultur, Religion, Entwicklung und der sozialen Identität;
– Kreativität; neurale, neurochemische und kognitive Basismechanismen; Techniken der Verbesserung kreativer Fähigkeiten (Neurofeedback, Meditation, Nahrung, etc.).

Herausgebertätigkeiten (Auswahl):
– *Psychological Research* (seit 2009 Editor-in-Chief);
– *Frontiers in Cognition* (seit 2010, Editor-in-Chief);
– *Journal of Experimental Psychology: Human Perception and Performance* (Action Editor);
– *Acta Psychologica* (Action Editor);

- *Quarterly Journal of Experimental Psychology (A)* (Action Editor);
- *Perception & Psychophysics* (Editorial Board);
- *Psychological Science* (Editorial Board);
- *Visual Cognition* (Editorial Board).

Mitarbeit in Organisationen und Gremien (Auswahl):
- 1988–1990 Sprecher des Mittelbaues, Universität Bielefeld;
- 1993–1997 gewähltes Mitglied des Wissenschaftlichen Rates der Max-Planck-Gesellschaft;
- 1995–1997 Mitglied des Gründungskomitees des Max-Planck-Instituts für Evolutionäre Anthropologie;
- 1997–2007 Vorstand und Sprecher des DFG-Schwerpunktprogrammes „Exekutive Funktionen";
- 2003–2010 Vorstandsmitglied und Schatzmeister der European Society for Cognitive Psychology;
- seit 2004 Vorstandsmitglied und Sekretär der International Association for the Study of Attention and Performance;
- seit 2006 Mitbegründer und Vorstandsmitglied des Leiden Institute for Brain and Cognition.

Veröffentlichungen (Auswahl):
- HOMMEL, B., MÜSSELER, J., ASCHERSLEBEN, G., and PRINZ, W.: The theory of event coding (TEC): A framework for perception and action planning. Behavioral and Brain Sciences *24*, 849–878 (2001)
- HOMMEL, B., PRATT, J., COLZATO, L., and GODIJN, R.: Symbolic control of visual attention. Psychological Science *12*, 360–365 (2001)
- ELSNER, B., and HOMMEL, B.: Effect anticipation and action control. Journal of Experimental Psychology: Human Perception and Performance *27*, 229–240 (2001)
- HOMMEL, B.: Event files: Feature binding in and across perception and action. Trends in Cognitive Sciences *8*, 494–500 (2004)
- HOMMEL, B., COLZATO, L. S., and VAN DEN WILDENBERG, W. P. M.: How social are task representations? Psychological Science *20*, 794–798 (2009)
- HOMMEL, B., und NATTKEMPER, D.: Handlungspsychologie: Planung und Kontrolle intentionalen Handelns. Heidelberg: Springer 2011

Prof. M.D., Ph.D.
Stipan Jonjic
*14th July 1953 Zvirnjaca (Kupres, Bosnia and Herzegovina)

Section: Microbiology and Immunology
Matricula Number: 7489
Date of Election: 24th May 2012

Present Position:
Professor and Chair of the Department of Histology and Embryology and the Center for Proteomics, Faculty of Medicine, University of Rijeka (Croatia)

Education and Career:
– 1971–1976 M.D., Faculty of Medicine, University of Rijeka;
– 1979–1982 Postgraduate Studies, Faculty of Medicine, University of Rijeka;
– 1979–1986 Research Assistant, Faculty of Medicine, University of Rijeka;
– 1982 M.Sc., University of Rijeka;
– 1982–1983 Research Assistant, Federal Research Center for Virus Diseases of Animals, Tübingen;
– 1985 Ph.D. in Medicine, University of Rijeka;
– 1986 Assistant Professor, Faculty of Medicine, University of Rijeka;
– 1990 Associate Professor, Faculty of Medicine, University of Rijeka;
– 1992 Full Professor, Faculty of Medicine, University of Rijeka;
– 1996 Professor and Chair Department of Histology and Embryology Faculty of Medicine, University of Rijeka;
– 1997–2007 Professor of Biology and Medical Genetics, Faculty of Medicine, University of Mostar (Bosnia and Herzegovina);
– 1999–2003 Dean, Faculty of Medicine, University of Rijeka;
– 2006 Chair, Center for Proteomics Faculty of Medicine, University of Rijeka.

Main Fields of Work:
– Viral immunology and pathogenesis;
– Congenital viral infections;
– Vaccines.

Memberships and Honours (Selection):
– 1975 University of Rijeka Student Award for Science;
– 1991 City of Rijeka Science Award;
– 1993 Croatian National Science Prize "Rudjer Boskovic";
– 1994 Günther Weitzel Science Award 1994, Tübingen;
– 1995 Medal of the President of the Republic of Croatia;
– 2003 The Annual Award of the Croatian Academy of Sciences and Arts;

- 2007 Raine Foundation Visiting Professorship at the University of Western Australia;
- 2009 The Award of the Croatian Academy of Medical Sciences.

Editorial Activities (Selection):
- *Herpesviridae*;
- *Microbes and Infections*;
- *Frontiers in Microbial Immunity*;
- *PlosPathogens* (Guest Editor);
- *European Journal of Immunology (EJI)*.

Cooperation in Organisations and Committees (Selection):
- 1994–2002 The National Scientific Council (Croatia);
- 2000–2003 The National Council for Higher Education (Croatia);
- 2002–2006 President, Croatian Immunological Society;
- 2005 Society for Natural Immunity;
- 2006–2011 Member, EU FP6/ FP7 Programme Committee – Health;
- 2006–2011 President of the National Board for EU FP7 Projects;
- 2010 Board of Directors, Croatian Science Foundation;
- 2012 President, Governing Council, Institute for Medical Research and Occupational Medicine.

Publications (Selection):
- Jonjic, S., Pavic, I., Polic, B., Crnkovic, I., Lucin, P., and Koszinowski, U. H.: Antibodies are not essential for the resolution of primary cytomegalovirus infection but limit dissemination of recurrent virus. J. Exp. Med. *179*, 1713–1717 (1994)
- Krmpotic, A., Busch, D., Bubic, I., Gebhardt, F., Hengel, H., Hasan, M., Scalzo, A., Koszinowski, U. H., and Jonjic, S.: MCMV glycoprotein gp40 confers virus resistance to $CD8^+T$ cells and NK cells in vivo. Nature Immunol. *3*, 529–535 (2002)
- Krmpotic, A., Hasan, M., Loewendorf, A., Saulig, T., Halenius, A., Lenac, T., Polic, B., Bubic, I., Kriegeskorte, A., Pernjak Pugel, E., Messerle, M., Hengel, H., Busch, D., Koszinowski, U. H., and Jonjic, S.: NK cell activation through the NKG2D ligand Mult-1 is selectively prevented by the glycoprotein encoded by mouse cytomegalovirus gene m145. J. Exp. Med. *201*/2, 211–220 (2005)
- Babic, M., Pyzik, M., Zafirova, B., Mitrovic, M., Butorac, V., Lanier, L. L., Krmpotic, A., Vidal, S. M., and Jonjic, S.: Cytomegalovirus immunoevasin reveals the physiological role of „missing self" recognition in NK cell dependent virus control in vivo. J. Exp. Med. *207*/12, 2663–2673 (2010)
- Slavuljica, I., Busche, A., Babic, M., Mitrovic, M., Gašparovic, I., Cekinovic, Đ., Markova Car, E., Pernjak Pugel, E., Cikovic, A., Juranic Lisnic, V., Britt, W. J., Koszinowski, U., Messerle, M., Krmpotic, A., and Jonjic, S.: Recombinant mouse cytomegalovirus expressing a ligand for the NKG2D receptor is attenuated and has improved vaccine properties. J. Clin. Invest. *120*/12, 4532–4545 (2010)

**Prof. Ph.D.
Sir Peter Knight**
*12th August 1947 Bedford (UK)

Section: Physics
Matricula Number: 7474
Date of Election: 21st March 2012

Present Position:
First Principal, The Kavli Royal Society International Centre (since 2011); President of the Institute of Physics (since 2011); Emeritus Professor of Quantum Optics and Senior Research Investigator, Blackett Laboratory, Imperial College, London (UK)

Education and Career:
– 1965–1968 undergraduate, 1968–1972 postgraduate in Physics, Sussex University (UK);
– 1972–1974 Research Associate in the Department of Physics and Astronomy of the University of Rochester (NY, USA) and at the Physics Department and Stanford Linear Accelerator Center (SLAC), Stanford University (CA, USA);
– 1974–1976 Student Representative Council (SRC) Research Fellow at Sussex University;
– 1976 Visiting Scientist at the Johns Hopkins University, Baltimore (MD, USA);
– 1976–1978 Jubilee Research Fellow, Royal Holloway College (RHC), London University;
– 1978–1983 SERC Advanced Fellowship (first at RHC from 1978 to 1979, transferring in 1979 to Imperial College);
– 1983–1987 Lecturer at Imperial College London;
– 1987–1988 Reader at Imperial College London;
– since 1988 Professor at Imperial College London, 2001–2005 Head of the Department of Physics.

Main Fields of Work:
– Quantum Optics.

Memberships and Honours (Selection):
– 1998 Dr. h.c., National Institute for Astrophysics, Optics and Electronics (INAOE), Mexico;
– 1999 Fellow, Royal Society;
– 1999 Thomas Young Medal and Prize, Institute of Physics;
– 2000 Dr. h.c., Slovak Academy of Science;
– 2005 Knighted in the Queen's Birthday Honours List;
– 2008 Ives Medal of the Optical Society of America (their premier award);
– Glazebrook Medal, Institute of Physics;
– 2010 Dr. h.c., Sussex University;

- 2010 Dr. h.c., Heriot Watt University;
- 2010 Royal Medal from the Royal Society;
- Past President Optical Society of America;
- Corresponding Member, Mexican Academy of Sciences;
- Fellow of the Royal Society.

Editorial Activities (Selection):
- *Journal of Modern Optics* (formerly *Optica Acta*) (1987–2006 Editor);
- *Contemporary Physics* (since 1992 Editor);
- *Progress in Optics* (Member of the Editorial Boards);
- *New Journal of Physics* (until 2009);
- Institute of Physics journal *Physics World* (Member of the Advisory Panel).

Cooperation in Organisations and Committees (Selection):
- 2005 German Centres of Excellence Review Panel;
- since 2005 Governing Body of the School of Theoretical Physics, Dublin Institute of Advanced Studies (Ireland);
- 2005–2009 Chair of the Advisory Committee for the Max Planck Research Group in Optics, Erlangen (Germany);
- 2007 Member, Review Committee of the Division of Mathematical, Physical and Life Sciences, University of Oxford (UK);
- 2007–2010 Chair, Defence Scientific Advisory Committee at the Ministry of Defence (UK);
- 2008 Member, Review Committee of the Physics Department, University of Oxford;
- 2009 chaired advisory committee for the future provision of clean rooms and optoelectronics at the University of Southampton (UK);
- 2009–2010 Deputy Rector (Research), Imperial College London;
- since 2009 Member, The Science and Technology Facilities Council (STFC);
- since 2010 Deputy Chair, HEFCE Impact Pilot Panel for Physics, Higher Education Funding Council for England (HEFCE);
- since 2010 Advisory Board, The South East Physics Network (SEPNET);
- since 2010 Chair of the Fachbereich for the Max Planck Institute for the Science of Light, Erlangen;
- until 2010 Chair of the Defence Scientific Advisory Committee at the Ministry of Defence for three years;
- Member of other government panels including GoScience review panels of the use of science by state departments;
- since 2011 Chair of the Advisory Board, ARC Centre for Quantum Computer Technology, University of Queensland;

Publications (Selection):
- PLENIO, M. B., and KNIGHT, P. L.: The quantum-jump approach to dissipative dynamics in quantum optics. Rev. Mod. Phys. *70*/1, 101–144 (1998)
- BOSE, S., KNIGHT, P. L., PLENIO, M. B., and VEDRAL, V.: Proposal for teleportation of an atomic state via cavity decay. Phys. Rev. Lett. *83*/24, 5158–5161 (1999)
- HAWORTH, C. A., CHIPPERFIELD, L. E., ROBINSON, J. S., KNIGHT, P. L., MARANGOS, J. P., and TISCH, J. W. G.: Half-cycle cutoffs in harmonic spectra and robust carrier-envelope phase retrieval. Nature Phys. *3*, 52–57 (2007)

**Prof. Dr. rer. nat.
Kurt Kremer**
*17. 6. 1956 Kapellensüng (Lindlar)

Sektion: Physik
Matrikel-Nummer: 7475
Aufnahmedatum: 21. 3. 2012

Derzeitige berufliche Position:
Wissenschaftliches Mitglied und Direktor des Max-Planck-Instituts für Polymerforschung, Mainz

Ausbildung und beruflicher Werdegang:
- 1974–1980 Studium der Physik an der Universität Köln (Diplom 1980, Dissertation 1983);
- 1982–1984 Wissenschaftler, Kernforschungsanlage (KFA) Jülich;
- 1983 Promotion, Universität zu Köln, Doktorvater Prof. Kurt BINDER;
- 1984–1985 Postdoktorand, Exxon Research and Engineering, Annandale (NJ, USA);
- 1984–1988 Assistent (C1) Universität Mainz;
- 1986, 1988 Gastwissenschaftler bei Exxon Research and Engineering, Annandale (NJ, USA), und im Materials Program, University of California (UC) Santa Barbara (CA, USA) (3 Monate);
- 1988 Habilitation für Theoretische Physik, Universität Mainz;
- 1988–1995 Wissenschaftler, Forschungszentrum KFA Jülich;
- 1991 Gastwissenschaftler am Department Chemical Engineering and Materials Science, University of Minnesota, Minneapolis (MN; USA) (3 Monate);
- 1992 Umhabilitation an die Universität Bonn;
- 1994 Gastwissenschaftler am Materials Department, UC Santa Barbara (2 Monate);
- 1995 Bayer AG, Leverkusen;
- seit 1995 Direktor und Wissenschaftliches Mitglied des Max-Planck-Instituts für Polymerforschung, Mainz;
- 1996 Apl. Professor, Universität Mainz;
- 1998–2000 und 2008–2010, Geschäftsführender Direktor, Max-Planck-Institut für Polymerforschung, Mainz;
- 2011 Visiting Professor, Physics Department, New York University (NY, USA) (3 Monate);
- 2011 Honorarprofessor, Universität Heidelberg;
- 2012 Co-Koordinator des KITP-Programms „Physical Principles of Multiscale Modeling for Soft Matter" und „KITP Distinguished Visiting Scholar" (3 Monate).

Hauptarbeitsgebiete:
- Theoretische Physik und Physikalische Chemie makromolekularer Materialien mit dem Schwerpunkt der Entwicklung und Anwendung von skalenübergreifenden Computersimulationsmethoden;
- Struktur-Eigenschafts-Beziehungen bei Polymeren, Materialien der organischen Elektronik und biomolekularen Systemen.

Mitgliedschaften und Ehrungen (Auswahl):
- 1991 George T. Piercy Distinguished Professor of Materials Science and Chemical Engineering, University of Minnesota (MN, USA);
- 1992 Walter-Schottky-Preis der Deutschen Physikalischen Gesellschaft;
- 2006 Fellow, American Physical Society;
- 2011 American Physical Society Polymer Physics Prize;
- Persönliches Mitglied der Deutschen Physikalischen Gesellschaft (DPG), der European Physical Society (EPS) und der American Physical Society (APS).

Herausgebertätigkeiten (Auswahl):
- *Macromolecular Journals* (Executive Advisory Board);
- *Physical Review Letters* (1998–2000 Divisional Associate Editor Polymers);
- *NIC Lecture Notes 23*, FZ Jülich (2004);
- *Advances in Polymer Science 173* (2005), *185* (2005), *221* (2009).

Mitarbeit in Organisationen und Gremien (Auswahl):
- 2009–2015 Gewählter Fachkollegiat der Deutschen Forschungsgemeinschaft (DFG) für Polymerphysik;
- ab September 2012 Mitglied und Vorsitzender des Beratenden Ausschusses für Rechnerangelegenheiten (BAR) der MPG;
- Leitung des Kompetenzzentrums „Simulation" am Innovation Lab. iL, des BMBF Spitzenclusters „Forum Organic Electronic" an der Universität Heidelberg;
- 2013–2016 Gewählter Fachverbandsvorsitzender für Chemische Physik und Polymerphysik (CPP) der DPG.

Veröffentlichungen (Auswahl):
- Kremer, K., and Grest, G. S.: Dynamics of entangled linear polymer melts – A molecular dynamics simulation. J. Chem. Phys. *92*, 5057–5086 (1990)
- Stevens, M. J., and Kremer, K.: The nature of flexible linear polyelectrolytes in salt free solution – a molecular dynamics study. J. Chem. Phys. *103*/4, 1669 (1995)
- Delle Site, L., Leon, S., and Kremer K.: BPA-PC on a Ni(111) surface: The interplay between adsorption energy and conformational entropy for different chain end modications. J. Amer. Chem. Soc. *126*/9, 2944–2955 (2004)
- Peter, C., and Kremer, K.: Multiscale simulation of soft matter systems – from the atomistic to the coarse-grained level and back. Soft Matter *5*, 4357–4366 (2009)
- Fritsch, S., Poblete, S., Junghans, C., Ciccotti, G., Delle Site, L., and Kremer, K.: Adaptive resolution molecular dynamics simulations through coupling to an internal particle reservoir. Phys. Rev. Lett. *108*/17, 170602 (2012)
- Halverson, J. D., Grest, G. S., Grosberg A. Y., and Kremer, K.: Rheology of ring polymer melts: From linear contaminants to ring-linear blends. Phys. Rev. Lett. *108*/3, 038301 (2012)

Prof. Dr. rer. nat.
Ulrike Kutay
*24. 5. 1966 Potsdam

Sektion: Biochemie und Biophysik
Matrikel-Nummer: 7490
Aufnahmedatum: 24. 5. 2012

Derzeitige berufliche Position:
Ordentliche Professorin für Biochemie an der Eidgenössischen Technischen Hochschule Zürich (Schweiz)

Ausbildung und beruflicher Werdegang:
– 1991 Diplomarbeit am Max-Planck-Institut für Molekulare Genetik in Berlin;
– 1992 Diplom in Biochemie, Freie Universität Berlin;
– 1992–1995 Promotionsarbeit am Max-Delbrück-Center für Molekulare Medizin in Berlin-Buch und an der Harvard Medical School in Boston (MA, USA);
– 1996 Promotion zum Dr. rer. nat., Humboldt-Universität Berlin;
– 1996–1999 wissenschaftliche Mitarbeiterin am Zentrum für Molekulare Biologie der Universität Heidelberg;
– 1999–2005 Assistenzprofessorin für Biochemie am Institut für Biochemie, Eidgenössische Technische Hochschule (ETH) Zürich (Schweiz);
– 2006–2010 Außerordentliche Professorin für Biochemie, ETH Zürich;
– seit 2011 Ordentliche Professorin für Biochemie, ETH Zürich.

Hauptarbeitsgebiete:
– Funktion, Struktur, Dynamik und Biogenese der Kernhülle;
– Transport von Makromolekülen zwischen Zellkern und Zytoplasma;
– Interaktionen zwischen Zellkern und Zytoskelett;
– Biogenese ribosomaler Untereinheiten in menschlichen Zellen.

Mitgliedschaften und Ehrungen:
– 2011 Mitgliedschaft European Molecular Biology Organization (EMBO).

Herausgebertätigkeiten (Auswahl):
– *FEBS Letters* (Editorial Board);
– *European Journal of Cell Biology* (Editorial Board).

Mitarbeit in Organisationen und Gremien (Auswahl):
– Mitglied des Wissenschaftlichen Beirats des Biochemiezentrums Heidelberg;
– Review Panel des European Research Council (ERC);
– Life Science Zürich, Beirat;
– Beauftragte des Präsidenten für Professorenberufungen, ETH Zürich.

Veröffentlichungen (Auswahl):

- Kutay, U., Hartmann, E., and Rapoport, T. A.: A class of membrane proteins with a C-terminal anchor. Trends Cell Biol. *3*, 72–75 (1993)
- Kutay, U., Bischoff, F. R., Kostka, S., Kraft, R., and Görlich, D.: Export of importin alpha from the nucleus is mediated by a specific nuclear transport factor. Cell *90*, 1061–1071 (1997)
- Görlich, D., and Kutay, U.: Transport between the cell nucleus and the cytoplasm. Annu. Rev. Cell Dev. Biol. *15*, 607–660 (1999)
- Calado, A., Treichel, N., Muller, E. C., Otto, A., and Kutay, U.: Exportin-5-mediated nuclear export of eukaryotic elongation factor 1A and tRNA. EMBO J. *21*, 6216–6224 (2002)
- Lund, E., Güttinger, S., Calado, A., Dahlberg, J. E., and Kutay, U.: Nuclear export of microRNA precursors. Science *303*, 95–98 (2004)
- Mansfeld, J., Güttinger, S., Hawryluk-Gara, L. A., Pante, N., Mall, M., Galy, V., Haselmann, U., Muhlhausser, P., Wozniak, R. W., Mattaj, I. W., Kutay, U., and Antonin, W.: The conserved transmembrane nucleoporin NDC1 is required for nuclear pore complex assembly in vertebrate cells. Mol. Cell *22*, 93–103 (2006)
- Güttinger, S., Laurell, E., and Kutay, U.: Orchestrating nuclear envelope disassembly and reassembly during mitosis. Nature Rev. Mol. Cell Biol. *10*, 178–191 (2009)
- Wild, T., Horvath, P., Wyler, E., Widmann, B., Badertscher, L., Zemp, I., Kozak, K., Csucs, G., Lund, E., and Kutay, U.: A protein inventory of human ribosome biogenesis reveals an essential function of exportin 5 in 60S subunit export. PLoS Biol. *8*, e1000522 (2010)
- Laurell, E., Beck, K., Krupina, K., Theerthagiri, G., Bodenmiller, B., Horvath, P., Aebersold, R., Antonin, W., and Kutay, U.: Phosphorylation of Nup98 by multiple kinases is crucial for NPC disassembly during mitotic entry. Cell *144*, 539–550 (2011)
- Sosa, B. A., Rothballer, A., Kutay, U., and Schwartz, T. U.: LINC complexes form by binding of three KASH peptides to domain interfaces of trimeric SUN proteins. Cell *149*, 1035–1047 (2012)

Prof. Dr. rer. nat.
Thomas Langer
*22. 5. 1964 Straubing

Sektion: Biochemie und Biophysik
Matrikel-Nummer: 7491
Aufnahmedatum: 24. 5. 2012

Derzeitige berufliche Position:
Professor (W3), Institut für Genetik, Universität zu Köln

Ausbildung und beruflicher Werdegang:
– 1984–1989 Studium der Biologie, Universität Regensburg;
– 1989–1993 Promotion, Ludwig-Maximilians-Universität (LMU) München (Thema: „Chaperone-mediated protein folding");
– 1992–1993 Gastwissenschaftler am Memorial Sloan-Kettering Cancer Center, New York (NY, USA);
– 1993–2001 Nachwuchsgruppenleiter, Adolf-Butenandt-Institut für Physiologische Chemie, LMU München;
– 1999 Habilitation und Venia legendi in Biochemie.

Hauptarbeitsgebiete:
– Untersuchung der Regulation der Funktion von Mitochondrien durch proteolytische Komplexe mit einem Schwerpunkt auf membranassoziierten Prozessen und deren räumlicher Organisation;
– molekulare Mechanismen der Qualitätskontrolle der Mitochondrien;
– Regulation der mitochondrialen Dynamik und Membranbiogenese durch proteolytische Prozesse;
– physiologische Auswirkungen von Störungen des proteolytischen Systems der Mitochondrien, die mit neurodegenerativen Erkrankungen sowie Alterungsprozessen assoziiert sind.

Mitgliedschaften und Ehrungen (Auswahl):
– 1984–1989 Stipendium der Bayerischen Landesregierung;
– 1997 Mitglied der Gesellschaft für Biochemie und Molekulare Biologie;
– 2007 EMBO-Mitglied, European Molecular Biology Organization (EMBO);
– 2008 Max-Planck-Fellow; Max-Planck-Institut für Biologie des Alterns, Köln;
– 2009 ERC Advanced Career Grant, European Research Council (ERC);
– 2011 Mitglied der Akademie der Wissenschaften und Künste Nordrhein-Westfalen.

Herausgebertätigkeiten (Auswahl):
- *Biological Chemistry* (2002–2009 Editorial Board);
- *Journal of Cell Biology* (seit 2010 Editorial Board);
- *EMBO Reports* (seit 2010 Editorial Boards);
- *Journal of Biochemistry* (seit 2010 Editorial Board);
- *Science* (seit 2012 Mitglied im Herausgeberbeirat).

Mitarbeit in Organisationen und Gremien (Auswahl):
- 2001–2005 Doktoranden-Auswahlkommission, Deutscher Akademischer Austauschdienst (DAAD), Bonn;
- 2001–2009 Vorstand des Zentrums für Molekulare Medizin Köln (ZMMK);
- 2002–2004 Geschäftsführender Direktor des Instituts für Genetik, Universität zu Köln;
- seit 2003 Sprecher des Sonderforschungsbereichs 635 „Posttranslationale Funktionskontrolle von Proteinen", Universität zu Köln;
- 2005–2012 Mitglied des Fachkollegiums Biochemie, Biophysik und Bioinformatik der Deutschen Forschungsgemeinschaft (DFG), Bonn;
- seit 2006 Mitglied des Vorstands des Graduiertenkollegs und der Graduate School for Biological Sciences, Köln;
- 2007–2011 Senator der Mathematisch-Naturwissenschaftlichen Fakultät der Universität zu Köln;
- seit 2007 Stellvertretender Sprecher des Kölner Exzellenzclusters zur Zellulären Stressantwort bei Alters-assoziierten Erkrankungen (CECAD), Universität zu Köln;
- 2010–2011 Geschäftsführender Direktor der Fachgruppe Biologie der Mathematisch-Naturwissenschaftlichen Fakultät der Universität zu Köln;
- seit 2011 Beirat LS3 (Zell- und Entwicklungsbiologie) des Europäischen Research Councils (ERC);
- seit 2012 Beirat für die Institutionelle Strategie der Universität zu Köln im Rahmen der Exzellenzinitiative.

Veröffentlichungen (Auswahl):
- NOLDEN, M., EHSES, S., KOPPEN, M., BERNACCHIA, A., RUGARLI, E. I., and LANGER, T.: The m-AAA protease defective in hereditary spastic paraplegia controls ribosome assembly in mitochondria. Cell *123*, 277–289 (2005)
- MERKWIRTH, C., DARGAZANLI, S., TATSUTA, T., GEIMER, S., LÖWER, B., WUNDERLICH, F. T., KLEIST-RETZOW, J.-C. VON, WAISMAN, A., WESTERMANN, B., and LANGER, T.: Prohibitins control cell proliferation and apoptosis by regulating OPA1-dependent cristae morphogenesis in mitochondria. Genes Dev. *22*, 476–488 (2008)
- OSMAN, C., HAAG, M., POTTING, C., RODENFELS, J., DIP, P. V., WIELAND, F. T., BRÜGGER, B., WESTERMANN, B., and LANGER, T.: The genetic interactome of prohibitins: coordinated control of cardiolipin and phosphatidylethanolamine by conserved regulators in mitochondria. J. Cell Biol. *184*, 583–596 (2009)
- AUGUSTIN, S., GERDES, F., LEE, S., TSAI, F. T., LANGER, T., and TATSUTA, T.: An intersubunit signalling network coordinates ATP hydrolysis by m-AAA proteases. Mol. Cell *35*, 574–585 (2009)
- CONNERTH, M., TATSUTA, T., HAAG, M., KLECKER, T., WESTERMANN, B., and LANGER, T.: Intramitochondrial transport of phosphatidic acid in yeast by a lipid transfer protein. Science *338*, 815–818 (2012)
- ANTON, F., DITTMAR, G., LANGER, T., and ESCOBAR-HENRIQUES, M.: Two deubiquitylases act on mitofusin and regulate mitochondrial fusion along independent pathways. Mol. Cell *49/3*, 487–498 (2013)

Prof. Ph.D.
Jiayang Li
*3rd July 1956 Anhui Province (China)

Section: Physiological and Evolutionary Biology
Matricula Number: 7492
Date of Election: 24th May 2012

Present Position:
Vice Minister of Agriculture, The People's Republic of China;
President, Chinese Academy of Agricultural Sciences;
Professor, Institute of Genetics and Developmental Biology, Chinese Academy of Sciences (CAS)

Education and Career:
– 1978–1982 B.Sc. (Agronomy), Anhui Agricultural College (China);
– 1982–1984 M.Sc. (Genetics), Institute of Genetics, CAS;
– 1984–1985 Researcher, Institute of Genetics, CAS;
– 1985–1991 Ph.D., Brandeis University Waltham (MA, USA);
– 1991–1995 Postdoctoral Fellow and Research Associate, Boyce Thompson Institute for Plant Research at Cornell University Ithaca (NY, USA);
– 1994–2001 Professor, Institute of Genetics, CAS;
– 1997–1999 Director Assistant, Institute of Genetics, CAS;
– 1999–2001 Director, Institute of Genetics, CAS;
– since 2001 Professor, Institute of Genetics and Developmental Biology, CAS;
– 2001–2004 Director, Institute of Genetics and Developmental Biology, CAS;
– 2004–2011 Vice President, CAS;
– since 2011 President, Chinese Academy of Agricultural Sciences;
– since 2011 Vice Minister of Agriculture, The People's Republic of China.

Main Fields of Work:
– Genetics;
– Plant development;
– Phytohormones;
– Plant metabolism;
– Agronomy.

Memberships and Honours (Selection):
– 1999 Member, Asia-Pacific International Molecular Biology Network;
– 2001 Academician, Chinese Academy of Sciences;
– 2004 Fellow, the Academy of Sciences for the Developing World;
– 2011 Foreign Associate, the National Academy of Sciences (USA);

- 2011 Corresponding Membership Award, American Society of Plant Biologists;
- 2011 Honorary D.Sc. Nara Institute of Science and Technology (Japan).

Editorial Activities (Selection):
- *Cell Research* (since 2003 Editorial Board);
- *Plant Molecular biology* (2004–2013 Associated Editor);
- *Plant & Cell Physiology* (2004–2008 Editor);
- *Trends in Biotechnology* (since 2008 Advisory Editorial Board).

Cooperation in Organisations and Committees (Selection):
- since 2002 Vice President, the Crop Science Society of China;
- since 2003 President, the Genetics Society of China;
- 2003–2006 Secretary-Treasurer, International Association for Plant Tissue Culture & Biotechnology (IAPTC&B);
- 2004–2006 Board member, International Society of Plant Molecular Biology;
- since 2006 Vice President, Chinese Society of Environmental Sciences.

Publications (Selection):
- LI, X., QIAN, Q., FU, Z., WANG, Y., XIONG, G., ZENG, D., WANG, X., LIU X., TENG, S., HIROSHI, F., YUAN, M., LUO, D., HAN, B., and LI, J.: Control of tillering in rice. Nature *422*, 618–621 (2003)
- JIAO, Y., WANG, Y., XUE, D., WANG, J., YAN, M., LIU, G., DONG, G., ZENG, D., LU, Z., ZHU, X., QIAN, Q., and LI, J.: Regulation of OsSPL14 by OsmiR156 defines ideal plant architecture in rice. Nature Genet. *42*, 541–544 (2010)
- XU, C., WANG, Y., YU, Y., DUAN, J., LIAO, Z., XIONG, G., MENG, X., LIU, G., QIAN, Q., and LI, J.: Degradation of MONOCULM 1 by APC/C^{TAD1} regulates rice tillering. Nature Communications *3*, 750 (2012)

Prof. Ph.D.
Wolfgang Lutz
*10. 12. 1956 Rom (Italien)

Sektion: Ökonomik und Empirische Sozialwissenschaften
Matrikel-Nummer: 7513
Aufnahmedatum: 21. 11. 2012

Derzeitige berufliche Position:
Professor für Sozial- und wirtschaftswissenschaftliche Statistik an der Wirtschaftsuniversität Wien (Österreich), Direktor des Instituts für Demographie der Österreichischen Akademie der Wissenschaften und Leiter des „World Population Programme" im International Institute for Applied Systems Analysis (IIASA) Laxenburg (Österreich)

Ausbildung und beruflicher Werdegang:
– 1975 Graduierung vom Schottengymnasium der Benediktiner in Wien (Österreich);
– 1975–1980 Studium der Philosophie, Mathematik und Theologie an der Ludwig-Maximilians-Universität, München;
– 1980 Magister *rerum socialium oeconomicarumque* (M.A.) in Sozial- und Wirtschaftsstatistik an der Universität Wien (Österreich);
– 1980 Cand. theol. an der Fakultät für Theologie, Universität Wien;
– 1982 M.A. in Demography an der University of Pennsylvania, Philadelphia (PA, USA);
– 1983 Ph.D. (with distinction) in Demography an der University of Pennsylvania;
– 1988 Habilitation in Demographie und Sozialstatistik an der Universität Wien.

Hauptarbeitsgebiete:
– Bevölkerungsentwicklungen in verschiedenen Weltreligionen;
– Bevölkerungsstatistik;
– Projektionen der Weltbevölkerung.

Mitgliedschaften und Ehrungen (Auswahl):
– Wittgenstein-Preis;
– Mattei Dogan Award der International Union for the Scientific Study of Population;
– Wirkliches Mitglied der Österreichischen Akademie der Wissenschaften.

Herausgebertätigkeiten (Auswahl):
– *Vienna Yearbook of Population Research* (Editor);
– *Asian Population Studies* (Editorial Committee);
– *Demographic Research* (Editorial Board);
– *European Population Studies* (Editorial Board);

- Earthscan scientific book series on Population and Sustainable Development (Editor);
- *Canadian Studies in Population* (Editorial Board).

Mitarbeit in Organisationen und Gremien (Auswahl):
- Professorial Research Fellow at Oxford University (UK);
- Mitglied, Committee on Population, US National Academy of Sciences;
- Mitglied, Board of Directors, Population Reference Bureau, Washington (DC, USA);
- Mitglied des Vorstands am Institut für Bevölkerung und Entwicklung, Berlin.

Veröffentlichungen (Auswahl):
- LUTZ, W., CRESPO CUARESMA, J., and SANDERSON, W.: The demography of educational attainment and economic growth. Science *319*, 1047–1048 (2008)
- LUTZ, W.: The demography of future global population aging: Indicators, uncertainty, and educational composition. Population and Development Review *35*/2, 357–365 (2009)
- LUTZ, W., and K. C., S.: Global human capital: Integrating education and population. Science *333*, 587–592 (2011)

Prof. Dr. Dr. h. c.
Stefan M. Maul
*24. 12. 1958 Aachen

Sektion: Kulturwissenschaften
Matrikel-Nummer: 7514
Aufnahmedatum: 21. 11. 2012

Derzeitige berufliche Position:
Professor für Assyriologie, Leiter der Assur-Forschungsstelle an der Heidelberger Akademie der Wissenschaften, Koordinator des Altertumswissenschaftlichen Kollegs Heidelberg

Ausbildung und beruflicher Werdegang:
- 1978 – 1983 Studium der Assyriologie, der Vorderasiatischen Archäologie und Ägyptologie an der Georg-August-Universität, Göttingen;
- 1987 Promotion, Georg-August-Universität, Göttingen;
- 1987 – 1995 Wissenschaftlicher Mitarbeiter und Hochschulassistent am Altorientalischen Seminar der Freien Universität (FU), Berlin;
- 1993 Habilitation, FU, Berlin („Zukunftsbewältigung. Eine Untersuchung altorientalischen Denkens anhand der babylonisch-assyrischen Löserituale (Namburbi)", Baghdader Forschungen, Band *18*, Mainz 1994);
- 1993 – 1994 Wissenschaftlicher Mitarbeiter an der Équipe de Mari (U.P.R. 193) am Centre National de la Recherche Scientifique (CNRS), Paris (Frankreich);
- 1994 Gastprofessur für Assyriologie an der École Pratique des Hautes Études, Paris;
- seit 1995 Ordinarius für Assyriologie an der Ruprecht-Karls-Universität, Heidelberg;
- 2001 – 2002 Prodekan der Philosophischen Fakultät der Universität Heidelberg;
- seit 2005 Gründer (gemeinsam mit Tonio HÖLSCHER) und Koordinator des Altertumswissenschaftlichen Kollegs Heidelberg.

Hauptarbeitsgebiete:
- Schriften, Sprachen und Kulturen des Alten Vorderen Orients;
- Religions-, Wissenschafts- und Literaturgeschichte des Alten Vorderen Orients;
- Edition altorientalischer Keilschrifttexte.

Mitgliedschaften und Ehrungen (Auswahl):
- seit 1995 Korrespondierendes Mitglied des Deutschen Archäologischen Institutes;
- 1996 Gastprofessur an der *La Sapienza*, Rom (Italien);
- 1997 Leibniz-Forschungspreis der Bundesrepublik Deutschland und der Deutschen Länder;
- seit 1998 Mitglied der Heidelberger Akademie der Wissenschaften;

- seit 2001 Ordentliches Mitglied des Deutschen Archäologischen Institutes;
- seit 2002 Korrespondierendes Mitglied der Göttinger Akademie der Wissenschaften;
- seit 2003 Gastprofessur der British Academy an der School of Oriental and African Studies, London (Großbritannien);
- seit 2004/05 Fellow am Wissenschaftskolleg zu Berlin;
- 2007 Meimberg-Preis der Mainzer Akademie der Wissenschaften;
- 2010 Verleihung der Ehrendoktorwürde durch die Vereinigung arabischer Historiker, Baghdad (Irak);
- Gastprofessur am Collège de France, Paris.

Herausgebertätigkeiten (Auswahl):
- Keilschrifttexte aus Assur literarischen Inhalts im Auftrag der Heidelberger Akademie herausgegeben (Wiesbaden, seit 2007);
- Cuneiform Monographs (Leiden, Boston, seit 1992)

Mitarbeit in Organisationen und Gremien (Auswahl):
- 2000–2006 Mitglied der Forschungsschwerpunktförderungskommission des Baden-Württembergischen Ministeriums für Wissenschaft, Forschung und Kunst;
- 2001–2011 Mitglied der Zentraldirektion des Deutschen Archäologischen Institutes;
- seit 2001 Mitglied des Wissenschaftlichen Beirates der Thyssen-Stiftung;
- seit 2002 Mitarbeit im Sonderforschungsbereich (SFB) 619 „Ritualdynamik";
- 2003–2006 Mitglied des Universitätsrates der Universität Heidelberg;
- seit 2004 Gründer und Leiter der Assur-Forschungsstelle der Heidelberger Akademie der Wissenschaften;
- seit 2006 Mitglied des Wissenschaftlichen Beirates des Förderprogramms „Denkwerk" der Bosch-Stiftung;
- seit 2007 Mitarbeit im Heidelberger Exzellenzcluster *Asia and Europe in a Global Context*;
- seit 2011 Mitarbeit im SFB 933 „Materiale Textkulturen".

Veröffentlichungen (Auswahl):
- MAUL, S., und STRAUSS, R.: Ritualbeschreibungen und Gebete I. Keilschrifttexte aus Assur literarischen Inhalts 4. Wiesbaden: Harrassowitz 2011
- MAUL, S. M.: Die „Tontafelbibliothek" einer assyrischen Gelehrtenfamilie des 7. Jh. v. Chr. In: BLUMENTHAL, E., und SCHMITZ, W.: Bibliotheken im Altertum. Wolfenbütteler Schriften zur Geschichte des Buchwesens Bd. 45. S. 9–50. Wiesbaden: Harrassowitz 2011
- MAUL, S. M.: Die Wissenschaft von der Zukunft. Überlegungen zur Bedeutung der Divination im Alten Orient. In: CANCIK-KIRSCHBAUM, E., VAN ESS, M., und MARZAHN, J. (Eds.): Babylon. Wissenskultur in Orient und Okzident. S. 135–152. Berlin, Boston: de Gruyter 2011
- MAUL, S. M.: Das Gilgamesch-Epos neu übersetzt und kommentiert. Fünfte, durchgesehene Auflage. München: Beck 2012

Prof. Dr. rer. nat.
Wolfgang Meyerhof
*9. 3. 1953 Hannover

Sektion: Agrar- und Ernährungswissenschaften
Matrikel-Nummer: 7493
Aufnahmedatum: 24. 5. 2012

Derzeitige berufliche Position:
Leiter der Abteilung Molekulare Genetik am Deutschen Institut für Ernährungsforschung Potsdam-Rehbrücke und Professor für Molekulare Genetik am Institut für Ernährungswissenschaft an der Universität Potsdam

Ausbildung und beruflicher Werdegang:
– 1981 Diplom in Biochemie, Freie Universität (FU) Berlin;
– 1984 Promotion zum Dr. rer. nat. (Dissertation „Repetitive DNA des Krallenfrosches *Xenopus laevis*", FU Berlin);
– 1984–1987 Wissenschaftlicher Mitarbeiter am Institut für Molekularbiologie und Biochemie, FU Berlin;
– 1987–1994 Wissenschaftlicher Mitarbeiter am Institut für Zellbiochemie und klinische Neurobiologie, Universitätskrankenhaus Eppendorf, Hamburg;
– 1993 Habilitation und *Venia legendi* in Zellbiochemie, Universitätskrankenhaus Eppendorf, Hamburg;
– 1994 Leiter der Abteilung Molekulare Genetik, Deutsches Institut für Ernährungsforschung Potsdam-Rehbrücke und Professor für Molekulare Genetik, Institut für Ernährungswissenschaft, Universität Potsdam.

Hauptarbeitsgebiete:
– Aufklärung molekularer und zellulärer Grundlagen von Nahrungspräferenzen mit Schwerpunkt auf dem Geschmackssinn, insbesondere Struktur und Funktion von Geschmacksrezeptoren;
– Identifizierung neuer geschmacksmodulierender Substanzen;
– genetische Variabilität und Wahrnehmungsunterschiede in der Bevölkerung;
– Aufnahme, Weiterleitung und Verarbeitung gustatorischer Information, extragustatorische Geschmacksrezeptoren.

Mitgliedschaften und Ehrungen (Auswahl):
– 2000 Gay-Lussac-Humboldt-Preis des Ministers für Forschung (Frankreich);
– 2013 International Flavors and Fragrances Award, Association for Chemoreception Sciences.

Herausgebertätigkeiten (Auswahl):
- *Chemical Senses* (Editor-in-chief);
- Mitglied im Editorial Board weiterer Fachzeitschriften.

Mitarbeit in Organisationen und Gremien (Auswahl):
- 2006 Mitglied im Wissenschaftlichen Beirat der deutschen Forschungsanstalt für Lebensmittelchemie;
- 2011 Mitglied im Wissenschaftlichen Beirat des DFG-Schwerpunktprogramms 1392 „Integrative Analysis of Olfaction";
- 2012 President-elect, European Chemoreception Research Organization.

Veröffentlichungen (Auswahl):
- Meyerhof, W. (Ed.): Somatostatin receptors. J. Physiol. (Paris) *94* (2000)
- Bufe, B., Hofmann, T., Krautwurst, D., Raguse, J.-D., and Meyerhof, W.: The human TAS2R16 receptor mediates bitter taste in response to β-glucopyranosides. Nature Genet. *32*, 397–401 (2002)
- Bufe, B., Breslin, P. S. A., Kuhn, C., Reed, D. R., Tharp, C. D., Slack, J. P., Kim, U.-K., Drayna, D., and Meyerhof, W.: The molecular basis of individual differences in phenylthiocarbamide and propylthiouracil bitterness perception. Curr. Biol. *15*, 322–327 (2005)
- Meyerhof, W., and Richter, D. (Eds.): Signaling in chemosensory systems. Multi-author review. Cell. Mol. Life Sci. *63* (2006)
- Meyerhof W., and Korsching, S. (Eds.): Chemosensory systems in mammals, fishes, and insects. Results Probl. Cell Differ. *47* (2009)
- Meyerhof, W., Beisiegel, U., and Joost, H.-G. (Eds.): Sensory and metabolic control of energy balance. Results Probl. Cell Differ. *52* (2009)
- Brockhoff, A., Behrens, M., Niv, M., and Meyerhof, W.: Structural requirements of bitter taste receptor activation. Proc. Natl. Acad. Sci. USA *107*, 11110–11115 (2010)
- Slack, J. P., Brockhoff, A., Batram, C., Menzel, S., Sonnabend, C., Born, S., Galindo, M. M., Kohl, S., Thalmann, S., Ostopovici-Halip, L., Simons, C. T., Ungureanu, I., Duineveld, K., Bologa, C. G., Behrens, M., Furrer, S., Oprea, T. I., and Meyerhof, W.: Modulation of bitter taste perception by a small molecule hTAS2R antagonist. Curr. Biol. *20*, 1104–1109 (2010)
- Brockhoff, A., Behrens, M., Roudnitzky, N., Maison, M., Appendino, G., Avoto, C., and Meyerhof, W.: Perceived bitterness of mixed compounds is based on receptor agonism and antagonism. J. Neurosci. *31*, 14775–14782 (2011)

Prof. Dr. rer. nat.
Klaus-Robert Müller
*29. 12. 1964 Karlsruhe

Sektion: Informationswissenschaften
Matrikel-Nummer: 7476
Aufnahmedatum: 21. 3. 2012

Derzeitige berufliche Position:
Professor (W3) für Informatik an der Technischen Universität (TU) Berlin (seit 2006) und Distinguished Professor an der Korea University, Seoul (Südkorea, seit 2012)

Ausbildung und beruflicher Werdegang:
– 1989 Diplom in Physik an der Technischen Hochschule (TH) Karlsruhe;
– 1992 Promotion in Informatik zum Dr. rer. nat. (Dissertation: „Spärlich verbundene Neuronale Netze und ihre Anwendung"), TH Karlsruhe;
– 1992–1994 Wissenschaftlicher Mitarbeiter bei GMD FIRST, Berlin;
– 1994–1995 EU STP Fellow am Department of Mathematical Engineering, University Tokyo (Japan);
– 1995–2008 Aufbau und Leitung der Arbeitsgruppe Intelligente Datenanalyse GMD FIRST (später Fraunhofer-Institut für Rechnerarchitektur und Softwaretechnik = FIRST), Berlin;
– 1999–2003 C3-Professor, Universität Potsdam, gemeinsam berufen mit GMD FIRST;
– 2003–2006 C4-Professor, Universität Potsdam, gemeinsam berufen mit Fraunhofer FIRST;
– seit 2006 Professor (W3) für Maschinelles Lernen an der TU Berlin;
– 2008–2011 Forschungsprofessor am Deutsche Bank Quantitative Products Lab;
– seit 2012 Distinguished Professor für Neurotechnologie an der Korea University, Seoul (Südkorea);
– Forschungsfreisemester: Institute for Pure and Applied Mathematics (IPAM) University of California Los Angeles (UCLA), Los Angeles (CA, USA, 2011), Max-Planck-Institut (MPI) für Biologische Kybernetik und Friedrich-Miescher-Labs, Tübingen (2006), Microsoft Research, Redmond (WA, USA, 1999);
– Mitgründer der Firmen TWIMPACT (2009) und Idalab (2003) in Berlin.

Hauptarbeitsgebiete:
– Entwicklung und Anwendung von kernbasierten Lernmethoden;
– Entwicklung von Methoden zur Signalverarbeitung und zur statistischen Schätzung und ihre Anwendung in den Neurowissenschaften;
– Erforschung der Schnittstelle zwischen Hirn und Computer (Brain-Computer-Interfacing), insbesondere zur Echtzeitanalyse kognitiver Zustände und in klinischen Anwendungen.

Mitgliedschaften und Ehrungen (Auswahl):
- 1999 Olympus-Preis für Mustererkennung, verliehen durch die Deutsche Arbeitsgemeinschaft für Mustererkennung (DAGM);
- 2006 SEL-ALCATEL Preis für Technische Komunikation;
- 2009 ‚Best Paper' Award, Institute of Electrical and Electronics Engineers (IEEE), Engineering in Medicine and Biology Society (EMBS).

Herausgebertätigkeiten (Auswahl):
- Mitglied im Editorial Board zahlreicher Fachzeitschriften.

Mitarbeit in Organisationen und Gremien (Auswahl):
- 2003–2013 PASCAL Steering Committee;
- 2003 Steering Committee, Independent Component Analysis (ICA);
- 2005–2007 Max-Planck-Gesellschaft, Präsidentenkommission, Forschungszentrum caesar (Center of Advanced European Studies and Research);
- seit 2009 Sprecher, Bernstein-Zentrum für Neurotechnologie, Berlin;
- 2009 Evaluierungskomitee, RIKEN (Rikagaku Kenkyujo) Brain Science Institute (BSI), Tokio (Japan);
- 2009 Vorsitzender des Evaluierungskomitees Danmarks Tekniske Universitet (DTU), Lyngby (Dänemark);
- 2011 Falling Walls Lab Jury;
- 2012 Scientific Advisory Board, IDIAP Research Institute, Martigny (Schweiz).

Veröffentlichungen (Auswahl):
- Schölkopf, B., Smola, A., and Müller, K.-R.: Nonlinear component analysis as a kernel eigenvalue problem. Neural Computation *10*/5, 1299–1319 (1998)
- Müller, K.-R., and Orr, G. (Eds.): Neural Networks: Tricks of the Trade. Berlin: Springer 1998, zweite Auflage
- Müller, K.-R., Montavon, G., and Orr, G.: Neural Networks: Tricks of the Trade. Berlin: Springer 2012
- Müller, K.-R., Franke, K., Nickolay, B., and Schäfer, R. (Eds.): Pattern Recognition: Proceedings of DAGM. Heidelberg: Springer 2006
- Müller, K.-R., Dornhege, G., Millan, J., Hinterberger, T., and McFarland, D. (Eds.): Toward Brain Computer Interfacing. Cambridge MA: MIT Press 2007
- Blankertz, B., Tomioka, R., Lemm, S., Kawanabe, M., and Müller, K.-R.: Optimizing spatial filters for robust EEG single-trial analysis. IEEE Signal Processing Magazine *25*/1, 41–56 (2008)
- Bünau, P. von, Meinecke, F. C., Kiraly, F., and Müller, K.-R.: Finding stationary subspaces in multivariate time series. Phys. Rev. Lett. *103*, 214101 (2009)
- Rupp, M., Tkatchenko, A., Müller, K.-R., and Lilienfeld, O. A. von: Fast and accurate modeling of molecular energies with machine learning. Phys. Rev. Lett. *108*, 058301 (2012)
- Müller, K.-R., Solla, S., and Leen, T. (Eds.): Advances in Neural Information Processing Systems *12*, Cambridge (MA): MIT Press

Prof. Dr. phil.
Jürgen Osterhammel
*1. 6. 1952 Wipperfürth

Sektion: Kulturwissenschaften
Matrikel-Nummer: 7515
Aufnahmedatum: 21. 11. 2012

Derzeitige berufliche Position:
Ordentlicher Professor für Neuere und neueste Geschichte an der Universität Konstanz

Ausbildung und beruflicher Werdegang:
– 1970 Abitur an der Hohen Landesschule zu Hanau (Main);
– 1970–1976 Studium der Germanistik, Politikwissenschaft und Geschichte an der Philipps-Universität Marburg, Staatsexamen;
– 1976–1978 Postgraduierten-Studium der internationalen Geschichte an der London School of Economics and Political Science (Großbritannien);
– 1980 Promotion im Fach Geschichte an der Gesamthochschule Kassel;
– 1982–1986 wissenschaftlicher Mitarbeiter am Deutschen Historischen Institut London;
– 1986–1990 Akademischer Rat am Seminar für Wissenschaftliche Politik der Albert-Ludwigs-Universität Freiburg i. Br.;
– 1990 Habilitation für Neuere und neueste Geschichte an der Albert-Ludwigs-Universität Freiburg i. Br.;
– 1990–1997 Professor für Neuere und Außereuropäische Geschichte an der FernUniversität Hagen;
– 1997–1999 Professeur ordinaire für Geschichte der internationalen Beziehungen am Institut Universitaire de Hautes Études Internationales in Genf (Schweiz);
– seit Oktober 1999 Professor für Neuere und neueste Geschichte an der Universität Konstanz.

Hauptarbeitsgebiete:
– Geschichte von Imperialismus und Kolonialismus;
– Neuere Geschichte Chinas, besonders seiner Außenbeziehungen;
– Vergleichende, transnationale und globale Geschichte (18.–20. Jahrhundert);
– Historiographiegeschichte und Geschichtstheorie;
– Sozial- und Kulturgeschichte der Musik.

Mitgliedschaften und Ehrungen (Auswahl):
– 1999 Gleim-Literaturpreis der Stadt Halberstadt;
– 2001 Anna-Krüger-Preis des Wissenschaftskollegs zu Berlin;
– 2009 NDR-Sachbuchpreis;

- 2010 Gottfried-Wilhelm-Leibniz-Preis der Deutschen Forschungsgemeinschaft (DFG);
- 2012 Gerda-Henkel-Forschungspreis;
- seit 2001 Ordentliches Mitglied der Berlin-Brandenburgischen Akademie der Wissenschaften;
- seit 2004 Ordentliches Mitglied der Academia Europaea;
- seit 2010 Korrespondierendes Mitglied im Ausland der Österreichischen Akademie der Wissenschaften.

Herausgebertätigkeiten (Auswahl):
- *Studien zur Internationalen Geschichte* (seit 1996 Mitherausgeber);
- *Geschichte und Gesellschaft* (seit 2000 Mitherausgeber);
- *Neue Politische Literatur* (seit 2000 Mitherausgeber);
- *History of the World* (seit 2012 Editor-in-chief, mit Akira IRIYE) und deutsche Parallelausgabe (*Geschichte der Welt*).

Mitarbeit in Organisationen und Gremien (Auswahl):
- 2000–2003 Mitglied im Fachausschuss Geschichte der DFG;
- 2004–2008 und erneut seit 2012 Mitglied im Fachkollegium Geschichte der DFG;
- seit 2009 Mitglied im Preisträger-Auswahlausschuss der Alexander-von-Humboldt-Stiftung;
- seit 2010 Mitglied im Wissenschaftlichen Beirat des Max-Planck-Instituts für Europäische Rechtsgeschichte, Frankfurt (Main);
- seit 2012 Mitglied im Kuratorium der Volkswagen-Stiftung.

Veröffentlichungen (Auswahl):
- OSTERHAMMEL, J.: Britischer Imperialismus im Fernen Osten. Strukturen der Durchdringung und einheimischer Widerstand auf dem chinesischen Markt 1932–1937. Bochum: Brockmeyer 1983
- OSTERHAMMEL, J.: China und die Weltgesellschaft. Vom 18. Jahrhundert bis in unsere Zeit. München: Beck 1989. Italienische Übersetzung
- OSTERHAMMEL, J.: Kolonialismus. Geschichte, Formen, Folgen. München: Beck 1995, 7., neubearb. Auflage (mit J. C. JANSEN) 2012. Amerikanische, arabische, japanische und koreanische Übersetzungen
- OSTERHAMMEL, J.: Shanghai, 30. Mai 1925: Die Chinesische Revolution. München: Deutscher Taschenbuch-Verlag 1997. Italienische und chinesische Übersetzungen
- OSTERHAMMEL, J.: Pierre Poivre: Reisen eines Philosophen (1768). Eingeleitet, übersetzt und erläutert von J. OSTERHAMMEL. Sigmaringen: Thorbecke 1997
- OSTERHAMMEL, J.: Die Entzauberung Asiens. Europa und die asiatischen Reiche im 18. Jahrhundert. München: Beck 1998, 2. Aufl. 2010. Chinesische Übersetzung
- OSTERHAMMEL, J.: Geschichtswissenschaft jenseits des Nationalstaats. Studien zu Beziehungsgeschichte und Zivilisationsvergleich. Göttingen: Vandenhoeck & Ruprecht 2001, 2. Aufl. 2002
- OSTERHAMMEL, J., und PETERSSON N. P.: Geschichte der Globalisierung. Dimensionen – Prozesse – Epochen. München: Beck 2003, 5. Aufl. 2012. Amerikanische, italienische Übersetzungen; koreanische und chinesische Übersetzungen in Vorbereitung
- OSTERHAMMEL, J.: Die Verwandlung der Welt. Eine Geschichte des 19. Jahrhunderts. München: Beck 2009, 5. Aufl. 2010. Amerikanische, polnische, russische, französische und chinesische Übersetzungen in Vorbereitung

Prof. Dr. med.
Norbert Pfeiffer
*13. 3. 1958 Großen-Buseck (Oberhessen)

Sektion: Ophthalmologie, Oto-Rhino-Laryngologie
und Stomatologie
Matrikel-Nummer: 7506
Aufnahmedatum: 11. 7. 2012

Derzeitige berufliche Position:
- Direktor der Universitätsaugenklinik Mainz (seit 1996)
- Medizinischer Vorstand und Vorstandsvorsitzender der Universitätsmedizin Mainz (seit 2012)

Ausbildung und beruflicher Werdegang:
- 1977–1985 Medizinstudium in Gießen, Würzburg, Freiburg (i. Br.), Newcastle (Großbritannien) und Cambridge (Großbritannien);
- 1985 Promotion zum Dr. med. mit „summa cum laude";
- 1985–1990 Wissenschaftlicher Mitarbeiter an der Universitäts-Augenklinik Freiburg;
- 1990 Facharzt für Augenheilkunde;
- 1992 Habilitation und Venia legendi für das Fach Augenheilkunde;
- 1996 Berufungen auf Professuren für Augenheilkunde an den Universitäten Würzburg, Halle (Saale) und Mainz;
- seit 1996 Direktor der Universitätsaugenklinik Mainz;
- 2000–2003 Ärztlicher Direktor des Universitätsklinikums Mainz;
- seit 2008 Fachkollegiat der Deutschen Forschungsgemeinschaft (Fachkollegium Neurowissenschaften);
- 2008–2010 und seit 2012 Medizinischer Vorstand und Vorstandsvorsitzender der Universitätsmedizin Mainz.

Hauptarbeitsgebiete:
- Genese der glaukomatösen Optikusneuropathie;
- Immunphänomene bei Glaukomerkrankungen;
- Ophthalmopharmakologie;
- Chirurgische Glaukomtherapie;
- Ophthalmologische Epidemiologie.

Mitgliedschaften und Ehrungen (Auswahl):
- 1990 Chibret Award;
- 1993 Glaukom-Preis der Deutschen Ophthalmologischen Gesellschaft;
- Filmpreis der Deutschen Ophthalmologischen Gesellschaft;

- 1994–2013 mehrere „Best Paper"-, „Best Poster"- und „Best Film"-Preise;
- 1997 Preis für hervorragende Leistungen in der Lehre, Fachbereich Medizin;
- 2001 Wahl zum Mitglied der Glaucoma Research Society;
- 2009 Honorary Lecture, Société Ophthalmologique Europeen;
- 2009 Wahl zum Mitglied der European Academy of Ophthalmology;
- 2010 Kommunikationspreis des deutschen Gesundheitswirtschaftskongresses;
- 2011 PR Award für die beste Krisenkommunikation.

Herausgebertätigkeiten (Auswahl):
- *Acta Ophthalmologica* (Associate Editor);
- *Ophthalmology Times* (Editorial Board);
- *Glaucoma Today* (Editorial Board).

Mitarbeit in Organisationen und Gremien (Auswahl):
- 2004–2009 Vorsitzender der Sektion Glaukom der Deutschen Ophthalmologischen Gesellschaft;
- seit 2005 Vorstand der European Glaucoma Society;
- 2005–2008 Vorstand/Präsident der Deutschen Ophthalmologischen Gesellschaft;
- 2006–2007 Vertrauensdozent der Deutschen Forschungsgemeinschaft;
- 2006–2012 Vorsitzender der Vereinigung Ophthalmologischer Lehrstuhlinhaber;
- seit 2007 Vorstandsmitglied Berufsverband der Augenärzte Deutschlands;
- seit 2007 Fachkollegiat der Deutschen Forschungsgemeinschaft;
- 2008–2010 und seit 2012 Medizinischer Vorstand und Vorstandsvorsitzender der Universitätsmedizin Mainz;
- seit 2011 Mitglied der Expertengruppe Off-Label beim Bundesinstitut für Arzneimittel.

Veröffentlichungen (Auswahl):
- European Glaucoma Prevention Study Group, Pfeiffer, N., Torri, V., Miglior, S., Zeyen, T., Adamsons, I., and Cunha-Vaz, J.: Central corneal thickness in the European Glaucoma Prevention Study. Ophthalmology *114*/3, 454–459 (2007)
- Eha, J., Hoffmann, E. M., Wahl, J., and Pfeiffer, N.: Flap suture – a simple technique for the revision of hypotony maculopathy following trabeculectomy with mitomycin C. Graefes Arch. Clin. Exp. Ophthalmol. *246*/6, 869–874 (2008)
- Gericke, A., Mayer, V. G., Steege, A., Patzak, A., Neumann, U., Grus, F. H., Joachim, S. C., Choritz, L., Wess, J., and Pfeiffer, N.: Cholinergig responses of opthalmic arteries in M3 and M5 muscarinic acetylcholine receptor knockout mice. Invest. Opthalmol. Vis. Sci. *50*/10, 4822–4827 (2009)

Prof. Dr. oec. troph.
Gerald Rimbach
*26. 12. 1964 Richelsdorf

Sektion: Agrar- und Ernährungswissenschaften
Matrikel-Nummer: 7494
Aufnahmedatum: 24. 5. 2012

Derzeitige berufliche Position:
Universitätsprofessor für Lebensmittelwissenschaften, Christian-Albrechts-Universität zu Kiel (seit 2003)

Ausbildung und beruflicher Werdegang:
– 1990 Diplom (Dipl. oec. troph., Fachrichtung Ernährungswissenschaften), Justus-Liebig-Universität Gießen;
– 1993 Promotion am Institut für Tierernährung und Ernährungsphysiologie, Gießen;
– 1998 Habilitation für das Fachgebiet Ernährungsphysiologie;
– 1998–2000 DFG-Forschungsstipendium, Department für Zell- und Molekularbiologie, University of California, Berkeley (CA, USA);
– 2000–2003 Lecturer für Molekulare Ernährung, School of Food Biosciences, University of Reading (Großbritannien).

Hauptarbeitsgebiete:
– Gesundheitliche Bewertung sekundärer Pflanzenstoffe;
– ApoE-Genotyp und gesundes Altern;
– Modellorganismen der experimentellen Alterforschung.

Mitgliedschaften und Ehrungen (Auswahl):
– 1994 H.-W.-Schaumann-Preis;
– 2000 Berufung zum Associate Professor für Biochemie der Ernährung, University of Arizona, Tucson (AZ, USA), Ruf abgelehnt;
– 2003 Henneberg-Lehmann-Förderpreis;
– 2007 Berufung auf die Professur (W3) für Tierernährung, Justus-Liebig-Universität Gießen, Ruf abgelehnt;
– 2011 Berufung auf die Professur (W3) für Ernährungsphysiologie, Martin-Luther-Universität Halle-Wittenberg, Ruf abgelehnt.

Herausgebertätigkeiten (Auswahl):
– *Current Topics in Nutraceutical Research* (2003–2011 Editorial Board);
– *Annals of Nutrition and Metabolism* (2004–2011 Editorial Board);
– *Cancer Genomics and Proteomics* (seit 2004 Editorial Board);
– *British Journal of Nutrition* (2008–2011 Editorial Board);

- *Genes and Nutrition* (seit 2008 Editorial Board);
- *Pharmacological Research* (seit 2009 Editorial Board);
- *Biofactors* (seit 2012 Editorial Board).

Mitarbeit in Organisationen und Gremien:
- Stellvertretender Sprecher des Graduiertenkollegs 820 „Natürliche Antioxidantien – ihr Wirkungsspektrum in Pflanzen, Lebensmittel, Tier und Mensch", Deutsche Forschungsgemeinschaft (DFG);
- Sprecher des Netzwerks: „Functional Foods for Vascular Health – from Nutraceuticals to Personalized Diets", Bundesministerium für Bildung und Forschung (BMBF).

Veröffentlichungen (Auswahl):
- WATANABE, C. M., WOLFFRAM, S., ADER, P., RIMBACH, G., PACKER, L., MAGUIRE, J. J., SCHULTZ, P. G., and GOHIL, K.: The in vivo neuromodulatory effects of the herbal medicine ginkgo biloba. Proc. Natl. Acad. Sci. USA *98*, 6577–6580 (2001)
- RIMBACH, G., FUCHS, J., and PACKER, L. (Eds.): Nutrigenomics. Boca Raton: CRC Press 2005
- WISKER, E., RIMBACH, G., BERGMANN, H., SCHMELZER, C., und TREUTTER, D.: Grundlagen der Lebensmittellehre. Hamburg: Behrs 2006
- RIMBACH, G., MÖHRING, J., und ERBERSDOBLER, H. F. (Eds.): Lebensmittelwarenkunde für Einsteiger. Berlin etc.: Springer 2010
- HUEBBE, P., NEBEL, A., SIEGERT, S., MOEHRING, J., BOESCH-SAADATMANDI, C., MOST, E., PALLAUF, J., EGERT, S., MUELLER, M. J., SCHREIBER, S., NÖTHLINGS, U., and RIMBACH, G.: APOE4 is associated with higher vitamin D levels in targeted replacement mice and humans. FASEB J. *25*, 3262–3270 (2011)
- ESATBEYOGLU, T., HUEBBE, P., ERNST, I. M., CHIN, D., WAGNER, A. E., and RIMBACH, G.: Curcumin – from molecule to function. Angew. Chem. Int. Ed. Engl. *51*, 5308–5332 (2012)
- HALLER, D., GRUNE, T., und RIMBACH, G.: Biofunktionalität der Lebensmittelinhaltsstoffe. Berlin etc.: Springer 2012
- PALLAUF, K., and RIMBACH, G.: Autophagy, polyphenols and healthy ageing. Ageing Res. Rev. *12/*1, 237–252 (2013)

Prof. Dr. rer. nat.
Melitta Schachner Camartin
*4. 4. 1943 Brno

Sektion: Neurowissenschaften
Matrikel-Nummer: 7507
Aufnahmedatum: 11. 7. 2012

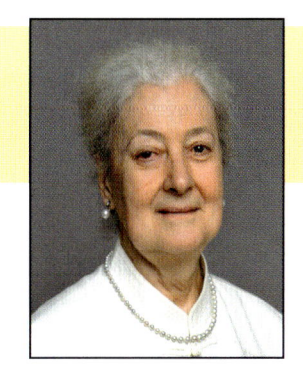

Derzeitige berufliche Position:
Emeritus und Gastwissenschaftlerin für Neurobiologie am Zentrum für Molekulare Neurobiologie der Universität Hamburg

Ausbildung und beruflicher Werdegang:
– 1968 Studienabschluss im Fach Biochemie an der Eberhard-Karls-Universität Tübingen;
– 1970 Dr. rer. nat. am Max-Planck-Institut für Biochemie in München;
– 1970–1972 Postdoktorandin, Stipendium der Deutschen Forschungsgemeinschaft an der Fakultät für Neuropathologie der Harvard Medical School in Boston (MA, USA);
– 1971 Beurlaubung von der Harvard Medical School für Forschung am Sloan-Kettering Institute in New York (NY, USA);
– 1972–1973 Forschungsstipendium der Sloan-Stiftung;
– 1973–1974 Dozentin für Neuropathologie an der Fakultät für Neuropathologie an der Harvard Medical School in Boston;
– 1973 Wissenschaftliche Mitarbeiterin für Neurowissenschaften am Children's Hospital Medical Center in Boston;
– 1974–1976 Assistenzprofessur für Neuropathologie an der Fakultät für Neuropathologie an der Harvard Medical School in Boston;
– 1976–1988 Professur für Neurobiologie an der Universität Heidelberg;
– 1988–1996 Professor für Neurobiologie an der Eidgenössischen Technischen Hochschule Zürich (Schweiz);
– 1995 Gastprofessur an der Universität Hongkong (China);
– seit 1997 Professur für Neurobiologie am Zentrum für molekulare Neurobiologie an der Universität Hamburg;
– 2004–2006 Gastprofessur an der Universität in Dalian (China);
– seit 2004 Gastprofessur an der Rutgers University in Piscataway (NJ, USA);
– seit 2008 Ehrenprofessur der Universität Hongkong (China);
– seit 2009 Gastprofessur und Gründungsdirektorin des Li-Ka-Shing-Zentrums für Neurowissenschaften der Shantou-Universität, Medizinische Hochschule, Shantou (China).

Hauptarbeitsgebiete:
– Zell- und Gewebestruktur;
– Zelladhäsionsmoleküle bei der Entwicklung des Nervensystems, bei Regenerierung nach Trauma und bei synaptischer Plastizität;
– Signalübertragung.

Mitgliedschaften und Ehrungen (Auswahl):
- 1997 Rudolf-von-Virchow-Medaille;
- 1997 Warner-Lambert-Preis, Gesellschaft für Neurowissenschaften;
- 2000 Preis der Deutschen Gesellschaft für Rückenmarksregeneration.

Mitarbeit in Organisationen und Gremien (Auswahl):
- seit 1977 Mitglied, European Molecular Biology Organization (EMBO);
- 1985–1988 Senatsmitglied der Deutschen Forschungsgemeinschaft;
- 1985–1989 Vorstandsmitglied der Gesellschaft deutscher Naturforscher und Ärzte (GdNÄ);
- 1989–1993 Mitglied des Wissenschaftlichen Beirats des Wissenschaftskollegs Berlin;
- seit 1994 Gründungsmitglied von Acorda;
- seit 2001 Mitglied des Wissenschaftlichen Beirats des Nencki-Instituts in Warschau (Polen) und des Zentrums für Exzellenz in Neurowissenschaften in Helsinki (Finnland);
- seit 2005 Mitglied der internationalen Jury für START- und Wittgenstein-Programme in Wien (Österreich).

Veröffentlichungen (Auswahl):
- SCHACHNER, M.: Neural recognition molecules and synaptic plasticity. Curr. Opin. Cell Biol. *10*, 627–634 (1997)
- KLEENE, R., and SCHACHNER, M.: Glycans and neural cell interactions. Nature Rev. Neurosci. *5*, 195–208 (2004)
- LOERS, G., and SCHACHNER, M.: Recognition molecules and neural repair. J. Neurochem. *101*, 865–882 (2007)
- MANESS, P. F., and SCHACHNER, M.: Neural recognition molecules of the immunoglobulin superfamily: signaling transducers of axon guidance and neuronal migration. Nature Rev. Neurosci. *10*, 19–26; Corrigendum: Nature Neurosci. *10*, 263 (2007)
- DITYATEV, A., SCHACHNER, M., and SONDEREGGER, P.: The dual role of the extracellular matrix in synaptic plasticity and homeostasis. Nature Rev. Neurosci. *11*, 735–746 (2010)
- DITYATEV, A., SEIDENBECHER, C. I., and SCHACHNER, M.: Compartmentalization from the outside: the extracellular matrix and functional microdomains in the brain. Trends in Neurosci. *33*/11, 503–512 (2010)

**Prof. Dr. med.
Peter Schirmacher**
*4. 11. 1961 Saarbrücken

Sektion: Pathologie und Rechtsmedizin
Matrikel-Nummer: 7508
Aufnahmedatum: 11. 7. 2012

Derzeitige berufliche Position:
Professor für Pathologie (C4) und Direktor des Pathologischen Institutes der Universitätsklinik Heidelberg (seit 2004)

Ausbildung und beruflicher Werdegang:
– 1981–1987 Studium der Medizin, Universität Mainz;
– 1987 Promotion („magna cum laude") am Institut für Physiologie, Universität Mainz;
– 1987–1989, 1991–1998 Wissenschaftlicher Mitarbeiter, Institut für Pathologie, Universität Mainz;
– 1989–1991 Postdoctoral Research Fellowship (DFG), Liver Research Center, Albert Einstein College of Medicine, Ph.D.-Study (Molecular Biology), Albert Einstein College, New York (NY, USA);
– seit 1992 Arbeitsgruppenleiter;
– 1995 Facharztanerkennung für Pathologie;
– 1996 Habilitation;
– 1998–2004 Professor für Pathologie (C3) und stellvertretender Direktor am Institut für Pathologie, Universität Köln;
– seit 2004 Professor für Pathologie (C4) und Direktor am Institut für Pathologie, Universität Heidelberg.

Hauptarbeitsgebiete:
– Molekulare Karzinogenese des hepatozellulären Karzinoms;
– Hepatopathologie;
– gastrointestinale und pulmonale Tumorpathologie und Kanzerogenese;
– molekularpathologische Diagnostik;
– Biobanking.

Mitgliedschaften und Ehrungen (Auswahl):
– 1997 Boehringer Ingelheim Preis;
– seit 2007 Mitglied des Vorstands, 2012–2013 Präsident, seit 2013 Vorsitzender, Deutsche Gesellschaft für Pathologie;
– seit 1988 Mitglied, 1994–1997, 2007–2009 Mitglied des Vorstandes, 2008–2009 Präsident, German Association for the Study of the Liver (GASL);

- seit 2011 Mitglied des Vorstands, Deutsche Leberstiftung;
- 2012–2013 Präsident der Laennec Society of Hepatopathology;
- International Academy of Pathology (IAP).

Herausgebertätigkeiten (Auswahl):
- *Hepatology;*
- *Virchows Archiv;*
- *Der Pathologe;*
- *Pathology Research and Practice.*

Mitarbeit in Organisationen und Gremien (Auswahl):
- 2001–2004 Vorstandsmitglied am Zentrum für Molekulare Medizin Köln (ZMMK);
- 2004–2010 Vorstandsmitglied am Tumorzentrum Heidelberg;
- seit 2005 Gründer und Sprecher der Gewebebank des Nationalen Centrums für Tumorerkrankungen (NCT) Heidelberg;
- seit 2007 Sprecher der Arbeitsgemeinschaft Gewebebanken der Onkologischen Spitzenzentren (AG CCCs);
- seit 2011 Gründer und Sprecher der BioMaterialBank Heidelberg;
- seit 2011 Koordinator für Biobanking des Deutschen Zentrums für Infektionsforschung (DZIF) und des Deutschen Konsortiums für Translationale Krebsforschung (DKTK).

Veröffentlichungen (Auswahl):
- STRAUB, B. K., STOEFFEL, P., HEID, H., ZIMBELMANN, R., and SCHIRMACHER, P.: Differential pattern of lipid droplet-associated proteins and de novo perilipin expression in hepatocyte steatogenesis. Hepatology *47*, 1936–1946 (2008)
- BREUHAHN, K., GORES, G., and SCHIRMACHER, P.: Strategies for hepatocellular carcinoma therapy and diagnostics: lessons learned from high throughput and profiling approaches. Hepatology *53*, 2112–2121 (2011)
- SINGER, S., ZHAO, R., BARSOTTI, A. M., OUWEHAND, A., FAZOLLAHI, M., COUTAVAS, E., BREUHAHN, K., NEUMANN, O., LONGERICH, T., PUSTERLA, T., POWERS, M. A., GILES, K. M., LEEDMAN, P. J., HESS, J., GRUNWALD, D., BUSSEMAKER, H. J., SINGER, R. H., SCHIRMACHER, P., and PRIVES, C.: Nuclear pore component Nup98 is a potential tumor suppressor and regulates posttranscriptional expression of select p53 target genes. Mol. Cell. *48*, 799–810 (2012)

Prof. Dr. phil.
Brigitta Schütt
*30. 4. 1963 Rees

Sektion: Geowissenschaften
Matrikel-Nummer: 7477
Aufnahmedatum: 21. 3. 2012

Derzeitige berufliche Position:
Professorin (C4) für Physische Geographie an der Freien Universität (FU) Berlin (seit 2002) und Vizepräsidentin für Forschung an der FU Berlin (seit 2010)

Ausbildung und beruflicher Werdegang:
– 1988 Diplom in Geographie an der Julius-Maximilians-Universität Würzburg;
– 1988–1990 Wissenschaftliche Hilfskraft im DFG-Schwerpunktprogramm „Fluviale Dynamik" am Geographischen Institut der Rheinisch-Westfälischen Technischen Hochschule (RWTH) Aachen, Lehrstuhl für Physische Geographie;
– 1990–1993 Wissenschaftliche Mitarbeiterin am Geographischen Institut der RWTH Aachen, Lehrstuhl für Physische Geographie;
– 1993 Promotion zum Dr. phil. (Dissertation „Der Stoffhaushalt der Kall/Nordeifel – Untersuchungen zum Wasserhaushalt, Schwebstoffhaushalt und Haushalt gelöster Stoffe in einem Flußeinzugsgebiet auf silikatischen Gesteinen"), RWTH Aachen;
– 1993–1996 Wissenschaftliche Mitarbeiterin in der Fachrichtung Physische Geographie des Fachbereiches Geographie/Geowissenschaften der Universität Trier;
– 1997 Gastprofessur im Department of Geological Sciences, University of Manitoba, Winnipeg (Kanada);
– 1997 Habilitationsstipendium der DFG;
– 1998–2000 Wissenschaftliche Mitarbeiterin in der Fachrichtung Physische Geographie des Fachbereiches Geographie/Geowissenschaften der Universität Trier;
– 2001 Hochschuldozentin (C2) in der Fachrichtung Physische Geographie des Fachbereiches Geographie/Geowissenschaften der Universität Trier;
– 2002 Vertretung der Professur für Physische Geographie (C3) im Geographischen Institut der Universität Bonn;
– 2002 Berufung als Professorin (C4) für Physische Geographie an die FU Berlin.

Hauptarbeitsgebiete:
– Rekonstruktion der Landschaftsentwicklung unter besonderer Berücksichtigung der Paläohydrologie im altweltlichen Trockengürtel und angrenzenden Gebieten über die Kopplung qualitativer Verfahren der Geländeerhebung und Sedimentanalyse zur Gewinnung von Proxy-Daten mit flächendifferenzierten hydrologischen Modellen und Bodenerosionsmodellen;
– landschaftsarchäologische Analyse historischer und vorhistorischer Siedlungsräume.

Herausgebertätigkeiten (Auswahl):
- *Trierer Geographische Studien* (2000, *23*, Selbstverlag);
- *Trierer Geographische Studien* (2001, *24*, Selbstverlag);
- *Zeitschrift für Geomorphologie*, Suppl.-Bd., NF (*128*, Schweizerbarthsche Verlagsbuchhandlung: 2002);
- *Quaternary International* (2010, *218*/1–2, Elsevier);
- *Quaternary International* (2012, *251*, Elsevier);
- *Die Erde* (2012, *142*/3, Gesellschaft für Erdkunde zu Berlin).

Mitarbeit in Organisationen und Gremien (Auswahl):
- 1993–1996 Vorstandsmitglied des Wissenschaftlichen Beirates des Verbandes der Geographen an Deutschen Hochschulen (VGDH);
- 2000–2006 Mitglied des Wissenschaftlichen Beirates des Verbandes der Geographen an Deutschen Hochschulen (VGDH);
- 2002–2010 Vorstandsmitglied des Deutschen Arbeitskreises für Geomorphologie (Schriftführung);
- 2004–2008 Mitglied der Deutschen UNESCO-Kommission, Sektion Wissenschaften;
- 2005–2009 Mitglied der DFG-Senatskommission für Geowissenschaftliche Gemeinschaftsforschung;
- seit 2005 Kuratoriumsmitglied der Frithjof-Voss-Stiftung;
- seit 2010 Kuratoriumsmitglied, Potsdam-Institut für Klimafolgenforschung;
- seit 2010 Kuratoriumsmitglied der Koordinierungsplattform GeoX.

Veröffentlichungen (Auswahl):
- Schütt, B., and Krause, J.: Comparison of proxy-based palaeoenvironmental reconstructions and hindcast-modelled annual precipitation – a review of Holocene palaeoenvironmental research in the central Sahara. Palaeoecology of Africa *29*, 23–37 (2009)
- Schütt, B., Berking, J., Frechen, M., Frenzel, P., Schwalb, A., and Wrozyna, C.: Late Quaternary transition from lacustrine to a fluvio-lacustrine environment in the north-western Nam Co, Tibetan Plateau, China. Quaternary International *218*/1–2, 104–117 (2010)
- Schütt, B., and Wenclawiak, B.: Soil erosion off-site effects in the environment of Lake Abaya, South Ethiopia. Die Erde *2010*/1–2, 1–16 (2010)
- Berking, J., and Schütt, B.: Late Quaternary morphodynamics in the area of the Merotic settlement Naga, Central Sudan. Z. f. Geomorph. N. F. *55*, Suppl.-Bd. 3, 1–24 (2011)
- Blättermann, M., Frechen, M., Gass, A., Hoelzmann, P., Parzinger, H., and Schütt, B.: Late Holocene landscape reconstruction in the Land of Seven Rivers, Kazakhstan. Quaternary International *251*, 42–51 (2012)
- Beckers, B., Schütt, B., Tsukamoto, S., and Frechen, M.: Age determination of Petra's engineered landscape. OSL and radiocarbon ages of floodwater farms in the Eastern Highlands of Jordan. J. Archaeol. Sci. *40*, 333–348 (2013)

**Prof. em. Dr. Dr. h.c. mult.
Reinhard Selten**
*5. 10. 1930 Breslau (Wrocław, Polen)

Sektion: Ökonomik und Empirische Sozialwissenschaften
Matrikel-Nummer: 7516
Aufnahmedatum: 21. 11. 2012

Derzeitige berufliche Position:
Professor Emeritus

Ausbildung und beruflicher Werdegang:
– 1957 Diplomarbeit in Mathematik, Johann-Wolfgang-Goethe-Universität in Frankfurt (Main);
– 1961 Promotion in Mathematik, Universität Frankfurt (Main);
– 1968 Habilitation im Fach Ökonomie, Universität Frankfurt (Main);
– 1957–1967 wissenschaftlicher Assistent von Heinz SAUERMANN, Universität Frankfurt (Main);
– 1967–1968 Gastprofessor, School of Business Administration, University of California, Berkely (CA, USA);
– 1969–1972 Professor am Fachbereich für Ökonomie, Freie Universität (FU) Berlin;
– 1972–1984 Professor am Institut für mathematische Ökonomie, Universität Bielefeld;
– 1984–bis Emeritierung Professor am Fachbereich für Ökonomie, Lehrstuhl für Wirtschaftstheorie I, Rheinische Friedrich-Wilhelms-Universität Bonn.

Hauptarbeitsgebiete:
– Spieltheorie;
– Experimentelle Wirtschaftsforschung.

Mitgliedschaften und Ehrungen (Auswahl):
– 1994 Nobelpreis für Ökonomie;
– 1996 Associate of the National Academy of Sciences USA;
– 2000 Preis des Staates Nordrhein-Westfalen;
– 2007 Ehrensenator der Universität Bonn;
– Ehrendoktorate: 1989 Bielefeld, 1991 Frankfurt (Main), 1996 Graz (Österreich), 1996 Breslau/Wrocław, Ökonomische Hochschule (Polen), 1997 Norwich (Großbritannien), 1998 Cachan, École Normale de Supérieure (Frankreich), 2000 Innsbruck (Österreich), Bloomington (IN, USA), 2003 Hongkong (China), 2006 Osnabrück, 2009 Göttingen;
– Fellow of the Econometric Society;
– Fellow of the European Economic Association;

- Mitglied der Gesellschaft für experimentelle Wirtschaftsforschung (GEW);
- Honorary Member of the American Economic Association;
- Mitglied der Nordrhein-Westfälischen Akademie der Wissenschaften und Künste;
- Honorary Member of the American Academy of Arts and Sciences;
- Member of the Order Pour le Mérite für Arts and Sciences;
- Korrespondierendes Mitglied der Berlin-Brandenburgischen Akademie der Wissenschaften;
- Honora Patrona Komitato de Universala Esperanto Asocio.

Veröffentlichungen (Auswahl):
- SAUERMANN, H., und SELTEN, R.: Anspruchsanpassungstheorie der Unternehmung. Zeitschrift für die gesamte Staatswissenschaft *118*, 557–597 (1962)
- SELTEN, R.: The chain store paradox. Theory and Decision 9/2, 127–159 (1978)
- HARSANYI, J. C., and SELTEN, R.: A General Theory of Equilibrium Selection in Games. Cambridge: MIT-Press 1988
- SELTEN, R.: Evolution, learning, and economic behavior. Games and Economic Behavior *3*/1, 3–24 (1991)
- SELTEN, R., and SHMIDA, A.: Pollinator Foraging and Flower Competition in a Game Equilibrium Model. Game Theory in Behavioral Sciences. Berlin, Heidelberg, New York: Springer 1991
- HAMMERSTEIN, P., and SELTEN, R.: Game theory and evolutionary biology. In: Handbook of Game Theory with Economic Applications. Vol. *2*, 929–993 (1994)
- SELTEN, R., MITZKEWITZ, M., and UHLICH, G. R.: Duopoly strategies programmed by experienced players. Econometrica. J. Econometric Society *65*/3, 517–555 (1997)
- SELTEN, R.: Aspiration adaptation theory. J. Mathematical Psychology *42*/23, 191–214 (1998)
- SELTEN, R., SADRIEH, A., and ABBINK, K.: Money does not induce risk neutral behavior, but binary lotteries do even worse. Theory and Decision *46*/3, 213–252 (1999)
- SELTEN, R., and CHMURA, T.: Stationary concepts for experimental 2 × 2-games. The American Economic Review *98*/3, 938–966 (2008)
- HENNIG-SCHMIDT, H., SELTEN, R., and WIESEN, D.: How payment systems affect physicians' provision behaviour – An experimental investigation. J. Health Economics *30*/4, 637–646 (2011)
- SELTEN, R., PITTNAUER, S., and HOHNISCH, M.: Dealing with dynamic decision problems when knowledge of the environment is limited: An approach based on goal systems. J. Behavioral Decision Making *25*/5, 443–457 (2012)

Prof. Ph.D.
Ali Mehmet **Celâl Şengör**
*24. 3. 1955 Istanbul (Türkei)

Sektion: Geowissenschaften
Matrikel-Nummer: 7478
Aufnahmedatum: 21. 3. 2012

Derzeitige berufliche Position:
Professor für Geologie an der Istanbul Technical University, Department of Geology, General Geology Section (seit 1992)

Ausbildung und beruflicher Werdegang:
– 1974–1976 Studium, University of Houston, Houston (TX, USA);
– 1975–1976 Research Assistant, Tectonics and Regional Geology, University of Houston, Geology Department;
– 1976–1982 Studium, State University of New York in Albany (NY, USA);
– 1978 B.Sc., 1979 M.Sc., State University of New York in Albany;
– 1982 Ph.D. Degree (Supervisor: John F. Dewey), State University of New York in Albany;
– 1981–1986 Lecturer, Istanbul Technical University, Department of Geology, General Geology Section;
– 1986–1992 Reader, Istanbul Technical University, Department of Geology, General Geology Section;
– seit 1992 Professor für Geologie, Istanbul Technical University, Department of Geology, General Geology Section;

Hauptarbeitsgebiete:
– Geometrie und Kinematik der Vorlanddeformation in Kollisionsgebirgsgürteln;
– Tektonische Evolution der Tethys-Region vom späten Paläozoikum bis heute;
– Tektonik von China, mit einem besonderen Blick auf die Entwicklung von Tibet (Hochplateau);
– Tektonik der Türkei;
– Ausweitungstektonik und Beckenentwicklung mit speziellem Blick auf die Ägäis;
– Tektonik und Ölgeologie von Asien;
– Geschichte der Tektonik und Philosophie der Naturwissenschaften;
– Eustatische Meeresspiegelkontrolle und Gebirgsbildung;
– Tektonische Entwicklung der Altaiden in Zentralasien im Zusammenhang mit der Bildung und Vergrößerung kontinentaler Kruste durch Subduktion und Akkretion;
– Beziehungen zwischen Klima, Gebirgsbildung und Biosphäre.

Mitgliedschaften und Ehrungen (Auswahl):
- 1988 Dr. h.c. Universität Neuchâtel (Schweiz);
- 1990 Mitglied, Academia Europaea;
- 1993 Gründungsmitglied, Turkish Academy of Sciences;
- 1998 The Digsby Medal of the Geological Society of London (Großbritannien);
- 2000 Foreign Associate of the National Academy of Sciences USA;
- 2004 Foreign Associate of the American Philosophical Society;
- 2006 Auswärtiges Mitglied der Russischen Akademie der Wissenschaften;
- 2009 Dr. h.c., University of Chicago (IL, USA);
- 2010 Steinmann-Medaille der Geologischen Vereinigung.

Herausgebertätigkeiten (Auswahl):
- *Tectonics* (1983–1995 Associate Editor);
- *Earth Evolution Science* (seit 1983 Editorial Advisory Board);
- *Tectonophysics* (1984–1998 Editorial Board);
- *Bulletin of the Turkish Association of Petroleum Geologists* (seit 1988 Editorial Board);
- *Geological Society of American Bulletin* (1989–1995 Associate Editor);
- *Geologica Balcanica* (seit 1990 Editorial Board);
- *Türk Yerbilimleri Dergisi* (Turkish Journal of Earth Sciences) (seit 1992 Editorial Board);
- *Earth Sciences History* (seit 1993 Editorial Board);
- *Geologische Rundschau* (seit 1994 Editorial Board);
- *Tethyan Geology* (seit 1994 Specially invited Board Member);
- *International Geology Review* (seit 1995 Editorial Board);
- *ARI Bulletin of the Technical University of Istanbul* (Türkei) (seit 1997 Editor);
- *Asian Journal of Earth Sciences* (seit 1997 Editorial Board);
- *Terra* (seit 1999 Editorial Advisory Board).

Mitarbeit in Organisationen und Gremien (Auswahl):
- Türkiye Jeomorfologlar Dernegi (Turkish Geomorphological Association);
- seit 1994 Stellvertretender Vorsitzender der Geologischen Vereinigung;
- Geological Society of America (Fellow seit 1988);
- Österreichische Geologische Gesellschaft (Ehrenmitglied seit 1990);
- American Geophysical Union;
- Schweizerische Geologische Gesellschaft;
- Geological Society of London (Fellow);
- Société Géologique de France (Associée étranger seit 1994);
- Geological Society of Malaysia.

Veröffentlichungen (Auswahl):
- Şengör, A. M. C.: Mid-Mesozoic closure of Permo-Triassic Tethys and its implications. Nature *279*, 590–593 (1979)
- Şengör, A. M. C., Natal'in, B. A., and Burtman, V. S.: Evolution of the Altaid tectonic collage and palaeozoic crustal growth in Eurasia: Nature *364*, 299–307 (1993)
- Şengör, A. M. C., and Natal'in, B. A.: Palaeotectonics of Asia: Fragments of a synthesis. In: Yin, A., and Harrison, M. (Eds.): The Tectonic Evolution of Asia. Rubey Colloquium; pp. 486–640. Cambridge: Cambridge University Press 1996

Prof. Dr. rer. nat.
Christine Silberhorn
*19. 4. 1974 Nürnberg

Sektion: Physik
Matrikel-Nummer: 7479
Aufnahmedatum: 21. 3. 2012

Derzeitige berufliche Position:
Professorin (W3) für Angewandte Physik an der Universität Paderborn (seit 2010)

Ausbildung und beruflicher Werdegang:
– 1999 Studium der Physik und Mathematik an der Friedrich-Alexander-Universität Erlangen-Nürnberg, Hochschulabschluss: Erstes Staatsexamen für das Lehramt an Gymnasien;
– 2002 Promotion an der Universität Erlangen-Nürnberg zum Dr. rer. nat. (Dissertation: „Helle verschränkte Strahlen und Quantenkryptographie");
– 2003–2004 Post-doctoral Research Assistent an der Universität Oxford, Clarendon Laboratory; gleichzeitig: Junior Research Fellow des Wolfson College, Oxford (Großbritannien);
– 2005 Wissenschaftliche Mitarbeiterin, Max-Planck-Forschungsgruppe, Institut für Optik, Information und Photonik, Erlangen;
– 2005–2009 Leiterin der selbstständigen Max-Planck-Nachwuchsgruppe „Integrierte Quantenoptik", Max-Planck-Institut für Quantenoptik, Garching; Dienstort: Erlangen;
– 2008 Habilitation an der Friedrich-Alexander-Universität Erlangen-Nürnberg;
– 2009–2011 Leiterin der Max-Planck-Forschungsgruppe „Integrierte Quantenoptik", Max-Planck-Institut für die Physik des Lichts, Erlangen;
– 2010 Berufung als Professorin (W3) für Angewandte Physik/Integrierte Quantenoptik an der Universität Paderborn.

Hauptarbeitsgebiete:
– Quantenoptik mit photonischen Zuständen, insbesondere unter Verwendung kontinuierlicher und diskreter Variablen;
– Implementierung neuartiger Lichtquellen einzelner Photonen sowie verschränkter Zustände;
– Entwicklung spezieller integriert optischer Bauelemente für quantenoptische Anwendungen;
– Untersuchung und Design ultrakurz gepulster Quantenlichtzustände;
– Quantenzustandscharakterisierung mit photonenzahlaufgelöster Detektion;
– Analyse und Verwirklichung praktischer Systeme für die Quantenkommunikation und Quanteninformationsverarbeitung;

– Entwicklung neuer Protokolle für die Quantenschlüsselverteilung, Quantensimulationen und Quanten-„Walk"-Systeme.

Mitgliedschaften und Ehrungen (Auswahl):
2006–2010 Mitglied, Die Junge Akademie (JA), Mutterakademien: Leopoldina – Nationale Akademie der Wissenschaften und Berlin-Brandenburgische Akademie der Wissenschaften;
- 2007 Hertha-Sponer-Preis der Deutschen Physikalischen Gesellschaft (DPG);
- 2007 Medaille der Werner-von-Siemens-Ring-Stiftung;
- 2008 Heinz-Maier-Leibnitz-Preis der Deutschen Forschungsgemeinschaft (DFG);
- 2010 Gottfried-Wilhelm-Leibniz-Preis der DFG.

Herausgebertätigkeiten (Auswahl):
- *New Journal of Physics* (NJP) (Editorial Board).

Mitarbeit in Organisationen und Gremien (Auswahl):
- seit 2011 Sprecherin des Hertha-Sponer-Preiskomitees der DPG;
- seit 2012 Juryvorsitz für den Preis „Schule trifft Wissenschaft" der Robert-Bosch-Stiftung;
- seit 2013 Mitglied des Vergabeausschusses Feodor-Lynen-Forschungsstipendien der Alexander von Humboldt-Stiftung.

Veröffentlichungen (Auswahl):
- SILBERHORN, C., LAM, P. K., WEISS, O., KÖNIG, F., KOROLKOVA, N., and LEUCHS, G.: Generation of continuous variable Einstein-Podolsky-Rosen entanglement via the Kerr nonlinearity in an optical fibre, Phys. Rev. Lett. *86*, 4267 (2001)
- SILBERHORN, C., RALPH, T. C., LÜTKENHAUS, N., and LEUCHS, G.: Continuous variable quantum cryptography – beating the 3dB loss limit. Phys. Rev. Lett. *89*, 167901 (2002)
- ACHILLES, D., SILBERHORN, C., SLIWA, C., BANASZEK, K., and WALMSLEY, I. A.: Fibre-assisted detection with photon number resolution. Opt. Lett. *28*, 2387 (2003)
- U'REN, A. B., SILBERHORN, C., BANASZEK, K., and WALMSLEY, I. A.: Efficient conditional preparation of single photon states for fiber-optic quantum networks. Phys. Rev. Lett. *93*, 093601 (2004)
- MOSLEY, P. J., LUNDEEN, J. S., SMITH, B. J., U'REN, A. B., SILBERHORN, C., and WALMSLEY, I. A.: Heralded generation of ultrafast single photons in pure quantum states. Phys. Rev. Lett. *100*, 133601 (2008)
- SCHREIBER, A., CASSEMIRO, K. N., POTOČEK, V., GÁBRIS, A., MOSLEY, P. J., ANDERSSON, E., JEX, I., and SILBERHORN, C.: Photons walking the line: A quantum walk with adjustable coin operations. Phys. Rev. Lett. *104*, 050502 (2010)
- SCHREIBER, A., GÁBRIS, A., ROHDE, P. P., LAIHO, K., ŠTEFAŇÁK, M., POTOCEK, V., HAMILTON, C., JEX, I., and SILBERHORN, C.: A 2D quantum walk simulation of two-particle dynamics. Science *336*, 55–58 (2012)

Prof. Dr. oec. troph.
Gabriele Irmgard **Stangl**
*11. 7. 1964 Erbendorf (Tirschenreuth)

Sektion: Agrar- und Ernährungswissenschaften
Matrikel-Nummer: 7495
Aufnahmedatum: 24. 5. 2012

Derzeitige berufliche Position:
Professorin für Humanernährung an der Martin-Luther-Universität (MLU) Halle-Wittenberg (seit 2004)

Ausbildung und beruflicher Werdegang:
– 1990 Diplom als Ernährungswissenschaftlerin an der Technischen Universität (TU) München;
– 1993 Promotion zum Dr. oec. troph. (Einfluss von Cholesterin, Fischöl und anderen Nahrungsfetten auf den Lipidstoffwechsel);
– 1993–1998 Wissenschaftliche Mitarbeiterin am Institut für Ernährungsphysiologie an der TU München;
– 1998 Habilitation für Ernährungslehre und Ernährungsphysiologie, TU München;
– 1998–2000 Privatdozentin am Institut für Ernährungswissenschaften, TU München;
– 2000–2003 Studium der Medizin an der Ludwig-Maximilians-Universität München;
– 2003–2004 Professur für Humanernährung an der Universität Hamburg;
– 2003 Ruf auf die Professur „Spezielle Humanernährung" an die Universität Wien (Österreich) und auf die Professur „Humanernährung" an die MLU Halle (Saale);
– seit 2004 Professur für Humanernährung an der MLU Halle (Saale).

Hauptarbeitsgebiete:
– Untersuchungen zum Einfluss von Nahrungsstoffen auf die Regulation des Lipidstoffwechsels;
– Stoffwechselveränderungen durch Fasten- und Liganden-induzierte Aktivierung der Peroxisomenproliferator-aktivierten Rezeptoren im Organismus;
– Erforschung von Vitamin-D-Mangeleffekten auf die Zellmorphologie, vaskuläre Kalzifizierung, kardiovaskuläre Risikofaktoren und das Immunsystem.

Mitgliedschaften und Ehrungen (Auswahl):
– 1996 Preis der Dr.-Heinrich-Baur-Stiftung für herausragende wissenschaftliche Leistungen;
– 1998 Wissenschaftlicher Förderpreis der Henneberg-Lehmann-Stiftung der Universität Göttingen;

- seit 1998 Gesellschaft für Ernährungsphysiologie;
- seit 2005 Deutsche Gesellschaft für Ernährung;
- seit 2013 Mitglied der Sächsischen Akademie der Wissenschaften.

Veröffentlichungen (Auswahl):
- STANGL, G. I.: High dietary levels of a conjugated linoleic acid mixture alter hepatic glycerophospholipid class profile and cholesterol-carrying serum lipoproteins of rats. J. Nutr. Biochem. *11*, 184–191 (2000)
- KÖNIG, B., KOCH, A., GIGGEL, K., DORDSCHBAL, B., EDER, K., and STANGL, G. I.: Monocarboxylate transporter (MCT)-1 is up-regulated by PPARalpha. Biochim. Biophys. Acta *1780*, 899–904 (2008)
- SCHMIDT, N., BRANDSCH, C., KÜHNE, H., THIELE, A., HIRCHE, F., and STANGL, G. I.: Vitamin D receptor deficiency and low vitamin D diet stimulate aortic calcification and osteogenic key factor expression in mice. PLoS One *7*, e35316 (2012)
- WEGE, N., SCHUTKOWSKI, A., KÖNIG, B., BRANDSCH, C., WEIWAD, M., and STANGL, G. I.: PPARα modulates the TSH β-subunit mRNA expression in thyrotrope TαT1 cells and in a mouse model. Mol. Nutr. Food Res. *57*/3, 376–389 (2013)
- WEISSE, W., WINKLER, S., HIRCHE, F., HERBERTH, G., HINZ, D., BAUER, M., RÖDER, S., ROLLE-KAMPCZYK, U., BERGEN, M. VON, OLEK, S., SACK, U., RICHTER, T., DIEZ, U., BORTE, M., STANGL, G. I., and LEHMANN, I.: Maternal and newborn vitamin D status and its impact on food allergy development in the German LINA cohort study. Allergy *68*/2, 220–228 (2013)

**Prof. Dr. phil.
Barbara Stollberg-Rilinger**
*17. 7. 1955 Bergisch Gladbach

Sektion: Kulturwissenschaften
Matrikel-Nummer: 7517
Aufnahmedatum: 21. 11. 2012

Derzeitige berufliche Position:
Professorin (W3) für Geschichte der Frühen Neuzeit an der Westfälischen Wilhelms-Universität (WWU) Münster

Ausbildung und beruflicher Werdegang:
– 1980 Erstes Staatsexamen für das Lehramt an Gymnasien (Geschichte, Deutsch);
– 1985 Promotion (Dr. phil.) an der Universität zu Köln (Mittlere und Neuere Geschichte, Alte Geschichte, Deutsche Philologie);
– 1982–1990 Wissenschaftliche Mitarbeiterin am Historischen Seminar der Universität zu Köln;
– 1991–1992 Wiedereinstiegsstipendium im Rahmen des Hochschulsonderprogramms II des Wissenschaftsministeriums von Nordrhein-Westfalen;
– 1994 Habilitation an der Universität zu Köln (Venia legendi für Neuere Geschichte);
– 1996 Hochschuldozentur am Historischen Seminar der Universität zu Köln;
– 1997 Professorin (C4) für Geschichte der Frühen Neuzeit am Historischen Seminar der WWU Münster.

Hauptarbeitsgebiete:
– Politische Kultur des Heiligen Römischen Reiches deutscher Nation;
– Kultur- und Sozialgeschichte der ständischen Gesellschaft;
– Politisch-soziale Rituale und Verfahren in der Frühen Neuzeit;
– Politische Ideengeschichte der Frühen Neuzeit.

Mitgliedschaften und Ehrungen (Auswahl):
– 2005 Gottfried-Wilhelm-Leibniz-Preis der Deutschen Forschungsgemeinschaft (DFG);
– 2006 Mitglied der Historischen Kommission bei der Bayerischen Akademie der Wissenschaften;
– 2007 Dr. h.c. der École Normale Supérieure Lettres et Sciences humaines Lyon (Frankreich);
– 2009 Korrespondierendes Mitglied der Bayerischen Akademie der Wissenschaften;
– 2009 Korrespondierendes Mitglied der Göttinger Akademie der Wissenschaften;
– 2009 Ordentliches Mitglied der Berlin-Brandenburgischen Akademie der Wissenschaften;
– 2012 Innovationspreis des Landes Nordrhein-Westfalen.

Herausgebertätigkeiten (Auswahl):
- *Zeitschrift für historische Forschung* (ZHF);
- *Der Staat*;
- Buchreihe *Symbolische Kommunikation in der Vormoderne*;
- Buchreihe *Symbolische Kommunikation und gesellschaftliche Wertesysteme*;
- Buchreihe *Externa*.

Mitarbeit in Organisationen und Gremien (Auswahl):
- 1999–2005 DFG-Senats- und Bewilligungskommission für die Graduiertenkollegs;
- 2003–2012 Sprecherin des SFB 496 „Symbolische Kommunikation und gesellschaftliche Wertesysteme vom Mittelalter bis zur Französischen Revolution";
- 2004–2008 Stellvertretende Vorsitzende des Verbandes der Historiker und Historikerinnen Deutschlands;
- seit 2007 Koordinatorin, Hauptantragstellerin bzw. Sprecherin des Exzellenzclusters „Religion und Politik in den Kulturen der Vormoderne und Moderne" an der WWU Münster;
- 2007–2012 Beirat des Freiburg Institute for Advanced Study (FRIAS);
- seit 2008 Hochschulrat der WWU Münster;
- 2009–2012 Stiftungsrat der Einstein-Stiftung Berlin;
- 2009–2013 Wissenschaftlicher Beirat der Humboldt Universität Berlin;
- seit 2010 Wissenschaftlicher Beirat des Deutschen Historischen Museums Berlin;
- seit 2011 Wissenschaftlicher Beirat der Gerda-Henkel-Stiftung.

Veröffentlichungen (Auswahl):
- STOLLBERG-RILINGER, B.: Der Staat als Maschine. Zur politischen Metaphorik des absoluten Fürstenstaats. Berlin: Duncker & Humblot 1986
- STOLLBERG-RILINGER, B.: Vormünder des Volkes? Konzepte landständischer Repräsentation in der Spätphase des Alten Reiches. Berlin: Duncker & Humblot 1999
- STOLLBERG-RILINGER, B. (Ed.): Was heißt Kulturgeschichte des Politischen? Berlin: Duncker & Humblot 2005
- STOLLBERG-RILINGER, B., und WELLER, T. (Eds.): Wertekonflikte – Deutungskonflikte. Münster: Rhema 2007
- STOLLBERG-RILINGER, B., ALTHOFF, G., GOETZMANN, J., und PUHLE, M. (Eds.): Spektakel der Macht. Rituale im Alten Europa 800–1800. Katalog- und Essayband zur Ausstellung des Kulturhistorischen Museums Magdeburg. Darmstadt: Wissenschaftliche Buchgesellschaft 2008
- STOLLBERG-RILINGER, B., und KRISCHER, A.: Herstellung und Darstellung von Entscheidungen. Verfahren, Verwalten und Verhandeln in der Vormoderne. Berlin: Duncker & Humblot 2010
- STOLLBERG-RILINGER, B., und WEISSBRICH, T.: Die Bildlichkeit symbolischer Akte. Münster: Rhema 2010
- STOLLBERG-RILINGER, B.: Europa im Jahrhundert der Aufklärung. Stuttgart: Reclam 2000; überarbeitete Neuausgabe unter dem Titel: Die Aufklärung. Stuttgart 2011
- STOLLBERG-RILINGER, B.: Das Heilige Römische Reich Deutscher Nation vom Spätmittelalter bis 1806. München: Beck 2006, 4. Aufl. 2009. Englische Übersetzung in Vorbereitung
- STOLLBERG-RILINGER, B.: Des Kaisers alte Kleider. Verfassungsgeschichte und Symbolsprache des Alten Reiches. München: Beck 2008. Französische Übersetzung erscheint voraussichtlich Paris: MSH 2013; englische Übersetzung in Vorbereitung
- STOLLBERG-RILINGER, B.: Rituale. (Campus Historische Einführungen Bd. *16*). Frankfurt (Main) u. a. 2013
- STOLLBERG-RILINGER, B., und PIETSCH, A. (Eds.): Konfessionelle Ambiguität. Uneindeutigkeit und Verstellung als religiöse Praxis in der Frühen Neuzeit (2013)

Prof. Dr. sc. nat.
Martin Andreas **Suhm**
*30. 12. 1962 Gengenbach (Baden)

Sektion: Chemie
Matrikel-Nummer: 7480
Aufnahmedatum: 21. 3. 2012

Derzeitige berufliche Position:
Professor (C4) für Physikalische Chemie an der Georg-August-Universität Göttingen (seit 1997)

Ausbildung und beruflicher Werdegang:
– 1985 Diplom in Chemie an der Universität Karlsruhe (TH), experimentelle Diplomarbeit zur kernmagnetischen Relaxation;
– 1986 Forschungsjahr (DAAD-Stipendium) an der Australian National University (Canberra, Australien) zu Quanten-Monte-Carlo-Rechnungen an Wasserclustern;
– 1990 Promotion zum Dr. sc. nat. (Dissertation zur Dynamik des Wasserstoffbrückenmoleküls $(HF)_2$: Ferninfrarotspektroskopie und Theorie) an der Eidgenössischen Technischen Hochschule (ETH) Zürich (Schweiz);
– 1990–1992 Mehrmonatige Forschungsaufenthalte am JILA in Boulder (CO, USA) zur Laserspektroskopie an Molekülkomplexen;
– 1991–1995 Wissenschaftlicher Mitarbeiter am Laboratorium für Physikalische Chemie der ETH Zürich;
– 1995 Habilitation für Physikalische Chemie, ETH Zürich;
– 1995–1997 Oberassistent am Laboratorium für Physikalische Chemie der ETH Zürich;
– 1997 Dozentenstipendium des Fonds der Chemischen Industrie;
– 1997 Berufung als Professor (C4) an das Institut für Physikalische Chemie an der Universität Göttingen;
– 2000–2002 und 2010–2012 Geschäftsführender Direktor des Instituts;
– 2003–2005 Studiendekan der Fakultät für Chemie.

Hauptarbeitsgebiete:
– Entwicklung und Anwendung direkter, linearer spektroskopischer Methoden zur Charakterisierung zwischenmolekularer und konformativer Dynamik;
– Tieftemperaturpräparation und Spektroskopie vakuumisolierter Moleküle und Molekülaggregate, Nanopartikel, Nanomatrizen, Mikrokristalle; Laseranregung;
– Modellsysteme für intermolekulare Kräfte, insbesondere Wasserstoffbrücken und Londonsche Dispersionskräfte, Peptidmodelle;
– Molekulare Erkennung in der Gasphase, insbesondere Chiralitätserkennung, adaptive Aggregation und Kooperativität;

- Mikroskopische Ursachen makroskopischer Phänomene, Phasenumwandlungen, Phasenwechselmaterialien, Solvatation, Anästhesie, Elastizität;
- Quantendynamik insbesondere von Protonen in vieldimensionalen Potentialhyperflächen.

Mitgliedschaften und Ehrungen (Auswahl):
- 1990 Medaille der ETH für die Promotion;
- 1995 Latsis-Preis der Fondation Latsis Internationale, Genf (Schweiz);
- 1995 ADUC-Preis, Arbeitsgemeinschaft Deutscher Universitätsprofessoren und -professorinnen der Chemie (ADUC);
- 1997 Dozentenstipendium des Fonds der Chemischen Industrie;
- 2002–2012 Sprecher des DFG-Graduiertenkollegs GRK 782 „Spektroskopie und Dynamik molekularer Knäuel und Aggregate";
- 2005 Fellow of the Royal Society of Chemistry.

Herausgebertätigkeiten (Auswahl):
- *Physical Chemistry Chemical Physics* (2006–2011 Editorial Board, 2009–2011 Deputy Chair);
- *Angewandte Chemie* (seit 2010 Kuratorium).

Mitarbeit in Organisationen und Gremien (Auswahl):
- seit 1999 Vertrauensdozent der Studienstiftung des deutschen Volkes;
- seit 2009 Mitglied im Auszeichnungskomitee der Schweizerischen Chemischen Gesellschaft;
- seit 2009 Mitglied des Auswahlausschusses für Forschungspreise der Alexander von Humboldt-Stiftung;
- seit 2013 (und 2003–2006) Mitglied im Ständigen Ausschuss der Deutschen Bunsengesellschaft.

Veröffentlichungen (Auswahl):
- ZEHNACKER, A., und SUHM, M. A.: Chiralitätserkennung zwischen neutralen Molekülen in der Gasphase. Angew. Chem. *120*, 7076–7100 (2008)
- SUHM, M. A.: Hydrogen bond dynamics in alcohol clusters. Adv. Chem. Phys. *142*, 1–57 (2009)
- LÜTTSCHWAGER, N. O. B., WASSERMANN, T. N., COUSSAN, S., and SUHM, M. A.: Periodic bond breaking and making in the electronic ground state on a sub-picosecond timescale: OH bending spectroscopy of malonaldehyde in the frequency domain at low temperature. Phys. Chem. Chem. Phys. *12*, 8201–8207 (2010)
- ZISCHANG, J., LEE, J. J., and SUHM, M. A.: Communication: Where does the first water molecule go in imidazole? J. Chem. Phys. *135*, 061102 (2011)
- KOLLIPOST, F., WUGT LARSEN, R., DOMANSKAYA, A. V., NÖRENBERG, M., and SUHM, M. A.: Communication: The highest frequency hydrogen bond vibration and an experimental value for the dissociation energy of formic acid dimer. J. Chem. Phys. *136*, 151101 (2012)
- LÜTTSCHWAGER, N. O. B., WASSERMANN, T. N., MATA, R. A., und SUHM, M. A.: Das letzte Alkan mit gestreckter Grundzustandskonfiguration. Angew. Chem. *125*, 482–485 (2013)

Prof. Ph.D.
Sara Anna **van de Geer**
*7th May 1958 Leiden (The Netherlands)

Section: Mathematics
Matricula Number: 7471
Date of Election: 21st March 2012

Present Position:
Full Professor of Statistics, Seminar for Statistics, Eidgenössische Technische Hochschule (ETH) Zürich (Switzerland) (since 2005)

Education and Career:
– 1982 Master in Mathematics at the University of Leiden;
– 1982–1983 Scientific Researcher at the University of Tilburg (The Netherlands);
– 1983–1987, 1988–1989 Scientific Researcher at the Centre for Mathematics and Computer Science, Amsterdam (The Netherlands);
– 1987 Ph.D. at the University of Leiden;
– 1987–1988 Lecturer at the University of Bristol (UK);
– 1989–1990 Assistant Professor at the University of Utrecht (The Netherlands);
– 1990–1997 Assistant Professor at the University of Leiden;
– 1997–1999 Associate Professor at Université Paul Sabatier, Toulouse (France);
– 1999–2005 Full Professor at the University of Leiden;
– since 2005 Full Professor at the ETH Zürich;
– 2010–2012 Chair of the Seminar for Statistics, ETH Zürich.

Main Fields of Work:
– Mathematical Statistics;
– Statistical Learning;
– Empirical Processes;
– High-dimensional Statistics.

Memberships and Honours (Selection):
– Elected member of the International Statistical Institute;
– International Statistical Institute Award;
– Elected Fellow of the Institute of Mathematical Statistics;
– Correspondent of the Dutch Royal Academy of Sciences (KNAW);
– 2003 Medallion Lecturer at the Joint Statistical Meetings, San Francisco (CA, USA);
– 2010 Invited speaker at the International Congress of Mathematicians.

Editorial Activities (Selection):
- *Statistica Neerlandica* (1996–2000 Associate Editor);
- *Annals of Statistics* (1997–2007 Associate Editor);
- *Bernoulli* (2000–2003 Co-Editor, 2004–2008 Associate Editor);
- *Statistica Sinica* (2005–2008 Associate Editor);
- *Scandinavian Journal of Statistics* (since 2010 Associate Editor);
- *Probability Theory and Related Fields* (since 2010 Associate Editor).

Cooperation in Organisations and Committees (Selection):
- 2004–2008 Member, Conseil Scientifique Centre International de Rencontres Mathématiques;
- since 2007 Member, Research Council of the Swiss National Science Foundation, Division II;
- 2007–2011 Member, Scientific Advisory Board, Fakultät für Wirtschaftswissenschaften Universität Wien (Austria);
- since 2010 Member, Scientific Board, Weierstrass-Institut für Angewandte Analyse und Stochastik, Berlin (Germany);
- since 2013 President elect of the Bernoulli Society.

Publications (Selection):
- VAN DE GEER, S.: Estimating a regression function. The Annals of Statistics *18*, 907–924 (1990)
- VAN DE GEER, S.: High-dimensional generalized linear models and the Lasso. The Annals of Statistics *36*, 614–645 (2008)
- BÜHLMANN, P., and VAN DE GEER, S.: Statistics for High-Dimensional Data: Methods, Theory and Applications. Berlin etc.: Springer 2011

Prof. Dr. rer. nat.
Julia Vorholt
*15. 9. 1969 Düren

Sektion: Mikrobiologie und Immunologie
Matrikel-Nummer: 7496
Aufnahmedatum: 24. 5. 2012

Derzeitige berufliche Position:
Professorin für Mikrobiologie an der Eidgenössischen Technischen Hochschule (ETH) Zürich (Schweiz, seit 2006)

Ausbildung und beruflicher Werdegang:
- 1991 Vordiplom in Biologie an der Rheinischen Friedrich-Wilhelms-Universität Bonn;
- 1994 Diplom in Biologie an der Philipps-Universität Marburg;
- 1997 Promotion zum Dr. rer. nat. (Dissertation „Formylmethanofuran-Dehydrogenasen aus methanogenen Archaea: Rolle von Eisen-Schwefel-Zentren, von Molybdän und Wolfram und von Selen"), Max-Planck-Institut für Terrestrische Mikrobiologie, Marburg/Philipps-Universität Marburg;
- 1998 Postdoctoral Fellow, University of Washington, Seattle (WA, USA);
- 1999–2001 Wissenschaftliche Mitarbeiterin am Max-Planck-Institut für Terrestrische Mikrobiologie, Marburg;
- 2001–2006 Unabhängige Nachwuchsgruppenleiterin, Laboratoire des Interactions Plantes-Microorganismes, Centre National de la Recherche Scientifique (CNRS) (Austauschprogramm Max-Planck-Gesellschaft/CNRS), Toulouse (Frankreich);
- 2002 Habilitation für Mikrobiologie, Philipps-Universität Marburg;
- 2006–2012 Außerordentliche Professorin für Mikrobiologie, ETH Zürich;
- seit 2012 Ordentliche Professorin für Mikrobiologie, ETH Zürich.

Hauptarbeitsgebiete:
- Mikrobiologie der Phyllosphäre;
- C_1-Stoffwechsel, insbesondere von methylotrophen Bakterien;
- Generelle Stressantwort von Alphaproteobakterien;
- Einzelzellanalyse mit Hilfe von FluidFM-Technologie.

Mitgliedschaften und Ehrungen (Auswahl):
- 1998 Otto-Hahn-Medaille der Max-Planck-Gesellschaft (MPG);
- 1999 Ph.D. Award der Vereinigung für Allgemeine und Angewandte Mikrobiologie (VAAM);
- 2005 Phyllosphere 50th Anniversary conference award, Oxford (UK);
- 2012 Wissenschaftler des Monats, Stiftung Gen Suisse.

Herausgebertätigkeiten (Auswahl):
- *Microbiology* (Editorial Board);
- *Applied and Environmental Microbiology* (Editorial Board);
- *Environmental Microbiology* (Editorial Board);
- *ISME Journal* (Editorial Board).

Mitarbeit in Organisationen und Gremien (Auswahl):
- seit 2008 Mitglied des Wissenschaftlichen Beirats der Deutschen Sammlung für Mikroorganismen und Zellkulturen (DSMZ);
- seit 2008 Mitglied des Wissenschaftlichen Beirats der Deutschen Forschungsgemeinschaft (DFG), Schwerpunktprogramm „Biological Transformations of Hydrocarbons in the Absence of Oxygen";
- seit 2010 Mitglied des Wissenschaftlichen Beirats Cytosurge AG, Zürich;
- seit 2012 Mitglied des Wissenschaftlichen Beirats des Max-Planck-Instituts für Marine Mikrobiologie Bremen;
- seit 2013 Mitglied des Wissenschaftlichen Beirats AgBiome, Durham (NC, USA).

Veröffentlichungen (Auswahl):
- Delmotte, N., Knief, C., Chaffron, S., Innerebner, G., Roschitzki, B., Schlapbach, R., Mering, C. von, and Vorholt, J. A.: Community proteogenomics reveals insights into the physiology of phyllosphere bacteria. Proc. Natl. Acad. Sci. USA *106*, 16428–16433 (2009)
- Peyraud, R., Kiefer, P., Christen, P., Massou, S., Portais, J.-C., and Vorholt, J. A.: Demonstration of the ethylmalonyl-CoA pathway using ^{13}C metabolomics. Proc. Natl. Acad. Sci. USA *106*, 4846–4851 (2009)
- Campagne, S., Damberger, F. F., Kaczmarczyk, A., Francez-Charlot, A., Allain, F. H.-T., and Vorholt, J. A.: Structural basis for sigma factor mimicry in the general stress response of Alphaproteobacteria. Proc. Natl. Acad. Sci. USA *109*, E1405–1414 (2012)
- Erb, T. J., Kiefer, P., Hattendorf, B., Günther, D., and Vorholt, J. A.: GFAJ-1 is an arsenate-resistant, yet phosphate-dependent organism. Science *337*, 467–470 (2012)
- Vorholt, J. A.: Microbial life in the phyllosphere. Nature Rev. Microbiol. *10*, 828–840 (2012)

Neugewählte Mitglieder

Prof. Ph.D.
Huanming Yang
*6th October 1952 Wenzhou (China)

Section: Human Genetics and Molecular Medicine
Matricula Number: 7497
Date of Election: 24th May 2012

Present Position:
Professor and President of BGI (formerly Beijing Genomics Institute)

Education and Career:
– 1984–1988 Ph.D., Institute of Medical Genetics, University of Copenhagen (Denmark);
– 1988–1990 Lab of Human Molecular Genetics, Center of Immunology of Marseilles-Luminy, Marseilles (France);
– 1990–1992 Bethe Israel Hospital, Harvard Medical School, Boston (MA, USA);
– 1992–1994 Department of Experimental Pathology, University of California, Los Angeles (CA, USA);
– 1994–1998 Professor Peking Union Medical College/Chinese Academy of Medical Sciences (PUMC/CAMS), Beijing (China);
– since 1997 Visiting Professor Southeast China University, Nanjing (China), Institute of Human Genetics, University of Aarhus, Aarhus (Denmark);
– 1998–2003 Professor and Director Human Genome Center, Institute of Genetics, Chinese Academy of Sciences;
– since 1999 Professor and President BGI (China);
– since 2002 Visiting Professor at Xian Jiaotong University, Xian (China);
– 2004–2007 Professor and Director at Beijing Genomics Institute, Chinese Academy of Sciences;
– since 2005 Visiting Professor at the Chinese Academy of Agricultural Sciences (CAAS);
– since 2006 Visiting Professor at the China Agricultural University (CAU), Beijing.

Main Fields of Work:
– Genomics;
– Genetics.

Memberships and Honours (Selection):
– 2004 TWAS Prize for Biology, The Academy of Sciences for the Developing World (TWAS);
– 2007 Foreign Fellow, European Molecular Biology Organization (EMBO);
– 2007 Academician, Chinese Academy of Sciences (CAS) (China);

- 2008 Honorary Professor, The Chinese University of Hongkong (Hongkong);
- 2008 Honorary Doctorate, The University of Aarhus (Denmark);
- 2008 Fellow, Third World Academy of Sciences (TWAS);
- 2009 Foreign Academician, Indian National Science Academy.

Editorial Activities (Selection):
- BioMed Central.

Cooperation in Organisations and Committees (Selection):
- since 1999 Member, Expert Panel of the National Office for Administration on Genetic Materials in China;
- since 2005 Member, International Governmental Bioethics Committee (IGBC), Representative of PR China, UNESCO;
- since 2011 Member of the International Research Panel of the Presidential Commission for the Study of Bioethical Issues (USA).

Publications (Selection):
- YU, J., ..., and YANG, X.: A draft sequence of the rice genome (*Oryza sativa* L. ssp. indica). Science *296*, 79–92 (2002)
- YANG, X. (one of the corresponding authors). *The International Human Chromosome 3 Consortium*: The DNA sequence, annotation and analysis of human chromosome 3. Nature *440*, 1194–1198 (2006)
- GUO, G., ..., YANG, H., ... WANG, J. (YANG as one of the corresponding authors): Frequent mutations of genes encoding ubiquitin-mediated proteolysis pathway components in clear cell renal cell carcinoma. Nature Genet. *44*, 17–19 (2012)

1. Personen

Verstorbene Mitglieder[1]

Csillik, Bertalan
*10. 11. 1927 Szeged (Ungarn)
†8. 5. 2012 Szeged (Ungarn)

Mitglied seit 1983
Matrikelnummer: 6106
Sektion: Neurowissenschaften

Laudatio zum 80. Geburtstag
– Jahrbuch 2007. Leopoldina (R. 3) *53*, 221–223 (2008)

Nachruf
– MIHÁLY, A.: In memoriam Bertalan Csillik, MD, PhD, Dsc, professeur emeritus of Szeged University (1927–2012). Annals of Anatomy *195*, 3–4 (2013)

Eschrig, Helmut
*2. 7. 1942 Thierfeld
†22. 2. 2012 Dresden

Mitglied seit 2002
Matrikelnummer: 6780
Sektion: Physik

Nachruf
– FULDA, P.: Nachruf auf Helmut Eschrig ML. Leopoldina aktuell 02, 16 (2012)

Hilschmann, Norbert
*8. 2. 1931 Nürnberg
†2. 12. 2012 Göttingen

Mitglied seit 1975
Matrikelnummer: 5846
Sektion: Mikrobiologie und Immunologie

Würdigungen
– *Anonym*: Ehre für Carus-Preisträger. Schweinfurter Tageblatt (9. 2. 1977)
– *Anonym*: Dr. h.c. Univ. Prag. MPG Spiegel *3*, 57 (1998)
– PREUSS, K.: Antikörperbildung – ein Modell der Zelldifferenzierung. FAZ *293*, 25–26 (18. 12. 1974)

Laudatio zum 80. Geburtstag
– Jahrbuch 2011. Leopoldina (R. 3) *57*, 211–212 (2012)

Hirzebruch, Friedrich
*17. 10. 1927 Hamm (Westf.)
†27. 5. 2012 Bonn

Mitglied seit 1963
Matrikelnummer: 5226
Sektion: Mathematik

Würdigungen
– Leopoldina (R. 3) *26*/1980, 66 (1982)
– Leopoldina (R. 3) *31*/1985, 73 (1986)
– Leopoldina (R. 3) *34*/1988, 82 (1991)
– Jahrbuch 2001. Leopoldina (R. 3) *47*, 218, 219 (2002)
– Jahrbuch 2002. Leopoldina (R. 3) *48*, 198 (2003)
– Jahrbuch 2003. Leopoldina (R. 3) *49*, 283 (2004)
– Jahrbuch 2006. Leopoldina (R. 3) *52*, 195 (2007)

---

[1] Zusammengestellt von Susanne HORN. Außer den bis Redaktionsschluss bekannt gewordenen Nekrologen wurden auch Laudationes u. ä. verzeichnet, die dem Archiv zugänglich sind. Hinweise auf weitere Nachrufe (bzw. Separata) nimmt das Archiv der Akademie dankbar entgegen.

Verstorbene Mitglieder

- Jahrbuch 2007. Leopoldina (R. 3) *53*, 293 (2008)
- Göring, O.: Ehrenpromotion für Prof. Hirzebruch. MPG Spiegel *6*, 41–43 (1995), m. Bild
- Scholz, E.: Hohe Ehrung für Lebenswerk. Max Planck Forschung *2*, 11 (2000), m. Bild
- Wagner, I.: Professor Friedrich Hirzebruch in den Orden Pour le mérite gewählt. Generalanzeiger (18. 9. 1991)

Laudatio zum 80. Geburtstag
- Jahrbuch 2007. Leopoldina (R. 3) *53*, 248–250 (2008)

Nachrufe
- *Anonym*: Friedrich Hirzebruch Deutschlands Gigant der Mathematik. http://www.zeit.de/wissen/2012–05/nachruf-mathematiker-hirzebruch
- Akalin, C.: Friedrich Hirzebruch hat bahnbrechende Entdeckungen gemacht. http://www.general-anzeiger-bonn.de/lokales/bonn/Friedrich-Hirzebruch-hat-bahnbrechende-Entdeckungen-gemacht-article780104.html, m. Bild
- Blum, W.: Mathematiker aus Leidenschaft. http://www.spektrum.de/alias/nachruf/mathematiker-aus-leidenschaft/1155116.
- Geyer, W.-D.: Friedrich Hirzebruch 17. 10. 1927–27. 5. 2012. Jahrbuch 2012. Bayerische Akademie der Wissenschaften, S. 179–182 (2013), m. Bild
- Jost, J.: Nachruf auf Friedrich Hirzebruch. Jahrbuch 2012. Akademie der Wissenschaften und der Literatur Mainz *63*, 50–55 (2012), m. Bild
- Schwermer, J.: Friedrich Hirzebruch 17. Oktober 1927 – 27. Mai 2012. Internat. Math. Nachrichten *221*, 39–41 (2012)

Huxley, Sir Andrew F.
*22. 11. 1917 London (Großbritannien)
†30. 5. 2012 Cambridge (Großbritannien)
Nobelpreis für Medizin 1963

Mitglied seit 1964
Matrikelnummer: 5236
Sektion: Physiologie und Pharmakologie/Toxikologie

Würdigungen
- Leopoldina (R. 3) *26*/1980, 67 (1982)
- Leopoldina (R. 3) *28*/1982, 75 (1985)
- Leopoldina (R. 3) *32*/1986, 90 (1988)

Laudatio zum 80. Geburtstag
- Jahrbuch 1997. Leopoldina (R. 3) *43*, 56–58 (1998)

Nachrufe
- *Anonym*: Biography – Andrew Fielding Huxley. http://www.nobelprize.org/nobel_prizes/medicine/laureates/1963/huxley-bio.html, m. Bild
- *Anonym*: Andrew Fielding Huxley (1917–2012). The Physiological Society. http://www.physoc.org/sites/default/files/page/Obit_Huxley_PhySoc_0812.pdf, m. Bild
- Childs, M.: Sir Andrew Huxley. http://www.independent.co.uk/news/obituaries/sir-andrew-huxley-eminent-scientist-whose-pioneering-work-earned-him-a-nobel-prize-in-1963–7817934.html?origin=internalSearch
- Goldman, Y. E., and Franzini-Armstrong, C.: Andrew Fielding Huxley (1917–2012). Nature *486*/7404, 474 (2012), m. Bild
- Huang, C. L.-H.: Andrew Fielding Huxley (1917–2012). J. Physiol. *590*, 3415–3420 (2012), m. Bild
- Mackey, M. C., and Santillán, M.: Andrew Fielding Huxley (1917–2012). Notices of the AMS *60*/5, 576–579 (2013), m. Bild
weitere persönliche Erinnerungen an Huxley von L. E. Ford, C. Franzini-Armstrong, S. Winegrad, J. W. Woodbury, A. M. Gordon, R. Rüdel, V. Lombardi, G. Piazzesi, M. Endo, J. Lännergren, L. D. Peachey und D. R. Trentham. Notices of the AMS *60*/5, 579–584 (2013)
- Trentham, D. R.: Sir Andrew Huxley OM FRS, 1917–2012 – a tribute. http://www.britishbiophysics.org.uk/data/uploads/huxley_tribute.pdf, m. Bild

Verstorbene Mitglieder

Jagodzinski, Heinz Mitglied seit 1966
*20. 4. 1916   Aschersleben   Matrikelnummer: 5335
†22. 11. 2012   München   Sektion: Physik

Würdigung
– Jahrbuch 2001. Leopoldina (R. 3) *47*, 219 (2002)

Laudatio zum 80. Geburtstag
– Jahrbuch 1996. Leopoldina (R. 3) *42*, 61–62 (1997)

Nachruf
– Nöth, H.: Heinz Jagodzinski 20. 4. 1916–22. 11. 2012. Bayerische Akademie der Wissenschaften, Jahrbuch 2012, S. 166–167, m. Bild

Kjær, Anders   Mitglied seit 1974
*10. 8. 1919   Ribe (Dänemark)   Matrikelnummer: 5803
†4. 6. 2012   Hørsholm (Dänemark)   Sektion: Chemie

Laudatio zum 80. Geburtstag
– Jahrbuch 1999. Leopoldina (R. 3) *45*, 90–91 (2000)

Koivisto, Erkki   Mitglied seit 1989
*19. 1. 1927   Seinäjoki (Finnland)   Matrikelnummer: 6303
†27. 2. 2012   Tampere (Finnland)   Sektion: Radiologie

Laudatio zum 80. Geburtstag
– Jahrbuch 2007. Leopoldina (R. 3) *53*, 252–253 (2008)

Nachruf
– In memoriam Erkki Koivisto (1927–2012). http://www.myesr.org/cms/website.php?id=/en/about_esr_ecr/esr_people/in_memoriam.htm.

Koss, Leopold G.   Mitglied seit 1989
*2. 10. 1920   Danzig   Matrikelnummer: 6297
†11. 9. 2012   New York (NY, USA)   Sektion: Pathologie und Rechtsmedizin

Würdigung
– *Anonym*: Herrn Prof. Dr. med. Leopold G. Koss, New York, USA. Dies academicus 2007 Ehrungen, S. 26–27, m. Bild.

Laudatio zum 80. Geburtstag
– Jahrbuch 2001. Leopoldina (R. 3) *47*, 150–152 (2002)

Nachruf
– *Anonym*: Leopold G. Koss. http://www.legacy.com/obituaries/nytimes/obituary.aspx?n=LEOPOLD-KOSS&pid=159902240#fbLoggedOut
– *Anonym*: Giant in Cytology, Dr. Leopold Koss, Passes Away. http://www.ascp.org/Newsroom/Giant-in-Cytology-Dr-Leopold-Koss-Passes-Away.html
– Bartels, P. H.: Leopold G. Koss, M. D., FASCP, F.I.A.C. October 2, 1920–September 11, 2012. Analytical and Quantitative Cytopathology and Histopathology (AQCH) *34*, 233–234 (2012)
– Coleman, D. V.: Professor Leopold G. Koss (born 1920 died 11 September 2012): in memoriam. Cytopathology *24*/1, 5–6 (2013), m. Bild

Verstorbene Mitglieder

Kuhn, Hans
*5. 12. 1919   Bern (Schweiz)
†25. 11. 2012 Troistorrents (Schweiz)

Mitglied seit 1968
Matrikelnummer: 5445
Sektion: Chemie

Würdigung
– Leopoldina (R. 3) 26/1980, 68 (1982)

Laudatio zum 80. Geburtstag
– Jahrbuch 1999. Leopoldina (R. 3) *45*, 94–96 (2000), m. Bild

Nachruf
– Försterling, H.-D., Neher, E., und Möbius, D.: Hans Kuhn (1919–2012). Nachrichten aus der Chemie *61*/5, 567 (2013)

Laporte, Yves
*21. 12. 1920 Toulouse (Frankreich)
†15. 5. 2012 Paris (Frankreich)

Mitglied seit 1971
Matrikelnummer: 5670
Sektion: Neurowissenschaften

Laudatio zum 80. Geburtstag
– Jahrbuch 2000. Leopoldina (R. 3) *46*, 126–127 (2001)

Nachruf
– Banks, B.: Yves Laporte. The Physiological Society.
  http://www.physoc.org/sites/default/files/page/Obit_LaPorte_PhySoc_0812.pdf

Lennert, Karl
*4. 6. 1921   Fürth
†27. 8. 2012 Kiel

Mitglied seit 1966
Matrikelnummer: 5394
Sektion: Pathologie und Rechtsmedizin

Würdigung
– Jahrbuch 2001. Leopoldina (R. 3) *47*, 220 (2002)

Laudatio zum 80. Geburtstag
– Jahrbuch 2001. Leopoldina (R. 3) *47*, 157–160 (2002)

Nachruf
– Klapper, W., Koch, K., Mechler, U., Fuhry, E., and Siebert, R.: Lymphoma 'type K.' – in memory of Karl Lennert (1921–2012). Leukcmia *27*/3, 519–521 (2013)
– Müller-Hermelink, H. K.: Nachruf Prof. Dr. med. Dr. h. c. mult. Karl Lennert. *4. Juni 1921 in Fürth/Bayern †27. August 2012 in Kiel. DGHO Deutsche Gesellschaft für Hämatologie und Onkologie, m. Bild
  http://www.dgho.de/gesellschaft/verein/persoenliches/NachrufProf.Dr.med.Dr.h.mult.KarlLennert.pdf
– Röcken, C.: Prof. Dr. med. dres. h. c. mult. Karl Lennert. Forschungen und Berichte aus der Christian-Albrechts-Universität Kiel, Christiana Albertina *76*, 61 (2013), m. Bild

Mau, Hans
*13. 1. 1921 Kiel
†14. 2. 2012 Tübingen

Mitglied seit 1968
Matrikelnummer: 5485
Sektion: Chirurgie, Orthopädie und Anästhesiologie

Nachruf
– Eulert, J.: Nachruf Prof. Dr. Hans Mau. OUP (Orthopädische und Unfallchirurgische Zeitschrift) *4*, 183–184 (2012), m. Bild

Richter, Hans
*24. 12. 1924   Annaberg
†5. 4. 2012   Leipzig

Mitglied seit 1989
Matrikelnummer: 6312
Sektion: Geowissenschaften

Laudatio zum 80. Geburtstag
– Jahrbuch 2004. Leopoldina (R. 3) *50*, 217–220 (2005)

Nachruf
– ZIELHOFER, C.: Nachruf für Prof. em. Dr. Hans Richter. Journal Universität Leipzig *4*, 41 (2012)

Schnyder, Urs W.
*7. 2. 1923   Basel (Schweiz)
†21. 10. 2012   Zürich (Schweiz)

Mitglied seit 1982
Matrikelnummer: 6060
Sektion: Innere Medizin und Dermatologie

Laudatio zum 80. Geburtstag
– Jahrbuch 2003. Leopoldina (R. 3) *49*, 266–268 (2004)

Nachruf
– COZZIO, A., und FRENCH, L. E.: Genodermatosen. Hautarzt *64*, 5–6 (2013) (Widmung zum Leitthemenheft im Gedenken an Prof. U. W. SCHNYDER)

Schroeder, Hubert E.
*17. 2. 1931   Königsberg
†14. 8. 2012   Zürich (Schweiz)

Mitglied seit 1996
Matrikelnummer: 6504
Sektion: Ophthalmologie, Oto-Rhino-
Laryngologie und Stomatologie

Laudatio zum 80. Geburtstag
– Jahrbuch 2011. Leopoldina (R. 3) *57*, 233–234 (2012)

Schroth, Werner
*5. 9. 1928   Chemnitz
†16. 6. 2012   Leipzig

Mitglied seit 1989
Matrikelnummer: 6299
Sektion: Chemie

Laudatio zum 80. Geburtstag
– Jahrbuch 2008. Leopoldina (R. 3) *54*, 206–209 (2009)

Nachruf
– REMANE, H., SPITZNER, R., und ZSCHUNKE, A.: Werner Schroth (1928–2012). Nachrichten aus der Chemie *60*, 1129 (2012)

Staab, Heinz A.
*26. 3. 1926   Darmstadt
†29. 7. 2012   Berlin

Mitglied seit 1974
Matrikelnummer: 5818
Sektion: Chemie

Würdigungen
– Leopoldina (R. 3) *30*/1984, 82 (1986)
– Leopoldina (R. 3) *32*/1986, 94 (1988)

Laudatio zum 80. Geburtstag
– Jahrbuch 2006. Leopoldina (R. 3) *52*, 182–185 (2007)

Verstorbene Mitglieder

Nachruf
- CARELL, T., und DIEDERICH, F.: Nachruf auf den bedeutenden Chemiker Heinz A. Staab. http://www.mpg.de/5930906/Nachruf_Staab
- CARELL, T., und DIEDERICH, F.: Heinz A. Staab (1926–2012). Nachrichten aus der Chemie *60*, 1030 (2012)
- HAENEL, M. W.: Heinz A. Staab (1926–2012). Angew. Chemie Int. Ed. *51*/50, 12404–12405 (2012)
- HAENEL, M. W.: Heinz A. Staab (1926–2012). Angew. Chemie *124*/50, 12572–12574 (2012)
- KESSLER, H.: Heinz A. Staab 26. 3. 1926–29. 7. 2012. Jahrbuch 2012. Bayerische Akademie der Wissenschaften, S. 183–184 (2013), m. Bild.

Stieve, Friedrich-Ernst | Mitglied seit 1980
*5. 11. 1915 München | Matrikelnummer: 6015
†7. 9. 2012 München | Sektion: Radiologie

Würdigung
- Leopoldina (R. 3) *32*/1986, 94 (1988)

Laudatio zum 80. Geburtstag
- Jahrbuch 1995. Leopoldina (R. 3) *41*, 71–73 (1996)

Nachruf
- HARDER, D., KAUL, A., und NÜSSLIN, F.: Unserem Ehrenmitglied Prof. Friedrich-Ernst Stieve zum Geleit. Fortschr. Röntgenstr. *184*/12, 1196–1197 (2012), m. Bild

Szekeres, László | Mitglied seit 1979
*4. 7. 1921 Györ (Ungarn) | Matrikelnummer: 6002
†9. 1. 2012 Szeged (Ungarn) | Sektion: Physiologie und Pharmakologie/Toxikologie

Laudatio zum 80. Geburtstag
- Jahrbuch 2001. Leopoldina (R. 3) *47*, 206–207 (2002)

Thoenen, Hans | Mitglied seit 1979
*5. 5. 1928 Zweisimmen (Schweiz) | Matrikelnummer: 6005
†23. 6. 2012 München | Sektion: Neurowissenschaften

Laudatio zum 80. Geburtstag
- Jahrbuch 2008. Leopoldina (R. 3) *54*, 218–220 (2009)

Nachruf
- *Anonym*: Hans Thoenen 1928 – 2012. http://www.neuro.mpg.de/272975/1206_Thoenen, m. Bild
- BARDE, Y.-A.: Hans Thoenen: A Tribute. Neuron *75*/4, 553–555 (2012)
- IVERSEN, L. L.: Hans Thoenen: A modest man whose discoveries had a lasting impact on modern neuroscience. Proc. Natl. Acad. Sci. USA *110*/1, 4 (2013), m. Bild

Weidemann, Volker | Mitglied seit 1984
*3. 10. 1924 Kiel | Matrikelnummer: 6136
†14. 3. 2012 Kiel | Sektion: Physik

Laudatio zum 80. Geburtstag
- Jahrbuch 2004. Leopoldina (R.3) *50*, 239–240 (2005)

Nachruf
- Anonym: In memoriam Prof. Dr. rer. nat. Volker Weidemann. Forschungen und Berichte aus der Christian-Albrechts-Universität Kiel, Christiana Albertina *74*, 63 (2012), m. Bild

Woese, Carl R.
*15. 7. 1928   Syracuse (NY, USA)
†30. 12. 2012 Urbana (IL, USA)

Mitglied seit 1983
Matrikelnummer: 6103
Sektion: Genetik/Molekularbiologie und Zellbiologie

Würdigung
- Jahrbuch 2003. Leopoldina (R. 3) *49*, 288 (2004)

Laudatio zum 80. Geburtstag
- Jahrbuch 2008. Leopoldina (R. 3) *54*, 227–229 (2009)

Nachrufe
- GOLDENFELD, N., und PARCE, N. R.: Carl R. Woese (1928–2012). Science *339*/6120, 661 (2013)
  http://news.illinois.edu/news/12/1231obit_CarlWoese.html, m. Bild
- NOLLER, H.: Carl Woese (1928–2012). Nature *493*, 610 (2013)
  http://www.nature.com/nature/journal/v493/n7434/full/493610a.html, m. Bild
- ROBINSON, G.: Carl R. Woese, who discovered a new domain of life, dies at 84.
  http://news.illinois.edu/news/12/1231obit_CarlWoese.html, m. Bild

Zvara, Vladimir
*22. 4. 1924 Kociha
†26. 7. 2012 Bratislava (Slowakei)

Mitglied seit 1977
Matrikelnummer: 5963
Sektion: Chirurgie, Orthopädie und Anästhesiologie

Laudatio zum 80. Geburtstag
- Jahrbuch 2004. Leopoldina (R. 3) *50*, 246–247 (2005)

Nachträge

Hollender, Louis F.
*15. 2. 1922   Strasbourg (Frankreich)
†13. 5. 2011   Strasbourg (Frankreich)

Mitglied seit 1974
Matrikelnummer: 5813
Sektion: Chirurgie, Orthopädie und Anästhesiologie

Laudatio zum 80. Geburtstag
- Jahrbuch 2002. Leopoldina (R. 3) *48*, 139–141 (2003)

Nachruf
- MEYER, C.: Eloge de Louis-François Hollender (1922–2011). Académie Nationale de Médecine.
  http://www.academie-medecine.fr/detailActualite.cfm?idRub=18&idLigne=675

Schmiedt, Egbert
*20. 11. 1920 Plauen
†11. 12. 2011 Grünwald

Mitglied seit 1973
Matrikelnummer: 5754
Sektion: Chirurgie, Orthopädie und Anästhesiologie

Laudatio zum 80. Geburtstag
– Jahrbuch 2000. Leopoldina (R. 3) *46*, 140–143 (2001)

Nachruf
– CHAUSSY, C. G.: Nachruf für Herrn Prof. Dr. Dr. H. C. Egbert Schmiedt.
  http://www.dgu.de/pinnwand_fachbesucher_artikel.html?&no_cache=1&tx_ttnews[backPid]=1337&tx_ttnews[tt_news]=902&cHash=78c8f2f7f837eca2023f46cc614b3bc3, m. Bild

Taillard, Willy		Mitglied seit 1972
*15. 3. 1924	La Chaux-de-Fonds (Schweiz)	Matrikelnummer: 5692
†22. 1. 2011	Collonge-Bellerive (Schweiz)	Sektion: Chirurgie, Orthopädie und Anästhesiologie

Laudatio zum 80. Geburtstag
– Jahrbuch 2004. Leopoldina (R. 3) *50*, 230–232 (2005)

Nachruf
– *Anonym*: Hommage au Professeur Willy Taillard Chirurgien Orthopédiste (1924–2011).
  http://cinesiologie.hug-ge.ch/_library/pdf/Hommage_Prof_Taillard.pdf, m. Bild

1. Personen

Glückwünsche zum 80. Geburtstag[1]

André Authier (Peyrat-le-Chateau, Frankreich)

Halle (Saale), zum 17. Juni 2012

Sehr verehrter, lieber Herr AUTHIER,

zur Vollendung Ihres 80. Lebensjahres möchten wir Ihnen zugleich im Namen des Präsidiums sowie der Mitglieder der Deutschen Akademie der Naturforscher Leopoldina – Nationale Akademie der Wissenschaften herzliche Grüße und Glückwünsche übermitteln.

Wir sind froh darüber, Sie seit 26 Jahren in unseren Reihen zu wissen, haben Sie doch mit Ihren Forschungsarbeiten zu Grundlagen und Anwendungen der Wechselwirkung von Röntgenstrahlen mit dem Kristall wesentliche Beiträge zum Fortschritt des Fachgebiets erbracht sowie sich auf verschiedenen Ebenen der Wissenschaftsorganisation außergewöhnlich engagiert und für die Förderung der Kristallographie im internationalen Maßstab eingesetzt.

Ihre ersten wissenschaftlichen Arbeiten – 1956 veröffentlicht – waren dem Einfluss der Wärmebewegung von Atomen der Zinkblende auf die Streuung von Röntgenstrahlen gewidmet. Dabei kam bereits ein wesentlicher Zug Ihrer Arbeitsweise zum Vorschein: die Fähigkeit zur Kombination von theoretischer und experimenteller Forschung. Die Befähigung zu beiden Herangehensweisen ist selten in einer Person vereint und hat es Ihnen in besonderem Maße ermöglicht, komplexe Experimente quantitativ zu behandeln und zu neuen Ufern vorzustoßen. Die Arbeit mit nahezu perfekten Kristallen hat Sie schnell weitere reizvolle neue Zielgebiete Ihrer Forschung erschließen lassen. Dazu gehören die Doppelbrechung von Kristallen im Röntgenstrahlgebiet sowie die Abbildung von Versetzungen, Zwillingen, Stapelfehlern, ferroelektrischen oder magnetischen Domänengrenzen und anderen Realstrukturerscheinungen mit Röntgenstrahlen. Ihre Arbeiten haben dazu beigetragen, die physikalischen Grundlagen der Wellenausbreitung im Kristall, die auf den Arbeiten von Paul Peter EWALD, Max VON LAUE und Satio TAGAKI fußen, weiterzuentwickeln und zugleich auch der experimentellen Kristallographie zu neuen methodischen Zugängen zu verhelfen, wie etwa der topographischen Darstellung von Verzerrungsfeldern im Kristall. Auf der Suche nach der Entstehung von Baufehlern sind aus Ihren Untersuchungen wichtige Erkenntnisse zum Kristallwachstum hervorgegangen.

Sie haben bis heute das Gebiet der dynamischen Theorie der Röntgenstrahlbeugung in seiner wachsenden Breite im Blick behalten und sowohl durch originäre Einzelbeiträ-

---

[1] Die durch den Präsidenten ausgesprochenen Glückwünsche zum 80. Geburtstag beruhen auf den Entwürfen der als Mitunterzeichner genannten Mitglieder der Leopoldina.

ge als auch durch didaktisch ausgefeilte Übersichten, vor allem das Buch *Dynamical Theory of X-ray Diffraction*, bereichert. Damit erleichterten Sie einem großen Kreis von Studierenden den Zugang und setzten zugleich Maßstäbe für eine sorgfältige Behandlung des komplexen Phänomens.

Im Rückblick auf Ihr vielseitiges Schaffen dürfen wir Ihnen im Namen der Fachwelt auch für Ihren wissenschaftspolitischen Einsatz mit dem Ziel des Zusammenwachsens der europäischen Kristallographen danken. So haben Sie wesentlichen Anteil an der Gründung des *European Crystallographic Committee*, dessen erster Präsident Sie von 1972 bis 1975 waren, und der bis heute erfolgreichen Tagungsreihe *European Crystallographic Meetings*, deren erste Veranstaltung 1973 auf Ihre Initiative hin in Frankreich stattfand; mittlerweile findet die nunmehr 27. Tagung in diesem Jahre in Norwegen statt. Ihre weltweite Reputation trug Ihnen das ehren- und zugleich verantwortungsvolle Amt des Präsidenten der *International Union of Crystallography* (IUCr) für die Amtsperiode von 1990 bis 1993 ein. In dieser Position haben Sie wiederum Ihre ganze Kraft für die Integration aller kristallographisch tätigen Wissenschaftler eingesetzt. Die Aufnahme des vereinigten Deutschlands als Mitglied der Generalversammlung der IUCr 1993 fällt in diese Zeit. Zur Verständigung der Fachwelt und zur Standardisierung der Fachbegriffe hat auch die Herausgabe der *International Tables for Crystallography* beigetragen, für die Sie den Band *Physical Properties of Crystals* verantwortlich gestaltet haben.

Sehr früh bestimmte die Pflege einer besonderen Erinnerungskultur Ihre Vortrags- und Publikationstätigkeit, und Sie erschlossen der Fachwelt durch besonders sorgfältige und umfangreiche Recherchen die Lebensläufe einzelner Wissenschaftler und die Entwicklung zentraler Begriffe und Institutionen sowie bedeutender Entdeckungen.

Mit diesem dankbaren Blick auf die Vergangenheit verbinden wir für Sie, sehr verehrter, lieber Herr AUTHIER, den Wunsch, es mögen Ihnen Freude an der Arbeit sowie Gesundheit und geistige Spannkraft noch lange erhalten bleiben!

Mit herzlichen Grüßen
Ihre

Jörg HACKER
Präsident

Peter PAUFLER (Dresden)

Gottfried Benad (Beselin)

Halle (Saale), zum 15. März 2012

Sehr verehrter, lieber Herr BENAD,

zur Vollendung Ihres 80. Lebensjahres am 15. März 2012 möchten wir Ihnen im Namen des Senats und des Präsidiums der Deutschen Akademie der Naturforscher Leopoldina – Nationale Akademie der Wissenschaften, sowie der Mitglieder der Teilsektion Anästhesiologie, der Sie seit 27 Jahren angehören, sehr herzlich gratulieren und Ihnen die besten Wünsche für ein weiterhin aktives und erfülltes Leben übermitteln. Sie können auf ein sehr erfolgreiches vielseitiges Lebenswerk im Fach Anästhesiologie während Ihrer Hochschulkarriere an der Universität Rostock, sowohl in der DDR-Zeit als auch nach der deutschen Vereinigung, zurückblicken.

Am 15. März 1932 in Dresden geboren, erlebten Sie als Kind und Jugendlicher die Schrecken des Zweiten Weltkrieges und schwere Nachkriegsjahre in Ihrer leidgeprüften Heimatstadt, in der Sie 1950 die Schulzeit mit dem Abitur abschlossen. Nach Ihrem Studium der Medizin an der Martin-Luther-Universität Halle-Wittenberg und der Promotion begannen Sie 1956 ebenfalls in Halle (Saale) die Weiterbildung zum Facharzt für Anästhesiologie. Zuvor widmeten Sie sich vor allem der Pharmakologie als Assistent in dem von Friedrich HOLTZ geleiteten Pharmakologischen Institut der Universität Halle. Diese überzeugende Hochschullehrerpersönlichkeit legte das Fundament für Ihren wissenschaftlich-experimentellen Unternehmungsgeist in Ihrer weiteren Laufbahn als Kliniker.

Ihr erster Lehrer in der noch jungen Fachdisziplin Anästhesiologie wurde an der Anästhesieabteilung der Chirurgischen Universitätsklinik Halle Karl-Heinz MARTIN, später Ordinarius an der Medizinischen Akademie Dresden. Seit 1963 schufen Sie, lieber Herr BENAD, an der Chirurgischen Universitätsklinik Rostock die Voraussetzungen, die 1969 zu einer neuen selbständigen Anästhesieabteilung an der Medizinischen Fakultät der Universität Rostock und später zu einer leistungsfähigen Klinik für Anästhesiologie und Intensivtherapie führten. Die Schwierigkeiten dieses Neuaufbaus sind heute kaum mehr vorstellbar.

In Ihrem weiteren akademischen und beruflichen Werdegang folgten 1967 die Habilitation für das Fachgebiet Anästhesiologie, 1969 die Berufung zum Hochschuldozenten und Direktor der Anästhesieabteilung sowie 1972 die ordentliche Professur für Anästhesiologie an der Universität Rostock. Es muss mit Respekt erwähnt werden, dass Ihre beruflichen Erfolge auch unter den damaligen politischen Verhältnissen sich ausschließlich Ihren fachlichen Fähigkeiten verdankten.

Ungeachtet der umstrittenen dritten Hochschulreform in der DDR und der hierdurch eingeleiteten „sozialistischen Umgestaltung der Hochschulen" – unter Zerschlagung altbewährter, vormals gesamtdeutscher universitärer Strukturen – gelang es Ihnen, die Anästhesiologie der DDR zusammenzuhalten und voranzubringen. Sie gehörten 1964 zu den Begründern der „Sektion Anästhesiologie", der späteren Gesellschaft für Anästhesiologie und Intensivtherapie der DDR. Deren Entwicklung prägten Sie 25 Jahre als Vorstandsmitglied und in den Jahren von 1972 bis 1975 als Vorsitzender entscheidend mit. Ihre wissenschaftlichen und organisatorischen Leistungen sowie Ihre auch in schwierigen Zeiten bewiesene persönliche Integrität fanden nach der Wende mit der Wahl zum Präsidenten der Deutschen Gesellschaft für Anästhesiologie und Intensivmedizin für die Amtsperiode 1993 Anerkennung. Der 23. Zentraleuropäische Anästhesie-Kongress (ZAK '93), den Sie während Ihrer Präsidentschaft in Ihrer Geburtsstadt Dresden organisieren und leiten konnten, ist zweifelsohne als ein besonderer Höhepunkt Ihrer akademischen Laufbahn anzusehen.

Bereits im Mai 1990 waren Sie im Rahmen des Erneuerungsprozesses der Universität Rostock zum Dekan der Medizinischen Fakultät gewählt worden, und Sie übten dieses verantwortungsvolle und in jener Zeit besonders schwierige Amt über zwei Wahlperioden bis zum September 1996 aus.

Schon in den 1960er Jahren – in der Zeit der Etablierung des anästhesiologischen Fachgebietes – begannen Sie wissenschaftliche Untersuchungen zur Anwendung neuer anästhesiologischer Pharmaka und führten allgemeine klinische Studien zur Optimierung verschiedener Anästhesieverfahren durch. Sehr bald kristallisierte sich dabei Ihr wissenschaftlicher Schwerpunkt, die Muskelrelaxation, heraus. Sie realisierten Studien zur elektromyographischen, akzelerographischen und mechanomyographischen Relaxationskontrolle mit modernen Muskelrelaxantien, bis hin zur Regelkreis-gesteuerten Blockade. Darüber hinaus begründeten Sie Arbeitsgruppen für weitere Forschungsthemen, etwa für die Analyse genetischer Aspekte der Cholinesterasevarianten, für die Untersuchung der Auswirkungen von Allgemeinnarkosen auf die Hämodynamik, zur Anästhesie in der Kardiochirurgie sowie zur Optimierung des Blut- und Volumenersatzes sowie der Antikoagulation.

Diese vielfältigen Arbeitsfelder spiegeln sich in Ihrer reichen Publikationstätigkeit mit mehr als 160 Veröffentlichungen in renommierten Zeitschriften sowie in 20 anästhesiologischen und intensivmedizinischen Lehrbuchbeiträgen und mehr als 350 Vorträgen wider. Immer sind Sie ein begeisterter und begeisternder Hochschullehrer gewesen, dessen Vorlesungen durch Präzision, wissenschaftliche Transparenz, Praxisnähe und Originalität die Hörsäle füllten. Die vielfältigen Forschungsaktivitäten schlugen sich in 9 Habilitations-, 75 Promotions- sowie 61 Diplomarbeiten nieder. Ihr gemeinsam mit Manfred SCHÄDLICH verfasstes Lehrbuch *Grundriss der Anästhesiologie* hatte besondere Bedeutung für den rationierten und reglementierten Fachbuchmarkt im Osten Deutschlands. Die mit Ihrem Namen untrennbar verbundene Zeitschrift *Anästhesiologie und Reanimation*, die Sie 1976 mit enormem Einsatz begründeten und als Herausgeber – trotz mannigfaltiger Widerstände – erhalten konnten, genoss großes Ansehen.

Ihrer Ausstrahlung und Ihrem diplomatischem Fingerspitzengefühl ist es zu verdanken, dass die Rostocker Anästhesieklinik internationale Anerkennung erlangte, trotz der eingeschränkten Freizügigkeit in der DDR. Die regelmäßig durchgeführten Kühlungsborner Anästhesietagungen entwickelten sich zum beliebten Treffpunkt in- und ausländischer Fachvertreter von Rang und Namen. Niemals endete Ihr intensives Bemühen um Kooperation und Kontaktpflege an nationalen Grenzen. Sie fühlten sich stets Partnerkliniken bzw. -instituten in den Ländern Osteuropas verpflichtet und repräsentierten bei ehrenvollen Gastprofessuren an Universitäten und Akademien in Großbritannien, Dänemark, Belgien, Österreich, Polen, Kanada, der früheren Sowjetunion und in den USA die deutsche Anästhesiologie.

Auf Grund Ihrer wissenschaftlichen Kompetenz und Ihres konsequenten Eintretens für Ihr Fachgebiet erhielten Sie zahlreiche Ehrungen im In- und Ausland. Sie wurden 1985 Mitglied der Deutschen Akademie der Naturforscher Leopoldina, Ehrenmitglied in der Bulgarischen Gesellschaft für Anästhesiologie und Reanimation sowie in der Tschechoslowakischen Gesellschaft für Anästhesiologie und Resuscitation und 1988 korrespondierendes Mitglied in der Österreichischen Gesellschaft für Anästhesiologie, Reanimation und Intensivtherapie. Darüber hinaus wurden Sie 1989 zum „Overseas Member" der *Society of Anaesthetists of the South Western Region of Great Britain*, 1990 zum korrespondierenden Mitglied der Deutschen Gesellschaft für Anästhesiologie und Intensivmedizin, 1991 zum ordentlichen Mitglied der Europäischen Akademie für Anästhesiologie, 1991 zum *Fellow of the Royal College of Anaesthetists London* und 1994 zum Mitglied der Joachim-Jungius-Gesellschaft gewählt. Nach Ihrer Emeritierung 1998 wurden Sie 1999 Ehrensenator der Universität Rostock. Ihre Verdienste um die Deutsche Gesellschaft für Anästhesiologie und Intensivmedizin wurden 1999 mit der Ehrenmitgliedschaft, 2002 mit der Heinrich-Braun-Medaille und 2003 mit der Ehrennadel Ihrer Fachgesellschaft gewürdigt. 2000 erhielten Sie das Verdienstkreuz am Bande des Verdienstordens der Bundesrepublik Deutschland.

Ihre stets hervorragend motivierten Mitarbeiter brachten Ihnen als einem stets Wärme und Vertrauen ausstrahlenden Chef immer dankbare Hochachtung entgegen. Vor allem aber das beinahe grenzenlose Verständnis Ihrer Ehefrau Heidi, die selbst durch eigene ärztliche Tätigkeit stark in Anspruch genommen war, sowie die Geborgenheit in Ihrer außergewöhnlich musisch geprägten Familie bilden das feste Fundament für Kraft, Elan und Erfolg. Wir wünschen Ihnen weiterhin ungebrochene Freude am Engagement und vor allem eine stabile Gesundheit, damit Sie mit Ihrer Frau Ihre seit der Wende nun ungehindert möglichen Reiseaktivitäten noch viele Jahre genießen können.

Im Namen der Akademie danken wir Ihnen, dass Sie mit Ihrem wissenschaftlichen Lebenswerk und als Hochschullehrer im Geist der Leopoldina gewirkt haben.

Mit herzlichen Grüßen
Ihre

Jörg HACKER
Präsident

Jochen SCHULTE AM ESCH (Hamburg)

Friedrich Bonhoeffer (Tübingen)

Halle (Saale), zum 10. August 2012

Sehr geehrter, lieber Herr Kollege BONHOEFFER,

die 80. Wiederkehr Ihres Geburtstages ist mir eine willkommene Gelegenheit, Ihnen – auch im Namen des Präsidiums der Deutschen Akademie der Naturforscher Leopoldina – Nationale Akademie der Wissenschaften – sehr herzlich zu gratulieren. Als Sie 1994 in unsere Teilsektion „Zellbiologie" zugewählt wurden, hatten Sie bereits auf verschiedensten Gebieten sehr erfolgreich gearbeitet und sich im Laufe Ihres Forscherlebens chemisch-biologischen und zuletzt zellbiologischen Fragestellungen zugewandt, die Sie dann nicht mehr losgelassen haben.

Sie wurden als Physiker in Göttingen, Heidelberg und Freiburg ausgebildet, wo Sie 1956 das Diplom ablegten und bereits 1958 zu einem kernphysikalischen Thema, nämlich dem β-Zerfall, promoviert wurden. Aber bereits als Postdoktorand wechselten Sie das Arbeitsgebiet, gingen zu H. K. SCHACHMAN in das Virus-Laboratorium der Universität von Kalifornien in Berkeley und arbeiteten über die physikalische Chemie von Makromolekülen. Von dort wechselten Sie dann im Jahr 1961 an die Molekularbiologische Abteilung des Max-Planck-Institutes für Virusforschung in Tübingen. Sie waren von 1969 bis 1972 Leiter einer selbstständigen Arbeitsgruppe am neu gegründeten Friedrich-Miescher-Laboratorium der Max-Planck-Gesellschaft in Tübingen und wurden 1972 zum Direktor der Biophysikalischen Abteilung am Max-Planck-Institut für Virusforschung berufen. In diese Zeit fallen Ihre Pionierarbeiten zur DNA-Replikation und zur *In-vitro*-Synthese der DNA, u. a. entwickelten Sie gemeinsam mit Heinz SCHALLER ein neuartiges System für diese Synthese (Nature *226*, 711 [1970]) und identifizierten die DNA-Polymerase III.

In den 1980er Jahren wechselten Sie erneut das Arbeitsgebiet – das Institut änderte seinen Namen und hieß jetzt, der neuen Arbeitsrichtung entsprechend, Max-Planck-Institut für Entwicklungsbiologie – und wandten sich der Neurologie und der Neuroembryologie, d. h. der Entwicklung des Nervensystems, zu. Hier gelangen Ihnen bahnbrechende Arbeiten bei der Aufklärung des axonalen Wachstums zur „Verschaltung" des Nervensystems. Nicht zuletzt waren es die retinalen Axone und die Steuerung von deren Wachstum im Embryo, die Ihr Interesse fanden. Zunächst diente Ihnen das Hühnchenauge als Modellsystem. In den 1990er Jahren war auch der Zebrafisch eines Ihrer bevorzugten Untersuchungsobjekte; hier entstanden mehrere bedeutende Arbeiten, u. a. gemeinsam mit Christiane NÜSSLEIN-VOLHARD. Die von Ihnen bzw. unter Ihrer Anleitung entwickelten Testsysteme erlaubten es, die Richtungs- und Zielfindung wachsender Axone bei der Entwicklung des Nervennetzes zu verfolgen, Richtungsentscheidungen von Axonen gewissermaßen im System zu beeinflussen, das in Zeitrafferfilmen zu verfolgen und quantitativ auszuwerten. Sie entdeckten die Ausbildung von Streifenteppichen und die gradierten Verteilungen von Molekülen auf Unterlagen, auf denen Neurone wachsen. Ihre Arbeiten zur Neurobiologie, besonders zu den Wachstumsprozessen und den diese steuernden Mechanismen waren von sehr großem allgemeinen Interesse für das Verständnis der Gehirnentwicklung und haben große internationale Anerkennung gefunden. Bereits kurz nach Ihrer Aufnahme in unsere Akademie, im September 1994, haben Sie mit dem schönen Leopoldina-Monatsvortrag „Wie finden Axone ihr Zielgebiet?" den damaligen Stand der Arbeiten vorgestellt, die ja dann im folgenden Jahrzehnt noch beträchtlich erweitert und ausgebaut wurden. Selbstverständlich wurden all diese Leistungen auch durch die internationale Gemeinschaft der Fachkollegen anerkannt, sichtbar z. B. durch den *Prix Fondation Ipsen* im Jahr 1996 und durch den sehr renommierten Ralph-W.-Gerard-Preis im Jahr 2007.

Ich erlaube mir, meiner Freude darüber Ausdruck zu geben, ein so bedeutendes Mitglied wie Sie in unseren Reihen zu haben, wünsche Ihnen alles Gute und grüße Sie zu Ihrem Ehrentag!

In herzlicher Verbundenheit
Ihr

Jörg HACKER
Präsident

Glückwünsche zum 80. Geburtstag

Vlastislav Červený (Prag, Tschechische Republik)

Halle (Saale), zum 26. April 2012

Sehr verehrter, lieber Herr Červený,

am 26. April vollendet sich Ihr 80. Lebensjahr. Das Präsidium der Deutschen Akademie der Naturforscher Leopoldina – Nationale Akademie der Wissenschaften sowie die Mitglieder der Sektion Geowissenschaften übermitteln Ihnen aus diesem Anlass herzliche Grüße und Glückwünsche. Die Leopoldina ist froh, Sie seit 1986 als aktives Mitglied in ihren Reihen zu wissen.

Sie wurden 1932 in Dráchov (Tschechoslowakei) geboren. Ihre wissenschaftliche Laufbahn begannen Sie 1955 an der Karls-Universität Prag, der Sie zeitlebens als Wirkungsstätte ununterbrochen die Treue gehalten haben. Von 1955 bis 1959 waren Sie als Assistent tätig und sind 1956 im Fach Physik mit Auszeichnung graduiert worden. 1961 erhielten Sie den Ph.D. in Geophysik mit der Arbeit „Reflected and Head Waves in the Critical Region". Die Beschäftigung mit numerischen Fragen zur Beschreibung seismischer Wellen sollte Ihren weiteren wissenschaftlichen Weg wesentlich bestimmen. Den Grad „Dozent" im Fach Geophysik erhielten Sie im Jahre 1966. Im Fach Physik erwarben Sie im gleichen Jahr den Grad RNDr und schließlich im Jahre 1977 den Grad DrSc im Fach Geophysik. Ihre exzellenten wissenschaftlichen Leistungen und das damit verbundene hohe Ansehen, sowohl national als auch international, führten 1987 zu Ihrer Berufung als Professor für Geophysik an der Karls-Universität Prag.

Als einer der weltweit herausragenden Wissenschaftler, die sich mit mathematisch-physikalischen Untersuchungen von seismischen Wellenphänomenen befassen, haben Sie zahlreiche Langzeitaufenthalte an führenden Institutionen benutzt, um sich mit den neuesten Entwicklungen Ihres Fachgebietes vertraut zu machen und Ihre eigenen Erkenntnisse zu verbreiten. Damit versuchten Sie, die internationale Gemeinschaftsarbeit voranzubringen. Stationen Ihres jeweils mehrmonatigen Wirkens außerhalb Ihrer Heimatuniversität Prag sind Moskau (1964), Halifax (1968/69), Toronto (1969), Cambridge (1974), Paris (1975), Karlsruhe (1976), Alberta (1978), Utrecht (1981), Stanford (1981), Peking (1984), Frankfurt (Main) (1984), Kiel (1986), Berkeley (1987), Bahia (1989–1991) und Taiwan (1994).

Ihr besonderes Interesse hat die moderne Erforschung der seismischen Wellenausbreitung in komplexen lateral variablen 3D-Medien gefunden, und Ihre erfolgreiche Arbeit hat die Fortschritte auf diesem Gebiet entscheidend geprägt. Dazu gehören die dynamischen Eigenschaften seismischer Wellen, die Spezifika der seismischen Kopfwellen, die Reflexion und Transmission seismischer Wellen, die seismischen Wellen an Singularitäten, die Raumwellen in inhomogenen anisotropen Medien, asymptotische Hochfrequenzmethoden zur Berechnung seismischer Wellen, seismische Strahlenverfahren, die Gauss-Beam-Methode, das dynamische Ray-Tracing, das komplette seismische Ray-Tracing in 3D-Strukturen sowie die Berechnung synthetischer Seismogramme in lateral variablen Strukturen.

Neben dem Durchdringen der theoretischen und rechnerischen Grundlagen der Phänomene mechanischer Wellen galt Ihr Wirken auch stets der Anwendung der daraus resultierenden Erkenntnisse auf Fragestellungen bei tiefenseismischen Messungen und bei der Lösung von Problemen in der Explorationsseismik. Dazu gehören Aufgaben bei der Interpretation von sprengseismischen Profilen zur Ermittlung des Aufbaus der Erdkruste, beim seismischen *Processing* in der Erdöl-Erdgas-Erkundung, bei der Inversion reflexionsseismischer Daten und bei der Anwendung von synthetischen Seismogrammen in Seismik und Seismologie. Das Herleiten neuer, stabiler, effizienter und flexibler Algorithmen für die numerische Vorwärtsmodellierung und für die Inversion ist ein erfolgreiches Markenzeichen Ihres Wirkens in praxisrelevanten Anwendungsbereichen.

In über 200 wissenschaftlichen Publikationen haben Sie die Resultate Ihres Schaffens der Öffentlichkeit zur Verfügung gestellt. Herausragend sind Ihre drei Bücher, die zu unverzichtbaren Standardwerken geworden sind: *Theory of Seismic Head Waves* (Toronto 1971), *Ray Method in Seismology* (Prag 1977) und *Seismic Ray Theory* (Cambridge 2001).

Ihr erfolgreiches publizistisches Wirken wird auch in den zahlreichen Reports des *Consortium Research Project* „Seismic Waves in Complex 3-D Structures (SW3D)" deutlich. Als Projektleiter dieser Institution haben Sie es ausgezeichnet verstanden, an Fragen der seismischen Wellenausbreitung interessierte Universitäten und Ölfirmen zusammenzuführen, und damit einen Verbund geschaffen, der Theorie und Praxis in vorbildlicher Weise vereinigt.

Zahlreich sind Ihre Mitgliedschaften in wissenschaftlichen Gesellschaften und die Ihnen zuteil gewordenen Auszeichnungen. Sie wurden geehrt als Mitglied der *Academia Europaea*, der *Seismological Society of America*, der *European Association of Geoscientists & Engineers* (EAGE) und der *Society of Exploration Geophysicists* (SEG). Sie erhielten die *Beno Gutenberg Medal* der *European Geophysical Society* (EGS), den *Conrad Schlumberger Award* der EAGE, den *Ernst Mach Award* der Akademie der Wissenschaften der Tschechischen Republik, die *Maurice Ewing Medal* der SEG sowie weitere Auszeichnungen der Slowakischen Akademie der Wissenschaften und der Karls-Universität Prag.

Sehr verehrter, lieber Herr ČERVENÝ, die Deutsche Akademie der Naturforscher Leopoldina – Nationale Akademie der Wissenschaften schätzt in außergewöhnlichem Maße Ihre vielfältigen und richtungsweisenden wissenschaftlichen Leistungen. Dafür gilt Ihnen unser tiefempfundener und aufrichtiger Dank. Mögen Ihnen Ihre Energie und Schaffenskraft auch weiterhin in bewundernswerter Weise erhalten bleiben.

Wir wünschen Ihnen noch viele erfolgreiche und glückliche Jahre im Kreise Ihrer Familie und in der Gemeinde der Wissenschaft.

Mit herzlichen Grüßen

Jörg HACKER   Franz JACOBS (Leipzig)
Präsident

Rudolf Cohen (Konstanz)

Halle (Saale), zum 13. Juni 2012

Sehr geehrter, lieber Herr COHEN,

am 13. Juni vollenden Sie Ihr 80. Lebensjahr. Dazu gratuliert Ihnen Ihre Leopoldina sehr herzlich mit Bewunderung für Ihre Lebensleistung, nicht nur in der Wissenschaft. Wir wünschen Ihnen alles Gute, vor allem körperliches und geistiges Wohlsein in diesem Alter. In der Rückschau auf Ihr Leben dürfen Sie zufrieden sein und daher zuversichtlich, heiter und gelassen die Zukunft erwarten. Ihrem Naturell entsprechend wird Ihnen das wohl gelingen.

Schon Ihre Eltern, der zum Zeitpunkt Ihrer Geburt bereits 68-jährige Vater Rudolf COHEN und seine 33 Jahre jüngere Frau Annemarie, haben sich den Herausforderungen ihrer Zeit in besonderer Weise gestellt. Sie sind, obwohl der Vater Halbjude war, nicht ausgewandert, sondern haben – ihrer humanistischen Gesinnung folgend – in Zusammenarbeit mit den Quäkern, mit Gertrud LUCKNER und Pater DELP sowie anderen während und unmittelbar nach der Naziherrschaft vor allem Juden geholfen. Die häusliche Atmosphäre in München schildern Sie selbst in einem Essay wie folgt: „[…] völlig erschöpfte und hilflos durch die Straßen irrende Leute (wurden) aufgesammelt, die bei uns nun erst mal zu Ruhe und Kräften kommen sollten. Natürlich brachten diese dann bald Leidensgenossen mit, die irgendwie auch noch in unserem ehemaligen ‚Wohnzimmer' auf dem Boden kampierten. Einige fromme Juden aus Polen und Rumänien – die ersten orthodoxen Juden, die wir kennen lernten – hatten es sogar geschafft, überlebende Verwandte zu finden, und natürlich landeten diese dann auch immer mal wieder bei uns."

Aus dem Elternhaus stammt wohl auch Ihre Begeisterung für alle Formen der bildenden Kunst und der Musik. Man musizierte einst dort, um die Angst während der Fliegeralarme zu vertreiben. Wer mit Ihnen zusammen ist, bemerkt Ihre kenntnisreichen Neigungen und wird zu gemeinsamem Konzert- oder Museumsbesuch angeregt. Entsprechende Gelegenheiten finden sich reichlich, zum Beispiel wenn man Sie auf einem Wissenschaftlichen Kongress trifft.

Wie Ihre Eltern seinerzeit nehmen auch Sie Herausforderungen aller Art zumindest äußerlich „frohgemut" an. 1932, im Jahr vor HITLERS Machtübernahme geboren, wurden Sie als Angehöriger einer wegen des Namens als rassisch minderwertig geltenden Familie in der Schule behindert und von Ihren Altersgenossen diskriminiert. Sie ließen sich dennoch nicht entmutigen. Bereits als Zwölfjähriger verloren Sie durch eine Granatexplosion ein Bein. Ein amerikanischer Soldat schenkte dem behinderten Jugendlichen die erste Vollprothese. Sie fanden diesen Helfer nach mehrjährigem Suchen als Direktor des Guggenheim-Museums in New York wieder, konnten ihm nochmals danken und freundeten sich mit ihm an. Das gravierende Handikap hat Ihr Lebensgefühl nicht erkennbar beeinträchtigt. Sie tauchten sportlich und fuhren bewundernswert gut Ski.

Von 1946 bis 1952 besuchten Sie eine Lehrerbildungsanstalt, wurden dann aber von der Übernahme in den Schuldienst ausgeschlossen, weil damals in Bayern nur Katholiken und Protestanten akzeptiert wurden. Sie holten das Abitur nach und studierten ab 1953 Psychologie, zunächst in München, dann in Hamburg. Offenkundig waren Sie von dem damals unter Philipp LERSCH und August VETTER noch stark geisteswissenschaftlich orientierten Zugang zum Fach in München nicht befriedigt und fanden erst bei Peter HOFSTÄTTER in Hamburg entsprechende Anregungen zu der Ihr weiteres Berufsleben bestimmenden biologisch-klinischen Psychologie. Heute sind Sie ein international anerkannter und vernetzter Neurobiologe, u. a. viele Jahre Teilnehmer der ursprünglich von Hans-Lukas TEUBER, Henri HÉCAEN und Alexander LURIJA organisierten, sehr exklusiven, internationalen Neuropsychologen-Symposien.

Ihre wissenschaftlichen Arbeiten spiegeln den Weg von der klassischen Klinischen Testpsychologie mit ihrer empirisch basierten Phänomenologie und ihren statistischen Methoden, anfangs bei und mit Curt BONDY, hin zu einer experimentellen Physiologischen Psychologie, die ihre Interpretation des gesunden und kranken Verhaltens zunächst und vor allem auf biologische Vorgänge zurückführt. Was Sie dabei auszeichnet, ist insbesondere die Nähe zu den Kranken. So haben Sie nach der Berufung auf den Lehrstuhl für Klinische und differenzielle Psychologie der Universität Konstanz (1969) Ihre Laboratorien im Psychiatrischen Landeskrankenhaus auf der Reichenau etabliert. Nach anfänglichen Studien zur Evaluation von verhaltenstherapeutischen Maßnahmen an Alkoholabhängigen und chronisch Schizophrenen haben Sie, zusammen mit Ihren Mitarbeitern Brigitte ROCKSTROH und Thomas ELBERT, Ihren Forschungsschwerpunkt auf die Verhaltensauffälligkeiten und die korrelierenden elektrophysiologischen Abnormitäten bei Aphasikern und Schizophrenen gelegt. Während Sie noch 1961 über die Skalierung des Aufforderungscharakters der Rorschach-Tafeln promovierten und auch 1968 Ihre Habilitation über systematische Tendenzen bei Persönlichkeitsbeurteilungen noch ganz der klassischen Psychologie zugehörte, leiteten Sie bereits als Leiter der Arbeitsgruppe Klinische Psychologie am Max-Planck-Institut für Psychiatrie in München die Wandlung zum eigentlichen Neurobiologen ein, die Ihre erfolgreiche Tätigkeit in Konstanz kennzeichnet.

Sie sind aber keineswegs der Typus des Hieronymus im Gehäuse der Wissenschaft, sondern haben sich stets auch für das Gemeinwohl engagiert. Sie waren Mitglied der Senatskommission für die Sonderforschungsbereiche (1973–1983) und des Senats der Deutschen Forschungsgemeinschaft (1986–1992) sowie deren Vizepräsident (1992–1996) und schließlich von 1996 bis 2000 Rektor der Universität Konstanz, die sich in Ihrer Amtszeit eine neue Grundordnung gegeben hat. Man hat Sie dafür mit dem Bundesverdienstkreuz 1. Klasse geehrt. Andere Ehrungen sind neben der Berufung in unsere Akademie die Aufnahme in die Heidelberger Akademie der Wissenschaften 1997 und die Auszeichnung mit der Theodor-Heuss-Professur 1979/1980 an der *Graduate Faculty of the New School for Social Research* in New York (NY, USA).

Wir freuen uns, dass Sie zu uns gehören, und hoffen, dass das noch lange so sein wird. Mögen Ihnen Gesundheit und geistige Neugier noch lange erhalten bleiben.

Mit herzlichen Grüßen
Ihre

Jörg HACKER   Johannes DICHGANS (Tübingen)
Präsident

Glückwünsche zum 80. Geburtstag

Barry John Dawson (Edinburgh, Großbritannien)

Halle (Saale), June 19, 2012

Dear Professor DAWSON,

When you were a boy living in the northern outskirts of Leeds, you spent lots of your spare time for hillwalking, climbing and caving – which might just have given you an interest in geology.

Years later, after your service as navigator with the Royal Air Force, you studied at the University of Leeds, where you obtained your Bachelor of Honours and obtained your Ph.D. for a thesis on "A comparative study of the kimberlites of the Basutoland Province" (1960). Kimberlites and the mineralogical make-up of the upper mantle have strongly coined your scientific expertise and career over decades. As a member of the Tansanian Geological Survey you generated petrogeological maps of fantastic quality. During that time you were the first to discover that carbonatites are truly magmatic rocks and that they erupt as high-temperature, low-viscosity alkali carbonate magmas from volcanoes in the Tanzanian sector of the East African Rift Valley. Through xenoliths studies you could also show that the mantle there has an anomalously low density, as postulated by geophysical models. You were the first to identify diamonds in Lherzolite, which demonstrated that diamonds are formed in solid mantle rocks (including eclogites) and not through volcanic activity in a kimberlite magma. This was a popular belief by geologists previously. To your misfortune, this knowledge was not convertible into fortune.

Your research and knowledge on kimberlites and carbonatites were finally the basis for your comprehensive thesis for the Doctor of Science (a D.Sc.) at the University of St Andrews. You got appointed there as Reader in 1972 and became a Personal Professor in 1975 at the Department of Geology. In 1978 you followed a call as Sorby Professor to the University of Sheffield, where you served with enthusiasm and great engagement until, to your great regret, the department was closed in 1989. However, the University of Edinburgh felt honoured to welcome you as outstanding scientist. Over many years, your work, particular in the field of diamond research, has greatly benefited from interacting with research groups at the Universities of Cape Town (Prof. J. J. GURNEY) and Chicago (J. V. Smith F. R. S.).

By now, you have published more than 125 papers in various highly esteemed, refereed journals including *Nature* and more than 50 further reports and extended abstracts. You were first author in most of the papers. Scientific milestones were your monograph on *Kimberlites and their Xenoliths* (1982), which has been translated into various foreign languages, a *Nature* article on the *Nature of the Lower Continental Crust* (1984) and a *Geology* article on carbonatite flows (1994). In honour of your great scientific achievements you were elected to the Leopoldina in 1994 and to the Royal Society of Edinburgh in 1972. You received a number of prominent awards from the University of St Andrews, the American Geophysical Union, the Edinburgh Geological Society, and the Mineralogical Society. Moreover, you were elected to serve as Chairman or Co-Convenor of national and international conferences and scientific advisory boards.

Glückwünsche zum 80. Geburtstag

Important to note is your cheerful and high-spirited approach to science and to scientific teaching. You are able to encourage young people by your great scientific curiosity and sociability, including a beer at the bar and your passion to sing folk songs on field trips. Your lectures are highly appreciated until today. Your most recent scientific insights you presented in spring during the 10th IKC in India and will do so this summer in Germany.

Dear Professor DAWSON, for your 80th birthday, the Leopoldina wishes you a long-lasting continuation of your interesting studies and many stimulating contacts within our global community of scientists.

Sincerely,

Jörg HACKER
President

Michael SARNTHEIN (Kiel)

Jacques J. Diebold (Paris, Frankreich)

Halle (Saale), zum 8. November 2012

Sehr geehrter Herr DIEBOLD,

zur Vollendung Ihres 80. Lebensjahres am 8. November gratulieren wir Ihnen, zugleich im Namen des Präsidiums der Deutschen Akademie der Naturforscher Leopoldina – Nationale Akademie der Wissenschaften, sehr herzlich und bringen Ihnen die besten Wünsche für Gesundheit, Zufriedenheit und weitere Lebensfreude.

1991 wurden Sie in die Leopoldina gewählt. Wir gewannen damit einen Pathologen aus Frankreich, dessen nationale und internationale Ausstrahlung und Erfahrung die Sektion Pathologie in hohem Maße bereichert hat. Sie haben sich um die deutsch-französische Kooperation große Verdienste erworben. Dafür sind wir Ihnen sehr dankbar.

Eine Grundlage Ihrer wissenschaftlichen Bemühungen war immer die klinisch-pathologische Zusammenarbeit, was aus dem Spektrum Ihrer zahlreichen Publikationen sehr deutlich wird. Ihre Wissenschaft zeigt meist einen klinischen Bezug, Ihre Mitautoren sind in der Regel Kliniker. So sind Sie durch und durch Humanpathologe, der aus dem experimentell-pathologischen Bereich konsequent die modernen morphologischen Methoden wie die Elektronenmikroskopie und die Immunhistochemie verwendet hat. Mittels Immunfluoreszenztechnik haben Sie bereits 1972 das Wesen des Immunozytoms erkannt. Mit Hilfe der Elektronenmikroskopie konnten Sie zeigen, dass das bei AIDS ursächlich wirksame Virus (HIV) bereits etliche Jahre vor Ausbruch der ersten Krankheitserscheinungen in den dendritischen Retikulumzellen der Keimzentren der Lymphknoten vorhanden ist.

Ihre Ausbildung und Promotion an der Medizinischen Fakultät Paris verband sich mit der Spezialisierung für pathologische Anatomie und Hämatologie, zwei Gebiete, die Ihre weitere Entwicklung prägten und Ihr Wirken in der Wissenschaft und der Lehre bestimmten. Zwischen 1991 und 1997 waren Sie Professor für Pathologie an der Medizinischen Fakultät Broussais-Hôtel Dieu (Universität Pierre und Marie Curie, Paris) und Vorsitzender der Abteilung Pathologie am Hôtel-Dieu-Hospital.

Nach Ihrer Emeritierung haben Sie sich bis in die Gegenwart zahlreichen Aufgaben in der klinischen Medizin, der Krankenhausadministration und der nationalen und internationalen Weiterbildung von Pathologen in Schnittseminaren, Tutorials und Kongressen gestellt. Sie waren nicht nur in Europa, sondern auch in den USA, Kanada, Südamerika und Japan als hochgeschätzter Experte der Lymphomdiagnostik gefragt. Ihre in Jahrzehnten gesammelte Erfahrung war auch bedeutungsvoll bei der Mitarbeit zur Klassifikation der Non-Hodgkin-Lymphome, deren Entwicklung von der Kiel-Klassifikation und der REAL-Klassifikation zur WHO-Klassifikation Sie begleitet haben. Das führte auch zu einer fruchtbaren Kooperation mit unseren Leopoldina-Mitgliedern Karl LENNERT und Hans Konrad MÜLLER-HERMELINK.

Die große Zahl Ihrer Publikationen in ausgewiesenen nationalen und internationalen Zeitschriften konzentrierte sich auf die malignen Lymphome, in erster Linie auf die Non-Hodgkin-Lymphome, aber auch auf den Morbus Hodgkin. Ihr Interesse galt auch anderen klinischen Krankheitsbildern mit Bezug zum lymphatischen System wie dem Sjögren-Syndrom, dem Felty-Syndrom, AIDS und dem Kaposi-Syndrom. Die Publikationsliste von Einzelarbeiten und Buchbeiträgen ist imponierend.

Von Ihren Mitgliedschaften in wissenschaftlichen Gesellschaften seien die in der *Société Française d'Anatomie Pathologique*, in der Deutschen Gesellschaft für Pathologie und in der Europäischen Gesellschaft für Pathologie hervorgehoben, die Ihre internationale Verbindung widerspiegeln.

Sehr verehrter lieber Herr DIEBOLD, wir sind stolz, einen Pathologen von so hohem internationalem Rang als Mitglied in der Leopoldina zu haben. Wir grüßen Sie an Ihrem Ehrentag und wünschen Ihnen eine sorgenfreie, gute und erfüllte Zeit.

Mit herzlichen Grüßen
Ihre

Jörg HACKER   Gottfried GEILER (Leipzig)
Präsident

Dietmar Gläßer (Halle/Saale)

Halle (Saale), zum 23. Mai 2012

Sehr geehrter, lieber Herr GLÄSSER,

zur Vollendung Ihres 80. Lebensjahres möchten wir Ihnen – auch im Namen des Präsidiums der Deutschen Akademie der Naturforscher Leopoldina – Nationale Akademie der Wissenschaften – sehr herzlich gratulieren und Ihnen unsere besten Wünsche übermitteln. Wir sind froh, Sie seit 1974 als aktives Mitglied in den Reihen unserer Akademie zu wissen, für deren Belange Sie sich als Adjunkt und 10 Jahre lang als Sekretar für Medizin mit großem Engagement eingesetzt haben.

Lieber Herr GLÄSSER, Sie wurden am 23. Mai 1932 in Lippersdorf im Erzgebirge geboren, studierten Medizin an der Universität Leipzig und promovierten dort unter Anleitung von Professor Erich BAUEREISEN am Physiologischen Institut. Nach der Medizinalassistentenzeit im Jahr 1958 im Kreiskrankenhaus in Eilenburg zog es Sie rasch in die Welt der Wissenschaft, der Sie über 50 Jahre hinweg treu geblieben sind. Bereits 1959 traten Sie in das Institut für Physiologische Chemie der Martin-Luther-Universität Halle-Wittenberg ein, das bis zu Ihrer Emeritierung 1997 Ihre wissenschaftliche Heimat war. Zuerst als Assistent, dann ab 1979 als Oberassistent erlangten Sie eine fundierte biochemische und zellbiologische Ausbildung, die Sie befähigte, eine lange Reihe wegweisender wissenschaftlicher Arbeiten durchzuführen. Nach Ihrer Habilitation im Jahre 1978 wurden Sie 1985 Dozent am genannten Institut, bis sich mit der friedlichen Wiedervereinigung Deutschlands in den Jahren 1989/1990 für Sie neue Perspektiven auftaten. Sie wurden 1991 zum C3-Professor und 1992 zum C4-Professor ernannt und leiteten seit 1993 als Direktor das Institut für Physiologische Chemie, das Sie in eine neue Ära führten.

In dieser Zeit des Übergangs zeigte sich auch Ihr herausragendes wissenschaftspolitisches Engagement, das sich in der Organisation und später Moderation des „Runden Tisches" der Medizinischen Fakultät niederschlug. Ihre Beiträge zur Neuorganisation der Medizinischen Fakultät sind unvergessen und wären sicher nicht ohne das große Vertrauen zu Stande gekommen, welches Ihnen von vielen Ihrer Mitstreiter entgegengebracht wurde. Dieses Vertrauen Ihrer Universität und Ihrer Kollegen fand auch in der 1992 erfolgten Wahl zum Prorektor für Forschung der Martin-Luther-Universität Halle seinen Ausdruck. 1991 wurden Sie zudem als einer der beiden Vertreter der neuen Bundesländer in den Vorstand des Deutschen Akademischen Austauschdienstes (DAAD) gewählt.

Ihr wissenschaftliches Interesse konzentrierte sich schon bald auf die zellulären und biochemischen Vorgänge in der Augenlinse, denen Sie über Ihr gesamtes wissenschaftliches Leben hinweg treu geblieben sind. Schon früh in Ihrer wissenschaftlichen Karriere gelang Ihnen die Kristallisation der Leucinaminopeptidase aus Rinderlinsen und anderer intrazellulärer Enzyme. Diese Arbeiten setzten eine lange, von Emil ABDERHALDEN und Horst HANSON begründete Tradition am Institut für Physiologische Chemie in Halle zur Forschung an proteolytischen Enzymen fort und haben auch international für Aufmerksamkeit und Anerkennung gesorgt. Das Wirken von Horst HANSON hinterließ in diesen Jahren bei Ihnen einen prägenden Eindruck und beeinflusste Ihre weitere wissenschaftliche Ausrichtung.

Schon bald erweiterten Sie Ihr Forschungsfeld und wandten sich zellbiologischen Untersuchungen zu, die das Verhalten und die Differenzierung von Linsenepithelzellen zum Gegenstand hatten. Diese Untersuchungen wurden in den 1970er Jahren systematisch erweitert und führten zu standardisierten Verfahren der Kultivierung von Linsenepithelzellen. Es gelang Ihnen, Beziehungen zwischen biochemischen Eigenschaften von Linsenepithelzellen und ihren Differenzierungseigenschaften zu establieren. Hervorzuheben ist hier der Nachweis der Zunahme bzw. Abnahme einzelner Enzymaktivitäten mit der fortschreitenden Differenzierung von Linsenzellen – Vorgänge, die Änderungen zwischen jungen und alten Linsenzellen reflektieren. Schließlich konnten Sie wichtige Erkenntnisse zur lipotoxischen Schädigung von Linsenzellen gewinnen, ein Phänomen, welches von besonderer Wichtigkeit für das Verständnis der Entstehung von Alterskatarakten und Katarakten als Komplikation bei Diabetes, Obesitas und anderen systemischen Erkrankungen ist. Viele dieser Arbeiten führten Sie zusammen mit Ihrem Kollegen Martin IWIG durch, mit dem Sie eine langjährige wissenschaftliche Partnerschaft verband.

Ihr vielfältiges wissenschaftliches Werk haben Sie in mehr als 95 wissenschaftlichen Originalpublikationen niedergelegt und in vielen wissenschaftlichen Vorträgen auf internationalen Veranstaltungen einem breiten Fachpublikum nahegebracht. Diese Leistung ist angesichts der nicht immer einfachen Arbeitsbedingungen in der DDR nicht hoch genug einzuschätzen. Vielfältige wissenschaftliche Anerkennung erfuhren Sie auch durch die Berufung in das „Editorial Board" internationaler Zeitschriften wie *Ophthalmic Research* (1978) und *Lens Research* (1983).

In all den Jahren Ihrer wissenschaftlichen Tätigkeit waren Sie stets ein engagierter Hochschullehrer, der den nicht immer leicht verständlichen Biochemielehrstoff Medizinstudenten exzellent zu vermitteln vermochte. So mancher angehende Arzt wurde von Ihnen zu vertiefter wissenschaftlicher Tätigkeit angehalten, die schon immer die Basis einer naturwissenschaftlich fundierten Medizin war. Sie betreuten eine Vielzahl von Diplomanden und Doktoranden. Einige Ihrer ehemaligen Mitarbeiter habilitierten und wurden Professoren – sicher einer der schönsten Erfolge eines engagierten Hochschullehrers.

Mit dem politischen System der DDR sind Sie schon als Schüler kollidiert; 1951 führte das zu einem Verweis von der Oberschule. Der unabhängige und kritische Geist, der Sie leitete, war für Ihr berufliches Fortkommen sicher nicht immer von Vorteil, auch wenn politisch motivierte Blockaden Ihre akademische Laufbahn und Ihren beruflichen Erfolg letztlich nicht zu verhindern vermochten. Ihre integre und verbindliche Persönlichkeit war vielen Kollegen und Mitarbeitern immer eine zuverlässige Richtschnur und bot auch in Krisenzeiten einen verlässlichen Fixpunkt.

Lieber Herr GLÄSSER, die Deutsche Akademie der Naturforscher Leopoldina, der Sie seit 38 Jahren angehören, ist stolz darauf, Sie zu ihren Mitgliedern zählen zu dürfen. Wir wünschen Ihnen und Ihrer Familie, zugleich im Namen der Freunde und Kollegen im In- und Ausland, alles Gute, Gesundheit und auch weiterhin einen regen Geist, der es Ihnen ermöglicht, an den Fortschritten der Wissenschaft teilzunehmen.

Mit herzlichen Grüßen

Jörg HACKER
Präsident

Thomas BRAUN (Bad Nauheim)

Alexander von Graevenitz (Kilchberg, Schweiz)

Halle (Saale), zum 8. November 2012

Sehr geehrter, lieber Herr VON GRAEVENITZ

zur Vollendung des 80. Lebensjahres möchten wir Ihnen im Namen des Präsidiums der Leopoldina und im Namen aller Mitglieder, insbesondere aus der Sektion für Mikrobiologie und Immunologie, ganz herzlich gratulieren. Es ist uns eine Freude, aus diesem Anlass Ihren akademischen Werdegang würdigen zu dürfen.

Am 8. November 1932 wurden Sie in Leipzig geboren. Trotz der Kriegs- und Nachkriegswirren konnten Sie als 18-Jähriger die Schulausbildung mit dem Abitur abschließen, wobei Sie drei Gymnasien durchliefen (Thomasschule Leipzig, Mittelschule Bad Muskau, Karlsgymnasium Bad Reichenhall). Begründete die *Schola Thomana* im Leipziger Bachviertel etwa Ihre musikalischen Fähigkeiten als Cellist? Beeinflusst durch den Arztberuf des Vaters entschlossen Sie sich zum Medizinstudium, erst in Tübingen, dann in Hamburg und schließlich in Bonn, und schlossen das Studium mit dem Staatsexamen und der Promotion zum Dr. med. im Jahre 1956 ab. Erstmals in Kontakt mit der Forschung kamen Sie während Ihrer Medizinalassistentenzeit, die Sie von Bonn über Hamburg und Milwaukee (WI, USA) nach Mainz führte. Am Hygiene-Institut der Universität Mainz festigte sich Ihr starkes Interesse an klinischer Mikrobiologie. Einen nachhaltig wirksamen Entscheid fällten Sie 1960, nicht nur mit dem Eintritt in die Ehe mit Ihrer lieben Frau Kathleen, aus der ein Sohn und zwei Töchter sowie viele Enkelkinder hervorgingen, sondern auch durch den Wechsel auf die andere Seite des Atlantiks. 20 Jahre waren Sie an der *Yale University* (New Haven, CT, USA) tätig, wo Sie die Karriereleiter vom *Research Fellow* über *Assistant* und *Associate Professor* bis zum *Full Professor of Laboratory Medicine and Microbiology* emporkletterten. Zugleich waren Sie langjähriger *Director of Clinical Microbiology Laboratories* an dem der Universität Yale angeschlossenen *New Haven Hospital*. Hier etablierte sich Ihr internationaler Ruf als Experte in klinischer Mikrobiologie, der auch in der Schweiz gehört wurde. Sie waren 1980 der richtige Mann zur richtigen Zeit, um an der Universität Zürich das Ordinariat für Medizinische Mikrobiologie und die Direktion des Instituts mit gleichem Namen zu übernehmen. Diesem Amt blieben Sie bis zur Emeritierung im Jahre des Millenniumswechsels treu, und Sie sind bis heute mit Ihrem Institut und Ihrem Fachgebiet durch diverse Aktivitäten eng verbunden. Was für ein spannender und ereignisreicher Lebenslauf!

Mit Ihren Forschungsarbeiten haben Sie die klinisch-diagnostische Mikrobiologie in eindrucksvoller Breite und Tiefe bereichert. Wir verdanken Ihnen die erstmalige Isolierung, Diagnose und Beschreibung der Humanpathogenität von seltenen nicht-fermentativen Gram-negativen Bakterienarten der Gattungen *Pseudomonas*, *Xanthomonas* und *Acinetobacter*. Ebenso erkannten Sie die Bedeutung der Gattung *Aeromonas* in der humanen Bakteriologie und widmeten sich dem Studium von selteneren Enterobacteriaceen (z. B. *Serratia marcescens*). Später erweiterten Sie Ihr Interesse auf Gram-positive Bakterien. Die Publikation aus dem Jahre 1997 über „Clinical microbiology of coryneform bacteria" wird noch für lange Zeit zu den am häufigsten zitierten Arbeiten Ihres Fachgebiets gehören. Große Verdienste erwarben Sie sich auch mit Ihren Bemühungen, die mikrobielle Ursache von problematischen Entzündungskrankheiten wie Peritonitis und insbesondere Endokarditis aufzuklären. Sie gipfelten u. a. in der Publikation von international akzeptierten, verbindlichen Richtlinien zur Prävention, Diagnose und Behandlung der infektiösen Endokarditis im Jahre 2004, *nota bene* nach Ihrer Emeritierung.

Die korrekte, standardisierte Durchführung der Identifizierung und Resistenzprüfung von klinischen Isolaten lag Ihnen sehr am Herzen. Mit großer Energie setzten Sie in der Schweiz eine nach amerikanischem Vorbild (*National Committee on Clinical Laboratory Standards*) ausgerichtete Qualitätskontrolle für medizinisch-mikrobiologische Laboratorien durch. In unzähligen Publikationen leisteten Sie praktische Hilfe für Ihre mikrobiologischen Kollegen, z. B. mit der detaillierten Beschreibung von Selektivmedien und der korrekten Anwendung der Antibiotika als diagnostische Hilfsmittel. In gleichem Maße war Ihnen die intensive Zusammenarbeit mit dem Kliniker ein besonderes Anliegen. Unmissverständlich gaben Sie in der Ausbildung den Jüngeren zu verstehen, dass der klinische Mikrobiologe im Endeffekt für den Patienten arbeitet. Immer noch regelmäßig trifft man Sie jeden Dienstagmittag als Gast in den Fallvorstellungen des Universitätsspitals an.

Ihre hohe Reputation trug Ihnen verdiente Ehrungen ein, aus denen wir nur einige herausgreifen. Die Leopoldina wählte Sie schon 1993 als Mitglied. 1996 wurde Ihnen von der *American Society for Microbiology* der *Becton-Dickinson Award in Clinical Microbiology* verliehen. Die Schweizerische Gesellschaft für Mikrobiologie würdigte Sie 2006 mit der Ehrenmitgliedschaft. Eine Anerkennung der besonderen Art – womöglich die höchste für einen leidenschaftlichen Mikrobiologen – war die Benennung eines Gram-positiven Keims als *Actinomyces graevenitzii* durch eine Gruppe englischer Forscher in Reading (UK). Naturgemäß wird dieses Bakterium uns alle überleben und an Ihre hervorragenden Beiträge zur klinischen Mikrobiologie erinnern: „Ce sont les microbes qui auront le dernier mot!" (Louis PASTEUR.)

Es bleibt nicht aus, dass von einem Wissenschaftler und Institutschef mit markantem Profil die eine oder andere Anekdote überliefert wird. Über „AvG", wie *Insider* Sie nannten, wird erzählt, dass er Assistenten, wenn diese den Eindruck machten, sie hätten nicht genug Arbeit, mit letzterer reichlich beschenkte. Nicht nur unter Assistenten, sondern auch in der internationalen Taxonomie-Szene ist der humanistisch gebildete AvG auch als unerbittlicher Verfechter korrekter lateinischer Grammatik bei der Vergabe von Genus- und Speziesnamen bekannt. So musste sich der nachmalige Nobelpreisträger Barry MARSHALL erklären lassen, dass sein *Campylobacter pyloridis* korrekterweise *pylori* heißen muss, ist dies doch der Genitiv des Magenpförtners „Pylorus". Prompt erfolgte damals die Umbenennung des bekannten Problemkeims, der heute *Helicobacter pylori* heißt.

Lieber Herr von GRAEVENITZ, an Ihrem Ehrentag dürfen Sie mit Befriedigung auf ein beeindruckendes wissenschaftliches Lebenswerk zurückblicken. Ihnen und Ihrer Familie senden wir die besten Wünsche für die Zukunft.

Mit herzlichen Grüssen

Jörg HACKER Hauke HENNECKE (Zürich)
Präsident

Helmut Koch (Dresden)

Halle (Saale), zum 5. Oktober 2012

Sehr geehrter, lieber Herr KOCH,

zur Vollendung Ihres 80. Lebensjahres am 5. Oktober möchten wir Ihnen, auch im Namen des Präsidiums der Deutschen Akademie der Naturforscher Leopoldina – Nationale Akademie der Wissenschaften, sehr herzlich gratulieren und Ihnen die besten Wünsche für Gesundheit und Wohlergehen übermitteln.

Sie studierten von 1952 bis 1957 an der Humboldt-Universität Berlin. Die algebraische Zahlentheorie, Ihr späteres Arbeitsgebiet, wurde zu dieser Zeit an der Universität von Hans REICHARDT vertreten. Sonst war vom alten zahlentheoretischen Glanz der Universität nichts mehr da. REICHARDTS Arbeiten zum inversen Problem der Galoistheorie beeinflussten nicht nur Sie, sondern fanden in Russland das Interesse von Igor SCHAFAREWITSCH, der auf den jungen Schüler REICHARDTS aufmerksam wurde.

Aus politischen Gründen mussten Sie nach Ihrem Studium die mathematische Forschung zunächst aufgeben und eine Stellung im Halbleiterwerk Teltow annehmen. Auf Grund einer Einladung aus Moskau durften Sie dann aber in die Mathematik zurückkehren, um von 1960 bis 1961 zu einem Forschungsaufenthalt bei SCHAFAREWITSCH nach Moskau zu fahren. Dort arbeiteten Sie sehr erfolgreich über die Galoisgruppe eines lokalen Körpers, ein Thema, das SCHAFAREWITSCH schon seit längerer Zeit verfolgte, das aber durch die neuen kohomologischen Methoden in der Mathematik einen Aufschwung erlebte. In seinem Vortrag „Algebraische Zahlkörper" auf dem internationalen Kongress in Stockholm 1962 erwähnte SCHAFAREWITSCH auch Ihre Arbeiten.

Nach Ihrem Forschungsaufenthalt arbeiteten Sie in der Arbeitsgruppe von REICHARDT am mathematischen Institut der Deutschen Akademie der Wissenschaften zu Berlin. In zahlreichen Publikationen setzten Sie Ihre Forschungen zur Galoisgruppe fort und behandelten dort auch Zahlkörper. Ihr Buch über die *Galoissche Theorie der p-Erweiterungen* erschien 1970. Ihre Forschungen hatten großen Einfluss auf die Entwicklung der Zahlentheorie und machten Sie zu einem weltweit geschätzten Mathematiker.

Sie wurden der geistige Leiter der Zahlentheoriegruppe an der Akademie der Wissenschaften und in der DDR bei weitem der führende Zahlentheoretiker. Zu der Arbeitsgruppe zählten u. a. Ihre Schüler Herbert PIEPER, Ernst-Wilhelm ZINK und Klaus HABERLAND. Sie nahmen völlig neue Themen in Angriff, die im Seminar der Arbeitsgruppe behandelt wurden, und über die Sie auch Vorlesungen und Seminare an der Humboldt-Universität hielten. Sie hatten einen größeren Einfluss auf die neue Generation von Mathematikern in der DDR, als das an der Universität wahrgenommen wurde.

Ein neues Thema ist die lokale Klassenkörpertheorie von Robert LANGLANDS. Ihnen gelang mit rein zahlentheoretischen Mitteln ein wichtiger Fortschritt, der später auch in Beweisen der lokalen Langlands-Vermutung eine Rolle spielte. Es entwickelte sich ein guter Kontakt zu Mathematikern im Ausland, vor allem aus der Sowjetunion, aus Polen, Frankreich, aus dem damaligen Westdeutschland und den USA.

Die mathematische Forschung genoss in der DDR ein hohes Ansehen. An der Akademie der Wissenschaften wurden auch Mathematiker eingestellt, denen die Staatsmacht politisch nicht traute und die für eine Position im sozialistischen Bildungssystem nicht geeignet erschienen. Nach der Wende wurden viele Mitarbeiter der Arbeitsgruppe Professoren an Universitäten in Deutschland und im Ausland.

Sie vertraten Ihre politischen Ansichten mit großer Offenheit. So beschwerten Sie sich beim Institutsdirektor über die zunehmende Einmischung der Staatssicherheit in alle Bereiche des Lebens, vor allem aber über die Abgrenzungspolitik gegenüber dem westlichen Ausland, die sich auf die besten wissenschaftlichen Entwicklungen negativ auswirkte und die Realität ignorierte.

Auf Grund Ihrer mathematischen Verdienste, die die DDR mit dem Nationalpreis ehrte, hatten Sie bei vielen Vertretern der Staatsmacht letztendlich Erfolg mit Ihrer Offenheit. Es gab für Ihre Arbeitsgruppe einiges politisch bedingtes Ungemach meist im Zusammenhang mit dem Besuch westlicher Mathematiker. Ihnen war es zu verdanken, wenn die Gruppe und die einzelnen Mitarbeiter aus diesen Affären einigermaßen unbeschadet hervorgegangen sind.

Sie sind Autor von mathematischen Lehrbüchern, die die Leser auf unterschiedlichstem Niveau ansprechen und die für den Unterricht an Universitäten Verwendung finden. Ihr Buch *Einführung in die klassische Mathematik* erklärt bahnbrechende mathematische Ideen in ihrer originellen Form in moderner Sprache und ist in seiner Konzeption einmalig in der mathematischen Literatur. Auch ein interessierter Nichtmathematiker kann hier einen Einblick in die mathematische Forschung bekommen.

Durch Sie hat die Zahlentheorie in der DDR Anschluss an das internationale Niveau gewonnen. Wichtig waren dabei Ihre guten Verbindungen zur russischen Mathematik, die in dieser Zeit einen erstaunlichen Aufschwung erlebte. Ihre Arbeiten waren in beiden Teilen Deutschlands gleichermaßen populär. Ihnen ist es zu verdanken, dass trotz politischer Hindernisse die Beziehungen zwischen den Zahlentheoretikern in beiden Teilen Deutschlands lebendig blieben.

Lieber Herr Koch, die Deutsche Akademie der Naturforscher Leopoldina ist stolz darauf, Sie seit 1985 in ihren Reihen zu wissen. Wir wünschen Ihnen für die kommenden Jahre alles Gute – Gesundheit und Lebensfreude.

Mit herzlichen Grüßen
Ihre

Jörg Hacker
Präsident

Thomas Zink (Bielefeld)

Klaus Müntz (Gatersleben)

Halle (Saale), zum 30. Juli 2012

Sehr geehrter, lieber Herr Müntz,

zur Vollendung Ihres 80. Lebensjahres am 30. Juli möchten wir Ihnen, auch im Namen des Präsidiums der Deutschen Akademie der Naturforscher Leopoldina – Nationale Akademie der Wissenschaften, sehr herzlich gratulieren und Ihnen die besten Wünsche für Gesundheit und Wohlergehen übermitteln.

Sie wurden in Frankfurt an der Oder geboren und wuchsen in einer durch Diktatur und Krieg geprägten Zeit auf, die Ihnen 1944 den Vater nahm und alle Last auf der Mutter beließ, der Sie als ältester Sohn nach Vermögen zur Hand gingen. Nach einem Lehrer-Schnellkurs und anschließendem Studium an der Pädagogischen Hochschule in Potsdam fanden Sie in Wolfgang R. Müller-Stoll einen prägenden akademischen Lehrer, der Sie für die Wissenschaften und speziell die Botanik begeisterte und Ihre 1961 zur Promotion führenden experimentellen Arbeiten zu Temperaturwirkungen auf Stoffwechsel und Entwicklung der Grünalge *Chlorella* betreute. Ihre pädagogischen Fähigkeiten und die entsprechende Ausbildung konnten Sie als Dozent sowie als Autor von Lehr- und Schulbüchern erfolgreich nutzen. Besonders ist das 1966 erstmals erschienene Lehrbuch *Stoffwechsel der Pflanzen* hervorzuheben. Leider vereitelte die Politik ein Bleiben in Potsdam, dessen seenreiche Umgebung Sie noch immer lieben. Müller-Stolls Universitätslaufbahn wurde 1961 aufgrund seiner Proteste gegen den Mauerbau jäh abgebrochen. Die in diesem Zusammenhang stehenden Ereignisse, die Sie schließlich zum Mitarbeiter des Gaterslebener Instituts für Kulturpflanzenforschung werden ließen, haben Sie selbst in einer Festschrift für W. R. Müller-Stoll 2000 rückblickend geschildert. Sie begannen mit einem zweijährigen Forschungs- und Entwicklungsaufenthalt in Kuba. Danach wurde das Dorf Gatersleben mit seinem großen Institut im nördlichen Harzvorland Ihr Lebensmittelpunkt und ist es bis heute geblieben. Die Darstellung der Geschichte dieses Instituts und der dort erbrachten wissenschaftlichen Leistungen (gemeinsam mit Ulrich Wobus) hat die jüngst vergangenen Jahre seit 2008 ausgefüllt und vielleicht geholfen, den unerwarteten und deshalb umso schmerzlicheren Tod Ihrer Frau, mit der Sie Jahrzehnte Freud und Leid teilten, ein klein wenig erträglicher zu machen.

Doch zurück in das Institut nach Gatersleben, wo Sie sich seit 1970 zielstrebig und mit Vehemenz der Kulturpflanzenforschung zuwandten. Das Ziel Ihrer wissenschaftlichen Arbeiten, für dessen Erreichung umfangreiche Grundlagenforschung notwendig war, wurde im angewandt-züchterischen Bereich die Erhöhung des Gehalts an essentiellen Aminosäuren in Leguminosen- und Getreidesamen und damit die Verbesserung von deren ernährungsphysiologischer Qualität, die zu diesem Zeitpunkt noch nicht erfolgreich bearbeitet worden war. Ab 1970 als stellvertretender und ab 1972 als Leiter des Wissenschaftsbereichs „Grundlagen der pflanzlichen Stoffproduktion" führten Sie zunächst gemeinsam mit Christian Lehmann ein sehr ambitioniertes *Screening*-Programm der umfangreichen Getreide- und Körnerleguminosen-Kollektionen der Gaterslebener Genbank zur Auffindung von Pflanzen mit hohem Gehalt essentieller Aminosäuren im Sameneiweiß durch. Zum Zentrum Ihrer Arbeiten aber wurde ein langfristig angelegtes, anwendungsorientiertes, molekular und gentechnisch ausgerichtetes Forschungsprogramm zur Eiweißbiosynthese in einem zellbiologischen Kontext, vornehmlich an Leguminosensamen. Dieses Projekt begründete einen bis in die Gegenwart reichenden Schwerpunkt der Institutsarbeit. Die parallele Organisation der sehr erfolgreichen *International Seed Protein Symposia* in Gatersleben ermöglichte den Anschluss an internationale Entwicklungen. Die Qualität und Originalität der von Ihnen geleiteten Forschungsarbeiten sicherten deren Fortführung auch nach der politischen Wende von 1989/1990.

Die weitgehend politisch motivierte Installation eines neuen Direktors in Gatersleben 1983 brachte gravierende Veränderungen mit sich, die Sie nach einem neuen Forschungsumfeld suchen ließen. Im Mai 1989 wurden Sie zum Direktor des Instituts für Pflanzenbiochemie in Halle (Saale) berufen, das Sie „mit Können, Übersicht, Geschick und mit wissenschaftlicher Souveränität" leiteten, so Ihr Laudator Benno PARTHIER zum 65. Geburtstag. Doch die politischen Umwälzungen brachten Sie zurück nach Gatersleben, da Sie der dortige Wissenschaftliche Rat zum 1. Mai 1990 als Direktor berief. Es folgte eine aufregende Zeit, in der Sie mit Energie, Umsicht, großem Verantwortungsbewusstsein und demokratischem Einfühlungsvermögen das Institut auf einen Weg brachten, der es in eine sichere und gute Zukunft leitete. Ihre Mitgliedschaft im agrarwissenschaftlichen Evaluierungsausschuss des Wissenschaftsrates zur Begutachtung von Instituten der Akademie der Landwirtschaftswissenschaften der DDR unmittelbar nach der Wende unterstrich Ihre wissenschaftliche und persönliche Wertschätzung auch in der Bundesrepublik Deutschland. Dem ab dem 1. Januar 1992 als „Institut für Pflanzengenetik und Kulturpflanzenforschung" weitergeführten Gaterslebener Institut gehörten Sie bis zu Ihrem altersbedingten Ausscheiden im Juli 1997 als Leiter der Abteilung „Molekulare Zellbiologie" an. In dieser Zeit konzentrierte sich Ihre Forschung auf drei eng verknüpfte Forschungsgebiete: (a) Analyse der Struktur-Funktionsbeziehungen von Samenspeicherproteinen; (b) gentechnische Erhöhung des Methioningehalts von Leguminosensamen und Analyse der ektopischen Genexpression sowie des veränderten Schwefelmetabolismus; (c) Analyse der Rolle von Proteasen und limitierter Proteolyse bei Reifung und Abbau der Samenspeicherproteine während der Samenentwicklung und Keimung. Dabei ergab sich ein neues Bild der Mechanismen der Reserveproteinmobilisierung während der Keimung zweikeimblättriger Pflanzen. Im Ergebnis dieser umfangreichen Arbeiten entstanden eine Vielzahl wichtiger experimenteller Publikationen und Übersichten, sowie Buchbeiträge; die bislang letzte Originalarbeit (zur Evolution von Legumain-Proteasen) datiert aus dem Jahr 2011.

Es klang bereits an, dass Sie neben Ihrer wissenschaftlich-experimentellen Arbeit stets auch wissenschaftsorganisatorisch tätig waren. Von 1977 bis 1981 leiteten Sie die Sektion „Biochemie und Physiologie der Pflanzen" der Biologischen Gesellschaft der DDR und waren Mitglied des Vorstands dieser Gesellschaft. Von 1986 bis 2000 fungierten Sie als Herausgeber der Zeitschrift *Biochemie und Physiologie der Pflanzen*, die nach der Fusion mit der *Zeitschrift für Pflanzenphysiologie* ab 1993 als *Journal of Plant Physiology* weiter geführt wurde. Die von 1977 bis 2000 durchgeführten acht Internationalen Samenproteinsymposien wurden bereits erwähnt. 1993 organisierten Sie gemeinsam mit Hans MOHR das Leopoldina-Symposium „The terrestrial nitrogen cycle as influenced by man". Von besonderem Gewicht war Ihre langjährige Arbeit im Senat für Sonderforschungsbereiche der Deutschen Forschungsgemeinschaft. Daneben hatten Sie eine Vielzahl anderer Verpflichtungen in diversen Gremien. 1988 wurden Ihre Leistungen in der Wissenschaft und für die Forschergemeinschaft durch die Verleihung der Walter-Friedrich-Medaille der Akademie der Wissenschaften der DDR, vor allem aber durch die Wahl zum Mitglied unserer Leopoldina in besonderer Weise gewürdigt.

Lieber Herr MÜNTZ, Ihr Interesse galt nie der Wissenschaft allein, sondern war stets weit gefächert. Besonders waren Sie auch Musik, Literatur und bildender Kunst zugewandt. In Gatersleben haben Sie vor allem durch die Organisation von Schriftstellerlesungen sowie durch vielfache Anregungen und Diskussionen zu dem reichen kulturellen Umfeld des Instituts beigetragen, das stets von der Initiative seiner Mitarbeiter getragen wurde. Zu Ihrem 70. Geburtstag riefen Ihnen Ihre vielen Fachkollegen und Freunde ein herzliches „keep going" zu (J. Plant Physiol. *159*, S. 1280). Diesem Ruf sind Sie gern gefolgt und werden das sicher auch weiterhin nach Vermögen tun. Hierfür wünschen wir Ihnen Gesundheit, Lebensfreude und ein anhaltendes Interesse, auch für die Arbeit unserer Akademie.

Mit herzlichen Grüßen
Ihre

Jörg HACKER   Ulrich WOBUS (Weinböhla)
Präsident

Benno Parthier (Halle/Saale)

Halle (Saale), zum 21. August 2012

Lieber Herr PARTHIER,

ist es wirklich bereits der 80. Geburtstag? Liegen die Ehrungen zum 70. Geburtstag, dokumentiert in *Umtrunk 2002* der Deutschen Akademie der Naturforscher Leopoldina, schon wieder 10 Jahre zurück? Andererseits, was haben Sie in den vergangenen 10 Jahren noch alles geleistet! Bevor wir aber Ihr Leben und Ihre Leistungen, Verdienste und Ehrungen ein wenig in Erinnerung rufen, möchten wir ganz herzlich im Namen der gesamten Leopoldina-Mitgliedschaft und sicher auch der vielen Freunde unserer Akademie ganz herzlich gratulieren. Wir wünschen Ihnen weitere gute Jahre, bei nicht beklagbarer Gesundheit, im Kreise der Familie, der Freunde, in der wissenschaftlichen Gemeinschaft, und natürlich hoffen wir auf weitere Jahre im Kreise der Leopoldina, die Sie ja als ihr Präsident nach dem politischen Umbruch entscheidend geprägt haben.

Aber beginnen wir ganz von vorn: 1932, als Sie im nahen Holleben auf dem väterlichen Bauernhof geboren wurden. Ihre Jahre auf dem elterlichen Hof und als Oberschüler in Halle haben Sie selbst in unübertrefflicher Weise im erwähnten *Umtrunk 2002*-Heft geschildert. Dort wird die Wahl der Biologie als Studienfach an der Halleschen Universität dem Landleben und einem Biologielehrer zugeschrieben. In Halle gerieten Sie in den Bannkreis von Kurt MOTHES, der – nach Ihrer eigenen Aussage – Ihren wissenschaftlichen und persönlichen Lebensweg entscheidend bestimmte. MOTHES erstritt für Sie einen 18-monatigen Studienaufenthalt in Stockholm, der Sie nach Rückkehr 1967 (dem Jahr der Habilitation; Promotion 1961) zu Aufbau und Leitung der Abteilung Molekularbiologie am Mothesschen Akademie-Institut für Biochemie der Pflanzen ertüchtigt hatte. 1967 ist auch anderweitig ein entscheidendes Jahr. Sie gehen mit Christiane LÜCKE den Bund der Ehe ein, der dem Paar drei Kinder schenkte (deren Kinder wiederum heute viel Freude bereiten) und in all den nachfolgenden Jahren mit ihren Freuden und Bedrängnissen, Glücksmomenten und Belastungen stets einen festen Anker für das Lebensschifflein bildete.

1975 erreichte Kurt MOTHES nach langem Bemühen auch Ihre Ernennung zum Professor für Molekularbiologie, trotz erheblicher Bedenken und hinhaltendem Zögern der Mächtigen. Er konnte seine drängende Fürsprache mit dem Hinweis auf hervorragende wissenschaftliche Leistungen untermauern, die bereits 1974 Ihre Wahl zum Mitglied der Leopoldina bewirkt hatten. Viel, sehr viel, wäre über die spannungsreichen Jahre in der DDR zu berichten, hätten Sie dies nicht selbst facettenreich, formulierungsstark und oft mit feinem Humor mehrfach getan. Trotz der vielen Widrigkeiten gelang Ihnen ein bedeutendes wissenschaftliches Werk. Die Erkenntnisse über die Biosynthese und Wirkungsweise der Jasmonate eröffneten neue Horizonte. Auch auf den Gebieten Zelldifferenzierung, Chloroplastenbiogenese und Organellenwechselwirkung haben Sie sehr erfolgreich gearbeitet. Die Wahl zum Leopoldina-Mitglied war Ihnen sicher die größte Anerkennung dieser Arbeiten; sie begründeten auch Ihre spätere (2009) Ehrenmitgliedschaft in der Deutschen Botanischen Gesellschaft.

Die „friedliche Revolution" 1989 löste den politischen Druck und katapultierte Sie förmlich in die Höhen (mit all ihren Tiefen) der Wissenschaftspolitik, verbunden mit einem Übermaß an Arbeit und Verantwortung. Ein paar Schlagworte sollen das erhellen: 1991 Gründungsdirektor und ab 1992 Direktor des Instituts für Pflanzenbiochemie (Ihres „Heimat"-Instituts) in Halle; 1990 Wahl zum Präsidenten der Leopoldina, ein Amt, das Sie bis 2003 inne hatten; im gleichen Jahr Berufung in den Wissenschaftsrat, dem Sie 1992–1997 als stellvertretender Vorsitzender dienten; 1993 Professur für Zellbiochemie an der Martin-Luther-Universität; Sie arbeiteten in der Studienstiftung des Deutschen Volkes, im Senat der Max-Planck-Gesellschaft, in der Körberstiftung etc. – eine Dokumentation Ihrer vielfachen Tätigkeiten, denen ebenso viele Ehrungen und Auszeichnungen folgten, in den Akten der Leopoldina wäre wünschenswert!

In den dramatischen Jahren der politischen Wende haben Sie Entscheidendes dazu beigetragen, dass die komplexe, vielgliedrige und tief greifende Transformation der gesamten DDR-Wissenschaftslandschaft im Wesentlichen als gelungen eingeschätzt werden kann – so Ihr eigenes Urteil, dem weitgehend zugestimmt wurde. In Ihrem nahezu 13-jährigen Wirken als Präsident der Leopoldina konnten Sie diese älteste naturwissenschaftlich-medizinische Gelehrtengesellschaft Deutschlands in eine gesicherte Zukunft führen. In der Festschrift *350 Jahre Leopoldina – Anspruch und Wirklichkeit* haben Sie das in diesen Jahren Geleistete und Geschehene beleuchtet. Es waren diese Ihre so nachhaltig wirkenden Leistungen für die gesamtdeutsche Wissenschaft, die Ihnen 1997 das Bundesverdienstkreuz und 2007 den erstmals vergebenen Hans-Olaf-Henkel-Preis (Preis für Wissenschaftspolitik) der Leibniz-Gemeinschaft eintrugen. Die Leopoldina ehrte Ihren scheidenden Präsidenten 2003 mit der Cothenius-Medaille.

Anerkennungen für Ihre wissenschaftlichen Leistungen sind Ihnen nicht erst seit dem politischen Umbruch zuteil geworden. 1978 wurden Sie Mitglied der Sächsischen Akademie der Wissenschaften, 1982 korrespondierendes und 1988 ordentliches Mitglied der Akademie der Wissenschaften der DDR, 1988 korrespondierendes Mitglied der Bayerischen und 1989 der Nordrhein-Westfälischen Akademie der Wissenschaften; die ukrainische und die polnische Akademie der Wissenschaften ernannten Sie zu ihrem auswärtigen Mitglied. 1990 erfolgte die Aufnahme in die *Academia Europaea* und 1994 in die Berlin-Brandenburgische Akademie der Wissenschaften, 2002 verlieh die Universität Würzburg dem damals 70-Jährigen den Titel Dr. rer. nat. h. c., die Stadt Halle im gleichen Jahr den Ehrenbecher.

Doch neben Ihren wichtigen naturwissenschaftlichen Beiträgen dürfen die Arbeiten zur jüngeren und jüngsten, mit den politischen Ereignissen eng verflochtenen Wissenschaftsgeschichte sowie Ihre umfangreiche Tätigkeit als Herausgeber nicht unerwähnt bleiben. Kurt MOTHES und Wilhelm PFEFFER haben Sie ausführliche Darstellungen gewidmet und die „Problemfelder in der zusammengefügten deutschen Wissenschaftslandschaft" (so der Titel eines Ihrer gedruckten Vorträge) mit analytischem Verstand durchleuchtet. Lang ist die Liste der Buchbände, die unter Ihrer (Mit-)Herausgeberschaft, meist unter dem Leopoldina-Siegel, erschienen sind. Die *Vorträge und Abhandlungen zur Wissenschaftsgeschichte* in der Reihe *Acta Historica Leopoldina* seien besonders hervorgehoben. Aber auch Ihre in DDR-Zeiten publizierten Bücher (z. T. gemeinsam mit Kollegen geschrieben bzw. herausgegeben) zu Molekularbiologie, Zelldifferenzierung und Gentechnik sollten nicht vergessen werden.

1997 feierten Sie Ihren 65. Geburtstag, der auch die Entpflichtung als Institutsdirektor nach sich zog. Aber die Leopoldina-Präsidentschaft und viele weitere Verpflichtungen brachten kaum Arbeitserleichterung. Diese wurde erst 2003 mit der Übergabe des Präsidentenamtes an Ihren Nachfolger spürbar, auch wenn es an Arbeit, einem gefüllten Terminkalender und den verschiedensten Herausforderungen bis heute nicht fehlt. Ihr Nachfolger konnte auf Ihrem erfolgreichen Bemühen, die Leopoldina in der wiedervereinigten deutschen Wissenschaftslandschaft neu zu formieren und zu positionieren, aufbauen, die schließlich zur Ernennung zur Nationalen Akademie der Wissenschaften führte. Ihr kluger, aber immer auch zurückhaltender Rat war in dieser Zeit ganz besonders wertvoll. Auch Ihr immer noch anhaltendes Engagement bei der sehr erfolgreichen Seminarreihe zur Wissenschaftsgeschichte darf nicht vergessen werden.

Anlässlich Ihres 80. Geburtstages stehen neue ehrenvoll-freundliche Belastungen unmittelbar ins Haus, denn der Jubilar und seine Leistungen werden im Mittelpunkt von Festakten, Veranstaltungen und Feiern stehen. Dabei wird sicher noch vieles mehr berichtet werden, was notwendig ist, um einem so arbeits- und folgenreichen Leben gerecht zu werden.

Lieber Herr PARTHIER, Ihnen, Ihrer Frau und Ihrer Familie gelten nochmals unsere allerbesten Wünsche für weitere erfüllte, gesunde und möglichst sorgenfreie Jahre.

Ihre

Jörg HACKER   Ulrich WOBUS (Weinböhla)
Präsident

Heinz Penzlin (Jena)

Halle (Saale), zum 26. Januar 2012

Sehr geehrter Herr PENZLIN,

es ist uns eine große Ehre, Ihnen anlässlich Ihres 80. Geburtstages herzlich zu gratulieren. Die Leopoldina und die wissenschaftliche Gemeinschaft in Deutschland und weltweit verehren in Ihnen einen der bedeutendsten lebenden Zoologen und Tierphysiologen. Über nun mehr als 50 Jahre haben Sie die zoologische und tierphysiologische Forschung wesentlich mitbestimmt und über Ihre vielfältigen Lehrveranstaltungen und Ihre Lehrbücher ganze Generationen von Zoologen geprägt.

Sie wurden 1932 in Waren (Müritz) geboren und begannen 1950 bereits mit 18 Jahren an der Universität in Rostock Ihr Studium. Sie wurden wegen „politischer Unzuverlässigkeit" zunächst abgelehnt, schließlich wurden Sie aber wegen besonderer Vorkenntnisse für das Fach Mathematik zugelassen. Nach mehreren Semestern konnten Sie, Ihrem Wunsch entsprechend, zur Biologie wechseln und schlossen im Alter von 22 Jahren das Studium mit dem Diplom im Fach Biologie mit Auszeichnung ab. Die Diplomarbeit, die Sie unter Betreuung Ihres akademischen Lehrers Professor Josef SPEK durchführten, widmete sich der Regeneration bei dem Polypen *Gonothyraea loveni* unter dem Einfluss des elektrischen Stromes – eine Thematik, die Sie auch in den weiteren Jahren beschäftigte. Sie promovierten bereits mit 24 Jahren (1956) mit *summa cum laude* über ein Thema in Fortsetzung Ihrer Diplomarbeit: die Regeneration bei Hydrozoen. Anschließend wechselten Sie die Tiergruppe, blieben aber Ihrem Thema „Regeneration" treu. Von nun an rückten die Insekten in das Zentrum Ihrer Forschungen. 1962 habilitierten Sie sich mit Arbeiten zur Regeneration von Insekten. An Schaben konnten Sie u. a. zeigen, dass die Extremitätenregeneration unabhängig von der neuronalen Innervation abläuft und der Regenerationsprozess hormonabhängig ist. Sie formulierten mit der „Enthemmungshypothese" ein Konzept, das die Forschungen über die Regeneration vor und nach der Metamorphose unter dem Einfluss der Entwicklungshormone wesentlich beeinflusste. Insekten und hormonelle Steuerung standen jetzt im Zentrum der Forschungen Ihrer Arbeitsgruppe.

Ihre Zeit in Rostock war ebenfalls von Ihrem leidenschaftlichen Einsatz für die Lehre geprägt. Sie bauten die tierphysiologische Lehr- und Forschungseinrichtung am Zoologischen Institut auf und hielten bereits 1956 als junger Dozent eigenständig Vorlesungen. Ihre „Einführung in die Tierphysiologie" war begleitet von einem Praktikum, ein Novum im dortigen Lehrangebot. Beeindruckend ist die Spannweite Ihres Lehrprogramms, das nicht nur die Entwicklungsphysiologie, sondern – Ihrem besonderen Interesse an theoretischen Aspekten der Biologie folgend – auch Biokybernetik, Biostatistik und Biophysik einschloss. Zu dieser Zeit reifte in Ihnen der Gedanke, alle diese Disziplinen unter dem Dach der Tierphysiologie in einem eigenen Lehrbuch zusammenzuführen. 1970 erschien dann Ihr *Lehrbuch der Tierphysiologie* im Gustav-Fischer-Verlag Jena. Trotz dieses außergewöhnlichen Einsatzes für Forschung und Lehre der Tierphysiologie blieb das Rostocker Zoologische Institut nicht die geeignete Heimat für Sie, da 1968 im Zuge der 3. Hochschulreform dieses Fachgebiet dort aufgegeben wurde und sich diese Einrichtung fortan ganz der Meeresforschung widmete.

Im Jahre 1974 folgten Sie einem Ruf als Nachfolger von Manfred GERSCH auf den von Ernst HAECKEL begründeten Zoologischen Lehrstuhl an der Friedrich-Schiller-Universität in Jena. Mit der Übernahme dieses im deutschen Sprachraum bedeutenden Lehrstuhls traten Sie in die Fußstapfen berühmter Vorreiter und Wegbereiter. Hier vollzogen Sie den Wechsel von der durch GERSCH geprägten Insektenendokrinologie hin zur Insektenneurobiologie, den Sie bereits in Rostock angebahnt hatten. Die Schwerpunkte Ihrer Arbeitsgruppe lagen fortan auf dem Vorkommen, der Verbreitung, der Identifikation und der Funktionsaufklärung von Neuropeptiden, aber auch von biogenen Aminen und vor allem des Oktopamins. Diese im internationalen Vergleich sehr beachteten Forschungen gingen von Untersuchungen an Insekten aus, schlossen aber auch das stomatogastrische Nervensystem der Dekapoden mit ein. Es ging dabei um zentrale Fragen der Neuromodulation und der Koexistenz von Neuropeptiden mit klassischen Transmittern sowie deren Interaktion an den Zielstrukturen. Jena wurde unter Ihrer Leitung der zentrale Ort der Forschungen an Neuropeptiden von Invertebraten in Deutschland.

Eine Würdigung muss Ihre Leistungen als Lehrbuchautor in besonderer Weise hervorheben. Man kann nur die Courage des jungen PENZLIN bewundern, der als Assistent und – wie Sie selbst sagen – als Autodidakt bereits 1956 ein tierphysiologisches Lehr- und Forschungsprogramm an der Universität Rostock anbot und auf diesem aufbauend Ende der 1960er Jahre das *Lehrbuch der Tierphysiologie* konzipierte, das viele Jahre lang von Auflage zu Auflage von Ihnen allein neu bearbeitet wurde. Es liegt in der 7. Auflage bei Gustav Fischer vor. Inzwischen gibt es eine neu illustrierte Ausgabe im Spektrum Akademischer Verlag und eine Taschenbuchausgabe im Springer-Verlag. Dieses Lehrbuch, inhaltlich und didaktisch vorbildlich gestaltet, gründlich recherchiert und stets auf den neuesten Stand des Wissens gebracht, war für viele Jahre das einzige deutschsprachige Lehrbuch auf dem Gebiet der Tierphysiologie. Es deckt nahezu alle Aspekte auf den verschiedenen Integrationsebenen ab. In der Gestaltung des Lehrbuchs dokumentieren Sie auch Ihre mathematisch-physikalische Vorbildung durch stringente Formulierungen und die Fähigkeit, Theorien an den gegebenen Befunden zu messen. Man kann Ihnen als Autor nur höchstes Lob für diese epochale Leistung zollen.

Es gibt noch eine weitere Facette Ihrer Forschungsleistungen, die gerade in den letzten Jahren durch Ihre Schriften deutlicher geworden ist: Es ist dies ein wohl von Beginn an vorhandenes und nun im Alter steigendes Interesse an theoretischen Fragen der Biologie – ein Nachdenken über das Rätsel „Leben". Dieses Interesse kulminiert in Ihren Beiträgen und Begründungen zu einer eigenständigen Stellung der Biologie als autonomer Wissenschaft, einer Wissenschaft, die die Geschichte ihres Gegenstandes einbeziehen muss und die sich dadurch von Physik und Chemie abgrenzt. Es sind die Phänomene der Selbstorganisation, der Komplexität, der organisierten Dynamik und die Funktionen des Lebendigen, die Sie umtreiben. Der historisch-evolutive Aspekt der Organismen, die Regulation durch Genom und Umwelt und der Transfer von Information über die Grenzen des jeweiligen Individuums stehen im Zentrum Ihres Nachdenkens. Hier kommt manches reduktionistische Vorgehen der modernen Naturwissenschaft an seine Grenzen, insbesondere bei kognitiven Prozessen und bei der Entstehung des Zweckmäßigen im Reich der Biologie.

Am 9. Oktober 1981 wurden Sie ordentliches Mitglied der Sächsischen Akademie der Wissenschaften zu Leipzig, 1996 erfolgte die Verleihung der Wilhelm-Ostwald-Medaille dieser Gelehrtengesellschaft. Am 15. November 1996 wurden Sie zum Vizepräsidenten der Sächsischen Akademie der Wissenschaften zu Leipzig gewählt und am 13. Oktober 2000 wiedergewählt. Am 8. Januar 1996 wurden Sie Mitglied in unserer Deutschen Akademie der Naturforscher Leopoldina. Wir hatten und haben das Glück, Sie in unseren Reihen zu wissen.

Mit herzlichen Grüßen
Ihre

Jörg HACKER   Randolf MENZEL (Berlin)
Präsident

Stephan Perren (Davos, Schweiz)

Halle (Saale), zum 7. Oktober 2012

Verehrter lieber Herr PERREN,

zu Ihrem 80. Geburtstag wünschen wir Ihnen, auch im Namen des Präsidiums der Deutschen Akademie der Naturforscher Leopoldina – Nationale Akademie der Wissenschaften, alles Gute und möchten Ihr Lebenswerk würdigen.

Sie wurden am 7. Oktober 1932 in Zermatt geboren. Nach dem Schulbesuch studierten Sie Medizin. Ihr ganzes Berufsleben lang beschäftigten Sie sich mit der Wundheilung und der Heilung von Frakturen, untersuchten Knorpel und arbeiteten über Osteosynthese. Ihre hervorragenden Arbeiten sind in vielen wissenschaftlichen Publikationen niedergelegt. Sie habilitierten sich in Zürich, waren Privatdozent in Basel und leiteten dann das Labor für Experimentelle Chirurgie in Davos sowie als Direktor das Müller-Institut für Biomechanik.

In Ihren Beiträgen erläuterten Sie die Axiome Ihres Vorgehens so eindrucksvoll, dass damit schlüssige Erklärungen zur Biomechanik der Knochenheilung klar wurden. Schwerpunkt Ihrer Forschungen war die Biomechanik des Knochens. Hier konnten Sie zeigen, dass der lebende Knochen bei Druckkräften mit Resorption reagiert, aber eine stabilisierende Osteosynthese der Biologie des Knochens dabei Rechnung trägt. Sie fanden, dass der Knochen statischen Druck bis zur Berstungsgrenze gut toleriert. Dynamische Kräfte führen zur mechanischen Unruhe, die mit Resorption beantwortet wird. Damit konnten Sie die Druck-Osteosynthese und die AO-Technik auf eine wissenschaftliche Basis stellen.

Darüber hinaus haben Sie sich mit der Reaktion des Knochens auf Implantate auseinandergesetzt. Ihre im Müller-Institut für Biomechanik der Universität Bern durchgeführten verdienstvollen Arbeiten zeigten in überraschender Weise, dass die zunehmende Elastizität der Implantate eher zu größeren Strukturveränderungen des Knochens führt, als sie bei jenen Implantaten, z. B. aus Edelstahl, die von sich aus steif sind, vorkommen. Wenn es dennoch zu einer Osteoporose kommt und Veränderungen unterhalb des Implantats entstehen, so interpretierten Sie dies als Beeinträchtigung der Blutzirkulation. Die gestörte Blutzirkulation fällt bei elastischen Platten stärker ins Gewicht als bei steifen Platten. So ist es Ihnen gelungen, Implantate zu standardisieren. Besonders waren Sie im Müller-Institut auf dem Gebiet der Osteosynthese tätig und wurden so neben Maurice MÜLLER in Bern zu einem der großen Verfechter der Osteosynthese.

Die Knochenneubildung im Umkreis einer Fraktur macht völlige Stabilität notwendig. Das ist bei konservativer Bruchversorgung nicht gegeben. Es bildet sich dann um die Fraktur ein Granulationsgewebe, das sich sukzessive in wenig dehnbares Gewebe, nämlich Knorpel, umbildet. Durch Kalkausfällungen wird dieses Gewebe weniger dehnbar und erlaubt die Bildung der eigenen Knochenelemente.

Lieber Herr PERREN, wie kein anderer Forscher haben Sie sich mehr als 40 Jahre intensiv mit der operativen Behandlung der Knochenfraktur (AO-Technik) und der Biomechanik des Knochens beschäftigt. Ihre Arbeiten waren seinerzeit beispielgebend und fanden in der wissenschaftlichen Welt hohe Anerkennung und Bewunderung. Sie können stolz sein, dass Ihnen wesentliche Durchbrüche in der Forschung für die Klinik geglückt sind. Ihr Leben beweist, dass man mit Beharrlichkeit und Konsequenz über viele Jahre hinweg einen bedeutenden Beitrag zum Fortschritt eines Fachgebietes leisten kann.

Ad multos annos!
Mit herzlichen Grüßen

Jörg HACKER   Felix UNGER (Salzburg)
Präsident

Hermann Schmalzried (Göttingen)

Halle (Saale), zum 21. Januar 2012

Verehrter, lieber Herr SCHMALZRIED,

zur Vollendung Ihres 80. Lebensjahres am 21. Januar möchten wir Ihnen im Namen des Präsidiums der Deutschen Akademie der Naturforscher Leopoldina herzlich gratulieren und für die Zukunft das Allerbeste wünschen.

Ihr akademischer Lebenslauf begann 1951 an der Technischen Hochschule Stuttgart mit dem Studium der Physik, das Sie 1956 mit einer Diplomarbeit bei Theodor FÖRSTER in der Physikalischen Chemie abschlossen. 1958 wurden Sie an der gleichen Hochschule mit einer Arbeit bei Richard GLOCKER in der Metallphysik zum Dr. rer. nat. promoviert. Ihr Weg führte Sie nur ein Jahr später zum Max-Planck-Institut für Physikalische Chemie in Göttingen, wo Sie unter dem Einfluss von Carl WAGNER Ihr späteres Hauptarbeitsgebiet fanden: die „Physikalische Chemie des festen Körpers".

Im Jahre 1966 wurden Sie im Alter von 34 Jahren als ordentlicher Professor und Direktor des Instituts für Theoretische Hüttenkunde und Angewandte Physikalische Chemie an die Technische Universität Clausthal berufen. Neun Jahre später übernahmen Sie als Nachfolger von Gerhard ERTL den Lehrstuhl für Physikalische Chemie an der Universität Hannover und waren bis zu Ihrer Emeritierung im Jahre 1998 auch Direktor des Instituts für Physikalische Chemie.

Lieber Herr SCHMALZRIED, Sie haben in den mehr als 40 Jahren Ihrer wissenschaftlichen Tätigkeit wie nur wenige die Entwicklung der Forschungsgebiete Festkörperthermodynamik und Festkörperkinetik durch Einführung neuer Ideen beeinflusst. Dies erfolgte durch Entwicklung neuer Theorien, durch hervorragendes Zusammenwirken von Theorie und Experiment, das zur Neuentwicklung und Vervollkommnung von Messverfahren und Experimentiertechniken geführt hat, und durch ungewöhnliche Bereitschaft, Neuentwicklungen aus den der Physikalischen Chemie der Festkörper benachbarten Gebieten Festkörperchemie, Metallphysik und Materialwissenschaft aufzugreifen. Nur eine kleine Auswahl von Forschungsthemen aus Ihren mehr als 200 veröffentlichten Arbeiten, die die Vielfalt und Breite Ihrer bearbeiteten Gebiete zeigen, können hier erwähnt werden: Thermodynamik und Kinetik fester Stoffe, elektronische und ionische Ladungsträger, Stöchiometrie von Ionenkristallen, Elektrochemie gemischter Leiter, Mechanismen der Phasenbildung und -zersetzung, Oxydation und Reduktion von Festkörpern, kinetische Zersetzung in Potentialgradienten und Strukturbildung in Festkörperreaktionen. Viele dieser Arbeiten haben zu einer Vertiefung des Verständnisses der chemischen Prozesse in kristallinen Festkörpern geführt, wie sie vor 50 Jahren noch unvorstellbar waren.

Das erfolgreiche Forschen ist allerdings nur ein Aspekt Ihres Wirkens. Als Hochschullehrer haben Sie es immer verstanden, die besten Köpfe zusammenzuführen und zu fördern. Diejenigen, die das Glück hatten, mit Ihnen eine Zeit lang arbeiten zu dürfen, wissen, dass Sie ein begeisternder Lehrer sind. Ihre Fähigkeit, in jungen Menschen

Begeisterung für die Wissenschaft zu wecken und sie Schritt für Schritt an neue komplexe Forschungsgebiete heranzuführen, hat dazu geführt, dass viele Ihrer ehemaligen Schüler heute Lehrstuhlinhaber im In- und Ausland sind und damit dazu beitragen, dass die von Ihnen begründete wissenschaftliche Schule weitergeführt wird. Das zeigt, dass Sie den Mitarbeitern nicht nur den gewünschten Freiraum zur Entwicklung eigener Ideen gelassen haben, sondern auch dass Sie Ihr umfangreiches Wissen gern weitergeben und fördernd einsetzen.

In drei Büchern haben Sie dieses Wissen festgehalten. Diese drei Bücher, die weltweit zur Grundausrüstung materialwissenschaftlicher und physikalisch-chemischer Laboratorien gehören, zählen heute zu den Standardwerken auf dem Gebiet der Festkörperthermodynamik und Festkörperkinetik.

Es ist nicht verwunderlich, dass ein Wissenschaftler Ihres Ansehens willkommener Vortragender an Universitäten und Forschungsinstituten ist. Sie pflegten und pflegen zahlreiche Kontakte mit Wissenschaftlern in vielen Ländern der Welt. Für zahlreiche ausländische Postdoktoranden und Gastwissenschaftler aus Europa und Übersee war Ihr Institut in Hannover ein weltweit bekanntes wichtiges Zentrum der physikalisch-chemischen Forschung an Festkörpern. Sie lehrten und forschten als Williams-*Lecturer* am *Massachusetts Institute of Technology* (MIT) in Cambridge (MA, USA), als Schottky-Professor an der *Stanford University* in Kalifornien und als Courtesy-Professor an der *Cornell University* in Ithaca (NY, USA). Weiterhin sind Forschungsaufenthalte in Chicago, Minnesota, Oxford, Warschau und Paris zu nennen.

Für Ihr Wirken als Forscher und Lehrer haben Sie viele Auszeichnungen und Ehrungen empfangen. Sie spiegeln neben der allgemeinen Hochachtung und Bewunderung für Ihre wissenschaftlichen Ergebnisse die bemerkenswerte Breite Ihres Wirkens – weit über den engeren Bereich der Physikalischen Chemie hinaus – wider. Darunter sind der *Orton Award* der *American Ceramic Society*, die Bunsen-Denkmünze und die Wilhelm-Jost-Gedächtnisvorlesung der Deutschen Bunsengesellschaft, der *Outstanding Achievement Award* der *Electrochemical Society*, die Heyn-Medaille der Deutschen Gesellschaft für Metallkunde, die Ehrenpromotion der Universität Stuttgart und die Mitgliedschaften in der Akademie der Wissenschaften in Göttingen, in der *Academia Europaea* in London und in der *International Academy of Ceramics* hervorzuheben.

Sehr verehrter Herr SCHMALZRIED, mit großer Hochachtung vor Ihrem Lebenswerk ist die Leopoldina stolz darauf, Sie seit 1990 in ihren Reihen zu wissen. Wir wünschen Ihnen noch viele glückliche und erfreuliche Jahre.

Mit herzlichen Grüßen
Ihre

Jörg HACKER   Friedrich HENSEL (Marburg)
Präsident

Max Schwab (Halle/Saale)

Halle (Saale), zum 1. März 2012

Sehr geehrter Herr Kollege, lieber Herr SCHWAB,

am 1. März 2012 vollenden Sie Ihr 80. Lebensjahr. Aus diesem Anlass sei uns ein kurzer, sicher nicht vollständiger Rückblick auf Ihr Leben, Ihre wissenschaftliche Entwicklung und Ihr wissenschaftliches Werk gestattet.

Besonders schwer war Ihr Schicksal durch die unerträgliche Diskriminierung und Beeinträchtigung des Lebens Ihrer gesamten Familie durch die Rassengesetze des Dritten Reiches. Sie gehören außerdem einer Generation an, die die Schrecken eines Weltkrieges in ihrer Jugend erleben musste.

Geboren wurden Sie und Ihr Zwillingsbruder Günther in Halle (Saale) als Söhne des jüdischen Kaufmannes Julius SCHWAB und seiner Ehefrau Margarethe geb. GÜNTHER, die zum jüdischen Glauben konvertiert war. In der Saalestadt mussten Sie Ihre Jugend in vieler Hinsicht anders als Ihre Altersgefährten verbringen. Die Diskriminierung Ihrer Familie verstärkte sich schon mit dem Beginn der NS-Herrschaft und verschärfte sich bereits im Jahre 1935 mit dem erzwungenen Verkauf von Grundstückseigentum und der geschäftlichen Behinderung Ihres Vaters sowie mit Verhören durch die Gestapo. Die Reichspogromnacht im November 1938 stellte dann einen besonderen Einschnitt dar. Ihr Vater wurde verhaftet und nach Buchenwald verschleppt. Seine Freilassung im selben Jahre erfolgte nur auf seine Zusicherung hin, das Land zu verlassen. Ihr Vater, dem die deutsche Staatsbürgerschaft aberkannt wurde, verließ Deutschland im Januar 1939. Er versuchte, sich in den Niederlanden eine neue Existenz aufzubauen. Nach dem Einmarsch der deutschen Truppen verblieb er noch bis 1942 dort. Er wurde interniert und den deutschen Behörden übergeben. Im September 1942 wurde er nach Auschwitz deportiert und dort ermordet. So musste ab 1939 Ihre Mutter, deren Mut, Tatkraft und Geschick man nur bewundern kann, die Fürsorge für Sie und Ihren Bruder sowie die Verantwortung für Ihrer beider Erziehung und Ausbildung allein übernehmen. Sie selbst und Ihr Bruder Günther, mit dem Sie immer sehr eng verbunden waren (leider verunglückte er 1996 tödlich), galten ab 1943 auf Betreiben Ihrer Mutter als „Mischlinge ersten Grades". Das hat Ihnen wahrscheinlich das Leben gerettet.

Allerdings durften Sie schon ab 1939 keine öffentliche Schule mehr besuchen. Der von Ihrer Mutter veranlasste und finanzierte Privatunterricht unter Mitwirkung einer Privatlehrerin ermöglichte es Ihnen, nach 1945 ohne Zeitverlust eine öffentliche Schule zu besuchen und bereits 1950 in der Thomas-Müntzer-Oberschule in Halle Ihr Abitur abzulegen. Die Erlebnisse Ihrer Jugendzeit ließen Sie dennoch nicht zu einem verbitterten Menschen werden. Sowohl im geteilten als auch im wiedervereinigten Deutschland haben Sie all Ihre Kräfte für einen demokratischen Wiederaufbau eingesetzt. Ihre kritische Haltung auch in wissenschaftlichen Fragen war immer förderlich – wenn auch manchmal nicht gern gesehen.

Ihr beruflicher Werdegang ist eng mit der Martin-Luther-Universität Halle-Wittenberg und ihrem Geologisch-Paläontologischen Institut verbunden, dessen Geschichte zwischen 1950 und der Gegenwart Sie miterlebt und zu einem bedeutenden Teil mitgeprägt haben. Bereits nach Abschluss der Schulausbildung und noch vor Beginn des Studiums der Geologie in Halle nahmen Sie an Ausgrabungen in der tertiären Braunkohle des Geiseltales teil. Diese Tätigkeit förderte Ihr Interesse an geologischen Untersuchungen sehr wesentlich. Nach dem Studienstart in Halle wechselten Sie 1950 zur Humboldt-Universität in Berlin. Ihre akademischen Lehrer in Halle und Berlin waren national und international führende Geologen und Paläontologen. Genannt seien für Halle Professor Hans Gallwitz und für Berlin die Professoren Serge von Bubnoff (Historische und Regionale Geologie), Fritz Deubel (Geologie und Regionale Geologie – besonders Geologie von Thüringen), Walter Gross (Paläontologie), Walther Gothan (Paläobotanik) und Günter Möbus (Geologie, Geotektonik). Der Aufenthalt in Berlin gab Ihnen die Möglichkeit der Bekanntschaft mit einer Reihe von jungen Wissenschaftlern, mit denen Sie in der Folgezeit enger zusammenarbeiteten und mit welchen Sie vielfach durch Freundschaft verbunden waren und bis heute noch sind. Genannt seien hier Peter und Elfriede Bankwitz, Harald Lützner, Karl-Bernhard Jubitz, Erich Schröder sowie Hans-Jürgen Paech. Ihre von Serge von Bubnoff und Günter Möbus betreute Diplomarbeit mit dem Titel „Die Nordlausitzer Grauwackenformation bei Weißenberg/Sachsen" legte wohl den Grundstein für Ihre weiteren Arbeiten im Paläozoikum in der Folgezeit. Diese Arbeit wurde mit dem Prädikat „mit Auszeichnung" beurteilt. Als Assistent gingen Sie zurück an das Geologisch-Paläontologische Institut der Martin-Luther-Universität in Halle, das bis zu seinem Tod im Jahre 1958 unter der Leitung von Professor Hans Gallwitz stand. Die Amtsnachfolger von Gallwitz, die Professoren Horst Werner Matthes und Rudolf Hohl, förderten Ihre weitere Entwicklung und lenkten Ihre Aufmerksamkeit auf das Permokarbon im Saale-Trog, zunächst in der Umgebung von Halle, und auf die stratigraphische und tektonische Entwicklung im Paläozoikum der Harz-Scholle. Bereits 1961 erfolgte Ihre Promotion, die Sie ebenfalls mit „summa cum laude" abschlossen. Das Thema der Promotionsarbeit lautete „Tektonische Untersuchungen im Permokarbon nördlich von Halle/Saale".

Als Folge der Beschlüsse der – schon damals recht umstrittenen – dritten Hochschulreform wurde an der Martin-Luther-Universität Halle-Wittenberg das Geologisch-Paläontologische Institut aufgelöst und der Universität das Recht zur Diplomverleihung in den Fachrichtungen Geologie/Paläontologie sowie Mineralogie/Petrographie entzogen. Das führte zwischen 1968 und 1969 zu einer weitgehenden Umgestaltung innerhalb der Universität sowie zu einer Verlagerung der Geologie/Paläontologie-Ausbildung nach Freiberg und Greifswald. Der Fachbereich Geologie wurde Teil der Sektion Geographie, der Fachbereich Paläontologie und das Geiseltalmuseum Teil der Sektion Biowissenschaften und die Mineralogie eine Arbeitsgruppe innerhalb der Sektion Chemie. Für die in der Universität verbleibenden Mitarbeiter der ehemaligen Institute bedeutete das einen tiefen Einschnitt nicht nur in der Lehr-, sondern auch in der Forschungstätigkeit.

Sie, lieber Herr Schwab, verblieben an der Universität Halle und setzten unbeirrt Ihre Arbeiten fort. Dabei war es Ihr besonderes Anliegen, den Fortbestand geologisch/paläontologischer Forschung und Ausbildung für die Martin-Luther-Universität Halle-

Wittenberg soweit als möglich zu sichern. Ihre Habilitation mit einem regionalgeologisch tektonisch-stratigraphischen Inhalt im Jahre 1970 erfolgte kurz nach dem geschilderten Einschnitt und trug den Titel „Beiträge zur Tektonik der Rhenoherzynischen Zone im Gebiet der DDR mit besonderer Berücksichtigung der Verhältnisse im Unterharz". Durch Exkursionen in die Ardennen, die Sudeten, den Ural und den Tienshan konnten Sie diese Forschung in der Folgezeit regional erweitern. In kurzer zeitlicher Folge erhielten Sie 1971 die *Facultas docendi*, 1978 eine Berufung zum Hochschuldozenten für Regionale Geologie und 1983 eine außerordentliche Professur für Regionale Geologie. Bereits 1978 erfolgte die Berufung zum kommissarischen Leiter, 1984 dann zum Leiter des Wissenschaftsbereiches Geologische Wissenschaften und Geiseltalmuseum an der Sektion Geographie.

Nach der politischen Wende 1989 erarbeiteten Sie zusammen mit Ihren engeren Mitarbeitern W. GLÄSSER und J. M. LANGE in Form einer Studienordnung, eines Prüfungsplanes sowie eines Studienplanes die Grundlagen für eine erneute Ausbildung von Geologen und Paläontologen an der Universität Halle. Davon zeugt noch heute ein ausführlicher Schriftwechsel mit den zuständigen Stellen. Diesen Bemühungen ist es wohl maßgeblich zu verdanken, dass 1991 eine Neugründung eines Institutes für Geologische Wissenschaften unter Einschluss des Geiseltalmuseums erfolgte. Umso befremdlicher war es für einen großen Kollegenkreis, dass Sie keine C4- oder C3-Professur erhielten, sondern 1993 eine Professur „alten Rechts" bestätigt wurde, die Sie bis zu Ihrer Pensionierung im Jahre 1997 inne hatten.

Ihre Lehrtätigkeit umfasste ein sehr breites Spektrum von Vorlesungen und Übungen zur Regionalen Geologie, zur Geotektonik und zur Allgemeinen Geologie sowie ein Exkursionsprogramm im In- und Ausland. Dazu trat die Betreuung von 60 studentischen Qualifikationsarbeiten sowie 26 Promotionen zu stratigraphischen, lithologischen und tektonischen Themen des Paläozoikums, des Permokarbons und des Quartärs. Darüber hinaus beteiligten Sie sich – neben Ihrer Tätigkeit an der Universität – an der Organisation einer Reihe von Fachtagungen. Erwähnt werden soll hier vor allem das Leopoldina-Meeting „Mittel- und westeuropäische Variszidien" im Jahr 1994 in Halle.

152 Publikationen und zahlreiche unveröffentlichte Berichte umfasst Ihr wissenschaftliches Werk. Es handelt sich überwiegend um Arbeiten zu tektonischen, stratigraphischen und lithologischen Themen, vor allem zu Problemen des permokarbonen Vulkanismus sowie der Sedimente des Rotliegenden im Saale-Trog, zu Problemen der varistischen Tektonik in Europa, der Lithologie im Silur bis Karbon, insbesondere der tektonofaziell-gebundenen Lithostrome, sowie um vergleichende Untersuchungen im Rhenoherzynikum, insbesondere des Harz-Paläozoikums. Sie haben damit einen sehr wesentlichen Beitrag zur 2008 herausgegebenen *Geologie von Sachsen-Anhalt* geleistet.

Die Anerkennung Ihrer wissenschaftlichen Leistungen kommt in einer großen Anzahl von Berufungen in nationale und internationale wissenschaftliche Gremien, Akademien und Gesellschaften zum Ausdruck. Das waren vor 1989 – trotz fehlender Parteizugehörigkeit – der Wissenschaftliche Beirat für Geowissenschaften, die Hauptforschungsrichtung „Geologische Wissenschaften und mineralische Ressourcen", der Expertenrat des Weiterbildungszentrums Geowissenschaften und die Problemkommission IX (Arbeitsgruppe Olisthostrombildung). Seit 1991 sind Sie Mitglied der Leopoldina, an deren Tagungen und Sitzungen in Halle Sie regelmäßig teilnehmen.

Nach 1989 waren Sie Mitglied der Evaluierungskommission des Wissenschaftsrates, Mitglied des Wissenschaftsrates, Mitglied des Deutschen Landesausschusses für das *International Geoscience Programme* (IGCP), Mitglied des Wissenschaftlichen Beirates „Geowissenschaftliche Gemeinschaftsaufgaben" beim Niedersächsischen Landesamt für Bodenforschung, Mitglied des Deutschen Nationalkomitees für Geologische Wissenschaften, Fachgutachter der Deutschen Forschungsgemeinschaft (DFG) für das Fachgebiet Historische und Regionale Geologie, Mitglied der DFG-Senatskommission für Geowissenschaftliche Gemeinschaftsforschung und Vorsitzender der Gesellschaft für Geologische Wissenschaften. Dabei war besonders die erstgenannte Mitgliedschaft mit einem hohen Zeitaufwand und einem großen menschlichen Verständnis für die Mitarbeiter der zu evaluierenden Einrichtungen der ehemaligen DDR verbunden.

Sie sind Ehrenmitglied der Geologischen Vereinigung sowie Träger der Hans-Stille-Medaille und der Serge-von-Bubnoff-Medaille.

Bei allem darf die ständige Mitwirkung und Unterstützung Ihrer Frau Jutta SCHWAB nicht unerwähnt bleiben. Sie ist wohl wesentlich durch ihre Hilfe und Fürsorge an Ihren wissenschaftlichen Erfolgen beteiligt.

Die Leopoldina mit allen ihren Mitgliedern wünscht Ihnen, lieber und verehrter Herr SCHWAB, noch viele Lebensjahre in voller Gesundheit und geistiger Frische, die Sie mit Ihrer Frau Gemahlin und Ihrer ganzen Familie – insbesondere Ihren drei Söhnen sowie deren Familien – verleben können.

Mit herzlichen Grüßen
Ihre

Jörg HACKER   Karl-Armin TRÖGER (Freiberg)
Präsident

Andreas G. A. Tammann (Basel, Schweiz)

Halle (Saale), zum 24. Juli 2012

Lieber Herr TAMMANN,

zu Ihrem 80. Geburtstag, den Sie am 24. Juli feiern, gratulieren wir Ihnen herzlich, auch im Namen des Präsidiums der Deutschen Akademie der Naturforscher Leopoldina – Nationale Akademie der Wissenschaften, und übermitteln Ihnen die besten Grüße und Wünsche.

Sie wurden 1932 in Göttingen in eine Familie mit einer großen akademischen Tradition hineingeboren. Ihr Großvater war der bekannte Physikochemiker Gustav Heinrich Johann Apollon TAMMANN, der aus dem Baltikum stammte und 1903 als ordentlicher Professor an die Universität Göttingen berufen worden war, wo er 1907/8 Nachfolger von Walther NERNST wurde. Ihre Eltern waren der Medizinprofessor Heinrich TAMMANN und seine Frau Verena, eine Antiquarin. Nach dem frühen Tod Ihres Vaters 1946 übersiedelte die Familie nach Basel, wo Sie Ihre Schulzeit mit der Maturität am Mathematisch-Naturwissenschaftlichen Gymnasium abschlossen. Dieser schönen Stadt blieben Sie, von mehreren längeren Auslandsaufenthalten in den USA und kürzeren in England und Deutschland abgesehen, zusammen mit Ihrer Frau Yvette, einer Physiotherapeutin, bis zum heutigen Tage treu.

Ihre akademische Karriere begann nach dem Studium an den Universitäten Basel, Göttingen und Freiburg im Breisgau im Jahr 1961 mit der Promotion zum Dr. phil. im Hauptfach Astronomie an der Universität Basel. In Ihren frühen Arbeiten (1963) befassten Sie sich mit Sternhaufen in der Milchstraße, bevor Sie von 1963 bis 1966 als *Research Assistant* nach Kalifornien gingen, um an den damals mächtigsten Teleskopen der Mount-Wilson- und Palomar-Observatorien zu arbeiten. Dort trafen Sie auf den sechs Jahre älteren Alan SANDAGE, der zu jener Zeit durch seine Rolle bei der Entdeckung der Quasare und durch die Revision der kosmischen Entfernungsskala HUBBLES bereits ein berühmter Astronom war. Dies war eine schicksalhafte Begegnung, denn Sie blieben einander bis zu seinem Tod wissenschaftlich und freundschaftlich eng verbunden. Der ersten gemeinsamen Publikation im Jahr 1966 folgten mehr als hundert (!) weitere, und die letzte erschien 2011, im Jahr nach dem Tod von Alan SANDAGE, dem Sie in *Nature* einen sehr persönlichen und inhaltsreichen Nachruf widmeten.

In Ihrer letzten gemeinsamen Arbeit ging es wie am Anfang Ihrer Zusammenarbeit um die Cepheiden, jene pulsierenden Sterne, bei denen die Leuchtkraft, also ihre Energieabstrahlung, von der Pulsperiode abhängt, und die deshalb eine Schlüsselrolle bei der Bestimmung der Entfernung ferner Galaxien spielen. Die Vermessung des Kosmos wurde zum wissenschaftlichen Thema Ihres Lebens. 1929 hatte Edwin HUBBLE eine lineare Korrelation zwischen den scheinbaren Distanzen der Galaxien und ihrer Fluchtgeschwindigkeit entdeckt – eine der größten Entdeckungen der Astronomie und Kosmologie im letzten Jahrhundert. Sie ließ direkt auf eine Expansion des Universums schließen. Die Bestimmung der „Hubble-Konstanten", deren Kehrwert ein Maß für das Alter des Universums ist, wurde seit den 1950er Jahren das große Thema, dem sich eine rasch wachsende Anzahl von Beobachtern und Theoretikern widmete. In der Folge wuchs nicht nur die Zahl der Messungen, sondern es wurden auch neue Entfernungsindikatoren gefunden. Allerdings sind alle verwendeten Methoden mit beträchtlichen systematischen Unsicherheiten behaftet, und so kam es zu der Jahrzehnte währenden Debatte zwischen Alan SANDAGE und Ihnen, die eine kleine Hubble-Konstante ($H = 50-60$ km^{-1} Mpc^{-1}) und damit ein großes Weltalter von etwa 15 Milliarden Jahren propagierten, auf der einen Seite und der Gruppe um Gerard DE VAUCOULEURS auf der anderen Seite, die für einen Wert von $H = 90-100$ und ein entsprechend kleineres Weltalter plädierte.

Seit den 1980er Jahren leisteten Sie Pionierarbeit bei der Etablierung der Supernovae vom Typ I a als „Einheitskerzen", die in den 1990er Jahren vor allem durch Messungen mit dem *Hubble Space Telescope* eine besondere Rolle bei der Entdeckung der positiven kosmologischen Energiedichte, der Dunklen Energie, erlangten. Wenn sich heute aufgrund von Messungen an Supernovae vom Typ I a und an der kosmischen Hintergrundstrahlung die Hubble-Konstante bei einem Wert von $H = 73$ eingependelt hat, was einem Weltalter von 13 Milliarden Jahren entspricht, so sieht das wie ein gelungener Kompromiss aus. Aber vielleicht ist darüber noch nicht das letzte Wort gesprochen. In Ihren Publikationen der letzten Jahre, ja, noch in diesem Jahr, haben Sie sich wiederholt kritisch mit der komplexen Materie auseinandergesetzt und dabei Werte unterhalb von H = 67 propagiert. Jedenfalls haben Sie mit Ihrem bewundernswerten Lebenswerk die Entwicklung der modernen Kosmologie in ganz wesentlicher Weise beeinflusst.

Zurück zu Ihrer akademischen Laufbahn. Nach mehreren längeren Forschungsaufenthalten am *California Institute of Technology* (Caltech) in Pasadena (CA, USA) und am *Institute of Astronomy* in Cambridge sowie einem dreisemestrigen Aufenthalt als ordentlicher Professor für Astronomie in Hamburg 1973–1974 wurden Sie 1977 ordentlicher Professor an der Universität Basel und Direktor des Astronomischen Instituts, das Sie bis zu Ihrer Pensionierung leiteten. Natürlich blieb es nicht aus, dass Ihr Rat immer häufiger von internationalen Wissenschaftsorganisationen gesucht wurde. So waren Sie in verschiedenen Kommissionen für die Europäische Südsternwarte (ESO), für die Europäische Weltraumbehörde (ESA), für die *International Astronomical Union* (IAU) und für die *European Science Foundation* (ESF) tätig. Von 1981 bis 1984 waren Sie Vorsitzender der Astronomischen Gesellschaft. In der Schweiz waren Sie Anfang der 1980er Jahre Präsident der Kommission für Weltraumforschung und über zwanzig Jahre für die Hochalpine Forschungsstation Jungfraujoch der Schweizerischen Akademie für Naturwissenschaften tätig, von 2000 bis 2007 als ihr Präsident. Auch der Internationalen Stiftung Hochalpine Forschungsstationen Jungfraujoch-Gornergrat haben Sie als Präsident des Stiftungsrates von 2000 bis 2003 gedient. Ihre wissenschaftlichen Leistungen wurden durch zahlreiche Ehrungen gewürdigt, u. a. durch die Auszeichnung mit der Ehrendoktorwürde der Universität Istanbul 1985, die Verleihung der Albert-Einstein-Medaille 2000 und des Tomalla-Preises für Gravitation und Kosmologie 2000. Im Jahr 2005 erhielten Sie mit der Karl-Schwarzschild-Medaille die höchste Auszeichnung der Astronomischen Gesellschaft.

Lieber Herr TAMMANN, die Deutsche Akademie der Naturforscher Leopoldina ist stolz darauf, Sie seit 1984 in ihren Reihen zu wissen. Wir wünschen Ihnen ein schönes Geburtstagsfest im Kreis Ihrer Familie und für die kommenden Jahre alles Gute – Gesundheit, Lebensfreude und eine fortdauernde Schaffenskraft.

Mit herzlichen Grüßen

Jörg HACKER   Joachim E. TRÜMPER (Garching)
Präsident

Jürgen van de Loo (Münster)

Halle (Saale), zum 22. April 2012

Sehr geehrter, lieber Herr van de Loo,

zu Ihrem 80. Geburtstag gratuliert die Leopoldina Ihnen herzlich und wünscht Ihnen Gesundheit, Freude und Erfüllung der Wünsche, die bisher noch nicht erfüllt werden konnten!

Die Leopoldina ehrt hiermit ein herausragendes Mitglied, das in besonderer Weise sich um das Wohlergehen und die Verbesserung der Heilungschancen von Patienten mit bösartigen Tumoren, speziell Leukämien, verdient gemacht hat und darüber hinaus auch die Erforschung von Herz-Kreislauferkrankungen mit seinen Mitarbeitern in Münster richtungweisend vorantrieb. Als Arzt und Hochschullehrer waren Sie über 20 Jahre in der Funktion des Direktors der Klinik und Poliklinik für Innere Medizin an der Universität Münster tätig und vermochten in diesen Jahren eine große Anzahl von jungen Ärzten nach Ihrem Vorbild zu formen und ihnen die Werte zu vermitteln, die stets Ihre Leitbilder waren: eine ethisch-fundierte Grundhaltung, die das Wohl des Patienten als *primum movens* zum Inhalt hatte, Wahrhaftigkeit und Demut als Schutz vor akademischer Überheblichkeit sowie Unbestechlichkeit in der Freiheit vor ökonomischen Zwängen und Begierden. Darüber hinaus zeichnete Sie höchste fachliche Kompetenz in der Verantwortung vor dem *salus aegroti* aus. Sie waren geachtet und verehrt, weit über den Rahmen Ihrer eigenen Klinik hinaus. Vor allem als Präsident der Gesellschaft für Hämatologie und Onkologie (DGHO) sowie der Gesellschaft für Innere Medizin (DGIM) waren Sie in besonderer Weise stets ein harmonisierender und weiser Vermittler zwischen standespolitischen Zwistigkeiten und häufig allzu menschlichen Eitelkeiten.

Über Ihre klinisch-wissenschaftlichen Leistungen als Internist, Hämatologe und Gerinnungsforscher mit hoher internationaler Anerkennung hinaus wurden Sie in der Umbruchzeit der Wende und der nachfolgenden Neuorientierungen der Wiedervereinigung der so unterschiedlichen politischen und akademisch-wissenschaftlichen Systeme der beiden Deutschlands ein Pionier der Neuordnung der Universitäten in den neuen Bundesländern.

Von 1989 bis 1995 waren Sie Mitglied des Wissenschaftsrates. Von 1992 an leiteten Sie als Vorsitzender den Ausschuss für Medizin. In dieser turbulenten Zeit stand der Wissenschaftsrat vor dem schwierigen Problem, alle universitären und außeruniversitären Lehr- und Forschungsinstitutionen in Ostdeutschland einer gründlichen wissenschaftlichen Evaluation zu unterziehen. Ziel dieser Evaluation war eine Empfehlung zur Erhaltungswürdigkeit und eine Feststellung der eigenständigen Leistungsfähigkeit jeder einzelnen Einrichtung im Kontext der gesamtdeutschen Wissenschaftslandschaft.

Dieser komplizierten Aufgabe haben Sie, lieber Herr van de Loo, sich in hervorragender und beispielgebender Weise gestellt und sie mit Augenmaß und hoher Sensibilität als Leiter des Medizinausschusses des Wissenschaftsrates bewältigt. Sie haben dafür hohe Anerkennung, Lob und Dankbarkeit geerntet. Beispielhaft sei hier nur Ihr Wirken an der Universität in Greifswald erwähnt, wo Ihr engagierter und aufopferungsvoller persönlicher Einsatz zu der Etablierung eines eigenständigen Schwerpunktes „Community Medicine" führte, der half, dass Greifswald neben Rostock als zweiter Universitätsstandort in Mecklenburg-Vorpommern erhalten blieb. Die Greifswalder haben es Ihnen verständlicherweise mit der Verleihung der Würde eines Ehrendoktors gedankt!

Es würde den Rahmen dieser Gratulation sprengen, alle Ihre Ehrungen und Ernennungen in herausragende Funktionen in Wissenschaftsgremien, Editorial Boards, Vorständen und akademischen Gremien zu nennen. Stellvertretend seien hier nur einige erwähnt: 1999 erhielten Sie den *Sol-Sherry Award* der *International Society on Thrombosis and Hämostasis*, 2002 den Ehrendoktor der Medizinischen Fakultät der Ernst-Moritz-Arndt-Universität in Greifswald und 2010 das Bundesverdienstkreuz 1. Klasse der Bundesrepublik Deutschland.

Die Leopoldina ehrt mit dieser Gratulation einen Arzt, Kliniker, Wissenschaftler und akademisch-politischen Menschen, der es verstanden hat, seinem aus einer christlichen Überzeugung stammenden hohen ethisch-humanistischen Anspruch an das eigene Handeln nicht nur nachzuleben, sondern diesen als Leitbild auch Generationen von jungen Ärzten weiterzuvermitteln.

Mit herzlichen Grüßen
Ihre

Jörg HACKER   Volker DIEHL (Hohen Neuendorf/Berlin)
Präsident

Peter K. Vogt (La Jolla, CA, USA)

Halle (Saale), zum 10. März 2012

Sehr verehrter, lieber Herr VOGT,

am 10. März vollendet sich Ihr 80. Lebensjahr. Angesichts Ihrer ungebrochenen Aktivität können wir das kaum glauben. Das Präsidium der Deutschen Akademie der Naturforscher Leopoldina – Nationale Akademie der Wissenschaften sowie die Mitglieder von Klasse II und der Sektion „Humangenetik und Molekulare Medizin" übermitteln Ihnen aus diesem Anlass besonders herzliche Grüße und Glückwünsche.

Sie sind in Braunau, heute Broumov, in der Tschechoslowakei geboren, – einer Stadt, die schon im Mittelalter ein bedeutendes geistliches und kulturelles Zentrum Nordostböhmens war. Die Folgen des Zweiten Weltkrieges sind an Ihnen nicht vorbeigegangen. Als junger Mann wechselten Sie 1950 die Grenze von Ost- nach Westdeutschland und entschlossen sich, in Würzburg Biologie zu studieren. 1955 gingen Sie an das Max-Planck-Institut für Virusforschung in Tübingen, der damals einzigen Forschungsstelle dieser Art in Deutschland. An der Universität Tübingen wurden Sie 1959 promoviert. 1958 veröffentlichten Sie Ihre erste Arbeit, mit der Sie in *Nature* gleich das Thema Ihres beeindruckenden wissenschaftlichen Lebens eingeleitet haben. Sie zeigten darin, dass es in den Mikrosomen gewebespezifische Antigene gibt, die eine Zelle während des karzinogenen Prozesses nach und nach verliert. Die Antigene stellen einen wichtigen Unterschied zwischen normalen und malignen Zellen dar und eröffnen die Möglichkeit, den Mechanismus der Entdifferenzierung zu untersuchen, der mit Wachstum verbunden ist. Die Verbindung von Virusforschung und Krebsforschung wurde das wissenschaftliche Thema Ihres Lebens.

1959 sind Sie als *Postdoctoral Fellow* an das *Virus Laboratory* in Berkeley (Kalifornien) gegangen. Danach begann für Sie eine lange akademische Wanderschaft: 1962 wurden Sie *Assistant Professor*, bald danach *Associate Professor of Pathology* an der *University of Colorado Medical School* in Denver (Colorado). 1967 gingen Sie als *Professor of Microbiology* an die *University of Washington* in Seattle (Washington). Vier Jahre später wechselten Sie als *Hastings Professor* an die *University of Southern California* in Los Angeles (Kalifornien). 1977 wurden Sie dort *Hastings Distinguished Professor* und 1980 zusätzlich *Chairman of Microbiology* an dieser Universität. Seit 1993 haben Sie die Position als *Professor and Head der Division of Oncovirology, Department of Molecular and Experimental Medicine* am *Scripps Research Institute* in La Jolla (Kalifornien) inne. Sie sind dort weiterhin wissenschaftlich tätig und wirken inzwischen als *Senior Vice President for Scientific Affairs*.

Die Liste Ihrer wissenschaftlichen Erfolge ist lang. Sie haben das Gebiet der Virusgenese der malignen Transformation und damit der Entstehung von Krebs maßgeblich mitgestaltet. In Berkeley haben Sie sich im Labor von Harry RUBIN mit dem Rous-Sarkom-Virus beschäftigt, das die besondere Eigenschaft hat, Krebs zu erzeugen. In den späten 1960er Jahren haben Sie Virusmutanten entdeckt, die ein einziges krebsinduzierendes Gen enthalten. Durch diese Entdeckung wurden Sie zum Schrittmacher einer epochalen wissenschaftlichen Entwicklung. Wir wissen inzwischen, dass der Mensch derartige Onkogene in inaktivierter Form trägt und dass diese zur Krebsentstehung einer Aktivierung bedürfen. Sie haben weitere Krebsgene entdeckt, darunter in jüngerer Zeit die PI3-Kinase. Einsichten in derartige karzinogene Mechanismen können – so hoffen wir alle – auch Bedeutung für neue therapeutische Ansätze bekommen.

Die Liste Ihrer wissenschaftlichen Veröffentlichungen ist lang und wächst immer noch weiter. Ihre Leistungen haben durch Ihre Mitgliedschaft nicht nur in der Leopoldina, sondern auch in weiteren Akademien Anerkennung gefunden, so in der *National Academy of Sciences USA*, der *American Philosophical Society*, der *American Academy of Microbiology* und der *American Academy of Arts and Sciences*.

Die akademische Welt hat Ihnen eine ganze Reihe hoher Auszeichnungen verliehen. Dazu gehören u. a. der Irene-Vogeler-Preis der Max-Planck-Gesellschaft, der Alexander-von-Humboldt-Preis, der Ernst-Jung-Preis für Medizin, der *Robert J. and Claire Pasarow Award*, der Paul-Ehrlich-und-Ludwig-Darmstaedter-Preis, der *Bristol Myers Award*, der *Charles S. Motte Prize* der *General Motors Cancer Research Foundation*, die Gregor-Johann-Mendel-Medaille der Nationalen Akademie der Wissenschaften von Tschechien, die Loeffler-Frosch-Medaille der Deutschen Gesellschaft für Virologie und der *Albert Szent-Györgyi Prize for Progress in Cancer Research*. Seit 1995 sind Sie Ehrendoktor der Universität Würzburg.

Auch wenn Sie in jungen Jahren in die USA gegangen sind, so haben Sie immer die Verbindung nach Deutschland und Europa aufrechterhalten. Dies kommt auch darin zum Ausdruck, dass Sie von in Deutschland beheimateten Organisationen eine Reihe von Auszeichnungen erhielten. Ohne beständigen Kontakt in den deutschen Sprachraum wäre das kaum zu erwarten gewesen. Als Mitglied des Wissenschaftlichen Komitees des Deutschen Krebsforschungszentrums und des Schweizer Instituts für Experimentelle Krebsforschung haben Sie die Arbeit der beiden Institutionen unterstützt. Durch Ihre Wurzeln in Europa sind Sie zu einem wissenschaftlichen Brückenbauer zwischen dem deutschen Sprachraum und den USA geworden.

Eine andere beeindruckende Begabung wollen wir nicht unerwähnt lassen: das Malen. Während Ihres Studiums in Würzburg haben Sie an der Universität darin Unterricht genommen. Ihre Website, die der Information über Ihre wissenschaftliche Arbeit gewidmet ist, empfängt den Besucher mit Landschaftsbildern von eigener Hand, die unverkennbar einen persönlichen Stil erkennen lassen.

Wir gratulieren Ihnen noch einmal zu Ihrem denkwürdigen Geburtstag und wünschen Ihnen viele weitere Jahre wissenschaftlichen Schaffens. In unser aller Interesse erhoffen wir uns von Ihnen neue und wichtige Einsichten in die Krebsentstehung. Ganz vorrangig möchten wir Ihnen noch viele Jahre Gesundheit wünschen.

Mit herzlichen Grüßen
Ihre

Jörg HACKER   Peter PROPPING (Bonn)
Präsident

Ekkehard Winterfeldt (Isernhagen)

Halle (Saale), zum 13. Mai 2012

Sehr verehrter, lieber Herr WINTERFELDT,

zur Vollendung Ihres 80. Lebensjahres möchten wir Ihnen, auch im Namen des Präsidiums der Deutschen Akademie der Naturforscher Leopoldina – Nationale Akademie der Wissenschaften, unsere herzlichen Grüße und Glückwünsche übermitteln.

Sie wurden als Sohn des Lehrers Herbert WINTERFELDT und seiner Frau Herta am 13. Mai 1932 in Danzig geboren, wo Sie auch Ihre Kindheit und erste Schulzeit verbrachten. Zum Kriegsende übersiedelten Sie zunächst nach Dänemark und von dort nach Schleswig-Holstein, wo Sie ab Herbst 1945 die Domschule in Schleswig besuchten. An dieser Schule kamen Sie durch den sehr stimulierenden und generell ausgezeichneten Unterricht (Abitur im Jahr 1952) den Naturwissenschaften nahe und wurden so auch zur Wahl Ihres späteren Studienfaches angeregt. Sie studierten dann, mit kurzer Unterbrechung in Hamburg, an der damaligen Technischen Hochschule (TH) Braunschweig (heute Technische Universität Braunschweig) Chemie und ließen sich von Ihren dort tätigen Hochschullehrern, insbesondere von Hans Herloff INHOFFEN, Ferdinand BOHLMANN und Friedrich VON BRUCHHAUSEN, für die Organische Chemie begeistern. Was Sie schon damals speziell zu interessieren begann, waren die Naturstoff- und die Wirkstoffchemie. Sie führten eine Diplomarbeit in der Bohlmannschen Forschungsgruppe durch und erhielten Ihr Diplom im Jahr 1956.

Ihr Interesse an der Totalsynthese von Naturstoffen und an der Alkaloidchemie wurde durch Ihre Doktorarbeit über die Synthese von Hydroxyspartëinen weiter vertieft, die Sie bei Ferdinand BOHLMANN durchführten. Der Bereich der Alkaloidchemie hat Sie offenbar auch bei Ihren späteren Arbeiten nicht mehr losgelassen. Nach Ihrer bereits im Jahr 1958 erfolgten Promotion blieben Sie auf Ihrem Gebiet, trotz eines verlockenden Angebotes von Dr. Otto BAYER (Forschungsleiter) und einer kurzen Anstellung seitens der Bayer AG in Braunschweig, um noch im gleichen Jahr mit Ferdinand BOHLMANN an die Technische Universität (TU) Berlin zu gehen, wo Sie als wissenschaftlicher Assistent mit Erfolg eigene Forschungsarbeiten aufnahmen.

Wie vordem in Braunschweig, so beteiligten Sie sich auch in Berlin mit großer Freude an der Lehre und schufen sich auch in dieser Hinsicht gute Voraussetzungen für Ihre bald erfolgende Habilitation. Gute Kontakte von Professor BOHLMANN und des Berliner Instituts zur Arbeitsgruppe von Professor Kurt MOTHES in Halle wurden für Sie ebenfalls wichtig. Die Gruppe in Halle beschäftigte sich u. a. mit der Biosynthese von Lupinenalkaloiden, einer Alkaloidklasse, welche Sie als Naturstoffchemiker speziell interessierte. Es faszinierten Sie die Methodik, die Motivation und die Denkweise der Sie stets mit sehr freundlicher Kollegialität aufnehmenden Hallenser Biogenese-Forscher so, dass sich Ihr Interesse an der Biosynthese der Alkaloide intensivierte. Nur etwa drei Jahre nach Ihrem Wechsel an die TU Berlin reichten Sie Ihre Habilitationsschrift über „Konstitutionsaufklärung und Synthese einer natürlich vorkommenden Thiophen-Verbindung" ein und erhielten im Jahr 1962 die Venia legendi.

Zunächst blieben Sie an der TU in Berlin. Dort entwickelten Sie spezielle, mechanistisch interessante Ansätze zur Synthese organischer Verbindungen bzw. von Heterozyklen und vertieften Ihr Interesse an der Biosynthese von Alkaloiden. Aufbauend auf Ihren Einblicken in die Alkaloidbiosynthese spielte für Sie in Ihren Syntheseplanungen die biomimetische Synthese eine immer wichtigere Rolle.

1967 wurden Sie an der TU Berlin zum außerplanmäßigen Professor befördert und erhielten 1969 erste Rufe an die damalige TU Hannover sowie an die Universität Marburg und an die TU Berlin. Sie folgten dem Ruf nach Hannover und wurden 1970 Direktor des Institutes für Organische Chemie an der (heutigen) Gottfried-Wilhelm-Leibniz-Universität Hannover. Abgesehen von einer Gastprofessur an der *University of California* in Irvine (CA, USA) im Jahr 1990 hielten Sie (obwohl Sie u. a. 1976 einen Ruf an die Universität Stuttgart bekamen) der Universität Hannover bis zu Ihrer Emeritierung im Jahr 2000 die Treue.

Sie haben in Hannover einen Studiengang für Biochemie mitbegründet und hatten, wie Sie sagten, „das große Vergnügen", dass Ihnen „die Vorlesungen zur Naturstoffchemie, zur stereoselektiven Synthese und zur Biogenese als Lehrdeputat zugewiesen wurden". Zum Zeitpunkt Ihrer Emeritierung konnten Sie sowohl auf eine großartige Karriere als Wissenschaftler als auch mit Stolz auf Ihre Tätigkeit als Hochschullehrer zurückblicken, in der Sie etwa 200 Diplomanden und Doktoranden ausbildeten.

Ihr wissenschaftliches Interesse konzentrierte sich auf die synthetische organische Chemie. Dabei wurden Ihre immer wieder bahnbrechenden Arbeiten sowohl von tiefen Einblicken in reaktionsmechanistische Aspekte geprägt als auch durch das für so manchen erfolgreichen organischen Chemiker typische Verlangen – sozusagen als Nebenprodukt der Synthese von wichtigen Naturstoffen – Erkenntnisse über deren Biosynthese und über deren Wirkung zu gewinnen und damit den Geheimnissen der lebenden Natur näher zu kommen. Zu Ihren „Spezialitäten" zählen die Addition an Dreifachbindungen, perizyklische Reaktionen, die Herstellung und Verwendung enantiomerenreiner Synthesebausteine und die stereoselektive biomimetische Synthese. So haben Sie eine große Zahl von Naturstoffen durch ausgeklügelte diastereo- oder enantioselektive Verfahren synthetisiert, bei welchen Sie sich oft biomimetischer Syntheseplanungen bedienten. Außerdem haben Sie verschiedene, naturstoffähnliche Verbindungen durch gezielte Transformationen an bestehenden Naturstoffgrundgerüsten synthetisch zugänglich gemacht. Ihre zahlreichen hervorragenden Arbeiten haben sich in etwa 200 Publikationen niedergeschlagen.

Neben Ihrer eigentlichen Arbeit als Forscher und Hochschullehrer haben Sie sich im Fortbildungsprogramm für die Forschungschemiker verschiedener pharmazeutisch-chemischer Unternehmen engagiert, insbesondere der Schering AG. Sie waren wissenschaftlicher Beirat bzw. Mitherausgeber von international wichtigen Zeitschriften, Hauptgutachter für das Fach Organische Chemie und Mitglied des Senats in der Deutschen Forschungsgemeinschaft (DFG) und haben mit großem Einsatz auch verschiedene weitere, wissenschaftlich bedeutende und ehrenvolle Ämter und Funktionen ausgeübt. So waren Sie 1986 Präsident der 22. EUCHEM-Stereochemie-Konferenz auf dem Bürgenstock und in der Funktionsperiode 1996/1997 Präsident der Gesellschaft Deutscher Chemiker (GDCh). In der Zeit Ihrer GDCh-Präsidentschaft erfolgte die Gründung des JungChemikerForums der GDCh.

Sie wurden nicht nur 1996 zum Mitglied der Deutschen Akademie der Naturforscher Leopoldina gewählt, sondern 1983 auch in die Braunschweigische Wissenschaftliche Gesellschaft, 1984 in die Akademie der Wissenschaften zu Göttingen, 1997 in die *Academia Europaea* und 1999 in die Gesellschaft Deutscher Naturforscher und Ärzte aufgenommen.

Ihre herausragenden Tätigkeiten haben sich auch in einer beträchtlichen Reihe von Ehrungen niedergeschlagen. Sie sind Ehrendoktor der Universität Lüttich (Belgien), Inhaber der Emil-Fischer-Medaille (1990) und der Richard-Kuhn-Medaille (1995) der Gesellschaft Deutscher Chemiker sowie der Adolf-Windaus-Medaille der Universität Göttingen (1993) und der Hans-Herloff-Inhoffen-Medaille (1998) der TU Braunschweig.

Lieber Herr WINTERFELDT, mit Ihren Tätigkeiten haben Sie nicht nur unser organisch-chemisches Wissen beträchtlich erweitert, insbesondere mit Ihren Beiträgen zu wichtigen Naturstoffen. Sie haben der Chemie in Deutschland und in Europa bedeutende Dienste erwiesen. Mit diesen Glückwünschen zu Ihrem 80. Geburtstag soll Ihr hervorragendes Wirken auch durch die Leopoldina gewürdigt werden.

Wir dürfen Ihnen anlässlich Ihres 80. Geburtstages im Namen der Deutschen Akademie der Naturforscher Leopoldina – Nationale Akademie der Wissenschaften gratulieren und Ihnen viele weitere schöne Jahre im Kreis Ihrer Familie, Ihrer Freunde und Kollegen wünschen, sowie Gesundheit und auch weiterhin viel Freude an der Wissenschaft.

Mit herzlichen Grüßen

Jörg HACKER Bernhard KRÄUTLER (Innsbruck)
Präsident

Auszeichnungen

Auszeichnung zur Jahresversammlung

Laudatio für Herrn Dr. Thomas Mölg anlässlich der Verleihung des Early Career Awards der Leopoldina

Sehr geehrter Herr Präsident,
verehrte Festversammlung,
lieber Herr MÖLG!

Der Flügelschlag eines Schmetterlings in Kuala Lumpur kann einen Tropensturm in der Karibik auslösen. Diese Aussage, die irgend jemand einmal in die Welt gesetzt hat, um auf die weitreichenden interaktiven Effekte in komplexen dynamischen Systemen zu verweisen, enthält ein Körnchen Wahrheit, aber so ganz ernst nimmt man diese Aussage doch nicht. Zwar haben wir inzwischen in vielen Forschungsbereichen eine Ahnung davon, dass es solche Schmetterlingseffekte gibt – in der Meteorologie allemal, aber auch in der Neurophysiologie, oder in der Soziologie. Wir wissen zum Beispiel, dass im Gehirn, mit seinen zig Milliarden synaptischen Kontaktstellen ein einzelnes Molekül eines Neuropeptids an einer Stelle eine Kaskade von Effekten an ganz anderen Stellen auslösen kann, oder wir sehen gerade mit gewisser Betroffenheit, dass in einer interaktiven Gesellschaft ein eigentlich unbedeutendes Ereignis – ein dümmliches Video – einen Flächenbrand der Gewalt in einer geographischen, religiös geprägten Region bedingen kann. All das sind Beispiele für Effekte in komplexen dynamischen, rückgekoppelten Systemen, in denen zwar lokal einfache Ursache-Wirkungs-Beziehungen zwischen einzelnen Variablen zu gelten scheinen, in denen aber zugleich, durch die hochgradige Vernetzung der beteiligten „Spieler" und deren Eigendynamik exakte Kausalaussagen fiktiv bleiben müssen. Die meiste Forschung, die betrieben wird, weiß um solche Effekte, aber sie stellt sie hinten an, beschäftigt sich doch lieber mit den scheinbar greifbareren Zusammenhängen zwischen wenigen Variablen und versucht, lokale Kausalaussagen zu machen.

Anders unser heutiger Preisträger Thomas MÖLG. Er packt, wenn man so will, den Stier bei den Hörnern und wendet sich genau solchen Fragen der Interaktionen in hochkomplexen Systemen zu. Sein Forschungsgebiet sind Gletscher- und Klimaveränderungen in den Tropen. Geographisch konkrete Forschungsareale waren die Anden oder der Kilimandscharo in Afrika. Als Hirnforscher kann ich diese Forschung nicht im Detail nachvollziehen, ich muss mich dabei auf die Bewertungen anderer verlassen, aber der grundsätzliche Ansatz ist nachvollziehbar und überzeugend. Aufgrund weit verteilter Messstationen sowie der Auswertung historischer und aktueller Daten, versucht Thomas MÖLG, die komplexen Wechselwirkungen zu verstehen, die zu klimatischen Veränderungen und dann u. a. zu einem Schwund der Gletscherflächen führen – wir werden sicherlich in seinem Vortrag mehr darüber erfahren. So kann er zeigen, dass etwa für den Kilimandscharogletscher nicht so sehr lokale Erwärmungen als Ursache des Flä-

Auszeichnung zur Jahresversammlung

Jürgen MITTELSTRASS, Leopoldina-Mitglied und Mitglied des Kuratoriums der Commerzbank-Stiftung, der Preisträger des Early Career Awards Thomas MÖLG und Leopoldina-Präsident Jörg HACKER (*von links*).

chenschwundes bedeutsam sind als sehr viel mehr Strömungsänderungen im Indischen Ozean, die ihrerseits zu einer Änderung der Niederschlagsmenge und zu einer größeren Trockenheit im Bereich des Kilimandscharo geführt haben. Thomas MÖLG belässt es nicht bei der Datenerhebung und Beschreibung dieser Sachverhalte, vielmehr hat er ein Modell entwickelt, mit dem die komplexen Interaktionen der am Wetter und der Gletscherbildung beteiligten „Spieler" abgebildet und Konsequenzen vorhergesagt werden können. Seine Arbeit bezieht sich zunächst konkret auf die Klimaforschung, aber, ich denke, sie ist beispielgebend auch für andere Forschungsgebiete, in denen, wie zuvor gesagt, komplexe, dynamische und rückgekoppelte Zusammenhänge gegeben sind.

Thomas MÖLG wurde in Kitzbühl geboren. Er legte den Grundstein für seine jetzigen Forschungen mit dem Studium der Geographie, Meteorologie und Geophysik an der Universität Innsbruck, wo er nach dem Masterabschluss 2001, im Jahre 2003 zum Doktor rer. nat. promoviert wurde. Das Thema seiner Doktorarbeit handelte bereits von der Modellierung der Gletscher-Atmosphären-Interaktion. Im Jahre 2009 habilitierte er sich, ebenfalls in Innsbruck, für das Gebiet der Geo- und Atmosphärenwissenschaften.

Die Bedeutung der Forschung von Thomas MÖLG wurde bereits von anderen, insbesondere fachnahen Kolleginnen und Kollegen erkannt und entsprechend gewürdigt. So erhielt Thomas MÖLG kontinuierlich, seit 2002, Preise und Auszeichnungen für seine Arbeiten, und er konnte eine Reihe substantieller Förderungen aus begutachteten

Förderverfahren des Österreichischen Fonds zur Förderung der wissenschaftlichen Forschung einwerben, Der FWF ist das österreichische Pendant zur deutschen DFG. Thomas MÖLG arbeitet derzeit als *Humboldt Fellow* – auch eine bedeutsame Auszeichnung – an der TU Berlin zusammen mit Prof. Dieter SCHERER im Fach Klimatologie.

Die Preisfindungskommission der Nationalakademie Leopoldina hatte keine Schwierigkeiten, Herrn MÖLG aus den zahlreichen Vorschlägen, die für die Preisverleihung eingegangen waren, herauszufiltern. Die Kommission hatte sich auch noch durch externen Sachverstand unterstützen lassen, von inhaltlich in diesem Bereich ausgewiesenen Kollegen. Und auch diese haben die Entscheidung der Kommission ohne jedes „Wenn und Aber" nachhaltig unterstützt.

Lieber Herr MÖLG, ich gratuliere Ihnen ganz herzlich zum Early Career Award 2012 der Commerzbank-Stiftung, der Ihnen jetzt vom Präsidenten der Nationalakademie, Prof. HACKER, und dem Kuratoriumsvorsitzenden der Commerzbankstiftung, Prof. MITTELSTRASS, überreicht werden wird.

Frank RÖSLER
Sekretar der Klasse 4

13.4.87

Verleihung des Carl Friedrich von Weizsäcker-Preises 2012 an Prof. Dr. Dr. h.c. mult. Jürgen Baumert

Begrüßung

am 21. Juni 2012 in Halle (Saale)

Jörg Hacker ML (Halle/Saale, Berlin)
Präsident der Akademie

Sehr geehrte Familie von Weizsäcker,
sehr geehrter Herr Präsident des Stifterverbandes für die Deutsche Wissenschaft, lieber Herr Dr. Oetker,
sehr geehrter Preisträger, lieber Herr Baumert,
sehr geehrter Herr Präsident der Deutschen Forschungsgemeinschaft, lieber Herr Kleiner,
sehr verehrte Vizepräsidentin, liebe Frau Staudinger,
sehr geehrte Vertreter von Bund, Land und Stadt,
liebe Mitglieder der Leopoldina,
sehr geehrte Teilnehmer der Carl Friedrich von Weizsäcker-Tagung,
meine Damen und Herren!

Ich begrüße Sie herzlich im Festsaal des neuen Hauptgebäudes der Nationalen Akademie der Wissenschaften Leopoldina zur Verleihung des Carl Friedrich von Weizsäcker-Preises 2012 an Herrn Professor Jürgen Baumert. Mit diesem Preis zeichnen der Stifterverband für die Deutsche Wissenschaft und die Leopoldina nach dem Molekularbiologen Jens Reich zum zweiten Mal eine Persönlichkeit aus, die sich nicht allein durch ihre Forschungsleistungen höchstes Ansehen erworben hat.

Sehr geehrter Preisträger, lieber Herr Baumert, der Aufbau der empirischen Bildungsforschung in Deutschland, der ganz wesentlich Ihrem Wirken zu verdanken ist, hat nicht nur die wissenschaftliche Auseinandersetzung mit Erziehung und Bildung hierzulande transformiert, sondern auch unser Bezugssystem für die politische und gesellschaftliche Diskussion über Bildungsfragen verändert. Ich freue mich sehr, lieber Herr Baumert, Sie im Namen des Präsidiums der Leopoldina begrüßen zu dürfen, gratuliere Ihnen herzlich zur Verleihung des Carl Friedrich von Weizsäcker-Preises und erwarte gespannt die neuen Einsichten in unser Bildungswesen, die Sie uns mit Ihrem Vortrag vermitteln werden.

Ich möchte ebenfalls den Präsidenten des Stifterverbandes für die Deutsche Wissenschaft herzlich willkommen heißen. Lieber Herr Dr. Oetker, der Stifterverband und die Leopoldina haben in großer Übereinstimmung bereits zwei würdige Träger des Carl Friedrich von Weizsäcker-Preises gefunden. Ich bin mir sicher, dass auch in Zukunft dieser Preis die hervorragende Zusammenarbeit zwischen dem Stifterverband und der Leopoldina weithin sichtbar dokumentieren wird.

Der Stifterverband ist in Deutschland diejenige Organisation, die sich an der Schnittstelle zwischen Wissenschaft und Wirtschaft bei der Lösung lebenswichtiger Fragen unseres Wissenschaftssystems überaus große Verdienste erworben hat. Daher kann ich es nur außerordentlich begrüßen, dass die Leopoldina mit Ihnen, Herr Dr. OETKER, und dem von Ihnen geführten Stifterverband einen bewährten und innovativen Partner in unserer gemeinsamen Anstrengung, das deutsche Wissenschaftssystem weiterzuentwickeln, gefunden hat.

Sehr geehrte Familie VON WEIZSÄCKER, ich freue mich ganz besonders, dass wir Sie gerade in diesem Jahr in der Nationalen Akademie der Wissenschaften Leopoldina begrüßen dürfen. Denn 2012 ist für das Andenken an Carl Friedrich VON WEIZSÄCKER ein besonderes Jahr. In genau einer Woche, am 28. Juni, jährt sich zum 100. Mal der Geburtstag dieses bedeutenden Physikers, radikal fragenden Philosophen, unbequemen Zeitgenossen – und, wie ich mit Stolz sagen darf, Ehrenmitglieds der Leopoldina.

Das ganze Spektrum des Wirkens Carl Friedrich VON WEIZSÄCKERS wird derjenige erahnen können, der an der dreitägigen Konferenz teilnimmt, die die Leopoldina zu Ehren ihres Mitglieds seit gestern ausrichtet. Eine angemessenere Einbettung hätte die Verleihung des Carl Friedrich von Weizsäcker-Preises in diesem Jubiläumsjahr nicht finden können. Hierfür danke ich den Sektionen Wissenschafts- und Medizingeschichte, Wissenschaftstheorie und Physik sowie den Organisatoren der Tagung, Herrn HENTSCHEL und Herrn HOFFMANN, noch einmal ausdrücklich.

Meine Damen und Herren, ich betonte bereits, dass die Leopoldina stolz darauf ist, Carl Friedrich VON WEIZSÄCKER zu ihren Mitgliedern zählen zu dürfen. Dieser Stolz speist sich einerseits aus der kaum zu überschätzenden Rolle, die er in der Zeit der Teilung Deutschlands dabei gespielt hat, die Gemeinschaft der Wissenschaftler aus Ost *und* West am Leben zu erhalten und hierdurch die Glaubwürdigkeit der Idee der Wissenschaft jenseits aller Ideologien zu sichern. Mit seiner Person stand er – geradezu sinnbildhaft bei seinen Besuchen der Leopoldina-Jahresversammlungen hier in Halle – für die Pflicht ein, dass auch Wissenschaftler lernen müssen, ihre intellektuelle wie ethische Integrität selbst unter widrigen Umständen aufrechtzuerhalten.

Aber nicht nur das Engagement Carl Friedrich VON WEIZSÄCKERS zu seinen Lebzeiten erfüllt die Leopoldina mit Stolz darüber, ihn zu unseren Ehrenmitgliedern zählen zu dürfen. Seit der Ernennung der Leopoldina zur Nationalen Akademie der Wissenschaften können wir das Ideal einer Synthese von wissenschaftlicher Exzellenz, rückhaltloser Reflexion und weltbürgerlichem Engagement, dem er nicht zuletzt auf Grund seiner Erfahrungen mit totalitären Systemen gefolgt ist, als Leitschnur bei der Erfüllung unserer neuen Aufgaben verstehen.

Ich denke hier vor allem an die Aktivitäten der Leopoldina, die wir unter dem Begriff „wissenschaftsbasierte Politik- und Gesellschaftsberatung" zusammenfassen. Unsere Stellungnahmen zu gesellschaftlich relevanten wissenschaftsnahen Fragestellungen – wie dem Einsatz von Biotechnologien, neuen Entwicklungen in der Medizin oder der Energiewende – sind geprägt von einer herausragenden Expertise, die an allererster Stelle wissenschaftlichen Kriterien für nachprüfbares Wissen und für akzeptable Argumentationen verpflichtet ist.

Es wäre vermessen zu hoffen, dass Carl Friedrich VON WEIZSÄCKER, wenn er unsere aktuellen Stellungnahmen lesen könnte, sich immer mit ihren Ergebnissen einverstanden erklärte. Aber wir dürfen hoffen, dass er eines anerkennen würde: Wir sind in unserer Politik- und Gesellschaftsberatung jener Komplementarität von wissenschaftlicher Objektivität und ethischer Verantwortung verpflichtet, deren komplexe Struktur er selbst in all ihren Facetten auszuloten gelernt hat.

Meine Damen und Herren, ich freue mich, dass wir für diese Preisverleihung eine Laudatorin gewinnen konnten, die mit Wirken und Werk Jürgen BAUMERTS sehr vertraut ist. Frau STAUDINGER beschäftigt sich als Psychologin mit den Potenzialen lebenslanger Entwicklung. Sie ist Gründungsdekanin des *Jacobs Center on Lifelong Learning and Institutional Development* und Vizepräsidentin der *Jacobs University Bremen*. An der Leopoldina übt sie ebenfalls das Amt einer Vizepräsidentin aus und engagiert sich zudem als Sprecherin unserer Wissenschaftlichen Kommission „Demographischer Wandel". Liebe Frau STAUDINGER, ich möchte Ihnen bereits jetzt herzlich für Ihre Würdigung unseres Preisträgers danken!

Bevor wir Frau STAUDINGERS Laudatio hören, möchte ich aber Ihnen, meine Damen und Herren, für Ihre Aufmerksamkeit danken.

Stifterverband
Wissenschaftspreis
des Stifterverbandes
2012

Carl Friedrich von Weizsäcker-Preis

Laudatio für Herrn Jürgen Baumert anlässlich der Verleihung des Carl Friedrich von Weizsäcker-Preises

Sehr geehrter Herr BAUMERT, lieber Jürgen,
sehr geehrte Damen und Herren,

wir ehren heute mit dem Carl Friedrich von Weizsäcker-Preis eine Forscherpersönlichkeit, die als Pionier in der Wissenschaft gelten darf und damit nicht genug: mittels und durch die Wissenschaft vermochte sie in beispielgebender Weise in die Gesellschaft hineinzuwirken. Damit erfüllt sie in idealtypischer Weise die Anforderungen, die die Nationale Akademie gemeinsam mit dem Stifterverband bei der Auslobung des Preises im Sinne hatte.

Mit der heutigen Verleihung würdigen wir Jürgen BAUMERT ML, Professor für Erziehungswissenschaft, Direktor am Berliner Max-Planck-Institut für Bildungsforschung.

Er hat in den vergangenen Dekaden maßgeblich dazu beigetragen, die Erforschung von Bildung und Erziehung in Deutschland in ihrem wissenschaftlichen Kern zu stärken und international wieder sichtbar und wettbewerbsfähig zu machen.

Jürgen BAUMERT hat die grundlegende Wende der Erziehungswissenschaft hin zu einer auf hohem Niveau empirisch und quantitativ arbeitenden wissenschaftlichen Disziplin maßgeblich vorangetrieben. Dies ist einer der Eckpfeiler für die heutige Ehrung. Denn erst mit dieser Neuausrichtung, unter anderem auch durch eine gelungene Integration der Konzepte und Methoden aus der pädagogischen Psychologie, wurde die Erziehungswissenschaft in die Lage versetzt, ein Wissensfundament zu erarbeiten und bereitzustellen, mit dessen Hilfe sich dann im politischen wie im privaten Raum informierte Bildungsentscheidungen treffen lassen.

Was hat man sich unter einer solchen Neuausrichtung der Erziehungswissenschaft genauer vorzustellen, und welche Rolle spielte unser heutiger Preisträger? Jürgen BAUMERT selbst formulierte es einmal so, dass es eine unglückliche Politisierung der Bildungsforschung gegeben habe, es aber durch groß angelegte empirische Studien und Respektierung der Grenzen zwischen Politik und Wissenschaft geglückt sei, zum wissenschaftlichen Kern zurückzufinden und damit die Rolle der Erziehungswissenschaft in der Politikberatung um ein Vielfaches zu stärken.

Hier wird ein Verständnis von Politik- und Öffentlichkeitsberatung deutlich, wie es in der Nationalen Akademie der Wissenschaften gelebt wird.

Jürgen BAUMERT war in Deutschland einer der Ersten, der große Untersuchungen zu Schüler- und Schulleistungen durchführte. Er hat die internationale Mathematik-Naturwissenschaften-Studie TIMSS (*Third International Mathematics and Science Study*) für Deutschland geleitet und sie zur wichtigsten Schulstudie der 1990er Jahre ausgebaut. Mit seinen theoretischen und methodologischen Arbeiten, die auf seinen eigenen früheren Ansätzen zur Anwendung komplexer statistischer Verfahren und längsschnittlicher

Designs aufbauten, hat er TIMSS als hohen Standard etabliert, an dem sich die Bildungsforschung seither ausrichtet.

Öffentlich noch bekannter ist wohl die internationale PISA-Studie (*Program for International Student Assessment*), deren deutsche Leitung Jürgen BAUMERT im Jahr 2000 übernahm. Theoretisch und methodisch aufwändig konzipiert, analysiert PISA naturwissenschaftliche und mathematische Kompetenzen, Lesen und übergeordnete Fähigkeiten zum Lernen und Problemlösen. Sie untersucht, in welchem Ausmaß es den Bildungsinstitutionen eines Landes gelingt, Basiskompetenzen für die Teilhabe am gesellschaftlichen, wirtschaftlichen und politischen Leben an die nachwachsenden Generationen zu vermitteln, und in welchem Ausmaß soziale Ungleichheiten dabei eine Rolle spielen.

Schon an diesen Stichworten lässt sich die Brisanz des Untersuchungsgegenstandes erkennen, sowie seine Bedeutung für den zukünftigen Erfolg moderner Wohlfahrtsstaaten, denn ein erfolgreiches Bildungssystem ist zweifellos ein tragender Pfeiler moderner Industrienationen. Vor diesem Hintergrund nahm sich der verbale Anspruch der PISA-Wissenschaftler dann eher bescheiden aus, wenn sie schlicht konstatierten: „Mit dieser Studie erhält die aktuelle bildungspolitische Diskussion eine breite empirische Grundlage."

Bekanntlich lösten die Ergebnisse den sogenannten „PISA-Schock" aus. Die institutionalisierte kontinuierliche Beobachtung, wie wir sie deshalb mittlerweile kennen und als üblich erachten, galt vor 12 Jahren, also vor Beginn der PISA-Studie, als reine Utopie. Vor den Befunden von TIMSS und PISA war die deutsche Öffentlichkeit noch zutiefst davon überzeugt, das deutsche Bildungssystem sei eines der gerechtesten und effektivsten der Welt, während die Studien zeigten, dass die Leistungen der Schülerinnen und Schüler nur im Mittelfeld lagen und die sozialen und ethnischen Ungleichheiten hierzulande sogar besonders ausgeprägt waren.

Jürgen BAUMERT wurde seitdem nicht müde, die Ergebnisse zu interpretieren und die Politik zu beraten. Es sei nur verwiesen auf die Einführung von Bildungsstandards durch die Länder und das Modellprogramm SINUS, das Jürgen BAUMERT auf der Basis der TIMSS für die Bundesländer entwickelt hat. In Klammern sei gesagt: SINUS ist ein Programm, das die Steigerung der Effizienz des mathematisch-naturwissenschaftlichen Unterrichts durch die Lehrer selbst zum Ziel hat und in 180 Schulen in 15 Ländern umgesetzt wurde.

Aber nicht nur die Politikberatung, sondern auch das Engagement für die Schaffung wissenschaftsinstitutioneller Rahmenbedingungen war für Jürgen BAUMERT immer ein wichtiges Ziel. Er hat sich erfolgreich dafür eingesetzt, die empirische Bildungsforschung breit aufzustellen und in Deutschland fest zu verankern. Dies zeigt sich nicht nur an der beeindruckenden Anzahl seiner Schülerinnen und Schüler, die inzwischen wichtige Professuren besetzen, sondern auch an der Einrichtung eines deutschen Bildungspanels ebenso wie an seiner Aktivität als DFG-Fachgutachter und im Senat der DFG, als Vizepräsident der Max-Planck-Gesellschaft, als Mitglied des Senats und des Evaluierungsausschusses der Leibniz-Gemeinschaft. Ebenso zeugen zahlreiche Forschungsgruppen an Hochschulen, Institute in der Leibniz-Gemeinschaft und nicht zuletzt das von ihm angeregte Institut zur Qualitätsentwicklung im Bildungswesen (von den Ländern getragen), in dessen Vorstand er mehrere Jahre tätig war, von seinem erfolgreichen Bemühungen wie auch von dem Schub, den die empirische Bildungsforschung dadurch erhalten hat.

Dennoch ist Jürgen BAUMERTS Erfolg keiner, wie er selbst sagt, auf dem man sich ausruhen und dabei weiter Lorbeeren einsammeln kann. In allen Phasen der Zusammenarbeit zwischen Politik und Gesellschaft, so Jürgen BAUMERT, ist das bisherig Erreichte – auch heute! – bedroht, es muss immer wieder dafür geworben werden, Leistungsmessungen und Vergleiche zuzulassen, die Befunde politisch zur Kenntnis zu nehmen und in Handlungsentscheidungen einfließen zu lassen.

Daher würdigt die Leopoldina mit der Verleihung des Carl Friedrich von Weizsäcker-Preises auch die Beharrlichkeit und die persönliche Initiative Jürgen BAUMERTS für die kontinuierliche Weiterentwicklung der Bildungsforschung und der Bildungslandschaft in Deutschland.

Ich hoffe, das bisher Gesagte hat sie neugierig gemacht auf unseren Laureaten: Wer ist Jürgen BAUMERT? Wo kommt er her und dies nicht nur geographisch verstanden?

Jürgen BAUMERT wurde 1941 in Schöningen nahe Braunschweig geboren. Er studierte zunächst für das Lehramt Klassische Philologie, Philosophie und Sport in Göttingen, Freiburg, Hamburg und Tübingen, legte 1968 das Staatsexamen in Griechisch, Latein und Sport ab. Im selben Jahr wurde er in Tübingen in Klassischer Philologie und Philosophie promoviert. Während dessen arbeitete er bereits wissenschaftlich, zunächst an der Technischen Universität (TU) Berlin und nach der Promotion an der Universität Würzburg. 1970 begann er in Würzburg noch ein zweites Doppelstudium und setzte dies später an der Freien Universität (FU) Berlin fort, nämlich das der Erziehungswissenschaften und der Psychologie.

Peter (Martin) RÖDER, einer der damaligen Direktoren, holte ihn an das neu gegründete Berliner Max-Planck-Institut für Bildungsforschung, eine weise Entscheidung und glückliche Fügung, wie sich später herausstellen sollte.

1982 habilitierte sich Jürgen BAUMERT an der FU Berlin und wurde dort 1989 neben seiner wissenschaftlichen Tätigkeit am Max-Planck-Institut für Bildungsforschung zum außerplanmäßigen Professor.

Zwei Jahre später, 1991, nahm er den Ruf an die Christian-Albrechts-Universität zu Kiel an, wo er zugleich Direktor der erziehungswissenschaftlichen Abteilung des Leibniz-Instituts für die Pädagogik der Naturwissenschaften (IPN) wurde und wenig später Institutsleiter. 1996 rief ihn seine „Heimatinstitution", das Berliner Max-Planck-Institut, zurück – dieses Mal als Direktor und Nachfolger von Peter RÖDER.

Jürgen BAUMERT erhielt zahlreiche Ehrungen, darunter den Latsis-Preis der *European Science Foundation*, Ehrendoktorate der Universitäten Fribourg (Schweiz) und Halle (Saale), das Bundesverdienstkreuz am Bande und – etwas unbescheiden dürfen wir hinzufügen – die Mitgliedschaft in der Nationalen Akademie der Wissenschaften Leopoldina.

Es ist uns eine große Ehre und besondere Freude, Jürgen BAUMERT heute den Carl Friedrich von Weizsäcker-Preis zu verleihen. Der Erfolg in der Bildungspolitik ist das eine. Die heutige Ehrung durch die Nationale Akademie der Wissenschaften fügt die Anerkennung durch die Wissenschaftsgemeinschaft hinzu.

Herzlichen Glückwunsch!

Ursula M. STAUDINGER (Bremen)
Vizepräsidentin der Akademie

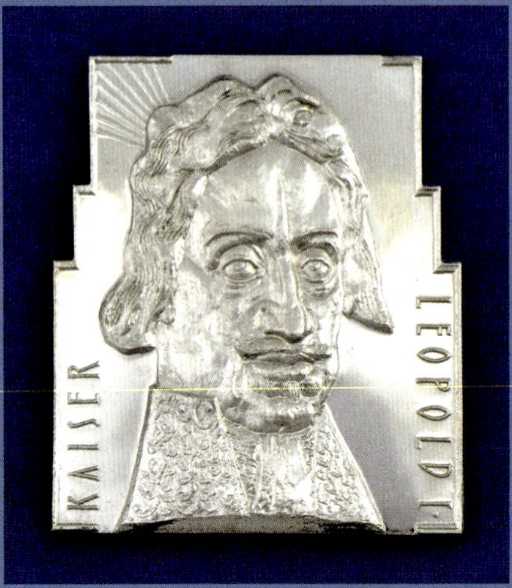
KAISER
LEOPOLD I.

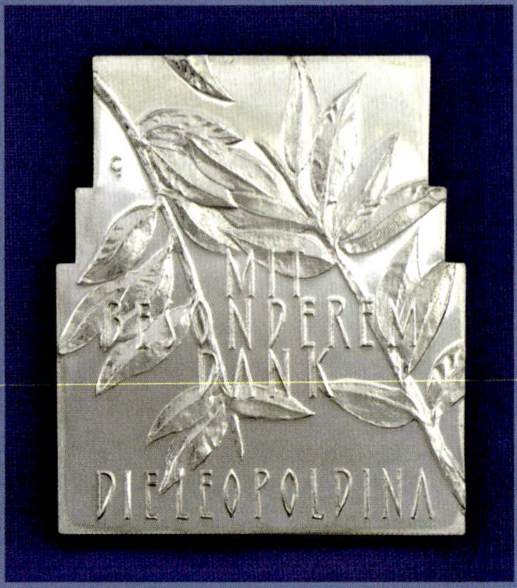
MIT
BESONDEREM
DANK
DIE LEOPOLDINA

Verleihung der Kaiser Leopold I.-Medaille an Prof. Dr. h.c. mult. Berthold Beitz

Im Rahmen der Feierlichen Eröffnung des Leopoldina-Hauptgebäudes erfolgte am 25. Mai 2012 die erstmalige Verleihung der Kaiser Leopold I.-Medaille. Die Auszeichnung wurde aus Anlass des 325. Jubiläums der Privilegierung der Leopoldina als Reichsakademie durch Kaiser LEOPOLD I. (1640–1705) gestiftet und wird an Persönlichkeiten des öffentlichen Lebens verliehen, die sich um die Wissenschaft im Allgemeinen und die Leopoldina im Besonderen verdient gemacht haben. Die Medaille wurde von dem halleschen Bildhauer Bernd GÖBEL geschaffen und ihre Herstellung durch eine großzügige Förderung durch den Leopodina Akademie Freundeskreis e.V. unterstützt. Erster Preisträger ist der Leopoldina-Ehrenförderer Professor Berthold BEITZ.

Leopoldina-Ehrensenator Berthold BEITZ (2. von *rechts*) erhielt die Kaiser Leopold I.-Medaille aus den Händen von Leopoldina-Präsident Jörg HACKER (*rechts*) im Beisein von Altpräsident Volker TER MEULEN und Vizepräsidentin Bärbel FRIEDRICH in der Villa Hügel in Essen.

Herr BEITZ wurde vor allem für seine Verdienste um die Förderung der Wissenschaft und die Unterstützung der Leopoldina durch die Alfried Krupp von Bohlen und Halbach-Stiftung sowohl während der Jahre der deutschen Teilung als auch nach der deutschen Einheit geehrt.[1]

Da Herr BEITZ an der Veranstaltung nicht teilnehmen konnte, erhielt er die Auszeichnung am 29. Mai 2012 in der Villa Hügel in Essen von Präsident Jörg HACKER ML im Beisein von Altpräsident Volker TER MEULEN ML und Vizepräsidentin Bärbel FRIEDRICH ML überreicht.

---

[1] Eine ausführliche Würdigung der Verdienste von Berthold BEITZ durch Leopoldina-Präsident Jörg HACKER ist in Nova Acta Leopoldina NF Supplementum Nr. *27* (2012) auf den Seiten 23–25 veröffentlicht.

1. Personen

Persönliches aus dem Kreise der Mitglieder

Jubiläen 2012

65 Jahre wurden:

Aleida Assmann, Konstanz, am 22. März – *Michael Bamberg*, Tübingen, am 17. August – *Mathias Berger*, Freiburg (Br.), am 20. August – *Pierre Braunstein*, Straßburg (Frankreich), am 4. Oktober – *Horst Bredekamp*, Berlin, am 29. April – *Hans-Peter Bruch*, Lübeck, am 22. April – *Gerhard Burckhardt*, Göttingen, am 1. August – *Karl Max Einhäupl*, Berlin, am 11. Januar – *Wilfried Endlicher*, Berlin, am 18. September – *Wolfgang Franke*, Gießen, am 20. Juni – *Michael Frotscher*, Hamburg, am 3. Juli – *Wolfgang Gaebel*, Düsseldorf, am 5. Mai – *Mariano Giaquinta*, Pisa (Italien), am 14. März – *Gerd Gigerenzer*, Berlin, am 3. September – *Hauke Hennecke*, Zürich (Schweiz), am 30. Oktober – *Dontscho Kerjaschki*, Wien (Österreich), am 8. Februar – *Jörn Manz*, Berlin, am 21. Mai – *Herbert Mayr*, München, am 8. Juni – *Peter J. Meier-Abt*, Basel (Schweiz), am 10. Mai – *Jukka H. Meurman*, Helsinki (Finnland), am 14. September – *David Milstein*, Rehovot (Israel), am 4. Juni – *Cesare Montecucco*, Padua (Italien), am 1. November – *Klaus Müllen*, Mainz, am 2. Januar – *Tom A. Rapoport*, Boston (MA, USA), am 17. Juni – *Baldev Raj*, Coimbatore (Indien), am 9. April – *Konrad Reinhart*, Jena, am 26. Oktober – *Werner A. Scherbaum*, Düsseldorf, am 28. Juni – *Daniel van Steenberghe*, Brüssel (Belgien), am 21. Mai – *David E. Wellbery*, Chicago (IL, USA), am 17. Januar – *Karl Werdan*, Halle (Saale), am 11. Oktober – *Itamar Willner*, Jerusalem (Israel), am 27. Januar – *Hans-Peter Zenner*, Tübingen, am 13. November.

70 Jahre wurden:

Nikolaus Amrhein, Zürich (Schweiz), am 12. November – *Dieter Bimberg*, Berlin, am 10. Juli – *Gottfried Boehm*, Basel (Schweiz), am 19. September – *Harald Boehmer*, Boston (MA, USA), am 30. November – *Peter K. Endress*, Zürich (Schweiz), am 21. August – *Dieter Fenske*, Ettlingen, am 29. September – *Herbert Fischer*, Bruchsal, am 17. Mai – *John G. Hildebrand*, Tucson (AZ, USA), am 26. März – *Franz Hofmann*, München, am 21. Mai – *Tasuku Honjo*, Kyoto (Japan), am 27. Januar – *Gerrit Isenberg*, Halle (Saale), am 3. März – *Rudolf Jaenisch*, Cambridge (MA, USA), am 22. April – *Reinhard Kurth*, Berlin, am 30. November – *Max G. Lagally*, Madison (WI, USA), am 23. Mai – *Yongxiang Lu*, Peking (China), am 28. April – *Friedrich C. Luft*, Berlin, am 4. März – *André Maeder*, Sauverny (Frankreich), am 10. Januar – *Walter Müller*, Mannheim, am 25. Januar – *Christiane Nüsslein-Volhard*, Tübingen, am 20. Oktober – *Zoltán Papp*, Budapest (Ungarn), am 3. Februar – *Wolfgang Prinz*, Steinhagen, am 24. September – *Peter Propping*, Bonn, am 21. Dezember – *Reinhard Putz*, München, am 5. August – *Peter Riederer*, Würzburg, am 21. März – *Matthias Rothmund*, Marburg, am 15. April – *Bert Sak-*

mann, Martinsried, am 12. Juni – *Detlef Schlöndorf*, New York (NY, USA), am 15. Januar – *Jürgen Schrader*, Düsseldorf, am 9. Oktober – *Karsten Schrör*, Düsseldorf, am 3. Mai – *Helmut Sies*, Düsseldorf, am 28. März – *Harald Stein*, Berlin, am 4. August – *J. Fraser Stoddart*, Evanston (IL, USA), am 24. Mai – *Manfred Sumper*, Sinzing, am 28. Dezember – *Klaus Unsicker*, Freiburg (Br.), am 3. Januar – *Karl H. Welte*, Hannover, am 23. August – *Karl Wieghardt*, Mülheim an der Ruhr, am 25. Juli – *Ulrich Wobus*, Gatersleben/Weinböhla, am 5. März.

75 Jahre wurden:

Rudolf Bauer, Mils (Österreich), am 25. Dezember – *Sir Colin Berry*, London (Großbritannien), am 28. September – *August Böck*, Geltendorf, am 23. April – *Carl de Boor*, Eastsound (WA, USA), am 3. Dezember – *Heiko Braak*, Ulm, am 16. Juni – *Peter Fritz*, Machern, am 18. März – *Jan Helms*, Würzburg, am 3. März – *Roald Hoffmann*, Ithaka (NY, USA), am 18. Juli – *Robert Huber*, Martinsried, am 20. Februar – *Joachim Kalden*, Erlangen, am 23. November – *Hans-Dieter Klingemann*, Berlin, am 3. Februar – *Werner Linß*, Jena, am 22. Juni – *Horst Malke*, Jena, am 10. Juni – *Yuri I. Manin*, Bonn, am 16. Februar – *Marian Mikołajczyk*, Łódź (Polen), am 7. Dezember – *Sigrid D. Peyerimhoff*, Bonn, am 12. Januar – *Andrzej Schinzel*, Warschau (Polen), am 5. April – *Martin Schmidt*, Schriesheim, am 23. Dezember – *Hasso Scholz*, Hamburg, am 24. August – *Dieter Seebach*, Zürich (Schweiz), am 31. Oktober – *Klaus Starke*, Freiburg (Br.), am 1. November – *Günter Stein*, Jena, am 21. Oktober – *Christian Thiel*, Erlangen, am 12. Juni – *Pieter Adriaan van Zwieten*, Amsterdam (Niederlande), am 20. Mai.

80 Jahre wurden:

André Authier, Peyrat-le-Chateau (Frankreich), am 17. Juni – *Gottfried Benad*, Beselin, am 15. März – *Friedrich Bonhoeffer*, Tübingen, am 10. August – *Vlastislav Červený*, Prag (Tschechische Republik), am 26. April – *Rudolf Cohen*, Konstanz, am 13. Juni – *Barry Dawson*, Edinburgh (Großbritannien), am 19. Juni – *Jacques J. Diebold*, Paris (Frankreich), am 8. November – *Dietmar Gläßer*, Halle (Saale), am 23. Mai – *Alexander von Graevenitz*, Kilchberg (Schweiz), am 8. November – *Helmut Koch*, Dresden, am 5. Oktober – *Klaus Müntz*, Gatersleben, am 30. Juli – *Benno Parthier*, Halle (Saale), am 21. August – *Heinz Penzlin*, Jena, am 26. Januar – *Stephan Perren*, Davos (Schweiz), am 7. Oktober – *Hermann Schmalzried*, Göttingen, am 21. Januar – *Max Schwab*, Halle (Saale), am 1. März – *Andreas Tammann*, Basel (Schweiz), am 24. Juli – *Jürgen van de Loo*, Münster, am 22. April – *Peter K. Vogt*, La Jolla (CA, USA), am 10. März – *Ekkehard Winterfeldt*, Isernhagen, am 13. Mai.

85 Jahre wurden:

Bogdan Baranowski, Warschau (Polen), am 27. Oktober – *Hans-Georg Borst*, München, am 17. Oktober – *Sydney Brenner*, La Jolla (CA, USA), am 13. Januar – *Dimitrij*

A. Charkevič, Moskau (Russland), am 30. Oktober – *Erol Düren*, Besiktas (Türkei), am 13. März – *Hans J. Eggers*, Köln, am 26. Juli – *Friedrich Ehrendorfer*, Wien (Österreich), 26. Juli – *Manfred Eigen*, Göttingen, am 9. Mai – *Gottfried Geiler*, Leipzig, am 13. Dezember – *Gerhard H. Giebisch*, New Haven (CT, USA), am 17. Januar – *Zbigniew R. Grabowski*, Warschau (Polen), am 11. Juni – *Klaus Hafner*, Darmstadt, am 10. Dezember – *Hermann Haken*, Stuttgart, am 12. Juli – *Enno Kleihauer*, Weißenhorn, am 6. Juli – *Erkki Koivisto*, Tampere (Finnland), am 19. Januar – *Fritz Krause*, Nuthetal, am 14. März – *Otto L. Lange*, Würzburg, am 21. August – *Zvi Laron*, Ramat Efal (Israel), am 6. Februar – *Dieter Lohmann*, Leipzig, am 9. Dezember – *Roland Mayer*, Dresden, am 26. Januar – *Gerhard Quinkert*, Frankfurt (Main), am 7. Februar – *Herbert Röller*, Houston (TX, USA), am 2. August – *Peter J. Roquette*, Heidelberg, am 8. Oktober – *Rudolf Schubert*, Halle (Saale), am 26. August – *Udo Schwertmann*, Freising, am 25. November – *Alfred Seeger*, Stuttgart, am 31. August – *Hans Slezak*, Wien (Österreich), am 24. August – *Walter E. Thirring*, Wien (Österreich), am 29. April.

90 Jahre wurden:

Otto Braun-Falco, München, am 25. April – *Sir Arnold Burgen*, Cambridge (Großbritannien), am 20. März – *Jean Civatte*, Paris (Frankreich), am 14. März – *Guy Delorme*, Merignac (Frankreich), am 10. April – *Georg Dhom*, Homburg/Saar, am 16. Mai – *Hans Frauenfelder*, Los Alamos (NM, USA), am 28. Juli – *Rudolf Haag*, Schliersee-Neuhaus, am 17. August – *Piet Hartman*, Zeist (Niederlande), am 11. April – *Bernhard Hassenstein*, Merzhausen, am 31. Mai – *Ernst J. M. Helmreich*, Schliersee, am 1. Juli – *Gerald Holton*, Cambridge (MA, USA), am 23. Mai – *Rudolf Hoppe*, Gießen, am 29. Oktober – *Fred Lembeck*, Graz (Österreich), am 4. Juli – *Anton Mayr*, Starnberg, am 6. Februar – *Christian Nezelof*, Paris (Frankreich), am 19. Januar – *Paul Otte*, Großhansdorf, am 14. November – *Dietrich Plester*, Tübingen, am 23. Januar – *Helmut Rössler*, Bonn, am 22. März – *Eberhard Sander*, Halle (Saale), am 21. Dezember – *Mario Sangiorgi*, Rom (Italien), am 20. Juli – *Günther Sterba*, Markkleeberg, am 20. Mai.

91 Jahre wurden:

Gustav V. R. Born, London (Großbritannien), am 29. Juli – *Paul Champagnat*, Aubusson (Frankreich), am 23. Januar – *Theodor O. Diener*, Beltsville (MD, USA), am 28. Februar – *Jacob Karl Frenkel*, Santa Fe (NM, USA), am 16. Februar – *Jacques Friedel*, Paris (Frankreich), am 11. Februar – *Ekkehard Grundmann*, Münster, am 28. September – *Paul Hagenmuller*, Pessac (Frankreich), am 3. August – *Wilhelm Hasselbach*, Heidelberg, am 15. Oktober – *Albert Herz*, München, am 5. Juni – *Siegfried Hünig*, Würzburg, am 3. April – *Cornelis de Jager*, Den Burg (Niederlande), am 29. April – *Boris A. Lapin*, Sochi-Adler (Russland), am 10. August – *Karl Lennert*, Kiel, am 4. Juni – *Hans Mau*, Tübingen, am 13. Januar – *Christian Müller*, Bern (Schweiz), am 11. August – *Helmut Rische*, Wernigerode, am 12. Juni – *Johannes W. Rohen*, Erlangen, am 18. September – *Joachim-Hermann Scharf*, Halle (Saale), am 7. November – *Gerhard Seifert*, Hamburg, am 9. September – *Konrad Seige*, Salzatal, am 27. Oktober –

Jubiläen 2012

Wolfgang Spann, München, am 29. August – *Friedrich Stelzner*, Bonn, am 4. November – *Vince Varró*, Szeged (Ungarn), am 13. Oktober – *Hans-Heinrich Voigt*, Göttingen, am 18. April.

92 Jahre wurden:

Nicolaas Bloembergen, Tucson (AZ, USA), am 11. März – *Eduard Gitsch*, Wien (Österreich), am 3. August – *Hans Haller*, Dresden, am 17. Dezember – *Osamu Hayaishi*, Osaka (Japan), am 8. Januar – *Rolf Huisgen*, München, am 13. Juni – *Stefania Jablońska*, Warschau (Polen), am 7. September – *Werner Janzarik*, Heidelberg, am 3. Juni – *Otto Kandler*, München, am 23. Oktober – *Heinrich Köle*, Graz (Österreich), am 24. Dezember – *Otto Mayrhofer*, Wien (Österreich), am 2. November – *Saburo Nagakura*, Kawasaki-shi (Japan), am 3. Oktober – *Hugo L. Obwegeser*, Schwerzenbach (Schweiz), am 21. Oktober – *Wilhelm Oelßner*, Leipzig, am 3. März – *Paul Stevanovits*, Budapest (Ungarn), am 24. November.

93 Jahre wurden:

G. Roberto Burgio, Pavia (Italien), am 30. April – *Simon N. Chečinašvili*, Tiflis (Georgien), am 26. November – *Hans-Jürgen Eichhorn*, Berlin, am 13. September – *Lubos Perek*, Prag (Tschechische Republik), am 26. Juli – *Kurt Unger*, Quedlinburg, am 20. September.

94 Jahre wurden:

Leonid S. Rosenstrauch-Ross, Stamford (CT, USA), am 8. Dezember – *Eugen Seibold*, Freiburg (Br.), am 11. Mai – *Jens Christian Skou*, Risskov (Dänemark), am 8. Oktober – *Ole Wasz-Höckert*, Fuengirola (Spanien), am 28. August.

95 Jahre wurden:

Christian de Duve, Nethen (Belgien), am 2. Oktober – *Fritz Kümmerle*, Mainz, am 14. Februar – *Walter H. Munk*, La Jolla (CA, USA), am 19. Oktober.

96 Jahre wurden:

Heinz Jagodzinski, München, am 20. April – *Paul Schölmerich*, Mainz, am 27. Juni – *Hisao Takayasu*, Tokio (Japan), am 26. November.

97 Jahre wurden:

Karl Maramorosch, New Brunswick (NJ, USA), am 16. Januar – *Shoji Shibata*, Tokio (Japan), am 23. Oktober – *Sakari Timonen*, Helsinki (Finnland), am 17. März.

Personelle Veränderungen und Ehrungen

Adriano Aguzzi, Zürich (Schweiz): Théodore-Ott-Preis der Schweizerischen Akademie der Wissenschaften

Jutta Allmendinger, Berlin: Soroptimist International Deutschland-Förderpreis 2012, *dazu*: DUZ Magazin *4*, 41 (2012); Waldemar-von-Knoeringen-Preis der Georg-von-Vollmar-Akademie, *dazu*: DUZ Magazin *1*/43 (2013)

Nikolaus Amrhein, Zürich (Schweiz): Korrespondierendes Mitglied der Bayerischen Akademie der Wissenschaften, *dazu*: DUZ Magazin *5*, 40 (2012)

Michael Baumann, Dresden: Regaud-Preis der Europäischen Gesellschaft für Radiotherapie, *dazu*: DUZ Magazin *7*, 41 (2012)

Matthias Beller, Rostock: Prix Gay-Lussac-Humboldt des französischen Ministeriums für Bildung und Forschung

Horst Bleckmann, Bonn: Karl-Ritter-von-Frisch-Medaille der Deutschen Zoologischen Gesellschaft

Hubert E. Blum, Freiburg (Br.): Mitglied der Europäischen Akademie der Wissenschaften und der Künste (Salzburg), *dazu*: Freiburger Universitätsblätter *195*/1, 115 (2012)

Antje Boetius, Bremen: Stellvertretende Vorsitzende der Wissenschaftlichen Kommission im Wissenschaftsrat, *dazu*: DUZ Magazin *3*, 38 (2012); Heinrich-Hertz-Gastprofessur 2012 der Karlsruher Universitätsgesellschaft und des Karlsruher Instituts für Technologie (KIT), *dazu*: DUZ Magazin *8*, 39 (2012)

Hans-Rudolf Bork, Kiel: Wahl in das Fachkollegium Physische Geographie der Deutschen Forschungsgemeinschaft, *dazu*: Christiana Albertina *74*, 72 (2012)

Alexander Borst, Martinsried: Ordentliches Mitglied der Bayerischen Akademie der Wissenschaften, *dazu*: DUZ Magazin *5*, 41 (2012)

Hartwig Bostedt, Gießen: Wahl in das Kuratorium der Gesellschaft zur Förderung Kynologischer Forschung

Bertram Brenig, Göttingen: Friendship Award 2012 der Volksrepublik China

Manfred Broy, Garching: Bayerischer Maximiliansorden für Wissenschaft und Kunst des Freistaates Bayern

Leena K. Bruckner-Tuderman, Freiburg (Br.). Wahl zur Vizepräsidentin der Deutschen Forschungsgemeinschaft (DFG), *dazu*: DUZ Magazin *9*, 39 (2012); Mitglied der Berlin-Brandenburgischen Akademie der Wissenschaften

Johannes Buchmann, Darmstadt: Tsungming Tu – Alexander von Humboldt-Research Award des Taiwanesischen National Science Councils

Claude Debru, Paris (Frankreich): Gustav-Neuenschwander-Preis 2012 der European Society of the History of Science

Ivan Dikic, Frankfurt (Main): William C. Rose Award 2013 der American Society for Biochemistry and Molecular Biology (ASMBM), *dazu*: Biologie in unserer Zeit *5*, 42 (2012)

Carl Djerassi, San Francisco (CA, USA): Ehrendoktorwürde der Universität Wien (Österreich)

Wolf-Christian Dullo, Kiel: Wahl in das Fachkollegium Geologie, Ingenieursgeologie, Paläontologie der Deutschen Forschungsgemeinschaft, *dazu*: Christiana Albertina *74*, 72 (2012)

Dieter Enders, Aachen: ERC Advanced Grant 2012, European Research Council

Hélène Esnault, Essen: Berufung auf erste Einstein-Professur (Zahlentheorie) der Freien Universität Berlin, *dazu*: DUZ Magazin *1*, 41 (2012)

Gunter S. Fischer, Halle (Saale): Ehrenmitglied der Gesellschaft Deutscher Chemiker

Herbert Fischer, Bruchsal: William Nordberg Medal 2012 des internationalen Committee on Space Research (COSPAR)

Harald Fuchs, Münster: Wahl zum Mitglied von TWAS, the Academy of Sciences for the Developing World in Triest (Italien)

Markus Gross, Zürich (Schweiz): Mitglied der Berlin-Brandenburgischen Akademie der Wissenschaften

Siegfried Großmann, Lahntal-Goßfelden: Ehrendoktorwürde der Universität Marburg, *dazu*: Marburger Uni Journal *38*, 52 (2012)

Peter Gruss, München: Bayerischer Maximiliansorden für Wissenschaft und Kunst des Freistaates Bayern

Jörg Hacker, Halle (Saale)/Berlin: Ehrendoktorwürde der Universität Tel Aviv (Israel); Bayerischer Maximiliansorden für Wissenschaft und Kunst des Freistaates Bayern

Michael Hallek, Köln: Paul-Martini-Preis 2012 der Paul-Martini-Stiftung

F.-Ulrich Hartl, Martinsried: Shaw Prize in Life Science and Medicine 2012, Shaw Prize Foundation Hongkong (China)

Michael Hecker, Greifswald: Robert-Pfleger-Forschungspreis 2012

Jürgen Heinze, Regensburg: Bestätigung im Amt als Senatsmitglied der Deutschen Forschungsgemeinschaft

Wolfgang A. Herrmann, München: Bayerischer Maximiliansorden für Wissenschaft und Kunst des Freistaates Bayern

Jules A. Hoffmann, Strasbourg (Frankreich): Mitglied der Académie française

Florian Holsboer, München: Robert-Pfleger-Forschungspreis 2012

Tasuku Honjo, Kyoto (Japan): Robert-Koch-Preis 2012 der Robert-Koch-Stiftung

Walter Jonat, Kiel: Karl-Heinrich-Bauer-Medaille der Deutschen Krebsgesellschaft, *dazu*: Christiana Albertina *74*, 72 (2012)

Ingrid Kögel-Knabner, Freising-Weihenstephan: Bestätigung im Amt als Senatsmitglied der Deutschen Forschungsgemeinschaft

Katharina Kohse-Höinghaus, Bielefeld: Wahl zur Präsidentin des International Combustion Institute in Pittsburgh (PA, USA)

Martin J. Lohse, Würzburg: Bestätigung im Amt des Vizepräsidenten der Universität Würzburg

Michael Peter Manns, Hannover: Mitglied der Akademie der Wissenschaften und der Literatur Mainz, *dazu*: DUZ Magazin *5*, 39 (2012)

Jürgen Margraf, Bochum: Wahl zum Präsidenten der Deutschen Gesellschaft für Psychologie

Tilmann Märk, Innsbruck (Österreich): Wahl zum Rektor der Universität Innsbruck

Kurt Mehlhorn, Saarbrücken: Korrespondierendes Mitglied der Bayerischen Akademie der Wissenschaften, *dazu*: DUZ Magazin *5*, 39 (2012)

Karl M. Menten, Bonn: Ernennung zum Honorary Fellow der Royal Astronomical Society, *dazu*: DUZ Magazin *6*, 40 (2012)

Axel Meyer, Konstanz: Hector-Wissenschaftspreis 2012 der H. W. J. Hector-Stiftung Weinheim, *dazu*: DUZ Magazin *3*, 38 (2012)

Eugene Myers, Dresden: Ernennung zum Direktor des Systembiologie-Zentrums der Max-Planck-Gesellschaft in Dresden

Christof Niehrs, Mainz: Mitglied der Akademie der Wissenschaften und der Literatur Mainz, *dazu*: DUZ Magazin *5*, 40 (2012)

Charlotte Niemeyer, Freiburg (Br.): Deutscher Krebspreis 2012 der Deutschen Krebshilfe, *dazu*: Freiburger Universitätsblätter *195*/1, 115 (2012)

Benno Parthier, Halle (Saale): Festkolloquium der Leopoldina zum 80. Geburtstag (veröffentlicht als Nova Acta Leopoldina N.F. Supplementum Nr. *28*)

Nikolaus Pfanner, Freiburg (Br.): Hector-Wissenschaftspreis 2012 der H. W. J. Hector-Stiftung Weinheim, *dazu*: Naturwissenschaftliche Rundschau *64*/2, 102 (2012)

Hans-Joachim Queisser, Stuttgart: Ehren-Fellow der Japan Society of Applied Physics

Ulrich Radtke, Essen: Deutscher Fundraising-Preis des Deutschen Fundraising-Verbandes, *dazu*: DUZ Magazin *5*, 30 (2012)

Helmut Remschmidt, Marburg: Euricius-Cordus-Medaille 2011, *dazu*: Marburger Uni Journal *38*, 48 (2012)

Regina T. Riphahn, Nürnberg: Vorsitzende der Wissenschaftlichen Kommission im Wissenschaftsrat, *dazu*: DUZ Magazin *3*, 38 (2012)

Brigitte Rockstroh, Konstanz: Christian-Roller-Preis 2012 für psychiatrische Begleit- und Vorsorgeforschung der Illenauer Stiftung, *dazu*: DUZ Magazin *6*, 41(2012)

Herwig Schopper, Genf (Schweiz): Großkreuz des Verdienstordens der Republik Zypern

Rudolf Schubert, Halle (Saale): Ehrendoktorwürde der Mongolischen Akademie der Wissenschaften

Helmut Schwarz, Berlin: Wahl für weitere fünf Jahre als Präsident der Humboldt-Stiftung, *dazu*: Humboldt kosmos *99*, 32 (2012); Foreign Fellow of the National Academy of Sciences India

Petra Schwille, Martinsried: Mitglied der Deutschen Akademie der Technikwissenschaften – acatech, *dazu*: DUZ Magazin *11*, 42 (2012)

Sebastian Suerbaum, Hannover: Heinz P. R. Seeliger-Preis 2012 der Seeliger-Stiftung

Rashid Sunyaev, Garching: Benjamin-Franklin-Medaille für Physik 2012 des amerikanischen Franklin-Instituts, *dazu*: Naturwissenschaftliche Rundschau *65/5*, 270 (2012)

Walter Thiel, Mülheim an der Ruhr: Liebig-Denkmünze der Gesellschaft Deutscher Chemiker

Joachim Trümper, Garching: Orden der Aufgehenden Sonne mit goldenen Strahlen am Halsband (Japan)

Martin Vingron, Berlin: Fellow der International Society for Computational Biology, *dazu*: DUZ Magazin *9*, 40 (2012)

Peter Walter, San Fransisco (CA, USA): Paul-Ehrlich-und-Ludwig-Darmstaedter-Preis 2012, *dazu*: Naturwissenschaftliche Rundschau *65/4*, 214 (2012)

Eckard Wimmer, East Setauket (NY, USA): Robert-Koch-Medaille der Robert-Koch-Stiftung für sein Lebenswerk

Ekkehard Winterfeldt, Isernhagen: Ehrenmitgliedschaft der Gesellschaft Deutscher Chemiker

Moussa B. H. Youdim, Haifa (Israel): CINP Pioneers in Psychopharmacology Award; Catecholamine Pioneer Prize

Eberhart Zrenner, Tübingen: Ludwig von Sallmann-Preis 2012 der Ludwig und Henriette von Sallmann-Stiftung, *dazu*: DUZ Magazin *9*, 41 (2012)

Leopoldina

Organigramm

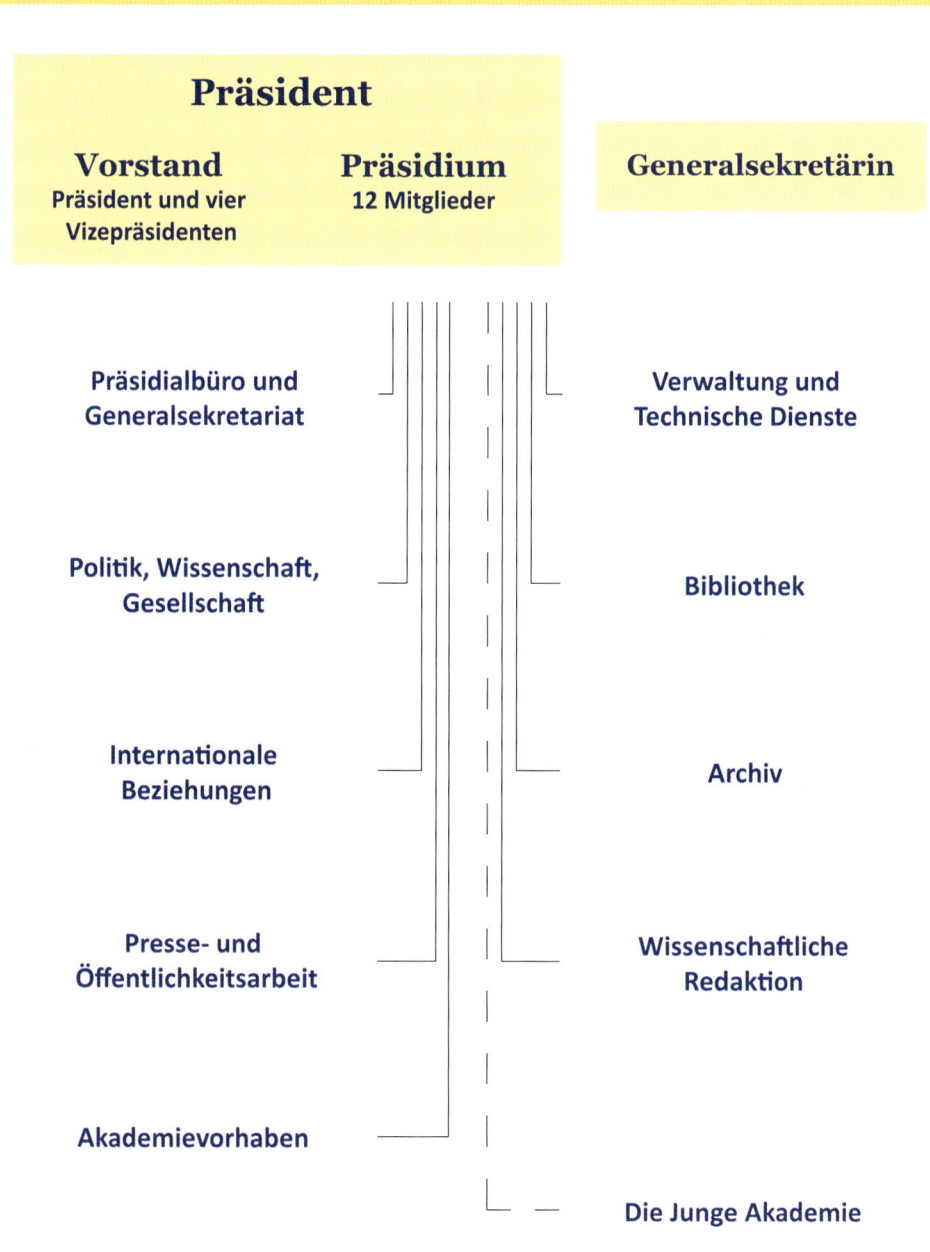

Präsident

Vorstand
Präsident und vier Vizepräsidenten

Präsidium
12 Mitglieder

Generalsekretärin

Präsidialbüro und Generalsekretariat

Verwaltung und Technische Dienste

Politik, Wissenschaft, Gesellschaft

Bibliothek

Internationale Beziehungen

Archiv

Presse- und Öffentlichkeitsarbeit

Wissenschaftliche Redaktion

Akademievorhaben

Die Junge Akademie

Betriebsrat

Vorsitzende:
– Corinna SCHOLZ

Mitglieder:
– Manuela BANK
– Dr. Danny WEBER

Spender für die Bibliothek und das Archiv 2012

Academy of Science of South Africa, Pretoria (Südafrika)
Alexander von Humboldt-Stiftung, Bonn
Helga BAESSLER, Halle (Saale)
Wolfgang BÖHM, Göttingen
Heiko BRAAK, Frankfurt (Main)
Otto BRAUN-FALCO, München
Olaf BREIDBACH, Jena
Axel BRENNICKE, Ulm
Carl-Friedrich von Siemens-Stiftung, München
Andreas CLAUSING, Halle (Saale)
Dietrich DEMUS, Halle (Saale)
Deutsche Forschungsgemeinschaft, Bonn
Deutsche Gesellschaft für Geschichte und Theorie der Biologie, Berlin
Deutsche Ornithologische Gesellschaft, Berlin
Deutsches Krebsforschungszentrum, Heidelberg
Wolfgang ECKART, Heidelberg
Eisenbibliothek, Schlatt (Schweiz)
Arne ERNST, Berlin
Cornelia FAUSTMANN, Wien (Österreich)
Menso FOLKERTS, München
Friedrich-Christian-Lesser-Stiftung, Nordhausen
Garden History Society, Leeds (Großbritannien)
Sybille GERSTENGARBE, Halle (Saale)
Gerd GIGERENZER, Berlin
Luca GIULIANI, Berlin
Stanislav GORB, Kiel
Ekkehard GRUNDMANN, Münster
Joachim HÄNDEL, Halle (Saale)
Heinz HÄFFNER, Heidelberg
Rudolf HAGEMANN, Halle (Saale)
Michael HAGNER, Zürich (Schweiz)
Philipp HEITZ, Au (Schweiz)
Klaus HENTSCHEL, Stuttgart
Wieland HINTZSCHE, Halle (Saale)
Dieter HOFFMANN, Berlin
Karl HOLUBAR, Wien (Österreich)
Andreas HÜTTEMANN, Münster
Humboldt-Stiftung, Bonn
IHK, Halle (Saale)
Ernst KERN, Würzburg
Rudolf KIPPENHAHN, Göttingen
Bernhard KLAUSNITZER, Dresden
Andreas KLEINERT, Halle (Saale)
Elisabeth KOCH, Halle (Saale)
Bernd-Olaf KÜPPERS, Jena
Korean Academy of Science and Technology, Suwon (Südkorea)
Fritz KRAFFT, Marburg
Jean KRUTMANN, Düsseldorf
Henk KUBBINGA, Groningen (Niederlande)
Alfons LABISCH, Düsseldorf
Erna LÄMMEL, Halle (Saale)
Otto L. LANGE, Würzburg
Felix LARGIADER, Erlenbach (Schweiz)
Wilhelm LAUER, Bonn
Leibniz-Sozietät, Berlin
Karl-Heinz LEVEN, Erlangen
Max LINKE, Weißenfels
Werner LINSS, Jena
LJ-Verlag Herfort und Sailer, Merzhausen
Ulrich LÜTTGE, Darmstadt
Alison MARTIN, Halle (Saale)
Max-Planck-Gesellschaft, München
Christoph MEINEL, Regensburg
Naturkundemuseum, Erfurt
Naumann-Museum, Köthen
Kärin NICKELSEN, Bern (Schweiz)
Orden pour le mérite, Bonn
Benno PARTHIER, Halle (Saale)
Hermann PARZINGER, Berlin
Peter PAUFLER, Dresden
Heinz PENZLIN, Jena
Manfred REICHSTEIN, Halle (Saale)
K. REINHARDT, Jena

Spender für die Bibliothek und das Archiv 2012

Frank Rösler, Potsdam
Walter Roubitschek, Halle (Saale)
Manfred Schartl, Würzburg
Karl-Heinz Schlote, Leipzig
Rudolf Schmidt, Halle (Saale)
Peter Scholz, Schkeuditz
Christoph J. Scriba, Hamburg
Gabriele Irmgard Stangl, Halle (Saale)
Manfred Stern, Halle (Saale)
Stifterverband für die deutsche Wissenschaft, Essen
Studienstiftung, Bonn
Sebastian Suerbaum, Hannover
Laszlo Szekeres, Szeged (Ungarn)
Wilhelm Thal, Zerbst

Jochen Thamm, Halle (Saale)
Rüdiger Thiele, Halle (Saale)
Hans-Heinrich Voigt, Göttingen
Michael Wallaschek, Halle (Saale)
Klaus-Peter Wenzel, Halle (Saale)
Christine Windbichler, Berlin
Wissenschaftliche Verlagsgesellschaft, Stuttgart
Wissenschaftsrat, Köln
Horst-Peter Wolff, Fürstenberg
Horst Zehe, Göttingen
Jako Zsigmond, Szeged (Ungarn)
Zoologischer Garten, Köln
Zoologischer Garten, Leipzig

2. Berichte

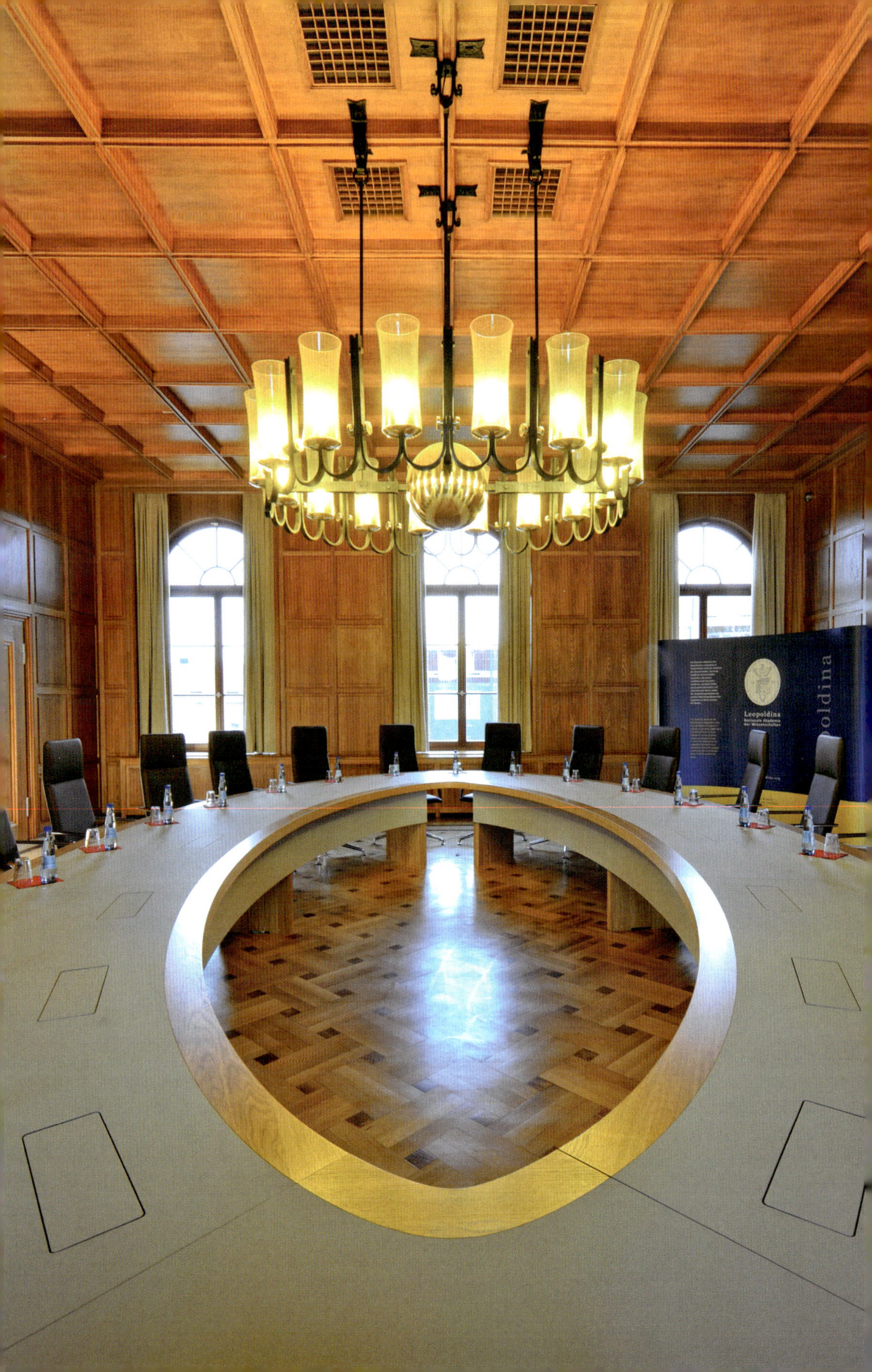
Leopoldina

2. Berichte

Aktivitäten des Präsidiums und des Präsidenten

Vorstellung der Leopoldina

Zu den wesentlichen Aufgaben des Präsidenten Prof. Dr. Jörg Hacker ML gehörte es auch im Jahr 2012, die Leopoldina als Nationale Akademie der Wissenschaften im Rahmen zahlreicher Veranstaltungen und Gespräche vorzustellen oder bereits bestehende Kontakte weiter auszubauen.

So besuchte der Ministerpräsident des Landes Sachsen-Anhalt Dr. Reiner Haseloff im Oktober 2012 die Leopoldina in Halle, um sich über die gegenwärtigen Aktivitäten der Akademie insbesondere bei der wissenschaftsbasierten Beratung von Politik und Öffentlichkeit mit dem thematischen Schwerpunkt „Energiewende" zu informieren.

Der Leopoldina-Präsident besuchte im Juni 2012 den Leiter des Bundespräsidialamtes, Staatssekretär David Gill, um über die Arbeit der Leopoldina zu berichten und die gute Zusammenarbeit mit dem Bundespräsidialamt zu vertiefen. Bundespräsident Joachim Gauck hatte mit seinem Amtsantritt von seinem Vorgänger die Schirmherrschaft über die Leopoldina übernommen.

In Gesprächen mit der damaligen Bundesministerin für Bildung und Forschung Prof. Dr. Annette Schavan, der Bundesministerin für Ernährung, Landwirtschaft und Verbraucherschutz Ilse Aigner, dem Staatssekretär im Bundesministerium für Bildung und Forschung Dr. Georg Schütte, dem Leiter der Wirtschafts- und Finanzabteilung im Bundeskanzleramt Prof. Dr. Lars-Hendrik Röller, dem vormaligen Vizekanzler Franz Müntefering, weiteren Repräsentanten von Bundes- und Landesministerien sowie Mitgliedern des Bundestags und von Landtagen informierte der Präsident über die aktuellen Aktivitäten der Leopoldina. Dabei brachte er im Namen des Präsidiums seine Zustimmung dafür zum Ausdruck, dass die Leopoldina zu denjenigen außeruniversitären Wissenschaftseinrichtungen gehört, für die das im Dezember 2012 in Kraft getretene sogenannte „Wissenschaftsfreiheitsgesetz" gilt. Hierdurch erhält die Leopoldina eine größere Autonomie beim Einsatz von Personal-, Sach- und Investitionsmitteln.

Dem Ziel, über die aktuellen Aktivitäten der Leopoldina zu informieren, dienten auch Hintergrundgespräche mit Medienvertretern. Der Kontakt mit der Kulturstiftung des Bundes, die ihren Hauptsitz ebenfalls in Halle hat, wurde mit der Absicht vertieft, künftig gemeinsame Veranstaltungen im Geiste der Begegnung von Wissenschaft und Kunst durchzuführen.

Bei seinen Treffen mit den Botschaftern Norwegens, Sven Erik Svedman, Japans, Takeshi Nakane, und Kolumbiens, Juan Mayr Maldonado, sowie dem Direktor der kolumbianischen Behörde für Wissenschaft (*Colciencias*), Carlos Fonseca, stand das internationale Engagement der Leopoldina im Mittelpunkt. Der Rolle der Leopoldina bei der internationalen wissenschaftsbasierten Beratung von Politik und Öffentlichkeit widmeten sich zahlreiche persönliche Gespräche des Präsidenten, beispielsweise mit dem Präsidenten des *Institut national de la santé et de la recherche médicale* (Inserm), Prof. Dr. André Syrota, und dem Präsidenten der Indischen Akademie der Wissenschaften, Prof. Dr. Krishan Lal.

Am Hauptsitz der Leopoldina empfing der Präsident zahlreiche internationale Gäste, u. a. Vertreter führender kanadischer Forschungsuniversitäten im März 2012. Er stattete der Schwedischen Akademie der Wissenschaften im Mai 2012 einen Besuch ab.

Beteiligung an externen Veranstaltungen

Im April 2012 begleitete Leopoldina-Präsident Hacker die damalige Bundesministerin für Bildung und Forschung Prof. Dr. Annette Schavan auf ihrer Reise in die Republik Südafrika anlässlich der Eröffnung des Deutsch-Südafrikanischen Wissenschaftsjahres. Ebenso gehörte der Präsident zur Delegation, die die Bundesministerin Anfang Oktober 2012 nach Chile, Kolumbien und Brasilien begleitete.

Präsident Hacker nahm an der Cluster-Konferenz des Bundesministeriums für Bildung und Forschung im Februar 2012 teil und führte im Umfeld der Konferenz ein Gespräch mit der Kommissarin für Wissenschaft und Forschung der Europäischen Kommission Máire Geoghegan-Quinn.

Präsident Hacker stellte seine Überlegungen zur wissenschaftsbasierten Beratung von Politik und Öffentlichkeit auf dem Parlamentarischen Abend „Wissenschaft für die Gesellschaft" im Landtag des Landes Sachsen-Anhalt und bei einem Symposium zu den Zukunftsfragen der deutschen Wissenschaftspolitik, das die Konrad-Adenauer-Stiftung in Cadenabbia (Italien) veranstaltete, ausführlich vor. Zudem nahm der Präsident an einem Fachgespräch des Ausschusses für Bildung, Forschung und Technikfolgenabschätzung des Deutschen Bundestages zum Thema „Umgang mit sicherheitsrelevanten Forschungsergebnissen" im November 2012 in Berlin teil.

Der Präsident vertrat die Leopoldina auch auf diversen wissenschaftlichen und wissenschaftspolitischen Veranstaltungen im In- und Ausland, um über aktuelle Themen der wissenschaftsbasierten Beratung von Politik und Öffentlichkeit zu berichten oder seine Einschätzung beispielsweise zur Rolle nationaler Akademien im 21. Jahrhundert und zur deutschen Wissenschaftslandschaft abzugeben. Verschiedene Vorträge, z. B. auf der Jahresversammlung des Verbandes der Deutsch-Japanischen Gesellschaften und während der Eröffnungsfeierlichkeiten für das Deutsche Wissenschafts- und Innovationshaus in Neu-Delhi, berührten dieses Thema aus bilateraler Perspektive.

Für die wissenschaftsbasierte Beratung von Politik und Öffentlichkeit durch die Leopoldina waren außer Präsident Hacker weitere Präsidiumsmitglieder an zahlreichen Veranstaltungen beteiligt. Dabei lagen die Schwerpunkte auf dem Thema „Bioenergie", das durch Vizepräsidentin Prof. Dr. Bärbel Friedrich ML betreut wird, sowie auf dem Thema „Demografischer Wandel", das Vizepräsidentin Prof. Dr. Ursula Staudinger ML betreut.

Präsident Hacker war auch im Jahr 2012 wieder zu Gast beim Nobelpreisträgertreffen in Lindau am Bodensee.

Mitwirkung in nationalen und internationalen Gremien und Organisationen

Die Leopoldina ist als Nationale Akademie der Wissenschaften Deutschlands in die Arbeit verschiedener Gremien und Wissenschaftsorganisationen der Bundesregierung und der Landesregierung von Sachsen-Anhalt eingebunden. Der Präsident selbst ist Mitglied im Steuerkreis des Innovationsdialoges des Kanzleramtes, im Beirat für Globalisierungsfragen des Auswärtigen Amtes und in der Forschungsunion „Wirtschaft und Wissenschaft" des Bundesministeriums für Bildung und Forschung, in der ebenfalls Vizepräsidentin STAUDINGER Mitglied ist. Die Generalsekretärin der Akademie Prof. Dr. Jutta SCHNITZER-UNGEFUG ist Mitglied im Demografie-Beirat des Landes Sachsen-Anhalt.

Seit ihrer Ernennung zur Nationalen Akademie der Wissenschaften ist die Leopoldina auch Mitglied der Allianz der deutschen Wissenschaftsorganisationen.

Vizepräsidentin STAUDINGER nahm in Vertretung des Präsidenten an einer Anhörung im Wissenschaftsrat zum Thema „Das Wissenschaftssystem in Deutschland nach der Exzellenzinitiative" im September 2012 in Köln teil. Ihr dort abgegebenes Statement wurde anschließend zu dem ersten wissenschaftspolitischen Diskussionspapier der Leopoldina ausgearbeitet, das im April 2013 unter dem Titel „Die Zukunftsfähigkeit des deutschen Wissenschaftssystems" veröffentlicht worden ist. Darüber hinaus fand im Dezember 2012 in Berlin eine Konsultation zwischen der Leopoldina und dem Wissenschaftsrat statt.

Auf internationaler Ebene ist die Leopoldina ebenfalls in zahlreiche Akademienetzwerke eingebunden. Eine besonders enge Zusammenarbeit pflegt sie weiterhin mit dem *European Academies Science Advisory Council* (EASAC), dem Zusammenschluss der Akademien der EU-Mitgliedstaaten, dessen Geschäftsstelle seit April 2010 bei der Leopoldina angesiedelt ist. Die Leopoldina engagiert sich des Weiteren im *G-Science*-Netzwerk, das von den Akademien der G8-Mitgliedsstaaten getragen wird, in der *Federation of the European Academies of Medicine* (FEAM), in der Vereinigung *All European Academies* (ALLEA), im *InterAcademy Medical Panel* (IAMP) sowie im *InterAcademy Panel* (IAP) und im *InterAcademy Council* (IAC). Am *G-Science*-Meeting im Februar 2012 in Washington (DC, USA) nahmen Vizepräsidentin FRIEDRICH, Prof. Dr. Martin CLAUSSEN ML, Prof. Dr. Friedhelm VON BLANCKENBURG ML und die Leiterin der Abteilung für Internationale Beziehungen Dr. Marina KOCH-KRUMREI teil. Der Geschäftsführende Ausschuss des IAP/IAC war im Rahmen seiner Frühjahrsversammlung im März 2012 bei der Leopoldina in Halle zu Gast. Die Leopoldina ist zudem beobachtendes Mitglied des *International Council for Science* (ICSU).

Die Leopoldina war auch in diesem Jahr wieder beim *Science and Technology in Society* (STS) *Forum*, das alljährlich Anfang Oktober in Kyoto (Japan) stattfindet, vertreten. Im Rahmen dieser hochrangigen Veranstaltung kommen Repräsentanten der Politik, Wissenschaft, Wirtschaft und Medien aus aller Welt zusammen, um sich über Themen von weltweit hoher Relevanz auszutauschen. Seitens der Leopoldina nahmen an dem diesjährigen Treffen Vizepräsidentin und *Foreign Secretary* STAUDINGER teil. Sie vertrat die Leopoldina ebenfalls auf dem *Seoul Science & Technology Forum* Anfang November 2012.

Die Leopoldina ist Mitglied im *International Human Rights Network of Academies and Scholarly Societies* (IHRN), dem internationalen Menschenrechtsnetzwerk der

Abb. 1 Vertreter der Akademienetzwerke IAP und IAC bei ihrem Treffen in Halle (Saale)

Akademien und Gelehrtengesellschaften. Auch das *Human Rights Committee* (HRC) der Leopoldina, dem derzeit das Präsidiumsmitglied Prof. Dr. Hans-Peter ZENNER ML vorsitzt, widmet sich aktiv dem Thema „Menschenrechte und Wissenschaft". Unter anderem setzt es sich weltweit für Wissenschaftlerinnen und Wissenschaftler ein, die allein aufgrund ihrer wissenschaftlichen Arbeit unterdrückt werden.

Aktivitäten zur Geschichte der Leopoldina

Am 29. Oktober 2012 wurde das Leopoldina-Studienzentrum für Wissenschafts- und Akademiengeschichte am Standort Emil-Abderhalden-Straße/August-Bebel-Straße im Rahmen einer Tagung zu Wissenskulturen in internationaler Perspektive eröffnet. Das Studienzentrum ist künftig die übergeordnete Einrichtung für alle wissenschaftshistorischen und die damit zusammenhängenden wissenschaftstheoretischen und -philosophischen Aktivitäten der Akademie. Es soll wissenschaftshistorische Seminare, Symposien und Ausstellungen durchführen und Arbeitsmöglichkeiten für Gastwissenschaftler anbieten, die Archiv und Bibliothek der Leopoldina nutzen wollen. Das Studienzentrum betreut zukünftig auch wissenschaftshistorische Langzeitvorhaben.

Auf Anregung des Präsidiums befasst sich eine von der Alfried Krupp von Bohlen und Halbach-Stiftung mitfinanzierte Arbeitsgruppe unter der Leitung von Prof. Dr. Rüdiger VOM BRUCH (Lehrstuhl für Wissenschaftsgeschichte an der Humboldt-Universität zu Berlin) mit der Geschichte der Leopoldina in der ersten Hälfte des 20. Jahrhunderts. Das zunächst auf drei Jahre angelegte und im November 2010 initiierte Projekt wird von einem unabhängigen wissenschaftlichen Beirat begleitet. Erste Ergebnisse wurden im November 2012 auf der öffentlichen Tagung „Wissenschaftsakademien im Zeitalter der Ideologien" in Halle (Saale) vorgestellt. Im Jahr 2013 soll ein umfangreicher Band erscheinen, der die Ergebnisse des Forschungsprojekts ausführlich präsentieren wird.

Feierliche Einweihung des neuen Hauptsitzes der Leopoldina

Mit einem Festakt und einem Festkolloquium hat die Leopoldina am 25. Mai 2012 ihren neuen Hauptsitz in Halle offiziell eingeweiht. Anwesend waren rund 400 Gäste aus Politik, Wissenschaft und Gesellschaft, u. a. die damalige Bundesministerin für Bildung und Forschung Prof. Dr. Annette SCHAVAN, der Ministerpräsident des Landes Sachsen-Anhalt Dr. Reiner HASELOFF und die Staatsministerin im Auswärtigen Amt Cornelia PIEPER.

Präsident HACKER hob in seiner Eröffnungsrede den Wandel der Leopoldina von einer reinen Gelehrtenvereinigung zu einer modernen Arbeitsakademie hervor. Er dankte Bund und Land für ihre Unterstützung sowohl beim Kauf als auch bei der Sanierung des

Abb. 2 Ehrengäste und Mitglieder des Präsidiums der Leopoldina bei der feierlichen Einweihung des neuen Hauptsitzes der Akademie (von *links* nach *rechts*): Vizepräsidentin Bärbel FRIEDRICH, die Oberbürgermeisterin der Stadt Halle (Saale) Dagmar SZABADOS, Präsident Jörg HACKER, Vizepräsidentin Ursula M. STAUDINGER, Vizepräsident Martin J. LOHSE, die damalige Bundesministerin für Bildung und Forschung Prof. Dr. Annette SCHAVAN, die Generalsekretärin Jutta SCHNITZER-UNGEFUG, Vizepräsident Gunnar BERG, der Ministerpräsident des Landes Sachsen-Anhalt Dr. Reiner HASELOFF und die Staatsministerin im Auswärtigen Amt Cornelia PIEPER.

neuen Hauptgebäudes. Das Bundesministerium für Verkehr, Bau und Stadtentwicklung hatte 16 Millionen Euro aus dem Konjunkturpaket II zur Verfügung gestellt. Das Land Sachsen-Anhalt unterstützte den Kauf der Immobilie mit knapp einer Million Euro.

Den Festvortrag „Natur hat weder Kern noch Schale – Naturforschung im Diskurs und vor dem Anspruch der Gesellschaft" hielt der Literaturwissenschaftler Prof. Dr. Wolfgang FRÜHWALD ML. Im anschließenden Fest-Kolloquium sprach zunächst Prof. Dr. Karl VOCELKA „Zur Rolle von Kaiser Leopold und seine Bedeutung als Förderer von Wissenschaft und Kunst". Im von Dr. Jeanne RUBNER, Leiterin der Wissenschafts-Redaktion des Bayerischen Rundfunks, moderierten Rundtischgespräch mit Sir Brian HEAP FRS, Präsident des *European Academies' Science Advisory Council* (EASAC), Prof. Dr. Krishan LAL, Präsident der Indischen Akademie der Wissenschaften, Prof. Dr. József PÁLINKÁS, Präsident der Ungarischen Akademie, Prof. Dr. Tilman BRÜCK, *Global Young Academy*, wurde deutlich, wie wichtig eine freie Wissenschaft und der Austausch exzellenter Forscher weltweit – insbesondere in Akademien und Akademieverbünden – ist.

Anlässlich der feierlichen Einweihung des neuen Hauptgebäudes wurde Professor Berthold BEITZ, Kuratoriumsvorsitzender der Alfried Krupp von Bohlen und Halbach-Stiftung, mit der Kaiser-Leopold I.-Medaille der Leopoldina geehrt. Berthold BEITZ, der 1987 zum Ehrenförderer ernannt und dem 2005 der Status des Ehrensenators verliehen wurde, ist die erste Persönlichkeit, die mit der Kaiser-Leopold I.-Medaille geehrt worden ist. Sie wird fortan an Personen des öffentlichen Lebens verliehen, die sich um die Leopoldina und die Wissenschaft als Ganzes verdient gemacht haben. Berthold BEITZ erhielt die Kaiser-Leopold I.-Medaille in der Alfried Krupp von Bohlen und Halbach-Stiftung auf Villa Hügel in Essen. Die Auszeichnung überbrachten Präsident HACKER, Vizepräsidentin FRIEDRICH und Altpräsident Professor Volker TER MEULEN ML.

Im Rahmen der Feierlichkeiten zur Einweihung des neuen Hauptsitzes wurden zudem Kooperationsvereinbarungen mit den Wissenschaftsakademien Südkoreas und Indiens unterzeichnet. Mit der südkoreanischen Akademie schloss die Leopoldina ein neues Abkommen. Das mit der indischen Nationalakademie 2007 in Neu-Delhi unterzeichnete Abkommen wurde erneuert. Präsident HACKER unterzeichnete mit seinen Amtskollegen Prof. Dr. Kil Saeng CHUNG, *Korean Academy of Science and Technology*, und Prof. Dr. Krishan LAL, *Indian National Science Academy*, die entsprechenden Kooperationen.

Wahl von Präsidiumsmitgliedern durch den Senat

Der Senat der Leopoldina hat in seiner Sitzung am 21. September 2012 im Vorfeld der Jahresversammlung der Akademie in Berlin Vizepräsidentin STAUDINGER für eine zweite Amtszeit bestätigt und den Technikwissenschaftler Prof. Dr. Sigmar WITTIG ML (Karlsruhe) neu in das Amt des Sekretars der Klasse I – Mathematik, Natur- und Technikwissenschaften gewählt. Er folgt auf den Physiker Prof. Dr. Herbert GLEITER ML (Karlsruhe), der auf Grund von neuen Verpflichtungen durch eine Berufung nach China nicht noch einmal kandidierte. Sigmar WITTIG ist als Emeritus am Karlsruher Institut für Technologie (KIT), Institut für Thermische Strömungsmaschinen, tätig. Seit 1998 ist er Mitglied der Leopoldina-Sektion Technikwissenschaften; von 1998 bis 2006 war er gewählter Obmann und Senator dieser Sektion.

Wissenschaft – Politik – Gesellschaft

Bericht: Elmar König (Halle/Saale, Berlin)

Beratung von Politik und Gesellschaft

Die Leopoldina bearbeitet mit der Expertise ihrer weltweit rund 1 500 Mitglieder ein breites Spektrum an Themen. Ziel ist es, Stellungnahmen und Empfehlungen für die Bewältigung drängender gesellschaftlicher Herausforderungen abzugeben sowie wichtige Zukunftsfragen aufzuzeigen, deren Lösung ohne wissenschaftliche Basis nicht erwartet werden kann. Dabei gilt es auch, wichtige Entwicklungen, die sich in der Wissenschaft andeuten und möglicherweise künftig gesellschaftliche Bedeutung erlangen, frühzeitig zu erkennen, zu analysieren und entsprechend zu kommentieren.

Die Leopoldina kommt einerseits mit ihren Stellungnahmen einem konkreten Beratungsbedarf der Politik, beispielsweise zur Präimplantationsdiagnostik, zur Energiepolitik oder zur Umsetzung der EU-Richtlinie zu Tierversuchen in der Forschung nach. Andererseits setzt sie auch Themen in der öffentlichen Diskussion, wie es 2012 bei der Stellungnahme zur Bioenergie und der Stellungnahme zur prädiktiven genetischen Diagnostik der Fall war.

Eckpunkte der Politikberatung sind:
– Transparente Arbeitsweise, die nachvollziehbar dokumentiert wird.
– Ergebnisoffene Gestaltung des Beratungsprozesses durch Einbeziehung unterschiedlicher Disziplinen.
– Von wirtschaftlichen und politischen Interessen unabhängige Erarbeitung von Stellungnahmen mit konkreten Handlungsempfehlungen für gesellschaftliche Herausforderungen.
– Verständliche Präsentation und weite Verbreitung der Empfehlungen, um öffentliche Diskussionen zu initiieren.

Die Leopoldina ist in der Wahl ihrer Themen frei. Diese werden in der weit überwiegenden Zahl von ihren Mitgliedern, dem Präsidium oder von den Wissenschaftlichen Kommissionen der Akademie vorgeschlagen. Gleichwohl kann die Leopoldina einer Bitte oder einem Auftrag seitens der Politik zur Abgabe einer Stellungnahme nachkommen. Die Akademie ist frei und unabhängig in der Berufung von Mitgliedern für Arbeitsgruppen, die Stellungnahmen und Empfehlungen erarbeiten. Die Arbeitsgruppen werden interdisziplinär mit herausragenden Wissenschaftlerinnen und Wissenschaftlern besetzt. Für den sich anschließenden Begutachtungsprozess beauftragt die Leopoldina weitere Expertinnen und Experten.

In der wissenschaftsbasierten Politik- und Gesellschaftsberatung arbeitet die Leopoldina eng mit der Deutschen Akademie der Technikwissenschaften acatech und der Union der deutschen Akademien der Wissenschaften zusammen. Für diese Zusammenarbeit hat die Leopoldina einen Ständigen Ausschuss der Nationalen Akademie der Wissenschaften Leopoldina unter Vorsitz des Präsidenten der Leopoldina eingerichtet. Der Ständige Ausschuss der Nationalen Akademie der Wissenschaften Leopoldina dient (*a*) der Verständigung über die Themen der Politikberatung, (*b*) der Einsetzung von Planungsgruppen und Arbeitsgruppen, sowie (*c*) der Verabschiedung der Empfehlungen für die Politik nach externer Evaluierung.

Die Abteilung Wissenschaft – Politik – Gesellschaft versteht sich als Schnittstelle zwischen den Mitgliedern der Akademie und der Politik und Öffentlichkeit. Mitarbeiterinnen und Mitarbeiter der Abteilung begleiten die Politik- und Gesellschaftsberatung der Leopoldina vom Prozess der Themenfindung und betreuen alle Aktivitäten von der Idee bis hin zu Veranstaltungen im Anschluss an die Veröffentlichung von Stellungnahmen inhaltlich und organisatorisch.

Stellungnahmen

Stellungnahme: Bioenergie: Möglichkeiten und Grenzen

Wind, Sonne und Biomasse sind nach den Plänen der Bundesregierung die Energieträger der Zukunft. Für die Gewinnung von Bioenergie werden pflanzliche Biomasse oder Reststoffe umgewandelt, um sie für die Strom-, Wärme- und Kraftstoffversorgung zu nutzen.

Die im Juli 2012 veröffentlichte Leopoldina-Stellungnahme *Bioenergie: Möglichkeiten und Grenzen* hat zu einer kontroversen Diskussion über die Nutzung der Bioenergie geführt. Die Stellungnahme wurde von Prof. Dr. Rudolf THAUER ML, Prof. Dr. Bernhard SCHINK ML und Prof. Dr. Bärbel FRIEDRICH ML koordiniert. Mehr als 20 Wissenschaftler hatten aus naturwissenschaftlicher Sicht untersucht, inwieweit Bioenergie eine klimaschonende Alternative zu fossiler Energie sein kann. Nach eineinhalb Jahren intensiver Arbeit kamen die Experten zu dem Schluss, dass Bioenergie als nachhaltige Energiequelle für Deutschland heute und in Zukunft keinen quantitativ wichtigen Beitrag zur Energieversorgung leisten kann. Im Vergleich zu anderen erneuerbaren Energieressourcen wie der Photovoltaik, der Solarthermie und der Windenergie verbrauche Bioenergie mehr Fläche und sei häufig mit höheren Treibhausgasemissionen verbunden. Zudem konkurriere Bioenergie potenziell mit der Herstellung von Nahrungsmitteln.

Die Stellungnahme zeigt jedoch auch, in welchen Bereichen die Gewinnung von Biogas, Bioethanol und Biodiesel eine klimaschonende Alternative ist. So empfehlen die Wissenschaftler eine kombinierte Nahrungsmittel- und Bioenergieproduktion, um biogene Abfallstoffe effizienter zu verwerten. Die Experten weisen in ihrem Papier aber auch darauf hin, dass die Emissionen von klimarelevanten Gasen aus der Landwirtschaft in der Klimapolitik berücksichtigt werden sollten.

Das überwiegend kritische Fazit der Wissenschaftler ist in den Medien auf ein großes Echo gestoßen. So berichtete die Hauptausgabe der *Tagesschau* über die Ergebnisse, und die *Frankfurter Allgemeine Zeitung* widmete der Stellungnahme einen Artikel und einen Kommentar auf der Titelseite. In den darauf folgenden Wochen wurden

Abb. 1 Podiumsgespräch zur Bioenergiestudie der Leopoldina: Koordinator der Stellungnahme Rudolf THAUER, Bundestagsabgeordneter Johannes RÖHRING, Staatssekretär im BMBF Georg SCHÜTTE, Moderatorin Jule REIMER vom Deutschlandfunk, Helmut BORN vom Bauernverband, Daniela THRÄN vom Deutschen Biomasseforschungszentrum und der Co-Autor der Leopoldina-Studie Christian KÖRNER von der Universität Basel (von *links*).

die Kernaussagen und die Empfehlungen bei zahlreichen Workshops, Fachgesprächen und Konferenzen vorgestellt, darunter im Ausschuss für Ernährung, Landwirtschaft und Verbraucherschutz des Deutschen Bundestags, im Bundesministerium für Umwelt, Naturschutz und Reaktorsicherheit und im Bundesministerium für wirtschaftliche Zusammenarbeit und Entwicklung. Auch international wurde die Studie der Leopoldina wahrgenommen. Hier ist an erster Stelle das Wissenschaftsmagazin *Science* zu nennen, welches in der Rubrik „News of the Week" eine kurze Notiz zur Stellungnahme abdruckte.

Am 12. September 2012 lud die Leopoldina zu einer Podiumsdiskussion in das Kaiserin-Friedrich-Haus in Berlin, um mit der Öffentlichkeit über Chancen und Grenzen der Bioenergie zu diskutieren. Prof. Dr. Rudolf THAUER erläuterte zu Beginn der Veranstaltung, warum die Expertengruppe nach langer Abwägung zu einem überwiegend kritischen Urteil über die Biomassenutzung gekommen sei. Dr. Helmut BORN, Generalsekretär des Deutschen Bauernverbands, betonte demgegenüber, dass Biomasse einen hohen Anteil an der Primärenergieproduktion ausmache. Vor den wirtschaftlichen Folgen der aktuellen Debatte um die Bioenergie warnte entsprechend Johannes RÖRING, der als Mitglied des Deutschen Bundestags den Landwirtschaftsausschuss vertrat. Die Bereichsleiterin „Bioenergiesysteme" am Deutschen Biomasseforschungszentrum, Prof. Dr. Daniela THRÄN, betonte die Vielseitigkeit der Bioenergie und bezeichnete es als Verkürzung, nur von Energiepflanzen zu sprechen. Dr. Georg SCHÜTTE, Staatssekretär im Bundesministerium für Bildung und Forschung, bedankte sich für die Stellungnahme der Leopoldina und bezeichnete sie als wichtigen Beitrag im Kontext der Energiewende. Christian KÖRNER ML, Professor für Botanik an der Universität Basel (Schweiz) und Koautor der Stellungnahme, befand, das Thema Bioenergie werde überwiegend blauäugig behandelt, und das Etikett „Grün" sei hinsichtlich der Bioenergie eine Illusion. Trotz kurzfristiger Einladung besuchten 130 Personen die Veranstaltung, die von der Deutschlandfunk-Redakteurin Jule REIMER moderiert wurde.

Ad-hoc-Stellungnahme: Tierversuche in der Forschung

Anlass und Motivation der Stellungnahme

Bereits im Jahr 2010 hatten das Parlament und der Rat der Europäischen Union eine Richtlinie für den „Schutz von für wissenschaftliche Zwecke verwendeten Tieren" erlassen, welche in den Mitgliedsländern umzusetzen ist. Die Leopoldina nahm dies zum Anlass, die ethischen und rechtlichen Grundlagen und insbesondere die Bedeutung und die Praxis tierexperimenteller Forschung darzulegen und gleichzeitig den Rechtsetzungsprozess konstruktiv zu begleiten.

Empfehlungen der Stellungnahme – allgemeine Erwägungen

Die Empfehlungen der Stellungnahme basieren auf allgemeinen Erwägungen und konkreten Empfehlungen zu den im März 2012 vorliegenden Entwürfen des Tierschutzgesetzes (TierSchG) und der Verordnung. Die allgemeinen rechtlichen Erwägungen behandeln die Stellung des Staatsziels Tierschutz und dessen Abwägung mit den Grundrechten Forschungsfreiheit und der Schutzpflicht des Staates für Leben und körperliche Unversehrtheit der Menschen. Sie befassen sich aber auch mit der Aufteilung grundrechtsrelevanter Regelungen auf Gesetz und Verordnung und der Notwendigkeit der Einbeziehung des Bundesministeriums für Bildung und Forschung (BMBF) in die Verordnungsermächtigungen:

– Das Staatsziel Tierschutz muss mit den Grundrechten Forschungsfreiheit (Art. 5 Abs. 3 GG) und der Schutzpflicht des Staates für Leben und körperliche Unversehrtheit der Menschen (Art. 2 Abs. 2 GG) abgewogen werden.
– Trotz gleichen normativen Ranges ergibt sich eine asymmetrische Abwägungslage, bei der die Grundrechte schwerer wiegen als das Staatsziel Tierschutz.
– Die Abwägung zwischen den Rechtsgütern sollte vornehmlich durch den parlamentarischen Gesetzgeber erfolgen. Auf die sogenannte Wesentlichkeitstheorie des Bundesverfassungsgerichtes verweisend, kritisiert die Stellungnahme das Verschieben einiger grundrechtsrelevanter Regelungen vom Entwurf des TierSchG auf die Verordnung.
– Die Zuständigkeit für das TierSchG liegt traditionell beim Landwirtschaftsministerium. Da die ursprüngliche Motivation der Änderung des TierSchG auf die EU-Richtlinie zurückging, die sich ausschließlich mit für wissenschaftliche Zwecke verwendeten Tieren befasst, empfahl die Stellungnahme die Beteiligung des Forschungsministeriums bei Verordnungsermächtigungen, die für die Forschung relevant sind.

Empfehlungen der Stellungnahme – konkrete Empfehlungen

Konkrete Empfehlungen der Stellungnahme befassen sich mit der Ausbildung, dem Schutz des geistigen Eigentums und dem Datenschutz, dem Genehmigungsverfahren und dem Erfüllungsaufwand des Gesetzes:
- Ausbildung: Die Stellungnahme unterstützt die Einführung bundesweit einheitlicher Standards in der Ausbildung des Fachpersonals (Sachkundenachweis). Andererseits hebt sie die Sonderrolle von Tierversuchen in der Aus-, Fort- und Weiterbildung hervor und empfiehlt diese einem vereinfachten Genehmigungsverfahren zu unterziehen.
- Datenschutz/Schutz geistigen Eigentums: Dem Schutz geistigen Eigentums und dem Schutz der Persönlichkeitsrechte von Forschern sollte stärkere Beachtung geschenkt werden. Die Veröffentlichung der neuen nichttechnischen Zusammenfassung muss anonymisiert und sollte *nach* Abschluss des Versuchsverfahrens erfolgen, da trotz Anonymisierung hochspezialisierte Versuche zurückverfolgbar sein könnten.
- Genehmigungsverfahren: Da die Genehmigungsfiktion entfällt ist eine wichtige Regelungslücke entstanden. Kurze und verlässliche Bearbeitungsfristen sind für die Forschung unabdingbar.
- Erfüllungsaufwand: Die Gesetzesnovelle beziffert den Erfüllungsaufwand des Gesetzes für Universitäten und andere Forschungseinrichtungen unzureichend. Diese sind aller Voraussicht nach erheblich und müssen eingeplant werden (einmalige und laufende Kosten).

Rolle der Akademie im Rechtsetzungsverfahren

Die Kernaussagen der Stellungnahme wurden zunächst in einem nicht-öffentlichen Fachgespräch mit Vertretern des Bundestages, des Bundesministeriums für Ernährung, Landwirtschaft und Verbraucherschutz (BMELV) und des Bundesministeriums für Bildung und Forschung (BMBF) erörtert. Darüber hinaus wurden Gespräche mit Vertretern des Ausschusses für Ernährung, Landwirtschaft und Verbraucherschutz geführt. In der öffentlichen Anhörung des Ausschusses zum Gesetzentwurf am 17. Oktober 2012 erläuterte der Leiter der Arbeitsgruppe, Prof. Dr. Martin J. LOHSE ML, die Standpunkte der Wissenschaft. Die Allianz der deutschen Wissenschaftsorganisationen, zu der auch die Leopoldina gehört, unterstützte die Aussagen und kommunizierte ihre Standpunkte in Form verschiedener Briefe an Mitglieder des Bundestages und an die Bundesländer ebenfalls.

Stand der Gesetzgebung

Das Gesetzgebungsverfahren ist abgeschlossen. Bundestag und Bundesrat haben den Entwürfen zugestimmt. Eine zentrale Forderung der Leopoldina und der Akademieunion, die einvernehmliche Beteiligung des BMBF bei den die Forschung betreffenden Verordnungsermächtigungen, wurde neben weiteren konkreten Punkten in den Gesetzentwurf übernommen. Die Leopoldina hat hierzu in einer im Oktober 2012 erschienenen aktualisierten Fassung ihres Papiers bereits Stellung genommen.

Stand der Verordnungsgebung

Die Akademien haben ihre Stellungnahme auch den Bundesländern zur Verfügung gestellt und sich darüber hinaus innerhalb der Allianz der deutschen Wissenschaftsorganisationen in Form eines Briefes an die Bundesländer gewandt. Die Verordnung wird in den Ausschüssen des Bundesrates über das Jahr 2012 hinaus beraten. Die Leopoldina steht einzelnen Bundesländern beratend zur Seite.

Studie: Zukunft mit Kindern

Die Nationale Akademie der Wissenschaften Leopoldina und die Berlin-Brandenburgische Akademie der Wissenschaften haben unter Federführung Letzterer in den Jahren 2009 bis 2012 die Studie *Zukunft mit Kindern – Fertilität und gesellschaftliche Entwicklung* erarbeitet. Gefördert von der *Jacobs Foundation* nahm die interdisziplinäre Arbeitsgruppe hierzu familien- und gesellschaftspolitische, demografische, sozialwissenschaftliche sowie medizinisch-biologische Aspekte in Deutschland, Österreich und der Schweiz in den Blick. Alle drei Länder weisen im Vergleich zu West- und Nordeuropa niedrige Geburtenziffern auf. In allen drei Ländern gibt es seit einigen Jahrzehnten die Tendenz, Geburten in einem höheren Lebensalter zu realisieren.

Die Studie, dargelegt in einer Kurzfassung sowie ausführlich im Campus-Verlag publiziert, empfiehlt ein Ressort- und Akteur-übergreifendes Maßnahmenbündel. Dabei plädiert die Arbeitsgruppe dafür, dass im Fokus politischer und wissenschaftlicher Überlegungen das kindliche und elterliche Wohlbefinden stehen sollte. Zentral sei die Bildung von Strukturen, die Eltern und Kindern optimale Lebensbedingungen bieten und die Menschen mit Kinderwunsch bei der Ermöglichung dieses Wunsches unterstützten. Ein wichtiger Faktor für das Wohlbefinden (potenzieller) Eltern und Kinder sei dabei eine größere Zeitsouveränität und die Möglichkeit, bedarfsgerecht Zeit für Fürsorge zu bekommen. Umsetzen ließe sich dies beispielsweise durch Familienzeitkonten, welche es erlaubten, finanziell abgesicherte Fürsorgezeiten durch eine längere Lebensarbeitszeit später wieder abzugelten.

Ein zweites Element betrifft staatliche monetäre Leistungen, die in Richtung einer vom Einkommen der Eltern unabhängig gezahlten Kindergrundsicherung weiterzuentwickeln wären. Schaffung von hochwertigen betreuungs- und familienfreundlichen Infrastrukturen lautet eine dritte Empfehlung der Arbeitsgruppe. Dabei wird insbesondere die Bedeutung der Qualität der Betreuung betont. Diese gelte es abzusichern u. a. durch eine hohe Ausbildung der Betreuungspersonen, die Festlegung von Mindeststandards sowie eine entsprechende Transparenz der jeweiligen Einrichtung.

Weiter seien im Rahmen eines „Familien-Mainstreaming" alle politischen, beispielsweise städtebaulichen, Maßnahmen auf ihre Familienfreundlichkeit hin zu überprüfen und dadurch letztlich eine verstärkte gesellschaftliche Teilhabe von Familien zu erreichen. Bei all den genannten Aspekten sind dabei aufgrund der vorhandenen regionalen Vielfalt auch jeweils regionalspezifische Entwicklungen in den Blick zu nehmen.

Eine bessere Informiertheit der Gesellschaft über die menschliche Fertilität und Fekundität sowie die Möglichkeiten, aber auch die Grenzen der Reproduktionsmedizin lautet eine weitere Empfehlung der Arbeitsgruppe. Darüber hinaus werden eine Reform der gesetzlichen Grundlagen für die Reproduktionsmedizin sowie eine Ausweitung der Kostenübernahme reproduktionsmedizinischer Maßnahmen durch die Krankenkassen angeraten.

Neben Empfehlungen setzte sich die Gruppe auch mit in diesem Bereich bestehenden Vorurteilen auseinander. So ist es beispielsweise weder zutreffend, dass die Kinderlosigkeit historisch noch nie derart hoch war, wie heute, noch, dass niedrige Geburtenraten eine Folge weiblicher Erwerbstätigkeit darstellen. Auch die Aussage, dass kinderreiche Gesellschaften immer kinderfreundliche sind – und umgekehrt, lässt sich historisch so nicht halten, ebenso wenig wie die Annahme, durch die erheblich gestiegene Lebenserwartung von Frauen in den letzten Jahrzehnten könnten Frauen auch entsprechend länger Kinder bekommen.

Ihre Analysen und Empfehlungen stellte die Arbeitsgruppe am 15. Oktober 2012 in der Bundespressekonferenz der Öffentlichkeit vor.

Arbeitsgruppen 2012

Seit der Etablierung der Abteilung im März 2010 ist die Anzahl der in Arbeitsgruppen behandelten Themen kontinuierlich gestiegen. Anfang 2012 waren 17 Arbeitsgruppen in Vorbereitung bzw. aktiv, von denen die Leopoldina 13 federführend betreute.

Die nachfolgenden Arbeitsgruppen und vorbereitenden Aktivitäten wurden 2012 auf Initiative des Präsidiums der Leopoldina oder des Ständigen Ausschusses der Nationalen Akademie der Wissenschaften Leopoldina eingerichtet bzw. haben ihre Arbeit 2012 fortgesetzt. Dabei handelt es sich sowohl um Arbeitsgruppen als auch um vorbereitende Aktivitäten.

Über die Veröffentlichung der Stellungnahmen hinaus haben sich Mitglieder der Arbeitsgruppen in zahlreichen Anschlussaktivitäten, wie z. B. bei der Begleitung von Gesetzgebungsprozessen oder bei öffentlichen Veranstaltungen, engagiert.

Themenbereich: Klima – Energie – Umwelt/Technologien

Quantentechnologie

Beteiligte Institutionen
- Nationale Akademie der Wissenschaften Leopoldina (Federführung);
- Deutsche Akademie der Technikwissenschaften acatech;
- Union der deutschen Akademien der Wissenschaften.

Sprecher der Arbeitsgruppe
- Prof. Dr. Wolfgang SCHLEICH ML, Universität Ulm.

Wissenschaft – Politik – Gesellschaft

Themenbereich: Gesundheit/Lebenswissenschaften

Herausforderungen für die taxonomische Forschung im Zeitalter der ‚-omics'-Technologien

Beteiligte Institutionen
– Nationale Akademie der Wissenschaften Leopoldina.

Sprecher der Arbeitsgruppe
– Prof. Dr. Rudolf AMANN ML, Max-Planck-Institut für marine Mikrobiologie Bremen.

Klinische Prüfung mit Arzneimitteln am Menschen

Beteiligte Institutionen
– Nationale Akademie der Wissenschaften Leopoldina (Federführung);
– Union der deutschen Akademien der Wissenschaften;
– Deutsche Akademie der Technikwissenschaften acatech.

Sprecher der Arbeitsgruppe
– Prof. Dr. Hans-Peter ZENNER ML, Universitäts-Hals-Nasen-Ohren-Klinik, Eberhard-Karls-Universität Tübingen.

Palliativmedizin

Beteiligte Institutionen
– Nationale Akademie der Wissenschaften Leopoldina (Federführung);
– Union der deutschen Akademien der Wissenschaften.

Sprecher der Arbeitsgruppe
– Prof. Dr. Lukas RADBRUCH, Lehrstuhl für Palliativmedizin, Medizinische Fakultät, Rheinische Friedrich-Wilhelms-Universität Bonn;
– Prof. Dr. Hans-Peter ZENNER ML, Universitäts-Hals-Nasen-Ohren-Klinik, Eberhard-Karls-Universität Tübingen.

Schutzimpfungen – Aktualisierung der Stellungnahme aus dem Jahr 2008

Beteiligte Institution
– Nationale Akademie der Wissenschaften Leopoldina.

Sprecher der Arbeitsgruppe
– Prof. Dr. Stefan H. E. KAUFMANN ML, Max-Planck-Institut für Infektionsbiologie Berlin;
– Prof. Dr. Jörg HACKER ML, Präsident der Leopoldina.

Personalisierte Medizin

Beteiligte Institutionen
– Nationale Akademie der Wissenschaften Leopoldina (Federführung);
– Deutsche Akademie der Technikwissenschaften acatech;
– Union der deutschen Akademien der Wissenschaften.

Sprecher der Arbeitsgruppe
– Prof. Dr. Bärbel FRIEDRICH ML, Vizepräsidentin der Leopoldina, Professorin für Mikrobiologie, Humboldt-Universität zu Berlin;
– Prof. Dr. Heyo K. KROEMER, Sprecher des Vorstands, Vorstand Forschung und Lehre/Dekan, Universitätsmedizin Göttingen;
– Prof. Dr. Philipp U. HEITZ ML, Sekretar der Klasse III und Mitglied des Präsidiums der Leopoldina, Departement Pathologie, Universität Zürich (Schweiz).

Eckpunkte für ein Fortpflanzungsmedizingesetz

Beteiligte Institutionen
– Nationale Akademie der Wissenschaften Leopoldina (Federführung);
– Union der deutschen Akademien der Wissenschaften.
Sprecher der Arbeitsgruppe
– Prof. Dr. Hans-Peter ZENNER ML, Universitäts-Hals-Nasen-Ohren-Klinik Tübingen.

Themenbereich: Demografischer Wandel / Wirtschafts-, Sozial- und Verhaltenswissenschaften

Staatsschulden in der Demokratie

Beteiligte Institutionen
– Union der deutschen Akademien der Wissenschaften (BBAW) (Federführung);
– Nationale Akademie der Wissenschaften Leopoldina;
– Die Junge Akademie.
Sprecher der Arbeitsgruppe
– Prof. Dr. Carl-Ludwig HOLTFRERICH, Freie Universität Berlin.

Neurobiologische und psychologische Faktoren der Sozialisation

Beteiligte Institutionen
– Nationale Akademie der Wissenschaften Leopoldina (Federführung);
– Union der deutschen Akademien der Wissenschaften.
Sprecher der Arbeitsgruppe
– Prof. Dr. Frank RÖSLER ML, Mitglied des Präsidiums der Leopoldina, Universität Potsdam;
– Prof. Dr. Brigitte RÖDER ML, Universität Hamburg.

Zum Verhältnis zwischen Wissenschaft, Öffentlichkeit und Medien

Beteiligte Institutionen
– Deutsche Akademie der Technikwissenschaften acatech (Federführung);
– Union der deutschen Akademien der Wissenschaften (BBAW) (Federführung);
– Nationale Akademie der Wissenschaften Leopoldina.
Sprecher der Arbeitsgruppe
– Prof. Dr. Peter WEINGART, Universität Bielefeld.

Wissenschaftliche Kommissionen

Die Wissenschaftlichen Kommissionen haben sich seit 2010, neben den Initiativen der Klassen und einzelner Akademiemitglieder, als ein wichtiges Instrument zur Diskussion und Vorbereitung von Themen für die Politik- und Gesellschaftsberatung etabliert. Im Jahre 2012 arbeiteten innerhalb der Akademie sieben Wissenschaftliche Kommissionen, die mit hochrangigen Wissenschaftlerinnen und Wissenschaftlern besetzt sind und durch Persönlichkeiten aus Wirtschaft und Gesellschaft ergänzt werden können. Aufgabe der Kommissionen ist es, in ihrem jeweiligen Bereich die wissenschaftlichen Diskussionen zu verfolgen, zukünftig wichtige Themen zu eruieren und zu erörtern sowie Aktivitäten für die Politikberatung anzuregen. Einige der in Vorbereitung befindlichen und bereits laufenden Arbeitsgruppen sind auf Initiative der Wissenschaftlichen Kommissionen entstanden: die Arbeitsgruppen Taxonomie, Personalisierte Medizin, *Public Health* und Palliativmedizin. Die Abteilung begleitet die Kommissionen inhaltlich und organisatorisch und arbeitet eng mit den Mitgliedern zusammen, z. B. bei der Findung von Themen und der Erarbeitung von Themenvorschlägen für neue Arbeitsgruppen. Ergebnisse der Wissenschaftlichen Kommissionen fließen direkt in die Arbeit des Präsidiums ein. Die Kommunikation zwischen den Wissenschaftlichen Kommissionen wird über die Geschäftsstelle und Doppelmitgliedschaften sichergestellt; auch berichten Leiter von Arbeitsgruppen in den Sitzungen der Wissenschaftlichen Kommissionen.

Übersicht über die Wissenschaftlichen Kommissionen der Leopoldina

Kommission Gesundheit

Gesundheit betrifft alle Menschen unmittelbar. Welche Faktoren beeinflussen die Gesundheit? Was macht Menschen krank? Was ist notwendig, damit Menschen gesund werden oder gesund bleiben? Eingebettet in den gesellschaftlichen Kontext behandelt die Kommission Themen wie Personalisierte Medizin oder Palliativmedizin.

Sprecher: Prof. Dr. Detlev GANTEN ML, Berlin;
Prof. Dr. Volker TER MEULEN ML, Würzburg.
Ansprechpartnerin: Dr. Kathrin HAPPE.

Kommission Demografischer Wandel

Unsere Gesellschaft altert – dieser demografische Wandel bietet viele Chancen, stellt uns aber auch vor große Herausforderungen. Die Kommission beschäftigt sich damit, wie Wissenschaft durch Beratung von Politik und Gesellschaft diese Chancen nutzen und die Herausforderungen bewältigen kann.

Sprecher: Prof. Dr. Ursula M. STAUDINGER ML, Bremen;
Prof. Dr. Wolfgang HOLZGREVE ML, Bonn;
Ansprechpartnerin: Dr. Stefanie WESTERMANN.

Kommission Lebenswissenschaften

Das Leben in seiner überwältigenden Komplexität ist ein zentrales Thema der Grundlagenforschung, aber auch der angewandten Wissenschaft und der Medizin. Die Kommission schlägt die Brücke zwischen den unterschiedlichen Disziplinen und diskutiert die gesellschaftliche Relevanz lebenswissenschaftlicher Forschungsfragen.

Sprecher: Prof. Dr. Bärbel FRIEDRICH ML, Berlin;
Prof. Dr. Jörg HACKER ML, Berlin, Halle (Saale).
Ansprechpartner: Dr. Henning STEINICKE.

Kommission Klima, Energie und Umwelt

Der Umgang mit dem Klimawandel, die Zukunft unserer Energieversorgung und die Anpassung an Umweltveränderungen sind Themen, die nicht voneinander losgelöst betrachtet werden können. Die Kommission beschäftigt sich mit drängenden Umweltproblemen und der Frage, wie die Transformation in eine energetisch nachhaltige Gesellschaft gestaltet werden kann.

Sprecher: Prof. Dr. Detlev DRENCKHAHN ML, Würzburg;
Prof. Dr. Hans Joachim SCHELLNHUBER ML, Potsdam;
Prof. Dr. Ferdi SCHÜTH ML, Mülheim (Ruhr);
Ansprechpartner: Dr. Christian ANTON

Kommission Wissenschaftsakzeptanz

Wissenschaft und Technik werden für alle Bereiche des modernen Lebens immer bedeutender. Über sie wird daher weltweit immer intensiver debattiert. Die Kommission beschäftigt sich mit der Frage, wie in der Öffentlichkeit ein angemessenes Verständnis für die innere Logik der Forschung und für die Beurteilung ihrer Resultate geschaffen werden kann.

Sprecher: Prof. Dr. Martin LOHSE ML, Würzburg;
Prof. Dr. Ursula M. STAUDINGER ML, Bremen.
Ansprechpartner: Dr. Christian ANTON.

Kommission Wissenschaftsethik

Wie alle Formen menschlichen Handelns wirft auch das Forschungshandeln von Wissenschaftlern ethische Probleme auf. Diese betreffen nicht nur die Normen guter wissenschaftlicher Praxis, sondern auch Chancen und Risiken neuer Forschungsergebnisse. Arbeitsgebiet der Kommission ist die durch fachwissenschaftliche Expertise unterstützte Auseinandersetzung mit drängenden ethischen Fragen wissenschaftlichen Handelns.

Sprecher:	Prof. Dr. Philipp U. HEITZ ML, Zürich (Schweiz);
	Prof. Dr. Hans-Peter ZENNER ML, Tübingen.
Ansprechpartnerin:	Dr. Stefanie WESTERMANN.

Wissenschaftliche Kommission „Zukunftsreport Wissenschaft"

Aufgabe der Kommission „Zukunftsreport Wissenschaft" ist die evidenzbasierte Beratung von Politik und Gesellschaft zu systemischen Potenzialen und Problemen der Wissenschaftsentwicklung in Deutschland. Zu diesem Zweck setzt sich der Zukunftsreport mit Fragestellungen auseinander, die wesentliche Aspekte des komplexen Zusammenhanges zwischen der Dynamik des Wissenschaftssystems und seinen gesellschaftlichen Rahmenbedingungen betreffen. Damit engagiert sich die Leopoldina auf einem Forschungsfeld, das immer stärkere Beachtung findet und schlagwortartig als *Science of Science Policy* bezeichnet werden kann. Die Kommission besteht aus zwei ständigen Mitgliedern und je nach bearbeitetem Thema aus zusätzlichen Mitgliedern, die für die Dauer der Bearbeitung der jeweiligen Themen berufen werden. Das Thema des laufenden Zukunftsreports, der 2012 begonnen wurde, lautet „Die Lebenswissenschaften als profilbildende Disziplin des 21. Jahrhunderts".

Ständige Mitglieder:	Prof. Dr. Gunnar BERG ML, Halle (Saale);
	Prof. Dr. Martin J. LOHSE ML, Würzburg.
Mitglieder auf Zeit:	Prof. Dr. Rudolf AMANN ML, Bremen;
	Prof. Dr. Michael HECKER ML, Greifswald (Sprecher);
	Prof. Dr. Regine KAHMANN ML, Marburg (Sprecherin);
	Prof. Dr. Alfred PÜHLER ML, Bielefeld;
	Prof. Dr. Dierk SCHEEL ML, Halle (Saale);
	Prof. Dr. Roland EILS, Heidelberg.
Ansprechpartnerin:	Dr. Constanze BREUER.

Veranstaltungen

Parlamentarische Begegnung Landtag Sachsen-Anhalt am 22. März 2012 in Magdeburg

Auf Anregung der Ministerin für Wissenschaft und Wirtschaft des Landes Sachsen-Anhalt, Frau Professor Birgitta WOLFF, wurde Präsident HACKER zu einer Parlamentarischen Begegnung eingeladen. Ziel dieser Veranstaltung sollte es sein, die Leopoldina in ihrer Funktion als Nationale Akademie der Wissenschaften interessierten Mitgliedern des Landtags (und der Landesregierung) in Vortrag und Diskussion ausführlicher vorzustellen.

An dem Abend nahmen gut 70 Mitglieder des Landtags von Sachsen-Anhalt teil. Darunter u. a. der Landtagspräsident und die beiden Landtagsvizepräsidenten, Abgeordnete aus allen Fraktionen (darunter die Vorsitzenden aller Fraktionen), Ministerinnen und Minister sowie zahlreiche Staatssekretäre (Finanz-, Innen-, Justiz-, Kultus-, Landesentwicklungs-, Landwirtschafts- und Wissenschafts-/Wirtschaftsministerium). Landtagspräsident Detlef GÜRTH und Ministerin WOLFF betonten in ihren Ansprachen die große Bedeutung des Abends und der Leopoldina für das Land Sachsen-Anhalt. Die Veranstaltung im Allgemeinen und die Rede von Professor HACKER im Besonderen wurden sowohl von den Landtagsabgeordneten als auch von den Vertretern der Landesregierung sehr positiv aufgenommen.

Von Seiten des Landtags wurde angeregt, dass die Leopoldina in regelmäßigen Abständen (beispielsweise alle zwei Jahre) eine Parlamentarische Begegnung bestreiten solle. Konkret schlug Landtagspräsident GÜRTH Professor HACKER vor, einmal jährlich an einem Dienstag eine auswärtige Sitzung des Landtages in den Räumen der Leopoldina durchzuführen. Zum ersten Mal wird dieses im Mai 2013 stattfinden.

Wissenschaftsjahr 2012 „Zukunftsprojekt ERDE": Podiumsdiskussion „Nachhaltigkeit = Gerechtigkeit?" am 17. Oktober 2012

Sind wir uns der Verantwortung, die wir für andere ökologische und soziale Systeme mittelbar tragen, bewusst? Und wenn ja, wie gehen wir auf nationaler und internationaler Ebene damit um? Was dürfen die Industriestaaten unter dieser Voraussetzung im Zeichen der Nachhaltigkeit von Entwicklungs- und Schwellenländern überhaupt fordern? Sind diese Forderungen gerecht? Diese Fragen standen im Mittelpunkt der Podiumsdiskussion „Nachhaltigkeit = Gerechtigkeit?", die am 17. Oktober 2012 im Haupt-

Abb. 2 Im Leopoldina-Gespräch „Nachhaltigkeit = Gerechtigkeit?": die Experten Alois GLÜCK (*links*) und Prof. Ingo PIES mit der Moderatorin Mechthild BAUS, Redakteurin bei MDR Figaro (*Mitte*).

gebäude der Leopoldina in Halle stattfand. Die Veranstaltung gab zwei prominenten Experten die Gelegenheit, all diesen Fragen nachzugehen und das Verhältnis von Nachhaltigkeit und Gerechtigkeit aus unterschiedlichen Perspektiven zu beleuchten.

Als Experten diskutierten Alois GLÜCK, Mitglied im Rat für Nachhaltige Entwicklung und Präsident des Zentralkomitees deutscher Katholiken, sowie der Wirtschaftsethiker Professor Ingo PIES von der Martin-Luther-Universität Halle-Wittenberg. Sie stellten in Impulsreferaten ihre Sichtweisen auf das Konzept der Nachhaltigkeit vor. Ihre Positionen wurden dann in einem moderierten Gespräch diskutiert. Im Anschluss war das Publikum herzlich eingeladen, Fragen zu stellen und mitzudiskutieren.

Des Weiteren sollte in den Podiumsdiskussionen der Frage nachgegangen werden, welche Konsequenzen die Idee der Nachhaltigkeit für unsere traditionellen Vorstellungen von Freiheit und Gerechtigkeit hat. Der Blick sollte somit auf die Anforderungen nachhaltigen Handelns an konzeptuelle Grundlagen unseres Zusammenlebens in demokratischen Gesellschaften gerichtet werden.

Internationale Beziehungen und EASAC

Bericht: Marina Koch-Krumrei (Halle/Saale, Berlin)

Gemeinsame Empfehlungen der G8+-Wissenschaftsakademien

Die Nationalen Wissenschaftsakademien der acht führenden Industrienationen der Welt (Deutschland, Japan, Frankreich, Großbritannien, USA, Italien, Kanada und Russland) geben seit 2005 wissenschaftliche Empfehlungen ab für die jährlichen Gipfeltreffen der G8-Staats- und Regierungschefs. Die Leopoldina vertritt die deutsche Wissenschaft in diesem internationalen Beratungsgremium. Im Jahr 2012 fand das Treffen der G8-Staats- und Regierungschefs in den USA statt. Im Rahmen einer Konferenz der Nationalakademien der G8- und weiterer Staaten am 27. und 28. Februar 2012 in Washington (DC, USA) wurden gemeinsame Stellungnahmen zu den Themen „Building Resilience to Disasters of Natural and Technological Origin", „Energy and Water Linkage" und „Improving Knowledge of Emissions and Sinks of Greenhouse Gases" erarbeitet. Beteiligt daran waren neben den Nationalakademien aus den G8-Staaten auch die Akademien Brasiliens, Chinas, Indiens, Indonesiens, Mexikos, Marokkos und Südafrikas. Für die Leopoldina nahmen als beratende Experten die Vizepräsidentin Prof. Dr. Bärbel FRIEDRICH ML (Berlin) sowie Prof. Dr. Martin CLAUSSEN ML (Hamburg) und Prof. Dr. Friedhelm VON BLANCKENBURG ML (Potsdam) teil. Die gemeinsamen Stellungnahmen wurden den G8-Regierungen im Vorfeld ihrer Verhandlungen am 18. und 19. Mai 2012 in Camp David (MD, USA) übergeben.

Leopoldina-Lectures des russischen Nobelpreisträgers Prof. Dr. Zhores Alferov in Halle und Berlin

Die deutsche und die russische Wissenschaft stärker zu verzahnen, war nicht nur das Ziel des deutsch-russischen Wissenschaftsjahres 2011/2012, sondern beschreibt auch eine der Zielsetzungen der Leopoldina. Bereits 2011 hatte sie zu diesem Zweck öffentlichkeitswirksame Leopoldina-Lectures in Russland veranstaltet, bei denen Mitglieder der Leopoldina ihre Fachgebiete einer interessierten Öffentlichkeit vorstellten. Im April 2012 erreichte die deutsch-russische Vortragsreihe einen weiteren Höhepunkt: Der russische Nobelpreisträger Zhores ALFEROV (St. Petersburg), der zugleich Vizepräsident der Russischen Akademie der Wissenschaften ist, hielt auf Einladung der Leopoldina zwei Vorträge in Deutschland. Im Hauptgebäude der Leopoldina in Halle sprach er zum Thema „Semiconductor Revolution in the 20th Century".

Wenige Tage später behandelte er das Thema „Semiconductor Heterostructures: Physics, Technology, Applications" an der Technischen Universität Berlin. Beide Vorträge stießen auf großes öffentliches Interesse, wie die voll besetzten Vortragssäle eindrucksvoll bewiesen.

Abb. 1 Nobelpreisträger Zhores ALFEROV bei seinem Vortrag „Semiconductor Revolution in the 20th Century" im Festsaal des Hauptgebäudes der Leopoldina in Halle (Saale)

2nd German-Russian Young Researchers Cooperation Forum in Berlin und Halle

Neben den öffentlichen Leopoldina-Lectures in Deutschland und Russland stellte die Förderung der Zusammenarbeit junger Wissenschaftler aus beiden Ländern einen weiteren Schwerpunkt der Tätigkeit der Leopoldina im Jahr 2012 dar. In Fortführung ihrer Aktivitäten aus dem Jahr 2011 koordinierte sie das *2nd Russian-German Young Researchers Cooperation Forum*. Die Veranstaltung, die in Kooperation mit der Jungen Akademie und dem *Council of Young Scientists* der Russischen Akademie der Wissenschaften durchgeführt wurde, fand am 17. und 18. April in Berlin und Halle statt. Mehr als dreißig junge Wissenschaftler aus Deutschland und Russland – darunter viele Teilnehmer des ersten Workshops, der im Dezember im Moskau abgehalten worden war – nahmen daran teil. Dabei ging es nicht nur darum, Netzwerke zu knüpfen und die Herausforderungen der deutsch-russischen Zusammenarbeit aus der Perspektive junger Wissenschaftler zu diskutieren. Auch konkrete Projektideen für die grenzüberschreitende Zusammenarbeit wurden erarbeitet, die vom Fotowettbewerb bis hin zur Förderung von Wissenschaft an Schulen reichen. Einhellig beschlossen wurde daher die Weiterführung des *Young Researchers Cooperation Forum*.

Abschlussveranstaltung des Deutsch-Russischen Wissenschaftsjahres in Berlin

Am 22. Mai 2012 ging das „Deutsch-Russische Jahr der Bildung, Wissenschaft und Innovation 2011/2012" in Berlin offiziell zu Ende. Auf Wunsch des Bundesministeriums für Bildung und Forschung beteiligte sich die Leopoldina an der feierlichen Abschlussveranstaltung des Wissenschaftsjahres. Gemeinsam mit der *Jungen Akademie* sowie weiteren Wissenschaftlern aus dem *Russian-German Young Researchers Cooperation Forum* bereitete die Akademie eine wissenschaftliche Inszenierung vor, in der das Thema „Netzwerke" aus der Perspektive unterschiedlicher Disziplinen in deutsch-russischen Tandems beleuchtet wurde. Außerdem bestritten Mitglieder des *Forums* eine Podiumsdiskussion zum Thema „Fremdes Wissen integrieren". Ein weiterer Höhepunkt der Abschlussveranstaltung war die Unterzeichnung einer Kooperationsvereinbarung zwischen der Jungen Akademie und dem *Council of Young Scientists* der Russischen Akademie der Wissenschaften in Gegenwart der Wissenschaftsminister beider Länder.

Leopoldina-Symposium „Russian-German Cooperation in the Scientific Exploration of Northern Eurasia and the Adjacent Arctic Ocean" und Leopoldina-Lecture „From Lomonosov to Modern Times" in St. Petersburg

Auch nach dem offiziellen Abschluss des Deutsch-Russischen Wissenschaftsjahrs setzte die Leopoldina ihr Engagement für die Förderung der deutsch-russischen Zusammenarbeit von Nachwuchswissenschaftlern fort. Dies zeigte das Leopoldina-Symposium „Russian-German Cooperation in the Scientific Exploration of Northern Eurasia and the Adjacent Arctic Ocean", das vom 10. bis 12. September 2012 in St. Petersburg gemeinsam mit der *St. Petersburg State University* (SPbGU) veranstaltet und mit Mitteln des Bundesministeriums für Bildung und Forschung gefördert wurde. Mit mehr als 50 vorwiegend jungen Wissenschaftlern aus allen Teilen Deutschlands und Russlands war das Symposium sehr gut besucht. Die Federführung für die Programmgestaltung lag bei Prof. Dr. Jörn THIEDE ML (Kiel). Mit über 30 Vorträgen waren die beiden Konferenztage gut gefüllt, doch tat dies dem freundschaftlichen Austausch und der Gesprächen förderlichen Atmosphäre keinen Abbruch. Einen besonderen Höhepunkt des Symposiums stellte Jörn THIEDEs öffentliche Leopoldina-Lecture „From Lomonosov to Modern Times: History of Russian-German Cooperation in the Scientific Exploration of High Northern Latitudes" dar. In dem bis auf den letzten Platz besetzten Vortragssaal wartete er mit einer rasanten Reise durch die Geschichte der Erschließung der nördlichen Polarregion auf.

Internationale Beziehungen und EASAC

Partnerschaftsabkommen mit der *Korean Academy of Science and Technology*

Die Leopoldina pflegt enge und freundschaftliche Beziehungen zu Wissenschaftsakademien auf allen Kontinenten. Mit ausgewählten, global einflussreichen Partnern baut sie zudem ein strategisches Netzwerk auf. Dieses fußt auf bilateralen Kooperationsvereinbarungen, die dazu dienen, die Zusammenarbeit auf eine nachhaltige Basis zu stellen und eine Grundlage für die kontinuierliche Kooperation in Form von gemeinsamen Veranstaltungen oder Wissenschaftleraustausch zu schaffen. Im Rahmen der feierlichen Eröffnung des neuen Hauptgebäudes der Leopoldina am 24. Mai 2012 wurde ein „Memorandum of Understanding" mit der *Korean Academy of Science and Technology* (KAST) unterzeichnet. Mit dem koreanischen Partner konnte die Leopoldina ihren Kontakt zu einem der wichtigsten Wissenschaftsstandorte in Asien festigen. Die koreanische Akademie hat sich nicht nur der Förderung der Wissenschaften verschrieben, sie ist zugleich auch ein zentraler Akteur in der Politikberatung der Republik Korea. Als Sitz des Sekretariats der *Association of Academies of Sciences in Asia* (AASA) ist sie zudem ein wichtiges Bindeglied in den gesamten asiatischen Raum.

Abb. 2 Die Festveranstaltung zur Einweihung des neuen Hauptgebäudes der Leopoldina am 25. Mai 2012 bildete sowohl den Rahmen für die feierliche Unterzeichnung der Kooperationsvereinbarung zwischen der *Korean Academy of Science and Technology* (KAST) und der Leopoldina als auch für die feierliche Verlängerung der Kooperationsvereinbarung zwischen der *Indian National Science Academy* (INSA) und der Leopoldina durch deren Akademiepräsidenten. Die Abbildung zeigt Leopoldina-Vizepräsidentin Ursula M. STAUDINGER, den Präsidenten der *Indian National Science Academy* Krishan LAL, Leopoldina-Präsident Jörg HACKER und den Präsidenten der *Korean Academy of Science and Technology* Kil Saeng CHUNG (von *links* nach *rechts*).

Leopoldina-KAST *Founding Conference*

Ein wichtiger Bestandteil des Kooperationsabkommens zwischen Leopoldina und *Korean Academy of Science and Technology* (KAST) ist die Verabredung, in regelmäßigem Turnus eine wissenschaftlich exzellente gemeinsame Konferenz alternierend in Deutschland und Korea abzuhalten. Am 25. und 26. November 2012 fand in Halle die „Founding Conference" der Leopoldina-KAST-Konferenzreihe statt. Unter der Federführung von Professor Henning BEIER ML (Aachen) und Il-Hoan OH (Seoul) trafen sich deutsche und koreanische Stammzellenforscher, um sich über den Status quo der jeweiligen Forschungen in ihrem Land auszutauschen. Ziel der Veranstaltung war die Vorbereitung einer internationalen Konferenz zu diesem Thema, die im Oktober 2013 in Seoul stattfinden wird.

Erneuerung eines Partnerschaftsabkommens mit der *Indian National Science Academy*

Die *Indian National Science Academy* (INSA) und die Leopoldina arbeiten schon lange erfolgreich zusammen. Dies dokumentieren bilaterale Symposien in Deutschland und Indien. Gemeinsam haben sie auch zum Erfolg des „Year of Germany and India 2011–2012" beigetragen, das anlässlich des 60-jährigen Bestehens diplomatischer Beziehungen ausgerufen worden war. Als Zeichen ihrer guten Zusammenarbeit wurde im Rahmen der feierlichen Eröffnung des neuen Hauptgebäudes der Leopoldina am 24. Mai 2012 das bereits seit 2007 bestehende „Memorandum of Understanding" von INSA und Leopoldina feierlich erneuert.

Deutsch-Indische Leopoldina-Lecture „Challenges for the Engineering Sciences"

Im Anschluss an das „Year of Germany and India 2011–2012" rief die Indische Botschaft in Berlin im Mai 2012 die „Days of India in Germany 2012–2013" aus. Angesichts der erfolgreichen Kooperationsgeschichte von Leopoldina und INSA war es eine Selbstverständlichkeit, dass sich dabei auch die beiden Akademien engagierten. So wurde die Idee eines deutsch-indischen Vortrags geboren, der zugleich die erste binationale Leopoldina-Lecture darstellte. Am 6. November sprachen Narinder Kumar GUPTA, Professor emeritus vom *Indian Institute of Technology* New Delhi (IIT Delhi), und Matthias KLEINER ML, Professor für Umformungstechnik an der Technischen Universität Dortmund und Präsident der Deutschen Forschungsgemeinschaft, im Hauptgebäude der Leopoldina in Halle zum Thema „Challenges for the Engineering Sciences".

3. Symposium „Human Rights and Science" in Berlin

Das *Human Rights Committee* (HRC) der Leopoldina veranstaltete am 13. und 14. September 2012 das 3. Europäische Symposium „Human Rights and Science" in Berlin. Das HRC befasst sich in der Regel mit Menschenrechtsverletzungen an Wissenschaftlern, an Studierenden sowie an den sie verteidigenden Anwälten auf internationaler Ebene. Dabei agiert es stets als Mitglied des *International Human Rights Network of Academies and Scholarly Societies* (IHRN). Markus LÖNING, Beauftragter der Bundesregierung für Menschenrechtspolitik und Humanitäre Hilfe, würdigte in seinem Eröffnungsvortrag die Arbeit des HRC als wichtigen Beitrag der Zivilgesellschaft zum internationalen Menschenrechtsschutz. Das Symposium behandelte im ersten Abschnitt den Themenbereich „Human Rights and Neuroscience", koordiniert von Prof. Dr. Valéria CSÉPE (Ungarische Akademie der Wissenschaften). Dabei analysierte unter anderem Prof. Dr. John HARRIS (*University of Manchester*, Großbritannien) auf welche Weise die Neurowissenschaften Menschenrechte von Probanden und Patienten beeinträchtigen können, und Prof. Dr. Florian STEGER (Martin-Luther-Universität Halle-Wittenberg) berichtete über Verletzungen ethischer Prinzipien in der Psychotherapie. Im zweiten Teil des Symposiums diskutierten die Teilnehmer Menschenrechtssituationen im Wissenschaftsbereich ausgewählter Länder sowie die externen Einflussmöglichkeiten von Wissenschaftsakademien. Carol CORILLON (IHRN) ging in ihrem Bericht insbesondere auf die Menschenrechtssituation in der Türkei ein, wo zahlreiche Wissenschaftler aufgrund ihrer kritischen Haltung gegenüber der Regierung ungerechtfertigt inhaftiert seien. Auch berichtete sie über die Situation im Iran sowie in Bahrain. Prof. Hans-Peter ZENNER ML, Vorsitzender des HRC, informierte über schwerwiegende Menschenrechtsverletzungen an Ärzten (sowie Pflegepersonal, Sanitätern und Ersthelfern) im Rahmen des Konflikts in Syrien. Am Ende der Tagung wurde Prof. Dr. Johannes ECKERT ML für die Gründung des HRC und seinen langjährigen Vorsitz innerhalb des Gremiums gedankt.

Leopoldina kooperiert mit der *Academy of Science of South Africa* (ASSAf)

Das Symposium „Technological Innovations for a Low Carbon Society" fand am 8. und 9. Oktober 2012 im Rahmen des „Deutsch-Südafrikanischen Jahres der Wissenschaft 2012/2013" in Pretoria (Südafrika) statt und wurde von Prof. Dr. Sigmar WITTIG ML und Prof. Dr. Roseanne DIAB (ASSAf) vorbereitet und geleitet. Die Teilnehmer aus Wissenschaft, Politik und Gesellschaft diskutierten, inwiefern der technologische Fortschritt zur CO_2-Reduktion in Südafrika beitragen könne. Dabei wurde deutlich, dass die Kohle zwar der mit Abstand wichtigste Energieträger im Land ist, gleichzeitig werden durch ihre Nutzung aber auch enorme Mengen an CO_2 freigesetzt. Ein Ausweg könnte in der verstärkten Nutzung regenerativer Energien liegen, denen deutlich klimafreundlichere Eigenschaften zugeschrieben werden. Die Leopoldina-Delegation, bestehend aus Prof. Dr. Sigmar WITTIG ML (Karlsruher Institut für Technologie), Prof. Dr. Wikus VAN NIEKERK (Universität Stellenbosch, Südafrika), Prof. Dr. Jürgen WERNER (Universität Stuttgart), Prof. Dr. Robert PITZ-PAAL (Deutsches Zentrum für Luft- und Raumfahrt [DLR]) und Dr. Christoph RICHTER (DLR), analysierte das Potenzial der Solarenergie in Südafrika. Hierbei wurden neue Forschungsergebnisse und Erfahrungen aus den Bereichen der Photovoltaik sowie der solarthermischen Technologien, wie z. B. CSP (*Concentrated Solar Power*), berücksichtigt. Weitere Vorträge – zum Teil durchaus kritisch diskutiert – nahmen Bezug auf das CO_2-reduzierende Potenzial der Bioenergie sowie die Speicherung und Lagerung von Treibhausgasen in Südafrika. Sigmar WITTIG ML zeigte sich am Ende der Tagung zufrieden mit dem offenen Erfahrungsaustausch und den erzielten Ergebnissen. Er habe den Eindruck gewonnen, dass technologische Lösungen für die CO_2-Reduktion in Südafrika zur Verfügung stünden, wenngleich deren Umsetzung unter den gegebenen Rahmenbedingungen nicht einfach sei. Seine Kollegin Roseanne DIAB (ASSAf) lobte darüber hinaus die Ausrichtung der bilateralen Tagung, deren Stärke es gewesen sei, Experten aus unterschiedlichen Disziplinen und Ländern zu einem zukunftsweisenden Thema zusammenzubringen.

European Academies Science Advisory Council (EASAC)

Publikation von EASAC-Berichten und -Stellungnahmen

EASAC hat im Laufe des Jahres 2012 drei Berichte und zwei Stellungnahmen erarbeiten und vorstellen können. Im Frühjahr wurde der Bericht „Plant Genetic Resources for Food and Agriculture" fertiggestellt, welcher am 6. Juni 2012 in Brüssel unter Teilnahme der *Chief Scientific Advisor* von Kommissionspräsident José Manuel BARROSO, Prof. Anne GLOVER, präsentiert wurde. Im Juli wurde der gemeinsam mit FEAM (*Federation of European Academies of Medicine*), dem Netzwerk der europäischen Medizinakademien, erstellte Bericht „Direct-to-Consumer Genetic Testing for Health-related Purposes in the European Union" publiziert, welcher in einer von EASAC organisierten Veranstaltung den Mitgliedern des EU-Parlaments vorgestellt werden konnte. Im Vorfeld des 18. Treffens der Klimarahmenkonvention der Vereinten Nationen in Doha (Katar) hat EASAC im Oktober 2012 eine aktualisierte Version seiner Empfehlungen *Addressing the Challenges of Climate Change* abgegeben. Die vom EASAC *Energy Steering Panel* verfasste Stellungnahme *The Need for More Emphasis on Systems Approaches to Inform EU Policy Making* wurde im November 2012 veröffentlicht. Im Dezember 2012 konnte EASAC eine Studie zum in Brüssel viel diskutierten Thema *The Current Status of Biofuels in the European Union* vorlegen.

EASAC „Science-Policy-Dialogue"-Workshop an der Leopoldina in Halle

Gefördert durch das globale Akademien-Netzwerk *InterAcademy Panel* (IAP) hat EASAC seit 2010 eine Workshop-Reihe entwickelt, welche auf die Stärkung der europäischen Akademien im Bereich wissenschaftsbasierter Politikberatung zielt. Im Jahr 2012 fand an der Leopoldina der erste Workshop statt, in welchem die Vertreter der europäischen Wissenschaftsakademien mit ihren afrikanischen Kollegen zum Thema Politikberatung zusammenarbeiten konnten. Vom 17. bis 19. September trafen sich die Vertreter von EASAC-Mitgliedsakademien und von Akademien des Netzwerks der afrikanischen Akademien (NASAC) an der Leopoldina in Halle – insgesamt 40 Mitglieder und Mitarbeiter aus 25 Akademien. Die Frage, wie die Wissenschaftsakademien einen Beitrag zur Verbesserung des Dialogs zwischen Wissenschaft und Politik leisten können, wurde aus verschiedenen Blickwinkeln diskutiert. Wichtige Elemente hierbei waren die von EASAC vorgelegten „Good Practice Guidelines", die Präsentationen der Akademien über ihre bisherigen Aktivitäten im Bereich Politikberatung und die Vorträge eines Politikers und eines Wissenschaftlers, welche sich im „Science-Policy-Dialogue" engagieren: Dr. Thomas FEIST, Mitglied des Ausschusses für Bildung, Forschung und Technikfolgenabschätzung im Bundestag, und Prof. Dr. Stefan RAHMSTORF, Mitglied des Wissenschaftlichen Beirats der Bundesregierung für Globale Umweltveränderungen (*WBGU*).

EASAC-Akademien mit der EU-Kommission im Gespräch

Am 16. Oktober 2012 diskutierten in Brüssel Repräsentanten der EASAC-Akademien und der EU-Kommission die bessere und engere Einbindung der Nationalen Wissenschaftsakademien der EU-Mitgliedstaaten, welche EASAC repräsentiert, in die Politikgestaltung in Brüssel. Den Vorsitz führte Prof. Anne GLOVER, *Chief Scientific Advisor* des EU-Kommissionspräsidenten José Manuel BARROSO. Die Leopoldina wurde durch ihren Präsidenten Prof. Dr. Jörg HACKER ML vertreten. Leopoldina-Altpräsident Prof. Dr. Volker TER MEULEN ML nahm in seiner Funktion als Mitglied des EASAC-Präsidiums teil. Während der vierstündigen Zusammenkunft stellten die Generaldirektorate ihre Arbeitspläne für die Periode 2012–2014 dar und skizzierten, in welchen Themenbereichen sie der unabhängigen Expertise der Wissenschaftsakademien bedürfen. EASAC stellte der Kommission die aktuellen Empfehlungen in den Themenbereichen Gendiagnostik, Klimawandelanpassung und Energieversorgung vor. Zum Abschluss der Veranstaltung kündigte GLOVER an, EASAC einen Vorschlag zur engeren Kooperation zu unterbreiten. Dieses Kooperationsangebot wurde im November 2012 von den Mitgliedern der EASAC-Vollversammlung beraten und befürwortet.

Gemeinsamer Workshop von EASAC und NASAC „Planting the Future" in Addis Abeba

EASAC und das Netzwerk der afrikanischen Wissenschaftsakademien (NASAC) haben am 20. November 2012 an der *African Union Commission* in Addis Abeba einen gemeinsamen Workshop zum Thema genmodifizierter Pflanzen (*GM crops*) ausgetragen. Ziel des Workshops war es, europäische und afrikanische Forscher miteinander zu vernetzen, die neuesten Entwicklungen zum Thema *GM crops* in Afrika zu erfassen und die afrikanische Perspektive auf die Politik der EU zu dokumentieren. Die EU ist die im globalen Vergleich im Umgang mit genmodifizierten Pflanzen restriktivste Region. Dies hat einen direkten Einfluss auf Bereiche wie Agrar- und Forschungspolitik in Afrika. An dem Workshop nahmen ca. 40 Experten teil; die Ergebnisse der dort geführten Diskussion fließen in einen EASAC-Bericht ein, der 2013 den relevanten Institutionen der EU in Brüssel vorgestellt werden wird.

Vollversammlungen und Präsidiumssitzungen

Die Sommer-Vollversammlung von EASAC fand am 10. bis 11. Mai 2012 an der *Royal Irish Academy* in Dublin statt. Wichtige Tagesordnungspunkte waren u. a. die Diskussion einer möglichen Aktivität zum Thema „Space Exploration" und die Einladung der EU-Kommission an EASAC und Vertreter der Mitgliedsakademien zu einem „High Level Event" im Oktober. Zu ihrem Wintertreffen waren die Mitglieder der Vollversammlung an die Litauische Akademie der Wissenschaften nach Vilnius eingeladen. Ein wichtiges Diskussionsthema dieses Treffens war der Vorschlag der *Chief Scientific Advisor* von Präsident BARROSO, Anne GLOVER, über eine zukünftige engere Kooperation zwischen EASAC und EU-Kommission.

Das EASAC-Präsidium traf sich im März 2012 in Brüssel und im August 2012 an der Leopoldina in Halle, wo es auch seine jährliche Strategiesitzung abhielt.

NASAC-Kooperation

Konferenz „Water Management"

Im Rahmen der vom Bundesministerium für Bildung und Forschung (BMBF) geförderten Kooperation der Leopoldina mit dem Netzwerk der afrikanischen Wissenschaftsakademien (NASAC) fand vom 29. bis 31. März 2012 eine Konferenz zum Thema *Water Management* in Reduit (Mauritius) statt. Ein weiterer Partner in der Organisation dieser Konferenz war die Königlich-Niederländische Akademie der Wissenschaften (KNAW). Die KNAW hatte gemeinsam mit NASAC die Verantwortung für die Auswahl der wissenschaftlichen Beiträge für die Konferenz. Die Leopoldina unterstützte NASAC vor allem bei der Gestaltung des letzten Konferenztages, an dem die Frage der Unterlegung der Umweltagenda mit wissenschaftlichen Empfehlungen in einer Reihe von ausgewählten afrikanischen Staaten thematisiert wurde. Am Abschluss jenes zweiten Konferenztages legten die teilnehmenden Wissenschaftler und Politiker gemeinsame Strategien für die Implementierung wissenschaftsbasierter Empfehlungen im *Water Management* in Afrika vor. Für die Leopoldina nahm eine Gruppe von deutschen Experten unter Leitung von Altpräsident Volker TER MEULEN ML und Peter FRITZ ML teil.

Capacity Building Grants

Im Jahr 2012 konnten durch die Kooperation mit der Leopoldina insgesamt sechs „Capacity Building Grants" (*CBG*) an Mitgliedsakademien von NASAC vergeben werden. Die CBG sind fester Bestandteil der Zusammenarbeit von NASAC und Leopoldina, mit dem Ziel der Stärkung der teilweise sehr schlecht ausgestatteten NASAC-Mitgliedsakademien. Der Schwerpunkt der Ausschreibung für die CBG lag auf den Themen Gesundheit, Wasser-Management, Klimawandelanpassung und Biodiversität. Die Mitglieder des Netzwerks NASAC waren aufgerufen, Aktivitäten in diesen Bereichen zu entwickeln, welche der wissenschaftlichen Vernetzung und Exzellenz oder der Beratung von Entscheidungsträgern durch die Akademien dienlich sind. Der Umfang der CBG liegt zwischen $3,000–$15,000 und die Laufzeit darf 12 Monate nicht übersteigen. Die Auswertung der CBG ist für Mitte 2013 angesetzt worden.

Gesundheitskonferenz

Vom 1. bis 3. November 2012 fand am Bernhard-Nocht-Institut in Hamburg die Leopoldina-NASAC-Konferenz „Changing Patterns of Health Problems in Sub-Sahara Africa" statt. Sie bildete den Auftakt eines Prozesses, an dessen Ende eine Stellungnahme von NASAC im Bereich Gesundheit an die *African Union*, die *World Health Organization* (WHO), nationale Gesundheitsministerien und andere wichtige Akteure im Gesundheitsbereich in Afrika stehen soll. Unter den NASAC-Mitgliedsakademien hatte die *Ghana Academy of Arts and Sciences* (GAAS) die Leitungsfunktion übernommen. Leopoldina und GAAS blicken auf frühere Zusammenarbeit im Bereich Gesundheit zurück und hatten 2010 eine gemeinsame Veranstaltung zur neuesten Forschung über Tropenkrankheiten in Kumasi (Ghana) organisiert. An der Konferenz in Hamburg nahmen 30 hochrangige afrikanische Forscher teil, welche von den nationalen Wissenschaftsakademien Afrikas nominiert worden waren. Von deutscher Seite waren vor allem Experten aus den Forschungsbereichen Tropenkrankheiten und Immunologie vertreten, aber auch zu den in Afrika immer wichtiger werdenden nicht-infektiösen Krankheiten, wie z. B. Krebs und kardiovaskulären Erkrankungen. Weiterhin waren einige der wichtigsten, in der wissenschaftlichen Gesundheitszusammenarbeit mit Afrika aktiven deutschen Organisationen repräsentiert, wie Deutsche Gesellschaft für Internationale Zusammenarbeit (GIZ), Deutscher Akademischer Austauschdienst (DAAD) und Volkswagenstiftung.

Workshop „Water Management"

Als eine direkte Weiterführung der Konferenz vom März 2012 fand am 26. und 27. November in Naivasha (Kenia) ein Workshop zum Thema *Water Management* statt. Ziel dieser Veranstaltung war die weitere gemeinsame Konkretisierung der auf der vorangegangenen Konferenz vorgeschlagenen Empfehlungen der Experten an die Politik. Zur Vorbereitung des Workshops waren fünf Dokumente erstellt worden, die wesentliche Strukturen der Wassersituation in den Regionen Nord-, Ost-, Süd-, West- und Zentralafrika beschreiben. Die in Naivasha versammelten afrikanischen und deutschen Wissenschaftler nahmen diese regionalen Berichte zum Ausgangspunkt ihrer Diskussionen über die Situation des Kontinents. Auf beiden Seiten waren nicht nur Hydrologen, sondern auch Ökonomen und empirische Sozialwissenschaftler vertreten, um der Komplexität des Themas differenziert gerecht werden zu können.

Presse- und Öffentlichkeitsarbeit

Bericht: Caroline Wichmann (Halle/Saale, Berlin)

Leopoldina-Nacht

Die „Leopoldina-Nacht", mit der sich die Leopoldina traditionell an der Langen Nacht der Wissenschaften in Halle beteiligt, fand am 6. Juli 2012 erstmals am neuen Hauptsitz der Akademie auf dem Jägerberg statt. Das umfassende Programm aus Vorträgen, Diskussionen sowie dem Vortragswettbewerb „Science Slam" wurde, wie die Öffnung des Gebäudes, von rund 10 000 Hallensern mit großem Interesse aufgenommen. Im Rahmen des Programms eröffnete die interaktive Ausstellung zur Gesundheitsforschung „Es betrifft DICH!". Sie gastierte für drei Wochen an der Leopoldina und wurde am Eröffnungsabend von einem Workshop für Kinder zum Thema „Sinnestäuschungen" begleitet. Im Festsaal traten beim Vortragswettbewerb „Science Slam" drei junge Wissenschaftler gegeneinander an und präsentierten ihre Forschung in unterhaltsamen Kurzvorträgen.

Abb. 1 Publikumswertung beim „Science Slam"

Presse- und Öffentlichkeitsarbeit

Das Publikum stimmte über die Gewinner ab, wobei – wie bei einem „Science Slam" üblich – die Unterhaltsamkeit des Vortrags vorrangig entscheidend war und nicht dessen Wissenschaftlichkeit. Angeregt diskutiert worden war zuvor im Vortragssaal. In der Fishbowl-Diskussion „Was darf die Wissenschaft? Forschung zwischen Freiheit und Verantwortung" konnten interessierte Laien die verschiedenen Facetten der Wissenschaftsfreiheit gemeinsam mit Experten beleuchten, indem sie einen der freien Plätze in deren Runde einnahmen.

Ausstellung zur Gesundheitsforschung „Es betrifft DICH!"

Die Phänomenta-Ausstellung „Es betrifft DICH!" gastierte vom 6. bis zum 27. Juli 2012 in der Cafeteria der Leopoldina. An 20 verschiedenen Experimentierstationen konnten Besucher mehr über ihren eigenen Körper und die Gesundheitsforschung erfahren. Eine „Gummibärchenmaschine" vermittelte beispielsweise, wie lange man an einem Handpedal kurbeln muss, bis man die Kalorien eines Gummibärchens verbrannt hat. An einer weiteren Station konnte man sein eigenes Gesicht per Computersimulation

Abb. 2 Besonders fühlten sich Kinder von den Exponaten der Ausstellung „Es betrifft DICH!" zur Gesundheit und Gesundheitsforschung angesprochen.

altern lassen. Die Ausstellung zählte vom 9. Juli bis 27. Juli 969 Einzelbesucher und 61 Gruppen mit insgesamt 1200 Personen.

Leopoldina-Fishbowl-Diskussionen

Die Leopoldina setzte die im Vorjahr mit dem Haus der Wissenschaft Braunschweig initiierte Diskussionsreihe „Wissenschaft kontrovers" mit der Initiative Wissenschaft im Dialog als weiterem Partner fort. Bei den im interaktiven Fishbowl-Format geführten Diskussionen können sich Gäste aus dem Publikum an einer von Experten geführten Debatte beteiligen, indem sie einen freien Platz in deren Runde einnehmen. Die Gäste erhalten so die Gelegenheit, lebhaft kontroverse wissenschaftliche und gesellschaftliche Themen gemeinsam mit Experten von mehreren Seiten zu betrachten. Für die Termine, die in der gesamten Bundesrepublik stattfanden, vermittelte die Leopoldina Experten aus ihren Reihen.

Am 6. Juli 2012 konnten die Besucher der Leopoldina-Nacht bei der Fishbowl-Diskussion „Was darf die Wissenschaft? Forschung zwischen Freiheit und Verantwortung" in der Leopoldina mit dem Akademiepräsidenten Prof. Dr. Jörg HACKER ML, dem Theologen und Ethiker Prof. Dr. Klaus TANNER ML, der Psychologin und Fraktionsvorsitzenden des Bündnis 90/Grüne im Landtag von Sachsen-Anhalt Prof. Dr. Claudia

Abb. 3 Angeregte Diskussion zum Thema „Was darf die Wissenschaft? Forschung zwischen Freiheit und Verantwortung" zur Leopoldina-Nacht

DALBERT sowie Dr. Christina BERNDT, Wissenschaftsredakteurin der *Süddeutschen Zeitung*, über die ethischen und rechtlichen Grenzen der Forschung debattieren. Moderiert wurde das Gespräch von Dr. Carsten KÖNNEKER, Chefredakteur des Wissenschaftsmagazins *Spektrum der Wissenschaft*.

Am 19. Dezember griff in der Staatskanzlei Sachsen-Anhalt in Magdeburg die Fishbowl-Diskussion „Kommt der Blackout? Die Zukunft der Energieversorgung in Mitteldeutschland" Fragen der zuvor veröffentlichten Stellungnahmen zum Thema Energieversorgung auf. Podiumsgäste waren Dr. Reiner HASELOFF, Ministerpräsident des Landes Sachsen-Anhalt, Akademiepräsident Prof. Dr. Jörg HACKER ML, Prof. Dr. Roland SCHEER, Professor für Photovoltaik an der Martin-Luther-Universität Halle-Wittenberg, sowie Wolfgang NELDNER, stellvertretender Vorsitzender des Zentrums für Regenerative Energien Sachsen-Anhalt e. V. Die Moderation übernahm die stellvertretende Chefredakteurin der *Mitteldeutschen Zeitung* Sibylle QUENETT.

Insgesamt fanden 2012 acht gemeinschaftlich organisierte Diskussionen statt.

Leopoldina-Gespräch
„Neue Anforderungen an die Wissenschaftskommunikation"

Am 21. November thematisierte ein gemeinschaftlich mit der Deutschen Public Relations Gesellschaft organisiertes Leopoldina-Gespräch in Halle „Neue Anforderungen an die Wissenschaftskommunikation". Die Veranstaltung richtete sich vor allem an Kommunikationsverantwortliche und Wissenschaftskommunikatoren aus Sachsen-Anhalt, die die Möglichkeit zu einem lebhaften, praxisnahen Austausch über die spezifischen Gegebenheiten und Anforderungen der Wissenschaftskommunikation im Wandel zahlreich wahrnahmen. Wie kann die Forschung ihren Erkenntnisgewinn der Gesellschaft am besten zur Verfügung stellen? Welche Informationen sind nur für wissenschaftliche Kreise von Belang, welche interessieren auch den Laien – und wie müssen diese Informationen für unterschiedliche Zielgruppen aufbereitet werden? Welche neuen Möglichkeiten bietet *Social Media*? – waren die zentralen Fragen des Gesprächs im Vortragssaal der Akademie.

Mit dem interessierten Publikum diskutierten namenhafte Experten wie Prof. Dr. Günter BENTELE, Institut für Kommunikations- und Medienwissenschaft der Universität Leipzig, Dr. Carsten KÖNNEKER, Chefredakteur von *Spektrum der Wissenschaft*, Prof. Dr. Ralf WEHRSPOHN, Leiter des Fraunhofer-Instituts für Werkstoffmechanik Halle (Saale), und Markus WEISSKOPF, Geschäftsführer von *Wissenschaft im Dialog*. Moderiert wurde die Runde von Prof. Dr. Annette LESSMÖLLMANN, Leiterin des Instituts für Kommunikation und Medien der Hochschule Darmstadt.

Messe „Wissenswerte" in Bremen

Im November war die Leopoldina auf Deutschlands größter Messe für Wissenschaftsjournalismus präsent, der „Wissenswerte" in Bremen. An einem gemeinsamen Stand mit der Berlin-Brandenburgischen Akademie der Wissenschaften, der Union der deutschen Akademien der Wissenschaften und der Deutschen Akademie der Technikwissenschaften acatech präsentierte sie ihre Arbeit und erweiterte und stärkte ihre Kontakte zu Journalisten, Wissenschaftskommunikatoren und anderen Multiplikatoren.

Website www.leopoldina.org

Das Internetangebot der Leopoldina wurde zwischen August 2011 und Mai 2012 vollständig überarbeitet und mit dem Relaunch den neuen Aufgaben der Nationalakademie angepasst.

Insbesondere wurden die wissenschaftlichen Inhalte der Politikberatung sowie die internationalen Beziehungen durch zwei direkte Zugänge auf der Startseite in den Vordergrund gehoben und inhaltlich besser vernetzt. Zudem liegt der völlig neu gestaltete Mitgliederbereich nun ebenfalls auf der ersten Ebene der Navigation und umfasst nicht nur das Mitgliederverzeichnis mit stark erweiterten Möglichkeiten der Präsentation detaillierter Mitgliederprofile, sondern auch die gänzlich neue – von der Startseite direkt erreichbare – Rubrik „Mitglied im Fokus", mit der regelmäßig die Forschungsarbeit eines Mitglieds der Akademie vorgestellt wird, jeweils anlässlich eines besonderen Ereignisses wie etwa einer hohen Auszeichnung. Außerdem wurden neben der Aktualisierung auf moderne Standards in Struktur, Design und Technik vor allem die Benutzerfreundlichkeit und Reichweite verbessert.

Die Website gliedert sich in die neun Rubriken „Über uns", „Mitglieder", „Wissenschaft", „Publikationen", „Politikberatung", „Internationales", „Förderung", „Veranstaltungen" sowie einen Pressebereich. Die Website wird in deutscher und englischer Sprache angeboten und berücksichtigt die Kriterien für Barrierefreiheit. Eine komfortable Suchfunktion bietet mittels „Type ahead" mögliche Suchbegriffe an, und die unterschiedlichen Nutzergruppen können umfangreiche Informationen direkt herunterladen. Die neue Mediathek im Pressebereich wird mit einem Klick erreicht. Schon auf der Startseite kann der Leopoldina-Film in einem in die Seite eingebetteten Playerfenster unmittelbar abgespielt werden.

Leopoldina-Bildband

Zur Einweihung des neuen Leopoldina-Hauptsitzes am 25. Mai 2012 erschien ein hochwertiger Text-/Bildband im Festeinband, der dem Akademiepräsidenten, der Generalsekretärin, den Präsidiumsmitgliedern und den Abteilungsleitern seither als Geschenk für hochrangige Gäste und Gastgeber dient. Neun Kapitel widmen sich den Aufgaben der Akademie in der Politikberatung und im Bereich Internationales, ihrer Geschichte, ihren Mitgliedern und den Auszeichnungen, die die Leopoldina vergibt. Eine Bildgalerie bietet erstmals einen Überblick über die Nobelpreisträger unter den Akademiemitgliedern. Aktuelle Statements von Politikern, Wissenschaftlern und wichtigen Persönlichkeiten der Leopoldina ergänzen die inhaltlichen Kapitel. Optisch spiegelt der zweisprachige Bildband die Exzellenz, Tradition und Internationalität der Leopoldina wider.

Presse- und Öffentlichkeitsarbeit

Leopoldina-Facebook-Auftritt

Im Laufe des Jahres 2012 wurde ein Konzept für einen Auftritt der Leopoldina im derzeit bedeutendsten sozialen Netzwerk Facebook erarbeitet. Besonderer Wert wurde darauf gelegt, die dort zu präsentierenden Inhalte an der Zielgruppe Sozialer Medien auszurichten, also neue und vor allem jüngere Interessentengruppen anzusprechen. Seit September 2012 ist die Leopoldina mit der Adresse www.facebook.com/NationaleAkademiederWissenschaftenLeopoldina mit einer eigenen Seite bei Facebook vertreten. Dort werden mit wöchentlich mehreren Beiträgen aktuelle Informationen zu Veranstaltungen, Personalia und Publikationen angeboten, die wissenschaftlichen Themen und die Arbeitsweise der Leopoldina erklärt und Inhalte mit anderen Wissenschaftsorganisationen „geteilt". Die Zahl der Nutzer steigt kontinuierlich an und wird durch gezielte Werbemaßnahmen und Vernetzungsstrategien weiter erhöht.

Leopoldina-Filmprojekt

Zwischen März 2011 und Mai 2012 wurde ein Leopoldina-Film konzipiert und produziert.

Gefilmt wurde auf der Jahresversammlung, bei der Langen Nacht der Wissenschaften, beim Richtfest und der Schlüsselübergabe für das neue Hauptgebäude. Auch Wissenschaftler, Politiker und Leopoldina-Vertreter kommen in Interviews zur Leopoldina zu Wort. Das filmische Porträt der Akademie wurde zur feierlichen Eröffnung des neuen Hauptsitzes am 25. Mai 2012 erstmals gezeigt. Seitdem ist es auf der neuen Website der Leopoldina zu sehen und wird bei den Leopoldina-Führungen durch das neue Hauptgebäude vorgeführt.

Wissenschaftskolleg „Tauchgänge in die Wissenschaft" für Journalisten

Vom 15. bis zum 17. November 2012 fand das erste von insgesamt vier Seminaren des Journalistenkollegs „Tauchgänge in die Wissenschaft" statt. Das Auftaktseminar „Der Patient der Zukunft – Wie Gentechnik und Alternsforschung die Medizin verändern" widmete sich am *European Molecular Biology Laboratory* und am Deutschen Krebsforschungszentrum in Heidelberg der naturwissenschaftlichen Grundlagenforschung und der Molekularbiologie als wichtiger Grundlage der modernen Medizin. Ein Programm aus Vorträgen, Laborbesuchen, Podiumsdiskussionen, Artikelworkshops und Kamingesprächen veranschaulichte den 15 Teilnehmern, welche Erkenntnisse Grundlagenforschung liefert, wie sie zur Entwicklung neuer Therapieansätze beiträgt und wie vererbliche Krankheitsdispositionen durch Gentherapie ausgeschaltet werden können. Das zweijährige Journalistenkolleg ist ein gemeinsames Projekt der Robert Bosch Stiftung und der Leopoldina. Es ermöglicht etablierten, nicht im Wissenschaftsressort tätigen Journalisten relevanter Medien Einblicke in wissenschaftliche Themen von großer gesellschaftlicher Relevanz. Ziel ist, dass diese besser eingeordnet werden können und Eingang in die Berichterstattung finden.

Leopoldina-Förderprogramm im Jahr 2012

Bericht: Andreas Clausing (Halle/Saale)

Programm und Auswahl

Das Leopoldina-Förderprogramm dient der Förderung bereits promovierter, herausragender junger Wissenschaftlerinnen und Wissenschaftler aus Deutschland, Österreich und der Schweiz, die ein eigenständiges Arbeitsprofil erkennen lassen. Ziel ist es, exzellente Personen auszuwählen und zu unterstützen, die einmal die zukünftige Forschergeneration in Deutschland bilden können. Das Programm wurde 1992 als Projekt des Bundesministeriums für Bildung und Forschung (BMBF) gestartet und der Leopoldina zugeordnet. Seit dem Jahr 2009 ist es Teil des institutionellen Haushalts der Akademie und wird vom BMBF und dem Ministerium für Wissenschaft und Wirtschaft des Landes Sachsen-Anhalt getragen. Entscheidungen zur Stipendienvergabe werden durch den Leopoldina-Vergabeausschuss gefällt, der quartalsweise unter dem Vorsitz eines Präsidiumsmitglieds zusammentritt. Seit dem Jahr 2010 ist dies der Vizepräsident und Beauftragte des Präsidiums für das Förderprogramm Prof. Dr. Gunnar BERG ML (Halle/Saale). Er bezieht externe Fachgutachten als Auswahlkriterium mit ein, die in der Regel von Akademiemitgliedern erstellt wurden.

Das Programm enthält seit dem Jahr 2009 vier Elemente: *Erstens* das eigentliche Post-Doc-Stipendium, welches den Kernpunkt der Tätigkeiten ausmacht. Unterstützt werden Einzelpersonen, die einen Antrag auf Förderung eines eigenständigen, innovativen Forschungsprojektes einreichen und für dieses ein international renommiertes Gastlabor wählen. Die finanziellen Leistungen orientieren sich an den Sätzen für Post-Doc-Stipendien der Deutschen Forschungsgemeinschaft. *Zweitens* eine Nachbetreuung nach Ablauf des Förderzeitraumes und der Rückkehr nach Deutschland; *drittes* ein Rückkehrerstipendium, das die Rückkehr nach und Wiedereingliederung ehemaliger Leopoldina-Stipendiaten in Deutschland fördert; und *viertens* ein Mentoring-Programm zur fachlichen und individuellen Unterstützung von Stipendiaten durch Akademiemitglieder.

Im Jahr 2012 erhielten insgesamt 52 Personen ein Leopoldina-Post-Doc-Stipendium, 18 davon waren Wissenschaftlerinnen (35 %). 14 Stipendiaten nahmen die Förderung neu auf, für 19 ging die Förderung im Laufe des Jahres zu Ende. Pro Monat wurden durchschnittlich 37 Personen gefördert.

Stipendiaten, die von ihren Kindern begleitet werden, können eine Laufzeitverlängerung (12 Monate) oder die Erstattung von Kinderbetreuungskosten beantragen (auch eine anteilige Kombination ist möglich). Diese Maßnahme dient dem Ziel, Familien in der Wissenschaft besonders zu fördern. Da sich der Anteil an Stipendiaten mit Familie im laufenden Jahr erhöht hat, fallen die Kosten für diese Stipendiaten länger an. Gleichzeitig kommen die für Familien höheren Zuschläge und deren Erhöhung im Jahr 2012

Leopoldina-Förderprogramm 2012

finanziell zum Tragen. Die Zahl der Gesamtförderungen verringerte sich deshalb gegenüber dem Vorjahr leicht.

Im Jahr 2012 gingen insgesamt 77 Anträge auf Förderung ein. 78 Anträge (zum Teil noch aus dem Vorjahr) wurden abschließend bearbeitet, 15 Anträge wurden in der Phase der Bearbeitung wegen Förderung von anderer Seite zurückgezogen oder mussten aus formalen Gründen abgelehnt werden. In den vier Vergabesitzungen 2012 wurde wie folgt entschieden:

- 16 Post-Doc-Stipendien wurden für zumeist 2 Jahre neu bewilligt;
- 1 Rückkehrerstipendium wurde bewilligt;
- 1 Antrag auf Verlängerung eines laufenden Vorhabens wurde positiv beschieden, um das Vorhaben zum Abschluss zu bringen;
- 37 neue Stipendien-Anträge, 3 Anträge auf Verlängerung und 2 Anträge auf ein Rückkehrerstipendium wurden abgelehnt.

Von den 2012 geförderten Stipendiaten arbeiteten 37 Personen außerhalb Europas (33 × USA, 3 × Kanada, 1 × Australien), 16 Personen befanden sich innerhalb Europas (5 × Großbritannien, 6 × Schweiz, 1 × Italien, 1 × Niederlande, 1 × Spanien und 2 × Deutschland [Rückkehrer]).

Aufenthaltsorte der Stipendiaten waren wieder Arbeitsgruppen an namhaften Universitäten oder Forschungsinstituten mit international höchstem Renommee. In den USA waren dies Aurora (CO), Baltimore (MD), Belmont (MA), Berkeley (CA), Boston (MA), Cambridge (MA), Chicago (IL), Corvallis (OR), Houston (TX), Irvine (CA), Los Angeles (CA), Madison (WI), Memphis (TN), New Haven (CN), New York (NY), Orlando (FL), Pasadena (CA), San Diego (CA) und Stanford (CA). Weitere Lokalitäten in Übersee waren Montreal und Toronto (Kanada) sowie Sydney (Australien). An europäischen Wissenschaftszentren wurden Aufenthalte durchgeführt in Basel, Lausanne und Zürich (Schweiz), in Bristol, Cambridge, London und Oxford (Großbritannien), in Amsterdam (Niederlande), Florenz (Italien) und Madrid (Spanien).

Stipendiaten und Förderung

Sieben Personen, die ihre Zuerkennung bereits im Jahr 2011 erhielten, nahmen die Förderung 2012 auf. Von 16 Stipendiaten, die im Jahr 2012 eine Förderzusage neu erhielten, traten 7 ihr Leopoldina-Stipendium noch im Jahr 2012 an, 7 weitere planen, ihre Projekte im Jahr 2013 zu beginnen, zwei wollen die Tätigkeit im Jahr 2014 aufnehmen. Insgesamt begannen damit 14 neue Stipendiaten im Jahr 2012 die Arbeit an ihren Projekten.

Neue Stipendiaten im Jahr 2012

- Dr. Dominic BREIT aus dem Mathematischen Institut der Ludwig-Maximilians-Universität München geht für einen 12-monatigen Aufenthalt an das Department Mathematik der Universität Florenz in Italien in die Arbeitsgruppe von Prof. Gabriele VILLARI (Zulassung 6/2012, Projektbeginn 10/2012).

- Dr. Luise ERPENBECK vom Department für Dermatologie, Venerologie und Allergologie am Universitätsklinikum Göttingen wird einen zweijährigen Aufenthalt am Immune Disease Institute der Harvard Medical School in Cambridge (MA, USA) absolvieren und geht dazu zu Prof. Dr. Denisa D. WAGNER (Zulassung 6/2012, Projektbeginn 10/2012).
- Dr. Matthias HEINRICH aus dem Institut für angewandte Physik der Universität Jena erhielt die Zusage für einen zweijährigen Aufenthalt an der University of Central Florida in Orlando (FL, USA) in der Gruppe von Prof. Demetri CHRISTODOULIDES (Zulassung 3/2012, Projektbeginn 8/2012).
- Dr. Sandra HÖGL aus der Abteilung Anästhesiologie im Klinikum Großhadern der Ludwig-Maximilians-Universität München geht für zwei Jahre an die University of Colorado School of Medicine in Aurora (CO, USA) zu MD David A. SCHWARTZ (Zulassung 3/2012, Projektbeginn 10/2012).
- Dr. Cornelia KRÖGER-JAKOBS aus der Abteilung Zelluläre Biochemie am Institut für Biochemie und Molekularbiologie der Universität Bonn und dem Translationszentrum für Regenerative Medizin (TRM) an der Universität Leipzig geht für zunächst zwei Jahre an das Whitehead Institute des Massachusetts Institute of Technology (MIT) in Cambridge (MA, USA) in die Arbeitsgruppe von Dr. Robert A. WEINBERG (Zulassung 3/2012, Projektbeginn 5/2012).
- Dr. Daniel LANVER vom Max-Planck-Institut für Terrestrische Mikrobiologie in Marburg erhielt die Zusage für ein zweijähriges Projekt am Department of Biology der Stanford University (CA, USA) bei Prof. Dr. Mary Beth MUDGETT (Zulassung 3/2012, Projektbeginn 9/2012).
- Dr. Stephanie WESTENDORFF, zuletzt am Deutschen Primatenzentrum in Göttingen tätig, wird zwei Jahre am Department of Biology der York University in Toronto (Kanada) bei Prof. Dr. Thilo WOMELSDORF arbeiten (Zulassung 6/2012, Projektbeginn 9/2012) arbeiten.

Laufende Stipendien

19 Stipendiatinnen und Stipendiaten setzten die bereits im Jahr 2011 begonnenen Projekte in den Gasteinrichtungen fort:

- Dr. Karen ALIM vom Arnold Sommerfeld Center for Theoretical Physics der Ludwig-Maximilians-Universität München für zunächst 24 Monate an der School of Engineering and Applied Sciences, Applied Mathematics, Harvard University, Cambridge (MA, USA).
- Dr. Sebastian Alexander BARTELS aus dem Institut für Botanik, Fakultät für Biologie, Universität Freiburg für ein zunächst zweijähriges Projekt am Botanischen Institut der Universität Basel (Schweiz).
- Dr. Christine BEEMELMANNS aus dem Institut für Organische Chemie der Freien Universität (FU) Berlin für 24 Monate am Department of Biological Chemistry and Molecular Pharmacology, Harvard Medical School, Boston (MA, USA).

Leopoldina-Förderprogramm 2012

- Dr. Thomas BÖTTCHER vom Lehrstuhl für Organische Chemie II der Technischen Universität (TU) München für einen zweijährigen Aufenthalt am Department of Biological Chemistry and Molecular Pharmacology, Harvard Medical School, Boston (MA, USA).
- Dr. Jonas CREMER vom Institut für Statistische und Biologische Physik an der Ludwig-Maximilians-Universität in München für 24 Monate am Center for Theoretical Biological Physics, Departments Physics and Biology, University of California, San Diego (CA, USA).
- Dr. Claudia Ursula DÜRR von der Hannover Medical School, Institute for Medical Microbiology and Hospital Epidemiology für zunächst 24 Monate an der McGill University, Complex Traits Group and Department of Microbiology and Immunology, Montreal (Kanada).
- Dr. Matthias FEIGE vom Lehrstuhl Biotechnologie am Department Chemie der Technischen Universität (TU) München in Garching für ein zweijähriges Projekt im St. Judes Research Hospital in Memphis (TN, USA).
- Dr. Stefanie HAUTMANN vom GeoZentrum Nordbayern (ehemals Institut für Geologie, Universität Würzburg) für ein zunächst zweijähriges Projekt am Department of Earth Sciences, University of Bristol (Großbritannien).
- Dr. Matthias HEYDEN vom Lehrstuhl für Physikalische Chemie II der Ruhr-Universität Bochum (RUB) für 24 Monate am Department of Chemistry, University of California, Irvine (CA, USA).
- Dr. Stefanie KAUTZ aus der AG Botanik – Pflanzenökologie, Fachbereich Biologie und Geographie, Universität Duisburg-Essen, für einen zweijährigen Aufenthalt am Field Museum of Natural History in Chicago (IL, USA).
- Dr. Dominik PAQUET aus dem Deutschen Zentrum für Degenerative Erkrankungen in München für zunächst 24 Monate am Laboratory of Brain Development and Repair, Rockefeller University, New York (NY, USA).
- Dr. Daniel ROHR aus dem Theory Department des Fritz-Haber-Instituts der Max-Planck-Gesellschaft in Berlin für 18 Monate am Department of Chemistry, Rice University in Houston (TX, USA).
- Dr. Anke Gundula ROTH aus dem Institut für Chemie der Humboldt-Universität Berlin für ein zweijähriges Forschungsprojekt am Department of Molecular, Cellular and Developmental Biology, Yale University, New Haven (CT, USA).
- Dr. Felix RÜTING aus dem Institut für Physik der Carl-von-Ossietzky-Universität Oldenburg für einen zweijährigen Forschungsaufenthalt am Departamento de Fisica Teorica de la Materia Condensada, Universidad Autonoma de Madrid (Spanien).
- Dr. Matthias Alexander Sokrates STEIN aus dem Max-Planck-Institut für Entwicklungsbiologie, Tübingen, für zunächst 24 Monate am Laboratory of Integrative Systems Physiology (LISP), École Polytechnique Fédérale de Lausanne (EPFL) (Schweiz).
- Dr. Bettina STOLP aus dem Department für Infektiologie-Virologie an der Universität Heidelberg für 24 Monate am Theodor-Kocher-Institut, Bern (Schweiz).
- Dr. Johannes Florian TEICHERT vom Institut für Organische Chemie der Universität Marburg für 24 Monate am Laboratorium für Organische Chemie, Eidgenössische Technische Hochschule Zürich (Schweiz).

– Dr. Meng Xiang-Grüss vom Institut für Theoretische Physik und Astrophysik an der Christian-Albrechts-Universität Kiel für einen zweijährigen Aufenthalt am Department of Applied Mathematics and Theoretical Physics (DAMPT) Cambridge (Großbritannien).

Einem Stipendiaten wurde 2012 eine **Verlängerung** des Förderzeitraumes gewährt: Dr. Philipp Schneggenburger blieb für weitere sechs Monate unter 50%iger Beteiligung des Gastgebers am Gastinstitut in Cambridge (MA, USA). Verlängerungen ergaben sich auch für diejenigen Stipendiaten, die – aufgrund der Begleitung durch Kinder oder einer Geburt während des Förderzeitraumes – eine Unterstützung für Erziehungsleistungen in Form einer Stipendienverlängerung annahmen. Dr. Jörg Bahlmann nahm dies für zehn Monate, Dr. Christian Schulz für fünf Monate in Anspruch.

Ein **Rückkehrerstipendium** wurde im Jahr 2012 an Dr. Max von Delius für die Dauer von sechs Monaten vergeben. Er kehrte dafür aus dem Department Chemistry der University of Toronto (Kanada) an das Institut für Organische Chemie der Universität Erlangen-Nürnberg zu Prof. Dr. Andreas Hirsch zurück.

Abgeschlossene Stipendien

Im Verlaufe des Jahres 2012 schieden 12 Stipendiaten regulär aus der Förderung aus und kehrten überwiegend nach Deutschland zurück: Dr. Markus Reschke, Dr. Silke Hofmann, Dr. Fabian Januszewski, Dr. Birgit Esser, Dr. Wolfram Möbius, Dr. Jan Zienau, Dr. Stephan Lammel, Dr. Nadja Freund, Dr. Michael Helwig, Dr. Rolf Kuiper, Dr. Christian Schulz und Dr. Jörg Bahlmann.

Einige Stipendiaten beendeten ihre Projekte früher als geplant. Sie konnten in den meisten Fällen aufgrund der erworbenen Fähigkeiten und zusätzlichen Qualifikationen bereits während der Förderung alternative und längerfristige Beschäftigungen aufnehmen:

– Dr. Nadine Rühr kehrte vorzeitig nach Deutschland zurück, um eine Stelle am Karlsruher Institut für Technologie (KIT), Außenstelle Garmisch-Partenkirchen, anzutreten.
– Dr. Marc Schneider nahm ein Angebot in der Industrie an und beendete deshalb sein Projekt vorzeitig.
– Dr. Carolin Daniel beendete ihr Rückkehrerstipendium, da sie eine Position als Gruppenleiterin am Helmholtz-Zentrum München erhielt.
– Dr. Frank Schreiber beendete die Förderung vorzeitig, um eine Stelle an der Eidgenössischen Technischen Hochschule (ETH) Zürich (Schweiz) anzutreten und sein Projekt dort fortzuführen.
– Dr. Christian Böhmer beendete sein Projekt aus familiären Gründen vorzeitig und kehrte nach Deutschland zurück.
– Dr. Max von Delius beendete seinen Aufenthalt in Kanada, da der Gastgeber einem Ruf folgte und das Gastinstitut verließ. Zum Abschluss der Arbeiten kehrte er im September 2012 mit einem Rückkehrerstipendium nach Deutschland zurück.
– Dr. Christoph Klenk erhielt eine Arbeitsstelle im Biochemischen Institut der Universität Zürich (Schweiz) und beendete seine Förderung früher als geplant.
– Dr. Jörg Hehn folgte einem Angebot der Industrie und beendete die Förderung vorzeitig.

Ergebnisse, Förderende und Nachförderung

Gemäß den Richtlinien für eine Zuerkennung werden die wissenschaftlichen Ergebnisse aus den geförderten Projekten regelmäßig veröffentlicht. Darunter befinden sich stets Artikel in interdisziplinär hoch angesehenen Fachzeitschriften (*Nature*, *Science*, *Proceedings of the National Academy of Sciences* [USA], *Proceedings of the Royal Society of London*). Des Weiteren enthalten die jeweiligen fachspezifischen Zeitschriften die Resultate der Leopoldina-Stipendiaten. Die Nennung der Leopoldina als Träger des Programms erfolgt jeweils in den Danksagungen.

In der Regel präsentierten Stipendiaten die Ergebnisse der Forschungsprojekte als Poster oder Vorträge auf Fachtagungen. Bei besonders aufwändigen Präsentationen unterstützte das Förderprogramm entsprechende Aktivitäten im Rahmen internationaler Kongresse zusätzlich mit Sachkosten- und Reisebeihilfen. Auch in der Phase der Nachbetreuung (bis zu fünf Jahre nach Auslauf der Förderung) wurden Beihilfen zur Kongressteilnahme bewilligt.

Die Rückkehr nach Deutschland nach Ablauf des Stipendiums ist der Normalfall. Meist kommen die Stipendiaten nach Abschluss der Förderung zügig zurück. Einige Stipendiaten, denen nach Förderende weitere Tätigkeiten in den USA angeboten wurden, bleiben so noch einige Jahre und kehren erst dann nach Deutschland zurück. Zurzeit existieren in Deutschland zahlreiche Möglichkeiten der Zwischenfinanzierung für exzellente Stipendiaten sowie weiterführende Positionen, welche eine Rückkehr zunehmend wieder attraktiver gemacht haben.

Neben dem Aufbau und der Fortführung eigener Forschergruppen konnten 2012 einige ehemalige Leopoldina-Stipendiaten hochrangige Positionen besetzen:

- Prof. Dr. Michael DECKER, Leopoldina-Stipendiat von 2007 bis 2008 und zuletzt an der Universität Regensburg tätig, hat den Ruf auf die Professur für Pharmazeutische und Medizinische Chemie an der Universität Würzburg angenommen und die Stelle zum 1. Juli 2012 angetreten.
- Prof. Dr. Holger KRESS übernahm zum 15. Februar 2012 den Lehrstuhl für Experimentalphysik I an der Universität Bayreuth. Er war von 2007 bis 2010 als Leopoldina-Stipendiat an der Yale University in New Haven (CT, USA) tätig und arbeitete anschließend als Assistant Professor im Department of Applied Physics an der Eindhoven University of Technology (Niederlande).
- Prof. Dr. Alexander SZAMEIT, Leopoldina-Stipendiat von Mai 2009 bis April 2011 am Physics Department and Solid State Institute des Technion in Haifa (Israel), wurde im Februar 2012 zum Junior-Professor für Diamant/Kohlenstoffbasierte Optische Systeme am Institut für angewandte Physik der Friedrich-Schiller-Universität Jena ernannt.
- Prof. Dr. Katharina ZWEIG, Leopoldina-Stipendiatin von Mai 2008 bis August 2009 im Institut für Physik, Eötvös-Loránd-Universität, Budapest (Ungarn), ist seit dem Sommersemester 2012 Universitätsprofessorin der AG Graphentheorie und Netzwerkanalyse im Fachbereich Informatik an der Universität Kaiserslautern.

Networking

An der zwölften **GAIN-Konferenz** (*German Academic International Network*) – Konferenzen, die alternierend an der Ost- und Westküste der USA stattfinden – nahmen wieder einige Stipendiaten der Leopoldina teil. Diese Tagung für deutsche Nachwuchswissenschaftler in Nordamerika wird weiterhin von der Alexander von Humboldt-Stiftung (AvH), dem Deutschen Akademischen Austauschdienst (DAAD), der Deutschen Forschungsgemeinschaft (DFG) und der *German Scholars Organization* (GSO) organisiert. Turnusgemäß wurde das Treffen an der Ostküste in Boston (MA) durchgeführt. Es bot einmal mehr die Gelegenheit, die Angebote und Hinweise zu Karriereperspektiven in Deutschland zu studieren. Die Akademie ermöglichte es interessierten Leopoldina-Stipendiaten aus der Region auch in diesem Jahr, an der Veranstaltung teilzunehmen. Von den Teilnehmern wird die Konferenz als sehr informativ und hilfreich für die weitere Karriere bewertet.

Nachförderung

Im Rahmen der **Nachförderung** haben ehemalige Stipendiaten die Möglichkeit zur Teilnahme an Meetings, in denen ehemalige Förderprogrammteilnehmer ihre Forschungsergebnisse vorstellen. Am 17. Dezember 2012 wurde das Meeting zum siebten Mal in Halle durchgeführt. Details sind dem Bericht zu entnehmen.[1] Das achte Meeting soll am 9. Dezember 2013, dem Tag vor der Weihnachtslecture der Akademie, stattfinden.

Innerhalb der persönlichen Nachförderung wurde es einigen ehemaligen Stipendiaten ermöglicht, bestehende Kooperationen fortzuführen. Zu diesem Zwecke wurden Kurzaufenthalte am ehemaligen Stipendienort unterstützt. Neben der Fortführung laufender Arbeiten wurden dabei auch Publikationen vorbereitet und abgeschlossen, deren wesentliche Ergebnisse während der Förderperiode entstanden. Die Präsentation dieser Resultate durch ehemalige Stipendiaten auf internationalen Tagungen und Kongressen wurde ebenfalls in mehreren Fällen gefördert.

Die persönliche fachliche Betreuung von Stipendiaten durch einzelne Akademiemitglieder im Rahmen des **Mentoring-Programmes** wird zunehmend wahrgenommen. Einigen Stipendiaten wurde der Besuch des Mentors in Deutschland ermöglicht und die dazu erforderliche Reise finanziell unterstützt. Diese Unterstützung war in der Regel mit einer Reisebeihilfe zur Knüpfung oder Intensivierung wissenschaftlicher Kontakte in Deutschland gekoppelt. Dazu gehörten auch Tagungs- oder Kongressbesuche, auf denen Ergebnisse aus der aktiven Förderung präsentiert wurden. Alle Maßnahmen dienten gleichermaßen der Verbesserung der Chancen für die Rückkehr nach Deutschland. Einige Stipendiatinnen und Stipendiaten erhielten durch diese Maßnahmen wertvolle Hinweise für die eigene Karriereentwicklung und konnten sich damit erfolgreich um weiterführende Stellen bewerben.

---

1 Vgl. den Tagungsbericht unter 3. Veranstaltungen.

Tätigkeit der Gutachter

Die bewährte Besetzung des Vergabeausschusses aus dem Vorjahr wurde auch im Jahr 2012 beibehalten. Die Ausschussmitglieder stellten als Fachvertreter in den Sitzungen in Halle und Berlin die Anträge aus den eingereichten Themengruppen vor. Für diese im Jahr 2012 geleistete Arbeit ist ihnen sehr herzlich zu danken.

Dem Ausschuss gehören derzeit an: Siegfried BLECHERT (Berlin), Thomas BÖRNER (Berlin), Gunter S. FISCHER (Halle/Saale), Eberhard HOFMANN (Halle/Saale), Helmut KETTENMANN (Berlin), Norbert SUTTORP (Berlin) und Karl WERDAN (Halle/Saale). Vizepräsident Gunnar BERG (Halle/Saale) führt den Vorsitz. Beratend können der Präsident Jörg HACKER (Berlin/Halle), die Generalsekretärin Jutta SCHNITZER-UNGEFUG (Halle/Saale) und der Förderprogramm-Koordinator Andreas CLAUSING (Halle/Saale) mitwirken, wobei letzterer auch für die Organisation zuständig zeichnet.

Die Beurteilung der Antragsteller und Anträge ist ohne die Unterstützung durch externe Wissenschaftler und ihre Fachgutachten nicht möglich. Das Leopoldina-Förderprogramm ist deshalb fortwährend auf die Mitwirkung vieler Leopoldina-Mitglieder und anderer Fachwissenschaftler angewiesen. Die Akademie dankt hiermit allen beteiligten Gutachtern wieder sehr herzlich dafür, dass sie der Bitte um eine Bewertung von Projekt und Person nachgekommen sind, obwohl vielfältige und zeitraubende andere Verpflichtungen bestehen. Der inzwischen gestiegene Bekanntheitsgrad und das erreichte Ansehen des Programms wären ohne diese aktive Mitarbeit nicht möglich gewesen. Für diese Unterstützung im Jahr 2012 dankt die Vergabekommission deshalb wieder besonders den nachstehend genannten Mitgliedern der Akademie:

Ad AERTSEN (Freiburg), Rudolf AMANN (Bremen), Thorsten BACH (Garching), Werner BALLMANN (Bonn), Friedrich G. BARTH (Wien, Österreich), Wilhelm BARTHLOTT (Bonn), Claus BARTRAM (Heidelberg), Katja BECKER (Gießen), Ralf BENDER (Garching), Mathias BERGER (Freiburg), Alexander BERGHAUS (München), Thomas BIEBER (Bonn), Niels BIRBAUMER (Tübingen), Wolf Dieter BLÜMEL (Asperg), Thomas BOEHM (Freiburg), Olaf BREIDBACH (Jena), Eva-Bettina BRÖCKER (Würzburg), Leena BRUCKNER-TUDERMAN (Freiburg), Gerd-Rüdiger BURMESTER (Berlin), Martin CARRIER (Bielefeld), George COUPLAND (Köln), Jörg EBERSPÄCHER (München), Dieter ENDERS (Aachen), Peter K. ENDRESS (Zürich, Schweiz), Gerhard ERKER (Münster), Ulf EYSEL (Bochum), Karsten FEHLHABER (Leipzig), Dieter FENSKE (Karlsruhe), Veit FLOCKERZI (Homburg/Saar), Angela D. FRIEDERICI (Leipzig), Harald FUCHS (Münster), Alois FÜRSTNER (Mülheim), Wolfgang GAEBEL (Düsseldorf), Steffen GAY, (Zürich, Schweiz), Onur GÜNTÜRKÜN (Bochum), Wolfgang D. HACKBUSCH (Leipzig), Peter HÄNGGI (Augsburg), Theodor HÄNSCH (München), Martina HAVENITH-NEWEN (Bochum), Rainer HEDRICH (Würzburg), Jürgen HEINZE (Regensburg), Hans HENGARTNER (Zürich, Schweiz), Fritz A. HENN (Upton, NY, USA), Heinz HÖFLER (München), Ferdinand HOFSTÄDTER (Regensburg), Bert HÖLLDOBLER (Würzburg), Paul HOYNINGEN-HUENE (Zürich, Schweiz), Gerhard HUISKEN (Golm), Eduard HURT (Heidelberg), Peter JONAS (Klosterneuburg, Österreich), Hans-Georg JOOST (Nuthetal), Ulrich Benjamin KAUPP (Bonn), Horst KESSLER (Garching), Frank KIRCHHOFF (Ulm), Paul KNOCHEL (München), Jürgen KNOP (Bad Kreuznach), Jörg Peter KOTTHAUS (München), Paul LEIDERER

(Konstanz), Gerd LEUCHS (Erlangen), Peter LICHTER (Heidelberg), Eduard LINSENMAIR (Würzburg), Nikos LOGOTHETIS (Tübingen), Mohamed A. MARAHIEL (Marburg), Iain W. MATTAJ (Heidelberg), Stefan MEUER, (Heidelberg), Axel MEYER (Konstanz), Manfred MILINSKI (Plön), Holger MOCH (Zürich, Schweiz), Joachim MÖSSNER (Leipzig), Klaus MÜLLEN (Mainz), Onno ONCKEN (Potsdam), Peter PROPPING (Bonn), Ursula RAVENS (Dresden), Heinz RENNENBERG (Freiburg), Markus RIEDERER (Würzburg), Marina V. RODNINA (Göttingen), Rolf ROSSAINT (Aachen), Klaus Peter SAUER (Bonn), Dierk SCHEEL (Halle/Saale), Werner SCHERBAUM (Düsseldorf), Wolfgang SCHLEICH (Ulm), Paul SCHMID-HEMPEL (Zürich, Schweiz), Reinhold E. SCHMIDT (Hannover), Wolfgang SCHNEIDER (Würzburg), Jürgen SCHÖLMERICH (Frankfurt/Main), Johannes SCHUBERT (Halle/Saale), Georg E. SCHULZ (Freiburg), Ernst-Detlef SCHULZE (Jena), Peter SCHUSTER (Wien, Österreich), Dieter SEEBACH (Zürich, Schweiz), Karl SIGMUND (Wien, Österreich), Hans-Uwe SIMON (Bern, Schweiz), Kai SIMONS (Dresden), Lotte SØGAARD-ANDERSEN (Marburg), Jörg STRIESSNIG (Innsbruck, Österreich), Diethard TAUTZ (Plön), Klaus TOYKA (Würzburg), Jürgen TROE (Göttingen), Rolf ULRICH (Tübingen), Jef VANDENBERGHE (Amsterdam, Niederlande), Gerhard VOLLMER (Neuburg/Donau), Hermann-Josef WAGNER (Bochum), Herbert WALDMANN (Dortmund), Sabine WERNER (Zürich, Schweiz), Simon D. M. WHITE (Garching), Felix WIELAND (Heidelberg), Alfred WITTINGHOFER (Dortmund).

Darüber hinaus sei auch denjenigen Wissenschaftlern für eine gutachterliche Tätigkeit gedankt, die nicht Mitglieder der Akademie sind:

Erwin BERGMEIER (Göttingen), Werner BERNREUTHER (Aachen), Armin BÖRNER (Rostock), Marc BRAMKAMP (Martinsried), Matthias BRAND (Duisburg), Tobias BRANDES (Berlin), Michael BRECHT (Berlin), Gerhard BRINGMANN (Würzburg), Georg BÜCHEL (Jena), Karl-Josef DIETZ (Bielefeld), Renate VAN DEN ELZEN (Bonn), Lukas ENG (Dresden), Hilmar VON EYNATTEN (Göttingen), Evelyn FERSTL (Freiburg), Alexander GAIL (Göttingen), Tim-Wolf GILBERGER (Hamburg), Bodo GRIMBACHER (Freiburg), Matthias HEIN (Saarbrücken), Claudia HEMP (Bayreuth), Daniel HERING (Essen), Walter HOFSTETTER (Frankfurt/Main), Margot ISENBECK-SCHROETER (Heidelberg), Udo KAISERS (Leipzig), Markus KALESSE (Hannover), Johanna KISSLER (Bielefeld), Karl-Heinz KOGEL (Gießen), Erika KOTHE (Jena), Annette KRAEGELOH (Saarbrücken), Ingrid KRÖNCKE (Wilhelmshaven), Beat MICHEL (Zürich, Schweiz), Steffen MISCHKE (Potsdam), Katharina MORIK (Dortmund), Andreas MÜLLER (Garching), Stefan ODENBACH (Dresden), Klaus PALME (Freiburg), Hans-Joachim POETHKE (Würzburg), Stefan POLLMANN (Magdeburg), Thorsten REUSCH (Kiel), Michael SATTLER (München), Gerhard SCHÄFER (Jena), Jürgen SCHERKENBECK (Wuppertal), Bernhard SCHICK (Homburg/Saar), Franz SCHMALHOFER (Osnabrück), Reto A. SCHWENDENER (Zürich, Schweiz), Thomas SEYLLER (Chemnitz), Dirk TRAUNER (München), Björn TRAUZETTEL (Würzburg), Ralf B. WEHRSPOHN (Halle/Saale), Gerhard WEIKUM (Saarbrücken), Norbert WEISSMANN (Gießen), Dirk WILDGRUBER (Tübingen), Joost WINTTERLIN (München), Stefan WOHNLICH (Bochum), Peter WÖLFLE (Karlsruhe).

Die Akademie ist allen ehrenamtlich tätigen Gutachtern sehr zu Dank verpflichtet.

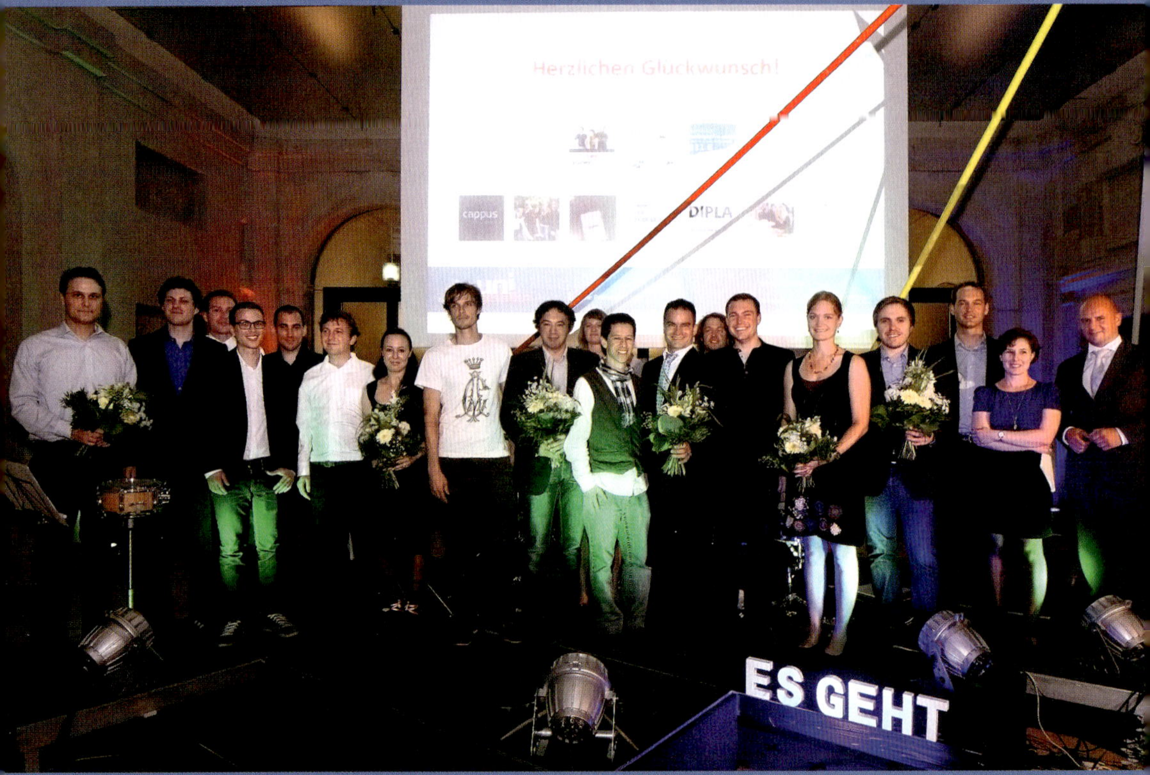

Herzlichen Glückwunsch!
cappus
DIPLA
ES GEHT

Die Junge Akademie im Jahr 2012

Bericht: Manuel Tröster (Berlin)

Gegründet als gemeinsames Projekt der Nationalen Akademie der Wissenschaften Leopoldina und der Berlin-Brandenburgischen Akademie der Wissenschaften (BBAW), ist die Junge Akademie seit 2011 dauerhaft im Haushalt der Leopoldina verankert. Ihre 50 Mitglieder, Nachwuchswissenschaftlerinnen und -wissenschaftler aus dem deutschsprachigen Raum, widmen sich dem interdisziplinären Diskurs und engagieren sich an den Schnittstellen von Wissenschaft und Gesellschaft.

Den interdisziplinären Diskurs ernst nehmen

In klassischen und neuen Formaten lotet die Junge Akademie die Möglichkeiten interdisziplinärer Zugänge zu aktuellen wissenschaftlichen Fragestellungen aus und entwickelt sie weiter. Im Fokus stehen dabei oftmals gesellschaftliche Herausforderungen, wie zum Beispiel bei einem interaktiven Exponat zur nachhaltigen Nutzung von Energie, mit dem sich die Arbeitsgruppe (AG) Nachhaltigkeit 2012 an der Tour der *MS Wissenschaft* durch Deutschland und Österreich beteiligte. Die *AG Ethik in der Praxis* organisierte im Januar eine Tagung zu Strukturelementen von Ethikberatung und begann im Herbst mit einer Studie, in der sie das Wissen der Ärzteschaft über den umstrittenen PSA-Test zur Früherkennung von Prostatakrebs untersucht. Überdies beteiligte sich die Junge Akademie als Kooperationspartner an der *AG Staatsschulden in der Demokratie* von Leopoldina, BBAW und acatech und war Ende 2012 beim Symposium „Government Debt in Democracies. Causes, Effects, and Limits" vertreten. Einen weiteren Arbeitsschwerpunkt bilden kulturelle Konzepte und Phänomene, mit denen sich unter anderem die 2012 neu gegründete *AG Populärkultur(en)* beschäftigt. Unter dem Titel „Visions and Images of Fascination" schrieb die *AG Faszination* gemeinsam mit nationalen Jungen Akademien anderer europäischer Länder einen Fotowettbewerb aus, dessen eingesandte Beiträge die Begeisterung von Wissenschaftlerinnen und Wissenschaftlern für die Forschung zum Ausdruck bringen sollen. Im Rahmen einer fächerübergreifenden Tagung befasste sich die *AG Klangwelt(en)* im Oktober mit Theorien und Modellen (national)kultureller Identitätsstiftung durch Klang, Ton und Musik. Ebenfalls im Oktober widmete sich die *AG Kunst als Forschung?* in einem Salon ihrer Reihe Kunst und Wissenschaft der Funktion von Archiven und der Macht des Bewahrens und Erinnerns. Weitere interdisziplinäre Arbeitsgruppen beschäftigten sich mit den Grenzen der Quantentheorie, mit der Rolle von Minderheiten sowie mit der gesellschaftlichen Bedeutung der Sozialwissenschaften.

Initiativen an den Schnittstellen von Wissenschaft und Gesellschaft stärken

Mit innovativen Formaten versucht die Junge Akademie, Fragen, Antworten und Debatten der Wissenschaft einem größeren Publikum näherzubringen. In Kooperation mit dem Stifterverband für die Deutsche Wissenschaft organisierte sie den Ideenwettbewerb *UniGestalten*, um mit Hilfe eines Online-Wettbewerbsportals (http://www.unigestalten.de) konkrete Vorschläge zu generieren, die den Alltag an Hochschulen durch neue Ansätze und Perspektiven erleichtern und verbessern. Anfang 2012 wurden die Preisträger in einem zweistufigen Auswahlverfahren durch eine hochkarätige Jury ermittelt und auf der Festveranstaltung der Jungen Akademie im Juni ausgezeichnet. Der erarbeitete Ideenpool wurde der Öffentlichkeit zur Verfügung gestellt und die wichtigsten Ergebnisse in einer Publikation zusammengestellt, die sowohl online als auch in gedruckter Form verfügbar ist. Ergänzend erschienen zwei über das Internet-Portal zugängliche E-Papers zu den Themen Kommunikation und Nachhaltigkeit. Darüber hinaus engagierte sich die Junge Akademie im Januar beim „Salon Sophie Charlotte" der BBAW durch die Mitgestaltung einer Sektion zum Thema „Kunst als Forschung – Forschung als Kunst" und durch die Teilnahme an einer Diskussion mit Vertretern der Akademie der Künste. Wichtige Träger der Kommunikation mit einem breiteren Publikum sind zudem die 2012 neu konzipierte Webseite sowie das *Junge Akademie Magazin* (JAM), welches sich in seiner im Herbst veröffentlichten Ausgabe mit dem Thema Visualisierung auseinandersetzte und erstmals auch in englischer Sprache erschien.

Sich in den bildungs- und wissenschaftspolitischen Diskurs einmischen

Aus der Perspektive des wissenschaftlichen Nachwuchses, aber mit Blick auf das Wissenschaftssystem als Ganzes entwickelt die Junge Akademie neue Ideen zur Gestaltung von Forschung und Lehre. Im Jahr 2012 verfassten verschiedene Akademiemitglieder eine Stellungnahme zur Zukunft der W-Besoldung und veröffentlichten Beiträge über die Aussichten des wissenschaftlichen Nachwuchses sowie über die Situation der Lehre an deutschen Universitäten. In einer gemeinsamen Erklärung mit den Jungen Akademien Dänemarks, der Niederlande und Schwedens richtete sich die Junge Akademie im November an die europäischen Staatschefs, um vor den Folgen von Kürzungen im Haushalt des *European Research Council* zu warnen. Außerdem nahmen Vertreter der Jungen Akademie an verschiedenen Tagungen und Gesprächen zu wissenschaftspolitischen Themen und Initiativen teil, unter anderem an Beratungen zur Hightech-Strategie 2020. Die *AG Lehre* veröffentlichte 2012 einen Band über „Lehre als Abenteuer", in dem Mitglieder der Jungen Akademie neben etablierten Wissenschaftlerinnen und Wissenschaftlern sowie Studierenden Anregungen für eine bessere Hochschulausbildung geben. Neu gegründet wurde die *AG Nach der Exzellenzinitiative*, in der Thesen und Vorschläge zur Zukunft des deutschen Wissenschaftssystems gebündelt werden sollen.

Internationale Vernetzung stärken

Mit der von der Jungen Akademie unterstützten Gründung neuer Nationalakademien junger Wissenschaftlerinnen und Wissenschaftler weltweit erweitern sich die Möglichkeiten für Austausch und Zusammenarbeit. Gemeinsam mit der Leopoldina wurde im April die seit 2011 bestehende Zusammenarbeit mit dem *Council of Young Scientists* der Russischen Akademie der Wissenschaften mit einem zweiten gemeinsamen Forum fortgeführt. Anschließend wurden auf der von der Jungen Akademie mitgestalteten feierlichen Abschlussveranstaltung des deutsch-russischen Wissenschaftsjahres in einem *Memorandum of Understanding* weitere Kooperationsschritte zwischen deutschen und russischen Nachwuchsforscherinnen und -forschern vereinbart. Auch im Rahmen des deutsch-südafrikanischen Wissenschaftsjahres brachte sich die Junge Akademie zusammen mit der Leopoldina mit einem Kooperationsprojekt ein. Bei einem gemeinsamen Workshop mit Vertretern der *South African Young Academy of Science*, der *Academy of Science of South Africa* und der *Global Young Academy* wurde im Oktober ein Symposium vorbereitet, welches sich im März 2013 mit dem Thema „Nachhaltigkeit in den Bereichen Klima, Gesundheit, Energie, Ökosysteme und Landwirtschaft/Ernährung" befasst und Perspektiven für die weitere Zusammenarbeit zwischen den Beteiligten entwickeln soll. Auch darüber hinaus bemühte sich die Junge Akademie um eine engere Vernetzung mit anderen nationalen Jungen Akademien und beteiligte sich zu diesem Zweck im Herbst an einem strategisch ausgerichteten Symposium in Amsterdam. Verabredet wurde dort unter anderem eine engere Kooperation der europäischen Jungen Akademien in wissenschaftlichen, wissenschaftspolitischen und institutionellen Fragen. Aufgrund ihrer bewährten Organisationsstruktur und als bedeutende Stimme deutscher Nachwuchswissenschaftlerinnen und -wissenschaftler nimmt die Junge Akademie in diesem Zusammenhang eine wichtige Beratungs- und Vorbildfunktion ein. So begleitete sie 2012 die Gründungsprozesse Junger Akademien in Schottland, Ägypten und Belgien und trieb das Projekt einer auf mehrere Jahre angelegten deutsch-arabischen Jungen Akademie voran.

Interdisziplinäre Forschung, Initiativen an den Schnittstellen von Wissenschaft und Gesellschaft, wissenschaftspolitisches Engagement und internationale Vernetzung – dies sind die Koordinaten, in denen die Junge Akademie jedes Jahr neue Ideen, Projekte und Formate entwickelt. Die jährliche Aufnahme von zehn neuen Mitgliedern und, damit verbunden, der Gewinn von jährlich zehn neuen Alumni sorgen dafür, dass stets neue Konstellationen, Chancen und Dynamiken für fruchtbare Zusammenarbeit entstehen.

Weitere Informationen unter http://www.diejungeakademie.de.

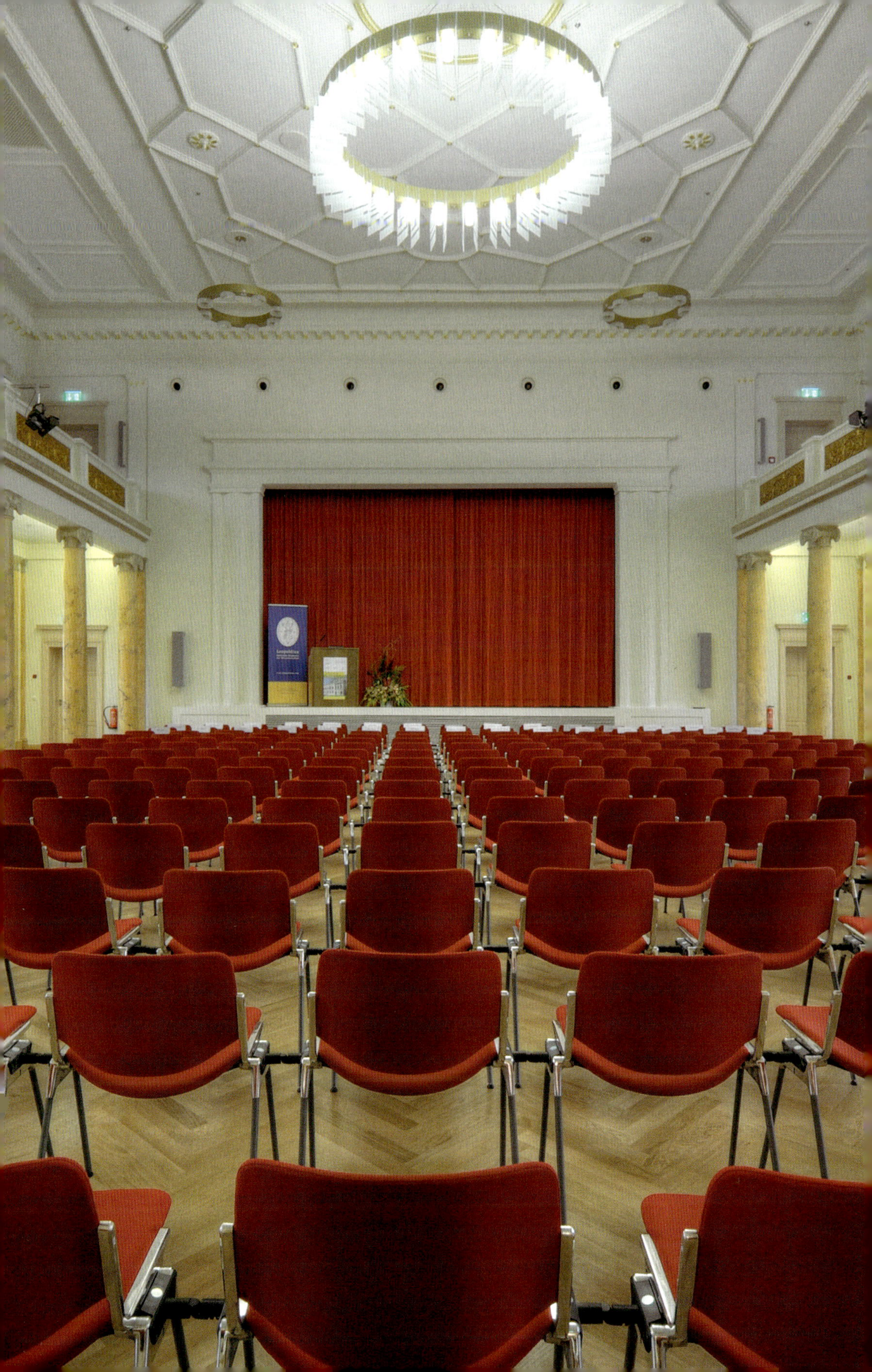

3. Veranstaltungen

Jahresversammlung 2012
Rolle der Wissenschaft im Globalen Wandel

22. bis 24. September 2012
in Berlin

Bericht über die Jahresversammlung
Rolle der Wissenschaft im Globalen Wandel

vom 22. bis 24. September 2012 in Berlin

Bericht: Michael Kaasch und Joachim Kaasch (Halle/Saale)[1]

Will man die Gegenwart auf unserem Globus beschreiben, so bietet sich der vielfach apostrophierte „Globale Wandel" als eine Diagnose an. Damit sind Umbrüche erfasst, die einerseits sowohl Veränderungsprozesse in der Natur von weltweiter Dimension – etwa Erderwärmung, Klimaänderung, Ausbreitung von Wüsten, Raubbau an Wäldern, fortschreitender Verlust von Biodiversität – einschließen, aber auch Umgestaltungen in der menschlichen Gesellschaft und in Gemeinschaften – etwa Bevölkerungswachstum, Migrationsprozesse und Veränderungen in der Altersstruktur von Populationen, die sich auf der ganzen Welt vollziehen bzw. die für den gesamten Erdball entsprechende Auswirkungen haben – gemeint, andererseits aber auch die Entwicklungen einer sich in Wirtschaft, Politik, Kommunikation usw. zunehmend zusammenrückenden und vernetzenden Welt (Globalisierung).

Diese Veränderungen zu erfassen und zu beschreiben sowie die mit ihnen verbundenen gesellschaftlichen Probleme zu analysieren, ist eine große Herausforderung für die Wissenschaft. Als Nationale Akademie der Wissenschaften ist die Leopoldina in zunehmendem Maße gefordert, auch Beratung bei Fragen zu liefern, die über Länder und Kontinentgrenzen hinausgreifen und globale Dimensionen aufweisen: Klimawandel, der Einsatz erneuerbarer Energien, Fragen der Gesundheitsversorgung, die Einrichtung einer effektiveren Landwirtschaft zur Bekämpfung von Hunger in Krisengebieten und die sich wandelnde Altersstruktur von Bevölkerungen in vielen Staaten sind nur einige Beispiele für entsprechende Gebiete mit dringendem Forschungsbedarf. Sie bilden solche Herausforderungen für die Gesellschaften, die nur in internationaler, oft globaler Zusammenarbeit zu bewältigen sein werden. Daher wählte die Leopoldina 2012 das Thema „Rolle der Wissenschaft im Globalen Wandel" für ihre Jahresversammlung.

Die Veranstaltung fand vom 22. bis 24. September 2012 im Langenbeck-Virchow-Haus in Berlin statt. Mit diesem Kongress tagte erstmals – neben den alle zwei Jahre in den ungeraden Jahren in Halle stattfindenden interdisziplinären Jahresversammlungen – auch im geraden Jahr eine Jahresversammlung mit breiter angelegtem Thema außerhalb Halles, ein Veranstaltungsformat, das in Zukunft an Stelle der auf ein engeres Fachgebiet konzentrierten Jahreskonferenzen fortgesetzt werden soll. Neben dem Präsidium der Akademie trug diesmal vor allem Detlev DRENCKHAHN ML (Würzburg) die Verantwortung für die Programmgestaltung.

---

1 Unter Verwendung der Kurzfassungen der Referenten.

Leopoldina-Präsident Jörg HACKER konnte zur Eröffnung den Staatssekretär im Bundesministerium für Bildung und Forschung Georg SCHÜTTE und den Staatssekretär im Ministerium für Wissenschaft und Wirtschaft des Landes Sachsen-Anhalt Marco TULLNER begrüßen, die Grußworte an die Festversammlung richteten.[2] In seiner Ansprache behandelte Präsident HACKER die wichtigsten Aktivitäten der Leopoldina seit der Jahresversammlung 2011.[3] Danach überreichte er den *Early Career Award* der Leopoldina an den Klimatologen Thomas MÖLG (Berlin),[4] der sich mit einem Vortrag zum Thema „Spuren des Klimawandels: Von den großen Ozeanen zu den kleinen Gletschern im Hochgebirge" für die Auszeichnung bedankte. Außerdem fand im Rahmen der Leopoldina-Jahresversammlung auch die Verleihung des *Bayer Climate Award 2012* durch die *Bayer Science & Education Foundation* statt. Dieser Preis wurde an den Atmosphärenphysiker Markku KULMALA (Helsinki, Finnland) überreicht, der in einem kurzen Vortrag seine Forschungen vorstellte.

Das umfangreiche Programm der Leopoldina-Jahresversammlung war in acht Sessions, einen Abendvortrag und die abschließende Leopoldina-Lecture gegliedert.

Die Sessions I und II, die von Detlev DRENCKHAHN bzw. Herbert GLEITER ML (Karlsruhe) moderiert wurden, zeigten „Die Erde im Globalen Wandel". Das wissenschaftliche Programm eröffneten mit einem faszinierenden Blick aus dem All auf unseren sich stetig verändernden Planeten die Geowissenschaftler Rüdiger GLASER (Freiburg i. Br.) und Stefan DECH (Würzburg). Der Beitrag verdeutlichte in eindrucksvollen Bildern unter Verwendung von Methoden der Fernerkundung die umfassenden Veränderungen auf der Welt, die vor allem seit den 1950er Jahren beispielsweise durch fortschreitende Urbanisierung, Rohstoffabbau, Entwaldung, Desertifikation, Landnutzungswandel und Meeresverschmutzung stattgefunden haben. Hans Joachim SCHELLNHUBER ML (Potsdam) referierte über die „Belastungsgrenzen der Erde". Er zeigte, wie vor allem Energie- und Materialströme im agrarischen und industriellen Stoffwechsel das natürliche Erdsystem beeinflussen. Der anthropogene Klimawandel kann das System an seine Belastungsgrenzen führen. SCHELLNHUBER erörterte unter Bezugnahme auf die globale Systemanalyse und unter Beachtung sogenannter natürlicher „Kippelemente" die wahrscheinlichen Auswirkungen des Klimawandels auf die Ökosphäre (u. a. über den Stickstoff- und Phosphorzyklus und Veränderungen in der Biosphäre). Aus Sicht des Referenten besteht durchaus die Gefahr, dass die Wechselwirkungen solcher Kippelemente auch hochgradig nicht lineare planetarische Dynamiken auslösen könnten.

Kritische Aspekte der Entwicklung der Weltbevölkerung und Folgen der wachsenden Urbanisierung nahm Richard BURDETT (London, Großbritannien) in den Blick. 2050, wenn die Weltbevölkerung nach bisherigen Schätzungen mit 9 Milliarden Menschen ihren Höchststand erreicht haben wird, werden etwa 75 % aller Menschen in Städten leben. Daraus ergeben sich, so der Referent, vielschichtige Probleme sowohl für den

---

2 Siehe in diesem Jahrbuch Begrüßung durch den Akademiepräsidenten Jörg HACKER S. 293, Grußwort des Staatssekretärs im Bundesministerium für Bildung und Forschung Georg SCHÜTTE S. 295–297 und Grußwort des Staatssekretärs im Ministerium für Wissenschaft und Wirtschaft des Landes Sachsen-Anhalt Marco TULLNER S. 299 f.
3 Ansprache des Präsidenten der Akademie in diesem Jahrbuch S. 301–306.
4 Laudatio für Thomas MÖLG in diesem Jahrbuch S. 203–205.

Städtebau als auch für das ökologische Gleichgewicht unseres Planeten. Der Geologe Volker Mosbrugger ML (Frankfurt/Main) beschäftigte sich in seinem Beitrag mit den Folgen des globalen Wandels für die Biodiversität. Er musste einen äußerst problematischen Verlust biologischer Vielfalt auf allen Hierarchieebenen konstatieren, der vor allem durch Landnutzungsänderungen verursacht wird. 40 % aller untersuchten Arten seien bedroht, so Mosbrugger. Obwohl die Biodiversitätsverluste das System Erde schwer belasten, sind wichtige wissenschaftliche Grundlagen zum Verständnis der entsprechenden Prozesse noch immer nicht so gut bekannt, dass die Auswirkungen begrenzt werden könnten.

Den Umgang mit und die Kommunikation von Risiken untersuchte Ralph Hertwig ML (Basel, Schweiz, Berlin). Der Vortrag brachte neben einer Einführung in die psychologische Forschung zur Risikoproblematik Beispiele sowohl gelungener als auch gescheiterter Risikokommunikation und für entsprechendes adaptives Risikoverhalten. Eine völlig andere Sicht auf die Erde im globalen Wandel lieferte der Wirtschaftswissenschaftler Hans-Werner Sinn (München). Er untersuchte die Finanzsysteme in der europäischen Zahlungsbilanzkrise und setzte sich äußerst kritisch mit den verschiedenen Rettungsmaßnahmen der Regierungen („Euro-Rettungsschirm") und dem Vorgehen der Europäischen Zentralbank auseinander. Sinn meinte, einen Systemfehler in der Konstruktion des europäischen Euro-Währungssystems ausmachen zu müssen, der auch die Wirtschaft und das Geldmarktsystem der Bundesrepublik Deutschland bedrohen könnte.

Dem zweiten großen Themenkomplex „Herausforderungen des Globalen Wandels" waren die Sessions III und IV zugeordnet, die von Rolf Thauer ML (Marburg) und Philipp Heitz ML (Zürich, Schweiz) geleitet wurden. Diesen Schwerpunkt eröffnete der Vortrag des Physikers, Ozeanographen und Klimaforschers Stefan Rahmstorf (Potsdam). Er stellte fest, dass seit Beginn der Industrialisierung der Kohlendioxidgehalt der Atmosphäre auf den höchsten Wert seit rund einer Million Jahre angestiegen ist. Gleichzeitig schreitet die globale Erwärmung ungebremst fort. Rahmstorf berichtete, dass die Eisdecke auf dem arktischen Ozean immer weiter schwindet und 2012 ein neues Rekordminimum erreicht hat. Durch Messungen mit Hilfe von Satelliten lässt sich auch die Abnahme der Eisschilde in Grönland und in der Antarktis dokumentieren. Im Gegenzug ist ein Anstieg der Meeresspiegel zu registrieren. Ferdi Schüth ML (Mülheim/Ruhr) beschäftigte sich in seinen Ausführungen mit den Herausforderungen beim Umbau unseres Energiesystems. Ausgehend von der Notwendigkeit zur Reduktion der Emission von Kohlendioxid aus fossilen Energieträgern behandelte der Chemiker Schüth verschiedene Alternativen zur Energiebereitstellung, wie Windenergie, Photovoltaik, Solarthermie und Verwertung von Biomasse, sowie die Probleme bei der Einbindung regenerativer Energie in ein Gesamtenergiesystem (z. B. die Energiespeicherung bei der Ausweitung der Elektromobilität). Mit der kritischen Verfügbarkeit mineralischer Ressourcen setzte sich Armin Reller (Augsburg) auseinander. Reller demonstrierte, dass für die Erschließung neuer Funktionsmaterialien neben den chemisch und physikalisch begründeten materialwissenschaftlichen Voraussetzungen auch ökonomische, ökologische und wirtschaftsgeographische Faktoren während des gesamten Nutzungszyklus Berücksichtigung erfordern.

Auf das Gebiet der Gesellschaftsanalyse begab sich Lars-Erik Cederman (Zürich, Schweiz). Er beschäftigte sich mit politischen und wirtschaftlichen Ungleichheiten von

Völkerschaften als Ursachen für tiefergehende gesellschaftliche Konflikte, bis hin zu Bürgerkriegen. Während (politische) Ausgrenzung zu umfassenden Unstimmigkeiten und politischer Gewalt führt, lassen sich durch Machtbeteiligung und regionale Autonomie entsprechende Krisensituationen entschärfen.

Besonders wichtige Problembereiche unter den Bedingungen des globalen Wandels sind Ernährung und Wasserversorgung. Zu diesem Themenkomplex referierte Joachim VON BRAUN (Bonn). In Afrika und Asien, wo gegenwärtig die meisten Unter- und Fehlernährten leben, begrenzt Wasserknappheit die Agrarentwicklung. Die komplizierte Nachfragesituation verursachte Preisschwankungen auf den Nahrungsmittelmärkten und bedingte 2008–2011 Welternährungskrisen. Langfristige Ressourcenprobleme mit Wasser und Land sowie kurzfristige Entwicklungen der Welternährungslage und eine nicht-nachhaltige Wassernutzung begründen großen Forschungsbedarf und erfordern politisches Handeln, so der Vortragende. Als Beispiel für den anstehenden Wandel in den Gesundheitssystemen der Welt analysierte der Pathologe Paul KLEIHUES ML (Zürich, Schweiz) die Epidemiologie der Tumorerkrankungen. Die Globalisierung des westlichen Lebensstils trägt zu einer Veränderung im Vorkommen der verschiedenen Tumoren bei, während Fortschritte in der Früherkennung und der Tumortherapie die Krebsmortalität deutlichen senken.

Die Sessions V bis VII widmeten sich dem dritten Themenschwerpunkt des Jahresversammlungsprogramms „Lösungswege von Problemen des Globalen Wandels", der von Martin LOHSE ML (Würzburg), Vizepräsident der Akademie, Bärbel FRIEDRICH ML (Berlin, Greifswald), Vizepräsidentin der Akademie, und Gunnar BERG ML (Halle/Saale), Vizepräsident der Akademie, moderiert wurde. Die Vorstellung vermeintlicher Lösungsansätze begann mit dem Vortrag von Hans Konrad BIESALSKI (Hohenheim). Er beschäftigte sich mit Möglichkeiten zur Bekämpfung der „Weltseuche" Nährstoffmangel. Diese Form einer Unterversorgung ist ein globales Problem und betrifft große Teile der Weltbevölkerung. Nach BIESALSKIS Angaben leiden 2 bis 3 Milliarden Menschen an Eisenmangel, 1,5 Milliarden an Zinkmangel, eine Milliarde an Jodmangel und 500 Millionen an Vitamin-A-Mangel. Diese Stoffe kommen in den wichtigsten Grundnahrungsmitteln nicht vor oder können nur sehr schlecht aufgenommen werden, oft sind sie nur ausreichend in höherwertigen Produkten wie Fleisch und Fisch enthalten, die aber bei einem großen Teil der Weltbevölkerung nicht auf dem Speiseplan stehen. Die Folgen eines Mangels an Mikronährstoffen sind äußerst vielschichtig, u. a. häufige Erkrankungen und erhöhte Kindersterblichkeit. Die Ursachen für die Defizite liegen in ganz verschiedenen Bereichen und reichen von Armut, über Auswirkungen einer verfehlten Handelspolitik bzw. globalen Preisgestaltung bis hin zu verfehlter Agrarpolitik. Maßnahmen dagegen könnten z. B. Mikronährstoffanreicherungen auf verschiedenen Wegen sein.

Erkrankungen, die vom Tier auf den Menschen übertragen werden können, sorgen immer wieder für Schlagzeilen. Solche sogenannten Zoonosen, wie die Bovine spongiforme Enzephalopathie (BSE), die Vogelgrippe, die Schweinegrippe oder das Q-Fieber, bilden in Diagnose und Therapie auch wissenschaftliche Herausforderungen. Thomas METTENLEITER ML (Insel Riems, Greifswald) berichtete, dass 60% aller menschlichen Krankheitsfälle und etwa 75% der neuauftretenden Infektionskrankheiten des Menschen auf Zoonosen zurückgeführt werden können. Obwohl in unseren Breiten eine

Quelle der Zoonosen, unsere Nutztierbestände, mittlerweile einen ausgezeichneten Gesundheitszustand erreicht haben, werden hier zunehmend – vor allem als Folge des Klimawandels – bisher als exotisch angesehene Erreger, etwa das West-Nil-Virus, durch Ausbreitung der Überträgertiere zu einer Gefahr. Wesentlich kritischer ist die Lage in anderen Teilen der Erde. Wie vor allem die Veterinärmedizin zur Sicherung gesunder Nahrungsmittel tierischer Herkunft beiträgt, untersuchten Karsten FEHLHABER ML (Leipzig) und Thomas ALTER (Berlin). In Zusammenhang mit dem globalen Wandel stellen hier vor allem globalisierte Warenströme in der Lebensmittelherstellung, veränderte Verzehrgewohnheiten (Trend zu Ökolebensmitteln, Verbreitung exotischer Früchte und Speisen) und Auswirkungen des demographischen Wandels mit einem Anwachsen des Anteils älterer Menschen an den Bevölkerungen auch erhöhte Anforderungen an die Lebensmittelsicherheit.

Um die bis 2050 erwarteten 9 Milliarden Menschen auf der Erde ausreichend ernähren zu können, ist eine 50%ige Zunahme der Nahrungsmittelproduktion erforderlich, betonte Wilhelm GRUISSEM (Zürich, Schweiz) in seinen Ausführungen. Die verfügbare landwirtschaftliche Nutzfläche wird jedoch nicht anwachsen, so dass die erforderlichen Produktionssteigerungen durch höhere Effektivität der Landwirtschaft erzielt werden müssen. Eine reine Steigerung der Erträge, so GRUISSEM, reiche jedoch nicht aus, da die wichtigsten Kulturpflanzen zwar ausgezeichnete Kohlenhydratspender seien, vielfach aber keine ausreichenden Mengen an notwendigen Vitaminen und Mineralstoffen enthalten. Daher müssen Qualitätsverbesserungen am Züchtungsmaterial erreicht werden. Außerdem müssen die gezüchteten Hochertragssorten an die sich wandelnden Klimabedingungen und den Einsatz in einer möglichst auf nachhaltige Weise produzierenden Landwirtschaft angepasst werden. Eine solche Anpassung erfordert auch den Einsatz der Grünen Gentechnik, um schneller die angestrebten Ziele erreichen zu können. Ihre Anwendung ist aber in einigen Ländern, insbesondere auch in Deutschland, umstritten. Darüber hinaus beschäftigt die Landwirtschaft ein weiteres Problem, auf das Folkhard ISERMEYER (Braunschweig) in seinem Referat hinwies. Im Anbau konkurrieren Energie- und Nahrungspflanzen um die vorhandene Ackerfläche. Nach ISERMEYER liefern auf Ackerland angebaute Energiepflanzen zwar weniger als 1 % der globalen Energieversorgung, jedoch hat sich z. B. in Deutschland der Anbau von Energiepflanzen durch politische Unterstützung erheblich ausgedehnt. Gestiegene Erdölpreise haben dazu geführt, dass ackerbasierte Bioenergie in einigen Ländern auch ohne staatliche Förderung wettbewerbsfähig geworden ist. ISERMEYER meinte, dass sich bei fortgesetzt hohen Erdölpreisen der Anbau von Bioenergiepflanzen weiter ausdehnen werde. Dadurch kann sich einerseits die landwirtschaftliche Produktion entwickeln, andererseits wird die Ernährungskrise in vielen Entwicklungsländern auf diese Weise verschärft. Die von Angelika SCHNIEKE ML (München) vorgestellten „Perspektiven der Roten Gentechnik" nahmen vor allem den Einsatz der Gentechnik im Bereich der Biomedizin in den Fokus. Hier werden transgene Nutztiere u. a. für die Produktion von pharmazeutischen Proteinen in der Milch bzw. im Ei oder zur Generierung von Spendertieren für die Xenotransplantation eingesetzt. Solche gentechnisch veränderten Tiere liefern Modelle für entsprechende humane Erkrankungen. Die neuen Methoden erweitern jedoch auch die Möglichkeiten der Züchtung von Nutztieren in der Landwirtschaft. Dabei stehen Bemühungen um die Tiergesundheit sowie die Verbesserung von Produktivität und Fertilität im Vordergrund. Auf diese Weise soll auch die mit intensiver Tierhaltung verbundene Umweltbelastung reduziert werden. Das Verhältnis von Nutzung und Naturschutz bildete das Zentrum des Beitrages von Boris WORM (Halifax, Kanada). Der Referent entwickelte seine Vorstellungen am Beispiel der Fischereiwirtschaft. Statt Raubbau an den Ressourcen des Meeres zu treiben, kann durch Verringerung der durchschnittlichen Befischungsrate, durch Fangbeschränkungen in bestimmten Regionen, Verbesserung von Fischfangmethoden und Ausweitung von Schutzgebieten die Entwicklung der Fischbestände stabilisiert werden.

Auf den Umgang mit der Ressource Wasser konzentrierten sich die Ausführungen von Georg TEUTSCH (Leipzig). In den Industriestaaten stehen vor allem Fragen der Wasserqualität und der ökologischen Restaurierung von Grund- und Oberflächengewässern im Mittelpunkt der Aufmerksamkeit. Hier müssen Umweltgesetzgebung, aber auch Agrar- und Industriepolitik den sinnvollen Umgang mit Wasser sichern. Die Bedingungen des globalen Wandels, z. B. die Klimaveränderungen oder die Verschiebungen in den Altersstrukturen von Bevölkerungen, bestimmen auch die Agenda der Wasserforschung. Im Gegensatz dazu sind Überschwemmungen und Dürrekatastrophen die entscheidenden Faktoren in vielen Entwicklungs- und Schwellenländern. Hier gilt es, bessere Prognosemodelle und wirksame Anpassungsstrategien zu entwickeln. Vor allem die zunehmende globale Frischwasserknappheit bedingt wachsenden Forschungsbedarf.

„Eckpunkte einer globalen Klima- und Energiepolitik" umriss Ottmar EDENHOFER (Berlin). Er betonte, dass langfristig nicht die Endlichkeit der fossilen Rohstoffe, sondern die Beeinträchtigung des Gemeinschaftsgutes „Atmosphäre" der entscheidende Faktor der Entwicklung sein werde. Daher ist es nach Ansicht des Vortragenden dringend erforderlich, dass globale Energiesystem zu „dekarbonisieren" und die erneuerbaren Energien durch eine entsprechende Technologiepolitik zu fördern. Obwohl in einigen Regionen bereits Anzeichen eines energiepolitischen Umsteuerns erkennbar werden, stehen die politischen Aushandlungsprozesse über die Verteilung der Lasten entsprechender Reduzierungsprozesse noch vor sehr schwierigen Herausforderungen.

Einen ingenieurtechnischen Lösungsansatz für Probleme des globalen Wandels stellte Robert PITZ-PAAL (Köln) vor. Er behandelte die Perspektiven solarthermischer Kraftwerke. Die Technologie wird nach den gegenwärtigen Einschätzungen zwischen 2020 und 2030 ihre Wettbewerbsfähigkeit erreichen. Damit sie aber tatsächlich eine bedeutende Rolle in einem nachhaltigen Energiesystem spielen kann, sind nach Ansicht des Referenten in Wissenschaft, Politik und Gesellschaft noch einige Voraussetzungen zu schaffen.

Gleichfalls einen technischen Aspekt trug Peter STEMMERMANN (Karlsruhe) mit seinem Vortrag „Dekarbonisierung im Baustoffsektor" zur Diskussion über den globalen Wandel bei. Er lenkte die Aufmerksamkeit auf die umfassende Aufgabe, den Baustoffsektor zukunftsfähig zu gestalten. Dazu müssen vor allem Zemente und Betone entwickelt werden, bei deren Herstellung sowohl der Energieverbrauch als auch die Kohlendioxidemission deutlich reduziert werden können.

Den letzten großen Schwerpunkt der Konferenz bildeten die politischen und gesellschaftlichen Herausforderungen und Lösungswege. Sie wurden in der Session VIII unter der Moderation von Ursula M. STAUDINGER ML (Bremen), Vizepräsidentin der Akademie, diskutiert. Diesen Tagungsabschnitt eröffnete Axel BÖRSCH-SUPAN ML

(München) mit seinen Betrachtungen zu „Herausforderungen globaler gesellschaftlicher Strukturveränderungen". Im Mittelpunkt standen Umbrüche am Arbeitsmarkt und in den sozialen Systemen in Europa, den USA und China unter den Bedingungen der Globalisierung, die Alterung von Bevölkerungen und der Übergang zur Wissensgesellschaft.

Ulman LINDENBERGER ML (Berlin) analysierte die Herausforderungen alternder Gesellschaften. Er ging von einer Zunahme der individuellen Unterschiede in Wahrnehmungs-, Denk- und Gedächtnisleistungen im Laufe des Erwachsenenalters aus und zeigte, wie die Psychologie der Lebensspanne versucht, Ursachen für diese Unterschiede aufzufinden. Einem gesundheitspolitischen Thema wandte sich Johannes SIEGRIST (Düsseldorf) zu, indem er Maßnahmen angesichts der Last chronischer Krankheiten vorstellte. Vor allem chronische-degenerative Krankheiten fordern das Gesundheitswesen sowohl in den entwickelten westlichen Staaten als auch in den besonders bevölkerungsreichen Schwellenländern heraus. Die Auswirkungen von Zivilisationskrankheiten wie Herz-Kreislauf- und Stoffwechselerkrankungen oder Krebserkrankungen belasten die Gesundheitssysteme. In den Erkrankungshäufigkeiten spiegeln sich auch die sozialen Schichtungen in diesen Ländern wider, wachsen doch Krankheitsrisiken mit der sozialen Benachteiligung. Gesundheitspolitische Maßnahmen müssen daher neben verstärkter Prävention und Bemühungen um einen gesundheitsförderlichen Lebensstil auch Veränderungen im Lebensmilieu und Verbesserungen in der Arbeitswelt mit einschließen.

Renate SCHUBERT (Zürich, Schweiz) untersuchte Instrumente zur Vermittlung von Wertewandel und Verhaltensänderungen im nachhaltigen Umgang mit den Ressourcen der Erde. Ihr Ansatz war, dass wichtige Anreize für einen nachhaltigen Umgang mit Ressourcen nur durch entsprechende Preisverhältnisse erreicht werden können. Nachhaltige Verhaltensweisen werden erst dann die Gesellschaften dominieren, wenn Nachhaltigkeit ein spezifischer Wert zugemessen wird. Verhaltensänderungen sind von einer Vielzahl von Faktoren abhängig, u. a. vor allem davon, wer in welchem Kontext und unter welchen Bedingungen diese umzusetzen versucht.

Den Abschlussvortrag hielt Sir John BEDDINGTON (London, Großbritannien), *Chief Scientific Adviser* der britischen Regierung, über die unausweichlichen Herausforderungen der nächsten 15 Jahre. Nach seiner Prognose wird die Weltbevölkerung bis 2025 auf 7,7 bis 8,3 Milliarden Menschen angewachsen sein, größtenteils in Asien und Afrika leben und dort politisch und ökologisch besonders sensible Großstädte und Ballungsräume besiedeln. Die wachsenden Probleme bei der Sicherung der Ernährung werden durch den Klimawandel und Konflikte um Wasser- und Energieversorgungssicherheit noch weiter verstärkt. Die Welt im globalen Wandel wird sich weiterhin vielen absehbaren, aber auch nicht absehbaren Herausforderungen stellen müssen. Ein Abendvortrag von Ernst Ulrich VON WEIZSÄCKER (Emmendingen) unter der Überschrift „Billiger als mit einer technologischen Revolution kommen wir nicht davon" lieferte eine sozialökologische Fundierung der auf der Tagung erörterten Themen und zeichnete ein Bild vom Preis der Globalisierung.

Die Leopoldina-Jahresversammlung 2012 wurde von der Alfried Krupp von Bohlen und Halbach-Stiftung unterstützt. Eine Auswahl von Beiträgen wird in der Schriftenreihe der Akademie *Nova Acta Leopoldina N. F.* (Bd. 118, Nr. 400) veröffentlicht.

CAROLINA NATURAE CURIOSORUM * ACADEMIA CAESAREA LEOPOLDINO
16 52
NUN-QUAM OTI-OSUS
Leopoldina
Nationale Akademie
der Wissenschaften

Begrüßung

Jörg Hacker ML (Halle/Saale, Berlin)
Präsident der Akademie

Sehr geehrter Herr Staatssekretär Schütte,
sehr geehrter Herr Staatssekretär Tullner,
sehr geehrter Herr Präsident von acatech, lieber Herr Hüttl,
sehr geehrte Mitglieder und Freunde der Leopoldina,
liebe Mitarbeiterinnen und Mitarbeiter der Akademie,
hochansehnliche Festversammlung!

Ich begrüße Sie im Namen des Präsidiums der Nationalen Akademie der Wissenschaften Leopoldina herzlich zu unserer Jahresversammlung, die sich mit der Rolle der Wissenschaft im globalen Wandel auseinandersetzen wird. Zukünftig sollen sich nicht nur die alle zwei Jahre in Halle stattfindenden Jahresversammlungen der Leopoldina mit übergreifenden Fragen der Wissenschaft beschäftigen, sondern auch die außerhalb Halles veranstalteten und bisher „Jahreskonferenzen" genannten Versammlungen. Dass Sie unserer Einladung nach Berlin so zahlreich gefolgt sind, bestärkt uns in diesem Vorhaben. Ich freue mich, dass das diesjährige, für die weltweite Entwicklung der Wissenschaft überaus wichtige Thema bei Ihnen, den Mitgliedern und Freunden der Akademie, auf ein großes Interesse stößt.

Die Rolle der Wissenschaft im globalen Wandel – wer beginnt, über dieses Thema nachzudenken, muss sich auch über das Verhältnis von wissenschaftlicher Erkenntnis und politischer Entscheidung Gedanken machen. Daher freut es mich, Herrn Staatssekretär Schütte als Vertreter des Bundesministeriums für Bildung und Forschung und Herrn Staatssekretär Tullner als Vertreter des sachsen-anhaltischen Ministeriums für Wissenschaft und Wirtschaft unter uns begrüßen zu dürfen.

Sehr geehrter Herr Schütte,
sehr geehrter Herr Tullner,

Sie haben sich freundlicherweise bereit erklärt, zu Beginn der Jahresversammlung Grußworte an uns zu richten. Ich möchte daher jetzt Herrn Schütte bitten, sein Grußwort zu halten.

ACADEMIA CAESAREA LEOPOLDINO CAROLINA NATURAE CURIOSORUM
16 52
NUNQUAM OTIOSUS

Grußwort

Georg Schütte (Berlin)
Staatssekretär im Bundesministerium für Bildung und Forschung

Sehr geehrter Herr Professor HACKER,
sehr geehrter Herr Staatsekretär TULLNER,
meine sehr verehrten Damen und Herren,

herzlichen Dank für die Einladung, zum Auftakt der Jahrestagung der Leopoldina ein Grußwort zu sprechen.

Sie haben Ihre Jahrestagung unter den Titel „Rolle der Wissenschaft im Globalen Wandel" gestellt. Sie haben sich damit eine hohe Messlatte gelegt, angesichts der großen globalen Trends, denen wir uns gegenüber sehen. Klimawandel, Urbanisierung, Demographie und Globalisierung bestimmen bereits heute unser Leben und Handeln. Und wir stehen hier erst am Anfang.

Der Wissenschaft, meine Damen und Herren, kommt, wenn wir uns diesen Herausforderungen stellen und diese meistern wollen, eine besondere Rolle zu. Ein Blick in das Programm Ihrer Jahrestagung zeigt, dass Sie in den kommenden Tagen eine große Themenbreite behandeln werden, die sich aber letztendlich unter die vier großen Megatrends subsummiert.

Lassen Sie mich mit meinem Grußwort an Ihre Satzung anknüpfen. Dort heißt es zu Ihren Aufgaben „Förderung der Forschung in internationaler Zusammenarbeit ihrer Tradition nach zum Wohle der Menschen und der Natur" und weiter „wissenschaftsbasierte Beratung von Öffentlichkeit und Politik".

Von besonderer Bedeutung ist für mich das Thema Beratung. Die Ansprüche an die Wissenschaft sind mit der Breite und Vielfalt der Herausforderungen, denen sich moderne Gesellschaften gegenüber sehen, gewachsen. Gerade in den so komplexen Sachverhalten, wie sie der globale Wandel mit sich bringt, benötigen Politik und Gesellschaft fundiertes Wissen für Entscheidungen. Wir erwarten von Ihnen, dass Sie, wenn Sie uns beraten, Ihre strengen Kriterien der wissenschaftlichen Arbeit anwenden. So kann die Wissenschaft gegenüber Politik, Wirtschaft und Gesellschaft Sachverhalte erläutern und wissensbasierte Entscheidungshilfen geben.

Besonders wichtig sind uns solche Themen, deren Bedeutung für die Öffentlichkeit und auch für die Politik nicht immer direkt sichtbar ist. Als Wissenschaftlerinnen und Wissenschaftler sind Sie von Berufs wegen den Entwicklungen stets einen Schritt voraus. Ich ermutige Sie daher, es als Ihre Aufgabe und Verantwortung wahrzunehmen, Gesellschaft und Politik frühzeitig und fundiert zu informieren und zu beraten. In den weitreichenden Fragen, wie sie der globale Wandel mit sich bringt, sehe ich hier besonders großen Bedarf.

Meine Damen und Herren, Sie sind nicht nur Mitglieder der Leopoldina, Sie sind Wissenschaftler. In genau dieser Funktion möchte ich Sie noch stärker in die Verantwortung nehmen. Was erwartet die Politik hier von Ihnen? Kurz gesagt, Erkenntnis, kritische Reflexion, aber auch da, wo es möglich ist, unmittelbare gesellschaftliche Relevanz und Nachhaltigkeit.

Lassen Sie mich dies an einem Beispiel verdeutlichen. Nehmen Sie das Thema Biodiversität. Dank Ihrer Forschungsarbeiten lernen wir die Vielfalt in Tier und Pflanzenreich kennen. Dank Ihrer Arbeiten wissen wir auch, dass die Verlustrate der Arten etwa 100- bis 1000-fach über der geschätzten natürlichen Rate liegt. Das sind wichtige Informationen. Aber sind sie nachhaltig? Ich spreche nicht davon, wie die Herbare von früher zu konservieren oder die Datenbanken von heute „up to date" zu halten sind. Das ist unabdingbares Handwerkszeug. Mein Appell geht weiter. Tragen Sie Ihre Ergebnisse und Ihr Wissen zu den Anwendern. Das kann die Politik sein, können Behörden, Naturschutzverbände oder die Wirtschaft sein. Schließlich sind es die Anwender, die dafür Sorge tragen, dass Ihre Daten nicht zwischen Buchdeckeln oder auf Festplatten schlummern – und im schlimmsten Fall irgendwann nur noch Erinnerungen an frühere Zeiten wachrufen. Die Ergebnisse Ihrer Forschungsarbeiten werden genau dann nachhaltig sein, wenn sie in konkretes Handeln, in Produkte oder Dienstleistungen umgesetzt werden und so – um bei meinem Beispiel zu bleiben – dazu beitragen, dass uns die biologische Vielfalt erhalten bleibt.

Das ist auch die Philosophie der *Hightech*-Strategie der Bundesregierung: Forschung fördern, Ergebnisse sichern und in die Anwendung bringen. Wir wollen die Lösungskompetenz der Wissenschaft nutzen, auch um mit den Herausforderungen des globalen Wandels umzugehen. Ihre Arbeit, meine Damen und Herren, ist dazu ein Schlüssel. Ich möchte Sie sehr ermutigen, aus Ihren Labors heraus mit den Nutzern und Anwendern Ihrer Ergebnisse eng zusammenzuarbeiten. Dabei kann auch der frühzeitige Dialog sehr hilfreich sein. So generieren Sie Nachhaltigkeit in der Forschung im besten Sinne.

Mein dritter Punkt ist Zusammenarbeit, auch dieser ist in Ihrer Satzung verankert. Und gute Praxis. In der Vergangenheit haben Sie gemeinsam mit der Deutschen Akademie der Technikwissenschaften acatech, den Länderakademien, der Union der Deutschen Akademien der Wissenschaften, aber auch mit Partnern wie der Deutschen Forschungsgemeinschaft und den großen Forschungsorganisationen aktuelle und politisch wichtige Fragen beantwortet und Stellungnahmen oder Empfehlungen vorgelegt.

Sie haben Ende Juli eine viel beachtete Stellungnahme zu den Möglichkeiten und Grenzen der Bioenergie publiziert. Zur Unterstützung des weiteren Prozesses der Energiewende werden die Wissenschaftlichen Akademien das Projekt „Energiesysteme der Zukunft" durchführen. Für den Erfolg Ihres Projektes ist es aus meiner Sicht unverzichtbar, dass Inhalte, Strukturen und Arbeitsprozesse vorhanden sind, die gleichermaßen eine Anschlussfähigkeit an Politik, Wirtschaft, Wissenschaft und Gesellschaft ermöglichen. Auf diese Weise kann das in den Akademien versammelte Wissen zum Thema Energie in noch größerem Umfang als bisher in den Dienst der Gemeinschaftsaufgabe „Energiewende" gestellt und das „Forschungsforum Energiewende" eingebracht werden.

Meine Damen und Herren, Politik und Wissenschaft haben jeweils ihre eigenen Rollen. Gemeinsam ist ihnen aber die Verantwortung, Entscheidungen heute so zu treffen, dass das Leben für künftige Generationen lebenswert bleibt. Gerade vor dem Hintergrund des globalen Wandels müssen wir hier ansetzen, hier müssen wir auf der guten Zusammenarbeit der Vergangenheit aufbauen.

Ich wünsche Ihnen eine erfolgreiche und informative Jahrestagung.

Vielen Dank.

Staatssekretär
Dr. Georg SCHÜTTE
Bundesministerium für Bildung und Forschung
Heinemannstraße 2
53175 Bonn
Bundesrepublik Deutschland
Tel.:   +49 228 99572020
Fax: +49 228 995782020
E-Mail: georg.schuette@bmbf.bund.de
Internet: www.bmbf.de

CAROLINA NATURAE CURIOSORUM * ACADEMIA CAESAREA LEOPOLDINO
16 52
Leopoldin
Nationale Akaden
der Wissenschaf
CAROLINA NATURAE CURIOSORUM * ACADEMIA CAESAREA LEOPOLDINO
16 52
NUN-QUAM OTI-OSUS

Grußwort

Marco Tullner (Magdeburg)
Staatssekretär im Ministerium für Wissenschaft und Wirtschaft
des Landes Sachsen-Anhalt

Meine Damen und Herren,

ich begrüße Sie herzlich hier in Berlin und überbringe Ihnen zugleich die Grüße der Landesregierung und von Frau Ministerin Prof. Dr. Wolff, Ministerin für Wissenschaft und Wirtschaft.

Über Jahrhunderte haben Menschen geforscht, um ihr Umfeld zu verändern. Wandel wurde in ganz wesentlichem Umfang von Wissenschaftlern angeschoben. Dies ist natürlich auch heute noch so. Ergebnisse wissenschaftlicher Forschung verändern tagtäglich unser Leben, sei es in der Medizin, in anderen technologischen Bereichen oder im privaten Bereich. In vielen Fällen bedeutet technologischer Fortschritt auch eine Verbesserung der Lebensbedingungen, und Veränderungen wurden vielfach als Chance betrachtet. So ist meine Frau etwa der Meinung, dem Erfinder der Wasch- und Spülmaschine gebühre mindestens ein Nobelpreis.

Es gibt aber aus meiner Sicht zumindest in Deutschland inzwischen ganz neue Anforderungen an die Wissenschaft. Anforderungen, die gerade aus dem technischen Fortschritt, den gravierenden gesellschaftlichen Veränderungen und gerade in den letzten Jahren aus einem immer komplexeren internationalen Markt und einer immer stärkeren Verflechtung der Nationen untereinander resultieren. Für immer mehr Menschen ist es extrem schwer, sich Entwicklungen zu erklären, seien sie wirtschaftspolitischer Natur oder anderer gesellschaftspolitischer Art. Veränderungen werden von vielen Menschen vor allem als Problem gesehen, weniger als Chance.

In diesem Kontext kommt der Wissenschaft auch die Rolle zu, diese Veränderungen zu erklären und zu deuten. Dies gilt im populärwissenschaftlichen Bereich, aber natürlich auch in der Politikberatung. Dies stellt vor die Wissenschaftler ganz neue Herausforderungen im Bereich der Wissenschaftskommunikation. Dieser Aufgabe stellt sich die Leopoldina, etwa durch die Unterstützung der Stadt Halle bei der Bewerbung als Stadt der Wissenschaft oder bei den Schulpatenschaften, was mich als Hallenser natürlich besonders freut.

Noch wichtiger ist aber Ihre Tätigkeit im Bereich der Politikberatung, wenn ich etwa an die Studie zu regenerativen Energien vom Juli denke, in der Sie zahlreiche Impulse und Hinweise gegeben haben, wie wir in vernünftiger Weise mit dem Thema Bioenergie umgehen, welche Chancen, aber auch Grenzen es gibt. Für die Politik sind diese Impulse vor allem dann sinnvoll, wenn ein neuer Blick oder ein ideologisch unverstellter Blick auf Themen nötig ist. Denn gerade bei Themen wie

Energiepolitik werden in den politischen Parteien oft Glaubenssätze verteidigt, die nur durch Impulse von politisch neutraler Warte aufgebrochen werden.

In diesem Sinne danke ich Ihnen für die bisher geleistet Arbeit und wünsche Ihnen eine erfolgreiche Versammlung.

Staatssekretär
Marco TULLNER
Ministerium für Wissenschaft und Wirtschaft
Hasselbachstraße 4
39104 Magdeburg
Bundesrepublik Deutschland
Tel.:   +49 391 5674280 / 4779
Fax.:   +49 391 5674356
E-Mail: marco.tullner@mw.sachsen-anhalt.de

Ansprache des Leopoldina-Präsidenten

Jörg Hacker (Halle/Saale, Berlin)
Präsident der Akademie

Sehr geehrter Herr Staatssekretär SCHÜTTE,
sehr geehrter Herr Staatssekretär TULLNER,
sehr geehrter Herr Präsident von acatech, lieber Herr HÜTTL,
sehr geehrte Mitglieder und Freunde der Leopoldina,
liebe Mitarbeiterinnen und Mitarbeiter der Akademie,
hochansehnliche Festversammlung!

Sehr geehrter Herr SCHÜTTE,
haben Sie vielen Dank für Ihr Grußwort! Es bestärkt uns darin, uns – nicht nur auf dieser Jahresversammlung – intensiv mit gesellschaftlich hochrelevanten, aber durchaus kontrovers diskutierten Themen auseinanderzusetzen. Ich möchte gerne die Gelegenheit nutzen, Ihnen als Vertreter des Bundesministeriums für Bildung und Forschung herzlich für die nicht nur materielle Unterstützung unserer Arbeit zu danken.

Auch Ihnen, sehr geehrter Herr TULLNER, vielen Dank für Ihr Grußwort! Die gute Zusammenarbeit mit unserem Sitzland Sachsen-Anhalt und die materielle wie ideelle Unterstützung, die wir von Ihnen erhalten, tragen in nicht geringem Maße dazu bei, dass die Leopoldina als Nationale Akademie der Wissenschaften von Halle aus ihre Wirkung in ganz Deutschland und darüber hinaus entfalten kann. Hierfür möchte ich Ihnen als Vertreter des Ministeriums für Wirtschaft und Wissenschaft den herzlichen Dank unserer Akademie aussprechen!

1. Gedenken

Meine Damen und Herren,

seit der letzten Jahresversammlung 2011 in Halle sind 26 Mitglieder der Leopoldina verstorben, darunter drei Nobelpreisträger:

– Rudolf MÖSSBAUER, Nobelpreisträger für Physik des Jahres 1961,
– Sir Andrew Fielding HUXLEY, Nobelpreisträger für Physiologie oder Medizin des Jahres 1963, und
– Har Gobind KHORANA, Nobelpreisträger für Physiologie oder Medizin des Jahres 1968.

Wir wollen in Dankbarkeit und stillem Gedenken von allen verstorbenen Akademiemitgliedern Abschied nehmen. Ich darf Sie bitten, sich dafür von Ihren Plätzen zu erheben.
    Ich danke Ihnen, dass Sie sich zur Ehrung der Verstorbenen erhoben haben.

2. Rückblick auf die Aktivitäten seit der Jahresversammlung 2011

Meine Damen und Herren,

seit der Jahresversammlung zum Thema „Was ist Leben?" im vergangenen Jahr in Halle hat die Leopoldina wichtige Schritte bei ihrer Weiterentwicklung als Nationale Akademie der Wissenschaften gemacht. Ich danke herzlich den Mitgliedern des Präsidiums und des Senats sowie allen Mitarbeiterinnen und Mitarbeitern der Geschäftsstelle, die diesen Prozess durch ihr Engagement voranbringen.

Das Jahr 2012 begann – wie Sie wissen werden – mit dem Umzug der Mitarbeiterinnen und Mitarbeiter der Geschäftsstelle in unser neues Hauptgebäude auf dem Jägerberg, das am 25. Mai offiziell eingeweiht wurde. Viele von Ihnen konnten sich selbst bereits einen umfassenden Eindruck von dem schönen und repräsentativen Bau machen, der nicht nur hervorragende Arbeitsbedingungen für die Mitarbeiterinnen und Mitarbeiter der Leopoldina, sondern auch für unsere Mitglieder einen anregenden Rahmen für Tagungen und Workshops sowie für Gremiensitzungen bietet. Zusammen mit den Gebäuden in der Emil-Abderhalden- und der August-Bebel-Straße, in denen das Archiv und die Bibliothek und deren Mitarbeiterinnen und Mitarbeiter verblieben sind, sowie dem Berliner Büro verfügt die Leopoldina nun über Räumlichkeiten, die es ermöglichen, Veranstaltungen unterschiedlichster Art auszurichten: von kleineren Workshops über Ausstellungen bis hin zu großen Tagungen mit parallelen Sitzungen.

Am Tage der Einweihung des neuen Hauptgebäudes wurde auch die Kaiser-Leopold I.-Medaille für Verdienste um die Wissenschaft und die Leopoldina erstmals verliehen. Unser Ehrensenator Herr Professor BEITZ, der diese Auszeichnung angenommen hatte, konnte leider nicht selbst nach Halle kommen, so dass ihm die Medaille einige Tage später im Rahmen einer kleinen Feierstunde in der Alfried Krupp von Bohlen und Halbach-Stiftung in Essen überreicht wurde.[1]

Ebenfalls zum ersten Mal nahmen in diesem Jahr die neu gewählten Mitglieder ihre Mitgliedsurkunde im Rahmen von Sitzungen der Klassen in Halle entgegen. Diese Veranstaltungen, die die Urkundenübergabe mit einem Vortragsprogramm und der Gelegenheit zu ausführlichen Gesprächen verknüpfen, sind erfolgreich eingeführt worden, so dass wir sie auch anlässlich der zukünftigen Urkundenübergaben so ausrichten werden.[2]

Aus dem reichen wissenschaftlichen Leben der Nationalen Akademie der Wissenschaften Leopoldina möchte ich an dieser Stelle die Tagung aus Anlass des 100. Geburtstages von Carl Friedrich VON WEIZSÄCKER herausheben, die vom 20. bis zum 22. Juni in Halle stattfand und in deren Verlauf das Wirken unseres Ehrenmitglieds aus ganz unterschiedlichen Perspektiven beleuchtet wurde.[3] In ihrem Rahmen wurde auch der Carl Friedrich von Weizsäcker-Preis des Stifterverbandes für die Deutsche Wissenschaft und der Leopoldina an den Bildungsforscher Herrn Jürgen BAUMERT verliehen.[4]

Auch in den vergangenen Monaten haben wir uns mit wichtigen gesellschaftlichen Fragen, die einen starken Wissenschaftsbezug haben, zum Zweck der Beratung von Öf-

---

1 Siehe S. 215–216.
2 Siehe S. 317–323.
3 Siehe Bericht auf S. 365–370.
4 Siehe S. 207–213.

fentlichkeit und Politik beschäftigt. So hat eine Arbeitsgruppe unter der Leitung unseres Vizepräsidenten Herrn LOHSE Empfehlungen zu rechtlichen Rahmenbedingungen für wissenschaftliche Tierversuche erarbeitet – ein Thema, zu dem momentan eine Richtlinie der EU in deutsches Recht umgesetzt wird. Unsere Stellungnahme ist bei den am Gesetzgebungsprozess Beteiligten auf ein großes Interesse gestoßen.

Unsere Vizepräsidentin Frau FRIEDRICH hat gemeinsam mit Herrn THAUER und Herrn SCHINK eine Arbeitsgruppe geleitet, die sich mit der Nutzung von Bioenergie befasste. Wie Sie in den Sommermonaten den Tageszeitungen und elektronischen Medien entnehmen konnten, hat unsere Stellungnahme *Bioenergie: Möglichkeiten und Grenzen* ein überaus großes und kontroverses Echo in der Öffentlichkeit und in der Politik ausgelöst. Erst in der letzten Woche haben wir hier in Berlin eine sehr gut besuchte und lebhafte Podiumsdiskussion zu diesem Thema durchgeführt, an der neben Herrn THAUER Vertreter aus Wissenschaft, Wirtschaft und Politik teilnahmen.

Ein weiterer Schwerpunkt unserer Aktivitäten lag im Bereich der internationalen Beziehungen. So hatten wir im März das Exekutivkomitee des *InterAcademy Panel* sowie das *InterAcademy Council* in Halle zu Gast. Der Zusammenschluss der Akademien der EU-Mitgliedsstaaten, der *European Academies Science Advisory Council* (EASAC), der seit zwei Jahren bei der Leopoldina in Halle seinen Sitz hat, meldete sich mit mehreren Stellungnahmen im europäischen Kontext zu Wort, zuletzt mit der Stellungnahme *Direct-to-Consumer Genetic Testing for Health-related Purposes in the European Union*. EASAC knüpft aber auch Kontakte zu den Wissenschaftsakademien anderer Kontinente. So fand in dieser Woche in Halle ein Workshop statt, der von EASAC und seinem afrikanischen Gegenstück, dem *Network of African Science Academies* (NASAC), ausgerichtet wurde und bei dem es um einen Erfahrungsaustausch zum wachsenden Engagement der Akademien im Dialog zwischen Wissenschaft und Politik ging.

Im Rahmen der G8-Akademien war die Nationale Akademie der Wissenschaften Leopoldina an Stellungnahmen beteiligt, die den Regierungen, die am G8-Gipfel in den USA teilnahmen, übergeben wurden. Sie behandeln Themen, die auch auf dieser Jahresversammlung angesprochen werden: von der Stärkung der Widerstandskraft gegenüber technischen und Naturkatastrophen über die nachhaltige Verbindung von Energie und Wasser bis zur Abschätzung von Treibhausgasemissionen und -senken.

Bei der Entwicklung bilateraler Beziehungen zu weiteren Nationalakademien hat sich ebenfalls viel getan. So wurden Kooperationsabkommen mit der Koreanischen und der Indischen Akademie geschlossen bzw. erneuert. Mit der Russischen Akademie der Wissenschaften wurden im Rahmen des deutsch-russischen Wissenschaftsjahres sehr erfolgreiche Veranstaltungen in beiden Ländern organisiert. Auch die Zusammenarbeit mit der französischen *Académie des Sciences* konnte weiter intensiviert werden.

3. Ausblick: Wichtige Aktivitäten in den kommenden Monaten

Meine Damen und Herren,

für die kommenden Monate darf ich Ihnen in allen unseren Tätigkeitsbereichen weitere Aktivitäten ankündigen, die die Nationale Akademie der Wissenschaften Leopoldina als Ort wissenschaftlichen Austauschs, als Institution wissenschaftsbasierter Politik- und

Gesellschaftsberatung sowie als Knotenpunkt des internationalen Akademiennetzwerks mit Leben erfüllen werden. Ich kann hier nur einige Veranstaltungen nennen, um Ihnen einen Eindruck des Spektrums unserer Aktivitäten zu vermitteln.

- Die Leopoldina beteiligt sich an dem vom Bundesministerium für Bildung und Forschung initiierten bilateralen Wissenschaftsjahr mit Südafrika. In dessen Rahmen wird u. a. am 8. und 9. Oktober in Pretoria das Leopoldina-Symposium „Technological Innovations for a Low Carbon Society" stattfinden, das gemeinsam mit der südafrikanischen Akademie der Wissenschaften veranstaltet wird.
- Am 15. Oktober wird im Rahmen der Bundespressekonferenz hier in Berlin die Stellungnahme *Zukunft mit Kindern* vorgestellt. Diesem Thema hat sich eine gemeinsam mit der Berlin-Brandenburgischen Akademie der Wissenschaften eingesetzte und von der *Jacobs Foundation* geförderte Arbeitsgruppe gewidmet. Von ihren Ergebnissen ist ebenfalls zu erwarten, dass sie ein großes öffentliches Echo hervorrufen. Weitere Stellungnahmen werden gegenwärtig vorbereitet; Anfang nächsten Jahres erscheint eine gemeinsam mit der Akademie der Wissenschaften in Hamburg erarbeitete Stellungnahme zu neuen Ansätzen in der Antibiotikaforschung.
- Am 29. und 30. Oktober werden wir in Halle ein neues wissenschaftsgeschichtliches Studienzentrum eröffnen, das sich – in global vergleichender Perspektive – mit Grundfragen der Wissenschaft vor dem Hintergrund ihrer geschichtlichen Entwicklung beschäftigen soll.[5] Dieses neue Studienzentrum soll sein Domizil in Räumlichkeiten der Leopoldina in der Emil-Abderhalden-Straße beziehen, die durch unseren Umzug ins neue Hauptgebäude frei geworden sind. Mit der historischen Reflexion über Wissenschaft wird sich auch die zusammen mit der Humboldt-Universität zu Berlin veranstaltete Tagung „Wissenschaftsakademien im Zeitalter der Ideologien" vom 22. bis 24. November 2012 beschäftigen.
- Gemeinsam mit der Robert-Bosch-Stiftung hat die Leopoldina das Journalistenkolleg „Tauchgänge in die Wissenschaft" gegründet, dessen Eröffnungsseminar vom 15. bis 17. November am Deutschen Krebsforschungszentrum und am *European Molecular Biology Laboratory* in Heidelberg stattfinden wird. Dieses Kolleg hat sich das Ziel gesetzt, Journalisten, die nicht aus dem Wissenschaftsressort kommen, zu wissenschaftlichen Themen mit großer gesellschaftlicher Relevanz fortzubilden. Die ersten Veranstaltungen des Kollegs werden sich bis 2014 der personalisierten Medizin vor dem Hintergrund des demographischen Wandels widmen.
- *Last but not least* möchte ich Ihnen den Besuch unserer Weihnachtsvorlesung am 18. Dezember in Halle ans Herz legen, für die wir in diesem Jahr den Träger des Nobelpreises für Physiologie oder Medizin 2011, unser Mitglied Jules HOFFMANN, gewinnen konnten.

4. Die Aufgabe der Leopoldina in der Wissenschaftsgesellschaft

Meine Damen und Herren,

angesichts der Fülle und Vielfalt unserer Aktivitäten mag sich mancher unten Ihnen fragen, welches – um mit GOETHE zu sprechen – „geistige Band" die Leopoldina als le-

---

5 Siehe S. 307–315.

bendiges Ganzes in ihrer Metamorphose zur Nationalen Akademie der Wissenschaften charakterisiert.

Die Grundlage aller unserer Aktivitäten war, ist und bleibt der unschätzbare Sachverstand herausragender Wissenschaftlerinnen und Wissenschaftler, die die Leopoldina als Mitglieder gewonnen hat. Daher muss es eines unserer wesentlichen Ziele sein, das Engagement unserer Mitglieder unter den Arbeitsbedingungen einer Nationalakademie zu fördern. Zu diesen Arbeitsbedingungen, die wir unseren Mitgliedern gewährleisten müssen, gehören die größtmögliche Unabhängigkeit von politischen und anderen wissenschaftsexternen Einflüssen, eine seit langem weltumspannende Internationalität und gelebte Interdisziplinarität. Ein sprechender Beleg hierfür sind die zahlreichen Symposien, die unsere Mitglieder Jahr für Jahr überall in Deutschland, aber auch im Ausland organisieren. Hierfür möchte ich allen Mitgliedern, die sich vor Ort für die Leopoldina engagieren, im Namen des Präsidiums herzlich danken.

Auf der Grundlage der wissenschaftlichen Exzellenz ihrer Mitglieder trägt die Nationale Akademie der Wissenschaften Leopoldina dazu bei, dass dank verlässlicher wissenschaftlicher Erkenntnisse und klar dargestellter Handlungsalternativen öffentliche Debatten sachlich geführt sowie verantwortungsbewusste politische Entscheidungen getroffen werden können. Das geschieht in enger Zusammenarbeit mit der Union der deutschen Akademien der Wissenschaften und der Deutschen Akademie der Technikwissenschaften acatech, aber auch mit den großen deutschen Wissenschaftsorganisationen wie der DFG. Dabei gilt es, wichtige Entwicklungen, die sich in der Wissenschaft andeuten und möglicherweise künftig gesellschaftliche Bedeutung erlangen, frühzeitig zu erkennen, fundiert zu analysieren und im Hinblick auf Handlungsoptionen zu kommentieren. Dies beinhaltet notwendigerweise auch die Beratung zu ordnungspolitischen und transdisziplinären Fragen, die das Wissenschaftssystem selbst betreffen.

Selbstverständlich ist bei der beratenden Aufgabe der Nationalen Akademie der Wissenschaften Leopoldina die Freiheit der Wissenschaft das entscheidende strukturbildende Prinzip, das alle Phasen der Erarbeitung von Handlungsempfehlungen durchzieht. So ist die Leopoldina bei der Themenauswahl frei, da sie auf Vorschlägen von Seiten ihrer Mitglieder, ihres Präsidiums oder ihrer Wissenschaftlichen Kommissionen basiert und das Präsidium die Entscheidung über weiterzuverfolgende Themen trifft.

5. Zum Thema der Jahresversammlung: Rolle der Wissenschaft im globalen Wandel

Meine Damen und Herren,

die Nachfrage nach politisch und wirtschaftlich unabhängiger Beratung zu drängenden gesellschaftlichen Problemen, die immer häufiger aufs engste mit wissenschaftlichen Entwicklungen verwoben sind, steigt stetig an. Dies gilt nicht nur für Deutschland, sondern weltweit. Und die Themen, zu denen Beratung nachgefragt wird, machen an Länder- oder sogar Kontinentalgrenzen nicht halt. Dementsprechend muss sich unsere Akademie solchen internationalen und globalen Fragen der wissenschaftsbasierten Politik- und Gesellschaftsberatung offensiv stellen.

Dass wir damit begonnen haben, lässt sich an den wichtigsten Themenfeldern unserer bisherigen beratenden Aktivitäten ablesen, die ich zum Teil bereits genannt habe. Klimawandel und Energiewende, ethische und juristische Aspekte der Biotechnologie und Medizin sowie der demographische Wandel – all dies sind Themenfelder der Nationalen Akademie der Wissenschaften Leopoldina, die Herausforderungen für unsere Gesellschaft beinhalten und nur dank internationaler, ja globaler Zusammenarbeit bewältigt werden können.

Angesichts dieser Herausforderungen ist es überfällig gewesen, dass wir uns an Hand der genauen wissenschaftlichen Analyse einzelner relevanter Fragestellungen grundsätzlich mit der Rolle der Wissenschaft – und damit indirekt auch unserer eigenen Rolle – im globalen Wandel auseinandersetzen.

6. Schlussbemerkungen und Verleihung des *Leopoldina Early Career Award*

Meine Damen und Herren,

zum Abschluss meiner Ausführungen möchte ich Herrn Drenckhahn im Namen des Präsidiums für die Konzeption dieser Jahresversammlung herzlich danken. Lieber Herr Drenckhahn, wir sind uns dessen bewusst, dass Ihr persönlicher Einsatz für die Nationale Akademie der Wissenschaften Leopoldina neben all den anderen Verpflichtungen, die Sie haben, nichts weniger als selbstverständlich ist. Ohne ein Engagement wie das Ihrige wäre die Leopoldina keinesfalls in der Lage, den reichen wissenschaftlichen Austausch aufrechtzuerhalten und auszubauen, der die Grundlage aller unserer Aktivitäten ist.

In diesem Zusammenhang danke ich herzlich – im Namen des gesamten Präsidiums – ebenfalls unserem Vizepräsidenten Herrn Berg und unserer Berliner Mitarbeiterin Frau Siddell für die Planung dieser Jahresversammlung sowie allen Mitarbeiterinnen und Mitarbeiter unserer Geschäftsstelle, die unter der Leitung der Generalsekretärin Frau Schnitzer-Ungefug die Organisatoren unterstützt haben.

Meine Damen und Herren,

uns erwarten drei Tage voller interessanter Vorträge zu Themen wie „Die Erde im Globalen Wandel", „Herausforderungen des Globalen Wandels" und „Lösungswege von Problemen des Globalen Wandels". Besonders möchte ich Sie auf den heutigen Abendvortrag von Herrn Ernst Ulrich von Weizsäcker mit dem Titel „Billiger als mit einer technologischen Revolution kommen wir nicht davon" hinweisen. Ich hoffe, dass Sie genauso wie ich auf die vielfältigen Sichtweisen auf die Rolle der Wissenschaft im globalen Wandel gespannt sind. Mir bleibt es nun noch, Ihnen erhellende Vorträge und Gespräche zu wünschen und mich bei Ihnen für Ihre Aufmerksamkeit zu bedanken!

Wir kommen nun zur Verleihung des *Leopoldina Early Career Award* der Commerzbank-Stiftung, den wir alle zwei Jahre für herausragende Leistungen von Nachwuchswissenschaftlern auf einem in der Akademie vertretenen Fachgebiet vergeben. Ich möchte Herrn Mittelstrass als Mitglied des Kuratoriums der Commerzbank-Stiftung bitten, die Preisverleihung zu eröffnen. Vielen Dank!

Eröffnung des Leopoldina-Studienzentrums
für Wissenschafts- und Akademiengeschichte
Wissenschaft und Gesellschaft – Leitlinien für das Leopoldina-Studienzentrum

am 29. Oktober 2012 in Halle (Saale)

Jörg Hacker ML (Halle/Saale, Berlin)
Präsident der Akademie

Sehr geehrter Herr Altpräsident, lieber Herr PARTHIER,
sehr geehrter Herr Vizepräsident, lieber Herr BERG,
sehr geehrter Herr Obmann, lieber Herr LABISCH,
sehr geehrter Herr WEBER,
sehr geehrte Mitglieder der Leopoldina,
liebe Freunde und Mitarbeiter der Akademie,
meine Damen und Herren!

1. Begrüßung und Danksagung

In diesem Jahr feiert die Deutsche Akademie der Naturforscher Leopoldina zwei Jubiläen: den 360. Jahrestag ihrer Gründung und die Gewährung besonderer Privilegien durch Kaiser LEOPOLD I. vor 325 Jahren. Aber das Jahr 2012 bietet dem Präsidenten der Leopoldina auch einige gegenwartsbezogene Gelegenheiten, sich anlässlich besonderer Ereignisse im Leben unserer Akademie über grundlegende Fragen zu äußern, die wichtige Aspekte der Zukunft der Leopoldina betreffen. Neben der feierlichen Einweihung des neuen Hauptgebäudes im Mai und der Jahresversammlung im September gehört gewiss auch die heutige Eröffnung des Leopoldina-Studienzentrums für Wissenschafts- und Akademiengeschichte zu diesen herausragenden Anlässen. Es ist mir daher eine große Freude, Sie zur ersten öffentlichen Aktivität einer neuen Initiative der Leopoldina herzlich willkommen zu heißen.

Dass ich heute gemeinsam mit Ihnen unser Studienzentrum für Wissenschafts- und Akademiengeschichte eröffnen kann, verdanken wir dem langjährigen Engagement einer Gruppe von Mitgliedern und Mitarbeitern der Leopoldina. Hierfür möchte ich meinen großen Dank insbesondere unseren Mitgliedern Herrn FRÜHWALD und Herrn SCHOTT sowie dem Leiter unseres Archivs, Herrn WEBER, aussprechen. Sie haben im Kontext der Kommission zur Neustrukturierung von Bibliothek und Archiv die Idee eines Leopoldina-Studienzentrums für Wissenschafts- und Akademiengeschichte entwickelt und seine allgemeine Konzeption ausgearbeitet, um eine offene Diskussion in der Akademie anzustoßen. Darüber hinaus danke ich ebenso dem Obmann der Sektion Wissenschafts- und Medizingeschichte, Herrn LABISCH, den Mitgliedern dieser Sektion, insbesondere Frau MÜLLER, Herrn BREIDBACH und Herrn MÜLLER, sowie Herrn Vizepräsidenten BERG und erneut unserem Archivleiter, Herrn WEBER, für ihre Projektierung erster inhaltlicher Schwerpunkte – davon wird im Laufe des heutigen Vortragsprogramms ja noch ausführlich die Rede sein.

2. Ziel, Ausgangspunkt und Aufbau des Vortrags

Die Zukunft des Leopoldina-Studienzentrums für Wissenschafts- und Akademiengeschichte hängt ganz entscheidend davon ab, ob es uns gelingen wird, überzeugende Projektvorschläge zu entwickeln und Finanzmittel für ihre Durchführung einzuwerben. Meine Damen und Herren, ich bin davon überzeugt, dass uns dies dank Ihrer herausragenden wissenschaftlichen Expertise, Ihrer großen Erfahrung bei der Konzeption innovativer Forschungsprojekte und Ihres bereits gezeigten Engagements auch gelingen wird. Seien Sie versichert, dass das Präsidium und die Geschäftsstelle der Leopoldina Sie dabei nach Kräften unterstützen werden!

Die heutige Veranstaltung soll gleichsam als der offizielle Auftakt für die hierzu notwendige Strategiebildung dienen und möglichst viele Mitglieder und Mitarbeiter anregen, sich mit eigenen Ideen daran zu beteiligen. In dieser Phase muss es uns gelingen, für das Leopoldina-Studienzentrum ein markantes Profil zu entwickeln, das es deutlich sichtbar von anderen Institutionen der wissenschaftshistorischen Forschung unterscheidet.

Ich hoffe, dass meine heutigen Ausführungen zu dieser Profilbildung beitragen werden. Bitte erwarten Sie von mir keine tiefschürfenden wissenschaftsgeschichtlichen Reflexionen – dafür werde ich nach meinem Vortrag gerne Ihnen, den Experten, das Podium überlassen. Aber ich würde mich freuen, wenn Ihnen einige allgemeine Überlegungen zum neuen Studienzentrum aus der Sicht des Präsidenten der Leopoldina hilfreiche Hinweise für Ihre weitere Diskussion geben könnten.

Meine Damen und Herren, ich möchte mich der Frage widmen, welchen Zweck das neue Studienzentrum für Wissenschafts- und Akademiengeschichte innerhalb des Aufgabenspektrums der Nationalen Akademie der Wissenschaften Leopoldina erfüllen soll. Angelehnt an den schon oft abgewandelten Titel der Jenaer Antrittsvorlesung von Friedrich SCHILLER möchte ich fragen: Was heißt und zu welchem Ende studiert man in der Leopoldina Wissenschafts- und Akademiengeschichte?

Mein Versuch einer Antwort auf diese Frage setzt voraus, dass wir uns Klarheit über einige der Hauptaufgaben der Leopoldina als Nationaler Akademie der Wissenschaften verschaffen. Im Rahmen dieses Vortrags möchte ich zwei wesentliche Aufgaben näher betrachten:

– die selbstbestimmte Organisation der Gelehrtengesellschaft der Leopoldina sowie
– die unabhängige wissenschaftsbasierte Beratung von Politik und Gesellschaft durch die Leopoldina.

Angesichts dieser beiden Aufgaben wird deutlich, dass wir es bei der Leopoldina mit einer wissenschaftlichen Institution zu tun haben, deren Selbstverständnis eng damit verknüpft ist, wie sich ihre ‚kleine', aber weltweit vernetzte Gelehrtengesellschaft zu der ‚großen' Gesellschaft des menschlichen Zusammenlebens verhält, innerhalb derer die Leopoldina wirkt und auf die sie bestimmte Wirkungen ausüben will. Unsere Akademie agiert heutzutage in einer globalisierten Wissensgesellschaft – oder, wie ich gerne zugespitzt sage, Wissenschaftsgesellschaft. Dabei heißt „Wissenschaftsgesellschaft" meiner Ansicht nach, dass die Methoden, die von der Wissenschaft anerkannt werden, und das Wissen, das durch ihre Anwendung gewonnen wird, für alle gesellschaftlichen Bereiche (wie Politik, Wirtschaft und Alltagswelt) überlebenswichtig geworden sind.

Im Folgenden werde ich näher auf die Gelehrtengesellschaft der Leopoldina und ihre Beratungsaktivitäten eingehen, um jeweils den Beitrag zu skizzieren, den die wissenschaftliche Erforschung der Akademien- und Wissenschaftsgeschichte zu unserem Selbstverständnis als Nationale Akademie der Wissenschaften leisten kann. Abschließend werde ich diese Überlegungen konkretisieren und Ihnen meine Vorstellungen zur zukünftigen Ausrichtung des Leopoldina-Studienzentrums darlegen.

3. Die Autonomie der Gelehrtengesellschaft und die Erinnerung an ihre Geschichte

Meine Damen und Herren, die Grundlage aller Aktivitäten der Leopoldina ist und bleibt der unschätzbare Sachverstand herausragender Wissenschaftlerinnen und Wissenschaftler, die sie als Mitglieder für ihre Gelehrtengesellschaft gewonnen hat. Seit Gründung der Leopoldina ist es für jede neue Generation von Mitgliedern die entscheidende Herausforderung, die Gelehrtengesellschaft so weiterzuführen, dass sie die Freiheit der Wissenschaft von externen Vorgaben für Ziele, Methoden und Gegenstände selbstbestimmt verwirklicht. Diese Autonomie erfordert es – und ermöglicht es zugleich –, dass die Leopoldina sich in all ihren Aktivitäten an strengen Kriterien für wissenschaftliche Exzellenz orientiert.

Unsere Orientierung an der Idee der Freiheit der Wissenschaft ist aber keinesfalls voraussetzungslos, und wir müssen uns ihrer Prämissen bewusst sein, wenn wir uns nicht dem Vorwurf der Naivität aussetzen wollen. Der Philosoph Hans BLUMENBERG, dessen Werk durch eine intensive Auseinandersetzung mit der Geschichte der neuzeitlichen Wissenschaft geprägt worden ist, hat auf eine der wesentlichen Voraussetzungen wissenschaftlichen Handelns folgendermaßen hingewiesen: „Jede Wissenschaft hat an ihrer eigenen Geschichte zu tragen. Sie bewahrt die Spuren dieser Geschichte auch dann, wenn der Fortschritt ihrer Ergebnisse ausschließlich durch die Erfordernisse ihres Gegenstandes bedingt zu sein scheint."[1] Wenden wir diesen Gedanken BLUMENBERGS auf unsere Akademie an, so ergibt sich die Konsequenz, dass die Leopoldina als wissenschaftliche Institution Spuren ihrer Geschichte auch dann bewahrt, wenn ihre institutionelle Entwicklung ausschließlich durch die Erfordernisse ihrer Handlungsfelder bedingt zu sein scheint – also selbst dann, wenn es sich um die Abbildung des Erkenntnisfortschritts der Wissenschaften in der inneren Organisation der Akademie handelt.

---

1 BLUMENBERG 2009, S. 9.

Ob und wie die Gelehrtengesellschaft der Leopoldina, um BLUMENBERGS Formulierung aufzugreifen, „an ihrer eigenen Geschichte zu tragen" hat, können wir nicht abstrakt entscheiden, und wir können das Urteil auch nicht der Legendenbildung und dem Hörensagen überlassen, wenn wir unseren Erkenntnisansprüchen als Wissenschaftler gerecht werden wollen. Unverzichtbarer Bestandteil der selbstbestimmten Organisation unserer Gelehrtengesellschaft ist es dementsprechend, das Gedächtnis der eigenen Geschichte möglichst umfassend zu pflegen und mit den kritischen Instrumenten der historischen Forschung zu durchdringen. Unsere geradezu identitätsstiftende Berufung auf die Idee der Freiheit der Wissenschaft wäre kaum mehr als ein allgemeiner Appell an ein hehres Ideal, wenn wir uns dabei nicht bewusst auf die Vergangenheit unserer Gelehrtengesellschaft beziehen könnten.

In der gestern hier im Hause eröffneten Ausstellung *Salutem et Felicitatem! Gründung und internationale Ausstrahlung der Leopoldina* können wir erfahren, dass die ersten Mitgliedergenerationen dank ihrer historischen Berichte die Basis für unser Wissen von der Akademiegeschichte gelegt haben. In den *Miscellanea curiosa medico-physica* erschienen schon 1671 und 1683 kurze Abrisse der Historie der Leopoldina. Lucas SCHROECK, der vierte Akademiepräsident, begann im Jahre 1694 das *Protocollum Academiae Caesareo-Leopoldinae Naturae Curiosorum*, dank dessen wir auch heute noch wichtige Einsichten in die Frühgeschichte der Leopoldina gewinnen können. Andreas Elias BÜCHNER, der sechste Akademiepräsident, setzte 1755 mit seiner *Academiae Sacri Romani Imperii Leopoldino-Carolinae Naturae Curiosorum historia* diese Tradition fort – und sie dauert bis heute an! Dies haben wir vor allem Ihnen, sehr geehrter Herr Altpräsident, lieber Herr PARTHIER, und ihren Forschungsprojekten zur Geschichte der Leopoldina im 20. Jahrhundert zu verdanken. Hierfür möchte ich Ihnen persönlich und im Namen des Präsidiums meinen tiefen Dank aussprechen.

Lucas SCHROECK wies bereits Ende des 17. Jahrhunderts in seinem *Protocollum* auf Lücken in der Dokumentation der Akademiegeschichte hin. Im 21. Jahrhundert wollen wir keine weiteren Gründe für solche Klagen liefern. Zu der – wie man heute sagt – „Erinnerungskultur" der Leopoldina gehören daher grundlegend die publizistische Dokumentation ihrer Veranstaltungen, die archivarische Pflege der Zeugnisse ihrer Geschichte sowie die bibliothekarische Sammlung der Veröffentlichungen ihrer Mitglieder und befreundeter Akademien. Das sind gleichsam geräuschlose Aktivitäten, die zuweilen angesichts der neuen, öffentlichkeitswirksameren Herausforderungen für die Leopoldina als Nationaler Akademie vergessen werden. Aber ihre kontinuierliche Weiterführung eröffnet unserer Tradition akademischer Freiheit die Möglichkeit zu einer historischen Selbsterkenntnis, die für die reflektierte und kritische Fortsetzung dieser Tradition notwendig ist. Ich möchte mich an dieser Stelle bei allen Mitarbeitern der Redaktion, des Archivs und der Bibliothek dafür bedanken, dass sie dies mit ihrer täglichen Arbeit ermöglichen.

4. Die unabhängige wissenschaftsbasierte Beratung und die historische Aufklärung wissenschaftlichen Handelns

Meine Damen und Herren, in dem bereits erwähnten *Protocollum* der Akademie, das Lucas SCHROECK 1694 begann, finden sich zur Gründung der Leopoldina folgende Ausführungen: „So wurde denn am 1. Januar des Jahres 1652 die erste feierliche Versammlung abgehalten. Man bezeichnete das Unternehmen als Argonautenzug, der Aufspürung der goldenen Wahrheit geweiht, und kam überein, der Akademie selbst den Namen Academia Naturae Curiosorum zu geben, denn ihre Aufgabe sollte es ja sein, sich in ehrenvollem, nutzbringendem und notwendigem Forschertum mit den vortrefflichen und höchst nützlichen Schöpfungen Gottes zu befassen."[2]

Die Forderung, dass die naturwissenschaftliche Erforschung der Welt nicht nur dem Forscher Ansehen verschaffen, sondern auch „nutzbringend" sein soll, wird an zahlreichen Stellen in den Dokumenten zur Frühgeschichte der Leopoldina erhoben. Dieser Anspruch zieht sich wie ein roter Faden durch die Geschichte unserer Akademie bis heute. Wir verbinden unseren Wahlspruch „Numquam otiosus" gerne mit dem Motto „Die Natur erforschen zum Wohle der Menschen", um im Sinne eines Auftrags, den wir uns selbst gegeben haben, den unstillbaren Drang nach wissenschaftlicher Erkenntnis der Welt zugleich als Triebkraft geistigen und materiellen Fortschritts in der Welt einzusetzen.

Dass moderne Gesellschaften von wissenschaftlichen Erkenntnissen und ihrer Umsetzung in neue Lebensweisen und Technologien geprägt wurden – daran wird niemand wirklich zweifeln. Ich muss hier kaum an die positiven Folgen dieser Entwicklung erinnern. Denken Sie nur an die kaum glaubliche Steigerung der Lebenserwartung und einige der wichtigsten Faktoren, die diesen säkularen Trend vorantreiben, also an die Fortschritte in Medizin und Nahrungsmittelproduktion. Doch seitdem sich die Wissenschaften so stark auf unser Zusammenleben auswirken, verschafft sich auch die Sorge darüber Ausdruck, dass dies Schattenseiten haben könnte. Wir müssen konstatieren, dass in den letzten Jahrzehnten die skeptische Beurteilung des wissenschaftlichen Fortschritts insbesondere angesichts der sozialen und ökologischen Folgen technologischer Innovationen zugenommen hat. Vermutlich würden heutzutage weite Teile der deutschen Bevölkerung die Frage verneinen, ob durch die Befriedigung wissenschaftlicher Neugier immer noch das Gemeinwohl gefördert werde.

Wenn sich die Wissenschaften dieser Problematisierung ihres gesellschaftlichen Nutzens ernsthaft stellen wollen, müssen sie alles daran setzen, ihren Wissensstand in die öffentliche Debatte und den politischen Entscheidungsprozess einfließen zu lassen. Daher ist es eine wesentliche Aufgabe der Nationalen Akademie der Wissenschaften Leopoldina, den Erkenntnisfortschritt zu gesellschaftlich drängenden Fragen zu identifizieren, einer breiten Öffentlichkeit zugänglich und für die dauerhafte Förderung des Gemeinwohls verfügbar zu machen. Dies geschieht vor allem dadurch, dass die Leopoldina Politik und Öffentlichkeit zu wissenschaftlichen Aspekten gesamtgesellschaftlich relevanter Entscheidungen mittels Veröffentlichung von unabhängig erarbeiteten Stellungnahmen berät, die auch Handlungsempfehlungen enthalten.

---

2 Zitiert nach MÜLLER und WEBER 2012, S. 33.

Aber reicht dies aus? Für eine Institution wie die Leopoldina, die sich in der wissenschaftsbasierten Beratung engagiert, muss ein unabdingbarer Teil dieser Tätigkeit darin bestehen, zur Aufklärung über die Funktionsweise von Wissenschaft in der Gesellschaft beizutragen. Wissenschaftliche Forschung ist ein sich selbst organisierender, ergebnisoffener Prozess mit ihm eigenen anspruchsvollen Standards für die intersubjektive Anerkennung von Forschungsergebnissen. Dieser Prozess reagiert sehr sensibel auf Einflussnahme von außen. Fremdbestimmung in der Wissenschaft führt, wenn ihr nicht gegengesteuert wird, früher oder später nicht nur zu Fehlallokationen von Forschungsgeldern, sondern auch in intellektuelle Sackgassen, aus denen die betroffenen Wissenschaftler nur schwer wieder zurückfinden.

Aufklärung über Wissenschaft ist meines Erachtens eine entscheidende Grundvoraussetzung dafür, dass Wissenschaftler auf Grund ihrer fachlichen Expertise zur Orientierung in der Wissenschaftsgesellschaft beitragen können. Aufklärung über Wissenschaft führt auch, so hoffe ich, zur Ausbildung eines klareren Bewusstseins von den Grenzen der Wissenschaft in der Wissenschaftsgesellschaft. Eine Gesellschaft, die vor möglicherweise überlebenswichtigen Problemen steht, kann oft nicht darauf warten, bis führende Wissenschaftler darin übereinkommen, eine bestimmte Handlungsempfehlung abzugeben. Und selbst dann, wenn das recht schnell geschieht: Diese Empfehlung wird, da alles wissenschaftliche Wissen falsifizierbar ist, womöglich recht bald wieder abgeändert werden müssen.

Auf Grund der Logik des wissenschaftlichen Forschungsprozesses darf die Wissenschaftsgesellschaft also keine Gesellschaft sein, in der wissenschaftliches Wissen gleichsam automatisch zu politischen Entscheidungen führt. Ganz im Gegenteil: Die Wissenschaftsgesellschaft muss eine Gesellschaft sein, in der Politik und Öffentlichkeit wissenschaftliches Wissen zur Lösung gesellschaftlicher Probleme einsetzen und dabei über die charakteristischen Eigenschaften des wissenschaftlichen Wissens reflektieren. Erst dann ist die Wissenschaftsgesellschaft eine wissenschaftlich aufgeklärte Gesellschaft – d. h. eine Gesellschaft, die mit den Grenzen des wissenschaftlichen Wissens, das sie in ihre Entscheidungen einfließen lässt, verantwortlich umgehen kann.

In diesem Zusammenhang halte ich die historische Aufklärung über Wissenschaft und ihren jeweiligen gesellschaftlichen Entstehungs- und Anwendungskontext für außerordentlich wichtig. Zugespitzt formuliert: Das Studium der Wissenschaftsgeschichte sollte die Schule sein, in der die Wissenschaftler und Bürger der Wissenschaftsgesellschaft über den Zusammenhang nachzudenken lernen, der zwischen dem Anspruch auf objektive Wahrheit, den falsizifierbare wissenschaftliche Aussagen erheben, und der Tatsache besteht, dass auch Wissenschaften Teil des gesellschaftlichen Lebens sind.

Beispielsweise kann die Wissenschaftsgeschichte uns lehren, einen fatalen Fehlschluss zu vermeiden, der die Autonomie wissenschaftlichen Handelns außer Kraft setzt. Er lautet: Da die Wissenschaft im Dienste des Gemeinwohls forschen soll, können politische Entscheidungsträger als Repräsentanten dieses Gemeinwohls darüber bestimmen, welche Theorien wissenschaftlich akzeptabel sind. Denken Sie hier nur an solche verheerenden Ergebnisse dieses Fehlschlusses wie die Propagierung der unsäglichen „deutschen Physik" als nationalsozialistischer Pseudoalternative zur Relativitätstheorie und Quantenphysik oder die Verbreitung des Lyssenkoismus als einer dem Politbüro genehmen Pseudowiderlegung des sogenannten „Mendelismus-Morganismus". Es ist eine große Ehre für die Leopoldina, dass sie zu DDR-Zeiten ein Bollwerk gegen den Lyssenkoismus war und dies öffentlich dokumentierte, indem sie im Jahre 1959, also zum 100. Geburtstag des Erscheinens von Charles Darwins *The Origin of Species*, 18 Darwin-Plaketten an verdiente Genetiker aus Ost und West verliehen hat.

5. Leitlinien für das Leopoldina-Studienzentrum

Meine Damen und Herren, dass ich von der überaus großen Bedeutung überzeugt bin, die die Erforschung der Wissenschafts- und Akademiengeschichte für die Leopoldina besitzt – davon hoffe ich wiederum Sie überzeugt zu haben. Und es fällt Ihnen gewiss nicht schwer, nun mit mir aus meinen bisherigen Überlegungen zur Funktion der wissenschaftsgeschichtlichen Forschung im Aufgabenspektrum der Nationalen Akademie der Wissenschaften Leopoldina bestimmte Konsequenzen für das neue Studienzentrum zu ziehen.

I. Die Erforschung der komplexen historischen Tiefendimension wissenschaftlichen Handelns können einzelne Disziplinen alleine nicht erfolgreich betreiben. Dies gilt meines Erachtens selbst für die Wissenschaftsgeschichte als akademische Fachdisziplin. Historiker, Wissenschaftstheoretiker, Ethiker, Sozial- und Kulturwissenschaftler sollten sich unmittelbar mit den gegenwärtigen Fragestellungen der naturwissenschaftlichen und biomedizinischen Disziplinen konfrontieren. Ihrerseits sollten Natur- und Lebenswissenschaftler dazu bereit sein, die Reflexion über das eigene Handeln durch historische Rekonstruktionen ihrer Forschungsprogramme zu vertiefen.

Es ist daher eine *conditio sine qua non* für den Erfolg des Leopoldina-Studienzentrums, dass interessierte Mitglieder aus allen Klassen und Sektionen zusammenarbeiten und ihre Erfahrungen und Kenntnisse aus der jeweiligen Forschungspraxis einbringen, um wissenschafts- und akademiengeschichtlichen Fragen nachzugehen, die direkt oder indirekt auch das sich wandelnde Selbstverständnis der Leopoldina thematisieren.

II. Die Wissenschaftshistoriker und ihre Kollegen aus den anderen Sektionen der Klasse IV sollten dank ihrer Expertise hinsichtlich der historischen, wissenschaftsphilosophischen, ethischen, kognitions-, sozial- und kulturwissenschaftlichen Aspekte von Forschung eine impulsgebende und koordinierende Rolle spielen. Dies ist gerade während der Aufbauphase des Leopoldina-Studienzentrums wichtig.

Momentan hat dabei die Sektion Wissenschafts- und Medizingeschichte gewissermaßen die inoffizielle Federführung inne – wofür ich mich noch einmal bei Herrn Labisch und seinen Kolleginnen und Kollegen herzlich bedanken möchte. Ich würde es sehr begrüßen, wenn sich Mitglieder der Sektion Wissenschaftstheorie, aber auch der anderen Sektionen der Klasse IV zur aktiven Mitarbeit am Aufbau des Leopoldina-Studienzentrums entschließen könnten. Jetzt werden die entscheidenden Weichen gestellt, und dies sollte auf einer möglichst breiten fachlichen Basis geschehen.

III. Das neue Studienzentrum soll sich zum institutionellen Rahmen sämtlicher wissenschaftshistorischer Aktivitäten der Leopoldina entwickeln. Nachdem wir in unser neues Hauptgebäude auf dem Jägerberg umgezogen sind und dadurch in der Emil-Abderhalden-Straße Räumlichkeiten frei geworden sind, ist nun der richtige Zeitpunkt gekommen, diesen Entwicklungsprozess auch offiziell zu starten und ihn engagiert voranzutreiben. Kompetenzen, die sich seit langem in der Leopoldina entwickeln konnten, finden jetzt die beste Gelegenheit vor, um ihre hohe Relevanz für alle gegenwärtigen Aufgabenfelder der Nationalen Akademie der Wissenschaften unter Beweis zu stellen.

Mit Bibliothek und Archiv besitzen wir zwei Einrichtungen, die historisch wertvolle Bestände pflegen und ausbauen, um sie seit je für wissenschaftshistorische Forschungen zur Verfügung zu stellen.

Darüber hinaus betreibt die Leopoldina seit Jahrzehnten Langzeitprojekte im geisteswissenschaftlichen Forschungsprogramm der Akademienvorhaben, das von der Union der deutschen Akademien der Wissenschaften durchgeführt wird. Im letzten Jahr haben wir in Weimar den Abschluss unserer Ausgabe der naturwissenschaftlichen Werke GOETHES gefeiert und dabei die Lebensleistung von Frau KUHN gewürdigt. In diesem Jahr haben wir die Edition der Briefe Ernst HAECKELS auf den Weg gebracht, die von Herrn BREIDBACH initiiert worden ist und die er betreuen wird – wofür ich mich bei ihm im Namen des Präsidiums herzlich bedanken möchte.

Ausstellungen zur Geschichte der Leopoldina ziehen Besucher nicht nur aus der Region an und werden in den Feuilletons nationaler Tageszeitungen gelobt. Dies war in diesem Sommer der Fall bei der Ausstellung in der Moritzburg, die unter dem Titel *Das Antlitz der Wissenschaft* Mitgliederporträts aus drei Jahrhunderten präsentierte. Und ich wünsche der Ausstellung *Salutem et Felicitatem!*, lieber Herr MÜLLER, lieber Herr WEBER, ebenfalls eine große und positive Resonanz.

Last but not least versammelt das wissenschaftshistorische Seminar Monat für Monat ein interessiertes Publikum, um Vorträge renommierter internationaler Experten zu hören und zu diskutieren.

Die Chance, all diese bewährten Aktivitäten der Leopoldina innerhalb des neuen institutionellen Rahmens des Studienzentrums zu koordinieren und mit innovativen Forschungsprojekten zu verbinden, sollten wir keinesfalls ungenutzt verstreichen lassen. Ich bin mir sicher, dass künftige Mitglieder, aber auch Mitarbeiter der Akademie kein Verständnis aufbrächten, wenn wir diese Gelegenheit nicht nutzen würden.

IV. „Vernetzung" ist eine Metapher, die sehr häufig zur Beschreibung der Organisation der globalisierten Wissenschaftsgesellschaft eingesetzt wird. Sie sollte auch für das Leopoldina-Studienzentrum eine Leitmetapher sein. Dass sie die Positionierung des Zentrums innerhalb der Leopoldina anschaulich zum Ausdruck bringen sollte, habe ich bereits unterstrichen, als ich von der unabdingbaren Notwendigkeit zur Kooperation zwischen den Klassen und Sektionen im Studienzentrum sprach.

Analog sollte das Zentrum aber auch lokal, regional, national und international aktiv die Kooperation mit solchen Institutionen und Forschern suchen, die sich auf hohem Niveau der Erforschung der Wissenschaftsgeschichte widmen, um neue Perspektiven auf Gegenwart und Zukunft der Wissenschaftsgesellschaft zu eröffnen. Ansonsten droht die Gefahr, dass unser neues Studienzentrum von außen als eine Institution erscheint, in der die Leopoldina sich ungestört selbst bespiegeln will – und dies darf auf keinen Fall sein Zweck sein.

Aus diesem Grund sollte es ein vorrangiges Ziel unserer Bemühungen in den kommenden Monaten sein, bestmögliche Arbeitsmöglichkeiten für Gastwissenschaftler zur Verfügung zu stellen, die unser Archiv und unsere Bibliothek nutzen möchten. Solche Arbeitsmöglichkeiten werden aber aller Erfahrung nach nur dann ausgiebig genutzt werden, wenn wir über Projektanträge Finanzmittel für Stipendien einwerben, durch die auch Qualifizierungsarbeiten von Doktoranden und Nachwuchswissenschaftlern in Kooperation mit nationalen und internationalen Universitäten gefördert werden.

6. Abschließende Bemerkungen

Meine Damen und Herren, ich hoffe, dass ich mit meinen Überlegungen zur Rolle der Wissenschaftsgeschichte und des neuen Studienzentrums in der Leopoldina ihrer weiteren Diskussion einige Impulse geben konnte. Ich bin mir gewiss, dass Sie mit dem Leopoldina-Studienzentrum einen integralen Bestandteil der Aktivitäten der Nationalen Akademie der Wissenschaften aufbauen werden. Und ich bin bereits gespannt, welche Projekte das Studienzentrum an den Anfang seiner Aktivitäten stellen wird.

Mit der Formel, die in den Aufnahmediplomen am Ende des 17. Jahrhunderts neue Akademiemitglieder begrüßte, wünsche ich Ihnen und dem Leopoldina-Studienzentrum für Wissenschafts- und Akademiengeschichte „Salutem und Felicitatem"! Herzlichen Dank für Ihre Aufmerksamkeit!

Literatur

BLUMENBERG, H.: Geistesgeschichte der Technik. Frankfurt (Main): Suhrkamp 2009
MÜLLER, U., und WEBER, D. (Hrsg.): Salutem et Felicitatem! Gründung und internationale Ausstrahlung der Leopoldina. Acta Historica Leopoldina Nr. *61* (2012)

Klassensitzungen

Feierliche Übergabe der Urkunden an die neuen Mitglieder
Begrüßung durch den Präsidenten der Leopoldina

Halle (Saale) 2012

Jörg Hacker ML (Halle/Saale, Berlin)
Präsident der Akademie

Sehr geehrte Obleute und Senatoren,
sehr geehrte, liebe Mitglieder der Leopoldina, und ganz besonders:
sehr geehrte neue Mitglieder der Leopoldina,
liebe Mitarbeiter der Geschäftsstelle,

im Namen des Präsidiums der Nationalen Akademie der Wissenschaften Leopoldina heiße ich Sie zur feierlichen Übergabe der Urkunden an unsere neuen Mitglieder im Rahmen der Klassensitzung herzlich willkommen. Ich freue mich sehr, Sie zu diesem besonderen Anlass hier in unserem neuen Hauptgebäude begrüßen zu dürfen, das wir vor wenigen Monaten feierlich eingeweiht haben.

Wie Sie vielleicht wissen, erhalten die neuen Mitglieder der Leopoldina erst seit diesem Jahr ihre Urkunden im Rahmen der Klassensitzungen. Bisher wurden die Urkunden während der Leopoldina-Jahresversammlung im September überreicht. Wir haben uns aber dazu entschlossen, die jeweiligen Klassensitzungen mit der Urkundenübergabe an unsere neuen Mitglieder zu eröffnen, um diesem schönen und bedeutenden Ereignis im Leben der Akademie mehr Raum und Gewicht zu verleihen.

So ist der heutige Vormittag ganz Ihnen, liebe neue Mitglieder, gewidmet. Wir möchten Ihnen die Möglichkeit bieten, sich gleich zu Beginn Ihrer Mitgliedschaft ein Bild über die Strukturen und Arbeitsweise unserer Akademie sowie über ihre Aufgaben und Ziele zu verschaffen. Hierzu haben wir für Sie ein Programm zusammengestellt, in dem wir Ihnen die Akademie und ihre Arbeit vorstellen, bevor Sie anschließend Ihre Urkunden über Ihre Aufnahem in die altehrwürdige, aber zugleich höchst lebendige Gelehrtengesellschaft der Leopoldina entgegennehmen.

Ich möchte Sie – ohne dem weiteren Programm vorweggreifen zu wollen – nur kurz auf die beiden zentralen Aufgabenfelder hinweisen, die die Leopoldina mit ihrer Ernennung zur Nationalen Akademie der Wissenschaften im Jahre 2008 übernommen hat:

– die Beratung von Politik und Gesellschaft zu aktuellen wissenschaftlichen und wissenschaftspolitischen Fragen sowie
– die Repräsentanz der deutschen Wissenschaft in internationalen Gremien, in denen vorwiegend Akademien vertreten sind.

In der Politikberatung arbeitet die Leopoldina auf nationaler Ebene eng mit der Deutschen Akademie der Technikwissenschaften acatech und der Berlin-Brandenburgischen Akademie der Wissenschaften sowie den anderen Länderakademien, die in der Union der Deutschen Akademien der Wissenschaften vertreten sind, zusammen. Ziel ist es, Stellungnahmen und Empfehlungen für die Bewältigung drängender gesellschaftlicher Herausforderungen abzugeben sowie wichtige Zukunftsfragen aufzuzeigen, deren Lösung ohne wissenschaftliche Basis nicht erwartet werden kann. Dabei gilt es auch, wichtige Entwicklungen, die sich in der Wissenschaft andeuten und möglicherweise künftig gesellschaftliche Bedeutung erlangen, frühzeitig zu erkennen, zu analysieren und entsprechend zu kommentieren. Dies kann die zukünftige Gestaltung der Energieversorgung, den demografischen Wandel in unserem Land, ethische und juristische Aspekte des medizinischen Fortschritts sowie neue interdisziplinäre Einsichten in den Prozess der Sozialisation betreffen. Zur Sondierung größerer Themenfelder setzen wir Wissenschaftliche Kommissionen ein, in die nicht nur Mitglieder der Leopoldina, sondern auch externe Wissenschaftler berufen werden. Diese Kommissionen wiederum schlagen Arbeitsgruppen vor, um zu einzelnen Fragestellungen Handlungsempfehlungen für Politik und Gesellschaft zu erstellen.

Unsere Aktivitäten in der Politikberatung sind eingebettet in die hervorragenden Beziehungen, die die Leopoldina mit anderen Akademien und Wissenschaftsorganisationen unterhält – auf nationaler und europäischer Ebene, aber auch weltweit. Hierzu möchte ich Ihnen nur ein Beispiel aus diesem Jahr nennen.

Seit 2005 erarbeiten die nationalen Akademien der G8-Staaten jährlich gemeinsame wissenschaftsbasierte Stellungnahmen zu globalen gesellschaftsrelevanten Themen, die die Beratungen der Staats- und Regierungschefs bei den jährlichen G8-Gipfeln unterstützen sollen. Vor dem Camp-David-Gipfel Mitte Mai dieses Jahres hat die Leopoldina gemeinsam mit den anderen G8-Akademien sowie den Akademien Brasiliens, Chinas, Indiens, Indonesiens, Mexikos, Marokkos und Südafrikas den G8-Regierungen Empfehlungen zur Bewältigung drängender globaler Herausforderungen übergeben. Die drei Stellungnahmen behandeln die Themenkomplexe „Wasser und Energie", „Senkung von Treibhausgasen" sowie „Umgang mit Natur- und Technologiekatastrophen".

Neben den neuen Aufgaben, die unsere Aktivitäten immer stärker prägen, nimmt die Leopoldina natürlich weiterhin und mit unverminderter Aufmerksamkeit eine Reihe traditioneller Aufgaben wahr. So erneuert sie sich ständig durch die Zuwahl von herausragenden Mitgliedern und ehrt besondere Verdienste um die Wissenschaft durch Preise, etwa den Carus-Preis oder den gemeinsam mit dem Stifterverband für die Deutsche Wissenschaft ausgelobten Carl Friedrich von Weizsäcker-Preis, der in diesem Jahr an den Bildungsforscher Jürgen BAUMERT verliehen worden ist. *Last but not least* fördert die Leopoldina über ein eigenes Stipendienprogramm die Ausbildung des wissenschaftlichen Nachwuchses.

Einmal im Jahr treffen wir uns im Rahmen unserer Jahresversammlung. Dieses Jahr behandeln wir Ende September in Berlin das Thema „Die Rolle der Wissenschaft im Globalen Wandel". Darüber hinaus veranstalten wir – und das heißt vor allem: unsere Mitglieder – zahlreiche Konferenzen, Meetings und Symposien sowie diverse Veranstaltungen für die breite Öffentlichkeit.

Liebe neue Mitglieder,

Sie wurden in eine der Sektionen Ihrer Klasse hinzu gewählt. Daher wird Ihnen zunächst der Sprecher Ihrer Klasse einen Überblick über die Arbeit und die Organisation Ihrer Klasse geben. Anschließend wird unsere Generalsekretärin, Frau Professor Jutta SCHNITZER-UNGEFUG, über die facettenreiche Geschichte der Leopoldina seit ihrer Gründung im Jahre 1652 und ihren Wandel hin zur Arbeitsakademie berichten.

Ich wünsche mir, dass wir Sie heute davon überzeugen können,
– sich aktiv in die Akademie einzubringen,
– sich an unseren Veranstaltungen nicht nur zu beteiligen, sondern auch selbst Veranstaltungen zu organisieren und
– sich bereitzuerklären, in unseren Arbeitsgruppen und Kommissionen mitzuarbeiten.

Ich möchte Sie herzlich einladen, Ihre eigenen Vorschläge in die Akademiearbeit einfließen zu lassen. Ich darf Ihnen versichern, dass Ihnen das Präsidium und die Geschäftsstelle für Ihre Anregungen sehr dankbar sind. All unsere Aktivitäten sind von Ihnen und Ihrer tatkräftigen Unterstützung abhängig!

In diesem Sinne freue ich mich darauf, mit Ihnen zukünftig zusammenzuarbeiten, danke Ihnen für Ihre Aufmerksamkeit und übergebe das Wort nun an unseren ersten Sprecher!

Übergabe der Urkunden an die neuen Mitglieder der Klasse I – Mathematik, Natur- und Technikwissenschaften am 20. März 2012[1]

Abb. 1 Akademie-Präsident Jörg HACKER mit Immanuel BLOCH, Kurt BINDER und Günther HASINGER, die seit 2011 in der Leopoldina-Matrikel stehen (*von links nach rechts*).

---

1 Die biographischen Angaben zu den Mitgliedern, die ihre Ernennungsurkunde erhielten, sind in den Jahrbüchern der Leopoldina des Aufnahmejahres abgedruckt.

Sitzungen der Klassen

Abb. 2 Leopoldina-Präsident Jörg HACKER überreichte die Ernennungsurkunden Markus GROSS, Johannes BUCHMANN, Leopoldina-Mitglieder seit 2011, und Helmut HOFER, Akademie-Mitglied seit 2010 (*von links nach rechts*).

Abb. 3 Bereits seit dem Jahr 2011 sind Holger BRAUNSCHWEIG, Anthony K. CHEETHAM, Gerhard ERKER und Manfred M. KAPPES Mitglieder der Leopoldina (*von links nach rechts*).

Sitzungen der Klassen

Abb. 4 William H. MILLER, Andreas PFALTZ, Robert SCHLÖGL und Tamar SEIDEMAN stehen seit 2011 in der Matrikel der Leopoldina (*von links nach rechts*).

Abb. 5 Ihre Mitgliedsurkunden aus den Händen von Leopoldina-Präsident Jörg HACKER (*links*) erhielten Jörg BENDIX, Christoph CLAUSER, Liqiu MENG und Roland ZENGERLE (*von links nach rechts*), die im Jahr 2011 in die Akademie aufgenommen worden sind.

Übergabe der Urkunden an die neuen Mitglieder der Klasse II – Lebenswissenschaften am 23. Mai 2012

Abb. 6 Gruppenfoto mit den neuen Mitgliedern der Klasse II, die bereits 2011 in die Akademie aufgenommen worden sind (*1. Reihe von links nach 4. Reihe rechts*): Andreas KULOZIK, Christian BOGDAN, Alexander BORST, Leopoldina-Generalsekretärin Jutta SCHNITZER-UNGEFUG, Walter ROSENTHAL, Leopoldina-Präsident Jörg HACKER, Maciej ZYLICZ, Sebastian SUERBAUM, Erich GULBINS, Stanislav N. GORB, Geoffrey L. SMITH, Ernst BAMBERG, Caroline KISKER, Ulf-Ingo FLÜGGE und Manfred SCHARTL.

Übergabe der Urkunden an die neuen Mitglieder der Klasse III – Medizin am 10. Juli 2012

Abb. 7 Neue Mitglieder der Klasse III – Medizin (*von links nach rechts*): Reinhard FÄSSLER, Heymut OMRAN, Jochen A. WERNER, Michael HALLEK, Hans Jürgen SCHLITT, Konrad REINHART, Sabine WERNER, Leopoldina-Generalsekretärin Jutta SCHNITZER-UNGEFUG, Henning SCHLIEPHAKE, Hans Peter RODEMANN, Manfred DIETEL, Annette GRÜTERS-KIESLICH, Leopoldina-Präsident Jörg HACKER, Claudia SPIES, Maode LAI, Andreas BOCKISCH, Angelika SCHNIEKE, Boris C. BASTIAN, Brigitte VOLLMAR, Stephan LANG und Maria-Elisabeth KRAUTWALD-JUNGHANNS. Bis auf Manfred DIETEL, der bereits 2010 in die Leopoldina aufgenommen worden ist, gehören die anderen neuen Mitglieder der Klasse III der Akademie seit 2011 an.

Übergabe der Urkunden an die neuen Mitglieder der Klasse IV – Geistes-, Sozial- und Verhaltenswissenschaften am 20. November 2012

Abb. 8 Auf dem Foto *von links nach rechts*: Dieter LANGEWIESCHE, seit 2010 Mitglied der Akademie, Luca GIULIANI, Leopoldina-Generalsekretärin Dr. Jutta SCHNITZER-UNGEFUG, Erika FISCHER-LICHTE, Myles W. JACKSON, Urban WIESING, Kärin NICKELSEN, Leopoldina-Präsident Jörg HACKER, Christine WINDBICHLER, Hermann PARZINGER, Sabine SONNENTAG, Josef PERNER und Karl-Heinz LEVEN. Außer Dieter LANGEWIESCHE gehören die neuen Mitglieder der Klasse IV, die ihre Ernennungsurkunden erhalten haben, seit 2011 der Leopoldina an.

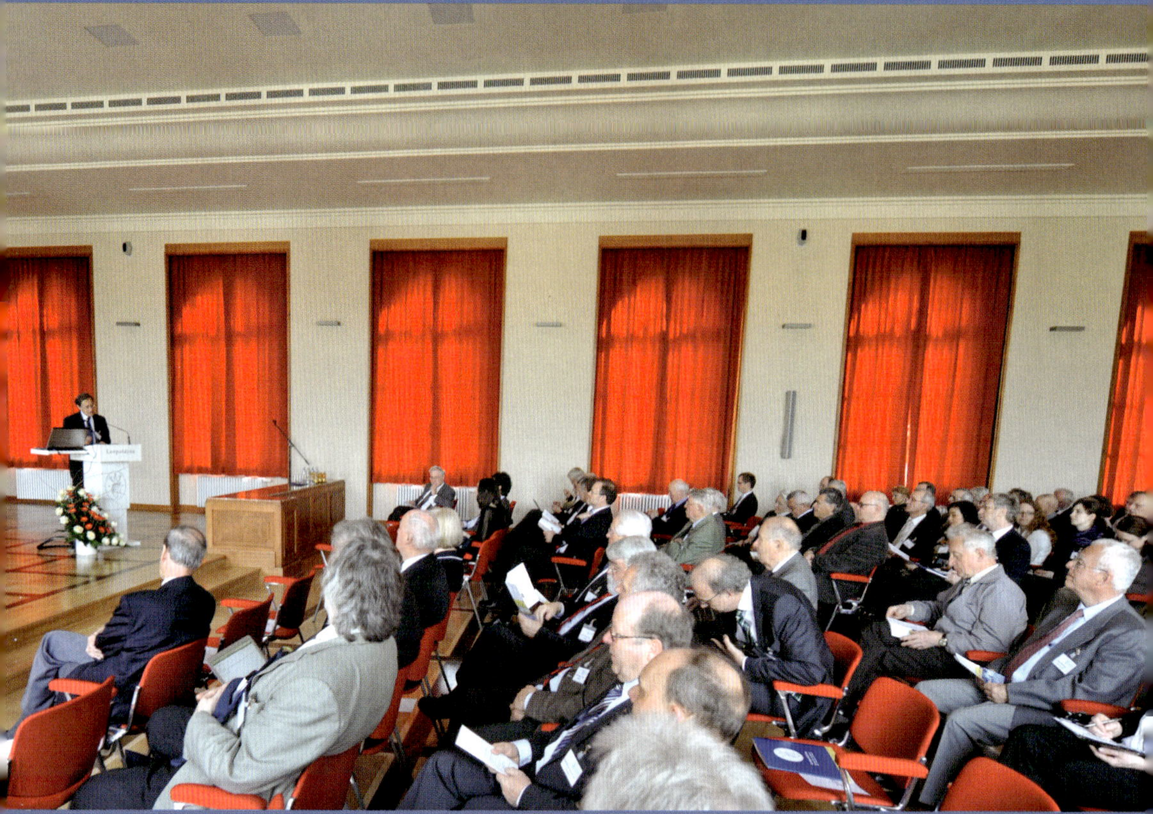

Symposium der Klasse I – Mathematik, Natur- und Technikwissenschaften
Welt im Wandel – Über den Umgang mit Ungewissheiten

am 20. März 2012 in Halle (Saale)

Bericht: Christian Anton (Halle/Saale)

Die Leopoldina-Klasse I diskutierte auf ihrem Symposium im März naturwissenschaftliche und technische Antworten auf den globalen Wandel. Die Symposien der Klassen sind ein Forum für den wissenschaftlichen Austausch zwischen den Disziplinen. Den Auftakt für das Jahr 2012 bildete am 20. März die Veranstaltung der Klasse I – Mathematik, Natur- und Technikwissenschaften mit dem Thema „Welt im Wandel – Über den Umgang mit Ungewissheiten".

Die Zukunft des Lebens – wissen wir, was uns erwartet? – Diese Frage stellte zu Beginn des Symposiums Prof. Dr. Volker MOSBRUGGER ML, Direktor des Senckenberg-Museums in Frankfurt (Main), den etwa 140 Zuhörern. Neben einer Intensivierung der Landnutzung sei die Klimaerwärmung der Hauptgrund für den weltweiten Rückgang der biologischen Vielfalt. Für viele Tier- und Pflanzenarten sei die Überlebenswahrscheinlichkeit mit der Fähigkeit verbunden, rechtzeitig für sie geeignete Klimazonen zu erreichen. Viele Arten könnten jedoch mit dem Tempo des Klimawandels nicht Schritt halten. Der stetige Wandel und die Anpassung seien jedoch Kennzeichen der Natur, und daher gelte es, so MOSBRUGGERS Appell, ein dynamisches Nachhaltigkeitskonzept zu entwickeln.

Anschließend demonstrierte Prof. Dr. Roland ZENGERLE ML von der Universität Freiburg (i. Br.) die Bedeutung der Mikrosystemtechnik. Während die Mikroelektronik für das stetige Wachstum der Rechnerleistung stehe, ergäben sich durch die Mikrosystemtechnik völlig neue Anwendungen. Als Beispiele nannte er die Vielzahl komplexer Sensoren, die heutzutage die Autofahrt sicherer machen, sowie Anwendungen bei der Verabreichung von Medikamenten.

Ein Thema von großer Aktualität, die Internetsicherheit, präsentierte Prof. Dr. Johannes BUCHMANN ML von der Technischen Universität Darmstadt. Das Phänomen des *Cloud-Computing*, der Auslagerung von Rechnerprozessen auf externe Computer, bringe viele sicherheitstechnische Probleme mit sich. „Die Schwierigkeit, Zahlen in Primfaktoren zu zerlegen, liefert die Sicherheit für das Internet", so BUCHMANN. Auch eine quantencomputer-resistente Kryptographie sei jedoch wirkungslos, solange sich Internetnutzer von nachgeahmten Seiten zur Eingabe vertraulicher Daten verleiten ließen. Die Internetsicherheit, so sein Fazit, sei daher eine interdisziplinäre Herausforderung.

Spatzen, Kanonen und eine Königin standen im Vordergrund des Vortrags von Prof. Dr. Günter ZIEGLER ML von der Freien Universität in Berlin. Die mathematische Herausforderung, Polygone in beliebig viele Teilstücke mit gleich großer Fläche und gleichen Umfangs zu teilen, bezeichnete ZIEGLER als die „Spatzen" – deren Anwendung in Bereichen wie des Optimaltransports als die „Kanonen". „Ich möchte mit Spatzen auf Kanonen schießen, die große Theorie an kleinen Beispielen testen", mit diesen Worten beschrieb der Communicator-Preisträger seine Herangehensweise. Die Zahlentheorie, erläutert am Beispiel des Pascalschen Dreiecks, sei jedoch unangefochten die Königin der Mathematik.

„Frustrierte Lewispaare" – unter diesem Titel stellte Prof. Dr. Gerhard ERKER ML von der Westfälischen Wilhelms-Universität Münster ein neues Konzept zur Entwicklung von Katalysatoren vor. Die Herabsetzung der Aktivierungsenergie durch Katalysatoren basiert bei den meisten chemischen Reaktionen auf Metallen. Gemeinsam mit seiner Arbeitsgruppe hat ERKER in den vergangenen Jahren interessante Ansätze für Katalysatoren entwickelt, die ohne Metalle arbeiten.

Den Abschluss des Symposiums bildete die Leopoldina-Lecture von Prof. Dr. Günther HASINGER ML, Astronom an der Universität Hawaii (HI, USA). Er spannte dabei einen weiten Bogen von der Entstehung des Universums bis zur Energiegewinnung durch heiße Plasmen. „Wir sind Sternenstaub", lautete sein Fazit nach einer eindrucksvollen Schilderung der Entstehung des Kosmos. Für die Abbildung des Sonnenfeuers auf der Erde in Form eines Fusionsreaktors zeigte er sich optimistisch: Im Jahr 2055 könnte der erste kommerzielle Reaktor in Betrieb gehen.

Symposium der Klasse II – Lebenswissenschaften
New Advances in the Life Sciences

am 23. Mai 2012 in Halle (Saale)

Bericht: Kathrin Happe (Halle/Saale)

Am 23. Mai fand das diesjährige Symposium der Klasse II – Lebenswissenschaften statt. Unter dem Titel „New Advances in the Life Sciences" präsentierten Mitglieder einiger Sektionen der Klasse aktuelle Forschungsergebnisse. Rund 80 Personen – erfreulicherweise auch immer mehr Studierende, Promovierende und Lehrende der Wissenschaftsinstitutionen der Stadt Halle und der Region – hörten Vorträge, die ein breites Spektrum der lebenswissenschaftlichen Forschung umfassten. Durch die Veranstaltung führten der Koordinator des Symposiums Prof. Dr. Claus BARTRAM ML (Heidelberg), Obmann der Sektion Humangenetik und Molekulare Medizin, sowie Prof. Dr. Peter PROPPING ML (Bonn), Sekretar der Klasse II. Eröffnet wurde das Symposium von Prof. Dr. Irene SCHULZ-HOFER ML (Frankfurt/Main), Sprecherin der Klasse II.

Den Auftakt der Veranstaltung bildete der Vortrag „More Crop per Drop? – Responses of Plants to Water Deficit" von Prof. Dr. Erwin GRILL ML vom Wissenschaftszentrum Weihenstephan der Technischen Universität München. Er ging dem Verhältnis von Pflanzenwachstum und Wasserverbrauch nach. Für die Landwirtschaftsorganisation der Vereinten Nationen (FAO) spielt die Pflanzenproduktion eine zentrale Rolle bei der Lösung des weltweiten Wasserproblems. Der Wasserverbrauch einer Pflanze korreliert mit ihrer Biomasse. Zur Lösung des globalen Wasserproblems wäre es deshalb vorteilhaft, wenn Pflanzen einerseits Wasser effizienter verwerteten und andererseits robuster in Stresssituationen, wie z. B. bei Wassermangel, reagierten. Ein Ansatz dazu liegt in einem besseren Verständnis der Signalübertragung des Phytohormons Abscisinsäure (ABA) gekoppelt mit einer Defizit-Bewässerung.

Prof. Dr. Ernst BAMBERG ML vom Max-Planck-Institut für Biophysik Frankfurt (Main) ist einer der Väter der Optogenetik. In seinem Vortrag „Optogenetics in Neurosciences and Cell Biology" berichtete BAMBERG, wie er gemeinsam mit den Kollegen Peter HEGEMANN, Georg NAGEL und Karl DEISSEROTH entdeckte, dass Nervenzellen über Channelrhodopsine (lichtempfindliche Proteine mit eigener Ionen-Leitfähigkeit) mit Licht gezielt gesteuert werden können. Seit dieser Entdeckung nutzten weltweit über 1000 Forschergruppen die Fähigkeiten der Channelrhodopsine, um Zellen zu untersuchen.

Ähnlich wie bei Fertigungsprozessen, z. B. im Automobilbau, gibt es auch eine Art „Qualitätskontrolle" bei der Genexpression. Angesichts der hohen Komplexität des menschlichen Genoms und des Proteoms bleibt es nicht aus, dass Zellen immer wieder Fehler unterlaufen. Fehlerquellen können Mutationen, zellinterne Verarbeitungsfehler oder extern verursachte Schädigungen sein. Prof. Dr. Andreas KULOZIK ML vom Zentrum für Kinder- und Jugendmedizin des Universitätsklinikums Heidelberg ging in seinem Vortrag „Quality Control of Gene Expression" der Frage nach, warum einige Patienten, die eine dominant vererbte Veranlagung für die Krankheit Beta-Thalassämie tragen, an dieser nicht erkranken. Die Antwort liegt darin, dass der sogenannte *Nonsense-mediated mRNA decay* (NMD) – ein Kontrollmechanismus, der *Nonsense*-Mutationen in der mRNA erkennt – die Expression der mRNA verhindert und somit vor den negativen Wirkungen fehlerhafter Proteine schützt. Derselbe Mechanismus kann aber auch, wie im Fall der Duchenne-Muskeldystrophie, negative Auswirkungen auf den Organismus haben und zum Ausbruch der Krankheit führen.

„The Evolution of the Carcinogenic Pathogen *Helicobacter pylori* with and within its Human Host" war der Titel des Vortrags von Prof. Dr. Sebastian SUERBAUM ML vom Institut für Medizinische Mikrobiologie der Medizinischen Hochschule Hannover. Rund die Hälfte aller Menschen trägt das Bakterium *Helicobacter pylori* in sich. An *H. pylori*-verursachtem Magenkrebs sterben jährlich eine halbe Million Menschen, davon allein rund 36 000 in der EU. *H. pylori* ist gekennzeichnet durch eine außergewöhnlich hohe genetische und geographische Variabilität. Es ist jedoch gelungen, die Herkunft des *H. pylori* zu identifizieren und Migrationsmuster von Menschen nachzuvollziehen. So wurde z. B. ein afrikanischer Typ des *H. pylori* auf dem amerikanischen Kontinent entdeckt. Auch migrieren *H. pylori*-Bakterien von Menschen auf Großkatzen. Zusammenfassend stellt *H. pylori* ein exzellentes Modell für die Ko-Evolution von Mensch und Umwelt dar.

Prof. Dr. Hermann WAGNER ML vom Institut für Biologie der Rheinisch-Westfälischen Technischen Hochschule (RWTH) Aachen sprach im Anschluss über „The Acoustic System of the Barn Owl". Die Schleiereule gilt als Modellsystem für Schall-Lokalisation. Ihr Gehirn ist hochspezialisiert auf die Verarbeitung akustischer Signale. Sie hat sich im Laufe der Evolution eine Reihe von Eigenschaften, wie die horizontale Schall-Lokalisation, angeeignet, die besonders interessant sowohl für die Grundlagenforschung als auch für Anwendungen im Bereich der Bionik sind. Ein besseres Verständnis des Hörsystems auf molekularer, zellulärer und Netzwerkebene könnte insbesondere zur Verbesserung von Cochlea-Implantaten und Hörgeräten beitragen.

„The Molecular Clockwork of Alzheimer's Disease" stand im Mittelpunkt des Beitrags von Prof. Dr. Christian HAASS ML vom Adolf-Butenandt-Institut der Ludwig-Maximilians-Universität München. Wissenschaftler haben in den letzten Jahren große Fortschritte darin gemacht zu verstehen, wie die Alzheimer-Demenz entsteht. Nach heutigem Wissen treten bei der Alzheimer-Erkrankung verstärkt sogenannte Amyloidplaques außerhalb von Zellen zusammen mit Proteinaggregaten, den Tangles, innerhalb von Zellen im Gehirn auf. Die Amyloidplaques enthalten ein Molekül, das Amyloid-Beta-Peptid, welches sich selber aggregiert und Nervenzellen zerstört. Ein aus Sicht von Christian HAASS möglicher Ansatz für therapeutische Interventionen ist es, über die Blockade der Sekretasen – kleiner molekularer Scheren, die Amyloid-Beta-Peptide aus den Amyloidplaques herausschneiden – die Bildung von Amyloidplaques zu verhindern.

Zum Abschluss des wissenschaftlichen Symposiums hielt Prof. Dr. Ole H. PETERSEN ML von der *Cardiff School of Biosciences* (Großbritannien) abends vor rund 150 Zuhörern seine Leopoldina-Lecture „Wie die Bauchspeicheldrüse auf zu viel Alkohol reagiert und dadurch zerstört wird". Darin erklärte er eindrucksvoll, wie Bauchspeicheldrüsenentzündungen entstehen. Normalerweise werden die von der Bauchspeicheldrüse produzierten Verdauungsenzyme erst nach dem Erreichen des Verdauungstraktes aktiviert. Wenn sie aber unter bestimmten Umständen bereits in der Bauchspeicheldrüse aktiv werden, dann zerstört sich die Drüse selbst. Dieser Prozess der Selbstzerstörung wird als akute Bauchspeicheldrüsenentzündung (Pankreatitis) bezeichnet und kann chronisch verlaufen. Der Grund ist in den meisten Fällen übermäßiger Alkoholkonsum. Außerdem steigt bei chronischer Bauchspeicheldrüsenentzündung das Risiko, an Bauchspeicheldrüsenkrebs – einem Krebs mit einer sehr geringen Überlebensrate – zu erkranken. Bisher gibt es noch keine wirksame Therapie für Pankreatitis. Neue Forschungsergebnisse geben jedoch Anlass zur Hoffnung, denn sie erklären, wie Alkohol den Selbstzerstörungsmechanismus in der Bauchspeicheldrüse aktiviert. Diese Entdeckung wurde vom Britischen Medizinischen Forschungsrat als eine der wichtigsten Erkenntnisse des Jahres 2011 bezeichnet.

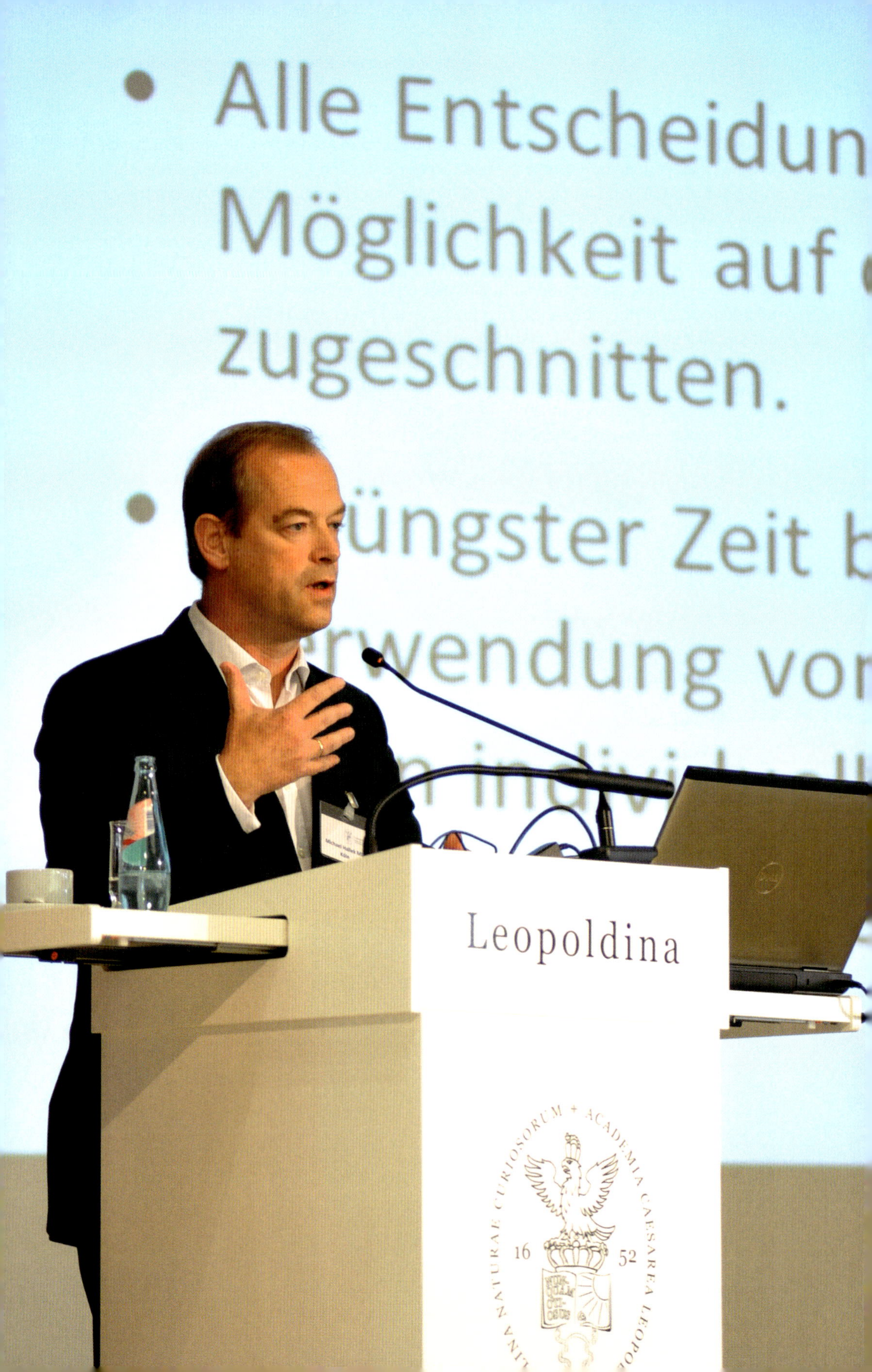
Möglichkeit auf
zugeschnitten.
Leopoldina
16
52

Symposium der Klasse III – Medizin
Erfolge der klinischen Medizin

am 10. Juli 2012 in Halle (Saale)

Bericht: Henning Steinicke (Halle/Saale)

In der Reihe wissenschaftlicher Symposien der Klassen der Leopoldina veranstaltete die Klasse III – Medizin in diesem Jahr ihre Fachtagung am 10. Juli 2012 unter dem Titel „Erfolge der klinischen Medizin" und rückte dabei die neuesten Erkenntnisse der Krebsforschung und der Augenheilkunde in den Fokus. Durch die Veranstaltung führten der Sprecher der Klasse Prof. Dr. Hans Konrad MÜLLER-HERMELINK ML (Lübeck) und der Sekretar der Klasse Prof. Dr. Philipp U. HEITZ ML (Zürich, Schweiz). Sechs Mitglieder der Leopoldina stellten die neuesten Erkenntnisse ihrer Forschung vor.

Den Auftakt gestaltete Prof. Dr. Hans H. KREIPE ML von der medizinischen Hochschule Hannover. KREIPE erforscht die Entwicklung des Mammakarzinoms (Brustkrebs). Er stellte die Fortschritte der pathologischen Forschung bei der Identifikation und Klassifizierung von Geweben und Tumorzellen in den letzten Jahren dar. Durch die Sequenzierung von Tumoren hat vor allem eine Weiterentwicklung der pathologischen Diagnostik stattgefunden. Die Kombination von morphologischen und molekularbiologischen Verfahren führt zu einer höheren Effizienz der Therapien, welche zielgerichteter und auch erfolgreicher eingesetzt werden können. Ziel der Arbeiten in diesem Forschungsbereich ist die Entwicklung der sogenannten prädiktiven Pathologie, also der frühzeitigen Erkennung der Krankheit mit prognostischem Aussagewert.

Anschließend stellte Prof. Dr. Boris C. BASTIAN ML von der *University of California* in San Francisco (CA, USA) die integrierte Taxonomie von Tumoren der Haut vor. Auch bei Melanomen, welche bisher im Wesentlichen durch ihre Lage am Körper klassifiziert wurden, macht sich der Paradigmenwechsel der Präzisionsmedizin bemerkbar. Die Sequenzierungstechnologie hat bei melanozytären Tumoren ebenfalls zu einer Neuinterpretation der Taxonomie geführt. Hier spielen nun die Mutationen, die den tumorartigen Veränderungen des Hautgewebes zugrunde liegen, bei der Klassifikation eine entscheidende Rolle.

Prof. Dr. Günter EMONS ML von der Universität Göttingen stellte anschließend die Frage, ob das Endometriumkarzinom, also der Gebärmutterkrebs, ein bereits gelöstes Problem der onkologischen Forschung ist. Auch auf diesem Gebiet hat die Entwicklung der Tumorklassifikation eine erhebliche Verbesserung in der Behandlung gebracht. Insbesondere die Unterscheidung von zwei Typen des Endometriumkarzinoms erlaubt eine gezieltere Therapie, hatten doch verschiedene Studien ergeben, dass einige der häufig angewandten Therapien nur in bestimmten Fällen oder gar nicht wirksam sind. Es zeigte sich zudem, dass die Strahlentherapie in vielen Fällen unwirksam oder sogar eher schädlich sein kann. Diese Erkenntnisse haben schließlich zu einer grundlegenden

Überarbeitung der Behandlungsrichtlinien für das Endometriumkarzinom geführt. Sie bedeuten einen Fortschritt für die Lebensqualität der Patientinnen, die nun gezielter therapiert werden können.

Im zweiten Teil des Symposiums gab Prof. Dr. Maria-Elisabeth KRAUTWALD-JUNGHANNS ML von der Universität Leipzig einen interessanten Einblick in die veterinärmedizinische Grundlagenforschung. Sie stellte die Besonderheiten des Greifvogelauges vor, eines der am höchsten entwickelten optischen Organe in der Tierwelt. Da die optische Orientierung für Greifvögel essentiell ist, liefert die Analyse des Gesundheitszustandes der Augen eine wichtige Information für die erfolgreiche Behandlung und Wiederauswilderung verletzter Tiere. Durch die Anwendung der optischen Kohärenztomographie konnte KRAUTWALD-JUNGHANNS die Diagnose entscheidend verbessern. Dieses diagnostische Verfahren liefert Informationen über den Zustand des Auges in einer Qualität, wie sie bisher am lebenden Vogel nicht zu erreichen war. Auch in anderen Bereichen der Veterinärmedizin hat sich dieses Verfahren bereits bewährt, so entwickelte KRAUTWALD-JUNGHANNS ebenfalls ein Verfahren zur Geschlechtsbestimmung von Hühnern, welches bereits kurz nach Befruchtung des Eis eingesetzt werden kann. Ziel ist es, die Tötung der männlichen Küken nach dem Schlupf zu vermeiden, die heute in der Legehennenzucht noch immer alltägliche Praxis ist.

Nach diesem Ausflug in die Veterinärmedizin stellte Prof. Dr. Rudolf F. GUTHOFF ML von der Universität Rostock die Entwicklungen der Augenheilkunde am Menschen vor. Im Fokus seines Vortrages standen besonders die Grenzen der chirurgischen Behandlung der Altersweitsichtigkeit. Die Wiederherstellung der Akkommodationsfähigkeit, also der Fähigkeit der Augenlinse, sich durch Verformung an unterschiedliche Entfernungen anzupassen, ist Hauptziel der therapeutischen Verfahren. GUTHOFF erläuterte verschiedene akkommodative Implantate und mikro-technische Lösungen. Eine gut funktionierende Lösung ist hierbei jedoch noch in weiter Ferne. Während einige der bereits auf dem Markt erhältlichen Implantate aufgrund ihrer Lage im Auge nicht die erwünschten Effekte erreichen, sind andere technologische Lösungen momentan noch im Stadium der Grundlagenforschung. Insbesondere die Größe der Implantate muss noch stark reduziert werden, bevor sie in das menschliche Auge eingesetzt werden können.

Zum Abschluss des Symposiums diskutierte Prof. Dr. Hans J. SCHLITT ML von der Universität Regensburg generelle Weiterentwicklungen, aber auch Probleme der Lebertransplantation in Deutschland. Verschiedene Ansätze werden verfolgt, um den negativen Entwicklungen entgegenzuwirken. Während die Lebendspende eines Organteils teilweise kritisch gesehen wird, da sie ein Risiko für den gesunden Spender birgt, sind andere Vorgehensweisen bereits erfolgreich in der Anwendung. So wird bei der Splitspende das Organ eines toten Spenders auf zwei Empfänger aufgeteilt. Für Empfänger, die an akutem Leberversagen leiden, wird auch die sogenannte Auxiliarspende praktiziert. Hierbei wird dem Patienten eine Spenderleber als unterstützendes Organ eingesetzt, ohne die eigene Leber zu entfernen. Wenn sich dann die eigene Leber nach einiger Zeit erholt hat, werden die immunsuppressiven Medikamente nach und nach abgesetzt, was dazu führt, dass sich die Spenderleber zurückbildet. SCHLITT zeigte abschließend, dass insbesondere die Immunsuppression noch ein Feld intensiver Forschung darstellt. Hier treten häufig starke Nebenwirkungen auf, die einen Behandlungserfolg nachträglich vermindern können.

Im Anschluss an das wissenschaftliche Symposium fand die bereits zu einer Tradition gewordene Lepoldina-Lecture statt. Prof. Dr. Michael HALLEK ML von der Universität Köln stellte die Frage, ob „Personalisierte Medizin" tatsächlich ein Fortschritt sei oder nur ein Marketing-Trick der Pharmaindustrie. Personalisierte Medizin ist ein Begriff, der seit einigen Jahren vermehrt in den Medien zu lesen und zu hören ist, allerdings durchaus kontrovers diskutiert wird. HALLEK betrachtete die Personalisierte Medizin aus der Sicht der Onkologie. Insbesondere in der Krebsbehandlung haben die diagnostischen Weiterentwicklungen zu einer starken Individualisierung der Tumortherapie geführt. Dabei spielt ein größeres Verständnis für die genetischen Störungen, die in Krebszellen auftreten und letztlich dazu führen, dass diese sich unkontrolliert teilen, eine herausragende Rolle. In den letzten Jahren werden zunehmend ganz zielgerichtet (personalisiert) bei bestimmten Patienten verschiedenste Medikamente eingesetzt, die jedoch nur bei den Tumoren effektiv wirken, denen genetische Störungen zugrunde liegen, für die diese Mittel entwickelt wurden. Eine ungezielte Anwendung ist häufig unwirksam. HALLEK konnte an Beispielen zeigen, dass eine exakte Untersuchung der Tumorpathogenese und der Einsatz molekularer Diagnostik ermöglichen, die Therapie genau abzustimmen. Dies führt schließlich für den einzelnen Patienten zu einer wesentlich besseren Prognose als bisher. HALLEK zeigte jedoch klar, dass dieser fundamentale Wandel in der Krebstherapie weitreichende Veränderungen in der Organisation des Gesundheitswesens notwendig macht. Auch wenn bereits Erfolge abzusehen sind, steht dieser Prozess noch immer am Anfang. Die Frage, ob Personalisierte Medizin ein echter Fortschritt ist, konnte HALLEK für die Erforschung und Behandlung von Krebserkrankungen abschließend dennoch mit einem klaren „Ja" beantworten.

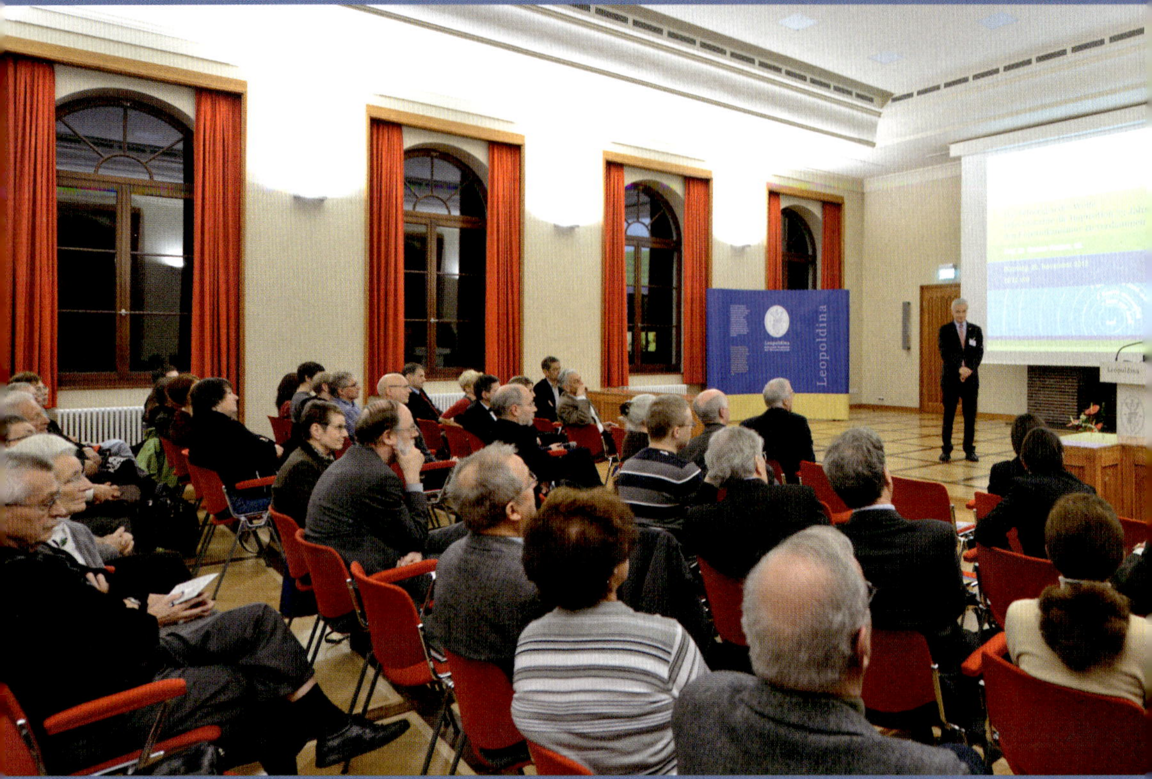
Leopoldina

Symposium der Klasse IV – Geistes-, Sozial- und Verhaltenswissenschaften
Wissenschaft in der Gesellschaft – Gesellschaft in der Wissenschaft

am 20. November 2012 in Halle (Saale)

Bericht: Constanze Breuer (Halle/Saale)

Das diesjährige Symposium der Klasse IV, veranstaltet am 20. November, widmete sich dem Thema „Wissenschaft in der Gesellschaft – Gesellschaft in der Wissenschaft". Prof. Dr. Frank RÖSLER ML (Hamburg), Sekretar der Klasse IV, moderierte gemeinsam mit dem Sprecher der Klasse IV, Prof. Dr. Gereon WOLTERS ML (Konstanz), die Veranstaltung. Dieser hielt auch die abendliche Leopoldina-Lecture.

Schieflagen können durchaus reizvoll sein. Den schiefen Turm von Pisa möchte man sich nicht gerade vorstellen. Die PISA-Tests sind mittlerweile so bekannt wie besagter Turm: Sie messen schulische Leistungen und weisen auf bedenkliche Schieflagen in Bildung und Bildungssystem hin. So hatten die in Deutschland durchgeführten Tests in der Vergangenheit deutliche Unterschiede zwischen den schulischen Leistungen von Kindern aus einheimischen und Migrantenfamilien aufgezeigt und eine Ursachenforschung in Gang gesetzt. Im ersten Vortrag des Symposiums „Ethnische Bildungsungleichheiten: Bildungsverlauf und die Bedeutung der Bildungssysteme" setzte sich Prof. Dr. Hartmut ESSER ML vom Zentrum für Europäische Sozialforschung der Universität Mannheim insbesondere mit der Kritik am deutschen Bildungssystem auseinander. Dabei stellte er heraus, dass der frühzeitigen Verzweigung in verschiedene Schultypen nicht ohne weiteres „der schwarze Peter" zugeschoben werden könne. Im Gegenteil weise das Bildungssystem differentielle Vor- und Nachteile auf, was auch bedeute, dass ein integrativer Ansatz zur Überwindung der Leistungsdiskrepanzen nur unter bestimmten Bedingungen, jedoch nicht generell, die bessere Lösung sei. Um die Ursachen der PISA-Ergebnisse zu identifizieren, sei es überdies erforderlich, den gesamten Bildungsverlauf in den Blick zu nehmen. Dann könne freilich der Verzweigung des Bildungssystems im Vergleich zu anderen Faktoren, wie beispielsweise der Familie, nur ein geringer Einfluss auf das Leistungsvermögen zugeschrieben werden.

In dem anschließenden Vortrag „Warum Menschen so verschiedenen sind! Ergebnisse aus Psychologie und Neurowissenschaft zur Entwicklung individueller Unterschiede" führte Prof. Dr. Frank RÖSLER ML vom Department Psychologie der Universität Potsdam (jetzt Hamburg) aus, dass die genetische Disposition eines Menschen, beginnend bereits vor der Geburt, auf komplexe Weise mit seiner Umwelt interagiere. Eindrucksvolle Experimente belegten inzwischen, dass sich Umwelteinflüsse auch auf die „Hardware" des Gehirns auswirken, d. h. auf die Synapsen und die Anzahl der Neuronen. Entscheidend sei dabei, dass es gewisse Zeitfenster gebe, in denen allein bestimmte Entwicklungen erfolgen könnten und müssten. Man müsse sich bewusst sein, dass negative Einflüsse, Deprivation oder Versäumnisse in der kindlichen Frühphase später weitreichende Auswirkungen haben können, während umgekehrt „Investitionen" in Form von Aufmerksamkeit, Anreizen und der Schaffung einer angemessenen Lebensumwelt die größten Gewinne für die individuelle Entwicklung erwarten ließen.

Prof. Dr. Gebhard KIRCHGÄSSNER ML vom Schweizerischen Institut für Außenwirtschaft und angewandte Wirtschaftsforschung der Universität St. Gallen trug zum Thema „Staatsschulden: Volkswirtschaftliche Funktion und Möglichkeiten ihrer Begrenzung" vor. Wie man mit schuldenbedingten Schieflagen umgehen könnte, wurde am Beispiel der Schuldenreduktionsverfahren in einem Vergleich zwischen den föderalen Systemen der Schweiz und Deutschlands erläutert. Dabei wurde deutlich, dass gleiche Mittel, z. B. eine Schuldenbremse, nicht gleich wirkten, schon weil die deutschen Bundesländer im Unterschied zur Schweiz keine Steuerhoheit besäßen. Zudem werde keine direkte Demokratie wie in der Schweiz praktiziert, die den Steuerzahlern in Abstimmungen schnell durchgreifende Reaktionen auf systemische Schwachpunkte erlaube. Weiterhin spielten Überlegungen zur begrenzten Verschuldung eine Rolle: Obgleich Staatsschulden in der Regel den Handlungsspielraum des Staates beschränkten, könne man Bedingungen und Zwecke spezifizieren, unter denen eine Schuldenaufnahme sinnvoll erscheine. Zudem erweise sich eine konstante Schuldenquote mit einer ständig steigenden Neuverschuldung vereinbar, solange das Defizit nicht stärker als das Bruttoinlandsprodukt wachse.

Den letzten Vortrag des Symposiums mit dem Titel „Die Ernst-Haeckel-Korrespondenz – Ein Einblick in die Wissens- und Wissenschaftskultur um 1900" hielt Prof. Dr. Dr. Olaf BREIDBACH ML vom Institut für Geschichte der Medizin, Naturwissenschaften und Technik – Ernst-Haeckel-Haus der Friedrich-Schiller-Universität Jena. HAECKELS umfangreiche Korrespondenzen umfassen ca. 46 000 Briefe und erstrecken sich auf zahlreiche Länder. Er stand beispielsweise in engem brieflichen Kontakt mit DARWIN, dessen Evolutionstheorie er, eingebettet in neue morphologische Standards, verfocht. Die Korrespondenz HAECKELS entfaltet das Panorama einer reichen, auch von starken Popularisierungstendenzen geprägten Wissenschaftskultur um 1900. Seine Schriften waren reich illustriert, wodurch HAECKEL selbst in hohem Maße zur Popularisierung von Naturforschung beitrug. So wurde er zu einem wichtigen Akteur einer schon bei GOETHE auszumachenden morphologischen Ästhetik, d. h. einer – in diesem Fall vornehmlich bildgesteuert – auf Kultur, Kunst- und Kunsthandwerk ausstrahlenden Naturforschung. Um 1900 gerierte sich die Wissenschaft mitunter als neue Religion. Auf dem 1904 in Rom abgehaltenen Internationalen Freidenker-Kongress wurde HAECKEL sogar als „Gegenpapst" ausgerufen, anschließend legte er auf dem Campo de' Fiori an der Stelle, wo Giordano BRUNO einst verbrannt wurde, einen Kranz nieder.

Dreht man die Zeiger der Zeit zurück bis in das Zeitalter der Gegenreformation, so steht die Situation lebendig vor Augen, in welcher die Religion in Gestalt der römisch-katholischen Kirche die Entscheidungshoheit über die Akzeptanz wissenschaftlicher Theorien beanspruchte und durch die Inquisition auch durchsetzte. In der abendlichen Leopoldina-Lecture „Das Schweigen der Wölfe oder: Warum brauchte die Inquisition 73 Jahre, um den Kopernikanismus zu verdammen?" skizzierte Prof. Dr. Gereon WOL-

TERS ML, wie sich im Falle KOPERNIKUS' langsam ein metaepistemologischer Autoritätskonflikt zwischen Kirche und Wissenschaft anbahnte. Erklärungsbedürftig erscheine dabei jedoch, dass die Inquisition das 1543 erschienene Werk *De revolutionibus orbium caelestium* von KOPERNIKUS erst 1616 auf den Index setzte. Denn erst damit wurde das revolutionäre Potenzial dieser wissenschaftlichen Theorie, des Heliozentrismus, offiziell als der Bibel zuwiderlaufend definiert. Eine maßgebliche Rolle hierbei spielte Kardinal Roberto BELLARMIN, der bereits als Großinquisitor im Prozess gegen Giordano BRUNO aufgetreten war. Als Gründe für die Verzögerung nannte Gereon WOLTERS eine Reihe von Aspekten: Ablenkung durch innere und äußere Bedrohungen (protestantische Abspaltung, Türkenkriege), die schlechte Organisation der kirchlichen Zensur und nicht zuletzt den ganz offensichtlichen Nutzen, den man aus der Kopernikanischen Lehre ziehen wollte, die bei der Erstellung des Gregorianischen Kalenders half. Dass KOPERNIKUS' Werk viele Jahrzehnte nach seiner Veröffentlichung dann doch auf den Index gesetzt wurde, hatte seinen Anlass in dem Versuch Paolo Antonio FOSCARINIS, die Vereinbarkeit der Kopernikanischen Lehre mit der Bibel zu beweisen – vor dem Hintergrund, dass sich seit der zweiten Hälfte des 16. Jahrhunderts eine verstärkt wörtliche Auslegung biblischer Schriften durchsetzte. Dass hier etwas bewiesen werden sollte, was nicht nur die Wissenschaft, sondern auch die Religion betraf, rief dann BELLARMIN auf den Plan, der durch sein Vorgehen die gegenreformatorische Verhärtung der römisch-katholischen Kirche zuspitzte.

Tagungen und Kolloquien

Symposium
Personalisierte Medizin[1]

vom 12. bis 14. Januar 2012 in Wien (Österreich)

Bericht: Georg Stingl ML (Wien, Österreich), Martin Röcken ML (Tübingen) und Patrick M. Brunner (Wien)

Die Medizin erlebt einen Paradigmenwechsel. Die technologische Revolution des vergangenen Jahrzehnts hat das Verständnis von Ursachen und einer individuellen Empfänglichkeit für Krankheiten grundlegend verändert. Mediziner wissen heute, dass sich hinter einer homogen anmutenden Krankheitsentität oft interindividuelle Unterschiede verbergen, die den Verlauf und auch das therapeutische Ansprechen wesentlich beeinflussen können. Diese Unterschiede aufzuspüren und eine auf die Bedürfnisse der Patienten zugeschnittene Behandlung einzuleiten, ist die große medizinische Herausforderung der Zukunft. Diese personalisierte Medizin wirft neben medizinisch-wissenschaftlichen und medizinökonomischen zahlreiche rechtliche, soziale und ethisch-moralische Fragen auf. Um diese und weitere Aspekte interdisziplinär zu beleuchten, fand vom 12. bis zum 14. Januar 2012 ein international besetztes Symposium der Österreichischen Akademie der Wissenschaften und der Leopoldina in Wien statt.

Als *Keynote-Speaker* konnte Peter SLOTERDIJK, Professor für Philosophie und Ästhetik an der Staatlichen Hochschule für Gestaltung, Karlsruhe, gewonnen werden, der offenlegte, dass die Medizin eine der letzten Bastionen des Fortschrittsglaubens sei. Und tatsächlich ist man im Jahr 2012 zuversichtlich, bei so schwerwiegenden Krankheiten wie dem metastasierten Melanom bald deutliche Verbesserungen hinsichtlich Prognose und Therapie zu erzielen. Doch was ist an vielen neuen Therapieformen „personalisiert"? Medizin wurde ja immer personenbezogen und im direkten Arzt-Patienten-Verhältnis praktiziert.

Dass „personalisierte Medizin" mehr als ein Schlagwort ist, das von Medien derzeit nur allzu gerne aufgegriffen wird, wurde von Prof. Dr. Philipp U. HEITZ ML, Prof. emeritus an der Universität Zürich (Schweiz) und Präsidiumsmitglied der Leopoldina, in seiner Eröffnungsrede dargelegt. Er präferierte jedoch den Begriff „Präzisionsmedizin" für diese neue Form der Medizin, da sie eine Entwicklung ist, die genetisch bedingte Unterschiede (Polymorphismen) der Bausteine des Lebens für die individualisierte Betreuung von Patienten zu nutzen weiß.

Solche Polymorphismen ebenso wie epigenetisch bedingte Einflüsse auf das Genom können zu einer veränderten Menge oder Funktion eines körpereigenen Proteins führen, was großen Einfluss auf individuelle Krankheitsempfänglichkeit und/oder das Ansprechen auf Therapien haben kann, wie Prof. Dr. Giulio SUPERTI-FURGA ML, Wissen-

---

[1] Der Bericht ist in Leopoldina aktuell *01*/2012, 8–9 (2013) erschienen.

schaftlicher Direktor des *Centers for Molecular Medicine* in Wien, erklärte. Prof. Dr. Matthias SCHMUTH von der Universitäts-Hautklinik in Innsbruck (Österreich) veranschaulichte die Heterogenität bekannter Krankheitsentitäten am Beispiel der atopischen Dermatitis. Diese interindividuellen Unterschiede zu verstehen, bietet der modernen Medizin zahlreiche diagnostische und therapeutische Möglichkeiten.

Prof. Dr. Jouni UITTO von der *Jefferson University* in Philadelphia (PA, USA) konnte anhand ererbter blasenbildender Dermatosen den Fortschritt zeigen, der innerhalb der letzten Jahrzehnte auf dem Gebiet der prädiktiven Medizin erfolgt ist. Um Merkmale schwerer Erbkrankheiten pränatal identifizieren zu können, mussten früher Chorionzotten biopsiert und zum Beispiel für die Elektronenmikroskopie aufwändig prozessiert werden. Heute besteht die technologische Möglichkeit, im Rahmen der Präimplantationsdiagnostik einzelne Embryonalzellen zu entnehmen und mittels Sequenzierungsmethoden Erkrankungen wie z. B. schwere Verläufe einer Epidermolysis bullosa über die Wahl des zu implantierenden Embryos zu verhindern.

Daneben besteht die Möglichkeit, Krankheitsmerkmale bereits lange vor ihrem Auftreten zu identifizieren. Besonders aber auch im Falle einer bereits ausgebrochenen Krankheit gibt es heute Methoden, Prognose und Therapieansprechen vorherzusagen: Boris BASTIAN ML von der *University of California* in San Francisco (CA, USA) konnte erläutern, dass das Melanom eine mehr oder weniger heterogene Gruppe von Tumoren umfasst, deren malignes Verhalten durch unterschiedlichste Mutationen getrieben wird. Die Identifizierung solch pathogenetisch bedeutsamer Veränderungen erlaubt eine gezielte Therapie von Tumoren, die eine sogenannte „B-Raf"-Mutation tragen. Dieses Signalmolekül wird durch ein neues Therapeutikum, Vemurafenib, gezielt inhibiert. Die Anwendung dieser Substanz hat bereits, zumindest kurzfristig, erstaunliche Ergebnisse gezeigt, wie Prof. Dr. Reinhard DUMMER von der Universitäts-Hautklinik in Zürich (Schweiz) berichten konnte – eine Entwicklung, die jedoch gerade bei dieser Krebsform im Moment noch in den Kinderschuhen steckt.

Bedeutende Fortschritte im Krankheitsverständnis gibt es für das seit nunmehr 30 Jahren zu einer Entität zusammengefasste kutane T-Zell-Lymphom. Prof. Dr. Thomas KUPPER, Vorstand der Hautklinik am *Brigham and Women's Hospital* der *Harvard Medical School* (Boston, MA, USA), hat dahingehend bahnbrechende Forschungsarbeit geleistet: Man weiß nun, dass das oft so unterschiedliche klinische Bild einer Mycosis fungoides und eines Sézary-Syndroms über die Zugehörigkeit der Lymphomzelle zu spezifischen T-Zell-Subsets, nämlich zu den sogenannten „Effector Memory"- und den „Central Memory"-T-Zellen, erklärt werden kann.

Passende Therapien erkennen

Nicht jedes Medikament wirkt bei jedem. Diese Erkenntnis ist nicht neu, doch kann der Therapieerfolg oft erst im Nachhinein beurteilt werden. Besonders die Pharmakogenomik hat zum Ziel, diese „Trial and Error"-Strategie zu überwinden, wie Prof. Dr. Matthias SCHWAB, Universität Tübingen, betonte. Dieser Aspekt der personalisierten Medizin wird helfen, Personen zu identifizieren, die das Risiko einer Arzneimittelnebenwirkung in sich tragen, um sie so vor unnötigen Therapien und unerwünschten

Therapieeffekten zu bewahren. Das ist in Einzelbereichen heute bereits möglich, wie Prof. Dr. Giuseppe PANTALEO von der Universität Lausanne (Schweiz) darlegte. So kann eine gefährliche Arzneimittelnebenwirkung bei HIV-Infizierten über ein HLA-Screening erfolgreich verhindert werden.

Die Erkenntnis, dass es kein verallgemeinerbares „Patientengut" gibt, sondern dass jeder Patient medizinisch relevante individuelle Marker trägt, wird auch ein neues Menschenbild prägen, wie Prof. Dr. Matthias BECK vom Institut für Moraltheologie der Universität Wien betonte. Dass sich Krankheiten jedoch nicht ausschließlich über die genetische Ausstattung eines Individuums erklären, demonstrierte Prof. Dr. Richard FLAVELL, *Yale University* (CT, USA): Er konnte experimentell zeigen, dass eine durch genetische Mutationen ausgelöste Durchfallerkrankung auf genetisch gesunde Tiere übertragen werden kann. Es wird vermutet, dass dies über eine veränderte Zusammensetzung der Darmflora geschieht. Wichtiger ist aber, dass eben diese Gendefekte durch eine physiologische Darmflora kompensiert werden können. Somit können Umweltfaktoren die Auswirkungen eines genetischen Phänotyps dominant kompensieren – d. h. die Umgebung bestimmt letztlich, welche genetische Anlage wie realisiert wird. Dies kann so weit gehen, dass ein *a priori* genetisch „kranker" Phänotyp ein gesundes, und ein genetisch „gesunder" Phänotyp ein krankes Leben führt.

Die Individualisierung von Patientenpopulationen und die Erkenntnis, dass sich viele Krankheiten durch komplexe Geno- und Phänotypen auszeichnen, zeitigen große Herausforderungen für Arzneimittelstudien und die Pharmaindustrie, welche in den Vorträgen von Prof. Dr. Markus MÜLLER, Universität Wien, und Prof. Dr. Günter STOCK, Präsident der Berlin-Brandenburgischen Akademie der Wissenschaften, Berlin, zur Sprache kamen.

Rasantes Entwicklungstempo

Um mit der rasend schnellen Entwicklung moderner Biowissenschaften schritthalten zu können, braucht es eine Reihe von technologischen, organisatorischen und rechtlichen Voraussetzungen. Moderne Imaging-Methoden, eindrucksvoll dargelegt von Prof. Dr. Gregory LANZA, *Washington University* in St. Louis (MO, USA), gehören ebenso dazu wie adäquate Gewebebanken. Prof. Dr. Kurt ZATLOUKAL vom Institut für Pathologie der Universität Graz (Österreich), ein ausgewiesener Experte auf dem Gebiet des Biobanking, vermittelte in anschaulicher Weise, dass das Anlegen von Biobanken kein triviales Sammeln von Patientenmaterial ist. Es ist bereits eine kurze Phase der Hypoxie im Rahmen der Probengewinnung ausreichend, um das molekulare Profil von Geweben so maßgeblich zu verändern, dass keinerlei konsistente Daten mehr gewonnen werden können. Auch braucht es, wie Prof. Dr. Hans-Werner MEWES von der Universität München aufzeigte, ein fundiertes Verständnis über Bioinformatik, um die Fülle an Daten verwerten zu können. Prof. Dr. Erwin BÖTTINGER, Direktor des Instituts für Personalisierte Medizin am *Mount Sinai Hospital* in New York (NY, USA) und ein international maßgeblicher Experte auf dem Gebiet der personalisierten Medizin, gab Einblicke in die ausgeklügelte Infrastruktur seiner Einrichtung.

Recht und Ethik im Blick

So eindrucksvoll der Fortschritt auf dem Gebiet der „Personalisierten Medizin" in einzelnen medizinischen Teilgebieten Einzug gehalten hat, so wichtig ist es auch, auf „ethical, legal and social issues" einzugehen. Eine wichtige Rolle hierbei spielen genetische Berater wie Prof. Dr. Christine PATCH, *Guy's and St. Thomas' NHS*, London (Großbritannien), die in ihrem Vortrag bedeutende Fragen aufwarf und aus ihrer Sicht beleuchtete. Werden wir durch die Identifizierung von Risikogenen bei Geburt zum lebenslangen Patienten? Gibt es das Recht auf Nichtwissen? Wie ist ein „Informed Consent" – eine wichtige legislative Basis der modernen Medizin – heute noch möglich? Der Gesetzgeber ist hier, genauso wie die Rechtsprechung, auf Mitarbeit durch Mediziner und Naturwissenschaftler angewiesen. Dr. Irmgard GRISS, ehemalige Präsidentin des Obersten Gerichtshofes Österreichs, legte dar, dass der Gesetzgeber nur entsprechende Rahmenbedingungen schaffen könne, es aber ethische Richtlinien innerhalb der wissenschaftlichen Gemeinschaft geben müsse.

Ob wir die Früchte der Entwicklungen ernten werden, sei auch eine ökonomische Frage, führte Prof. Dr. Erwin STREISSLER, Prof. emeritus an der Universität Wien, aus. Er gab zu bedenken, dass in Zukunft möglicherweise durch die Verknappung von Wasser und Nahrung die Finanzierbarkeit einer auf Individualisierung aufgebauten Medizin nur schwer möglich sein könnte. Annette WIDMANN-MAUZ, Parlamentarische Staatssekretärin im deutschen Bundesgesundheitsministerium, sagte schließlich, dass von politischer Seite großes Interesse am Themengebiet der personalisierten Medizin mit all ihren Herausforderungen herrsche und der politische Wille bestehe, diesen Herausforderungen zu begegnen.

Prof. Dr. Georg STINGL
Universitätsklinik für Dermatologie
Abteilung Immundermatologie und infektiöse Hautkrankheiten
Währinger Gürtel 18–20, 1090 Wien, Österreich
Tel.:   +43 1 404007700
Fax: +43 1 4031900
E-Mail: georg.stingl@meduniwien.ac.at

Prof. Dr. med. Martin RÖCKEN
Eberhard-Karls-Universität Tübingen
Universitäts-Hautklinik Tübingen
Liebermeisterstraße 25, 72076 Tübingen
Bundesrepublik Deutschland
Tel.:   +49 7071 2984574
Fax: +49 7071 295450
E-Mail: martin.roecken@med.uni-tuebingen.de

Dr. Patrick M. BRUNNER
Medizinische Universität Wien
Universitätsklinik für Dermatologie
Abteilung Immundermatologie und infektiöse Hautkrankheiten
Währinger Gürtel 18–20, 1090 Wien, Österreich
Tel.:   +43 1 404007793
Fax: +43 1 404007574
E-Mail: patrick.brunner@meduniwien.ac.at

EURAT-Symposium
Forschung und Verantwortung im Konflikt? Ethische, rechtliche und ökonomische Aspekte der Totalsequenzierung des menschlichen Genoms

vom 15. bis 16. März 2012 in Heidelberg

Bericht: Felicitas Eckrich (Heidelberg)

EURAT ist ein Projekt zu normativen Fragen der Totalsequenzierung, das Wissenschaftlerinnen und Wissenschaftler der Universität Heidelberg, inklusive des Universitätsklinikums, des Deutschen Krebsforschungszentrums (DKFZ), des Europäischen Laboratoriums für Molekularbiologie (EMBL), des Max-Plank-Instituts (MPI) für ausländisches öffentliches Recht und Völkerrecht sowie *des Center for Health Economics Research* Hannover (CHERH) an der Leibniz-Universität Hannover vereint.

Ins Leben gerufen wurde das Projekt über die Exzellenzinitiative der Ruprecht-Karls-Universität Heidelberg. Projektsprecher ist Prof. Dr. Klaus Tanner, Ordinarius für Systematische Theologie und Ethik an der Ruprecht-Karls-Universität.

Zielstellungen

Seit 2003 ist die Sequenzierung des kompletten menschlichen Genoms möglich und wurde seither beständig verbessert. Den normativen Fragen dieses Erkenntnis- und Verfahrensfortschritts sowie den gesellschaftlichen Problemen, die daraus hervorgehen, widmet sich das Heidelberger Marsilius-Projekt EURAT. Das Symposium diente dazu, die Ergebnisse der bisherigen Projektarbeit vorzustellen und diese mit Positionen und Fragestellungen auf nationaler und internationaler Ebene zu vergleichen sowie die Resultate ins Gespräch zu bringen und die öffentliche Diskussion zu befördern.

Die „informierte Zustimmung" ist ein zentrales Element der ethischen und rechtlichen Regelung der Eingriffe am Menschen. Die Patienten sollen so aufgeklärt werden, dass sie die Implikationen und zukünftigen Folgen des Eingriffes verstehen und einem Forschungsvorhaben begründet zustimmen können. Durch die komplexen Handlungsketten und Unsicherheiten in der Bewertung von genetischen Daten im Rahmen der Totalsequenzierung ergeben sich neue kritische Anfragen an die Tragfähigkeit des klassischen Modells der informierten Zustimmung.

Zum einen können die Implikationen und zukünftigen Folgen der Untersuchung genetischen Materials den beteiligten Ärzten und Wissenschaftlern nicht in vollem Umfang klar sein, zum anderen kann ein Patient unmöglich über alle möglichen Erbkrankheiten aufgeklärt werden (zur Zeit sind 2000 Erbkrankheiten bekannt).

Durch die komplexen Handlungsketten und arbeitsteiligen Prozesse kann es zu einer Verantwortungsdiffusion kommen. Die Zuständigkeiten für jeweils gültige Regeln und Normen können unklar werden. Ein weiteres schwieriges Problem stellt der Umgang mit Zufalls- bzw. Zusatzbefunden dar, die im Rahmen der Totalsequenzierung immer entstehen. Sollen solche Befunde an die Patienten weitergegeben werden? Welche Beratung ist dafür erforderlich?

Ein grundsätzliches Problem liegt aber bereits darin, dass eine Aufklärung über alle möglichen relevanten Befunde, die sich aus einer Totalsequenzierung des menschlichen Genoms für den Betroffenen ergeben, auch bei bester Fachkenntnis unmöglich ist: Gegenwärtig sind über 2000 Erbkrankheiten bekannt. Das schließt die eigentlich geforderte Aufklärung im Vorhinein von Vornherein völlig aus. Aber auch eine Aufklärung nach der Analyse über alle identifizierbaren genetischen Risiken (voraussichtlich über hundert bei jedem Menschen) würde ein tagelanges „privatissime" mit dem Facharzt erfordern.

Befürworter einer umfassenden, individuellen Sequenzierung finden sich vor allem unter den Krebsforschern, die sich davon, unter Einsatz aller Möglichkeiten der Systembiologie und der Datenverarbeitung, Fortschritte in der Behandlung versprechen. Es hat sich gezeigt, dass bei vielen Krebsformen zahlreiche – manchmal viele tausende – Mutationen auftreten, und zwar mit unterschiedlichem Muster oft bei ein- und derselben Krebsart. Als Konsequenz aus der Erkenntnis, dass Krebs eine genomische Krankheit mit individuell unterschiedlicher Ausprägung ist, wurde das – inzwischen begonnene – Internationale Krebsgenomprojekt ins Leben gerufen, das größte biomedizinische Forschungsvorhaben seit dem Humangenomprojekt. Forscher vom DKFZ, wie Prof. Dr. Peter LICHTER ML und Prof. Dr. Roland EILS, und vom EMBL, wie Dr. Jan KORBEL, die auch in der EURAT-Projektgruppe mitarbeiten, sind von deutscher Seite her maßgeblich am Internationalen Krebsgenomprojekt beteiligt.

Referenten

- Dr. Dirk LANZERATH (Deutsches Referenzzentrum für Ethik in den Biowissenschaften, Bonn);
- Prof. Dr. Thomas LEMKE (Institut für Grundlagen der Gesellschaftswissenschaften, Goethe-Universität Frankfurt/Main);
- Prof. Dr. Peter PROPPING ML (Institut für Humangenetik, Universität Bonn);
- Prof. Dr. Jens REICH (Deutscher Ethikrat, Berlin);
- Prof. Dr. Dr. h.c. Hans-Jörg RHEINBERGER ML (Max-Planck-Institut für Wissenschaftsgeschichte, Berlin);
- Prof. Dr. Chris SANDER (MSKCC – Computational Biology Center, New York City, NY, USA);
- Prof. Dr. J.-Matthias Graf VON DER SCHULENBURG (Institut für Versicherungsbetriebslehre, Universität Hannover);
- Prof. Dr. Klaus TANNER ML (Wissenschaftlich-Theologisches Seminar, Universität Heidelberg);
- Prof. Dr. Silija VÖNEKY (Institut für Öffentliches Recht, Universität Freiburg);
- Prof. Dr. Kurt ZATLOUKAL (Institut für Pathologie, Medizinische Universität Graz, Österreich).

Der Leiter der Forschungsstelle Gesundheitsökonomik der Universität Hannover, Prof. Dr. J.-Matthias Graf von der Schulenburg, referierte über die gesundheitsökonomischen Implikationen der Totalsequenzierung des menschlichen Genoms: Gegenwärtig ist der Nutzen der Genomsequenzierung für die Krankenversorgung unbestimmt und ihr Potenzial für die Früherkennung oder gar Prävention von Krankheiten nicht vorhersehbar. Die auf das Gesundheitswesen zukommenden Kosten sind nicht berechenbar; sicher ist, dass die Sequenzierung selbst nur einen Bruchteil der Folgekosten ausmacht. Entscheidungskriterium für die ärztlichen Maßnahmen muss der voraussichtliche Nutzen für den Patienten sein, was gegebenenfalls auch mit erhöhten Kosten erkauft werden muss. Um aber dazu einigermaßen verlässliche Aussagen zu bekommen, muss noch erhebliche Forschungsarbeit geleistet werden.

Der Humangenetiker Prof. Dr. Peter Propping ging auf das durch eine genomweite Sequenzierung veränderte Verhältnis von Arzt und Patient ein. Als Vorsitzender der Akademiengruppe (i. e. Leopoldina, acatech und Union der deutschen Akademien der Wissenschaften) war er für die Stellungnahme zur prädiktiven genetischen Diagnostik als Instrument der Krankheitsprävention verantwortlich.

Die oft befürchtete Verwendung der Informationen aus genetischen Untersuchungen durch Versicherungen oder Arbeitgeber ist durch das Deutsche Gendiagnostikgesetz (GenDG) bereits geregelt, und zwar restriktiv zum Schutze des Versicherungsnehmers bzw. Beschäftigten. Danach dürfen weder Versicherer noch Arbeitgeber die Vornahme genetischer Untersuchungen oder Analysen verlangen noch derartige Ergebnisse entgegennehmen oder verwenden.

Prof. Dr. Claus R. Bartram ML, Dekan der Medizinischen Fakultät Heidelberg, beschrieb andere Aspekte der Totalsequenzierung, etwa beim Neugeborenen-Screening, bei der Datenspeicherung und bei der Beratungsqualifikation der Ärzte. Ein zentrales Element unserer Medizinethik ist eine adäquat informierte Zustimmung des Patienten zu jeder diagnostischen Maßnahme und jeder vom Arzt vorgeschlagenen Behandlung („informed consent"). Um diese Aufklärung leisten zu können, muss der Arzt entsprechend qualifiziert sein. Für die zu erwartende Flut von erforderlichen genetischen Beratungen reicht die Anzahl der Humangenetiker in Deutschland bei Weitem nicht aus. Die Erweiterung des Kreises der Beratenden infolge einer neuen Richtlinie zur genetischen Beratung, nach der Fachärzte anderer Disziplinen die erforderliche Zusatzqualifikation erwerben können, macht jedoch nach Ansicht von Bartram die genetische Beratung zu einem „Etikettenschwindel".

Prof. Dr. Silija Vöneky hob besonders das menschenrechtlich verankerte Prinzip der Notwendigkeit einer freien, informierten Einwilligung hervor. Dieses ist durch die UNESCO-Deklarationen weitreichend gesichert und ausdifferenziert worden: Das genetische Bild über den Menschen darf grundsätzlich bei einer positiven Risiko-Nutzen-Abwägung gewonnen werden, wenn und soweit der Betroffene einwilligt und wenn diese Einwilligung bestimmten qualitativen Anforderungen genügt. Dies gilt insbesondere auch im Bereich der Forschung. Das Einwilligungserfordernis gilt aber nicht absolut, sondern es können Einschränkungen desselben gerechtfertigt sein, die aber innerstaatlich gesetzlich geregelt werden müssen.

Neben der Bewältigung und Kontrolle der ungeheuren Datenmengen, die aus den Genomsequenzierungen resultieren, stellt die Frage der medizinischen Signifikanz eine der größten Herausforderungen für die Forschung dar. Wie können beispielsweise Sequenzveränderungen in der DNA mit Krankheitswert von unbedeutenden Veränderungen unterschieden werden? Die Frage führt zu grundsätzlichen Problemen, denen der Vortrag von Prof. Dr. Dr. h.c. Hans-Jörg RHEINBERGER gewidmet war. Dazu stellte er das Konzept der Vererbung und die Definition des Begriffs Gen selbst in den Mittelpunkt, eines Begriffs, der seit seiner Einführung vielfache Wandlungen durchgemacht hat. Nicht nur, dass DNA-Abschnitte manchmal vor- und rückwärts abgelesen werden bzw. für mehrere Genprodukte kodieren können und dass Gene nicht-kodierende Sequenzen haben, ist bekannt, heute glauben wir auch, dass sich die meisten Merkmale nicht in einzelnen DNA-Abschnitten, sondern in Regulationsnetzwerken manifestieren. Krankheiten wiederum sind Störungen solcher sich selbst regulierender Netzwerke. So wird auch die Genomsequenzierung zu einem Objekt der am individuellen Organismus ansetzenden Systembiologie. Damit ist der Wandel der Begriffe und Konzepte aber sicher nicht beendet.

Prof. Dr. Kurt ZATLOUKAL legte besonderes Augenmerk in seinem Beitrag auf die Schaffung von Regulierungen und (Rechts-)Vorschriften im Rahmen von Gewebebanken, auf die gestärkte Patientenautonomie, die Etablierung von Biobanken (im Gegensatz zu einfachen Sammlungen) und von Forschungsinfrastrukturen (wie beispielsweise die Forschungsinfrastruktur für Biobanken und Biomolekulare Ressourcen, BBMRI) sowie die Chancen neuer Analysetechnologien.

Dr. Dirk LANZERATH ging auf die Unterschiede zwischen Laborwirklichkeit und der Wirklichkeit der Lebenswelt ein. Hier eröffnen sich die Fragen danach, welchen Einfluss die Biowissenschaften auf lebensweltliche Entscheidungen haben, welche Orientierungsleistungen ihnen dabei zukommen können und welche Form der Verantwortung hierfür wahrgenommen werden muss.

Felicitas ECKRICH
Marsilius-Projekt EURAT
Hauptstraße 232–234
69117 Heidelberg
Bundesrepublik Deutschland
Tel.:   +49 6221 566825
E-Mail: felicitas.eckrich@wts.uni-heidelberg.de

3. Veranstaltungen

Symposium
The Circadian System:
From Chronobiology to Chronomedicine

am 23. und 24. März 2012 in Frankfurt (Main)

Bericht: Horst-Werner Korf ML (Frankfurt/Main)

Das Symposium führte international hochrenommierte Pioniere der circadianen Grundlagenforschung und klinisch tätige Kollegen, die bereits chronomedizinische Ansätze verfolgen, zusammen. Insgesamt nahmen 115 (53 ausländische und 62 inländische) Wissenschaftler teil. Am Vorabend des Symposiums (22. 3. 2012) fand eine öffentliche Bürgervorlesung „Chronomedizin – Grundlagen und Perspektiven" (Horst-Werner Korf ML, Frankfurt/Main) statt, zu der ca. 200 Zuhörer kamen und auf der die Bedeutung der biologischen Uhr für Gesundheit, Krankheit und Gesellschaft lebhaft diskutiert wurde.

Am 23. März wurde das Symposium offiziell durch den Senator der Leopoldina, Herrn Detlev Drenckhahn ML (Würzburg), und den Ärztlichen Direktor des Universitätsklinikums Frankfurt (Main), Herrn Jürgen Schölmerich ML, eröffnet. Herr Schölmerich betonte, dass die Thematik des Symposiums eine hohe Dynamik aufweist und sich die Zahl der in PubMed gelisteten Publikationen zu diesem For-

Abb. 1 Detlev Drenckhahn, Senator der Leopoldina, bei der Eröffnung des Symposiums

schungsgebiet in den letzten 20 Jahren vervierfacht hat. In einem exzellenten Übersichtsvortrag stellte Hitoshi OKAMURA (Kyoto, Japan) die Bedeutung des circadianen Systems für Gesundheit und Krankheit dar und belegte die Rolle von Uhren-kontrollierten Genen bei der Entstehung von Bluthochdruck, Schlafstörungen sowie Dysregulationen im Herz-Kreislauf- und Immunsystem. Paul PEVET (Strasbourg, Frankreich) ging auf physiologische und pathophysiologische Prozesse im hierarchisch gegliederten circadianen System ein und fokussierte auf Ausgangswege des zentralen circadianen Rhythmusgenerators im Nucleus suprachiasmaticus (SCN) und Synchronisationsmechanismen zwischen SCN und peripheren Oszillatoren. Die Bedeutung des Nachthormons Melatonin, seiner Agonisten und Antagonisten bei der Therapie von Schlafstörungen stand im Mittelpunkt des Vortrags von Jo ARENDT (Guildford, Großbritannien). David KLEIN (Bethesda, MD, USA) stellte neueste Ergebnisse moderner Transkriptom-Analysen mit Hilfe von „Next Generation Sequencing" vor, welche die enorme Potenz dieser Technik für die Transkriptom-Analyse des circadianen Systems unter normalen und krankhaften Bedingungen eindrucksvoll belegen. Takashi YOSHIMURA (Nagoya, Japan) ging auf die Rolle des circadianen Systems für die photoperiodische Steuerung ein und gab einen Überblick über neu entdeckte Regulationsmechanismen zwischen Hypothalamus und Hypophyse, in deren Zentrum ein intrinsisches hypothalamisches Schilddrüsenhormonsystem steht. Die gesundheitsschädigenden Wirkungen einer Diskrepanz zwischen Außen- und Innenzeit („social jetlag") wurden überzeugend von Till ROENNEBERG (München) dargestellt, der eindringlich dafür plädierte, „soziale" Uhren an die individuell unterschiedliche Ausprägung des circadianen Systems, den sogenannten Chronotyp, anzupassen. Jan BORN ML (Tübingen) stellte sein faszinierendes Konzept zur Bedeutung des Schlafes bei der Gedächtniskonsolidierung vor und gab einen umfassenden Überblick über den gegenwärtigen Kenntnisstand der zugrundeliegenden Mechanismen. Francis LEVI (Villejuif, Frankreich), ein entscheidender Pionier der Chronomedizin, berichtete über seine langjährigen Erfahrungen und Erfolge einer chronomodulierten, personalisierten Zytostatikatherapie bei Patienten und Patientinnen mit Darmkrebs und unterstrich die Notwendigkeit, die Bedeutung des circadianen Systems bei der Konzeption von neuen Therapiestrategien zu berücksichtigen. Kurzvorträge gingen der Frage nach, wie die Tageszeit die Hirnfunktionen des Menschen, insbesondere die visuelle Perzeption beeinflusst (Christan KELL et al., Frankfurt/Main), und stellten Ergebnisse zum Einfluss des molekularen Uhrwerks auf die Insulinsekretion und den Glucosestoffwechsel vor (Tiphaine MANNIC et al.).

Am 24. März wurde das Symposium mit Plenarvorträgen von Joseph TAKAHASHI (Dallas, TX, USA), dem Entdecker des Uhrengens „clock", und Russell FOSTER (Oxford, Großbritannien), einem Pionier auf dem Gebiet der nonvisuellen, circadianen Photorezeptoren, fortgesetzt. Jo TAKAHASHI gab einen exzellenten Überblick über das Zusammenspiel zwischen Uhrengenen, Uhrenzellen und Uhrennetzwerken beim Säugetier und hob die engen Interaktionen zwischen dem circadianen System und der Regulation des Stoffwechsels unter besonderer Berücksichtigung des metabolischen Syndroms hervor. Russell FOSTER berichtete über neueste Ergebnisse zur molekularen Charakterisierung von circadianen Photorezeptoren und deren Rolle bei der Steuerung des circadianen Systems und des Pupillenreflexes. Kurzvorträge befassten sich mit

Abb. 2 Joseph TAKAHASHI, Dalles, Entdecker des Uhrengens „Clock", *2. Reihe*: Jürgen SCHÖLMERICH, Ärztlicher Direktor des Uniklinikums, Beate KORF, Horst-Werner KORF, Organisator; *3. Reihe*: Takashi YOSHIMURA, Nagoya, dahinter in der *4. Reihe*: Till ROENNEBERG (mit Labtop), Erstbeschreiber des „social jetlag" neben Russell FOSTER, Entdecker der circadianen Photorezeptoren.

tageszeitabhängigen Lern- und Gedächtnisprozessen im Hippocampus (Oliver RAWASHDEH et al., Frankfurt/Main), dem Einfluss des molekularen Uhrwerks auf die adulte Neurogenese (Charlotte VON GALL et al., Düsseldorf), dem Einfluss von Endocannabinoiden auf den Hypothalamus und die Hypophyse (S. YASUO et al., Frankfurt/Main), der Rolle von Melatonin und Melatonin-2-Rezeptoren für die Rejustierung des circadianen Systems nach Phasenverschiebungen der Lichtverhältnisse (z. B. nach Jetlag, Martina PFEFFER et al., Frankfurt/Main) sowie der Bedeutung der Uhrengene für die Knochenbildung (Erik MARONDE, Frankfurt/Main) und Belohnungsverhalten (Laura HÖLTERS et al.).

Posterpräsentationen befassten sich u. a. mit der Chronotypisierung von Betriebsangehörigen und Patientinnen mit Mammakarzinomen des Universitätsklinikums Frankfurt (Main), dem Einfluss der Tageszeit auf Wirkungen und Nebenwirkungen von Bestrahlungen und der jahreszeitlichen Häufung von Suiziden bei Männern und Frauen.

Die Vorträge und Diskussionen auf dem Symposium wurden von allen Teilnehmern als außerordentlich instruktiv und stimulierend empfunden und führten zu einem intensiven, fruchtbaren Gedankenaustausch. Das Ziel des Symposiums, die Bedeutung des circadianen Systems für die Medizin zu beleuchten und auf der Basis neuro- und molekularbiologischer Erkenntnisse aus der Grundlagenforschung Perspektiven für eine rationale Chronomedizin zu entwickeln, wurde somit voll erreicht.

Finanziell wurde das Symposium gefördert durch die Leopoldina, die Deutsche Forschungsgemeinschaft, die Vereinigung der Freunde und Förderer der Goethe-Universität, die Dr. Senckenbergische Stiftung Frankfurt am Main und Spenden der pharmazeutischen Industrie (Mundipharma Research, Sanofi und Servier).

Prof. Dr. med. Horst-Werner KORF
Geschäftsführender Direktor, Dr. Senckenbergische Anatomie
Direktor, Dr. Senckenbergisches Chronomedizinisches Institut
Fachbereich Medizin der Goethe-Universität Frankfurt am Main
Theodor-Stern-Kai 7
60590 Frankfurt am Main
Bundesrepublik Deutschland
Tel.:   +49 69 63 01 60 40
Fax: +49 69 63 01 60 17
E-Mail: korf@em.uni-frankfurt.de

3. Veranstaltungen

Internationales Symposium
European Calcium Channel Conference[1]

vom 16. bis 19. Mai 2012 in Alpach (Tirol, Österreich)

Bericht: Veit Flockerzi ML (Homburg), Martin Biel (München)
und Jörg Striessnig ML (Innsbruck, Österreich)

Im Congress Centrum Alpbach (Tirol, Österreich) fand vom 16. bis 19. Mai 2012 eine internationale Tagung *European Calcium Channel Conference* statt, die von den Pharmakologen Jörg STRIESSNIG ML (Innsbruck, Österreich), Martin BIEL ML (seit 2013) (München), Veit FLOCKERZI ML (Homburg) und dem Physiologen Bernhard FLUCHER (Innsbruck, Österreich) initiiert wurde. Mehr als 165 Wissenschaftler, darunter 32 Redner, überwiegend aus den USA, aus Japan und dem europäischen Ausland, nahmen an der Veranstaltung teil. Das angestrebte Ziel des Kongresses war, ein europäisches Forum für aktuelle Ergebnisse und moderne methodische Entwicklungen in den Forschungsgebieten Ca^{2+}-leitender Kationenkanäle (Abb. 1) zu schaffen.

Ergänzt werden sollte das Tagungsprogramm durch Präsentationen spektakulärer technischer Neuerungen, die im Zusammenhang mit Ionenkanälen in den letzten beiden Jahren umgesetzt wurden, sowie Ergebnissen zu „neuen" Kationenkanälen und deren Einordnung in physiologische und pathophysiologische Zusammenhänge. Die Tagung sollte führende Wissenschaftler der genannten Forschungsrichtungen zusammenbringen und gleichzeitig Doktoranden und jungen Wissenschaftlern aus Europa Gelegenheit bieten, eigene Daten in Form von Postern und Kurzbeiträgen zu präsentieren und zu diskutieren. Zusammen mit den genannten vier Initiatoren organisierten Daniela PIETROBON (Padua, Italien), Emilio CARBONE (Turin, Italien) und Klaus AKTORIES ML (Freiburg) die Veranstaltung, deren Durchführung von der Deutschen Akademie der Naturforscher Leopoldina, der Alfried Krupp von Bohlen und Halbach-Stiftung, der Deutschen Forschungsgemeinschaft und dem SFB-F44 „Cell Signaling in Chronic CNS Disorders" in Innsbruck (Sprecher: Jörg STRIESSNIG) maßgeblich unterstützt wurde.

Die vielfältigen Funktionen des spannungsvermittelten Ca^{2+}-Einstroms, die zugrundeliegenden Signalkaskaden sowie die Rolle, welche insbesondere die Cavl.3-Kanäle bei der Entstehung krankhafter Veränderungen spielen, wurden in einer Reihe von Beiträgen erörtert. William A. CATTERALL (Seattle, WA, USA) eröffnete die Tagung und stellte zunächst seine bahnbrechenden Ergebnisse zur ersten Struktur eines spannungsabhängigen Natriumkanals vor, um dann auf den immer noch offenen Mechanismus einzugehen, über den nach β-adrenerger Stimulation der spannungsabhängige Ca^{2+}-Einstrom im Herzen moduliert wird. Annette DOLPHIN (London, Großbritannien) erläuterte

---
[1] Der Bericht ist in BIO*spektrum* 7/12, 776–777 (2012) erschienen.

European Calcium Channel Conference

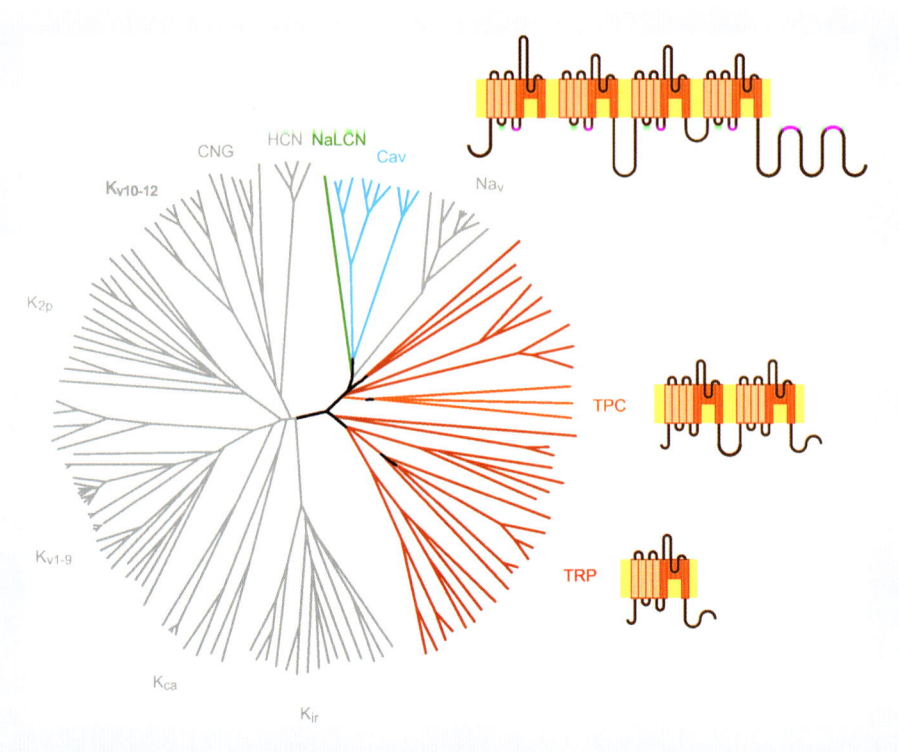

Abb. 1 Darstellung der strukturellen Verwandtschaft der insgesamt 143 Mitglieder der ionenformenden Proteine der Kationenkanal-Familie. Im Mittelpunkt des Kongresses *European Calcium Channel Conference* standen spannungsabhängige Kalziumkanäle (Cav), *Transient Receptor Potential* (TRP)-Kanäle und sogenannte *Two Pore Channels* (TPCs). Während die TRP-Kanalproteine sechs Transmembransegmente umfassen, bestehen die TPC-Proteine aus zwei, die Porenproteine der spannungsabhängigen Kalziumkanäle (der spannungsabhängigen Natriumkanäle [Nav] und des Na-Leck-Kanals [NaLCN]) aus vier Domänen zu jeweils sechs Transmembransegmenten. (Modifiziert nach Yu and Catterall 2004.)

neue Daten ihrer Gruppe zum „trafficking" der α2δ-Untereinheit spannungsabhängiger Kalziumkanäle. Birgit Liss (Ulm) und Anjali Rajadhyaksha (Ithaca, NY, USA) gingen in ihren Beiträgen auf die mögliche Rolle der Kalziumkanäle vom Cav1.3-Typ in dopaminergen Neuronen und im Zusammenhang mit Cocain-induzierter Plastizität ein. Tuck Wah Soong (Singapur) stellte Ergebnisse vor, die RNA-Editing und Spleißen des Cav1.3-Gens eine Rolle bei der zellspezifischen Inaktivierung des L-Typ-Kalziumkanals zuweisen und Yasuo Mori (Kyoto, Japan), Matteo Mangoni (Montpellier, Frankreich), Daniela Pietrobon (Padua, Italien), Philippe Lory (Montpellier, Frankreich), Stuart Cain (Vancouver, Kanada) und Michel Ronjat (Grenoble, Frankreich) berichteten über pathophysiologische Zustände wie Herzrhythmusstörungen, Migräne und Krampfanfälle, bei denen spannungsabhängige Kalziumkanäle und ihre akzessorischen Untereinheiten eine entscheidende Rolle spielen. Über die Bedeutung von T-Typ-Kalziumkanälen für die Aktivität thalamocortikaler Neurone berichtete Hee-Sup Shin (Seoul, Südkorea). Anschließend stellten unter Moderation von Jutta Engel (Homburg)

Karl-Ludwig LAUGWITZ (München) und Bernd FLEISCHMANN (Bonn) neue Konzepte vor, die es erlauben, mithilfe von pluripotenten Stammzellen sogenannte „Kanalerkrankungen" (*Channelopathies*) des Menschen *in vitro* zu untersuchen („Pharmakotherapie in der Petrischale") bzw. mit modifizierten Stammzellen und optogenetischen Zellmodellen direkt die Herzfunktion *in vivo* zu verbessern.

Ein Symposium zu Ehren von Franz HOFMANN ML, EoE und ehemaliger Direktor des Instituts für Pharmakologie und Toxikologie der Technischen Universität München, der während der Tagung seinen 70. Geburtstag feiern konnte, bestimmte den Ablauf des zweiten Tages und wurde von Peter RUTH (Tübingen) und Hartmut GLOSSMANN (Innsbruck, Österreich) moderiert. Franz HOFMANN hat mit einem beeindruckenden wissenschaftlichen Œuvre zu spannungsabhängigen Kalziumkanälen und cGMP-abhängigen Signalprozessen die Entwicklung der molekularen Pharmakologie und Physiologie in Deutschland während der vergangenen fast vierzig Jahre maßgeblich mitgeprägt und leitet aktuell die DFG-Forschergruppe 923 „Molecular Dissection of Cardiovascular Function". Er berichtete über seine neuesten Ergebnisse zur Modulation der Aktivität spannungsabhängiger Kalziumkanäle im Herzen durch cAMP-abhängige Phosphorylierung; zur PKC-vermittelten Modulation kardialer Kalziumkanäle gab Nathan DASCAL (Tel Aviv, Israel) einen Überblick. Klaus AKTORIES ML (Freiburg), Joe BEAVO (Seattle, WA, USA) und Joachim SCHULTZ (Tübingen), langjährige Wegbegleiter von Franz HOFMANN, berichteten über Modifikationen des Zytoskeletts durch bakterielle Toxine, die Regulation der Herzfunktion durch Phosphodiesterasen und die Signalprozessierung in bakteriellen Adenylylzyklasen. Es folgte ein Workshop „Women in Science", der von Alexandra KOSCHAK (Wien, Österreich) und Jutta ENGEL (Homburg) durchgeführt wurde. Gerald ZAMPONI (Calgary, Kanada) moderierte die Veranstaltung über fotoaktivierbare Sonden: Hier standen optogenetische Vorgehensweisen mit den verschiedenen Varianten von Channelrhodopsin im Mittelpunkt des Vortrags von Peter HEGEMANN ML (Berlin), während Dirk TRAUNER (München) die Möglichkeiten der von ihm neu entwickelten fotoaktivierbaren Kanalliganden und die möglichen Implikationen ihrer Anwendung für den Sehvorgang vorstellte.

Vorträge zu TRP-Kanälen, TRP-verwandten Kanälen sowie Beiträge über aktuelle und spektakuläre Ergebnisse weiterer Ionenkanäle bestimmten den dritten Tag der Veranstaltung. So berichteten Dehjian REN (Philadelphia, PA, USA) und Yuriy KIRICHOK (San Francisco, CA, USA) über das von Ihnen etablierte „Patchen" von Spermien. REN zeigte aktuelle Ergebnisse zum kürzlich von ihm identifizierten Na^+-*Leak-Channel* (NALCN), KIRICHOK zu einem thermogenen Protonen-Leck in der inneren Membran der Mitochondrien. Die von ihm entdeckten TRIC-Kanäle (*trimeric intracellular cation*) und deren Rolle bei der Freisetzung von Kalzium aus dem endoplasmatischen Retikulum stellte Hiroshi TAKESHIMA (Kyoto, Japan) vor, Christian ROMANIN (Linz, Österreich) neue Ergebnisse zu Konformationsänderungen von STIM1, die seiner Wechselwirkung mit Orai 1 vorausgehen. Der letzte Abschnitt der Veranstaltung widmete sich TRP- und verwandten TPC-Kanälen. Zunächst gingen Michael X. ZHU (Houston, TX, USA) und Christian WAHL-SCHOTT (München) in ihren Vorträgen auf die von ihnen neu beschriebenen 2-Poren-Kanäle (TPCs) in Endolysosomen ein. Anschließend stellte Miguel VALVERDE (Barcelona, Spanien) seine Ergebnisse im Zusammenhang mit neuen und funktionsverändernden Polymorphismen des TRPV4-Gens vor. Thomas GUDER-

MANN ML (München) beschrieb die Rolle von TRPC6-Kanälen in der Pathophysiologie des Lungenödems, und Peter LIPP (Homburg) zeigte erste funktionelle Ergebnisse zu TRPC1- und TRPC4-Aktivität in isolierten Kardiomyozyten. Bernd NILIUS (Leuven, Belgien) fasste im abschließenden Vortrag die sensorischen Funktionen der verschiedenen TRP Kanäle auch unter Berücksichtigung ihrer besonderen Aktivatoren wie Capsaicin, Menthol, Senföl und Oregano zusammen. Aus den mehr als 50 Postern wurden acht Beiträge ausgewählt, die unter Leitung von Alexandra KOSCHAK (Wien, Österreich) und Marc FREICHEL (Heidelberg) als Kurzvorträge vorgestellt wurden.

Die verschiedenen Vorträge zeigten eindrucksvoll die Fortentwicklung der internationalen Forschung auf dem Gebiet der Kationenkanäle. Aus zahlreichen Beiträgen wurde deutlich, dass Tiermodelle mit gezielten Mutationen in den Genen der genannten Kationenkanäle wie auch die spontanen Mutationen, welche in den Genen dieser Kanäle identifiziert wurden, in den letzten Jahren zu einer zunehmend umfassenden phänotypischen Charakterisierung geführt haben. So werden neben der basalen Identifizierung von Ionenströmen die Einflüsse der Kanalaktivität auf die Funktionen einzelner Zellen und Organe untersucht. Diese Vorgehensweise – vom Gen zum Kanalprotein und zur Kanalaktivität und deren Einordnung wiederum in die Funktionen des betreffenden Organs und des Gesamtorganismus – ist Standard für die aktuelle Kanalforschung geworden. Angetrieben wird diese Entwicklung durch optische Verfahren und Fluoreszenztechniken, die mit zunehmend höherer zeitlicher und räumlicher Auflösung – zusammen mit neuen proteinchemischen und massenspektrometrischen Untersuchungen – auch das zelluläre Nanoenvironment dieser Kanäle zugänglich machen. Parallel führt die Weiterentwicklung und Verfeinerung der *Gentargeting*-Methoden zu Tiermodellen, die es erlauben, gezielt zellspezifische Phänotypen im Zusammenhang mit bestimmten Kanälen am Gesamtorganismus zu untersuchen.

In Deutschland und Österreich ist die funktionelle Charakterisierung von Ionenkanälen traditionell stark vertreten, doch gibt es verhältnismäßig wenig koordinierte Programme, die sich mit Kationenkanälen und Ca-Signaling beschäftigen (aktuell z. B. nur SFB 889 „Zelluläre Mechanismen Sensorischer Verarbeitung" [Göttingen], SFB 894 „Ca^{2+}-Signale: Molekulare Mechanismen und Integrative Funktionen" [Homburg], FOR 923 „Molecular Dissection of Cardiovascular Functions" [München], FOR 1086 „K2P-Kanäle – vom Molekül zur Physiologie und Pathophysiologie" [Marburg] und in Innsbruck den SFB-F44 „Cell Signaling in Chronic CNS Disorders"). Eine in dreijährigem Abstand abzuhaltende Konferenzserie *European Calcium Channel Conference* schafft ein Forum, das einen effektiven interdisziplinären Austausch auf diesem für die Zukunft äußerst tragfähigen Forschungsgebiet ermöglicht und die vorhandenen Arbeitsgruppen näher zusammenbringt. Der überaus erfolgreiche Verlauf der Veranstaltung in Alpbach, dem schönsten Dorf Österreichs, die attraktiven Themen mit spektakulären Ergebnissen waren ein Erfolg und vielversprechender Beginn. Dem nachhaltig geäußerten Wunsch auf Wiederholung wird mit Terminierung einer *Second European Calcium Channel Conference* vom 13. bis 16. Mai 2015 Rechnung getragen.

Literatur

Yu, F. H., and Catterall, W. A.: The VGL-chanome: a protein superfamily specialized for electrical signaling and ionic homeostasis. Sci. STKE 253, re15 (2004)

Prof. Dr. Veit Flockerzi
Experimentelle und Klinische Pharmakologie
und Toxikologie
Universität des Saarlandes
Kirrberger Straße, Gebäude 46
66421 Homburg
Bundesrepublik Deutschland
Tel.:   +49 6841 1626400
Fax: +49 6841 1626402
E-Mail: veit.flockerzi@uks.eu

Prof. Dr. Martin Biel
Pharmakologie für Naturwissenschaften,
Department Pharmazie
Ludwig-Maximilians-Universität München
Butenandtstraße 7, Haus C
81377 München
Bundesrepublik Deutschland
Tel.:   +49 89 218077328
Fax: +49 89 218077326
E-Mail: martin.biel@cup.uni-muenchen.de

Prof. Dr. Jörg Striessnig
Institute of Pharmacy
Department of Pharmacology and Toxicology
Universität Innsbruck
Innrain 80–82/III
A-6020 Innsbruck
Österreich
Tel.:   +43 512 50758800
Fax: +43 512 50758899
E-Mail: joerg.striessnig@uibk.ac.at

Leopoldina
Nationale Akademie
der Wissenschaften

universitätbonn | **Geographie**
Rheinische | Geographisches
Friedrich-Wilhelms- | Institut
Universität Bonn

Leopoldina Meeting

Risiko:
Erkundungen an den Grenzen des Wissens

Bonn, 15. - 16. Juni 2012

Symposium
Risiko: Erkundungen an den Grenzen des Wissens

vom 15. bis 16. Juni 2012 in Bonn

Bericht: Hans-Georg Bohle ML und Jürgen Pohl (Bonn)

Zielstellungen des Symposiums

Risiken sind Bestandteile des gesellschaftlichen Lebens – im Alltagsleben jedes Einzelnen und in der Bevölkerungsgemeinschaft, beim unternehmerischen Handeln oder bei politischen Entscheidungsprozessen, im Umgang mit Naturgefahren oder beim Management der natürlichen Lebensgrundlagen einer Gesellschaft. Risiken sind die Kehrseite des Strebens nach Sicherheit und Stabilität, nach Bedürfnisbefriedigung und nach Gewinn. Risiken einzugehen bedeutet auf der einen Seite das Streben nach Chancen, es bedeutet auf der anderen Seite aber auch potenzielle Schäden und Verluste. Das Phänomen „Risiko" wird in der modernen Gesellschaft immer mehr zu einer zentralen Größe. Begriffe wie Risikogesellschaft (Ulrich BECK), Risikokommunikation (Niklas LUHMANN), Risikosteuerung (Ortwin RENN) oder Risikolandschaften (Detlef MÜLLER-MAHN) stehen für die gesellschaftliche Auseinandersetzung mit dem Risikophänomen. Vieles deutet darauf hin, dass in modernen Gesellschaften Risiko mehr und mehr das gesellschaftliche, politische und unternehmerische Handeln steuert, und dass Zukunftsfähigkeit und Nachhaltigkeit nur durch einen angemessenen gesellschaftlichen Umgang mit den Risiken moderner Lebenswelten möglich sein werden.

Die wissenschaftliche Auseinandersetzung mit Risiko lässt jedoch erkennen, dass es noch große Verständigungsschwierigkeiten zwischen den disziplinären Kulturen der Risikoforschung gibt, etwa zwischen „objektivistischen" natur- und ingenieurswissenschaftlichen Risikoanalysen auf der einen und „konstruktivistischen" Perspektiven der sozial- und kulturwissenschaftlichen Beschäftigung mit Risiken auf der anderen Seite. Ziel des Leopoldina-Symposiums zum Thema „Risiko: Erkundungen an den Grenzen des Wissens" war es, führende Vertreter von unterschiedlichen Schulen der deutschen Risikoforschung zu versammeln und zu erkunden, welche Wege hin zu einer besseren Kommunikation zwischen den Disziplinen und hin zu einer integrativen Risikoforschung führen könnten. Zu dem Symposium hatten die Veranstalter eine Reihe von Leitfragen entwickelt, an denen sich die Referenten und die Diskussion orientierten: Kommt es beispielsweise durch die beschleunigte Modernisierung der Gesellschaften zu einer Zunahme der Risiken? In welcher Beziehung stehen Chance und Risiko? In welchem Maße und unter welchen Umständen wird Risiko als zu verantwortende Entscheidung gesehen, wie wichtig ist dabei die Berechenbarkeit des Risikos? Wie werden Risiken von Entscheidern und von potenziell Betroffenen situationsbezogen wahrgenommen und bewertet? Wie viel Entscheidungssicherheit bringt eigentlich die verstärkte Erforschung von

Risiken? Wie wird das Nichtwissen über zukünftige Risiken in die Risikoentscheidung eingebaut? Und welche Risiken produzieren wir möglicherweise mit dem wissenschaftlichen Erkenntnisfortschritt? Damit bewegte sich die Tagung „an den Grenzbereichen" des Wissens und versuchte, diese integrativ und interdisziplinär zu erkunden.

Programm und Beiträge der Referenten

Das Leopoldina-Symposium über „Risiko: Erkundungen an den Grenzen des Wissens" fand vom 15. bis 16. Juni 2012 im Gustav-Stresemann-Institut in Bonn-Bad Godesberg statt. Die skizzierten Leitfragen wurden in großer Intensität und beträchtlicher wissenschaftlicher Tiefe zwei Tage lang behandelt. Nach einer Begrüßung durch Prof. Dr. Gunnar BERG ML (Halle/Saale), Vizepräsident der Leopoldina, sowie Prof. Dr. Jürgen VON HAGEN (Bonn), Prorektor für Forschung der Universität Bonn, beschäftigte sich der erste Themenblock der Veranstaltung mit naturwissenschaftlichen und ingenieurwissenschaftlichen Perspektiven auf Risiko. Den ersten wissenschaftlichen Beitrag lieferte Prof. Dr. Anders LEVERMANN (Potsdam), Physiker am Potsdam-Institut für Klimafolgenforschung, Professor für „Dynamics of the Climate System" und Leitautor des Kapitels über Meeresspiegeldynamik im IPPC-AR 5. Unter dem Thema „Sicherheitsrisiko Klimawandel" referierte LEVERMANN über Risikofelder, die sich speziell durch die Dynamiken des Meeresspiegelanstiegs unter dem Einfluss des globalen Umweltwandels ergeben. Ein Fokus der Betrachtung lag dabei auf tief liegenden, hochwasser- und sturmgefährdeten Küstenregionen der Erde, die ihrerseits Konzentrationen von Bevölkerungen und Werten aufweisen und daher besonders risikoexponiert sind. LEVERMANN stützte sich dabei auf seine umfangreichen Arbeiten über die Entwicklung von Eisschilden in Grönland und in der Antarktis unter dem Einfluss des Klimawandels sowie auf die von seiner Arbeitsgruppe durchgeführten Modellierungen, Projektionen, Szenarienentwicklungen und Unsicherheitsanalysen. Der zweite Referent in diesem Themenblock war Prof. Dr. Heinz-Willi BRENIG (Köln), Professor für Rettungsingenieurwesen in Köln und Mitglied der Schutzkommission des Innenministeriums. BRENIG sprach über „Risikoermittlung und Risikobewertung aus ingenieurwissenschaftlicher Perspektive". Er stellte in seinem Vortrag klar, dass die etablierten qualitativen und quantitativen ingenieurwissenschaftlichen Verfahren der Risikoabschätzung und Risikobewertung nicht mehr allein zur Beurteilung von technischen Risiken eingesetzt werden, sondern zum Beispiel auch für den Katastrophenschutz und für Risiken durch den Ausfall kritischer Infrastrukturen, zur Bewertung der Auswirkung des Klimawandels sowie zur Sicherheitsbetrachtung von Großveranstaltungen. BRENIG zog daraus die Schlussfolgerung, dass die vorhandenen Methoden weiterentwickelt und an die neuen Rahmenbedingungen angepasst werden müssen. Im Mittelpunkt stehen dabei der Umgang mit offenen Systemgrenzen und sich zeitlich verändernden Randbedingungen sowie die Weiterentwicklung des Vulnerabilitätsansatzes.

In einem zweiten thematischen Block ging es in der Tagung um die privatwirtschaftlichen Perspektiven auf Risiko. Prof. Dr. Gerhard BERZ (München), Meteorologe und langjähriger Leiter der Georisikoforschung der Münchener Rückversicherung, referierte über „Naturkatastrophen sind Kulturkatastrophen! Risiken und Chancen aus geowissenschaftlicher und (versicherungs-)wirtschaftlicher Perspektive". BERZ legte dar, dass die Versicherungswirtschaft seit vielen Jahren eine drastische Zunahme der weltweiten Schadensbelastungen aus Naturkatastrophen feststellt. Als Ursache nannte er in erster Linie steigende Bevölkerungs- und Wertekonzentrationen, gerade auch in stark exponierten Regionen, sowie eine erhöhte technische, wirtschaftliche und soziale Verwundbarkeit. Gleichzeitig gewinnt der voranschreitende Klimawandel immer größeren Einfluss auf die Häufigkeit und die Intensität von Wetterextremen. Dadurch nehmen auch die Schadenspotentiale von Wetterkatastrophen stark zu. Da der Klimawandel auf absehbare Zeit nicht mehr zu stoppen, sondern bestenfalls zu verlangsamen ist, muss die Versicherungswirtschaft – und nicht nur diese – finanzielle Vorsorgemaßnahmen zur Anpassung an die veränderten Klimaverhältnisse und ihre Auswirkungen ergreifen. BERZ stellte aber auch fest, dass sich aus der zunehmenden weltweiten Schadensbelastung durch Naturkatastrophen für die Versicherungswirtschaft zwar erhebliche Herausforderungen, aber auch höchst interessante Geschäfts- und Beteiligungsmöglichkeiten ergeben.

Ein dritter Themenblock konzentrierte sich dann auf die sozialwissenschaftlichen Perspektiven von Risiko. Prof. Dr. Ortwin RENN (Stuttgart), Professor für Umwelt- und Techniksoziologie an der Universität Stuttgart und Mitglied der Ethikkommission der Bundesregierung über zukünftige Energieversorgung, referierte über „Komplexität, Unsicherheit und Ambiguität: Implikationen für Risikosteuerung und Kommunikation". RENN stellte zunächst klar, dass neue Risiken, wie Schweinegrippe oder Terroranschläge, wie Gentechnik, Klimawandel oder Börsencrashs, allesamt die betroffenen Gesellschaften vor Konfliktsituationen stellen. Zum einen wird kontrovers diskutiert, wie hoch das entsprechende Risiko ist und welche Maßnahmen erfolgsversprechend wären, um ein spezifisches Risiko zu verringern. Ein weiterer Konflikttyp richtet sich auf die Verteilungswirkungen, die von dem Risiko ausgehen. Wer hat den Nutzen, und wer trägt die Risiken? Können diejenigen, die den Nutzen haben, die anderen, die das Risiko tragen, angemessen kompensieren? Lässt sich das Risiko möglicherweise versichern? Schließlich brechen die größten Konflikte meist darüber aus, ob ein bestimmtes Risiko überhaupt gesellschaftlich akzeptabel ist. Wie sicher ist sicher genug? Wer darf das bestimmen? Wie können Gesellschaften zu kollektiv verbindlichen Entscheidungen kommen? Um diese Herausforderungen in ihrer Komplexität und Vielschichtigkeit zu bewältigen, braucht es nach RENN einen umfassenden Ansatz in der gesellschaftswissenschaftlichen Risikoforschung. Dieser muss einerseits alle notwendigen Wissensgrundlagen und gesellschaftlichen Erfordernisse einbeziehen, die dem Risikomanagement zugrunde liegen; andererseits aber Vorschläge aufzeigen, die gleichzeitig praktikabel, politisch umsetzbar und sozial akzeptabel sind. Um die genannten Fragen zu beantworten und den Herausforderungen gerecht zu werden, stellte der Referent einen Ansatz des „International Risk Governance Council" vor, der einen integrativen Risiko-*Governance*-Prozess entwickelt hat. Hierbei wird der Umgang mit Risiken gesamtgesellschaftlich betrachtet. Der technischen Analyse wird ebenso Gewicht verliehen wie der Abschätzung der gesellschaftlichen Bedenken und Risikowahrnehmungen. Für eine konstruktive und zielführende Beteiligung der relevanten Akteure werden Verfahren vorgeschlagen, die auf die spezifischen Charakteristika des Risikos und seines Kontextes zugeschnitten sind. Es geht also letztlich darum, technische und naturwissenschaftliche Risikoabschätzungen mit sozialwissenschaftlichen, psychologischen und kulturellen Ansätzen der Risikowahrnehmungsforschung zu verknüpfen.

Prof. Dr. Detlef MÜLLER-MAHN (Bayreuth), Professor für Geographische Entwicklungsforschung an der Universität Bayreuth, referierte sodann über „Riskscapes des Klimawandels in Afrika – neue Perspektiven auf Risiko im Globalen Süden". Das Referat präsentierte empirische Untersuchungen über die zu befürchtenden Auswirkungen des Klimawandels in Afrika und über die Art und Weise, wie Anpassung an die Folgen des Klimawandels gegenwärtig auf verschiedenen räumlichen und gesellschaftlichen Ebenen verhandelt und in konkretes Handeln umgesetzt wird. Dabei erkundete der Referent die Beziehungen zwischen den Konzepten Entwicklung, Risiko und Anpassung und schlug in diesem konzeptionellen Dreieck den Ansatz der „Riskscapes" vor. Darunter wird verstanden, dass unterschiedliche Risikoperzeptionen und sich darauf gründendes Risikohandeln verschiedener Akteure in räumlicher Differenzierung als eine Art „Risikolandschaften" sichtbar gemacht werden. „Riskscapes" sind also so etwas wie kognitive Karten eines durch räumlich differenzierte Risiken geprägte Terrains, anhand derer die Akteure entsprechend ihrer jeweils spezifischen „Riskscape"-Karte navigieren, um auf einen möglichst sicheren Weg durch dieses unübersichtliche Gelände zu finden. Nachdem in dem Referat das Verhältnis zwischen Entwicklung und Risiko ausgelotet, die Distinktionsmerkmale zwischen dem Globalen Süden und dem Globalen Norden diskutiert und die Verknüpfungsmöglichkeiten zwischen konstruktivistischen und objektivistischen Risikoperspektiven angesprochen worden waren, richtete MÜLLER-MAHN den Fokus schließlich auf das Verhältnis zwischen Risiko und Anpassung. Entscheidungen bei Anpassungsprozessen, etwa an die Folgen des Klimawandels, sind immer auch Risikoentscheidungen, weil sie die Ungewissheit über zukünftige Zustände in ein konkret kalkuliertes Risiko überführen.

In einem vierten thematischen Block des Symposiums ging es schließlich über die „objektivistischen" und „konstruktivistischen" Betrachtungen von Risiko hinaus zu metatheoretischen Perspektiven auf Risiko. Prof. Dr. Rafaela HILLERBRAND (Aachen), Physikerin und Philosophin, die als Juniorprofessorin für angewandte Technikethik an der Rheinisch-Westfälischen Technischen Hochschule (RWTH) Aachen tätig ist und als Mitglied der Ethikkommission „Zukünftige Energieversorgung" wirkt, sprach über „Risiko und Unsicherheit bezüglich der zukünftigen Energieversorgung als Herausforderung für die Entscheidungstheorie. Ethische und epistemische Aspekte". Die Referentin ging davon aus, dass politische Entscheidungen über den Umgang mit modernen Techniken, Umweltschäden wie dem Treibhauseffekt, Markteinführung von Impfstoffen oder Medikamenten usw. sich oftmals auf wissenschaftliche Prognosen über die erwarteten Nutzen und Schäden stützen. Meist sind derartige Prognosen jedoch mit großen Unsicherheiten behaftet, die sich nur schwer in die Entscheidungsfindung einbauen lassen. Die Reduktion von Unsicherheiten nimmt daher in den empirischen Wissenschaften einen großen Stellenwert ein. Die Referentin befasste sich aus philosophischer Perspektive mit Unsicherheiten, wie sie etwa in Klimamodellen und den darauf aufbauenden Projektionen zur Abschätzung der ökonomischen Folgen von Klimaänderungen auftreten. Auch ging es in dem Vortrag um die Möglichkeiten, diese Unsicherheiten in Entscheidungsfindungen abzubilden. Das Idealbild einer durch wertneutrale empirische Prognosen gestützten politischen Entscheidung, so HILLERBRAND, wird jedoch dadurch in Frage gestellt, dass bereits in der Klimafolgenmodellierung nicht-epistemische Werte eine wichtige Rolle spielen.

Prof. Dr. Peter WEHLING (Frankfurt/Main), Philosoph, Politikwissenschaftler und Soziologe an der Universität Frankfurt und ehemaliger Leiter des BMBF-Forschungsprojektes „Nichtwissenskulturen", beschloss die Tagung mit seinem Referat „An den Grenzen des Risikobegriffs: das Problem des Nichtswissens". Der Referent stellte zunächst dar, wie der Begriff des Risikos sich in den 1980er Jahren im Kontext einer spezifischen Wahrnehmung der Umweltproblematik in den Wissenschaften, der Politik und der Öffentlichkeit etabliert hat und dabei zum vorherrschenden Interpretationsmuster von ökologischen Problemlagen geworden ist. Dem Risikobegriff kommt damit zwar das Verdienst zu, die Aufmerksamkeit auf gesellschaftlich selbst erzeugte Umweltgefährdungen gelenkt zu haben. Der Referent zeigte jedoch, dass die Begrifflichkeit des Risikos sich gleichzeitig durch einen in mehrfacher Hinsicht selektiven Bezug auf die Umweltproblematik auszeichnet. Zu den wichtigsten Selektivitäten gehören dem Referent zufolge die Fixierung auf zukünftige Schadensereignisse, die Annahme der Zurechenbarkeit von sozial erzeugten Umweltgefährdungen auf einzelne Entscheidungen sowie die grundlegende Prämisse der Antizipierbarkeit von Entscheidungs- und Handlungsfolgen. WEHLING stellte in seinem Referat dar, wie vor dem Hintergrund dieser problematischen Verengung fast zeitgleich die Kategorie des Nichtwissens als Ergänzung wie als Kritik des Risikobegriffs in die wissenschaftlichen (und später auch gesellschaftlichen) Debatten um die Wahrnehmung und Bearbeitung von Umweltgefährdungen eingeführt worden ist. Dazu vertrat der Referent die These, dass sich erst dann ein angemessenes und vielschichtiges Bild der ökologischen Gefährdungen ergeben kann, wenn man den Blick auf die Kategorie und die verschiedenen Formen des Nichtwissens lenkt. Damit werden jedoch auch die enormen Schwierigkeiten ihrer gesellschaftlichen Bearbeitung sichtbar.

Ein festlicher Höhepunkt des Symposiums war der öffentliche Abendvortrag von Dr. Ralph TIESLER (Bonn), Vizepräsident des Bundesamtes für Bevölkerungsschutz und Katastrophenhilfe, zum Thema „Praxis trifft Wissenschaft. Risikoforschung aus Sicht des Bevölkerungsschutzes". Vizepräsident Dr. TIESLER vertrat in seinem Vortrag die These, dass der Mensch und seine Befähigung, Risiken zu erkennen und zu analysieren, um Maßnahmen zur Risikominimierung zu entwickeln und umzusetzen, stets im Mittelpunkt der Befassung mit dem Thema Bevölkerungsschutz stehen müsse. In seinem Redebeitrag entwickelte der Referent ein fiktives Szenario aus mittel- und langfristigen krisenhaften Prozessen und gravierenden Einzelereignissen, aus denen sich eine folgenschwere Katastrophe mit Kaskaden- oder Dominoeffekten entwickeln kann. Komplexe, hoch risiko- und krisenhafte Prozesse, von der Globalisierung über den Klimawandel bis hin zur Instabilität ganzer Gesellschaften, überfordern jedoch die analytischen Fähigkeiten der Risikomanager, diese zu durchdringen und geeignete Ressourcen zur Krisenbewältigung zu mobilisieren. TIESLER plädierte daher für eine langfristige, noch engere Zusammenarbeit zwischen Wissenschaft, Medien, Staat und Zivilgesellschaft und stellte dabei eine gelingende Risikokommunikation in den Mittelpunkt. Risiko- und Krisenkommunikation könne nur dann erfolgreich sein und zum Bewältigen einer Krise konstruktiv beitragen, wenn lange vor einem Ereigniseintritt eine gute, auf gegenseitigem Vertrauen basierende Risikokommunikationskultur entwickelt werde.

Ergebnisse des Symposiums

Die Teilnehmer der Veranstaltung waren sich einig, dass das Thema Risiko in der wissenschaftlichen, öffentlichen und politischen Sphäre eine erstaunliche Karriere gemacht hat. Obwohl Gefährdungen der menschlichen Gesundheit und der Umwelt durch natürliche, technische oder politische Ereignisse zu allen Zeiten bestanden haben, ist Risiko – so insbesondere der Beitrag von Ortwin RENN – erst in jüngster Zeit zu einem Dauerbrenner der aktuellen Debatte um Technik, Lebensstil und Moderne geworden. Mit der Verbesserung der Prognosefähigkeit und der zunehmenden moralischen Selbstverpflichtung der modernen Gesellschaft, Risiken zu begrenzen, wachsen, so die These von RENN, die Ansprüche der Bürger an gesellschaftliche Gruppen und vor allem an politische Entscheidungsträger, die Zukunft aktiv zu gestalten und antizipativ auf mögliche Gefährdungen zu reagieren. Davon ausgehend zeigte die Diskussion, dass der klassische (ingenieurwissenschaftliche) Risikobegriff, der Risiko über die Eintrittswahrscheinlichkeit und die Schadenshöhe definiert, dieser gesellschaftlichen Situation in vielfältiger Weise nicht mehr angemessen ist. So wurde zum Beispiel auch in dem Beitrag von Willi BRENIG aus ingenieurwissenschaftlicher Sicht hervorgehoben, dass es beim Risikomanagement in erster Linie um die Bestimmung des akzeptablen Risikos geht und dass dies ein zutiefst gesellschaftlicher Prozess ist, der normativ und wertbehaftet verläuft. Die Einsicht, dass keine absolute Sicherheit existieren kann, wird auch von den Natur- und Ingenieurwissenschaften anerkannt. „Restrisiko" ist insofern nicht nur bewusst in Kauf genommenes Risiko, sondern auch erkanntes, aber falsch beurteiltes oder gar nicht erkanntes Risiko. Insofern wurde auch aus ingenieurwissenschaftlicher Sicht vorgeschlagen, in der Risikoforschung mehr und mehr mit offenen Systemgrenzen zu arbeiten, den Umgang mit sich verändernden Rahmenbedingungen zu thematisieren und zunehmend auf komplexe Vulnerabilitätsanalysen zu setzen.

Diese Einschätzung wurde vonseiten der Sozialwissenschaften geteilt und weiter differenziert. Der Soziologe Ortwin RENN betonte zum Beispiel, dass die Risikoforschung nicht nur Wissensgrundlagen schaffen muss, um gesellschaftlich mit Risiko umgehen zu können, sondern dass diese Analysen auch praktikable, politisch umsetzbare und sozial akzeptable Grundlagen für den gesellschaftlichen Umgang mit Risiko bereitstellen müssen. Der von RENN im Einzelnen diskutierte Ansatz des „International Risk Governance Council" stellt Möglichkeiten einer gesamtgesellschaftlichen und integrativen Betrachtung von Risiken zur Verfügung. Die Veranstaltung konnte sich in der Diskussion darauf einigen, dass solche integrativen Betrachtungsweisen Grundlagen einer anspruchsvollen Risikoforschung in einer immer unsichereren, komplexen Welt darstellen. Es wurde aber auch deutlich, dass neben naturwissenschaftlichen, technischen und sozialwissenschaftlichen Ansätzen auch psychologische und kulturelle Dimensionen von Risiko zu berücksichtigen sind. Beim gesellschaftlichen Umgang mit Risiko geht es nämlich auch um Kognition und Vertrauen, um persönliche Kontrolle über Risiken und über die kulturelle Bedingtheit von Risikowahrnehmung, Risikobewertung und Risikokommunikation. Die enge Fokussierung auf die realen (physisch messbaren) Folgen von Risiken und die Benutzung von relativen Häufigkeiten zur Abschätzung von Wahrscheinlichkeiten sind RENN zufolge deshalb nur in begrenztem Maße geeignet, die sozialen und psychologischen Folgen einer Handlung zu erfassen und die Unsicherheiten in den Risikovorhersagen und den zu erwartenden Auswirkungen angemessen zu beschreiben.

Auf diesen letzten Aspekt der Unsicherheiten und des Unwissens rekurrierten schließlich die Beiträge über die metatheoretischen Perspektiven auf Risiko. Rafaela HILLERBRAND stellte beispielsweise heraus, dass Risikoanalysen und damit die Prognosen über erwarteten Nutzen/Schaden durch Risiken oft mit großen Unsicherheiten behaftet sind. So lässt sich am Beispiel von Klimaprojektionen zeigen, wie ganze Kaskaden von Unsicherheiten valide Prognosen, so wie sie für Entscheidungsfindungen notwendig wären, praktisch unmöglich machen. Das gilt speziell für Szenarien, etwa in der Klimafolgenforschung, bei denen es sich lediglich um plausible Annahmen über mögliche Zukünfte handelt, nicht aber um belastbare Prognosen. Der gesellschaftliche Umgang mit Risiken und Unsicherheiten, so ein Fazit dieser Analyse, ist letztlich immer ein wertbeladener, von ethischen und moralischen Maßstäben beeinflusster Prozess. Insofern sind nicht nur Unsicherheiten in der Risikoanalyse für den politischen Entscheidungsprozess zu berücksichtigen, sondern es gilt auch der Wertbeladenheit der empirischen Modellbildung Rechnung zu tragen. Dies kann nur – so Rafaela HILLERBRAND – durch eine engere Verzahnung der Disziplinen, insbesondere der empirisch-deskriptiven und der normativen Disziplinen, geschehen. In eine ähnliche Richtung zielt die von Peter WEHLING angeregte Diskussion über das Problem des Nichtwissens in der Risikoforschung. Hier werden die enormen Schwierigkeiten bei der gesellschaftlichen Bearbeitung von Risiken besonders deutlich. Denn wie kann man sich vor potenziellen Gefahren schützen – so Peter WEHLING –, über die man gar nichts weiß und deren bloße Möglichkeit gesellschaftlich schon hochgradig umstritten ist?

Das Symposium hat insofern einen wichtigen Beitrag geleistet, die Möglichkeiten, Chancen und Potenziale, aber auch die Grenzen und Hemmnisse in der wissenschaftlichen Risikoanalyse als Grundlage für den gesellschaftlichen Umgang mit Risiken herauszuarbeiten. Nur eine zunehmende integrative und interdisziplinäre Verknüpfung der wissenschaftlichen Ansätze der Risikoanalyse – sei es naturwissenschaftlicher, ingenieurwissenschaftlicher, sozialwissenschaftlicher, psychologischer, kulturwissenschaftlicher oder philosophischer Art – kann dazu beitragen, zumindest ansatzweise „sicher durch eine unsichere Zukunft" (HILLERBRAND) zu führen. Dazu ist die Kommunikation zwischen den Risikoforschern unterschiedlicher Provenienz unabdinglich. Hierzu leistete das Symposium einen wichtigen Beitrag und wurde somit dem Anspruch gerecht, Risiko als eine „Erkundung an den Grenzen des Wissens" zu begreifen und diese Grenzen gemeinsam auszuloten und bestenfalls zu erweitern.

Das Symposium wird in der Schriftenreihe der Akademie *Nova Acta Leopoldina* veröffentlicht.

Prof. Dr. Hans-Georg BOHLE
Prof. Dr. Jürgen POHL
Universität Bonn, Geographisches Institut
Meckenheimer Allee 166, 53115 Bonn
Bundesrepublik Deutschland
Tel.: +49 228 737232
Fax: +49 228 739657
E-Mail: bohle@giub.uni-bonn.de

Leopoldina

Wissenschaftliche Tagung
Carl Friedrich von Weizsäcker: Physik – Philosophie – Friedensforschung

vom 20. bis 22. Juni 2012 in Halle (Saale)

Bericht: Klaus Hentschel ML (Stuttgart) und Dieter Hoffmann ML (Berlin)

Die von der Fritz-Thyssen-Stiftung geförderte Tagung war ein voller Erfolg und wurde mit bis zu 250 Zuhörern in dem wunderbar renovierten Hauptgebäude der Leopoldina gegenüber der Moritzburg auch in der öffentlichen Resonanz sehr gut aufgenommen. Die kritische und manchmal auch explosive Mischung von Zeitzeugen und Historikern hat hier gut harmoniert, da beide aufeinander zuzugehen und voneinander zu lernen bereit waren. Bisherige Tagungen zu Carl Friedrich VON WEIZSÄCKER waren meist unkritisch-hagiographische Treffen der „Jünger", während wir hier – soweit wir sehen, erstmals – den Übergang zur analytisch-historischen Auseinandersetzung mit Licht und Schatten im Wirken WEIZSÄCKERS einleiten konnten. Der Übergang von der Nahe-Ebene der Zeitzeugen auf diejenige der Historiker wurde am deutlichsten im Vortrag von Mark WALKER (Schenectady, NY, USA), der seinen Beitrag als den eines Wissenschafts- und Technikhistorikers konzipiert hatte, aber durch Nachfragen zu seinen persönlichen Begegnungen und Interaktionen mit WEIZSÄCKER in die für ihn sichtlich unbequeme Rolle eines Zeitzeugens schlüpfen musste, während die jüngsten anwesenden Historikerinnen und Historiker wie etwa Gerhard RAMMER (Berlin) oder Ariane LEENDERTS (München) Carl Friedrich VON WEIZSÄCKER nur noch aus der Literatur kennen und nicht mehr persönlich erlebt haben. Durch diesen Dialog beider Gruppen werden die Stärken beider Zugänge (Unmittelbarkeit bzw. Ausgewogenheit) miteinander verbunden, während die Schwächen (Parteilichkeit bzw. zu große Nähe) vermieden werden können. Bemerkenswerterweise wurde genau dieser Punkt auch von einem der Zeitzeugen angesprochen, dem früheren Mitarbeiter Carl Friedrich VON WEIZSÄCKERS am Starnberger Max-Planck-Institut für die Erforschung der Lebensbedingungen der wissenschaftlich-technischen Welt, Philipp SONNTAG (Berlin), der seinen Augenzeugenbericht über „kritische Masse, explosive Mitbestimmung – Chaosmanagement zwischen hohen Zielen und starker Mitbestimmung" mit sehr gut passenden reflexiven Bemerkungen darüber einleitete, dass man Augenzeugen wegen der Tendenz des menschlichen Gedächtnisses zu Begradigungen und Verzerrungen misstrauen müsse, Historikern und Philosophen wegen deren Tendenz zur Subsumption unter deren jeweiligen Fragestellungen und Arbeitshypothesen jedoch ebenso. In der gesunden Mischung beider Perspektiven haben wir das Möglichste getan, eine neue Phase der Auseinandersetzung mit Carl Friedrich VON WEIZSÄCKERS Person und Lebenswerk einzuläuten. Dass auch die anwesenden Mitglieder der Familie (zwei Söhne WEIZSÄCKERS und eine Schwiegertochter) neben dem vielen Lob und den Verneigungen vor Leben und Werk des großen Universalgelehrten die eine oder andere kritische Bemerkung anzuhören gewillt waren und (z. B. im persönlichen Gespräch mit uns während eines der von der Leopoldina offerierten gemeinsamen Abendessen) den einen oder anderen Punkt darunter sogar zu konzedieren, ja zu verstärken bereit waren, half ungemein.

Die Tagung wurde eröffnet mit einigen persönlichen Erinnerungen des Präsidenten der Leopoldina, Jörg HACKER, die insbesondere auf die starke Mitarbeit WEIZSÄCKERS in den Gremien und Jahresversammlungen der Leopoldina abhoben, die Carl Friedrich VON WEIZSÄCKER nach seiner Aufnahme 1959 zwischen 1965 und 1993 sehr regelmäßig besuchte. Zwischen 1963 und 1970 war er ferner Adjunkt der Hansestädte und von Schleswig-Holstein. Der Vorsitzende der Sektion 23 „Wissenschafts- und Medizingeschichte" der Leopoldina, Alfons LABISCH (Düsseldorf), sprach dann ebenfalls einige Grußworte und erläuterte kurz die Absicht jenes interdisziplinären Symposiums, in das selbstverständlich auch die Leopoldina-Sektionen „Physik" und „Wissenschaftstheorie" personell mit eingebunden worden waren, auf der Tagung vertreten u. a. durch die Physiker Achim RICHTER ML (Darmstadt) und Paul LEIDERER ML bzw. den Philosophen Gereon WOLTERS ML (beide Konstanz) als Chairs je einer Session. In der ersten Sektion ging es um Carl Friedrich VON WEIZSÄCKERS Persönlichkeit, vorgestellt anhand eines breit angelegten und mit ausgezeichnetem Bildmaterial untermauerten biographischen Abrisses durch den Ko-Organisator der Tagung Dieter HOFFMANN (Berlin), der zudem WEIZSÄCKERS Aktivitäten in der Leopoldina und sein Wirken in den öffentlichen (kirchlichen) Raum der DDR würdigte. Im anschließenden Vortrag lieferte der zweite Organisator der Tagung, Klaus HENTSCHEL (Stuttgart), eine Analyse von Sprache, Rhetorik und Habitus Carl Friedrich VON WEIZSÄCKERS. Diese Annäherung wurde allgemein als ein längst überfälliger Schritt begrüßt und die im Vortrag an einer Vielzahl von Beispielen aus allen Textgattungen (von Büchern, Aufsätzen und Vorträgen bis hin zu Gedichten und Limericks) aufgezeigten durchgängigen Stilmerkmale WEIZSÄCKERS konnten plausibel mit seinem Habitus (u. a. ein mit der Muttermilch aufgenommenes Talent zur Diplomatie, eine quasi-natürliche Elitarität und ein geradezu als selbstverständlich internalisierter Führungsanspruch) in Verbindung gebracht werden. Im dritten Vortrag dieser ersten Sektion befasste sich Gerhard RAMMER (Berlin) mit WEIZSÄCKERS Nachkriegstätigkeit in Göttingen, die sowohl die Lehre an dieser Universität wie auch die Tätigkeit im dortigen Max-Planck-Institut für Physik und nicht zuletzt auch seine schon damals sehr intensive Sachbuchautorschaft beinhaltete. Wie durch eine Nachfrage deutlich wurde, umfasste Carl Friedrich VON WEIZSÄCKERS Wirken schon damals die vier Rollen des Gelehrten, der im *studium generale* allgemeinbildende Vorträge anbot, des (Ersatz-) „Priesters" in einer Zeit, in der viele aus dem Krieg zurückgekehrte junge Männer, damals der überwiegende Teil der Studierenden in Göttingen, auch eine Ansprache dieser Saite in ihrer Seele benötigten, den traditionellen Kirchenvertretern aber misstrauten, des „Psychotherapeuten" in einer durch die Kriegsereignisse und deren Folgen zutiefst verstörten Lebenswelt, und vielleicht auch die eines geistigen „Fluchthelfers" im Prozess der damals allgegenwärtigen Verdrängung der NS-Zeit, die von WEIZSÄCKER wie auch von seinen Kollegen damals weitgehend tabuisiert wurde.

Die zweite Sektion wurde eingeleitet mit einem in der Kürze und Unkonzentriertheit leider sehr enttäuschenden Beitrag von Helmut RECHENBERG (München), der eigentlich über das Verhältnis Carl Friedrich VON WEIZSÄCKERS zu HEISENBERG, bei dem RECHEN-

BERG promoviert wurde, hätte sprechen sollen. Außerordentlich anregend waren hingegen die beiden folgenden Beiträge, die WEIZSÄCKERS Rolle im 1970 gegründeten und 1980 nach dessen Emeritierung dann wieder geschlossenen Max-Planck-Institut für die Erforschung der Lebensbedingungen der naturwissenschaftlich-technischen Welt thematisierten. Zunächst untersuchten Horst KANT und Jürgen RENN ML (beide Berlin) die Rolle der Netzwerke von WEIZSÄCKER in der Max-Planck-Gesellschaft, die letztlich auch zu dieser schon zur Gründung als Experiment mit ungewissem Ausgang empfundenen Neueinrichtung eines sozialwissenschaftlichen Max-Planck-Instituts geführt haben.

Der Schwerpunkt des Beitrags von Ariane LEENDERTS (München) lag dann eher auf dem Verhältnis der beiden Direktoren Carl Friedrich VON WEIZSÄCKER und Jürgen HABERMAS sowie auf den Hintergründen der Schließung jenes Instituts, das informell gerne auch „Max-Planck-Institut für unbequeme Fragen" genannt wurde. Ein Ergebnis beider Vorträge war es, dass es ohne den Kredit WEIZSÄCKERS nie zur Gründung eines solchen Instituts gekommen wäre, das von vielen Naturwissenschaftlern als Ansammlung „redseliger Leute ohne eigene Leistung" diffamiert und von anderen aufgrund tiefsitzender Skepsis gegenüber technokratischen Politikkonzeptionen angefeindet wurde, denen zumindest WEIZSÄCKER nicht ganz fernstand, da er stets sehr gerne die Rolle eines Experten oder Beraters im Hintergrund der Politik ausgeübt hat (z. B. als Kanzlerberater von Willy BRANDT und Helmut SCHMIDT), den direkten Weg in die Politik aber scheute (z. B. 1979 das Angebot einer Bundespräsidenten-Kandidatur ausschlug).

In der Nachmittagssektion sprach Wolfgang KROHN (Bielefeld) nicht wie angekündigt über das Starnberger Finalisierungskonzept, sondern stattdessen über Carl Friedrich VON WEIZSÄCKERS Konzeption eines „harten Kerns" der Naturwissenschaften, der über wissenschaftliche Umbrüche und Revolutionen hinweg bestehen bleibt und diese vor anderen geistigen Tätigkeiten auszeichnet. In der Diskussion kamen auch ergänzende Konzepte wie etwa HEISENBERGS Vorstellungen zu „abgeschlossenen Theorien" und KUHNS sowie WHEWELLS Phasenmodelle der Wissenschaft zur Sprache. Für den kurzfristig aus gesundheitlichen Gründen ausgefallenen Vortrag von Hubert LAITKO (Berlin) sprang dankenswerterweise Elke SEEFRIED (München) ein, die kenntnisreich über WEIZSÄCKERS Wirken im Zwischenfeld zwischen Wissenschaft, Politik und Öffentlichkeit referierte. Neben der auch in anderen Vorträgen erwähnten Göttinger Erklärung von 18 Atom- und Kernphysikern, die maßgeblich von WEIZSÄCKER mitgestaltet wurde, kamen auch frühere und spätere Memoranden, an denen Carl Friedrich VON WEIZSÄCKER mitwirkte sowie z. B. sein Engagement für die Evangelische Studiengemeinschaft und seine diversen Interviews zur Sprache. Sein Engagement insgesamt wurde von Elke SEEFRIED als „dualer Weg" von Öffentlichkeit und arkaner Einflussnahme gekennzeichnet, womit er sich von französischen Intellektuellen-Rollen absetzte und stärker als Experte profilierte.

Einer der Höhepunkte der Tagung war der öffentliche Abendvortrag des Theologen und DDR-Bürgerrechtlers Friedrich SCHORLEMMER (Wittenberg), der vor rund 400 Zuhörern eine brillante Perspektive eines ostdeutschen Intellektuellen auf Leben und Werk Carl Friedrich VON WEIZSÄCKERS entwarf, von ihm sehr treffend als ein „dialogisch Lehrender, der Lernender bleibt" beschrieben und in seiner spezifischen Wirkung auf die Menschen und speziell DDR-Intellektuelle seiner Generation sehr eindringlich dargestellt.

Am nächsten Tag (Donnerstag, 21. Juni) folgten vormittags zwei Beiträge zu WEIZSÄCKERS Form der Friedensforschung, zunächst ein eher in die NS-Zeit zurückgehender Beitrag des amerikanischen Historikers Mark WALKER (Schenectady, NY, USA), wie eine *Zeit*-Artikelserie Carl Friedrich VON WEIZSÄCKERS aus dem Jahr 1958 überschrieben „Mit der Bombe leben"; danach Arne SCHIRRMACHERS (Berlin) biographischer Vergleich WEIZSÄCKERS mit Max BORN – für SCHIRRMACHER beides „Denker mit Distanz". Während BORN (und mit ihm z. B. auch Karl BECHERT oder Gustav HECKMANN) mit öffentlichen Erklärungen und Aktionen die öffentliche Meinung direkt zu beeinflussen suchten, optierten WEIZSÄCKER (und analog dazu z. B. auch HEISENBERG oder JORDAN) eher für diplomatische Aktionen hinter den Kulissen: zwei Vorgehensweisen, die SCHIRRMACHER als „demokratisch" bzw. „großbürgerlich" gegeneinander kontrastierte.

In der 5. Sektion sprachen Götz NEUNECK (Hamburg) und Ulrich BARTOSCH (Eichstätt) über politische Aspekte. Der bekannte Abrüstungsexperte NEUNECK thematisierte Carl Friedrich VON WEIZSÄCKERS Überlegungen zur nuklearen Abrüstung, nicht ohne zu erwähnen, dass WEIZSÄCKER mit seinem Geheimpatent zur Bombenfähigkeit von Plutonium 1940 nicht unwesentlich zur Rüstungsspirale beigetragen hatte, die dann über das Manhattan-Projekt und den „Kalten Krieg" erst zu der ungeheuren Aufrüstung führte, deren Folgen Carl Friedrich VON WEIZSÄCKER später mit politisch-strategischen Überlegungen zur Abschreckungslogik der Großmächte und mit Proliferations-Vermeidungs-Strategien gegenüber Drittstaaten in den Griff zu bekommen versuchte. BARTOSCH, Pädagoge und derzeit auch Vorsitzender der von WEIZSÄCKER viele Jahrzehnte geleiteten und inspirierten Vereinigung deutscher Wissenschaftler (VDW), behandelte WEIZSÄCKERS wegweisendes Konzept der Weltinnenpolitik, das wie so viele andere brillante Ideen WEIZSÄCKERS auf der Grieser Alm erdacht worden war.

In der 6. Sektion sprachen vier Zeitzeugen aus vier verschiedenen Disziplinen über „Wechselwirkungen", zunächst Michael DRIESCHNER (Bochum) als direkter Schüler Carl Friedrich VON WEIZSÄCKERS und Naturphilosoph über Physik und Philosophie bei WEIZSÄCKER, der bekanntlich beide Professionen eine Zeitlang hauptamtlich betrieb, ohne jemals auf eine der beiden reduzibel gewesen zu sein. Der Physiker Klaus GOTTSTEIN (München) vertiefte das mit eher persönlich gehaltenen Reminiszenzen an Tischgespräche und WEIZSÄCKERS praktische Lebensklugheit, z. B. während Autofahrten, aber auch als Berater der Bundesregierung, sowie WEIZSÄCKERS „Mut, sich zu seiner eigenen Angst [vor Atomwaffen] zu bekennen". Von Philipp SONNTAG (Berlin) erhielten wir den Erfahrungsbericht eines Mitarbeiters des Starnberger Instituts. Die Schließung des Max-Planck-Instituts zur Erforschung der Lebensbedingungen der wissenschaftlich-technischen Welt im Jahre 1980 empfand SONNTAG, der seither als Unternehmer arbeitet, nicht als „Unglück, sondern als das Ende eines Glücks". Seinen eigenen Arbeiten im Institut habe Carl Friedrich VON WEIZSÄCKER immer das Vorbild SHAKESPEARES entgegengestellt, dem alle betroffenen Experten stets bescheinigt hätten, dass alles mit seinen Texten – soweit es sie beträfe – in Ordnung sei. Ein fürwahr hartes Ideal! Der vierte und letzte Experte dieser Augenzeugenrunde war der Spezialist für Zen-Buddhismus, Michael VON BRÜCK (München), für den WEIZSÄCKER ein „aufgeklärter Mystiker" war, dessen Offenheit gegenüber Paradigmen fernab der unsrigen so weit ging, sich sogar mit Yoga und fernöstlicher Lebensweisheit zu beschäftigen und das Brahma als die „Nicht-Zweiheit von Subjekt und Objekt" zu interpretieren.

Am letzten Konferenztag (Freitag, 22. Juni) wurden dann noch physikalische und philosophische Aspekte des Werkes von Carl Friedrich von Weizsäcker behandelt, zunächst von Klaus Blaum (Heidelberg) Weizsäckers Massenformel, die auf seine kernphysikalischen Erstlingsarbeiten in den 1930er Jahren zurückgeht und in Wechselwirkung mit der Konstruktion erster Massenspektrometer durch Aston, Mattauch u. a. Experimentalphysiker steht, für Weizsäcker aber eher im Kontext seines phänomenologischen Tröpfchenmodells des Atomkerns stand, das auch die Kernspaltung hätte voraussagen können, wenn man dieses Modell damals so weitgehend ernst genommen hätte. Danach sprach Michael Wiescher (Notre Dame, IN, USA) über den sogenannten Bethe-Weizsäcker-Zyklus, die Hauptenergiequelle der Sterne, sowie über die Rolle Carl Friedrich von Weizsäckers und Hans Bethes bei dessen Auffindung. Bethe bekam dafür den Nobelpreis, während Weizsäcker leer ausging. Ein ausgesprochen schwieriges Thema behandelte Michael Eckert (München), der Weizsäckers Beiträge zur Turbulenztheorie vorstellte, die in der vorliegenden physikhistorischen Literatur bislang kaum gewürdigt wurden.

„Heisenberg habe Schüler gehabt, Weizsäcker hingegen Jünger." – So hatte der Zeitzeuge Gottstein es in seinem Beitrag spielerisch formuliert. Mit Thomas Görnitz (Frankfurt/Main), dem langjährigen Privatassistenten Carl Friedrich von Weizsäckers, sprach anschließend ein solcher „Jünger" – einer der wenigen, der nach wie vor den von Weizsäcker vorgezeichneten Spuren in Richtung einer vermeintlichen „Einheit der Physik", ja aller Naturwissenschaft, nachgeht. Ausgehend von der „Sackgasse der kleinen Bausteine", in die alle diejenigen kommen, die das Innerste der Materie auf immer kleinere, ebenfalls materielle Bausteine zurückzuführen versuchen, referierte Görnitz die von Weizsäcker vorgeschlagene Alternative, basierend auf den Uren, oder Ur-Entscheidungen, interpretiert als Quantenbits. Aus ca. 1040 solcher Bits solle ein Proton bestehen, und erst danach beginne der im üblichen Standardmodell der starken und elektroschwachen Wechselwirkung übliche Aufbau der Materie. Somit stünde die Struktur der Zeit im innersten Kern der Physik, und nicht irgendeine materielle Konstituente. Der Fairness halber muss aber gesagt werden, dass nur sehr wenige Physiker oder Philosophen dieser hypothetischen Modellierung heute zustimmen, auch nicht die beiden letzten Sprecher der Tagung. So situierte der Wissenschaftstheoretiker Manfred Stöckler (Bremen) Weizsäckers Interpretation der Quantenmechanik im Kontext diverser anderer Interpretationsversuche, und der Philosoph Holger Lyre (Magdeburg) behandelte die Spannung zwischen Reduktionismus und Antireduktionismus im Denken Carl Friedrich von Weizsäckers, der an vielen aus heutiger Perspektive für die analytische Philosophie des Geistes entscheidenden Stellen die letzte Klarheit vermissen lasse, woraus vom Redner auch die mangelnde Resonanz unter heutigen Fachphilosophen abgeleitet wurde. Dafür bezeichnend ist Michael Redheads (Cambridge) Buchbesprechung von Weizsäckers *Einheit der Natur*, in der dieser sich über den aus angelsächsischer Perspektive „ponderous and obscure style" beschwerte. Im Gegensatz dazu hatte einer der ersten Vorträge gerade die von kaum einem zeitgenössischen Autor übertroffene Klarheit und Einfachheit des Weizsäckerschen Stils herausgearbeitet – so verschieden sind und bleiben die Wahrnehmungen zu einem der beeindruckendsten Gelehrten des 20. Jahrhunderts. Weizsäckers unbestrittene historische Rolle war die einer (hochinteressanten) Figur im öffentlichen Raum, wirksam vor allem durch Vorträge und populäre Bücher, die viele spontan sehr beeindruckten, ohne dass häufig viel von ihrem Inhalt längerfristig hängenblieb und umgesetzt wurde. „Präsente Nichtpräsenz, einer Sphinx würdig" – so der Weizsäcker-Biograph Dieter HATTRUP 2004.

Eine Auswahl von Beiträgen, angereichert durch ergänzende Beiträge weiterer Weizsäcker-Experten, wird Ende 2013 von Klaus HENTSCHEL und Dieter HOFFMANN in einem Tagungsband in der Reihe *Acta Historica Leopoldina* herausgegeben.

Prof. Dr. Klaus HENTSCHEL
Leiter der Abteilung für Geschichte der Naturwissenschaften und Technik und
Geschäftsführender Direktor des Historischen Instituts
Universität Stuttgart
Keplerstraße 17
70174 Stuttgart
Bundesrepublik Deutschland
Tel.: +49 7 11 68 58 23 12
Fax: +49 7 11 68 58 27 67
E-Mail: klaus.hentschel@po.hi.uni-stuttgart.de

Prof. Dr. Dieter HOFFMANN
Max-Planck-Institut für Wissenschaftsgeschichte
Boltzmannstraße 22
14195 Berlin
Berlin
Bundesrepublik Deutschland
Tel.: +49 30 22 66 71 17
Fax: +49 30 22 66 72 99
E-Mail: dh@mpiwg-berlin.mpg.de

Gemeinsames Leopoldina-DFG(SPP1257)-Symposium
Meeresspiegel

am 20. September 2012 in Potsdam

Bericht: Herbert Fischer ML (Karlsruhe)

1. Einleitung

Unmittelbar nach dem letzten IPCC-Report im Jahr 2007 (*Intergovernmental Panel on Climate Change* 2007) wurde die Diskussion über den künftigen Meeresspiegel wieder aufgenommen. In der Folgezeit wurden neue Ergebnisse publiziert, welche zu unterschiedlichen Beurteilungen kamen und die Diskussion immer wieder anfachten.

Aus diesem Grund wurde Ende des Jahres 2011 die Planung für ein Symposium über den Wissensstand zum Thema „Meeresspiegel" begonnen. Ziel war es, die verschiedenen Teilbereiche dieses Forschungsgebiets zu diskutieren und konsistente Schlussfolgerungen zu erarbeiten.

Eine gute Gelegenheit, um international angesehene Fachleute für Vorträge auf dem Symposium zu gewinnen, war es, eine Anbindung an das Abschlusskolloquium des DFG-Schwerpunkt-Programms 1257 „Massentransporte und Massenverteilung im System Erde" zu erreichen. Nach Gesprächen mit dessen Sprecher Jürgen Kusche gelang es, diese Idee umzusetzen. Darüber hinaus wurde es durch direkte Kontakte zu Experten erreicht, dass ein hervorragendes Vortragsprogramm aufgestellt werden konnte.

Im Folgenden werden verschiedene Teilthemen entsprechend der gehaltenen Vorträge kurz angesprochen. Anschließend werden ein Ausblick auf die Auswirkungen des Meeresspiegelanstiegs auf die norddeutsche Küste gegeben und Schlussfolgerungen abgeleitet.

2. Satellitenmessungen zur Erfassung des Meeresspiegels

In Satelliten kommen seit etwa 20 Jahren Altimeter und später auch gravimetrische Methoden für die Erfassung des Meeresspiegels zum Einsatz. Die Satelliten-Altimetrie liefert Ergebnisse zu den totalen Änderungen des Meeresspiegels während die Satelliten-Gravimetrie die totalen Massenänderungen der Meere erfasst. Zusammen mit anderen Meßsystemen (z. B. Argo-Sonden) kann die Konsistenz der verschiedenen Messergebnisse überprüft werden.

Durch die gute zeitliche und räumliche Auflösung der Satellitenmessungen können auch regionale Änderungen im Meeresspiegel erfasst werden; dies ist u. a. deshalb wichtig, weil regionale Änderungen um einen Faktor 10 größer sind als die mittlere globale Änderung. Der Anstieg des globalen mittleren Meeresspiegels wird zu 3,3 mm/Jahr aus den Messdaten abgeleitet. Die gravimetrischen Methoden erlauben die Trennung zwischen Massen- und Volumenänderungen und die Generierung eines genauen globalen Modells des Geoids.

3. Massenverlust der Eisschilde und Gletscher

Ein wesentlicher Beitrag zum Anstieg des Meeresspiegels resultiert aus dem Massenverlust der Gletscher und Eisschilde. Die heute noch vorhandenen Eismassen auf der Erde entsprechen einem Anstieg des Meeresspiegels um 64 m; dazu tragen die Berggletscher etwa 30 cm, das Grönland-Eisschild ca. 7 m und das antarktische Eisschild etwa 57 m bei. Der 4. IPCC-Bericht weist aus, dass die Gletscher im Zeitraum 1993 bis 2003 am Meeresspiegelanstieg mit 0,8 mm/Jahr und die Eisschilde mit 0,4 mm/Jahr beteiligt sind. Neuere Messergebnisse führen jedoch zu deutlich höheren Werten, nämlich zu 0,9 mm/Jahr für die Gletscher und zu 0,9 mm/Jahr für die Eisschilde. Insbesondere das grönländische Eisschild scheint sehr viel rascher abzuschmelzen. Damit übertrifft der Effekt über den Eismassenverlust deutlich den Anstieg des Meeresspiegels durch die Erwärmung der Wassermassen.

4. Ozeanerwärmung und Meeresspiegeländerung

Der Anstieg des Meeresspiegels durch die Erwärmung der Ozeane kann heute aus verschiedenen Messdaten, wie aus den Argo-Sondendaten und aus der Differenz von Altimeter- und gravimetrischen (GRACE-Experiment) Messungen, abgeleitet werden. Argo-Daten liefern allerdings nur die Temperaturänderungen bis 2000 m Tiefe und müssen durch andere Informationen ergänzt werden.

Die Zunahme des Meeresspiegels aus der Erwärmung aller Ozeanschichten in den letzten beiden Jahrzehnten ergibt sich zu etwa 1 mm/Jahr; der Anteil der Schichten unterhalb 2000 m sollte dazu 0,1 bis 0,2 mm/Jahr beitragen. Im Vergleich zum 4. IPCC-Report muss festgehalten werden, dass sich bezüglich der Erwärmung der Ozeane der entsprechende Meeresspiegelanstieg deutlich verringert hat (damals 1,6 mm/Jahr).

5. Vertikale Bewegungen von Landmassen

Für die Gesellschaft ist in erster Linie die Änderung des Relativen Meeresspiegels in Bezug auf das Land von Bedeutung. Diese regionalen Änderungen werden direkt durch Pegelmessungen erfasst. In vielen Gebieten können diese vertikalen Landbewegungen in derselben Größenordnung wie die Meeresspiegeländerungen sein; der mittlere globale Wert ist jedoch Null. Die wichtigsten vertikalen Landbewegungen sind die Folge des Gletscherabbaus nach der letzten Eiszeit und der dadurch entstehenden Entlastung der Landflächen.

6. Numerische Modelle für Meeresspiegeländerungen und Vorhersagen

Modelle für den Meeresspiegelanstieg sind komplex durch eine Reihe von (Rück-)Kopplungsprozessen. Als Beispiel sei genannt: Eintrag von Schmelzwasser in den Ozean verändert die lokale Dichte und führt zu regionalen und globalen Änderungen der Ozeanzirkulation und des ozeanischen Transports von Wärme. Dadurch entsteht eine atmosphärische Rückkopplung usw.

Das Abschmelzen des Grönlandeises kann heute relativ gut berechnet werden; es ergibt sich derselbe Wert von 0,6 mm/Jahr wie aus den Messungen. Allerdings sind die Unsicherheiten bei Vorhersagen noch groß. Die größte Unsicherheit bei Projektionen für die künftige Meeresspiegeländerung ist der Prozess der Eisfreisetzung in der Antarktis. Das Potsdam-*Parallel-Ice-Sheet*-Modell berechnet für diesen Prozess im Zeitraum von 2070 bis 2170 einen Beitrag zum Meeresspiegelanstieg von 24 cm. Bei einem Vergleich von numerischen Modellen zur Bestimmung des künftigen globalen Meeresspiegelanstiegs ergeben sich große Unterschiede. Die Erhöhung des Meeresspiegels bis 2100 bewegt sich zwischen 36 (±14) cm und 85 (±33) cm bei der Benutzung eines prozessbasierten und eines halbempirischen Modells.

7. Auswirkungen des Meeresspiegelanstiegs auf die deutsche Küste

Die Bedrohung der deutschen Küste hängt natürlich nicht nur von dem Anstieg des Meeresspiegels ab, sondern auch von langfristigen Änderungen der Extremwerte von Windgeschwindigkeit, niedrigem atmosphärischen Druck und windgenerierten Wellen. Untersuchungen haben gezeigt, dass kein langfristiger Trend bei der Sturmaktivität in der Nordsee festgestellt werden kann. Ähnliche Schlussfolgerungen ergeben sich für Sturmfluten und Wellenklimatologie.

Die meisten Projektionen in die Zukunft zeigen eine moderate Zunahme bezüglich Sturmaktivität mit entsprechenden Änderungen bei Sturmfluten und Wellenklimatologie. Diese Änderungen werden sich den erwarteten Meeresspiegelzunahmen überlagern und für erhöhte Risiken sorgen. Für die meisten Gebiete an der deutschen Nordseeküste sind die momentanen Sicherheitsvorkehrungen bis ca. 2050 ausreichend. Für mögliche Anpassungsstrategien sollten detaillierte regionale Studien durchgeführt werden.

8. Schlussfolgerungen

Das Symposium hat gezeigt, dass nach heutigem Wissen die Rate des Meeresspiegelanstiegs sich seit dem 4. IPCC-Bericht nicht verändert hat, und nach wie vor bei etwa 3 mm/Jahr liegt. Änderungen haben sich allerdings bei den einzelnen Prozessen ergeben, die zum Meeresspiegelanstieg beitragen. Der relative Anteil der Eisabschmelzungen hat im Vergleich zur Ausdehnung der Meere durch die Erwärmung deutlich zugenommen. Die Vorhersagen mit numerischen Modellen weisen nach wie vor große Unsicherheiten auf.

Prof. Dr. Herbert FISCHER
Forschungszentrum Karlsruhe
Institut für Meteorologie und Klimaforschung
Postfach 36 40
76021 Karlsruhe
Bundesrepublik Deutschland
Tel.:   +49 72 47 82 36 43
Fax: +49 72 47 82 47 42
E-Mail: h.fischer@kit.edu

Jena Life Science Forum 2012
Designing Living Matter –
Can We Do Better than Evolution?

vom 4. bis 5. Oktober 2012 in Jena

Bericht: Bernd-Olaf Küppers ML (Jena) und Peter Schuster ML (Wien)

Die Leopoldina-Veranstaltung fand in Verbindung mit dem *Life Science Forum* der Friedrich-Schiller-Universität Jena statt. Das in einem zeitlichen Abstand von zwei bis drei Jahren durchgeführte Forum verfolgt das Ziel, Trends in den Lebenswissenschaften zu identifizieren und zu explorieren, welche das Potenzial haben, die Forschungs- und Anwendungspraxis der Lebenswissenschaften in den kommenden Jahren zu prägen. Über die Aktualität und das öffentliche Interesse am gewählten Thema sowie durch den wissenschaftlichen Rang der Teilnehmer soll mit der Veranstaltung zugleich eine breite Fachöffentlichkeit aus dem akademischen Bereich und der Industrie, aber auch aus der Forschungspolitik und dem Wissenschaftsjournalismus angesprochen werden.

Das *Life Science Forum 2012* stand unter dem Thema „Designing Living Matter – Can We Do Better than Evolution?" Es wurde von Udo Hahn (Computerlinguistik, Jena), Stefan H. Heinemann (Biophysik, Jena), Bernd-Olaf Küppers ML (Naturphilosophie, Jena), Peter Schuster ML (Theoretische Chemie, Wien), Stefan Schuster (Bioinformatik, Jena) und Günter Theissen (Genetik, Jena) organisiert und durch die Alfried Krupp von Bohlen und Halbach-Stiftung sowie das Bundesministerium für Forschung und Technologie (BMBF) gefördert.

Thematische Schwerpunkte

Die Ausgangsthematik des *Jena Life Science Forums 2012* lässt sich wie folgt umreißen: Schon die Baupläne einfacher Biomoleküle besitzen rein rechnerisch eine überastronomisch große Zahl struktureller und funktioneller Alternativen. Der natürlichen Evolution steht damit bereits auf den untersten Stufen biologischer Komplexität ein nahezu unendlich großer Optimierungsraum zur Verfügung, von dem jedoch im bisherigen Evolutionsgeschehen nur ein verschwindend kleiner Bereich ausgetestet werden konnte. Überdies ist die natürliche Evolution mit fortschreitender Dauer und steigendem Komplexitätsgrad der Arten an die vor ihr eingeschlagenen Entwicklungswege gebunden, was letztlich eine Verstetigung biologischer Strukturen und Funktionen nach sich zieht. Mit den Methoden der modernen Biologie lassen sich dagegen neue Evolutionswege einschlagen. Dies geschieht derzeit in großem Umfang im Rahmen der synthetischen Biologie. Im Gegensatz zur natürlichen Evolution, die stets an den vorhandenen natürlichen Biostrukturen „herumbastelt" (der Molekularbiologe François JACOB spricht zutreffend von „tinkering") und dabei nach dem blinden Mechanismus von Versuch und Irrtum verfährt, lässt sich im Rahmen einer künstlichen Evolution die Optimierung mit den Ziel- und Planvorstellungen des Menschen verbinden. Auf diese Weise kann das Informations- bzw. Funktionspotenzial biologischer Strukturen in einer ganz neuartigen Form ausgeschöpft werden.

Der Vorteil einer vom Menschen gesteuerten und zielgerichteten Evolution liegt auf der Hand: Während die natürliche Evolution die Synthese erfolgloser Varianten nicht vermeiden kann, lassen sich im Rahmen einer künstlichen Evolution die Optimierungswege durch den Einsatz synthetischer Materialien, welche bereits an bestimmten Zielvorgaben ausgerichtet sind, erheblich verkürzen. Auf diese Weise kann man – zumindest im Prinzip – von jedem Punkt des Optimierungsraumes eine Evolution von Biomolekülen in Gang setzen. Hat man einmal eine brauchbare Molekularstruktur gefunden, dann lässt sich diese – nach einer entsprechenden Sequenzanalyse – direkt auf konventionellem Weg synthetisieren. Unter diesem Gesichtspunkt erscheint die künstliche Evolution als Fortführung der natürlichen Evolution unter Einbeziehung rationalen Designs.

Die Anwendung evolutionärer Methoden zur Lösung biotechnologischer Probleme gehört heute bereits zum Standardrepertoire der molekularbiologischen Forschung. Besonders gut entwickelt ist die Erzeugung von Nukleinsäuremolekülen, deren Bindungseigenschaften an vorgegebene Targets mit Hilfe der SELEX-Methode (*Systematic Evolution of Ligands by EXponential Enrichment*) optimiert wurden. Daneben stehen aber auch zahlreiche andere Verfahren für die Produktion von Biomolekülen mit vorbestimmbaren Eigenschaften zur Verfügung. So lassen sich Proteine, darunter auch eine ganze Palette humaner Proteine, bereits routinemäßig in gentechnisch modifizierten Bakterien erzeugen. Nicht zuletzt können Proteine für den Einsatz unter nicht natürlichen Bedingungen modifiziert werden, was wiederum für die Entwicklung umweltfreundlicher Techniken von besonderer Bedeutung ist. Erwähnt sei hier zum Beispiel der Einsatz modifizierter Proteine in Waschmaschinen und Geschirrspülern. In vergleichbarer Weise vermag die gentechnische Manipulation von Mikroorganismen helfen, durch gezielten Abbau biogenen und anderen Abfalls Umweltprobleme zu lösen.

Die moderne Gentechnik ist die konsequente Fortsetzung der Manipulation von Organismen für menschliche Zwecke entsprechend dem heutigen Stand der Wissenschaft. Sie wird – unabhängig davon, ob sie von den Bürgern in einigen Ländern akzeptiert wird oder nicht – den entscheidenden Beitrag zur Lösung von Problemen der Welternährung, aber auch der Produktion von technisch und medizinisch wichtigen Produkten liefern. Schon heute werden Pharmaka in gentechnisch modifizierten Tieren, insbesondere Ziegen und Schweinen, hergestellt. Der „Golden Rice" wiederum mag als Beispiel dafür dienen, wie durch Gentechnik ein Ernährungsproblem zusammen mit dem Problem der Versorgung der Bevölkerung mit Vitaminen gelöst werden kann.

Dies sind nur einige Beispiele für die Tragweite molekularbiologischer und gentechnischer Methoden. Sie eröffnen den modernen Lebenswissenschaften vielfältige Möglichkeiten, die belebte Materie neu zu organisieren und menschlichen Zielvorgaben anzupassen. Eine besondere Dimension gewinnen diese Techniken zweifellos mit Blick auf die moderne Stammzellforschung und ihrer Entdeckung der Reprogrammierung adulter Stammzellen. So wird die planmäßige Herstellung menschlichen Gewebes, die durch die jüngsten Forschungsergebnisse in greifbare Nähe gerückt ist, zahlreiche medizinische Probleme, vom Gelenkersatz bis zur Organtransplantation, auf eine völlig neue Basis stellen.

Die übergreifende Frage nach den evolutionstechnischen Perspektiven der modernen Biologie stand denn auch im Mittelpunkt des *Jena Life Science Forums* 2012 mit seinen drei Themenschwerpunkten „Designing Molecules", „Designing Cells", „Designing Organisms".

Wissenschaftliches Programm

Am Eröffnungstag wurde zunächst die Thematik durch Übersichtsvorträge eingegrenzt und vertieft, wobei auch wissenschaftshistorische und gesellschaftspolitische Aspekte in den Fokus rückten. Es sprachen Oliver BRÜSTLE ML (Bonn), Klaus HAHLBROCK ML (Köln) und Hans-Jörg RHEINBERGER ML (Berlin). Die Eröffnungsveranstaltung wurde mit einem Plenarvortrag des Chemienobelpreisträgers Jean-Marie LEHN ML (Straßburg, Frankreich) abgeschlossen.

Hans-Jörg RHEINBERGER („Designing Life in Historical Perspective. Some Reflections") setzte sich in seinem Vortrag mit der grundlegenden Frage der Begriffs- und Theoriebildung in der Biologie auseinander und beschrieb dabei insbesondere den Begriffswandel, der mit der Entwicklung der molekularbiologischen Grundlagenforschung einhergeht. Seine Analyse kommt zu dem Ergebnis, dass mit Schlagwörtern wie „organismische Biologie", „Systembiologie", „synthetische Biologie" oder „künstliches Leben" keine scharfe theoretische Abgrenzung einhergeht, sondern dass sich solche Begriffe am Ende mehr oder weniger unreflektiert aus der sich permanent wandelnden Forschungspraxis mit ihren jeweils vorherrschenden Forschungsinteressen herauskristallisieren.

Klaus HAHLBROCK („Designing New Crop Plants for Human Health and Nutrition") beschäftigte sich in seinen Ausführungen mit der Frage, wie eine qualitativ und quantitativ hinreichende Ernährung der Menschen auf unserem Planeten in Zukunft sichergestellt werden kann. Eine immer noch rasant wachsende Bevölkerung und die Uniformität vieler Kulturpflanzen hinsichtlich ihrer genetischen und phänotypischen Eigenschaften wurden als wesentliche Probleme angesehen. Letztere macht viele Kulturpflanzen überaus anfällig für Schädlinge aller Art, wie Viren, Bakterien, Pilze und Insekten. Zwar hilft die konventionelle Züchtung, diese Anfälligkeiten zu reduzieren, sie ist aber sehr langwierig. Ein „Design" von Pflanzen mittels transgener Technologie könnte hier Abhilfe schaffen und zugleich den Ernährungswert von Pflanzen steigern.

Oliver BRÜSTLE („Designing Cells: Pluripotent Stem Cells and Cell Programming in Biomedicine") gab einen Überblick über den gegenwärtigen Entwicklungsstand der modernen Stammzellforschung und zeigte deren Entwicklungspotenzial für die biomedizinische Forschung auf, wobei der Schwerpunkt der Ausführungen bei der neurobiologischen Forschung lag. Die Möglichkeit der Rückprogrammierung ausdifferenzierter Zellen eröffnet der Stammzellforschung ganz neue Forschungsperspektiven, welche die gesellschaftspolitische Akzeptanz der Stammzellforschung wohl in einem positiven Sinn beeinflussen werden.

Der Chemienobelpreisträger Jean-Marie LEHN („Towards Adaptive Chemistry") gab in seinem Plenarvortrag einen Überblick über die Chemie der Strukturen (von kleinen Molekülen über Makromoleküle zu supramolekularen Komplexen). Anhand von eindrucksvollen Beispielen zeigte er, wie die zwischenmolekularen Kräfte durch Wahl der geeigneten chemischen Strukturen in den komplexbildenden Bausteinen programmiert werden können. Die supramolekularen Aggregate weisen hochgeordnete vorhersagbare Strukturen auf. Besonders interessant ist der Einbau von bestimmten Metallionen, die nicht nur durch ihre positive Ladung wirken, sondern auch durch die von ihnen bevorzugten Komplexgeometrien. Der nächste Schritt in der chemischen Selbstorganisation geht von den programmierbaren Strukturen zu evolutionsbefähigten Komplexen. Es wurden einigen Beispiele vorgestellt, die als geeignete Kandidaten für solche geordneten evolvierenden Aggregate erscheinen.

Der zweite Tag befasste sich mit speziellen Fragen des Generalthemas. Hierzu trugen die Vorträge von Alfonso JARAMILLO (Évry, Frankreich), Andreas PLÜCKTHUN ML (Zürich, Schweiz), Pablo CARBONELL (Évry, Frankreich), Stefan SCHUSTER (Jena), Alfred PÜHLER ML (Bielefeld), Axel BRAKHAGE ML (Jena), Jürgen HESCHELER (Köln) und Andy TYRRELL (York, Großbritannien) bei.

Alfonso JARAMILLO („Automated RNA Synthetic Biology in Living Cells") zeigte die umfangreichen Möglichkeiten der künstlichen Veränderung von RNA-Molekülen, u. a. im Hinblick auf Ribozyme. Weiterhin verdeutlichte er, wie transkriptionelle Netzwerke am Computer entworfen und anschließend realisiert werden können. Der Vortrag vermittelte sehr anschaulich die enormen technischen Fortschritte der Synthetischen Biologie auf molekularer Ebene.

Andreas PLÜCKTHUN („Designing New Proteins: Combining Information from Historic Evolution, Directed Evolution and Computation") gab einen „state-of-the-art"-Überblick über die Möglichkeiten des Designs von Proteinen mit vorbestimmbaren Eigenschaften. Das Verfahren basiert auf zwei konventionellen Säulen: *erstens* auf den aus den Daten der molekularen Evolution hergeleiteten evolvierten Proteinstrukturen mit bekannten Funktionen und Funktionsänderungen als Folge von Mutationen sowie *zweitens* auf den als „molecular mechanics" und „molecular dynamics" bezeichneten Computerrechnungen, welche die Vorhersage von Strukturen und mutationsbedingten Strukturänderungen erlauben. Die dritte Säule des Proteindesigns bildet die „directed *in vitro* evolution" mit Hilfe des Ribosomdisplays. Hierbei handelt es sich um ein hocheffizientes Verfahren zur zellfreien Evolution von Proteinen, das von Andreas PLÜCKTHUN entwickelt wurde. Die enorme Leistungsfähigkeit dieses Verfahrens wurde anhand ausgewählter Beispiele demonstriert.

Pablo CARBONELL („A Journey into Retrosynthesis: Exploring the Origins of Promiscuity in Biosynthetic Pathways") beleuchtete in seinem Vortrag die sogenannte Promiskuität von Enzymen. Darunter versteht man die Tatsache, dass bestimmte Enzyme mehrere Substrate umsetzen können. Dieses Phänomen tritt besonders im Sekundärmetabolismus auf, in dem u. a. viele Wirkstoffe produziert werden. Auf gentechnischem

Weg lässt sich jedoch die Substratspezifität verändern, ein Verfahren, das wichtige Anwendungen in der Synthetischen Biologie besitzt.

Stefan SCHUSTER („Ockham's Razor: Use of Minimal Models and Elementary Modes for Synthetic Biology") stellte moderne Methoden der Analyse von Stoffwechselvorgängen vor. Im ersten Teil seiner Betrachtungen stand hierbei das Problem, dass der Mensch auf den zentralen Stoffwechselwegen Fettsäuren nicht in Zucker umwandeln kann. Mittels großskaliger computergestützter Modelle lässt sich aber zeigen, dass eine solche Umwandlung auf längeren, verschlungenen Pfaden doch möglich ist. Eine künstliche Veränderung des menschlichen Stoffwechsels könnte zwar sehr nutzbringend sein, impliziert aber ethische Probleme. Im zweiten Teil des Vortrages wurde der Nutzen von Minimalsystemen für die Synthetische Biologie aufgezeigt.

Alfred PÜHLER („From Molecular Genetics to Synthetic Biology – Birth of a New Engineering Science") beschäftigte sich zunächst mit der Geschichte der Synthetischen Biologie und ging dabei insbesondere auf die kontroverse Frage ein, ob denn dieses Fachgebiet überhaupt irgendetwas anderes sei als die bereits gut etablierte Gentechnologie. Es zeigte sich, auch in der nachfolgenden Diskussion, dass eine klare Abgrenzung in der Tat sehr schwierig ist. Von dieser grundsätzlichen Frage ausgehend, erläuterte Alfred PÜHLER am Modell des Bakteriums *Corynebacterium glutamicum* seine Auffassung von der Arbeitsweise der Synthetischen Biologie. Dieses Bakterium wurde mittlerweile zu einem biologischen „Chassis" der Synthetischen Biologie entwickelt. Darunter versteht man Modellsysteme (z. B. Bakterien- oder Hefezellen), die dahingehend optimiert werden, dass sie bestimmte synthetische Komponenten (z. B. Regelkreise) aufnehmen und funktionsbereit halten.

Axel BRAKHAGE („Synthetic Biology and Natural Product-Based Drugs") hat zunächst die enorme Vielfalt der Naturstoffe aufgezeigt, die von Pilzen gebildet werden. Viele davon können als Medikamente genutzt werden. Durch moderne Methoden der Genombioinformatik können bisher unbekannte Wirkstoffe gefunden werden, indem von Genclustern auf Enzymketten und damit auf biochemische Synthesen geschlossen wird. Durch genetische Manipulation lassen sich gänzlich neue Wirkstoffe synthetisieren.

Jürgen HESCHELER („Pluripotent Stem Cells for Cardiovascular Research and Later Clinical Application") gab zunächst einen Überblick über die verschiedenen Arten von Stammzellen und deren Möglichkeiten zur Differenzierung in unterschiedliche Zelltypen. Am Beispiel des Herzmuskels wurde dargestellt, wie durch gezielte molekulare Manipulation adulter Stammzellen der Haut Zellen mit kardialen Eigenschaften gewonnen werden können und welche therapeutischen Möglichkeiten sich daraus perspektivisch ergeben.

Andy TYRRELL („Evolving Machines – Can We Come Close to Biology?") bereicherte mit seinem abschließenden Vortrag das *Jena Life Science Forum* um die Sicht eines Elektronikingenieurs. Er erläuterte Grundprinzipien des Baus von Minirobotern. Diese können in bestimmtem Maße autonom Entscheidungen treffen. Einige sind modular aufgebaut und besitzen sogar die Fähigkeit der Selbstreparatur, indem sie defekte Module austauschen können. Die Roboter werden mit evolutionären Algorithmen gesteuert und optimiert.

Fazit

Die breit gefächerte Veranstaltung stieß auf ein großes Interesse aller Beteiligten und kann als ein wichtiger Beitrag zur Öffentlichkeitsarbeit der Akademie angesehen werden.

Prof. Dr. Bernd-Olaf KÜPPERS
Universität Jena
Frege Centre for Structural Science
Zwätzengasse 4
07743 Jena
Bundesrepublik Deutschland
Tel.:   +49 3641 944135
Fax: +49 3643 504516
E-Mail: bernd.kueppers@uni-jena.de

Prof. Dr. Peter SCHUSTER
Universität Wien
Institut für Theoretische Chemie
Währingerstraße 17
1090 Wien
Österreich
Tel.:   +43 1 427752723
Fax: +43 1 427752793
E-Mail: pks@tbi.univie.ac.at

Symposium
Stem Cells and Cancer

vom 14. bis 16. Oktober 2012 in Heidelberg

Bericht: Otmar D. Wiestler ML (Heidelberg)

Das Symposium „Stem Cells and Cancer" fand am Deutschen Krebsforschungszentrum (DKFZ) in Heidelberg statt. Organisatoren waren Otmar D. WIESTLER ML und Andreas TRUMPP vom DKFZ sowie Joe B. HARFORD vom amerikanischen *National Cancer Institute* (NCI) in Bethesda (MD, USA) sowie Ron MCKAY von der *Johns-Hopkins*-Universität in Baltimore (MD, USA). Es wurde zum wiederholten Mal großzügig unterstützt von der Heinrich F. C. Behr-Stiftung, dem DKFZ, dem NCI sowie von Merck Serono und einigen weiteren Biotech-Firmen.

1. Zielstellung

Vom 14. bis 16. Oktober 2012 trafen sich im Deutschen Krebsforschungszentrum in Heidelberg bereits zum vierten Mal Krebs-, Stammzell- und Tumorstammzellforscher. Rund 400 Experten aus aller Welt diskutierten, welche Rolle Tumorstammzellen bei der Entstehung von Tumoren spielen, wie sie Tumoren aufrechterhalten und Metastasen auslösen. Kernpunkt der Diskussionen und Vorträge war vor allem, wie man diese Erkenntnisse für mögliche neue Therapien nutzen kann.

Noch beim ersten Treffen zum Thema „Stammzellen und Krebs" im Jahr 2006 galt die Existenz von Tumorstammzellen eher als Hypothese denn als Tatsache. Doch mittlerweile wurden diese besonders gefährlichen und gleichzeitig resistenten Zellen bei immer mehr Tumorarten nachgewiesen, und aus der Theorie weniger Experten hat sich ein schnell wachsendes Forschungsgebiet entwickelt.

„Der Nobelpreis für Medizin 2012 an den Stammzellforscher Shinya YAMANAKA ist ein deutliches Zeichen dafür, dass dieses Gebiet ins Zentrum der biomedizinischen Forschung gerückt ist", betonte DKFZ-Vorstandsvorsitzender Professor Otmar D. WIESTLER, der die zweijährlichen Behr-Symposien im Deutschen Krebsforschungszentrum seit 2006 unter das Thema der Stammzellforschung gestellt hat. „Bereits im Jahr 2007 haben wir im Deutschen Krebsforschungszentrum YAMANAKA mit dem Meyenburg-Preis für Krebsforschung ausgezeichnet. Das zeigt, dass uns bereits bewusst war, wie eng die Stammzellforschung mit der Krebsforschung verbunden ist." So benutzte YAMANAKA für das Rückprogrammieren von Körperzellen zu Stammzellen – für diese Technik erhielt er den Nobelpreis – die gleichen Gene, die oft bei der Entstehung von Krebs eine Rolle spielen.

Tumorstammzellen sind die gefährlichsten Zellen in einem Tumor: Nicht nur, dass aus ihnen der Tumor hervorgeht, sie sorgen auch ständig für Nachschub an Krebszellen und erhalten so den Tumor am Leben. Ihre direkten Abkömmlinge sind es vermutlich auch, die den Tumor verlassen und an anderer Stelle im Körper die gefürchteten Metastasen bilden. Unglücklicherweise sind ausgerechnet diese Zellen relativ unempfindlich gegenüber herkömmlichen Chemo- oder Strahlentherapien. Deshalb stehen sie im Verdacht, für das Wiederauftreten von Tumoren nach scheinbar erfolgreicher Therapie verantwortlich zu sein. Professor Andreas TRUMPP, Mitorganisator der Tagung und Leiter der Abteilung Stammzellen und Krebs im Deutschen Krebsforschungszentrum sowie Geschäftsführender Direktor von HI-STEM, dem Heidelberger Institut für Stammzellforschung und Experimentelle Medizin im Deutschen Krebsforschungszentrum, ist daher überzeugt davon, dass eine erfolgreiche Krebstherapie nur gelingen kann, wenn diese „Wurzel des Übels" gezielt ausgemerzt wird. „Wir suchen nach Wegen, die relativ seltenen Tumorstammzellen mit empfindlichen Methoden zu entdecken und anschließend gezielt zu vernichten", beschreibt er das Ziel seiner Forschungen und umriss damit gleichzeitig die Zielstellung der Tagung.

2. Wissenschaftliches Programm

Die rund 400 Teilnehmer diskutierten in insgesamt 28 Vorträgen und über 100 Posterbeiträgen vor allem Fragen zu den vier thematischen Schwerpunkten: (*a*) *Leukemic Stem Cells and Microenvironment.* (*b*) *Stem Cells of Solid Tumors and Metastasis.* (*c*) *Brain Tumor Stem Cells.* (*d*) *Reprogramming and Stem Cell Pathways.*

2.1 Leukemic Stem Cells and Microenvironment

Tariq ENVER (London, England), Shahin RAFII (New York, NY, USA), Markus MÜSCHEN (San Francisco, CA, USA), Catriona JAMIESON (San Diego, CA, USA), Paul FRENETTE (New York, NY, USA) und David LYDEN (New York, NY, USA) berichteten über leukämische Stammzellen und ihre unmittelbare Umgebung, das Mikro-Environment bzw. die Stammzellnische.

Die Ärztin und Wissenschaftlerin Professor Catriona JAMIESON von der *University of California* in La Jolla sucht nach Möglichkeiten, Blutkrebsstammzellen in ihrem „Versteck" im Knochenmark, der sogenannten Nische, gezielt aufzuspüren und zu vernichten, denn diese Zellen zeigen sich häufig resistent auch gegen moderne, zielgerichtete Therapien wie Glivec und sind dann verantwortlich für das Wiederaufflammen der Krankheit nach scheinbar erfolgreicher Therapie. In Heidelberg berichtete sie über ihre ermutigenden Ergebnisse aus einer ersten Klinischen Studie mit einem Wirkstoff, der die Selbsterneuerungsfähigkeit der Tumorstammzellen blockiert. Ein anderer Ansatz sei es, die ruhenden Leukämiezellen aus dem Knochenmark herauszulocken und sie so für eine gezielte Therapie zugänglich zu machen.

2.2 Stem Cells of Solid Tumors and Metastasis

Thomas BRABLETZ (Freiburg), Michael CLARKE (Stanford, CA, USA), Andreas TRUMPP (Heidelberg), Thea TLSTY (San Francisco, CA, USA), Luis PARADA (Dallas, TX, USA), Michael SHEN (New York, NY, USA), Owen WITTE (Los Angeles, CA, USA) und Phi-

Abb. 1 Die Mitveranstalter des Symposiums Otmar D. WIESTLER ML und Andreas TRUMPP vom DKFZ (*obere Reihe links* und *Mitte*) und Catriona JAMIESON (*obere Reihe rechts*) sowie Thomas BRABLETZ, Ana MARTIN-VILLALBA und Luis PARADA während ihrer Vorträge (*untere Reihe* von *links* nach *rechts*)

lip BEACHY (Stanford, CA, USA) sprachen über die Rolle von Stammzellen bei soliden Tumoren und bei der Entstehung von Metastasen.

Professor Thomas BRABLETZ von der Universität Freiburg untersucht die Rolle von Krebsstammzellen beim Darmkrebs. „Wir interessieren uns dafür, wie es diesen bösartigen Stammzellen gelingt, den Primärtumor zu verlassen und in ein anderes Organ, häufig die Leber, einzuwandern", beschreibt er seinen Forschungsansatz. Dazu müssen die Krebsstammzellen ihre ursprüngliche Funktion als Darmoberfläche- bzw. -epithel aufgeben. Sie verlieren ihren polaren Aufbau mit Innen- und Außenseite, runden sich ab und verlieren ihre Verbindungen zum übrigen Gewebe. Durch diese Umwandlung aus einer epithelialen in eine mesenchymale Zelle, der sogenannten Epithelialen-Mesenchymalen Transition (EMT), gelingt es den Krebsstammzellen, aus dem Ursprungsgewebe über die Blutbahn in eine neue Umgebung einzuwandern und sich dort – nach Rückprogrammierung in den epithelialen Zustand – anzusiedeln. In seinem Vortrag in Heidelberg ging BRABLETZ insbesondere auf die Rolle der micro-RNAs ein, die in diesem Prozess von entscheidender Bedeutung sind. „Die mobilen Krebsstammzellen wären optimale Ziele in der Krebstherapie", gab Thomas BRABLETZ seiner Hoffnung Ausdruck. „Sie sind die gefährlichsten Zellen für den Krebspatienten, denn sie sind nach unserem Modell der Hauptursprung von Metastasen."

„Krebs" ist ein Sammelbegriff für viele Krankheiten. Mindestens 200 verschiedene Tumorarten unterscheiden Krebsmediziner, ebenso viele wie Zellarten im menschlichen Körper. „Wir sehen immer deutlicher, dass diese Heterogenität ebenfalls für die Tumorstammzellen gilt", berichtete Andreas TRUMPP. Seine Gruppe hat gerade beim gefährlichen Bauchspeicheldrüsenkrebs entdeckt, dass es hier verschiedene Typen der Krankheit gibt, die unterschiedlich schwer verlaufen. „Wir vermuten, dass die Ursache hierfür in den unterschiedlichen Tumorstammzellen liegt, die den Tumor hervorrufen. Unser Ziel ist, dieses Wissen nun für die Therapie zu nutzen, indem wir gezielt Medikamente auswählen, die gegen die jeweiligen Tumorstammzellen wirksam sind." In seinem Vortrag „Circulating metastasis-initiating cells in breast cancer" stellte er zudem die Rolle von im Blut zirkulierenden Metastasenstammzellen beim Brustkrebs vor. Seine Mitarbeiter entdeckten drei neue Rezeptoren auf Brustkrebszellen, die im Blut von Patientinnen zirkulieren. Nach Transplantation lösten diese dreifach-positiven Zellen Knochen- und Lungenmetastasen in Mäusen aus, was sie zu Metastasenstammzellen prädestiniert. Patientinnen mit einer hohen Anzahl dieser Zellen haben eine besonders schlechte Prognose. Die Arbeit wurde inzwischen in *Nature Biotechnology* veröffentlicht.

Professor Luis PARADA von der Universität von Texas in Dallas hatte erst wenige Wochen zuvor über seine aktuellen Ergebnisse zu neuralen Krebsstammzellen in *Nature* berichtet: Seiner Gruppe war es gelungen, auch für das hochaggressive Glioblastom nachzuweisen, dass es Tumorstammzellen sind, die sich resistent gegenüber einer Therapie mit dem derzeit gängigen Medikament Temozolomid zeigen und anschließend für das Wiederauftreten des Tumors verantwortlich sind. In Heidelberg erklärte er der interessierten Zuhörerschaft, wie ihm dieser Nachweis gelungen war und welche weiteren Schritte auf dem Weg zu einer zielgerichteten Vernichtung der Hirntumorstammzellen er zu unternehmen gedenkt.

Professor Owen WITTE vom Stammzellzentrum der Universität von Kalifornien in Los Angeles, der als Krebsforscher Präsident OBAMA in der Forschungspolitik berät, legte in seinem Vortrag dar, dass auch Prostatakrebs aus Tumorstammzellen hervorgeht. Ebenso berichtete Michael SHEN von der *Columbia University* in New York (NY, USA), dass seine Gruppe bei dieser weltweit häufigsten Krebsart des Mannes Tumorstammzellen hatte nachweisen können.

2.3 Brain Tumor Stem Cells

Jürgen KNOBLICH (Wien, Österreich), Ana MARTIN-VILLALBA (Heidelberg), Hai-Kun LIU (Heidelberg) und Ronald MCKAY (Baltimore, MD, USA) berichteten über ihre jüngsten Ergebnisse in der Erforschung von Hirntumorstammzellen.

Zahlreiche Krebsforscher konzentrieren sich mittlerweile darauf, bei verschiedenen Krebserkrankungen die molekularen Merkmale der Tumorstammzellen zu identifizieren, um gezielt Therapien dagegen entwickeln zu können. So auch Professor Ana MARTIN-VILLALBA, die im Deutschen Krebsforschungszentrum die Abteilung Molekulare Neurobiologie leitet. Die Forscherin entdeckte das Zelloberflächenprotein CD95 auf den Tumorstammzellen beim Glioblastom, einem extrem aggressiven Hirntumor. Die Tumorstammzellen empfangen Wachstumssignale über dieses Rezeptormolekül. Auf der Basis ihrer Ergebnisse konnte ein Wirkstoff entwickelt werden, der diesen Rezeptor blockiert und so die Tumorstammzellen in ihrem Wachstum und in ihrer Austreibung hemmt. In einer ersten Phase II Klinischen Studie zeigte die Substanz ermutigende Resultate und soll nun in einer größeren multizentrischen Studie ihre Wirksamkeit beweisen.

Abb. 2 Angeregte Diskussionen im Foyer des Veranstaltungsgebäudes

2.4 Reprogramming and Stem Cell Pathways

Schließlich widmeten sich Marius WERNIG (Stanford, CA, USA), Jochen UTIKAL (Heidelberg), Varda ROTTER (Rehovot, Israel), Mariano BARBACID (Madrid, Spanien), Joachim WITTBRODT (Heidelberg) und Hans CLEVERS (Utrecht, Niederlande) in der letzten Sitzung der Reprogrammierung von Zellen und den Signalwegen, die dabei eine Rolle spielen.

Markus WERNIG von der Stanford Universität in Kalifornien berichtete, wie es seiner Gruppe auf der Grundlage der Arbeiten von Shinya YAMANAKA gelungen war, Hautzellen direkt in Nervenzellen umzuwandeln, ohne den Umweg über Stammzellen zu gehen. „Dies könnte auch ein möglicher Mechanismus bei der Krebsentstehung sein", spekulierte WERNIG in seinem Vortrag.

3. Zusammenfassung und Ausblick

Zum Abschluss des zweieinhalbtägigen Symposiums zeigten sich die Veranstalter hoch zufrieden. „Wir sind stolz darauf, bei unserer Tagung mittlerweile regelmäßig die internationale Elite an Krebs-, Stammzell- und Tumorstammzellforschern in Heidelberg zu versammeln", freute sich Otmar WIESTLER. Der stets prall gefüllte Hörsaal bewies, dass das Thema abermals auf eine breite Resonanz gestoßen war. Zudem besuchten zahlreiche Journalisten eine eigens anberaumte Pressekonferenz und berichteten in verschiedenen Medien ausführlich über die Tagung. Gemeinsam mit Andreas TRUMPP lud Otmar WIESTLER die Teilnehmerinnen und Teilnehmer bereits zur nächsten Stammzelltagung im Oktober 2014 ein. „Wir sind davon überzeugt, dass dieses wachsende Forschungsgebiet die Behandlung von Krebspatienten in Zukunft entscheidend beeinflussen und verbessern wird."

Prof. Dr. Dr. h.c. Otmar D. WIESTLER
Wissenschaftlicher Stiftungsvorstand
DKFZ
Im Neuenheimer Feld 280
69120 Heidelberg
Bundesrepublik Deutschland
Tel.:   +49 6221 422850
Fax: +49 6221 422840
E-Mail: o.wiestler@dkfz.de

2012 IMB Conference
DNA Demethylation, Repair and Beyond

vom 18. bis 21. Oktober 2012 in Mainz

Bericht: Christof Niehrs ML (Mainz)

Die Veranstaltung mit dem Titel „DNA Demethylation, Repair and Beyond" fand am Institut für Molekulare Biologie gGmbH (IMB) in Mainz statt. Die Konferenz wurde von Dr. Helle Ulrich (Cancer Research UK, London Research Institute, Großbritannien), Prof. Dr. Christof Niehrs, Dr. George Reid und Dr. Holger Richly (jeweils IMB Mainz) organisiert.

Zielstellung

Die Epigenetik ist ein schnell wachsender Bereich der modernen Biowissenschaften. Die Forschung hat in den vergangenen Jahren gezeigt, dass epigenetische Mechanismen ein überraschend breites Spektrum biologischer Vorgänge beeinflussen. Dazu gehören grundlegende biologische Prozesse, zum Beispiel wie sich Embryonen entwickeln und wie sich Organismen an ihre Umwelt anpassen. Aber auch für die biomedizinische Forschung ist die epigenetische Regulation der Genexpression von unmittelbarer Bedeutung. So hängen beispielsweise die Stammzellbiologie sowie die Differenzierung und die Reprogrammierung von Zellen, welche die Basis für die regenerative Medizin bilden, entscheidend von epigenetischen Mechanismen ab. Auch bei der Alterung und weit verbreiteten Krankheiten, wie psychischen Erkrankungen, Erkrankungen des Herz-Kreislauf-Systems und insbesondere Krebs, spielen epigenetische Komponenten eine wichtige Rolle.

Es ist daher wichtig, dass wir verstehen, wie epigenetische Mechanismen die Genexpression kontrollieren und wie sie sich in einen größeren biologischen Kontext einordnen lassen. Dadurch werden wir besser nachvollziehen können, wie sich Organismen entwickeln, wie sie auf ihre Umwelt reagieren, warum sie Krankheiten entwickeln und wie diese behandelt werden können. Allerdings sind viele molekulare Mechanismen, die epigenetischen Phänomenen zugrunde liegen wie auch die Auswirkungen diverser epigenetischer Modifikationen nur unzureichend erforscht und damit von besonderem Interesse.

Ziel der ersten IMB-Konferenz war es, den aktuellen Stand von zwei sehr aktuellen Gebieten der epigenetischen Forschung darzustellen – der DNA-Methylierung und der DNA-Reparatur – und diese Themen in einen größeren Kontext einzuordnen. Dabei handelte es sich nicht nur um die erste große Tagung zu dem Thema DNA-Demethylierung. Es war auch die erste Veranstaltung, die weltweit führende Experten auf den Gebieten der DNA-Demethylierung und DNA-Reparatur zusammenbrachte. Dies war umso zeitgemäßer, als sich unlängst eine überraschende Verbindung zwischen diesen beiden bisher separaten Feldern ergeben hat: Die DNA-Methylierung ist eine weit verbreitete epigenetische Veränderung, durch die Gene abgeschaltet werden. Während die molekularen Mechanismen der Methylierung von Genen inzwischen gut erforscht sind, war der umgekehrte Prozess, die DNA-Demethylierung, lange Zeit ein Rätsel. In den letzten Jahren haben Forscher jedoch erkannt, dass die Mechanismen der DNA-Reparatur eine entscheidende Rolle bei der Demethylierung von DNA spielen können. Diese überraschende Erkenntnis führte die beiden bisher unverbundenen Bereiche zusammen. Darüber hinaus hat die IMB-Konferenz die Themen DNA-Methylierung und DNA-Reparatur auch mit bereits bekannteren epigenetischen Mechanismen verknüpft. Erstmals hatten Wissenschaftler der verschiedenen Felder somit Gelegenheit, sich intensiv zu ihren Forschungsergebnissen und Ideen auszutauschen, Kooperationen auf den Weg zu bringen und neue Netzwerke zu knüpfen.

Tagungsort war das Institut für Molekulare Biologie in Mainz. Das IMB ist ein im Jahr 2011 gegründetes Exzellenzzentrum für Lebenswissenschaften, das auf dem Campus der Universität Mainz angesiedelt ist und finanziell von der Boehringer-Ingelheim-Stiftung unterstützt wird. Neben der Leopoldina hat sich die Deutsche Forschungsgemeinschaft (DFG) und die Firma TOCRIS Bioscience an der Finanzierung der Konferenz beteiligt.

Insgesamt haben 113 Teilnehmer aus 16 verschiedenen Ländern an der Konferenz teilgenommen. Neben dem wissenschaftlichen Programm hatten die Teilnehmer auch ausreichend Zeit zum informellen Austausch. So waren alle Konferenzgäste u. a. eingeladen, an einer Exkursion teilzunehmen. Eine Bootsfahrt führte durch das Mittlere Rheintal, welches zum UNESCO-Weltkulturerbe zählt, bis nach St. Goar. Auf einer Tour erkundeten die Teilnehmer dort die Burg Rheinfels. Das anschließende Abendessen auf der Rückfahrt bot allen eine gute Gelegenheit zum weiteren Kennenlernen und kollegialen Austausch in entspannter Atmosphäre.

Wissenschaftliches Programm

Das wissenschaftliche Programm beinhaltete zwei Keynote-Vorträge, 19 weitere Plenarvorträge von eingeladenen Referenten sowie sechs Kurzvorträge (für Sprecher und Titel siehe Anlage). Letztere wurden von den wissenschaftlichen Organisatoren aus allen Abstracts, die von den Teilnehmern bei der Registrierung eingereicht wurden, ausgewählt. Zusätzlich gab es 31 Poster-Präsentationen, die auf zwei jeweils zweistündige Poster-Sessions verteilt wurden. Inhaltlich war die Konferenz in vier Themenbereiche gegliedert: „DNA Repair", „Chromatin and DNA Repair", „Demethylation and Early Development" und „DNA Demethylation Mechanisms".

Prof. Anjana Rao (La Jolla Institute for Allergy & Immunology, La Jolla, CA, USA) und Prof. Azim Surani (Gurdon Institute, Cambridge, Großbritannien) hielten die Keynote-Vorträge der Konferenz. Rao gab einen historischen Überblick über die Wiederentdeckung von 5-Hydroxymethylcytosin und der TET-Enzyme, die an der Oxidation von 5-Methylcytosin beteiligt sind. Surani schilderte, wie sich die Methylierung des

Genoms während verschiedener Stadien der Embryonalentwicklung ändert und wie verschiedene Enzyme der DNA-Reparaturmaschinerie daran beteiligt sind.

Der erste Themenblock der Konferenz widmete sich der DNA-Reparatur. Dabei lag ein besonderer Schwerpunkt auf der Nukleotidexzisionsreparatur, einer speziellen Form der DNA-Reparatur, und auf der Frage, wie Störungen dieses Reparaturmechanismus zu Krankheiten führen können. Weiterhin wurden die Bedeutung der Basenexzisionsreparatur, die Störung dieses Prozesses und deren biologische Relevanz diskutiert. Erörtert wurden auch Einsatzmöglichkeiten von Pharmazeutika zur Förderung von DNA-Demethylierung als neuartige Werkzeuge, um die Genregulation zu erforschen. Die Sprecher diskutierten weitere DNA-Reparaturmechanismen, z. B. die DNA-Doppelstrangbruchreparatur durch nicht-homologes *End-Joining* und die homologe Rekombination, und gingen darauf ein, wie der Zustand des Chromatins diese Prozesse beeinflusst. Es wurde aufgezeigt, wie Unterschiede in der DNA-Methylierung die DNA-Schadensantwort verändern können. Außerdem wurde die Kinetik der DNA-Doppelstrangbruch-Reparatur an verschiedenen Punkten innerhalb des Zellzyklus diskutiert. Abschließend ging es um die Rolle der Ubiquitinierung von Proteinen in dem Prozess, der es Zellen mit beschädigter DNA erlaubt, Zellzyklus-Kontrollpunkte dennoch zu passieren.

Die Vorträge des zweiten Themenblocks diskutierten den Zusammenhang von DNA-Reparatur und Chromatin und knüpften damit inhaltlich an den ersten Konferenzteil an. Es wurde diskutiert, wie Proteine der Polycomb-Gruppe die vererbbare Gen-Inaktivierung unterstützen und welche Rolle sie in der DNA-Demethylierung und -Reparatur spielen. Ein Vortrag widmete sich der Frage, wie methylierte Histone die Gadd45-vermittelte DNA-Demethylierung lenken, ein anderer der Analyse neuartiger Verbindungen, die in der Lage sind, Gene durch DNA-Demethylierung zu aktivieren. Einzelstrangbruchreparatur, das Auftreten von DNA-Reparatur während der DNA-Demethylierung und die Beteiligung der Nukleotidexzisionsreparatur beim Auslösen der Transkription wurden ebenfalls diskutiert.

Der dritte Themenblock beschäftigte sich mit DNA-Demethylierung während der Entwicklung. Erst wurde die weit verbreitete DNA-Demethylierung in der frühen Entwicklung diskutiert. Weitere Vorträge thematisierten die Rolle der Tet-Proteine in diesem Demethylierungsprozess.

Der abschließende Konferenzteil fokussierte auf Mechanismen der DNA-Demethylierung. Dies beinhaltete die Dynamik der DNA-Methylierung und DNA-Demethylierung, der DNA-Demethylierung in Pflanzen und weitere Untersuchungen zur Rolle der Tet-Proteine in diesem Prozess. Ferner wurde ein neues Verfahren zur Kontrolle der Genexpression durch Überschreiben epigenetischer Markierungen vorgestellt und die Identifizierung einer Reihe neuartiger Nukleotidmodifikationen diskutiert.

Diese IMB-Konferenz war die erste einer Reihe von jährlich geplanten Konferenzen am IMB, die aktuelle Themen aufgreifen sollen und über ein interdisziplinäres Feld an Sprechern versuchen werden, unkonventionelle Wege zu beschreiten und neue Fragestellungen aufzuzeigen. Das Feedback der Teilnehmer zu dieser ersten IMB-Konferenz war sehr positiv, und viele kündigten sich bereits für die nächste IMB-Konferenz im Oktober 2013 an, die „Chromatin Dynamics and Stem Cells" zum Thema haben wird.

Ergebnisse

Marianne ROTS und Svend PETERSEN-MAHRT, zwei Sprecher der IMB-Konferenz, haben die Ergebnisse der Veranstaltung, inklusive der Beiträge der jeweiligen Referenten, ausführlich in einem *News & Views*-Artikel dokumentiert, der in der Fachzeitschrift *Epigenomics* veröffentlicht wurde (ROTS und PETERSEN-MAHRT 2013). Im Folgenden wird deshalb nur eine kurze Liste der Sprecher mit den Themen ihrer jeweiligen Vorträge gegeben. Interessierte Leser werden auf den Artikel ROTS und PETERSEN-MAHRT (2013) verwiesen.

Übersicht der Vorträge der IMB-Konferenz zu „DNA Demethylation, Repair and Beyond"

DNA Repair
- Prof. Jan HOEIJMAKERS (Erasmus Medical Center, Rotterdam, Niederlande): „The key role of DNA damage in cancer, aging and longevity";
- Prof. Wim VERMEULEN (Erasmus Medical Center, Rotterdam, Niederlande): „Regulation of transcription-coupled DNA repair";
- Prof. Bernd KAINA (Universitätsmedizin, Mainz): „DNA repair and misrepair in human immunocompetent cells";
- Prof. Penny JEGGO (University of Sussex, Brighton, Großbritannien): „Regulation of the switch from DNA non-homologous end-joining to homologous recombination by MRE11";
- Dr. Andreas MUND (Heinrich-Pette-Institut, Hamburg): „SPOC1: A new epigenetic regulator of chromatin structure and modulator of DNA damage response and DNA repair pathway choice" (Kurzvortrag);
- Dr. Kristina KIRSCHNER (Cambridge Research Institute, Großbritannien): „Global analysis of tumour suppressor protein p53 shows plasticity in phenotype regulation" (Kurzvortrag);
- Prof. Markus LÖBRICH (TU Darmstadt): „Chromosomal translocations arising from resected DNA double-strand breaks in G1 phase";
- Dr. Helle ULRICH (zum Zeitpunkt der Konferenz noch Cancer Research UK, London Research Institute, Großbritannien, aber nun Wissenschaftliche Direktorin am IMB): „Influence of checkpoint signalling on ubiquitin-dependent DNA damage bypass".

Chromatin and DNA Repair
- Prof. Nicole FRANCIS (Harvard University, Cambridge, MA, USA): „Biochemical mechanisms of epigenetic inheritance by Polycomb Group proteins";
- Prof. Christof NIEHRS (IMB Mainz): „Targeting of Gadd45 in DNA demethylation";
- Dr. George REID (IMB Mainz): „Small molecules that selectively induce transcriptional activity and active DNA demethylation";
- Prof. Bernd EPE (Universität Mainz): „Influence of chromatin modulators on oxidative DNA damage generation and repair";
- Dr. J. Pablo RADICELLA (Institut de Radiobiologie Cellulaire et Moléculaire, Fontenay-aux-Roses, Frankreich): „Distinct spatiotemporal patterns and PARP-depen-

dence of XRCC1 recruitment to single strand break and base excision repair" (Kurzvortrag);
- Dr. Svend Kostja Petersen-Mahrt (IFOM-Fondazione Istituto FIRC di Oncologia Molecolare, Milan, Italien): „Genetic and biochemical analysis of DNA repair during DNA demethylation" (Kurzvortrag);
- Prof. Jean-Marc Egly (Institut de Génétique et de Biologie Moléculaire et Cellulaire [IGBMC], Illkirch-Graffenstaden, Frankreich): „Involvement of the NER factors function in activated gene transcription".

Demethylation and Early Development
- Prof. Wolf Reik (Babraham Institute, Cambridge, Großbritannien): „Epigenetic reprogramming in mammalian development";
- Prof. Jörn Walter (Universität des Saarlandes): „5-Hydroxymethylcytosin, demethylation and epigenetic reprogramming";
- Prof. Guoliang Xu (Shanghai Institutes for Biological Sciences, China): „DNA oxidation towards totipotency in mammalian development";
- Yi Zhang (Harvard Medical School, Cambridge, MA, USA): „Role of Tet1-mediated 5mC oxidation in PGC reprogramming and meiosis".

DNA Demethylation Mechanisms
- Dr. François Fuks (Free University of Brussels, Belgien): „Mechanisms underlying TET-mediated hydroxymethylation in transcriptional regulation";
- Dr. Rafael Ariza (Universität Cordoba, Spanien): „DNA demethylation mediated by 5-meC DNA glycosylases in plants";
- Prof. Marianne Rots (University Medical Center Groningen, Niederlande): „Epigenetic editing: gene-specific overwriting of epigenetic marks to modulate expression levels" (Kurzvortrag);
- Dr. Achim Breiling (Deutsches Krebsforschungszentrum [DKFZ], Heidelberg): „Tet2-dependent processing of 5-methylcytosine and the maintenance of active higher order structures during differentiation" (Kurzvortrag);
- Prof. Thomas Carell (Ludwig-Maximilians-Universität München): „The chemistry of stem cell development";
- Prof. Primo Schär (Universität Basel, Schweiz): „DNA repair and the dynamics of cytosine methylation".

Literatur

Rots, M. G., and Petersen-Mahrt, S. K.: A symphony on C: orchestrating DNA repair for gene expression via cytosine modification. Epigenomics 5, 25–28 (2013)

Prof. Dr. Christof Niehrs
Institut für Molekulare Biologie gGmbH
Ackermannweg 4
55128 Mainz
Bundesrepublik Deutschland
Tel.:   +49 6131 3921401
Fax: +49 6131 3921421
E-Mail: c.niehrs@imb-mainz.de

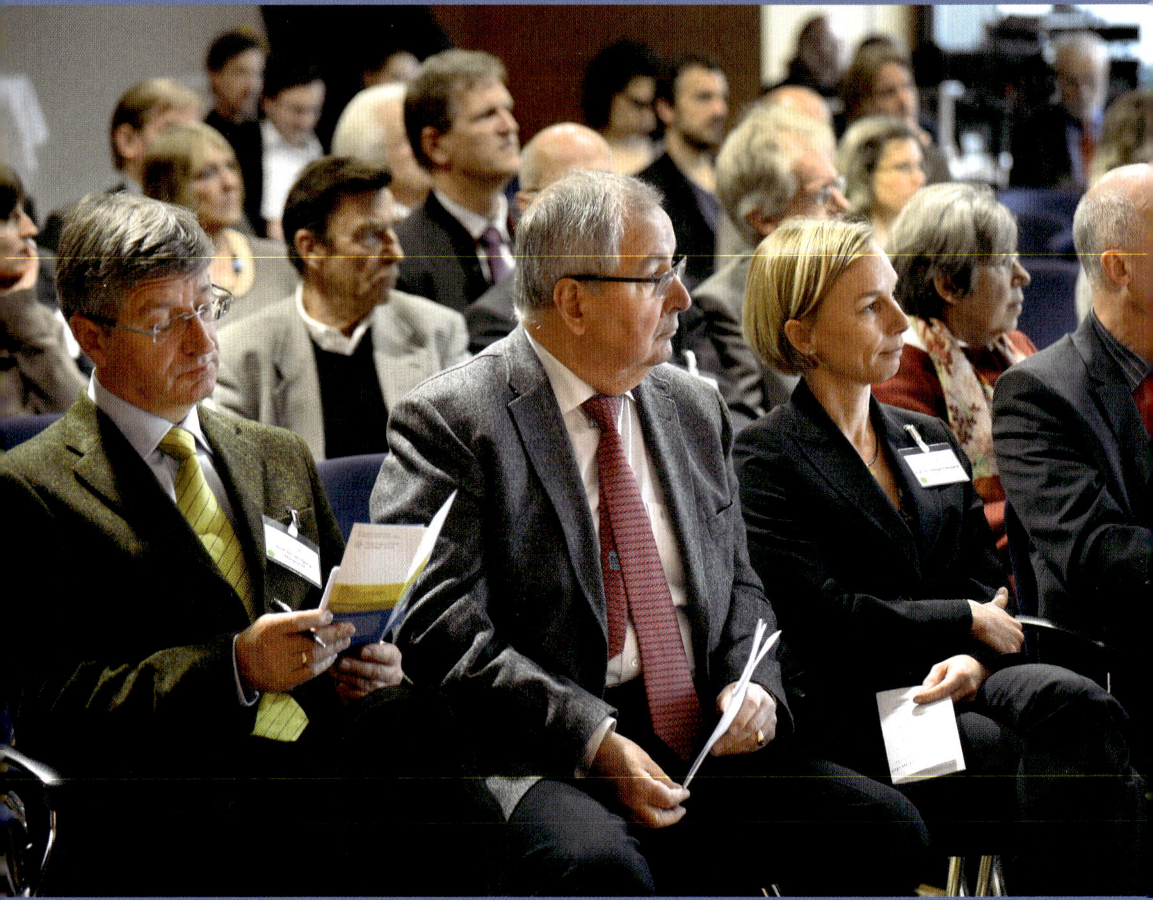

Workshop
Nachhaltigkeit in der Wissenschaft

am 12. November 2013 in Berlin

Bericht: Stefan Artmann (Halle/Saale) und Yvonne Borchert (Berlin)

Kaum ein Begriff prägt die weltweiten Überlegungen zur Bewältigung zentraler Herausforderungen des 21. Jahrhunderts so sehr wie das Konzept der Nachhaltigkeit. Findet das Ideal nachhaltiger Entwicklung zwar nicht zuletzt auf Grund seiner Vagheit breiten Zuspruch, so lässt es sich bei konkreten Problemstellungen nur nach einer wissenschaftlichen Präzisierung in Handlungsvorschläge umsetzen.

Mit dem Begriff „Nachhaltigkeit" und insbesondere mit Strukturen der Nachhaltigkeit in der Wissenschaft befasste sich ein eintägiger Leopoldina-Workshop, der am 12. November 2013 in der Vertretung des Landes Sachsen-Anhalt beim Bund stattfand. Im Zentrum stand dabei die Problematik, dass die Wissenschaft die wichtigste Informationsquelle ist, wenn es darum geht, die langfristigen Folgen menschlichen Handelns für globale Lebensbedingungen zu bewerten, aber sie sich auch selbst die Frage nach der Nachhaltigkeit ihrer Strukturen und Aktivitäten stellen muss.

Die Veranstaltung mit rund 100 Teilnehmern näherte sich nach Grußworten des Leopoldina-Präsidenten Jörg HACKER ML und des Staatssekretärs im Bundesministerium für Bildung und Forschung Georg SCHÜTTE ihrem Thema in drei Vortragsblöcken. Der erste Block „Erforschung von Nachhaltigkeit" diskutierte die Frage, welche Strategien in Forschung und Lehre zum besseren Verständnis von Nachhaltigkeit führen können. Den einführenden Beitrag dazu lieferte Klaus TÖPFER (*Institute for Advanced Sustainability Studies*, Potsdam), der in seinem Vortrag „Nachhaltigkeit im Zeitalter des Anthropozän" einen ideengeschichtlichen Bogen spannte und die quasi-geologische Kraft des Menschen, mit der er seit der ersten industriellen Revolution Einfluss auf seine Umwelt nimmt, thematisierte. Hans Joachim SCHELLNHUBER ML (Potsdam-Institut für Klimafolgenforschung) erläuterte anschließend in seinem Beitrag „Sustainability Science: Eine ungewöhnliche Erfolgsgeschichte" die wissenschaftliche ‚Transdisziplin' *Sustainability Science* (Nachhaltigkeitswissenschaft) und ihre schnelle Entwicklung in den letzten Jahrzehnten. Am Ende des ersten Blocks stellte Konrad HUNGERBÜHLER (Eidgenössische Technische Hochschule Zürich, Schweiz) in seinem Vortrag „Nachhaltigkeit und ihr Platz in der Ausbildung an einer technischen Hochschule" eine Studie vor, die den Anteil von Themen der Nachhaltigkeit am Masterstudium in technischen und naturwissenschaftlichen Studiengängen ausgewählter deutscher und schweizerischer Hochschulen untersucht.

Der zweite Themenblock „Nachhaltig forschen" beleuchtete die Forschung als einen gesellschaftlichen Handlungsprozess, dessen Voraussetzungen, Verläufe und Folgen gemäß Kriterien nachhaltigen Handelns betrachtet werden können. Ottmar EDENHOFER

(Potsdam-Institut für Klimafolgenforschung) erläuterte in seinem Vortrag „Wem gehört das Wissen? Wissen als ‚Anti-Commons'" den Begriff der Nachhaltigkeit aus einer ökonomischen Perspektive und diskutierte die Notwendigkeit, eine Erweiterung der traditionellen Sichtweise auf das Verhältnis zwischen Wissenschaft und Forschung einerseits und dem Wirtschaftswachstum andererseits vorzunehmen. Hildegard WESTPHAL beschrieb unter dem Titel „Forschung nachhaltig nutzen – Wissenstransfer zum Entscheidungsträger" das Nachhaltigkeitskonzept des Leibniz-Zentrums für Marine Tropenökologie Bremen, dem sie als Direktorin vorsteht. Thomas JAHN (Institut für sozialökologische Forschung, Frankfurt/Main) ging in seinem Vortrag „Transdisziplinarität – Forschungsmodus für nachhaltiges Forschen" auf die Nachhaltigkeitsforderungen der Gesellschaft an die Wissenschaft ein. Er sprach sich für Transdisziplinarität als genuinen Forschungsmodus einer Wissenschaft aus, die sich auf nachhaltige Entwicklung bezieht, und plädierte für die Einführung von entsprechenden anerkannten Qualitätskriterien.

Der dritte Vortragsblock „Nachhaltigkeit von Forschung" widmete sich Wesensprinzipien der Forschung – etwa der Falsifizierbarkeit ihrer Resultate – im Lichte der Idee der Nachhaltigkeit.

Karl Ulrich MAYER ML (Berlin), Präsident der Leibniz-Gemeinschaft, führte in seinem Vortrag „Ist Nachhaltigkeit eine brauchbare regulative Idee für die wissenschaftliche Forschung?" Gründe an, warum Nachhaltigkeit kein normatives Ideal für die Be-

Eine Podiumsdiskussion beschloss den Workshop. Die Teilnehmer Ernst Theodor RIETSCHEL, ehemaliger Präsident der Leibniz-Gemeinschaft, der Vorsitzende des Wissenschaftsrats Wolfgang MARQUARDT, die Leopoldina-Vizepräsidentin Bärbel FRIEDRICH, der Moderator Patrick ILLINGER, *Süddeutsche Zeitung*, die Ökonomin Margit OSTERLOH und der damalige Präsident der Deutschen Forschungsgemeinschaft Matthias KLEINER (*von links*) nahmen das Spannungsverhältnis zwischen Freiheit und Nachhaltigkeit sowie die Auswirkungen der Nachhaltigkeitsdebatte auf das Wissenschaftssystem besonders in den Fokus der Diskussion.

urteilung wissenschaftlicher Erkenntnisse sein sollte. Katharina KOHSE-HÖINGHAUS ML (Universität Bielefeld) illustrierte unter dem Titel „Forschungsergebnisse: Gedankengebäude mit Verfallsdatum" die Frage nach der Nachhaltigkeit von Forschungsergebnissen mittels eines Blicks in die Geschichte naturwissenschaftlicher Disziplinen, insbesondere der Chemie.

Margit OSTERLOH (Universitäten Warwick, Großbritannien, und Zürich, Schweiz) schließlich näherte sich in ihrem Vortrag „Das Paradox der Leistungsmessung und Nachhaltigkeit der Forschung" dem zentralen Thema des Workshops aus der Perspektive der Managementwissenschaft. Anhand ihrer Erörterungen zu den Methoden der Messung wissenschaftlicher Leistung (insbesondere Rankings) analysierte sie die paradoxe Struktur der gegenwärtigen Anreizsysteme in der Wissenschaft und führte aus, warum diese einem nachhaltigen wissenschaftlichen Arbeiten entgegensteht.

Im Verlauf des Workshops wurden vor allem zwei Themen wiederholt angesprochen: *erstens* das mögliche Spannungsverhältnis zwischen Freiheit und Nachhaltigkeit der Wissenschaft sowie *zweitens* die erwartbaren Auswirkungen der Nachhaltigkeitsdebatte auf Strukturen des Wissenschaftssystems. Die abschließende Podiumsdiskussion griff beide Themen auf. An ihr nahmen die drei Moderatoren des Workshops – der damalige DFG-Präsident Matthias KLEINER ML (Dortmund), der ehemalige Präsident der Leibniz-Gemeinschaft Ernst Theodor RIETSCHEL ML (Berlin) und der Vorsitzende des Wissenschaftsrats Wolfgang MARQUARDT (Aachen) – sowie Leopoldina-Vizepräsidentin Bärbel FRIEDRICH ML (Berlin, Greifswald) und die Ökonomin Margit OSTERLOH teil. Moderiert wurde die Runde durch Patrick ILLINGER, der das Ressort Wissen bei der *Süddeutschen Zeitung* leitet.

Sowohl die Beiträge der Veranstaltung als auch eine Zusammenfassung der Podiumsdiskussion erschienen im Frühsommer 2013 in der Reihe *Nova Acta Leopoldina*.

...URIOSORUM * ACADE...

16

NUN-
QUAM
OTI-
OSUS

2nd International Conference
The Pathophysiology of Staphylococci in the Post-Genomic Era

vom 11. bis 14. November 2012 im Kloster Banz, Bad Staffelstein

Bericht: Michael Hecker ML, Barbara Bröker und Susanne Engelmann (Greifswald)

Die 2. Internationale Konferenz „The Pathophysiology of Staphylococci in the Post-Genomic Era" fand im Bildungszentrum Kloster Banz in Bad Staffelstein statt. Sie wurde im Rahmen des Transregios TRR34 gemeinsam von den Universitäten Greifswald, Münster, Tübingen und Würzburg unter Leitung von Barbara Bröker (Greifswald) und Michael Hecker ML (Greifswald) organisiert.

Zielstellung

Staphylococcus aureus besiedelt natürlicherweise und völlig symptomfrei die Haut- und Schleimhäute von ca. 30 % der Bevölkerung. Trotz der weiten Verbreitung sind *S. aureus*-Infektionen vergleichsweise selten. Sie bedürfen einer bestimmten Disposition des Patienten. Dazu gehören eine verminderte Funktion des Immunsystems, Verletzungen der Haut oder der Einsatz von Plastikmaterialien und künstlichen Gelenken in der Medizin. Multiresistente Staphylokokken zählen heute weltweit zu den gefürchtetsten Krankenhauskeimen, die für etwa ein Drittel der Hospitalinfektionen verantwortlich sind. Diese reichen von relativ mild verlaufenden Furunkeln und Abszessen bis hin zu Infektionen mit teilweise schweren Verläufen wie Wundinfektionen, Sepsis sowie Herzmuskel-, Lungen- und Knochenhautentzündungen. Die Erreger werden immer aggressiver und resistenter und die Therapie demzufolge schwieriger. Das Auftreten multiresistenter Stämme des Erregers, die mit den herkömmlichen Antibiotika nicht mehr zu therapieren sind und daher nicht selten zum Tod der Patienten führen, ist heute weltweit keine Ausnahme mehr. Die Fachleute sind sich einig: Es muss dringend etwas passieren, wenn wir nicht in die präantibiotische Ära zurückfallen wollen. Im Klartext heißt das: Es müssen neue Behandlungsstrategien für Infektionen mit dem Erreger entwickelt werden, die möglichst zeitnah zum Einsatz kommen. Voraussetzung dafür ist ein hoher Kenntnisstand über Ursachen und Verlauf von *S. aureus*-Infektionen.

Weltweit sind im letzten Jahrzehnt die Forschungsaktivitäten auf diesem Gebiet sprunghaft angestiegen. Ein wichtiger Meilenstein war die Veröffentlichung der ersten Genomsequenzen des Erregers im Jahre 2001. Damit wurde für *S. aureus* das Zeitalter der funktionellen Genomforschung eingeleitet. Mittlerweile gehört der Erreger mit mehr als 40 vollständig annotierten Genomsequenzen zu den am häufigsten sequenzierten Organismen, und es stehen uns Daten in einem nie dagewesenen Umfang zur Verfügung. Mit Hilfe des „Panoramablicks der funktionellen Genomforschung" sollte es möglich sein, auf der Basis dieser Daten zu einem neuartigen, umfassenden Verständnis der Biologie und Pathophysiologie des Erregers zu gelangen. Neben der Proteomanalyse leisten hier Transkriptomik, Metabolomik, strukturelle Genomik, Immmunomik und Bioinformatik entscheidende Beiträge.

Um bestmögliche Synergieeffekte der Forschungsaktivitäten auf diesen Gebieten zu erzielen, sind ein hoher Vernetzungsgrad der Wissenschaftler und ein reger Austausch neuester Ergebnisse und von technologischem Know-how entscheidend. So entstand bereits 2008 die Intention, eine international anerkannte Serie von Konferenzen zur Pathogenomik der Staphylokokken in Deutschland zu etablieren. Ziel dieser Konferenzen sollte es sein, neueste Ergebnisse auf dem Gebiet der funktionellen Genomforschung von *S. aureus* aufzuzeigen und zu verdeutlichen, wie die Genomforschung zu völlig neuen Erkenntnissen der Pathophysiologie und Virulenz von *S. aureus* führen kann. Daraus, so hoffen die Wissenschaftler, werden sich in der Zukunft völlig neue Behandlungsstrategien ableiten lassen.

Die erste Konferenz fand mit internationaler Beteiligung im Oktober 2008 im Bildungszentrum Kloster Banz statt. Diese wurde unterstützt durch die Deutsche Forschungsgemeinschaft (DFG) und die Nationale Akademie Leopoldina. Jörg HACKER ML (Halle/Saale, Berlin) hatte seinerzeit das Eröffnungsreferat gehalten. Bestätigt durch den Erfolg dieser Konferenz, entschlossen sich die Veranstalter, die Konferenzreihe in einem vierjährlichen Rhythmus abzuhalten. Die zweite Konferenz fand nun vom 11. bis. 14. November 2012 statt, wieder mit Unterstützung der Deutschen Forschungsgemeinschaft (DFG) und der Leopoldina. Das Bildungszentrum Banz, das sich durch seine verkehrsgünstige Lage und hervorragend geeignete Räumlichkeiten auszeichnet, wurde erneut als Konferenzort ausgewählt.

Wissenschaftliches Programm

An der Konferenz nahmen 131 Wissenschaftler, Doktoranden und Studenten unterschiedlicher Forschungseinrichtungen teil. Der internationale Charakter der Konferenz wurde durch die Beteiligung von Wissenschaftlern aus neun verschiedenen Ländern sichtbar. In insgesamt 26 Vorträgen und 72 Posterbeiträgen wurden neue Forschungsansätze und Erkenntnisse auf dem Gebiet der Epidemiologie, Pathophysiologie und Virulenz von *S. aureus* vorgestellt und diskutiert. Im Mittelpunkt standen Plenarvorträge internationaler Spitzenwissenschaftler aus den USA, den Niederlanden, Frankreich, Großbritannien, Kanada, Belgien und Deutschland.

Das Programm der Konferenz war inhaltlich in vier Schwerpunkte untergliedert: 1. Populationsgenomik von *S. aureus*, 2. Funktionelle Genomanalysen von *S. aureus*, 3. Adaptation von *S. aureus* an seinen Wirt und 4. Das Immunsystem des Wirtes in der Auseinandersetzung mit dem Erreger.

1. Populationsgenomik von S. aureus

Ein Vergleich der Genomsequenzen der verschiedenen *S. aureus*-Stämme zeigt, dass ca. 75 % des Genoms konserviert sind, während die restlichen 25 % Sequenzen hoch variabel sind. Diese variablen Genomabschnitte sind charakterisiert durch eine Anhäufung von Genen, die für Virulenz- und Resistenzfaktoren codieren. Das Verfolgen des Auftretens und der Verbreitung von multiresistenten Stämmen durch molekulare Typisierung ist eine wesentliche Voraussetzung für gezielte Präventionsmaßnahmen, was in den Vorträgen von Jody LINDSAY (London, UK) und Ulrich NÜBEL (Wernigerode) thematisiert wurde. Beide Redner sind Experten auf dem Gebiet der Populationsgenomik von *S. aureus*. In ihren Vorträgen verdeutlichten sie, dass die Populationsgenomik unser Verständnis der Biologie der Krankheitserreger und ihrer Wechselwirkungen mit dem Wirt bereits erheblich erweitert hat und auch in Zukunft noch weitreichende neue Erkenntnisse zu erwarten sind. Infektionen, lokale Ausbrüche und regionale Epidemien hinterlassen Spuren in den Genomen der Erreger, die mit Hilfe von Genomsequenzierungen entschlüsselt werden können. Ulrich NÜBEL zeigte sehr eindrucksvoll, dass es mit Hilfe von genomweiten SNP-Analysen möglich ist, sowohl die Evolution als auch die raumzeitliche Ausbreitung der Bakterienpopulationen mit sehr großer Präzision zu rekonstruieren. Die Integration epidemiologischer Modelle in populationsgenomische Analysen ist daher anzustreben, um die mathematische Modellierung der zeitlichen Dynamik von Ausbrüchen und Epidemien zu ermöglichen, was wiederum die Planung wirksamer Gegenmaßnahmen erlauben wird.

2. Funktionelle Genomanalysen von S. aureus

Mit einer Vielzahl bereits vorhandener Genomsequenzen wurde uns der Bauplan für *S. aureus* in die Hand gegeben, dessen Komplexität und Variabilität uns immer wieder erstaunen lässt und zu neuen Fragen inspiriert. Eine ganz zentrale Frage der funktionellen Genomforscher ist: Wie sieht die Umsetzung dieses Bauplanes aus? Diese Frage wurde in den Vorträgen von Brice FELDEN (Rennes, Frankreich), Jörg VOGEL (Würzburg), Dörte BECHER (Greifswald), Jan Maarten VAN DIJL (Groningen, Niederlande) und Thilo STEHLE (Tübingen) sehr unterschiedlich adressiert. Während Brice FELDEN und Jörg VOGEL als ausgewiesene Experten für regulatorische RNAs sich stärker diesen Molekülen zuwendeten und den Zuhörern deren Funktionen in den Zellen nahebrachten, widmeten sich die übrigen drei Redner ausschließlich den Proteinen. Hier wurden die Fragen geklärt, in welchen Mengen die in der *S. aureus*-Genomsequenz codierten Proteine gebildet werden, wo sie lokalisiert sind und wie ihre Struktur aussieht. Mit Hilfe von massenspektrometrischen Methoden sind wir heute in der Lage, ca. 80 % der aus der Genomsequenz theoretisch abgeleiteten Proteine tatsächlich nachzuweisen. Diese Proteine können mittels geeigneter Präparationsmethoden entsprechenden Zellkompartimenten zugeordnet und gleichzeitig quantifiziert werden. So können wir heute im Zytoplasma vorkommende Proteine von membran- und oberflächenassoziierten Proteinen und von sekretierten Proteinen unterscheiden. Dörte BECHER stellte Methoden vor, die eine genaue Bestimmung der Molekülzahl für jedes einzelne, nachweisbare Protein zulassen. Da gerade extrazelluläre und oberflächenassoziierte Proteine für Wirt-Pathogen-Interaktionen ideal positioniert sind, ist die Darstellung dieser Subproteome insbesondere für die Beschreibung des gesamten Spektrums der gebildeten Virulenzfaktoren eines pathogenen Bakteriums wie *S. aureus* von großer Bedeutung. Zur Bewältigung der dabei anfallenden Datenmengen sind Datenbanksysteme mit leistungsfähigen bioinformatischen Analysewerkzeugen erforderlich. Einige davon wurden in Greifswald speziell für *S. aureus* entwickelt und von Jörg BERNHARDT vorgestellt. Von etwa 60% der aus der Genomsequenz vorhergesagten Proteine in *S. aureus* ist bisher keine Funktion bekannt. Mit Hilfe der Proteomik konnte die Existenz eines großen Teils dieser Proteine erstmalig nachgewiesen werden. In den nächsten Jahren wird es eine der großen Herausforderungen sein, die Funktion dieser Proteine aufzuklären. Die Struktur der Proteine wird zur Beantwortung dieser Fragestellung wichtige Hinweise geben, und Thilo STEHLE stellte hier die Struktur für einige von ihnen vor.

3. Adaptation von S. aureus an seinen Wirt

Diese sehr wichtige Thematik wurde in einer Vielzahl von Vorträgen adressiert. Dabei standen die folgenden Schwerpunkte im Vordergrund: (*a*) Bakterielle Mechanismen und Strukturen, die die Adhäsion des Erregers an Wirtszellen bzw. die Invasion in die selbigen ermöglichen; (*b*) Mechanismen, die die Ausbreitung der Bakterien innerhalb der Wirtsgewebe unterstützen; (*c*) bakterielle Mechanismen, welche die Immunantwort des Wirtes modulieren können; und (*d*) der Zusammenhang zwischen der Physiologie des Erregers und dem Pathogenitätsgeschehen. Andreas PESCHEL (Tübingen), Simon FOSTER (Sheffield, Großbritannien) und Sven HAMMERSCHMIDT (Greifswald) sprachen über Zellwandstrukturen und daran verankerte Moleküle wie Teichonsäuren und Proteine und deren Bedeutung für die Interaktion des Bakteriums mit seinem Wirt. In den Vorträgen von Tarek MSADEK (Paris, Frankreich) und Nathan MARGARVEY (Ontario, Kanada) ging es um Regulatoren und kleine Proteine, die die Viruenzgenexpression modulieren können. Und die Vorträge von Greg SOMERVILLE (Lincoln, NE, USA), Uwe VÖLKER (Greifswald), Bettina LÖFFLER (Münster), Susanne ENGELMANN (Greifswald), Barbara KAHL (Münster), Knut OHLSEN (Würzburg) und Wilma ZIEBUHR (Würzburg) verband der bisher wenig beachtete Zusammenhang zwischen der Physiologie des Erregers und seiner Fähigkeit, seinen Wirt erfolgreich zu kolonisieren, zu persistieren und akute Infektionen auszulösen. Dabei wurden von den Vortragenden wichtige Adaptationsstrategien aufgezeigt, die das Bakterium befähigen, unterschiedlichste Nischen im Wirt zu besiedeln und dort zu überleben. Besondere Höhepunkte innerhalb dieses Themenkomplexes waren die Vorträge von Hans Georg SAHL (Bonn), Jos VAN STRIJP (Utrecht, Niederlande) und Peter ZIPFEL (Jena), die sich der Thematik widmeten, wie das angeborene Immunsystem eine *S. aureus*-Infektion abwehrt. Jos VAN STRIJP und Peter ZIPFEL berichteten über neue *S. aureus*-Proteine, die es dem Erreger erlauben, sehr erfolgreich diese Mechanismen zu modulieren bzw. zu umgehen. Hans-Georg SAHL behandelte in seinem Vortrag das evolutionsgeschichtlich alte und immer wieder aktuelle Thema der Defensine und ihrer Wirkweise.

4. Das adaptive Immunsystem des Wirtes in seiner Auseinandersetzung mit dem Erreger

Wie eingangs erwähnt, sind 30% der Bevölkerung mit *S. aureus* dauerhaft besiedelt. Diese Besiedlung erfolgt völlig symptomfrei, und in den meisten Fällen sind damit keine gesundheitlichen Konsequenzen verbunden. Einige Studien belegen jedoch sehr eindrucksvoll, dass mit *S. aureus* kolonisierte Personen ein erhöhtes Risiko für eine Infektion durch den Erreger besitzen. In vielen Fällen ist genau der Stamm, der als Kommensale die Nasenschleimhaut besiedelt, als Auslöser von z. T. lebensbedrohlichen Erkrankungen diagnostiziert worden. Auf der anderen Seite ist die Sterblichkeit bei *S. aureus*-Trägern im Falle einer durch *S. aureus* induzierten Septikämie geringer als bei Nicht-Trägern. Diese Beobachtungen zeigen deutlich, dass die Besiedlung mit *S. aureus* zwar ein höheres Risiko, an einer schweren *S. aureus*-Infektion zu erkranken, darstellt, im Falle einer schweren Infektion die Prognose dieser Patienten aber deutlich besser ist. Barbara BRÖKER (Greifswald) präsentierte detaillierte Untersuchungen zum Antikörperspektrum gegen sekretierte Proteine von *S. aureus*, und ihre Ergebnisse zeigten sehr eindrucksvoll, dass die Antikörperspezifitäten gegen *S. aureus*-Antigene bei verschiedenen Probanden sehr variabel sind. Gleichzeitig wurde aber auch deutlich, dass *S. aureus*-Träger eine Immunreaktion entwickeln, die spezifisch gegen die Antigene des kolonisierenden *S. aureus*-Stammes gerichtet ist. Diese Ergebnisse legen nahe, dass das adaptive Immunsystem der *S. aureus*-Träger auf eine Infektion durch den kolonisierenden Stamm vorbereitet ist, und bieten so eine Erklärung für die bessere Prognose dieser Patienten. Isabelle BEKEREDJIAN-DING (Bonn) widmete sich in ihrem Vortrag den B-Zellen und zeigte Mechanismen, die *S. aureus* in die Lage versetzen, die Aktivität dieser Zellen zu manipulieren. Claus BACHERT (Gent, Belgien) wiederum präsentierte in seinem Vortrag sehr eindrucksvolle Daten, die belegen, dass in einer Subgruppe von Asthmapatienten die Erkrankung nicht – wie angenommen – durch spezifisches IgE gegen typische Inhalationsallergene bestimmt wird, sondern wahrscheinlich auf einer allergischen Reaktion gegen *S. aureus* beruht.

Förderung des wissenschaftlichen Nachwuchses

Die Tagung richtete sich ganz besonders an die Nachwuchswissenschaftler (Doktoranden und Studenten), die mit 52 Teilnehmern besonders zahlreich vertreten waren. Mit der Präsentation von Postern sollte gerade jungen Wissenschaftlern die Möglichkeit gegeben werden, ihre Ergebnisse mit etablierten Wissenschaftlern zu diskutieren. Aus den 72 Posterbeiträgen wurden sechs besonders vielversprechende Beiträge ausgewählt, die dem Plenum von den jungen Wissenschaftlerinnen und Wissenschaftlern in Form eines 10-minütigen Kurzvortrages präsentiert wurden. Gemessen an der Diskussionsintensität können die Vorträge und die Posterpräsentationen als großer Erfolg bewertet werden.

Fazit

Die Resonanz auf die Tagung fiel überaus positiv aus. Von vielen Teilnehmern kamen lobende Worte zur Auswahl der Themen und Vortragenden, zum gewählten Format mit seinen vielen Gelegenheiten, intensiv ins Gespräch zu kommen, und zur Organisation der Tagung, die vor Ort in den Händen von Knut OHLSEN lag. Auch ein Ausflug über den Main nach Vierzehnheiligen fand großen Anklang.

Wir danken der DFG und der Leopoldina ganz herzlich für die finanzielle Unterstützung, ohne die es nicht möglich gewesen wäre, die große Anzahl an renommierten Wissenschaftlern für die Plenarvorträge zu gewinnen. Mit unseren Banzer Tagungen haben wir einen regen Austausch zwischen den Wissenschaftlern, die auf dem Gebiet der funktionellen Genomforschung arbeiten, angestoßen. Die Serie soll fortgesetzt werden.

Prof. Dr. Michael HECKER
Universität Greifswald
Institut für Mikrobiologie
Friedrich-Ludwig-Jahn-Straße 15
17487 Greifswald
Bundesrepublik Deutschland
Tel.: +49 3834 864200
Fax: +49 3834 864202
E-Mail: hecker@uni-greifswald.de

Symposium
Klinische Immunintervention: Aktuelle und künftige Ansätze

vom 16. bis 17. November 2012 in Berlin

Bericht: Rolf Hömke (Berlin)

In drei Bereichen der Medizin sind Immuninterventionen, d. h. therapeutische Eingriffe ins Immunsystem von Patienten, von großer Bedeutung: in der Behandlungen von Krebs und Autoimmunkrankheiten sowie bei Organtransplantierten. In all diesen Feldern profitieren Ärzte und Patienten davon, dass das Wissen über das Immunsystem stark zunimmt. „Es vergeht kaum ein Jahr, in dem nicht eine wesentliche neue Komponente gefunden oder erstmals als therapeutischer Angriffspunkt erschlossen wird." Dies erklärte Prof. Dr. Stefan ENDRES, Forschungsdekan am Klinikum der Ludwig-Maximilians-Universität München, vor rund 140 Teilnehmern aus Medizin und Pharmaforschung beim Symposium „Klinische Immunintervention: Aktuelle und künftige Ansätze" an zwei Novembertagen in Berlin. Es wurde gemeinsam von der Nationalen Akademie der Wissenschaften Leopoldina und der Paul-Martini-Stiftung (PMS) veranstaltet. ENDRES leitete es zusammen mit Prof. Dr. Dr. h. c. Peter C. SCRIBA ML, Emeritus an der gleichen Einrichtung wie ENDRES, und Prof. Dr. Stefan C. MEUER ML, Leiter des Instituts für Immunologie der Ruprecht-Karls-Universität Heidelberg.

„Den besonderen Reiz dieses Symposiums macht aus, dass neueste Entwicklungen in der Onkologie, Transplantationsmedizin und der Therapie von Entzündungskrankheiten parallel betrachtet werden", so MEUER. „Das bietet Ärzten Gelegenheit, Erfahrungen anderer medizinischer Disziplinen auch für ihren Bereich nutzbar zu machen."

Immunintervention bei Tumoren

In vielen Fällen könnte das Immunsystem eines Patienten durchaus selbst gegen eine Krebserkrankung vorgehen – wenn es diese nur bemerken und in einen Alarmzustand übergehen würde. Immuninterventionen in der Krebsmedizin zielen darauf ab, genau diese Reaktionen bei schon massiv erkrankten Patienten quasi nachzuholen. Dafür wurden eine ganze Reihe unterschiedlicher Therapieansätze entwickelt.

So wächst seit Ende der 1990er Jahre das Sortiment an bestimmten gentechnisch hergestellten Medikamenten, die sogenannte monoklonale Antikörper enthalten, die bei einigen Krebsarten (darunter Brust- und Lymphknotenkrebs) zur Immunintervention eingesetzt werden können. Sie wirken, indem sie sich an die Tumorzellen heften und sie so markieren; die markierten Zellen werden anschließend von bestimmten weißen Blutkörperchen beseitigt. Dafür wurde der Begriff „antibody dependent cellular cytotoxicity" geprägt. Die Wirksamkeit dieser Antikörper lässt sich mit bestimmten Änderungen an ihrer Molekülstruktur noch steigern, wie Dr. Christian KLEIN von der Schweizer Roche Glycart AG (Schlieren, Schweiz) berichtete: Günstige Effekte ließen sich insbesondere durch gezielte Veränderungen bei den fest an jeden Antikörper gebundenen Zuckermolekülen erzielen.

Auch durch Moleküle, die man sich aus Teilen von zwei verschiedenen Antikörpern zusammengesetzt denken kann, – sogenannten BiTEs – ist es gelungen, effektiv die Zerstörung von Tumorzellen durch weiße Blutkörperchen einzuleiten; in diesem Fall allerdings durch solche vom Typ „zytotoxische T-Zelle". Über Studienergebnisse hierzu referierte Prof. Dr. Gerhard ZUGMAIER vom Unternehmen AMGEN Research (Munich) GmbH.

Bestimmte Tumorzellen erkennen eingedrungene Bakterien an ihrem Erbgut; dafür haben sie in ihren Zellen das Erkennungsmolekül TLR-9. Schlägt TLR-9 an, ist das aber auch gut für die Tumorbekämpfung. Die Berliner Firma Mologen hat dazu ein hantelförmiges, künstliches DNA-Molekül entwickelt; ihr CEO Dr. Mathias SCHROFF stellte positive Ergebnisse von ersten klinischen Studien vor.

Daneben werden von mehreren Firmen und akademischen Forschergruppen Ansätze für eine therapeutische Impfung gegen Krebs verfolgt. Solch eine Impfung kann zwar den Erkrankungen nicht vorbeugen, sie steigert aber – wenn sie gelingt – die Abwehrreaktionen gegen die Krebszellen. Als Antigene, also impfwirksame Inhaltsstoffe, dienen Oberflächenproteine oder Bruchstücke davon, die für die betreffenden Tumoren typisch sind. Besonders erfolgreich zeigte sich die Impfung mit Cocktails aus unterschiedlichen Proteinbruchstücken. Prof. Dr. Hans-Georg RAMMENSEE, Direktor des Instituts für Zellbiologie der Universität Tübingen, erwartet, dass Impfungen, bei denen nicht ein Standardcocktail, sondern ein speziell zum konkreten Tumor passender Mix von Proteinbruchstücken eingesetzt wird, noch besser wirken können. Allerdings sei die Herstellung solcher patientenindividueller Impfstoffe extrem aufwendig.

Doch nicht nur die Medizin, sondern auch die Tumoren selbst sind zu steuernden Eingriffen ins Immunsystem fähig. Einige Tumoren entwickeln diese Fähigkeit und nutzen sie dazu, Angriffe gegen sich zum Erliegen zu bringen – sie sind also zumindest in ihrer unmittelbaren Umgebung im Körper ähnlich immunsuppressiv wie ein Medikament gegen die Abstoßung transplantierter Organe. Aber hier kann die Medizin gegensteuern, wie auf dem Symposium berichtet wurde. So kann beispielsweise der Antikörper Ipilimumab bestimmte Immunzellen bei Patienten mit Schwarzem Hautkrebs vor Inaktivierung schützen, wenn auch mit erheblichen Nebenwirkungen. Erprobt wird zudem, ob es möglich ist, einem Patienten Immunzellen vom Typ „T-Zellen" zu entnehmen, um sie im Labor gegen Inaktivierung „abzuhärten" und dann mit einer Infusion in den Körper zurückzuleiten.

Immunmodulation bei Autoimmunerkrankungen

T-Zellen spielen nicht nur bei Krebs eine Rolle, sondern auch bei vielen Krankheiten, bei denen sich das Immunsystem gegen den eigenen Körper wendet. Zu diesen sogenannten Autoimmunkrankheiten zählen Rheumatoide Arthritis, Multiple Sklerose,

Schuppenflechte, Lupus, Diabetes Typ 1 und viele andere. Bei diesen Krankheiten besteht die therapeutische Aufgabe darin, das Immunsystem nicht weiter zu aktivieren, sondern Teile davon herunterzuregulieren. Vielfach gelingt das mit Medikamenten, die die Kommunikation zwischen T- und anderen Immunzellen stören.

Für eine Heilung genügt es jedoch nicht, nur die T-Zellen unter Kontrolle zu bringen, denn oft hat das Immunsystem der Patienten zudem langlebige Zellen gebildet (Plasma-Gedächtniszellen genannt), die andauernd gegen körpereigene Stoffe gerichtete Antikörper ausstoßen und damit neuen Schaden anrichten. Das erläuterte Prof. Dr. Falk HIEPE von der Charité und dem Deutschen Rheuma-Forschungszentrum. Gerne würde man diese Zellen aus dem Körper vollständig eliminieren; doch sei das bislang nur durch Zerstörung des Knochenmarks von Patienten mit anschließender Transplantation von Knochenmarksstammzellen gelungen, was aber große Risiken berge. Medikamentös könne man die Zahl der problematischen Zellen bislang ein Stück weit nur absenken, doch gebe es Konzepte für weitere Fortschritte.

Als weitere wichtige Ansatzpunkte für die Therapie von Autoimmunkrankheiten kommen eine Reihe von Erkennungsmolekülen der Immunzellen in Betracht, die der Detektion mikrobieller Eindringlinge dienen – und alle von ihnen ausgehenden Wege, entlang derer Alarmsignale weitergegeben werden. Darüber berichtete Prof. Dr. Veit HORNUNG vom Institut für Klinische Chemie und klinische Pharmakologie der Universität Bonn. Sie können auch auf körpereigene Stimuli wie Harnsäure- oder Cholesterinkristalle hin Entzündungsprozesse fördern.

Immunsuppression bei Organtransplantierten

Eine noch weiter gehende Unterdrückung von Teilen des Immunsystems ist bei Organtransplantierten nötig, damit das gespendete Organ nicht abgestoßen oder funktionsgeschädigt wird, denn das Fremdgewebe – so das Thema mehrerer Vorträge – induziere insbesondere bei Nicht-Übereinstimmung von Gewebsmerkmalen zwischen Spender und Empfänger auf mehrfache Weise starke Abwehrreaktionen.

Diese Immunsuppression sei bis heute eine Herausforderung, nicht zuletzt, weil immunsuppressive Medikamente durch Nebenwirkungen selbst Organe schädigen können. So seien immer Kompromisse zwischen der Langzeitwirksamkeit und der Verträglichkeit der immunsuppressiven Therapie unvermeidlich, wie Prof. Dr. Martin ZEIER von der Medizinischen Universitätsklinik Heidelberg berichtete. Gesucht werde u. a. nach Möglichkeiten, die zwar wirksame, aber nebenwirkungsträchtige Klasse der Calcineurin-Inhibitoren künftig durch Medikamente mit anderem Wirkprinzip zu ersetzen.

Zudem werden derzeit im Rahmen des EU-Projektes Bio-DrIM Biomarker evaluiert, anhand derer sich für jeden Organempfänger individuell ergibt, wie viel Immunsuppression er wirklich braucht. Fünf klinische Studien sollen dafür durchgeführt werden, wie Prof. Hans-Dieter VOLK von der Berliner Charité erläuterte. Vielen Patienten könne so später zu einer verträglicheren Therapie verholfen und den Kassen unnötige Ausgaben erspart werden.

„Bemerkenswert ist der wesentliche Beitrag gerade deutscher Forschergruppen zur Immunintervention, sowohl in Forschungseinrichtungen als auch in Firmen", so kommentierte Prof. Dr. Dr. Peter C. SCRIBA abschließend. „Das gilt für die Grundlagenforschung – etwa zu den Mustererkennungsrezeptoren und daran anknüpfenden Signalkaskaden. Das gilt aber auch für Immuntherapeutika wie Antikörper und Antikörperderivate, therapeutische Tumorimpfstoffe und DNA-basierte Immunmodulatoren. Diese zukunftsweisenden Ansätze anwendungsreif zu machen, erfordert einen intensiven Austausch der akademischen und industriellen Forscher mit Sachverständigen aus anderen mit Medikamenten befassten Institutionen. Dazu hat dieses Symposium beigetragen."

Die Paul-Martini-Stiftung

Die Paul-Martini-Stiftung, Berlin, fördert die Pharmaforschung sowie die Forschung über Arzneimitteltherapie und intensiviert den Dialog zwischen medizinischen Wissenschaftlern in Universitäten, anderen Forschungseinrichtungen, Krankenhäusern, Industrie und Vertretern der Gesundheitspolitik und der Behörden. Träger der Stiftung ist der Verband der forschenden Pharma-Unternehmen, vfa.

Dr. Rolf HÖMKE
Paul-Martini-Stiftung
Hausvogteiplatz 13
10117 Berlin
Bundesrepublik Deutschland
Tel.:   +49 30 20604204
E-Mail: rolf.hoemke@paul-martini-stiftung.de

Arbeitstagung des Projektes zur Geschichte der Leopoldina
Wissenschaftsakademien im Zeitalter der Ideologien
Politische Umbrüche – wissenschaftliche Herausforderungen – institutionelle Anpassung

vom 22. November bis 24. November 2012 in Halle (Saale)

Bericht: Torsten Kahlert (Berlin)[1]

Seit 2008 ist die 1652 in Schweinfurt gegründete Deutsche Akademie der Naturforscher Leopoldina zugleich Nationale Akademie der Wissenschaften. Um ihre eigene Geschichte aufzuarbeiten, insbesondere die Frage nach Verstrickungen in der NS-Zeit zu klären, hat die Akademie ein Forschungsprojekt in Auftrag gegeben, das unter der Leitung des Wissenschaftshistorikers Rüdiger vom Bruch die Geschichte der Leopoldina von der späten Kaiserzeit bis zur Nachkriegszeit erarbeiten soll.[2] Teil des Forschungsprojekts bildet die hier zu besprechende Arbeitstagung, die gemeinsam von der Forschergruppe und der Leopoldina organisiert worden ist und vom 22. bis 24. November 2012 im frisch renovierten neuen Hauptsitz der Leopoldina in Halle an der Saale unter dem Titel „Akademien im Zeitalter der Ideologien" stattfand.

Rüdiger vom Bruch (Berlin) führte in seinem Vortrag in das Tagungsthema ein. Ziel der Tagung sei es, allgemeine institutionen- und wissenschaftsgeschichtliche Entwicklungslinien und Kontexte der deutschen und europäischen Akademiengeschichte im „Zeitalter der Ideologien" mit Blick auf den spezifischen Ort der Akademien zu befragen. Dabei würden die Entwicklungen in der ersten Hälfte des 20. Jahrhunderts und die NS-Zeit im Vordergrund stehen.

Während die Akademien in Nordeuropa, wie Bernd Henningsen (Berlin) im ersten Vortrag ausführte, eine weitgehend bruchfreie Entwicklung vollzogen, habe die österreichische Akademie der Wissenschaften in Wien innerhalb von zwei Jahrzehnten gleich vier Brüche erlebt, wie Mitchell Ash (Wien), der zugleich im Namen von Johannes Feichtinger (Wien) sprach, darlegte. Ash und Feichtinger zufolge genoss die Wiener Akademie in der Zwischenkriegszeit, während der von ihr ungeliebten Republik, eine größere Autonomie als in der NS-Zeit, die von den meisten ihrer Mitglieder dennoch freudig begrüßt wurde. Katrin Steffen (Lüneburg) kontrastierte diese Beispiele mit dem ganz anders gelagerten polnischen Fall. In Polen hätten die wissenschaft-

---

[1] Tagungsbericht Wissenschaftsakademien im Zeitalter der Ideologien. Politische Umbrüche – wissenschaftliche Herausforderungen – institutionelle Anpassung. 22. 11. 2012 – 24. 11. 2012, Halle (Saale). In: H-Soz-u-Kult 29. 1. 2013.

[2] Vgl.: http://www.leopoldina.org/de/ueberuns/akademien-und-forschungsvorhaben/geschichte-der-deutschen-akademie-der-naturforscher-leopoldina-in-der-ersten-haelfte-des-20-jahrhunderts/ (2. 1. 2013)

lichen Gesellschaften und Akademien zwar eine nicht unwichtige Rolle bei der nationalen Selbstfindung gespielt, sich aber bis zum Ende des Zweiten Weltkriegs durch eine Distanz zum Staat ausgezeichnet.

Zeitlich weiter zurück ging der Beitrag von Martin GIERL (Göttingen), der das Verhältnis von universitärer und außeruniversitärer Forschung am Beispiel der Göttinger Akademie der Wissenschaften untersuchte und dabei die These vertrat, die Göttinger Akademie habe sich im Zuge des Entstehens des Kartells der deutschen Akademien der Wissenschaften von einer „Publikationsakademie" zu einer „Arbeitsakademie" gewandelt. Die Heidelberger Akademie, so Udo WENNEMUTH (Karlsruhe), die eine vergleichsweise späte Gründung gewesen sei, habe paradoxerweise gerade in dieser Zeit, Anfang der 1920er Jahre, als sie ihr Vermögen durch die Inflation verloren habe, begonnen, relativ aufwändige Großprojekte zu etablieren. Ihr erstes Projekt widmete sie der Geschichte der Heidelberger Universität. Dies interpretierte WENNEMUTH als einen Akt der Emanzipation gegenüber der Universität.

Einen wichtigen Baustein für das Verständnis der Frage, was eine Akademie eigentlich sei oder sein solle, bildete der Vortrag des Wissenssoziologen Rudolf STICHWEH (Bonn). Ausgehend von einer idealtypischen Akademientypologie, warf STICHWEH, einen Blick auf die *long durée* der Wissenschaftsgeschichte. Auf welche Frage und welches Problem, so STICHWEH die übliche Perspektive umkehrend, waren die Akademien eigentlich eine Antwort? Die Beantwortung dieser Frage führte für ihn zu dem Problem, wie Kommunikation zu organisieren sei. Das Verständnis dieser Problematik erleichtere ein Vergleich mit anderen gesellschaftlichen Teilsystemen. So sei das politische System ein Teilsystem mit besonders ausgeprägter Organisation; Kunst oder Familie hingegen seien mit weniger oder gar keiner Organisation ausgestattet. Wissenschaft wäre in einer solchen Konstellation in der Mitte dieser Positionen einzuordnen. Zu den Struktureigentümlichkeiten von Akademien gehöre in der Regel eine starke Hierarchie, Seniorität und räumliche Beschränkung. Letztlich aber sei die Geschichte der Akademie als Typus und in ihren konkreten Beispielen von ihrer wichtigsten Konkurrenz geprägt: der Universität. Während die Akademien einen elitären, staatsnahen und auf den Nationalstaat ausgerichteten Charakter aufwiesen, sei die Universität nicht nur Forschungs-, sondern auch Erziehungs- oder Bildungsanstalt.

An den Bildungsbegriff knüpfte auch der Abendvortrag von Heinz-Elmar TENORTH ML (Berlin) an. TENORTH spannte einen Bogen über 200 Jahre Wissenschaftsgeschichte und maß den Bildungsbegriff sowohl in seinem Anspruch als auch in seiner Beziehung zur Akademie aus. Der emphatischen Begeisterung für die sittlich-moralische Kraft der Wahrheitssuche und der Bildung, wie sie seit Beginn des 19. Jahrhunderts propagiert worden sei, stellte TENORTH die katastrophalen und grausamen Wirkungen während der NS-Zeit gegenüber. Wissenschaft, das haben die Untersuchungen der letzten beiden Jahrzehnte zu Verstrickungen wissenschaftlicher Institutionen in die nationalsozialistischen Verbrechen gezeigt, habe dabei alles andere als sittlich gewirkt. In der Analyse der heutigen Stellung der Akademien konnte TENORTH dann aber doch eine Verbindung von Bildung zur Wissenschaft ziehen. In Begriffen des Dialogs und des Austauschs, die sich in der Aufgabe der Beratung von Politik, der Übersetzung innerfachlicher Ergebnisse insbesondere bei gesamtgesellschaftlichen Streitfragen konkretisieren, sei immerhin doch eine Verbindung von Bildung und Akademie erkennbar.

Im Rahmen der Sektion zur Frage nach dem Umgang der Akademien mit öffentlichen Erwartungen untersuchte zunächst Arne SCHIRRMACHER (Berlin) die Strategien von Akademien und anderen außeruniversitären Einrichtungen in der Zwischenkriegszeit, Wissen zu vermitteln und Öffentlichkeitsarbeit zu betreiben. Ein wichtiges Mittel bildeten nach SCHIRRMACHER die populärwissenschaftlichen Zeitschriften, die in den 1920er Jahren in Deutschland in großer Zahl und Vielfalt erschienen sind. Die von Karl KERKHOFF als Leiter der Reichszentralstelle (die „PR-Agentur der Akademien") geleitete und von den großen Akademien in Deutschland in Auftrag gegebene Zeitschrift *Forschung und Fortschritte* habe – wie andere populärwissenschaftliche Zeitschriften auch – sowohl dem gestiegenen Bedürfnis nach wissenschaftlicher Erklärung als auch umgekehrt der Legitimierung der wissenschaftlichen Institutionen in einer veränderten politischen Umgebung gedient. Obwohl vom Stil her eher veraltet, konnte sich das Korrespondenzblatt immerhin bis 1940 halten, bevor es vom stärker staatlich angebundenen Deutschen Wissenschaftlichen Dienst (DWD) übernommen wurde.

Im Anschluss daran erörterte Peter NÖTZOLD (Berlin) für denselben Zeitraum das Verhältnis von Geltungsanspruch und Wirklichkeit der deutschen Akademien. Schon zu Beginn des 20. Jahrhunderts sei ein Bedeutungsverlust der Wissenschaftsakademien reflektiert worden; den Akademien, insbesondere auch der Preußischen Akademie, wäre es jedoch nicht gelungen, sich zu reformieren. Stattdessen, so NÖTZOLD, hätten die Akademien versucht, sich über die Gründung eines Kartells der Deutschen Akademien ihren Alleinvertretungsanspruch zu sichern, was jedoch allein mittels einmaliger jährlicher Treffen nicht habe erreicht werden können.[3] Jürgen KOCKA ML unterstützte und erweiterte die These vom Bedeutungsverlust der Akademien in der Diskussion. Es hätte, so KOCKA, die Kaiser-Wilhelm-Gesellschaft – und damit auch ihre erfolgreiche Nachfolgerin, die Max-Planck-Gesellschaft – nicht gegeben, wenn die Akademien einen Reformprozess in Angriff genommen hätten.

Während in der vorherigen Sektion die Akademien als institutionelles und organisatorisches Ganzes betrachtet wurden, standen in der folgenden ausgewählte Disziplinen im Mittelpunkt. Heiko STEUER (Freiburg i. Br.) stellte am Beispiel der Göttinger Akademie das Verhältnis der Akademien zur Ur- und Frühgeschichte vor. Wolfgang KÖNIG (Berlin) untersuchte das Verhältnis der Akademien zu den Technikwissenschaften. Während die Leibnizsche Akademie im 18. Jahrhundert mit ihrem Leitspruch „theoria cum praxi" ein unproblematisches Verhältnis zu Technik gehabt habe, seien aus Sicht der Akademien die aufsteigenden Technikwissenschaften im Laufe des 19. Jahrhunderts in das Konzept der reinen und zweckfreien Wissenschaft nicht integrierbar gewesen. Nachdem sich die Fronten um 1900 verhärtet hatten, hätten sich die Spannungen erst in den 1920er Jahren, nicht zuletzt durch die inzwischen erfolgte Anerkennung der technischen Hochschulen, gelockert. Die Leopoldina sei mit ihrer naturwissenschaftlich-medizinischen Ausrichtung dabei eher die Ausnahme unter den Akademien gewesen. Der Lieblingstechniker des Kaisers, Adolf SLABY, so KÖNIG, sei Mitglied der Leopoldina geworden, während ihm die Aufnahme in die Akademien von Berlin und Göttingen verwehrt geblieben sei.

---

3 In der Sektion IV: „Wissenschaftsakademien und neue wissenschaftliche Herausforderungen" musste der angekündigte Vortrag von Christian GEULEN zum Rassebegriff leider entfallen.

In einer zweiten Teilsektion zu diesem Thema standen die Psychologie, die Psychiatrie und die Anatomie im Mittelpunkt. Während Horst GRUNDLACH (Würzburg/Heidelberg) die Wandlungen der erst spät institutionalisierten Disziplin der Psychologie und ihr Verhältnis zu den Akademien in Berlin und Leipzig erörterte, verfolgte Heinz SCHOTT ML (Bonn) Wirken und Rezeption des medizinischen Anthropologen Viktor VON WEIZSÄCKERS. WEIZSÄCKERS Ausgangspunkt sei die Kritik an der unterkomplexen naturwissenschaftlichen Medizin gewesen; er habe die Freudsche Psychoanalyse für seine Arbeit entdeckt und zusammen mit seinen experimentellen Forschungen in den 1940er Jahren die medizinische Anthropologie begründet. Schließlich ergänzte Florian STEGER (Halle/Saale) das Bild um die Anatomen in den verschiedenen Akademien, für die er auf der Grundlage bibliographischer und Mitgliederverzeichnisse einen relativen Bedeutungsverlust konstatierte.

Den Abschluss des zweiten Konferenztages bildete eine öffentliche Podiumsdiskussion, die unter dem Titel „Utilitas oder Curiositas" der heutigen Bedeutung der Wissenschaftsakademien nachspürte. Neben dem Präsidenten der Leopoldina, Jörg HACKER (Halle/Berlin), nahmen daran auch der Präsident der österreichischen Akademie der Wissenschaften, Helmut DENK ML (Wien), Jürgen RENN ML und Jürgen KOCKA ML (beide Berlin) teil. Jürgen KAUBE (Frankfurt/Main), vom Feuilleton der *FAZ*, hatte die Moderation übernommen. Über die Ausgangsfrage herrschte Einigkeit: Es sei die Neugier und der Nutzen gewesen, der zur Gründung der Akademien geführt habe. Während in den Vorträgen der Tagung der Verlust an Autonomie im Zeitalter der Ideologien analysiert und kritisch behandelt wurde, blieb die Frage nach der Politikberatung als eines von drei Aufgaben heutiger Akademien (neben Langzeitvorhaben und Repräsentation) überraschend unkontrovers. Für die Leopoldina, in deren erst kürzlich neu eingeweihten und in der Tat sehr repräsentativen Räumlichkeiten die Tagung stattfand, stellt die Politikberatung erklärtermaßen eines ihrer Kerngeschäfte dar, die sie teilweise zusammen mit anderen Akademien betreibt, wie Jörg HACKER an einigen Beispielen zeigte. Dennoch bleibe die Frage, so KAUBE, ob diejenigen, die beraten werden sollen, nicht schon sehr gut beraten seien, und zwar von Firmen, die sie dafür bezahlen. RENN erwiderte, dass es eher Aufgabe der Akademie sei, Diskurse zu initiieren. HACKER ergänzte, dass es die notwendige Distanz und Unabhängigkeit der Akademie(n) sei, die ihren Gutachten Gehör verschaffen könne. KAUBE fasste zusammen: Politikberatung sei ebenso wie Gesellschaftsberatung schwierig. Letztere könne auch deshalb nicht wirklich funktionieren, weil Gesellschaft keine Adresse habe. Schwierig sei es aber auch – und das gelte auch für den Journalisten, so KAUBE – die konkreten Wirkungen und Effekte akademischer Politikberatung zu messen.

In den Vorträgen des letzten Konferenztages stand dann die NS-Zeit im Mittelpunkt. Eröffnet wurde die Sektion zu Führungsprinzipien von Wissenschaftsakademien im „Dritten Reich" von Jens THIEL (Berlin), der die Auseinandersetzungen um das Führerprinzip in der Preußischen Akademie zum Gegenstand seines Vortrags machte. Das Führerprinzip sei dort zwar gescheitert, habe aber die von einigen ihrer Mitglieder und anderen Zeitgenossen als strukturelle Modernisierung betrachtete Einführung eines effizienteren Präsidialsystems nach dem Krieg und damit längst fällige Reformen begünstigt. Analog dazu untersuchte Matthias BERG (Berlin) den Fall der Bayerischen Akademie und den ihres Präsidenten, des Historikers Karl Alexander VON MÜLLER. Anders als Theodor VAHLEN in Berlin, habe MÜLLER keinen martialischen Stil vertreten. Als Wissenschaftler angesehen, galt er aber gleichzeitig auch als zuverlässiger Parteigänger der NSDAP. Wie in Berlin war der Beschluss, die jüdischen Mitglieder aus den Akademien zu entfernen, 1938 auch in München ohne institutionellen Widerstand umgesetzt worden. BERG zu Folge habe MÜLLER in beide Richtungen, Partei und Mitglieder, gearbeitet. Als ihm letztere ihre Zustimmung versagten, verlor er sein Amt. Hierin sah BERG einen letzten Rest institutioneller Selbstbestimmung der Bayerischen Akademie.

Die Frage des Führerprinzips für die Leopoldina untersuchten die Brüder Michael und Joachim KAASCH (Halle/Saale). Im Gegensatz zur Berliner Akademie hatte die Leopoldina schon in den 1870er Jahren Präsidialstrukturen geschaffen. Michael KAASCH verglich Johannes WALTHER als Präsident während der Weimarer Republik mit Emil ABDERHALDEN, der das Amt des Leopoldina-Präsidenten ab 1932 innehatte. Während unter WALTHERS Präsidentschaft die Gefahr bestand, dass sich die Leopoldina zu einem fast nur noch lokal wirksamen „Verein" entwickelte, vertrat der ursprünglich aus der Schweiz stammende ABDERHALDEN den Anspruch, die Leopoldina wieder zu einer nationalen Akademie zu machen. ABDERHALDEN war zwar nicht Mitglied der NSDAP, habe aber ebenso widerstandslos den Ausschluss der jüdischen Mitglieder durchgeführt wie seine Kollegen an allen anderen Akademien.

Den Abschluss der Tagung bildeten drei Vorträge, die der Beteiligung von Akademiemitgliedern an nationalsozialistischen Verbrechen und dem Ausschluss von Mitgliedern gewidmet waren. Sabine SCHLEIERMACHER (Berlin) beleuchtete mit dem *Atlas des deutschen Lebensraumes in Mitteleuropa* ein bisher wenig untersuchtes Forschungsprojekt, an dem sich die direkte Verstrickung von Wissenschaftlern mit NS-Verbrechen aufzeigen und nachweisen lässt. Annette HINZ-WESSELS (Berlin) verglich den Umgang mit den Verbrechen in der Preußischen Akademie der Wissenschaften und der Leopoldina. Sie kam zu dem Ergebnis, dass beide Akademien schon auf Grund ihrer Mitgliederzahlen nicht nur verschieden stark in die NS-Verbrechen involviert waren, sondern dass sie auch nach 1945 sehr unterschiedlich agierten. Während die Nachfolgerin der Preußischen Akademie der Wissenschaften, schnell und entschlossener reagierte und die an den Verbrechen beteiligten Mitglieder schon vor ihrer Wiedereröffnung als Deutsche Akademie der Wissenschaften 1946 ausschloss, verfolgte die zunächst inoffiziell weiter bestehende Leopoldina eine andere Strategie. Auch mit ihrer offiziellen Wiedereröffnung, in einer Phase der stillen Rehabilitierung Anfang der 1950er Jahre, wurden kaum Mitglieder überprüft oder gar ausgeschlossen. Nach einer Untersuchung des Ministeriums für Staatssicherheit seien in den 1960er Jahren sechzig Leopoldina-Mitglieder in der NSDAP organisiert gewesen. Das geringe Aufsehen, dass diese beachtliche Kontinuität erregte, erklärte HINZ-WESSELS, gerade mit Blick auf die wesentlich exponiertere Stellung der Berliner Akademie, durch die randständige Lage der Leopoldina.

Im Vortrag von Sybille GERSTENGARBE (Halle/Saale) stand der Ausschluss der jüdischen Mitglieder aus der Leopoldina im Zentrum. Neben genauen Zahlen – von den ca. 13 % oder 106 jüdischen Mitgliedern konnte GERSTENGARBE 94 Streichungen nachweisen – beschrieb GERSTENGARBE detailliert die Verfahren der Ausschließung. So wurden die Streichungen mit Bleistift auf den Personalblättern markiert; den ausgeschlossenen Mitgliedern selbst jedoch nicht mitgeteilt. Nach Kriegsende wurden die Streichungen wieder rückgängig gemacht. Da zu vielen der ausgeschlossenen Mitglieder jedoch kein Kontakt mehr bestand, tauchten aber auch einige Mitglieder in dem neuen Nachkriegsverzeichnis auf, die während der NS-Zeit in Konzentrationslagern umgebracht worden waren. In seinem Abschlusskommentar fasste Rüdiger vom Bruch die Leitlinien und Ergebnisse der Tagung zusammen. Aus unserer heutigen Perspektive erstaune es noch immer, so vom Bruch, wie lange es gedauert habe, bis sich die wissenschaftlichen Institutionen mit der Aufarbeitung ihrer NS-Vergangenheit beschäftigten. Die vergleichsweise späte Herausdrängung der jüdischen Wissenschaftlerinnen und Wissenschaftler während der NS-Zeit deute auf eine insgesamt geringere Bedeutung der Akademien gegenüber anderen wissenschaftlichen Institutionen hin. Dennoch lasse sich die Geschichte einer wissenschaftlichen Institution wie einer Wissenschaftsakademie nicht allein mit Blick auf die Institution selbst erzählen. Sie gelinge nur durch eine möglichst breite kontextuelle Einbettung. Insgesamt zeigten die Beiträge vergleichend betrachtet eine große Vielschichtigkeit und Farbigkeit.

Die Tagungsdramaturgie einer räumlichen und zeitlichen Einkreisung auf die Akademien in der NS-Zeit kann als gelungen angesehen werden. Mittlerweile gehört die Institutionengeschichte der NS-Zeit zu den vielbeackerten Feldern der Wissenschaftsgeschichte. Während die Forschergruppe um Rüdiger vom Bruch die Erforschung der Geschichte einer einzelnen Institution anstrebt, konnte sie mit dieser Tagung zeigen, welchen Nutzen und Gewinn die zeitliche und geografische Überschreitung der häufig üblichen Grenzen darstellen kann, sei es der Blick auf Nord-, Ost- und Mittelosteuropa oder die zeitliche Einbeziehung des gesamten 20. Jahrhunderts als „Zeitalter der Ideologien".[4] Vor allem die zweite Hälfte des 20. Jahrhunderts, die bewusst in den meisten Vorträgen ausgeklammert blieb, bietet noch reichlich Potential für empirische Forschung. Hier ließe sich eine gewinnbringende Fortsetzung des Konzepts sehr gut vorstellen.

Torsten Kahlert
Institut für Geschichtswissenschaft
Humboldt-Universität zu Berlin
Friedrichstraße 191–193
10099 Berlin
Bundesrepublik Deutschland
Tel.:   +49 30 209370605
Fax: +49 30 209370656
E-Mail: kahlerto@hu-berlin.de

---

4 Für den Tagungsband sind noch weitere Beiträge angekündigt worden.

Symposium
Autopsie und Religion
am 30. November 2012 in Zürich

Bericht: Brigitte Tag und Holger Moch ML (Zürich)

1. Zusammenfassung der Veranstaltung

Am 30. November 2012 veranstalteten der Lehrstuhl von Prof. Dr. iur. utr. Brigitte TAG, das Departement Pathologie des UniversitätsSpitals Zürich, welches unter der Leitung von Prof. Dr. med. Holger MOCH ML steht, sowie das Kompetenzzentrum Medizin – Ethik – Recht Helvetiae (MERH) in Zusammenarbeit mit dem Doktoratsprogramm *Biomedical Ethics and Law / Law Track (Ph.D. BmEL)* unter der Schirmherrschaft der Leopoldina das Symposium „Autopsie und Religion". Tagungsort des internationalen und interdisziplinären Symposiums war das UniversitätsSpital Zürich (USZ).

1.1 Zielsetzung

Die Autopsie eröffnet der Medizin sowohl im individuellen Fall als auch im Generellen Erkenntnismöglichkeiten, welche auf keine alternative Weise zugänglich sind. Einzelne Vorgänge der Autopsie, wie beispielsweise die Öffnung des Leichnams, die Entnahme von Gewebeproben und deren Verbleib, oder auch die Lagerung des Verstorbenen sowie zeitliche Verzögerung der Bestattung, können jedoch gegen religiöse Vorstellungen und Riten verstoßen.

Ziel des Symposiums war es, die rechtlichen und medizinischen Vorgaben darzustellen und die verschiedenen Anwendungsfelder von Autopsien unter Einbeziehung der geschichtlichen Entwicklungen und der Ethik vor dem Hintergrund verschiedener religiöser Bräuche und Sitten zu untersuchen und damit einen aufgeschlossenen Dialog zwischen den einzelnen Disziplinen zu eröffnen.

So sollten Religionsvertreter der fünf Weltreligionen im Anschluss an die Übermittlung der medizinischen, rechtlichen und ethischen Grundsatzüberlegungen Hintergrundinformationen zu den jeweiligen heiligen Schriften und Quellen, der Beziehung von Körper und Geist, dem Sterbeprozess sowie der notwendigen zeitlichen Dauer geben, welche der Geist braucht, um den Körper zu verlassen, um ins Überirdische zu gelangen. Abschließende *Statements* sollten Aufschluss darüber geben, unter welchen Umständen die unterschiedlichen Autopsiearten abgelehnt, akzeptiert oder sogar befürwortet werden.

1.2 Auditorium

Das Symposium wurde von der Schweizerischen Gesellschaft für Rechtsmedizin (SGRM) und der Schweizerischen Gesellschaft für Pathologie (SGPath) als Kernfortbildung anerkannt. Für andere medizinische Fachbereiche erfolgte eine Anerkennung als erweiterte Fortbildung. Unter den ca. 110 Teilnehmenden aus der Schweiz, Deutschland, Österreich, Japan, Russland und Tibet fanden sich so insbesondere Experten des Fachbereichs Medizin, darunter Pathologen, Rechts- und Transplantationsmediziner, sowie Experten der Rechtswissenschaften, darunter Professoren und Staatsanwälte, der Medizingeschichte, der Ethik und der Theologie, Ph.D.-Studierende der verschiedenen Disziplinen, Vertreter des Bestattungs- und Friedhofsamts der Stadt Zürich sowie Vertreter der verschiedenen Religionen und der Seelsorge.

1.3 Tagungs- und Rahmenprogramm

Der Tagungstag war in vier Themenblöcke gegliedert:

I. Themenblock: Autopsie – medizinische und rechtliche Grundlagenüberlegungen.
II. Themenblock: Autopsie – Sichtweise des Judentums und der katholischen Kirche.
III. Themenblock: Autopsie – Sichtweise der evangelischen Kirche und der Ethik.
IV. Themenblock: Autopsie – Sichtweise des Hinduismus, des Islams und des Buddhismus.

Die Themenblöcke wurden jeweils gefolgt von einer Diskussionsrunde und einer Kaffeepause. Das ermöglichte sowohl den Referierenden als auch dem Auditorium eine intensive Auseinandersetzung mit den Vertretern der einzelnen Fachdisziplinen.

Ausgewiesene Experten, darunter verschiedene Mitglieder der Europäischen Akademie der Wissenschaften und Künste, Salzburg (*EASA*), wie Frau Brigitte TAG, Dekanin der Klasse Rechts-, Sozial- und Wirtschaftswissenschaften, Herr Prof. Dr. Wilfried HÄRLE, Mitglied der Klasse Weltreligionen der EASA, sowie Herr Dr. Marian ELEGANTI, Weihbischof von Chur und ebenfalls Mitglied der Klasse Weltreligionen der EASA, trugen durch aufschlussreiche Vorträge zu dem vielfältigen Symposium bei. Besonders bereichert wurde die Veranstaltung durch die Vertreter der fünf Weltreligionen, mithin des Judentums, des Islams, des Buddhismus und des Christentums, welche die jeweiligen Sichtweisen zur Autopsie und die mit dieser verbundenen religiösen Bedürfnisse aufzeigten.

Frau Prof. Dr. iur. utr. Brigitte TAG, Vorsitzende des Leitungsausschusses des Kompetenzzentrums MERH und Inhaberin des Lehrstuhls für Strafrecht, Strafprozessrecht und Medizinrecht an der Universität Zürich, Herr Prof. Dr. med. Holger MOCH ML, Inhaber des Lehrstuhls für Pathologie sowie Direktor des Instituts für Klinische Pathologie des UniversitätsSpitals Zürich, sowie Regierungsrat Dr. iur. Thomas HEINIGER, Gesundheitsdirektor des Kantons Zürich, sprachen die Grußworte zu dem interdisziplinär anspruchsvollen und herausfordernden Symposium.

Die Moderation des Symposiums erfolgte durch Herrn Prof. Dr. phil. Robert JÜTTE (Themenblöcke II und IV), Direktor des Instituts für Geschichte der Medizin der Robert-Bosch-Stiftung und Professor für Geschichte an der Universität Stuttgart, sowie

Herrn Prof. Dr. theol. Hanspeter SCHMITT (Themenblöcke I und III), Lehrstuhlinhaber für theologische Ethik an der Theologischen Hochschule Chur.

1.4 Inhaltliche Zusammenfassung der wissenschaftlichen Beiträge

I. Themenblock: Autopsie – medizinische und rechtliche Grundlagenüberlegungen

Holger MOCH behandelte das Thema „Autopsie und moderne Medizin". Im Zentrum stand dabei die Frage nach dem Nutzen der Autopsie. Die Autopsie diene neben der Aufklärung der genauen Todesursache auch dazu, aufgrund des diagnostizierten Krankheitsbildes beispielsweise eine allfällige Prädisposition für Karzinome frühzeitig zu erkennen oder aber auch Angehörige von Schuldgefühlen zu entlasten. Außerdem sei die Autopsie auch ein unverzichtbares Qualitätsmanagement-*Tool*, mit welchem die heutige Diagnosegenauigkeit und Qualität von Behandlungen überprüft werden könne. Die Anzahl der durchgeführten Autopsien nehme jedoch stetig ab, was nicht zuletzt den technischen Entwicklungen, wie z. B. den Möglichkeiten der „Virtopsy" – einer nicht invasiven Methode der *Post-mortem*-Untersuchung, bei welcher der Leichnam nicht eröffnet wird – geschuldet sei. Die heutigen Studierenden würden nicht mehr in den Fachbereich der Autopsie eingeführt, was zu einem Verlust des gesamtheitlichen Blicks auf den Menschen bzw. den menschlichen Körper führe.

Brigitte TAG referierte im Anschluss zu den „Rechtlichen Rahmenbedingungen der Autopsie" und stellte die verschiedenen Arten der Autopsie vor, namentlich die rechtsmedizinische und anatomische Sektion sowie die Versicherungs- und Privatsektion. Dabei wurden die entsprechenden Ziele, der Umfang sowie die jeweilige Rechtsgrundlage der Sektionen erläutert. Unter den zentralen Aspekten des Vortrags war dabei insbesondere die Frage, wie der tote Körper rechtlich zu qualifizieren sei, namentlich ob der Leichnam als Sache einzustufen sei oder ob ihm personale Rechte zukämen. Da eine verstorbene Person nicht das Subjekt von Rechten und Pflichten sein kann, wurde der Leichnam als „besondere Sache" klassifiziert, auf welche überwiegend persönlichkeitsrechtliche Aspekte Anwendung finden.

II. Themenblock: Autopsie – Sichtweise des Judentums und der katholischen Kirche

Die „Jüdische Sichtweise zur Autopsie" wurde dem Publikum von Dr. med. Refoel GUGGENHEIM, Facharzt für Kinder und Jugendliche in Zürich, und Rabbiner Marcel Yair EBEL, Israelitische Cultusgemeinde Zürich, näher gebracht. Zunächst wurden die Grundprinzipien des jüdischen Denkens und der Entscheidungsfindung erläutert. Hierbei wurde erklärt, dass jeder Mensch einen Funken Göttlichkeit in sich trage und daher der Körper und die Seele als heilig verstanden würden – auch über den Tod hinaus. Da die Seele sich erst nach dem Begräbnis erheben könne, gelte es als unwürdig, einen Verstorbenen nach dem Tod liegen zu lassen, so dass eine rasche Erdbestattung, möglichst noch am Todestag, erforderlich sei. Die Wiederbelebung werde als körperliches und seelisches Erleben betrachtet. Dem Körper komme daher auch nach dem Tod eine hohe Bedeutung zu, so dass die Person ganzheitlich und ohne Beeinträchtigungen zu bestatten sei. Im Grundsatz entwürdige eine Autopsie den Leichnam und sei folglich nicht erlaubt, insbesondere nicht für die reine Feststellung der Todesursache oder zu anatomischen Zwecken. Trotz dieser strengen Vorgaben könne unter gewissen Voraussetzungen eine Autopsie durchgeführt werden, wenn eine kranke Person aufgrund der Ergebnisse der Autopsie unmittelbar gerettet werden kann, was vor allem bei genetischen Erkrankungen zutreffen würde. Das Kriterium der Unmittelbarkeit („lefaneinu") sei dabei zentral und beziehe ebenfalls den Pathologen ein, der überzeugt sein müsse, dass die Autopsie Dritten einen direkten Nutzen bringen wird. Wird eine Autopsie durchgeführt, dann seien nicht-invasive Methoden vorzuziehen, und dem Körper sei jederzeit mit Respekt und Würde zu begegnen.

Der Weihbischof von Chur, Dr. theol. Marian ELEGANTI, referierte zu dem Thema „Autopsie – Sichtweise der römisch-katholischen Kirche". Die römisch-katholische Kirche gehe davon aus, dass die Würde des Menschen als Abbild von Gott zu betrachten und daher dem Menschen bzw. Leichnam mit großer Ehrfurcht und Respekt zu begegnen sei. Für die katholische Kirche sei die wissenschaftliche Forschung an Verstorbenen sittlich zulässig, wenn die Eingriffe am Leichnam würdig durchgeführt würden. Im Besonderen sei darauf zu achten, dass der Körper nicht zu Kommerzialisierungszwecken missbraucht werde, dass die Angehörigen in einer würdigen Art und Weise vom Verstorbenen Abschied nehmen könnten und der Verstorbene angemessen bestattet werde.

III. Themenblock: Autopsie – Sichtweise der evangelischen Kirche und der Ethik

Die „Autopsie – aus evangelisch-theologischer Sicht" war Gegenstand des Referates von Prof. Dr. theol. em. Wilfried HÄRLE aus Heidelberg. Er beschrieb drei Gründe, die aus evangelisch-theologischer Sicht gegen eine Autopsie vorgebracht werden könnten. Erstens könne ein Widerspruch zwischen der Hoffnung auf Auferstehung und der Autopsie bestehen. Ein zweiter kritischer Punkt könne in der Unreinheit eines toten Menschen liegen, die durch eine Autopsie verursacht oder verstärkt würde. Beide Aspekte könnten jedoch aus theologischer Sicht nach einer Analyse der Religionsgeschichte nicht unterstützt werden. Der dritte Aspekt betreffe die mögliche Missachtung der Menschenwürde der verstorbenen Person. Es müsse daher gefragt werden, ob der Mensch bei einer Autopsie zum bloßen Mittel bzw. Objekt der Forschung würde. Da sich das Konzept des Selbstbestimmungsrechts in der Medizinethik stark etabliert habe, gelte es zu hinterfragen, ob das Selbstbestimmungsrecht mit der Menschenwürde gleichgesetzt werden könne. HÄRLE verneinte dies mit der Begründung, dass gewisse Personen das Selbstbestimmungsrecht nicht wahrnehmen können und trotzdem Träger der Menschenwürde seien. Als Definitionsversuch könne demnach gesagt werden, dass die Menschenwürde die Achtung als Menschen beinhalte – was auch im Hinblick auf den Leichnam bei einer Autopsie gelte, denn die Menschenwürde erlösche nicht mit dem Tod, sondern wirke über diesen hinaus fort. Diene die Autopsie folglich legitimen medizinischen oder juristischen Zwecken und werde der Leichnam respektvoll behandelt, so sei sie zu begrüßen und zu fördern.

Prof. Dr. theol. em. Alberto BONDOLFI, emeritierter Professor der Universität Genf, referierte zu dem Thema „Autopsie, Religion und Ethik – eine Gesamtbetrachtung". Beginnend mit einer Analyse, ob Traditionen für die korrekte Normenfindung von Bedeutung seien, kam BONDOLFI zu dem Schluss, dass aus Traditionen weder ethische Normen noch konkrete rechtliche Regelungen abgeleitet werden könnten. Allerdings seien sie insofern für die Normenfindung relevant, als dass religiös geprägte Traditionen und Diskurse indirekt darauf schließen ließen, auf welche anthropologischen Prämissen sie zurückgehen. Die Traditionen der Monotheismen würden dabei den gemeinsamen Standpunkt aufweisen, dass die Leiche als Abbild des Verstorbenen gelte und mit der Persönlichkeit des Verstorbenen verknüpft sei. Die Autopsie sei in diesem Kontext zwischen zwei Problemkreisen zu verorten: einerseits der öffentlichen Darstellung der Leiche zu pädagogischen Zwecken und andererseits der Grundsatzfrage, ob der Mensch nach dem diagnostizierten Hirntod als Leiche zu qualifizieren sei oder nicht. Dabei seien die Religionen selbst allerdings kein prinzipielles Hindernis für die Durchführung einer Autopsie, sie können jedoch Unbehagen und Vorbehalte gegenüber einer Autopsie begründen. Die Aufgabe der Ärzteschaft bestehe daher im Falle einer Autopsie darin, mit den Gefühlen und religiösen Anschauungen der Angehörigen umzugehen, diesen eine zentrale Rolle beizumessen und ihr Handeln an der ethisch begründeten Logik des Dienstes am Menschen auszurichten.

IV. Themenblock: Autopsie – Sichtweise des Hinduismus, des Islams und des Buddhismus

Die „Autopsie aus Sicht des Hinduismus" wurde den Teilnehmenden von Dr. Satish JOSHI, Ph.D. Environmental Science, Eidgenössische Technische Hochschule (ETH) und Direktor von INDOSAC-INDO Science, Art & Culture, Zürich, näher gebracht. Ein Hindu glaube nach JOSHI an die Geburt, den Tod, die Wiedergeburt und den Wiedertod. In diesem Kreislauf seien sowohl der Sterbeprozess als auch der Tod unvermeidbare und nötige Elemente; entsprechend bestünde nach hinduistischer Auffassung kein Bestreben, das Leben todkranker Menschen und Sterbender zu verlängern. Nach dem Glauben der Hindus bestehe der Mensch aus zwei Teilen, nämlich einer Hülle, die sterblich ist, und der Seele (*Atma*), die als Teil des Gottes Paramatma gesehen wird. Sterbe ein Hindu, so verließe die Seele den Körper. Der seelenlose Körper werde sodann so schnell als möglich kremiert. Auch wenn es innerhalb des Hinduismus verschiedene Ansichten gebe, so sei einer Autopsie grundsätzlich nichts entgegenzusetzen. Dies auch aus dem Argument, dass es durch die Zweiteilung von Körper und Seele keinen Grund gebe, der gegen eine Autopsie sprechen würde.

Dr. sc. techn. ETH Mahmoud EL GUINDI, Präsident der Vereinigung der Islamischen Organisationen in Zürich, legte in seinem Vortrag „Autopsie – Sichtweise des Islams" die Grundsätze der Muslime im Umgang mit dem Tode dar. Im Islam sei es von großer Bedeutung, dass die tote Person innerhalb von 48 Stunden beerdigt wird und so ihre Ruhe findet, damit sich die Seele vom Körper lösen kann. Mit diesem Vorgehen werde die Würde der Toten gewahrt und ihre Ehre erhalten. Der Koran äußere sich nicht ausdrücklich zur Frage der Autopsie. Aus der Sunna könne jedoch abgeleitet werden, dass einer Autopsie zugestimmt werden kann, wenn die tote Person respektvoll behandelt wird und eine Güterabwägung zwischen dem Schutz der Würde des Menschen und den gesellschaftlichen Interessen vorgenommen wird. Das Interesse der Gesellschaft an einer Autopsie überwiege die religiösen Notwendigkeiten, wenn rechtliche Gründe vorlägen, eine medizinische Notwendigkeit für eine Autopsie bestehe oder sie Lern- und Lehrzwecken diene. Wenn immer möglich, sei jedoch auf nicht-invasive Methoden zurückzugreifen. Zudem sei darauf zu achten, dass die Blickrichtung der verstorbenen Person nach Mekka zeige und die Obduktion von einer Person gleichen Geschlechts vorgenommen werde. Wird eine Autopsie durchgeführt, so sei der Leichnam so rasch als möglich zu beerdigen.

Der Ew. Abt Geshe Thupten LEGMEN aus dem Tibet-Institut in Rikon referierte zum Thema „Autopsy from a Buddhist Perspective". Auch aus buddhistischer Sicht sei es dem Grundsatz nach nicht verwerflich, eine Autopsie durchzuführen. Buddhisten verstehen das Sterben jedoch als einen einige Tage andauernden Prozess. Die verstorbene Person ist daher während drei Tagen in Ruhe zu lassen, damit sich der Geist vom Körper lösen kann. Nach dieser Zeit könne eine Autopsie durchgeführt werden, dies insbesondere auch im Hinblick auf die Unterstützung der Justiz und als Beitrag für die Gesellschaft.

2. Abschluss des Symposiums

In der abschließenden *Round-Table*-Diskussion stellten sich alle Referierenden den Fragen des Publikums. Es wurde ersichtlich, dass seitens der verschiedenen Disziplinen ein großes Interesse und Bedürfnis am Austausch besteht. Sowohl in den verschiedenen Beiträgen des Symposiums als auch den Diskussionen wurde deutlich, dass die religiösen Bräuche die Rechtsmediziner nicht – wie anfänglich vermutet – in ihrer Arbeit behindern. Vielmehr wurde die Notwendigkeit betont, dass die Bestrebungen weiterhin dahingehen sollten, die nötige Transparenz im Kontext des hochsensitiven Themas der Autopsie zu schaffen und das Verständnis zwischen der Medizin und den Religionen zu fördern. Es gilt nun, den angestoßenen Dialog fortzuführen, so dass interessengerechte und angemessene Lösungswege gefunden werden können.

Wir freuen uns sehr über den großen Erfolg des Symposiums. Sowohl seitens der Referierenden als auch der Teilnehmenden wurde das Symposium im Hinblick auf die Themenauswahl, die Vielseitigkeit des Programmes sowie die Organisation als ausgezeichnet gelungen bezeichnet.

Wir danken den Sponsoren des Symposiums, insbesondere der Leopoldina, für die wertvolle Unterstützung.

3. Tagungsband

Das interdisziplinäre Symposium zeigte die bestehenden medizinischen, rechtlichen sowie ethischen Fragen zu der Thematik „Autopsie" vor dem Hintergrund religiöser Sitten und Gebräuche auf. Wir freuen uns sehr, dass die wertvollen Ergebnisse der wissenschaftlichen Veranstaltung in einem Tagungsband der Reihe *Todesbilder. Studien zum gesellschaftlichen Umgang mit dem Tod* im Campus-Verlag publiziert werden. Der Tagungsband soll als *Guideline* dienen, die es Medizinern gestattet, religionsspezifische Regeln zu berücksichtigen.

Prof. Dr. Holger Moch
UniversitätsSpital Zürich
Institut für Klinische Pathologie
Schmelzbergstraße 12
8091 Zürich
Schweiz
Tel.: +41 44 2552500
Fax: +41 44 2554440
E-Mail: holger.moch@usz.ch

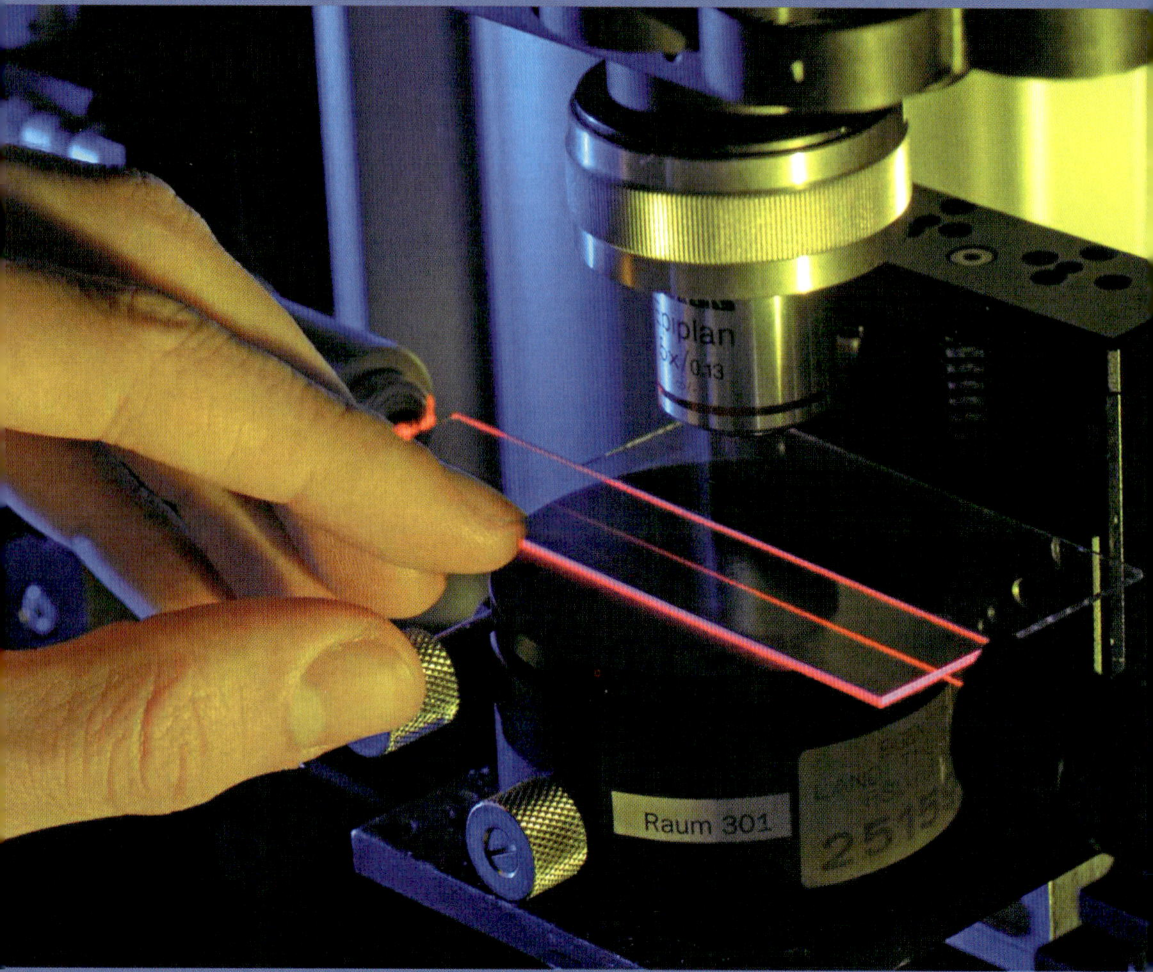
Raum 301

Meeting
Ergebnisse des Leopoldina-Förderprogramms VII – Berichte ehemaliger Leopoldina-Stipendiaten

am 17. Dezember 2012 in Halle (Saale)

Bericht: Andreas Clausing (Halle/Saale)

Am 17. Dezember 2012 fand das 7. Leopoldina-Meeting „Ergebnisse des Leopoldina-Förderprogramms" in Halle (Saale) statt. Vizepräsident Prof. Dr. Dr. Gunnar BERG ML (Halle/Saale), Beauftragter des Präsidiums für das Förderprogramm, begrüßte die Teilnehmer und leitete einen Vortragsblock. Unterstützt wurde er vom Förderprogramm-Koordinator, PD Dr. Andreas CLAUSING, sowie von Prof. Dr. Eberhard HOFMANN ML (Halle/Saale), die weitere Vortragsblöcke moderierten. Zu den Gästen zählte auch der ehemalige Vizepräsident und Beauftragte des Präsidiums für das Förderprogramm Prof. Dr. Alfred SCHELLENBERGER ML (Halle/Saale). Weitere Teilnehmer kamen aus der Universität und den assoziierten Forschungseinrichtungen der Region, beziehungsweise waren Mitglieder der Akademie.

In dreizehn Vorträgen wurde das breite fachliche Spektrum geförderter Projekte beleuchtet, die in den vergangenen Jahren durch die Akademie unterstützt wurden. Die drei Wissenschaftlerinnen und zehn Wissenschaftler nutzten die Gelegenheit, um die Forschungsergebnisse ihrer geförderten Projekte und deren Weiterentwicklung vorzustellen. Das Spektrum der Vorträge reichte von den Biowissenschaften über Medizin und Chemie bis hin zur Physik. Dabei wurden sowohl theoretische als auch angewandte Aspekte behandelt. Zwei ausführlichere Referate ergänzten die Veranstaltung. Die Förderung, die durch Zuwendungen aus dem Bundesministerium für Bildung und Forschung und dem Ministerium für Wissenschaft und Wirtschaft des Landes Sachsen-Anhalt ermöglicht wurde, schuf die Basis für das inzwischen eigene Forschungsprofil der ehemaligen Stipendiaten. Die Vortragenden besetzen inzwischen Lehrstühle oder weiterführende Stellen in der Forschung und bestätigten mit ihren Vorträgen von außerordentlich hohem Niveau die ursprünglich getroffene Wahl.

Im Einzelnen wurden die folgenden Vorträge präsentiert:

- Dr. Albrecht MANEGOLD (Frankfurt/Main): Fossile Vögel aus Südafrika und ihre Bedeutung für paläoökologische Rekonstruktionen.
- Dr. Stefan RAUNSER (Dortmund): Structure of the Actin-Tropomyosin Myosin Complex.
- Dr. Jeannette WINTER (Garching): Oxidativer Stress – Freund und Feind.
- Dr. Michael HELWIG (Berlin): Das kleine neuroendokrine Protein 7B2 ist ein neuer Kandidat bei der Ursachenforschung von Alzheimer und Parkinson.
- Prof. Dr. Gregor JUNG (Saarbrücken): Wie wir die Welt noch bunter machen können – Entwicklung von Fluoreszenzfarbstoffen in der Chemie.

- Dr. Jeroen Dickschat (Braunschweig): Terpenbiosynthese in Bakterien und Pilzen.
- Prof. Dr. Christian Ducho (Paderborn): Auf dem Weg zu neuen antibiotischen Wirkstoffen.
- Prof. Dr. Michael Decker (Würzburg): Arzneistoffhybride: Ist die chemische Verknüpfung zweier Wirkstoffe mehr als die Summe der Teile?
- Dr. Michaela Arndt (Heidelberg): Entwicklung eines neuen Immuntherapeutikums zur Behandlung resistenter *Herpes-simplex*-Viruserkrankungen.
- Dr. Carolin Daniel (München-Neuherberg): Immuntoleranz in Typ-1-Diabetes.
- PD Dr. Tobias Fischer (Lübeck): Melatonin – ein potentes Antioxidanz gegen Sonnenschaden in der Haut des Menschen.
- Prof. Dr. Martin Korth (Ulm): Computational High-throughput Screening for Advanced Battery Electrode Solvents.
- Prof. Dr. Alexander Szameit (Jena): Geführtes Licht: Auf dem Weg zum optischen Chip.

Als ein Ergebnis aus dem Treffen wird gegenwärtig ein gemeinsames Projekt von zwei ehemaligen Stipendiaten vorbereitet. Alle Teilnehmer sprachen sich zudem für regelmäßige Meetings aus und bekundeten ihr Interesse, den Kontakt zur Akademie aufrechtzuerhalten. Derzeit ist vorgesehen, das 8. Meeting am Tag vor der Weihnachtsvorlesung der Akademie, am 9. Dezember 2013, abzuhalten.

Weitere Veranstaltungen (Übersicht)

Tagungen

3.–4. April 2012, London (Großbritannien)
Internationales Symposium: H5N1 Research: Biosafety, Biosecurity and Bioethics

17.–18. April 2012, Berlin und Halle (Saale)
2nd German-Russian Young Researchers Cooperation Forum
(siehe in diesem Jahrbuch S. 254–255)

14.–16. Mai 2012, Paris (Frankreich)
Joint Meeting of the French Academy of Sciences, The Royal Society, and the German Academy of Sciences Leopoldina
The New Microbiology

13. Juni 2012, Berlin
Symposium: Regulationsmechanismen der Erregerabwehr
(http://dstig.de/index.php/mediathek/videos-leopoldina-symposium)

24.–26. Juni 2012, San Servolo (Italien)
Symposium: Molecular Diagnostics – Today and Tomorrow

19.–20. Juli 2012, Halle (Saale)
Symposium: Rationality and Democracy
(siehe Leopoldina Aktuell *3*, 13 [2012])

2.–7. September 2012, Lüneburg
11th International Conference on Substorms

10.–12. September 2012, St. Petersburg (Russland)
Symposium: Russian-German Cooperation in the Scientific Exploration of Northern Eurasia and the Adjacent Arctic Ocean
(siehe in diesem Jahrbuch S. 255)

13.–14. September 2012, Berlin
3rd Human Rights Committee-Symposium: Human Rights and Science
(siehe in diesem Jahrbuch S. 257–258)

19.–22. September 2012, Berlin
Internationale Konferenz: Innate Immunity of the Lung – Improving Pneumonia Outcome

Weitere Veranstaltungen

8.–9. Oktober 2012, Pretoria (Südafrika)
Symposium: Technological Innovations for a Low Carbon Society
Veranstaltung der Academy of Science of South Africa und der Leopoldina im Rahmen des Deutsch-Südafrikanischen Jahres der Wissenschaft 2012/2013
(siehe in diesem Jahrbuch S. 258–259)

Leopoldina-Lecture / Öffentliche Vorträge

20. März 2012, Halle (Saale)
Günther HASINGER ML (Hawaii, HI, USA)
Von der Entstehung des Universums bis zur Energiegewinnung – Energiereiche Plasmen im Kosmos und auf der Erde

18. April 2012, Halle (Saale)
Zhores I. ALFEROV (St. Petersburg, Russland)
Semiconductor Revolution in the 20th Century

20. April 2012, Berlin
Zhores I. ALFEROV (St. Petersburg, Russland)
Semiconductor Heterostructures: Physics, Technology, Applications

23. Mai 2012, Halle (Saale)
Ole Holger PETERSEN ML (Cardiff/Wales, Großbritannien)
Wie die Bauchspeicheldrüse auf zu viel Alkohol reagiert und dadurch zerstört wird

10. Juli 2012, Halle (Saale)
Michael HALLEK ML (Köln)
Personalisierte Medizin: Marketing-Idee oder echter Fortschritt?

11. September 2012, St. Petersburg (Russland)
Jörn THIEDE ML (Kiel)
From Lomonosov to Modern Times: History of the Russian-German Cooperation in the Scientific Exploration of High Northern Latitudes

6. November 2012
Narinder Kumar GUPTA (Delhi, Indien)
Matthias KLEINER ML (Dortmund)
Challenges for the Engineering Sciences

20. November 2012
Gereon WOLTERS ML (Konstanz)
Das Schweigen der Wölfe. Oder: Warum brauchte die Inquisition 73 Jahre, um den Kopernikanismus zu verdammen?

22. November 2012
   Heinz-Elmar TENORTH ML (Berlin)
   Bildung durch Wissenschaft – Der Ort der Akademien

Leopoldina-Gespräche/Fishbowl-Diskussionen/Podiumsdiskussionen

2. Mai 2012, Braunschweig
   Fishbowl-Diskussion der Reihe „Wissenschaft kontrovers": Alles bio? Was essen wir morgen? (in Zusammenarbeit mit Wissenschaft im Dialog und dem Haus der Wissenschaft Braunschweig)

30. Mai 2012, Halle (Saale)
   Podiumsdiskussion: Braucht Forschung heute ein Gesicht?

6. Juli 2012, Halle (Saale)
   Fishbowl-Diskussion der Reihe „Wissenschaft kontrovers": Was darf die Wissenschaft? Forschung zwischen Freiheit und Verantwortung (in Zusammenarbeit mit Wissenschaft im Dialog und dem Haus der Wissenschaft Braunschweig)
   (siehe in diesem Jahrbuch S. 265–266)

12. September 2012, Berlin
   Leopoldina-Gespräch: Bioenergie: Möglichkeiten und Grenzen
   (siehe in diesem Jahrbuch S. 241–242)

17. Oktober 2012, Halle (Saale)
   Leopoldina-Gespräch: Nachhaltigkeit = Gerechtigkeit?
   (siehe in diesem Jahrbuch S. 251–252)

21. November 2012, Halle (Saale)
   Leopoldina-Gespräch: Neue Anforderungen an die Wissenschaftskommunikation
   (siehe in diesem Jahrbuch S. 266)

23. November 2012, Halle (Saale)
   Podiumsdiskussion: *Utilitas* oder *Curiositas*: Zur Bedeutung der Wissenschaftsakademien heute

29. November 2012, Bonn
   Fishbowl-Diskussion der Reihe „Wissenschaft kontrovers": Bio. Logisch! Aber immer die beste Wahl? (in Zusammenarbeit mit Wissenschaft im Dialog und dem Haus der Wissenschaft Braunschweig)

19. Dezember 2012, Magdeburg
   Fishbowl-Diskussion der Reihe „Wissenschaft kontrovers": Kommt der Blackout? Die Zukunft der Energieversorgung in Mitteldeutschland (in Zusammenarbeit mit Wissenschaft im Dialog und dem Haus der Wissenschaft Braunschweig)
   (siehe in diesem Jahrbuch S. 266)

Andere Veranstaltungen

3. März 2012, Halle (Saale)
   Tag der Archive: Beteiligung mit zwei Führungen durch das Archiv

24.–25. Mai 2012, Halle (Saale)
   Feierliche Einweihung des neuen Hauptgebäudes der Akademie Leopoldina
   (veröffentlicht als Nova Acta Leopoldina Supplementum Nr. *27*)

6. Juli 2012, Halle (Saale)
   11. Lange Nacht der Wissenschaften: Leopoldina-Nacht 2012
   Leopoldina-Science Slam – Bühne frei für junge Wissenschaftler!
   Fishbowl-Diskussion: Was darf die Wissenschaft? Forschung zwischen Freiheit und Verantwortung
   Jutta SCHNITZER-UNGEFUG, Halle (Saale): Leopoldina – Nationale Akademie der Wissenschaften
   (siehe in diesem Jahrbuch S. 263–264)

9. September 2012, Halle (Saale)
   Tag des offenen Denkmals: die Nationalakademie öffnete die Türen ihres neuen Hauptsitzes für interessierte Besucher

13. September 2012, Halle (Saale)
   Festkolloquium der Leopoldina anlässlich des 80. Geburtstages von Herrn Altpräsidenten Benno PARTHIER ML
   (veröffentlicht als Nova Acta Leopoldina Supplementum Nr. *28*)

20. Oktober 2012, Halle (Saale)
   Tag der Bibliotheken: Beteiligung mit Führungen durch die Bibliothek

29. Oktober 2012, Halle (Saale)
   Eröffnung des Leopoldina-Studienzentrums für Wissenschafts- und Akademiengeschichte (siehe in diesem Jahrbuch S. 307–315)
   (Veröffentlichung vorgesehen)

18. Dezember 2012, Halle (Saale)
   Weihnachtsvorlesung 2012
   Jules A. HOFFMANN ML, Strasbourg: Die Evolution der Natürlichen Immunität – Studien an Drosophila, Vergleich mit Wirbeltieren

Ausstellungen

18. April bis 15. Mai 2012, Frankfurt am Main
   Ausstellung „Neue Bilder vom Alter(n)"

27. bis 30. August 2012, St. Gallen/Schweiz
   Ausstellung „Neue Bilder vom Alter(n)"

5. September bis 19. Oktober 2012, Halle (Saale)
   Ausstellung „Neue Bilder vom Alter(n)"

11. bis 16. November 2012, Meppen
   Ausstellung „Neue Bilder vom Alter(n)"

20. November bis 20. Dezember 2012, Halle (Saale)
   Ausstellung „Neue Bilder vom Alter(n)"

Wissenschaftshistorische Seminare

Im Berichtszeitraum fanden folgende Seminare statt:

17. Januar 2012
Gunhild BERG, Konstanz:
Ein Skizzenbuch der Experimentalphysik. Die Edition der Dyckerhoff-Notizen zu G. C. Lichtenbergs Vorlesung über Naturlehre 1796/97

7. Februar 2012
Heiner FANGERAU, Ulm
Anerkennung und Wissenschaft: Netzwerke in der Wissenschaftsgeschichte der Biomedizin im frühen 20. Jahrhundert

6. März 2012
Michael GRÜTTNER, Berlin
Die Berliner Universität in der Weimarer Republik

17. April 2012
Silvia SCHÖNEBURG, Halle (Saale)
Mathematik in Forschung und Lehre an der Universität Wittenberg im 16. und 17. Jahrhundert

8. Mai 2012
Ekkehardt KUMBIER, Rostock
Helmut Rennert – Protagonist der Psychiatrie in der DDR?

12. Juni 2012
Margit SZÖLLÖSI-JANZE, München
Naturwissenschaft und demokratische Praxis: Fritz Haber – Albert Einstein – Max Planck

9. Oktober 2012
Lothar PELZ ML, Rostock
Die Kinder von Lewenberg – Von der Bildungs-und Pflegeanstalt für geistesschwache Kinder zur NS-Kinderfachabteilung Sachsenberg

6. November 2012
Dittmar DAHLMANN, Bonn
Peter Simon Pallas und sein wissenschaftliches Werk

4. Dezember 2012
Mariacarla GADEBUSCH BONDIO, München
Gute Medizin trotz Fehlbarkeit. Ein Vermächtnis von Santorius, Popper und einigen anderen

3. Veranstaltungen

Ausstellung
Das Antlitz der Wissenschaft
Gelehrtenporträts aus drei Jahrhunderten

vom 24. April bis 8. Juli 2012 in Halle (Saale)

Bericht: Danny Weber (Halle/Saale)

Im Jahr des 360. Gründungsjubiläums 2012 bezog die Leopoldina als nunmehr Nationale Akademie der Wissenschaften ihren neuen Hauptsitz auf dem Jägerberg. Dieser Anlass und der Standort des Hauses am Friedemann-Bach-Platz, an dem sich auch die Stiftung Moritzburg befindet, inspirierte die Ausstellung als Kooperationsprojekt zwischen der Leopoldina und dem Kunstmuseum.

Das Archiv der Leopoldina bewahrt vielfältige Unterlagen zur Geschichte der Akademie auf, zu denen auch Dokumente über deren Repräsentanten gehören.

Seit Mitte des 19. Jahrhunderts ist es üblich, dass neu gewählte Mitglieder nicht nur einen Lebenslauf und ein Schriftenverzeichnis einreichen, sondern auch ein Por-

Abb. 1 Der Ausstellungssaal in der Stiftung Moritzburg – Kunstmuseum des Landes Sachsen-Anhalt in Halle (Saale)

Abb. 2 Die Vernissage am 23. April 2012

trät. Durch Zukäufe älterer Mitgliederporträts ergänzt, entstand so eine ausgedehnte Sammlung von Gelehrtenporträts, die bis 1935 in sogenannte Bildmatrikel, also in Bildbänden, zusammengefasst wurde. Obschon einige davon seit der Auslagerung der Bestände während des Zweiten Weltkriegs verloren gegangen sind, blieben acht dieser Bände erhalten. Sie umfassen einen Zeitraum von 1652 bis 1935 und bewahren etwa 1400 historische Mitgliederporträts, darunter von prominenten Wissenschaftlern wie Justus von Liebig, Niels Bohr, Marie Curie, Albert Einstein und Werner Heisenberg.

Ziel der gemeinsam erarbeiteten Ausstellung war es, anhand dieser exemplarischen Sammlung die Entwicklung des Gelehrtenporträts zwischen dem 17. und dem 20. Jahrhundert darzustellen. Dabei wurden die stilgeschichtlichen Wandlungen der Selbstrepräsentation eines hermetischen Standes sichtbar, aber auch der unmittelbare Zusammenhang zwischen Bildauffassung und Bildtechnik. Dominierte anfangs vor allem der Kupferstich, folgten im 19. Jahrhundert mit Lithographie, Stahlstich und Fotografie neue Verfahren, die sich mit dem Aufkommen der Massenmedien (Zeitungen, Zeitschriften, Journale) durchzusetzen begannen. Das Material macht sichtbar, dass beides, sowohl die neuen Medien als auch die veränderte Öffentlichkeit, den Zerfall gestalterischer Standards (Symbole, Standestracht, Attribute) zugunsten einer Individualisierung der Porträtauffassung nach sich zieht. Das Repräsentationsbedürfnis der Wissenschaft wandelt sich in diesem Zusammenhang nicht weniger radikal als das Verhältnis ihrer Repräsentanten zum Bild von der eigenen Person. So unterliegt das „Antlitz der Wissenschaft" dem Prozess einer sich selbst historisierenden Bildlichkeit. Sie reicht über die Jahrhunderte vom starr konventionellen Gestaltungsschema bis zum persönlichen Ausdruck eines privaten Fotos, auch wenn durch alle Epochen hindurch formale Referenzen erhalten bleiben.

Eröffnet wurde die Ausstellung am 23. April 2012 und bereits bei der Vernissage wurde das große Zuschauerinteresse deutlich, denn es konnten 300 Besucher begrüßt werden. Begleitet wurde die Ausstellung von einem attraktiven Rahmenprogramm. In den folgenden Wochen konnten bei Vorträgen, Lesungen und Podiumsgesprächen einzelne Aspekte des Themas weiter vertieft werden. Zusätzlich erschien ein Katalog, ein Begleitheft, und es wurde ein Audioguide erstellt. Insgesamt besuchten ca. 5500 Interessenten die Ausstellung. Die Kuratoren zogen ein positives Fazit und machten deutlich, dass weitere gemeinsame Projekte wünschenswert wären.

ut præfatam f(?)b p(?)m Academiam
n(?)ram Ierosolÿm(?) Imperialem sa(?)
prud(?) te(?) Palatina(?) tuis tit(?)lo et pri
vilegÿs omnibusq(?) gra(?)ÿs et favori
bus in hoc n(?)ro Diplomate ipsi con
cessis libere gaude(?) et absq(?) ullo im
pedimento uti, frui potiri et gau
dere sinant, adeoq(?) ÿsdem in ip(?)s emeri
bus ac singulis defendant conservent
et manu teneant et talis nequid in
contrarium attentent vel molia(?)tur
pro viribus im(?)pediant et prohibeant
en (?)

Ales contra hanc n(?)ram Co(?)l(?)ma(?)
concessionem creationem declara
tionem fact(?)m(?) in(?) et (?)
solvendam incurr(?) reinelu(?) (?)
vero in(?) testimonio l(?)t(?)rarum s(?)g(?)
h(?)ÿ sub(?)scriptarum et Sigilli n(?)ri Ce(?)
appensione munitarum Da(?)
Civitate n(?)ra Vienna die d(?)cima
h(?)a Augusti anno millesimo sexc(?)
mo octuagesimo sep(?)mo. Regno(?)
n(?)rorum Romani trigesimo, H(?)nga
tricesimo tertio, Bohemi(?) v(?)ro (?)

B Ad mandatum Sac Cæs
Majestatis proprium

3. Veranstaltungen

Ausstellung
Salutem et Felicitatem
Gründung und internationale Ausstrahlung der Leopoldina

vom 28. Oktober bis 21. Dezember 2012 in Halle (Saale)

Bericht: Danny Weber (Halle/Saale)

Am 1. Januar 1652 gründeten die vier Ärzte Johann Laurentius BAUSCH (1605–1665), Johann Michael FEHR (1610–1688), Georg Balthasar METZGER (1623–1687) und Georg Balthasar WOHLFARTH (1607–1674) in der Freien Reichsstadt Schweinfurt die heutige Deutsche Akademie der Naturforscher Leopoldina unter dem Namen *Academia Naturae Curiosorum*. Sie wählten den Schweinfurter Stadtphysicus BAUSCH zum ersten Präsidenten dieser heute weltältesten dauerhaft existierenden naturforschenden Akademie und beschlossen ein Programm, das durch die Erarbeitung arzneikundlicher Monographien „die Erhellung der Heilkunde und den daraus hervorgehenden Nutzen für den Nächsten" – so die Formulierung in den erstmals 1662 gedruckten Statuten der Akademie – zum Ziel hatte.

Angeregt durch italienische Vorbilder – die BAUSCH auf seiner *peregrinatio academica* (Bildungsreise) kennengelernt hatte – und im Austausch mit den wenige Jahre später erfolgten westeuropäischen Akademiegründungen, der *Royal Society* in London (gegr. 1660) und der *Académie des Sciences* in Paris (gegr. 1666), gelang es der *Academia Naturae Curiosorum*, sich in den 1670er Jahren in der deutschen und internationalen Wissenschaftslandschaft fest zu etablieren. Entscheidend dafür war die Herausgabe der ersten medizinisch-naturwissenschaftlichen Zeitschrift der Welt (seit 1670): *Miscellanea curiosa medico-physica Academiae Naturae Curiosorum sive Ephemeridum [...]*.

Wesentlichen Anteil an dieser Entwicklung hatte neben den beiden Schweinfurter Präsidenten BAUSCH und FEHR der Breslauer Stadtphysicus Philipp Jacob SACHS VON LEWENHAIMB (1627–1672). SACHS veröffentlichte 1661 mit seiner Monographie über die Weinpflanze (*Ampelographia*) das erste Werk im Rahmen des Gründungsprogrammes, betreute als Herausgeber die *Ephemeriden* und wirkte am Wiener Hof für die kaiserliche Anerkennung der Akademie, die LEOPOLD I. schließlich 1677 beurkundete. 1687 folgte die Erhebung zur *Sacri Romani Imperii Academia Caesareo-Leopoldina Naturae Curiosorum* durch Kaiser LEOPOLD I.

Die anlässlich des 325. Jahrestages der Privilegierung präsentierte Ausstellung war der Gründungs- und Konsolidierungsphase der Akademie gewidmet und konnte vor allem durch die großzügige Unterstützung des Leopoldina Akademie Freundeskreises e. V. erstellt werden, dem die Kuratoren im Rahmen der Eröffnung auch ihren besonderen Dank ausgesprochen haben.

Abb. 1 Interessierte Besucher zur Vernissage am 28. Oktober 2012

Öffentliche und private Lebenszeugnisse der vier Gründer und weitere Archivalien aus dem Archiv der Reichsstadt Schweinfurt und dem Leopoldina-Archiv beleuchteten Umfeld und Voraussetzungen der Gründung der Leopoldina. Mit den monographischen ersten Veröffentlichungen (seit 1661) und ausgewählten Beiträgen aus den *Ephemeriden*, der seit 1670 erscheinenden Akademiezeitschrift, wurden Aktualität und wissenschaftliche Qualität der Akademiearbeit demonstriert. Die Entwicklung der Leopoldina von einer privaten Gelehrtengesellschaft zur kaiserlich privilegierten Akademie wurde anhand der Reform der Statuten und der Urkunde Kaiser LEOPOLDS I. von 1687 dargestellt. Biographien und Porträts rundeten die Präsentation der handschriftlichen und gedruckten Originalzeugnisse ab. Besonderer Wert wurde auf die frühe „Internationalität" der Akademie gelegt. Von den bis 1715 zugewählten ca. 300 Mitgliedern stammten rund 10% nicht aus den Stammländern (Deutschland, Österreich und der Schweiz). Zugewählt wurden in dieser Zeit vor allem Italiener, Niederländer und Franzosen.

Eröffnet wurde die Ausstellung am 28. Oktober 2012 im Hauptgebäude der Leopoldina auf dem Jägerberg in Halle. Begleitend zur Ausstellung wurde ein Katalog vorgelegt, in welchem die 44 präsentierten Objekte genau beschrieben sind und darüber hinaus erstmals alle vier kaiserlichen Privilegien im lateinischen Original und in der deutschen Übersetzung abgedruckt werden konnten. Ein kleines Begleitheftchen ermöglichte den Besuchern den selbstständigen Rundgang durch die Ausstellung. Neben der sehr gut besuchten Vernissage wurden auch die angebotenen Kuratorenführungen in den folgenden Wochen sehr gut angenommen.

Im vierten Quartal 2013 wird die Ausstellung in der Gründerstadt der Leopoldina in Schweinfurt gezeigt.

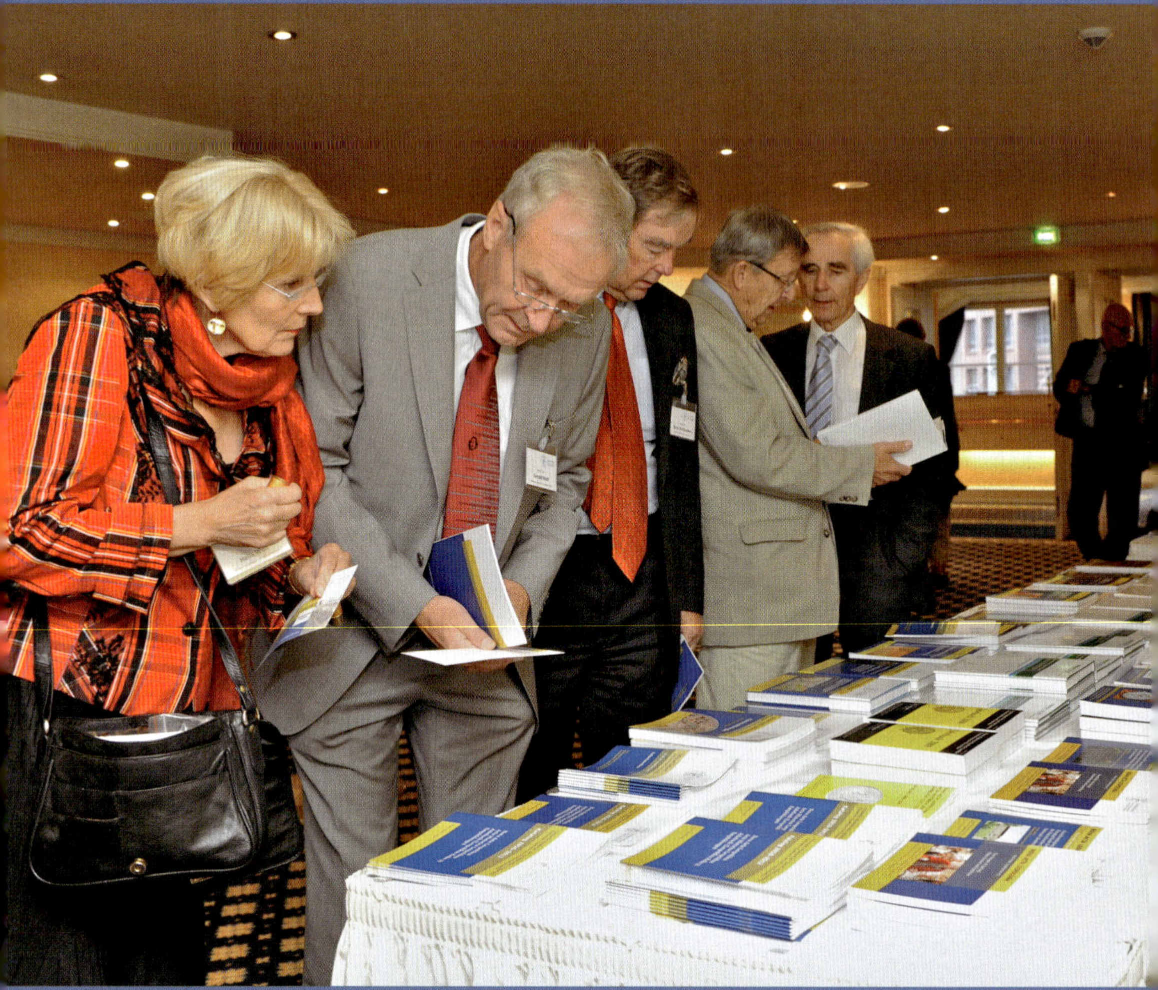

4. Veröffentlichungen

Nova Acta Leopoldina, Neue Folge (NAL NF)[1]

Herausgegeben von Jörg HACKER (Halle/Saale, Berlin), Präsident der Deutschen Akademie der Naturforscher – Nationale Akademie der Wissenschaften
(ISSN 0369-5034, Wissenschaftliche Verlagsgesellschaft Stuttgart, Birkenwaldstraße 44, 70191 Stuttgart, Bundesrepublik Deutschland)

NAL NF Bd. *111*, Nr. 380

Quo Vadis, Behavioural Biology?
Past, Present, and Future of an Evolving Science

Herausgegeben von Andreas WESSEL (Berlin), Randolf MENZEL (Berlin) und Günter TEMBROCK (†)

(2013, 396 Seiten, 139 Abbildungen, 2 Tabellen, 28,95 Euro, ISBN: 978-3-8047-2805-9)

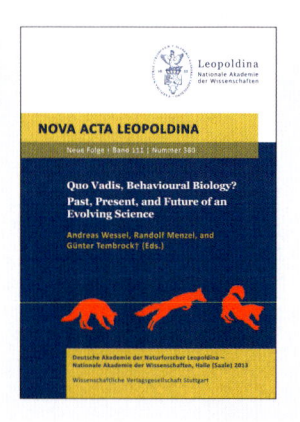

Die Verhaltensbiologie in Deutschland entfaltete sich seit ihrer Begründung als Tierpsychologie in verschiedene Richtungen. Teildisziplinen wie Ethologie, Verhaltensethologie, Soziobiologie, Experimentelle Psychologie, Humanethologie, Biosemiotik, Evolutionäre Psychologie und viele andere entwickelten eigene Zugangsweisen. Im Zentrum dieser Vorgänge stand in Deutschland zeitweise Berlin mit der Biologen-Schule von Günter TEMBROCK, der 1948 an der Berliner Universität die erste Institution für Verhaltensbiologie in Deutschland errichtete. Ihm ist die Zusammenschau historischer Prozesse, sich wandelnder Fragestellungen und methodischer Entwicklungen gewidmet. Die Vergangenheit, Gegenwart und Zukunft eines faszinierenden Problembereichs der Biowissenschaften nimmt sich der Band mit Beiträgen international herausragender älterer Vertreter des Faches zu ihren eigenen das Forschungsfeld prägenden Arbeiten, aber auch mit Referaten jüngerer Wissenschaftler zu aktuellen Themenstellungen des Gebietes, in den Blick.

---

[1] Nachfolgend werden die seit dem Erscheinen des Leopoldina-Jahrbuchs 2011 publizierten Veröffentlichungen referiert. Hier nicht aufgeführte Publikationen der Akademie aus dem Jahr 2012 sind bereits im Jahrbuch 2011 erwähnt. Mitglieder der Akademie können auf Anfrage alle Publikationen kostenlos erhalten.

NAL NF Bd. *114*, Nr. 390

From Exploitation to Sustainability?
Global Perspectives on the History and Future
of Resource Depletion

Workshop

Rachel Carson Center for Environment and Society,
DFG Research Training Group „Interdisciplinary
Environmental History", Deutsche Akademie
der Naturforscher Leopoldina – Nationale Akademie
der Wissenschaften
vom 6. bis 7. Dezember 2010 in München

Herausgegeben von Bernd HERRMANN (Göttingen)
und Christof MAUCH (München)

(2013, 194 Seiten, 28 Abbildungen, 1 Tabelle,
23,95 Euro, ISBN: 978-3-8047-3056-4)

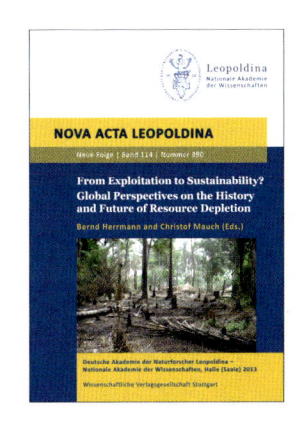

Zu den faszinierenden Problemfeldern an der Nahtstelle von Natur- und Geisteswissenschaften zählt die Umweltgeschichte. Der Band liefert einen Blick auf die Entwicklung der Konzepte und der Praktiken von Nachhaltigkeit in der Geschichte in einem globalen Kontext. Die Beiträge umfassen verschiedene regionale Schwerpunkte (Afrika, Amerika, Australien, China) und Zeiträume (von frühen Gesellschaften bis zur Gegenwart). Sie verbinden unterschiedliche Bereiche umwelthistorischen Forschens (von der Besiedelungsgeschichte, über die Naturnutzungs- und die Agrargeschichte bis hin zu Fragen der Museumsdidaktik im Bereich der Umweltgeschichte). Außerdem informiert der Band über ausgewählte Dissertationsprojekte zu umweltgeschichtlichen Fragestellungen aus den Zentren umwelthistorischer Forschung in Deutschland in Göttingen und München. Die versammelten Beiträge zeigen die vielfältigen Fragestellungen und Entwicklungsrichtungen des Gebietes.

NAL NF Bd. *114*, Nr. 391

The Alternatives Growth and Defense:
Resource Allocation at Multiple Scales in Plants

Internationales Leopoldina-Symposium
4. bis 6. Juli 2011 in Freising

Herausgegeben von Rainer MATYSSEK (München, Freising),
Ulrich LÜTTGE (Darmstadt) und Heinz RENNENBERG
(Freiburg)

(2013, 372 Seiten, 91 Abbildungen, 20 Tabellen,
28,95 Euro, ISBN: 978-3-8047-3057-1)

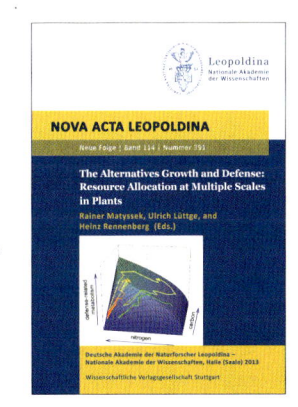

Die Beiträge eines internationalen Symposiums greifen den Konflikt auf, unterschiedliche ökophysiologische Anforderungen an Pflanzen im Prozessgeschehen der Ressourcenallokation auszubalancieren. Der Schwerpunkt liegt dabei auf dem Trade-off zwischen Wachstum und Stressabwehr mit jeweiligen Kosten-/Nutzen-Bewertungen. Wachstum stellt die Voraussetzung dar, um kompetitive Ressourcenakquirierung sicherzustellen, und Abwehr die Voraussetzung, um die Ressourcen nach Inkorporation für die Pflanze zu erhalten. Diese integrierte Betrachtungsweise erfordert in der Erkenntnis des intensiven Ressourcenaustausches der Pflanze mit ihrer abiotischen und biotischen Umwelt eine räumlich-zeitliche Prozessskalierung. Dies wird hinsichtlich des mechanistischen und zugleich ökologisch relevanten Klärungspotenzials geprüft. Die Analyse der Prozessvernetzung zwischen funktionalen und strukturellen pflanzen- und ökosysteminhärenten biologischen Organisationsebenen (Skalen) wird dabei als Voraussetzung für räumlich-zeitliche Musteraufdeckung im Allokationsgeschehen identifiziert. Die Beiträge erreichen so eine neue Qualität eines umfassenden, prozessbasiert integrierenden Verständnisses von „Systembiologie".

NAL NF Bd. *117*, Nr. 398

Nachhaltigkeit in der Wissenschaft

Leopoldina-Workshop
am 12. November 2012 in Berlin

Herausgegeben von Jörg HACKER (Halle/Saale, Berlin)

(2013, 128 Seiten, 20 Abbildungen, 1 Tabelle,
21,95 Euro, ISBN: 978-3-8047-3188-2)

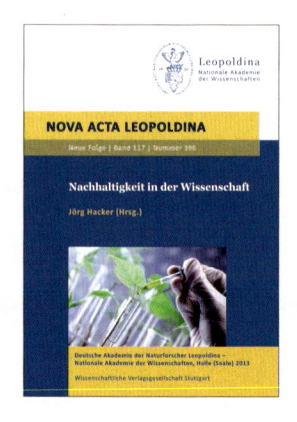

Im Mittelpunkt der weltweiten Überlegungen zur Bewältigung zentraler Herausforderungen des 21. Jahrhunderts steht das Konzept der Nachhaltigkeit. Damit dieses Prinzip sich in konkreten Handlungsvorschlägen widerspiegeln kann, bedarf es der Präzisierung. Der Band untersucht daher die Nachhaltigkeit in der Wissenschaft, der wichtigsten Informationsquelle der Gesellschaft. Dabei wird Nachhaltigkeit sowohl der Strukturen als auch der Aktivitäten in Forschung und Lehre betrachtet. Behandelt werden die „Erforschung von Nachhaltigkeit", die Strategien zum besseren Verständnis liefern soll, der Komplex „nachhaltig forschen", der Voraussetzungen, Verläufe und Folgen von Forschung gemäß den Kriterien der Nachhaltigkeit analysiert, und die „Nachhaltigkeit von Forschung", die Wesensprinzipien der Wissenschaft – etwa die Falsifizierbarkeit ihrer Resultate – im Lichte der Idee der Nachhaltigkeit untersucht. Schwerpunkte der Analyse bilden in allen Bereichen einerseits das Spannungsverhältnis zwischen Freiheit und Nachhaltigkeit der Wissenschaft sowie andererseits die Auswirkungen der Debatte auf die Strukturen des Wissenschaftssystems.

NAL NF Bd. *118*, Nr. 400

Rolle der Wissenschaft im Globalen Wandel

Vorträge anlässlich der Jahresversammlung
vom 22. bis 24. September 2012 in Berlin

Herausgegeben von Detlev DRENCKHAHN (Würzburg)
und Jörg HACKER (Halle/Saale, Berlin)

(2013, 396 Seiten, 123 Abbildungen, 27 Tabellen,
29,95 Euro, ISBN: 978-3-8047-3210-0)

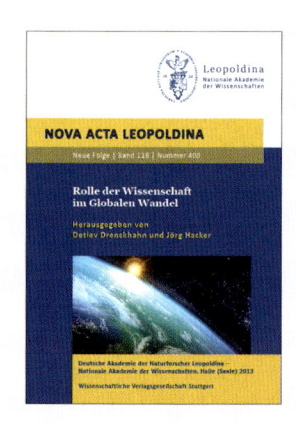

Gesellschaftliche Probleme verlangen heute sehr häufig eine Widerspiegelung im Bereich der Wissenschaften. Als Nationale Akademie der Wissenschaften ist die Leopoldina in zunehmendem Maße gefordert, auch Beratung bei Fragen zu liefern, die über Länder und Kontinentgrenzen hinausgreifen: Klimawandel, der Einsatz erneuerbarer Energien, Fragen der Gesundheitsversorgung, die Einrichtung einer effektiveren Landwirtschaft zur Bekämpfung von Hunger in Krisengebieten und die sich wandelnde Altersstruktur von Bevölkerungen in vielen Staaten sind nur einige Beispiele für entsprechende Gebiete mit dringendem Forschungsbedarf. Sie bilden Herausforderungen für die Gesellschaften, die nur in internationaler, oft globaler Zusammenarbeit zu bewältigen sein werden. Daher wählte die Leopoldina 2012 das Thema „Rolle der Wissenschaft im Globalen Wandel" für ihre Jahresversammlung. Der Band umfasst Beiträge zu den Themenkomplexen „Die Erde im Globalen Wandel", „Herausforderungen des Globalen Wandels" und „Lösungswege von Problemen des Globalen Wandels" sowie zu den gesellschaftlichen und politischen Implikationen der mit dem globalen Wandel verbundenen Prozesse.

Dazu:

Vorabdruck

Rolle der Wissenschaft im Globalen Wandel

Programm und Kurzfassungen der Vorträge für die Jahresversammlung
vom 22. bis 24. September 2012 in Berlin
(2012, 56 Seiten, 1,50 Euro)

Supplement zu den Nova Acta Leopoldina, Neue Folge

Herausgegeben von Jörg HACKER (Halle/Saale, Berlin), Präsident der Deutschen
Akademie der Naturforscher – Nationale Akademie der Wissenschaften
(ISSN 0369-4771, Wissenschaftliche Verlagsgesellschaft Stuttgart, Birkenwaldstraße 44,
70191 Stuttgart, Bundesrepublik Deutschland)

NAL NF Supplementum Nr. 28

Festkolloquium der Leopoldina anlässlich des 80. Geburtstages von Herrn Altpräsidenten Benno Parthier

Herausgegeben von Jörg HACKER
(Halle/Saale, Berlin)

(2013, 68 Seiten, 32 Abbildungen, 9,00 Euro,
ISBN: 978-3-8047-3209-4)

Der Band ist Benno PARTHIER, XXIV. Leopoldina-Präsident von 1990 bis 2003, aus Anlass seines 80. Geburtstages (2012) gewidmet. Er enthält neben dem Glückwunsch des gegenwärtigen Präsidenten Jörg HACKER und des Staatssekretärs im Ministerium für Wissenschaft und Wirtschaft Sachsen-Anhalts Marco TULLNER vor allem Würdigungen von PARTHIERS wissenschaftlichen Arbeiten (Jasmonatforschung) und seines wissenschaftspolitischen Wirkens (als Präsidiumsmitglied und dann Präsident der Leopoldina). Außerdem umfasst er den Festvortrag „Das Bild des Naturforschers in Kunst und Literatur" von Dietrich VON ENGELHARDT sowie die Dankesworte des Jubilars.

Jahrbuch der Akademie

Herausgegeben von Jörg HACKER (Halle/Saale, Berlin), Präsident der Deutschen Akademie der Naturforscher – Nationale Akademie der Wissenschaften
(ISSN 0949-2364, Wissenschaftliche Verlagsgesellschaft Stuttgart, Birkenwaldstraße 44, 70191 Stuttgart, Bundesrepublik Deutschland)

Deutsche Akademie der Naturforscher Leopoldina
Nationale Akademie der Wissenschaften
Jahrbuch 2012

Leopoldina (Reihe 3), Jahrgang 58.2012 (2013)

Herausgegeben von Jörg HACKER (Halle/Saale, Berlin)
(2013, 496 Seiten, 129 Abbildungen, 30,00 Euro,
ISBN: 978-3-8047-3208-7)

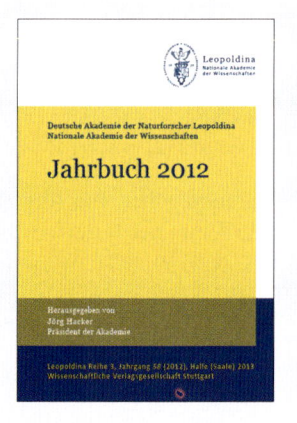

Die Leopoldina als Nationale Akademie der Wissenschaften versuchte, im Jahr 2012 ihr Profil im Bereich zukunftsorientierter Politik- und Gesellschaftsberatung zu schärfen. Das Jahrbuch der Leopoldina gibt einen Überblick über die vielfältigen Aktivitäten der Akademie im Berichtsjahr, z. B. über die Tätigkeit des Präsidiums, das Wirken der Arbeitsgruppen und der Kommissionen, die wissenschaftlichen Veranstaltungen und Ausstellungen sowie die internationalen Kontakte. Es enthält Informationen zu den Neuwahlen, den Mitgliedern der Akademie sowie den vergebenen Auszeichnungen und Förderstipendien. Berichte aus den verschiedenen Abteilungen und eine Zusammenstellung der Publikationen der Leopoldina ergänzen die Jahresübersicht.

Acta Historica Leopoldina (AHL)

Herausgegeben von Benno PARTHIER (Halle/Saale), Altpräsident der Deutschen Akademie der Naturforscher – Nationale Akademie der Wissenschaften (ISSN 0001-5857, Wissenschaftliche Verlagsgesellschaft Stuttgart, Birkenwaldstraße 44, 70191 Stuttgart, Bundesrepublik Deutschland)

AHL Nr. *61*

SALUTEM ET FELICITATEM!
Gründung und internationale Ausstrahlung der Leopoldina

(Nachauflage)

Ausstellung zum 325. Jahrestag ihrer Privilegierung 1687 durch Kaiser Leopold I.
Halle (Saale) vom 28. Oktober bis 21. Dezember 2012, Hauptgebäude der Leopoldina,
Schweinfurt vom 29. September bis 24. November 2013, Museum Otto Schäfer
und Edition aller kaiserlichen Urkunden von 1677 bis 1742

Herausgegeben von Uwe MÜLLER (Schweinfurt) und Danny WEBER (Halle/Saale)

(2013, 204 Seiten, 118 Abbildungen, 24,95 Euro, ISBN: 978-3-8047-3115-8)

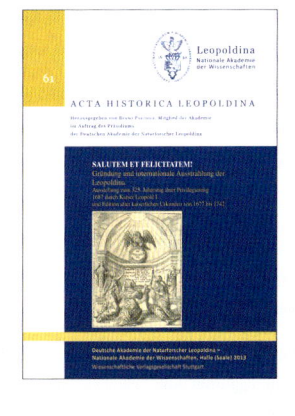

2012 jährt sich zum 360. Mal die Gründung der heutigen Deutschen Akademie der Naturforscher Leopoldina – Nationale Akademie der Wissenschaften im Jahr 1652 in Schweinfurt, und am 7. August 1687, vor 325 Jahren, gewährte Kaiser LEOPOLD I. der Gelehrtengesellschaft besondere Privilegien. Diesen Anlässen widmet sich eine Ausstellung, die eine große Anzahl von authentischen und einzigartigen Quellen zur Geschichte der Akademie aus den Archiven der Stadt Schweinfurt und der Leopoldina als Kooperationsprojekt zunächst in Halle (Saale) und später in Schweinfurt zeigt. Der Schwerpunkt liegt auf der frühen Internationalisierung der Akademie. Die Publikation beschreibt die vorgestellten Objekte und enthält darüber hinaus eine Edition aller kaiserlichen Urkunden von 1677 bis 1742.

AHL Nr. *62*

Durch Lebensereignisse verbunden
Festgabe für Dorothea Kuhn zum 90. Geburtstag am 11. März 2013

Herausgegeben von Jutta ECKLE (Weimar)
und Dietrich VON ENGELHARDT (Karlsruhe)

(2013, 440 Seiten, 84 Abbildungen, 4 Tabellen, 26,95 Euro, ISBN: 978-3-8047-3159-2)

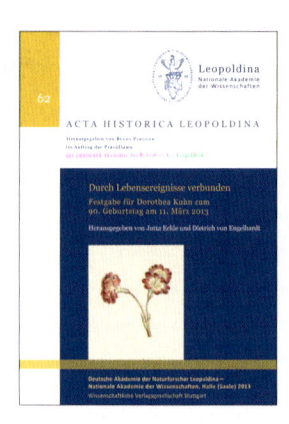

Zum 90. Geburtstag von Dorothea Kuhn, der langjährigen Herausgeberin der Leopoldina-Ausgabe von *Goethes Schriften zur Naturwissenschaft*, legt die Leopoldina eine wissenschaftshistorische Festschrift vor. Neben dem Leben und Wirken der Jubilarin, das u. a. mit einer vollständigen Bibliographie gewürdigt wird, sind Beiträge namhafter Wissenschaftshistoriker und Germanisten aus den verschiedenen Interessengebieten der Geehrten versammelt: zu Naturwissenschaft und Medizin, Kunst und Philosophie um 1800, zu Goethes naturwissenschaftlichen Forschungen, zu Italienerlebnissen reisender Naturforscher, zur Verlagsgeschichte, vor allem des Cotta-Verlages, zur Editions- und Buchgeschichte sowie zur Akademiegeschichte.

Sonderschriften

**Deutsche Akademie der Naturforscher Leopoldina
Neugewählte Mitglieder 2012**
(2013, 59 Seiten, 53 Abbildungen)

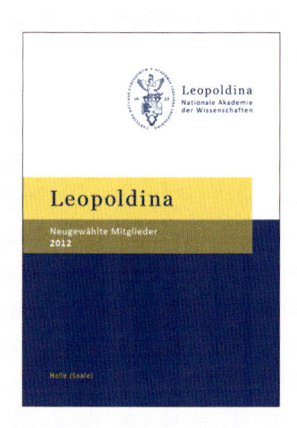

**Deutsche Akademie der Naturforscher Leopoldina
Nationale Akademie der Wissenschaften
The German Academy of Sciences Leopoldina**
Halle (Saale)
gegründet | founded 1652 in Schweinfurt
**Struktur und Mitglieder
Structure and Members**

Herausgegeben von Jörg HACKER, Präsident der Akademie
(Halle/Saale – Berlin)
Stand 31. 7. 2013

(2013, 392 Seiten, 8 Abbildungen)

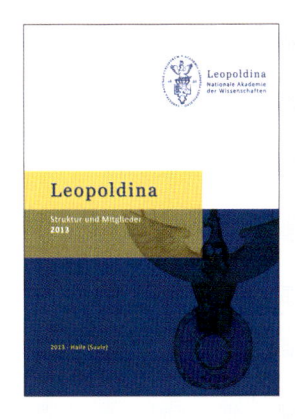

Der Band enthält Angaben zu Präsidium, Senat, Sektionen und zur territorialen Gliederung sowie übersichtlich geordnet das aktualisierte Verzeichnis der Mitglieder. Ergänzend werden Informationen über die Präsidenten der Akademie seit 1652, die Auszeichnungen der Akademie und die Ehrenförderer vermittelt.

**Deutsche Akademie der Naturforscher Leopoldina
Nationale Akademie der Wissenschaften
Katalog der Veröffentlichungen
2012 – 2014**
(und Nachträge)

Bearbeitet von Michael KAASCH und Joachim KAASCH
(2013, 32 Seiten, 33 Abbildungen)

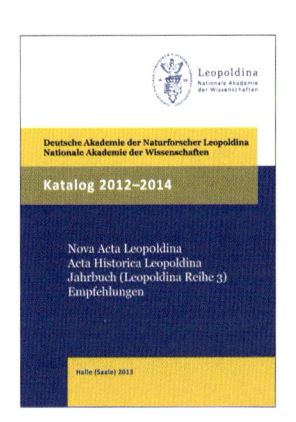

Leopoldina aktuell

01/2013, 8. März 2013	(12 Seiten, 11 Abbildungen)
02/2013, 11. Juni 2013	(14 Seiten, 11 Abbildungen)
03/2013, 30. August 2013	(17 Seiten, 22 Abbildungen)

Leopoldina news

01/2013, 8. März 2013	(7 Seiten, 5 Abbildungen)
02/2013, 11. Juni 2013	(11 Seiten, 11 Abbildungen)
03/2013, 30. August 2013	(9 Seiten, 11 Abbildungen)

Leopoldina aktuell bzw. *Leopoldina news* können über die Internetseite der Akademie http://www.leopoldina.org/ abonniert werden bzw. sind als PDF-Dateien verfügbar.

Empfehlungen und Stellungnahmen

Die Empfehlungen können als PDF-Dateien von der Internetseite der Akademie http://www.leopoldina.org/ heruntergeladen werden.

Bioenergie: Möglichkeiten und Grenzen
(2012, ISBN 978-3-8047-3061-6,
ergänzte Fassung Juni 2013,
132 Seiten, 8 Abbildungen, 6 Tabellen)

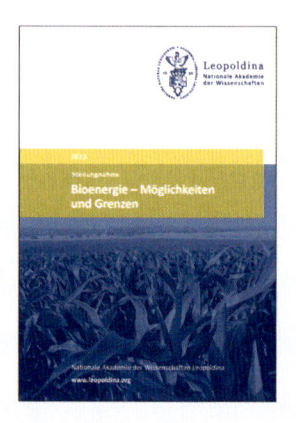

Die Energieversorgung in Deutschland wird in den kommenden Jahren mit dem Ausbau der erneuerbaren Energien umstrukturiert. Neben der Windenergie und der Photovoltaik wird auch der Ausbau der Biomassennutzung in Betracht gezogen. Doch wie groß ist das Potenzial der Bioenergie als Energiequelle für Deutschland heute und in der Zukunft?

In der Stellungnahme der Leopoldina „Bioenergie: Möglichkeiten und Grenzen" steht die Bioenergie im Fokus einer umfassenden Analyse. Die Empfehlungen sollen Parlamenten, Ministerien, Verbänden und Unternehmen eine fundierte und unabhängige Hilfestellung bei den anstehenden wichtigen Entscheidungen für eine klimaverträgliche, versorgungssichere und zukunftsfähige Nutzung der Bioenergie geben. Neben quantitativen Aspekten stehen in der Stellungnahme die ökologischen und klimatischen Risiken der Verwendung von Bioenergie im Mittelpunkt. Auch wenn der Fokus auf Deutschland liegt, schließt die Diskussion Europa und globale Perspektiven ein.

Zur Stellungnahme liegt eine deutsch-englische Kurzfassung vor und eine ausführliche Fassung, in der die Aussagen durch Einbeziehung von wissenschaftlichen Arbeiten und Dokumentationen belegt sind. In der Stellungnahme werden umfassende Bestandsaufnahmen (1) zur Verfügbarkeit und Nachhaltigkeit von Biomasse als Energiequelle, (2) zur Umwandlung von Biomasse in Biobrennstoffe und in Vorstufen für chemische Synthesen und (3) zur Gewinnung von Wasserstoff durch Photolyse von Wasser gegeben.

Diskussionspapier der Nationalen Akademie
der Wissenschaften Leopoldina
**Die Zukunftsfähigkeit des deutschen
Wissenschaftssystems**
Für die nachhaltige Entwicklung von Forschung,
Lehre und Wissenstransfer

(2013, 49 Seiten)

Politik und Öffentlichkeit nehmen die kaum zu überschätzende Bedeutung der Wissenschaft für die nachhaltige Sicherung unseres Wohlstands und die partizipative Gestaltung unseres Gemeinwesens immer deutlicher wahr. Vor diesem Hintergrund bietet das baldige Auslaufen wichtiger Förderinitiativen den Anlass, sich intensiv mit Kernfragen der Finanzierung und Organisation des deutschen Wissenschaftssystems auseinanderzusetzen. Es ist jetzt notwendig, Bilanz zu ziehen und strategische Überlegungen zur mittel- und langfristigen Zukunft des Wissenschaftssystems in Deutschland anzustellen. Einerseits sollten positive Entwicklungen, die durch den Hochschulpakt, den Pakt für Forschung und Innovation sowie die Exzellenzinitiative zur Förderung von Wissenschaft und Forschung ermöglicht wurden, nachhaltig fortgeführt und durch weitere Maßnahmen unterstützt werden. Andererseits sollten negative Entwicklungen korrigiert werden.

Bei solchen Überlegungen muss es vorrangig darum gehen, die hohe Leistungsfähigkeit des deutschen Wissenschaftssystems in Forschung, Lehre und Wissenstransfer wirksam auszubauen und seine internationale Wettbewerbsfähigkeit deutlich zu erhöhen. Dies sind unabdingbare Voraussetzungen für die nachhaltige Entwicklung unserer Wissensgesellschaft. Denn das Wissen, das von der Wissenschaft gemäß ihren eigenen methodischen Standards für die Erarbeitung, Überprüfung und Verbreitung von Forschungsergebnissen als gültig anerkannt wird, ist für zentrale gesellschaftliche Bereiche von herausragender Bedeutung. In diesem Sinne stellt sich die moderne Wissensgesellschaft als eine Wissenschaftsgesellschaft dar.

Akademie der Wissenschaften in Hamburg
Deutsche Akademie der Naturforscher Leopoldina –
Nationale Akademie der Wissenschaften

Stellungnahme
Antibiotika-Forschung: Probleme und Perspektiven

(2013, 77 Seiten, 3 Abbildungen, 2 Tabellen,
29,95 €, ISBN: 978-3-11-030667-5,
eBook (Open Access): ISBN 978-3-11-030689-7)

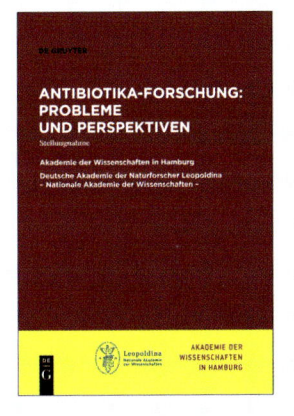

Antibiotika-resistente Bakterien und fehlende Antibiotika gefährden zunehmend die erfolgreiche Behandlung von bakteriellen Infektionskrankheiten. Diese Stellungnahme beschreibt den unbefriedigenden Status quo in

Empfehlungen und Stellungnahmen

der Entwicklung neuer Antibiotika und gibt auf breiter Basis Empfehlungen für Lösungsansätze in Forschung, Politik und Gesellschaft.

Die Publikation enthält: Gesundheitspolitische Empfehlungen für die Förderung der Antibiotika-Forschung, -Entwicklung und -Zulassung und einen kompakten Überblick über die Situation der Antibiotika-Resistenzen.

Dazu:

Academy of Sciences and Humanities in Hamburg
German National Academy of Sciences Leopoldina

Statement
Antibiotics Research: Problems and Perspectives
(2013, 65 Seiten, 3 Abbildungen, 2 Tabellen, ISBN: 978-3-8047-3203-2)

Akademie der Wissenschaften in Hamburg
Deutsche Akademie der Naturforscher Leopoldina – Nationale Akademie der Wissenschaften

In Kürze
Zusammenfassung und Empfehlungen der Stellungnahme
Antibiotika-Forschung
Probleme und Perspektiven
(2013, 6 Seiten)

Academy of Sciences and Humanities in Hamburg
German National Academy of Sciences Leopoldina

Briefing paper
Summary and recommendations
Antibiotic Research
Problems and Perspectives
(2013, 6 Seiten)

Eckpunktepapier der Allianz der Wissenschaftsorganisationen
„Paket der Pakte – Weiterentwicklung des deutschen Wissenschaftssystems"
(12. Juni 2013, 6 Seiten)

G-SCIENCE ACADEMIES STATEMENTS 2013
Driving Sustainable Development: The Role of Science, Technology and Innovation
(2013, 6 Seiten)

G-SCIENCE ACADEMIES STATEMENTS 2013
Drug Resistance in Infectious Agents – A Global Threat to Humanity
(2013, 5 Seiten)

iamp – the interacademy medical panel
A Call for Action to Strengthen Health Research Capacity in Low and Middle Income Countries
(2013, 5 Seiten)

5. Anhang

Chronik 2012

20. März
Symposium der Klasse I – Mathematik, Natur- und Technikwissenschaften
Welt im Wandel – Über den Umgang mit Ungewissheiten
(erstmals mit Übergabe der Aufnahmediplome an die neugewählten Mitglieder der Klasse)

23. Mai
Symposium der Klasse II – Lebenswissenschaften
New Advances in the Life Sciences

25. Mai
Feierliche Einweihung des neuen Hauptgebäudes der Leopoldina am Jägerberg 1 in Halle (Saale) in Anwesenheit der Bundesministerin für Bildung und Forschung Annette SCHAVAN und des Ministerpräsidenten des Landes Sachsen-Anhalt Reiner HASELOFF
Erstmalige Verleihung der Kaiser Leopold I.-Medaille (Preisträger: Berthold BEITZ)
Unterzeichnung von Kooperationsvereinbarungen mit der *Korean Academy of Sciences and Technology* (KAST) und der *Indian National Science Academy* (INSA)

20. bis 22. Juni
Symposium „Carl Friedrich von Weizsäcker-Tagung: Physik – Philosophie – Friedensforschung" in Halle (Saale) mit Verleihung des Carl Friedrich von Weizsäcker-Preises (Preisträger: Jürgen BAUMERT)

10. Juli
Symposium der Klasse III – Medizin
Erfolge der klinischen Medizin

22. bis 24. September
Jahresversammlung „Die Rolle der Wissenschaft im globalen Wandel" in Berlin

29. Oktober
Eröffnung des Leopoldina-Studienzentrums für Wissenschafts- und Akademiengeschichte

22. bis 24. November
Tagung „Wissenschaftsakademien im Zeitalter der Ideologien. Politische Umbrüche – wissenschaftliche Herausforderungen – institutionelle Anpassung"

20. November
Symposium der Klasse IV – Geistes-, Sozial- und Verhaltenswissenschaften
Wissenschaft in der Gesellschaft – Gesellschaft in der Wissenschaft

Vor 350 Jahren

1662
– Die auf 18 Paragraphen erweiterten *Leges* der Akademie werden unter dem Titel „Salve Academicum" erstmals gedruckt.
– In diesem Jahr wird u. a. der Naturforscher und Arzt Georg Christoph PETRI VON HARTENFELS (1633–1718) zugewählt, der als Bürgermeister und Universitätsprofessor in Erfurt wirkte und dort von 1689 bis 1692 Rektor der Universität war.

Vor 325 Jahren
1687
– Privilegierung der Akademie durch Kaiser LEOPOLD I. (1640–1705)

Vor 300 Jahren
1712
– Kaiser KARL VI. (1685–1740) gewährt der Akademie finanzielle Unterstützung und erlaubt ihr – laut *Protocollum* – sich „karolinisch" zu nennen.
– In diesem Jahr nimmt die Leopoldina den Stadtarzt im ungarischen Ödenburg Johann Adam GENSEL (1677–1720) auf, der testamentarisch der Akademie ein Kapital von 6000 Gulden hinterließ, dessen Verleihzinsen in regelmäßigen Überweisungen an die Leopoldina gingen und deren Finanzierung stabilisierten. Außerdem wurde der bedeutende Wittenberger Anatom und spätere Senior der dortigen Medizinischen Fakultät Abraham VATER (1684–1751), der für die Beschreibung der Mündung des Gallenganges in den Dünndarm („Papilla Vateri") bekannt ist, obwohl bereits vor ihm entsprechende Kenntnisse vorlagen.

Vor 250 Jahren
1762
– Die Leopoldina reiht in diesem Jahr u. a. den berühmten Kriegschirurgen Johann Ulrich BILGUER (1720–1796) in ihre Reihen ein, der durch seine Dissertation über die Heilung von Gliederverletzungen ohne Amputation besonderen Ruhm erlangte.

Vor 200 Jahren
1812
– Die Akademie befindet sich in einer Krise. In diesem Jahr wird kein Mitglied aufgenommen.

Vor 150 Jahren
1862
– Am 11. Oktober stirbt in Jena der seit 1858 amtierende XII. Präsident der Akademie Dietrich Georg VON KIESER (*1779), einer der führenden Ärzte der Universität Jena und vor allem als Pathologe und Psychiater besondere Beachtung verdient.

- Am 23. Dezember wird der Arzt (Gynäkologe, Physiologe), Naturforscher und Maler Carl Gustav CARUS (1789–1869) zum XIII. Präsidenten der Akademie gewählt. Unter ihm verlagerte die Leopoldina ihren Sitz nach Dresden.
- Noch unter KIESER wird in diesem Jahr u. a. der hallesche Physiker Carl Hermann KNOBLAUCH (1820–1895) aufgenommen, der später als XV. Präsident (Amtszeit 1878–1895) die Leopoldina nach Halle (Saale) holen wird.

Vor 100 Jahren

1912

- Emil ABDERHALDEN (1877–1950), aus der Schweiz stammender Physiologe und Biochemiker, wird u. a. aufgenommen. Sein Wirken als XX. Leopoldina-Präsident (von 1932 bis 1950, seit 1945 noch nominell, bei Abwesenheit vom Sitzort) in den Jahren der NS-Diktatur ist umstritten. So wurden während ABDERHALDENS Präsidentschaft viele jüdische Mitglieder aus der Matrikel gestrichen. Dem ebenfalls in diesem Jahr aufgenommenen jüdischen Mathematiker Alfred LOEWY (1873–1935) ersparte sein früher Tod wohl dieses Schicksal.

Vor 50 Jahren

1962

- Der ungarisch-US-amerikanische Biophysiker, Physiologe und Nobelpreisträger von 1961 Georg VON BÉKÉSY (1899–1972) sowie die künftigen Nobelpreisträger Ulf Svante VON EULER (1905–1983), ein schwedischer Physiologe und Neurochemiker sowie Nobelpreisträger für Physiologie und Medizin von 1970, und Georg WITTIG (1897–1987), ein deutscher Chemiker und Nobelpreisträger für Chemie 1979, werden u. a. in die Leopoldina aufgenommen.

Satzung

Deutsche Akademie der Naturforscher Leopoldina e. V.
(Stand 8. Dezember 2009)

Der Senat der Akademie hat am 5. April 1991 auf der Grundlage der letzten Satzung aus dem Jahre 1942 eine den heutigen Bedingungen angepasste Satzung für die selbstlos und gemeinnützig tätige Gelehrtengesellschaft beschlossen. Diese Satzung wurde in Mitgliederversammlungen am 26. April 1993, 9. April 1995, 8. Dezember 1998 und 19. Oktober 2003 in einigen Passagen geändert.

Mit der Ernennung der Deutschen Akademie der Naturforscher Leopoldina zur Nationalen Akademie der Wissenschaften durch die Gemeinsame Wissenschaftskonferenz des Bundes und der Länder der Bundesrepublik Deutschland am 18. Februar 2008 und in deren Folge sind weitere Änderungen notwendig. Die Satzung hat nunmehr folgende Fassung:

§ 1
Name und Sitz

Die Akademie führt den Namen „Deutsche Akademie der Naturforscher Leopoldina" und trägt seit 2008 zusätzlich die Bezeichnung „Nationale Akademie der Wissenschaften". Sie ist eine internationale Gemeinschaft von Gelehrten, hat ihren Sitz in Halle an der Saale und ist in das Vereinsregister des dafür zuständigen Amtsgerichtes in Stendal eingetragen. 1652 in Schweinfurt als *Academia Naturae Curiosorum* gegründet, 1687 von Kaiser LEOPOLD I. mit Privilegien ausgestattet und 1742 durch Kaiser KARL VII. bestätigt, ist die Akademie in ununterbrochener Existenz mit der vormaligen „Kaiserlich Leopoldinisch-Carolinischen Deutschen Akademie der Naturforscher" identisch.

§ 2
Wesen, Zweck und Aufgaben

1. Die Deutsche Akademie der Naturforscher Leopoldina (im Folgenden Akademie genannt) ist aufgrund ihrer Tradition eine überwiegend naturwissenschaftlich-medizinische Gelehrtengesellschaft. Sie hat sich seit der Deutschen Wiedervereinigung geöffnet und nimmt seither auch Wissenschaftlerinnen und Wissenschaftler aus den Geistes-, Sozial- und Verhaltenswissenschaften sowie den Technikwissenschaften auf.
   Die Mitglieder der Akademie stammen traditionell aus Deutschland, Österreich und der Schweiz. Durch eine große Zahl von Mitgliedern außerhalb dieser Länder ist sie jedoch auch weltweit verankert.

2. Ihre Aufgabe ist die Förderung der Wissenschaften durch nationale und internationale Zusammenarbeit, ihrer Tradition nach „zum Wohle des Menschen und der Natur".

   Zu diesem Zweck führt sie wissenschaftliche Veranstaltungen durch, setzt Kommissionen ein und veröffentlicht die erarbeiteten Ergebnisse. Sie verleiht Auszeichnungen und Preise und fördert junge Wissenschaftlerinnen und Wissenschaftler.

   Mit der Ernennung zur Nationalen Akademie der Wissenschaften übernimmt die Leopoldina offiziell die Vertretung der deutschen Wissenschaftlerinnen und Wissenschaftler in den internationalen Gremien, in denen andere nationale Akademien der Wissenschaften vertreten sind, und sie bringt sich in die wissenschaftsbasierte Beratung von Öffentlichkeit und Politik ein. Die Aufgaben und Tätigkeiten der Deutschen Forschungsgemeinschaft, der Max-Planck-Gesellschaft und der anderen Mitglieder der Allianz werden dadurch nicht berührt.

3. Zur Wahrnehmung dieser Aufgaben unterhält die Akademie die erforderlichen Einrichtungen, darunter eine Geschäftsstelle, ein wissenschaftliches Archiv und eine wissenschaftliche Bibliothek.

4. Die Akademie ist selbstlos tätig. Sie verfolgt ausschließlich und unmittelbar gemeinnützige Zwecke im Sinne des Abschnitts „Steuerbegünstigte Zwecke" der Abgabenordnung und nicht eigenwirtschaftliche Zwecke.

   Die Mittel der Akademie dürfen nur für die satzungsgemäßen Zwecke verwendet werden. Die Mitglieder erhalten in dieser Eigenschaft keine Zuwendungen aus Mitteln der Akademie. Es darf keine Person durch Ausgaben, die dem Zweck der Akademie fremd sind, oder durch unverhältnismäßig hohe Vergütung begünstigt werden.

§ 3
Mitglieder, Ehrenmitglieder und Ehrenförderer

1. Mitglieder

Zu Mitgliedern werden Wissenschaftlerinnen und Wissenschaftler gewählt, die sich durch bedeutende wissenschaftliche Leistungen auszeichnen. Ihre Wahl erfolgt durch das Präsidium, das sich dazu nach einer vom Senat zu beschließenden Wahlordnung erweitern kann.

Alle neuen Mitglieder werden als Ordentliche Mitglieder in die Akademie aufgenommen. Sie haben die Pflicht der aktiven Mitarbeit in der Akademie und haben aktives wie passives Wahlrecht.

Die Annahme der Wahl gilt zugleich als Beitrittserklärung im vereinsrechtlichen Sinn.

Alle Personen, die beim In-Kraft-Treten dieser Satzung bereits Mitglied sind und sich zu einer aktiven Mitarbeit nicht in der Lage sehen, können auf Antrag den Status eines Korrespondierenden Mitgliedes erhalten. Über den Antrag befindet das Präsidium.

Auf Antrag kann ein Mitglied zeitlich befristet oder auf Dauer entpflichtet werden. Über die Annahme des Antrags entscheidet das Präsidium. Damit erlöschen sämtliche Wahlrechte und Pflichten.

Bei gröblichem, das Ansehen der Akademie schädigendem Verhalten kann ein Mitglied aus der Akademie ausgeschlossen werden. Die Verfahrensweise dazu wird in der Wahlordnung geregelt.

2. *Ehrenmitglieder*

Die Ehrenmitgliedschaft ist die höchste Auszeichnung, die die Akademie an Mitglieder vergibt, die sich um Akademie und Wissenschaft herausragende Verdienste erworben haben. Sie haben Sitz und beratende Stimme im Senat.

3. *Ehrenförderer*

Als Ehrenförderer zeichnet die Akademie Nichtmitglieder aus, die sich in ihrem Wirkungskreis besondere Verdienste erworben und das Wohl der Akademie in hohem Maße gefördert haben.

§ 4
Sektionen, Klassen und Adjunktenkreise

Die Mitglieder gehören einerseits der ihnen fachlich nahe stehenden Sektion und andererseits in Österreich und der Schweiz dem entsprechenden Adjunktenkreis an. Jede Sektion ist zudem einer Klasse zugeordnet.

Die Mitglieder der Sektionen, der Klassen und der Adjunktenkreise wählen ihre Sprecherinnen und Sprecher (Obleute, Klassensprecherin bzw. Klassensprecher, Adjunkten).

Das Nähere über die Gliederung nach Satz 1 und die Zugehörigkeit der Mitglieder zu einer Sektion, Klasse und einem Adjunktenkreis bestimmt eine vom Senat zu beschließende Ordnung.

§ 5
Organe

Organe der Akademie sind das Präsidium, der Senat und die Mitgliederversammlung.

§ 6
Präsidium

1. Das gewählte Präsidium besteht aus der Präsidentin bzw. dem Präsidenten, bis zu vier Vizepräsidentinnen bzw. Vizepräsidenten, vier Sekretaren und bis zu drei weiteren Mitgliedern. Das Präsidium gibt sich eine Geschäftsordnung.
2. Die Präsidentin/der Präsident und die Vizepräsidentinnen/Vizepräsidenten bilden den Vorstand im Sinne des Gesetzes. Zur Abgabe rechtsverbindlicher Erklärungen ist die Mitwirkung zweier Mitglieder des Vorstandes erforderlich und ausreichend. Die Präsidentin bzw. der Präsident leitet die Geschäfte der Akademie. Das Präsidentenamt kann hauptamtlich wahrgenommen werden. Der Anstellungsvertrag wird mit Ein-

willigung des zuständigen Bundesministeriums in der Regel durch den amtierenden Präsidenten und ein weiteres Mitglied des Präsidiums unterschrieben.

Sie/er führt den Vorsitz in den Sitzungen des Präsidiums, des Senates und in der Mitgliederversammlung. Stellvertreterin bzw. Stellvertreter der Präsidentin bzw. des Präsidenten ist die/der jeweils dienstälteste Vizepräsidentin/Vizepräsident.

Eine Vizepräsidentin bzw. ein Vizepräsident versieht das Amt der Schatzmeisterin/des Schatzmeisters.

3. Die Präsidiumsmitglieder werden vom Senat in geheimer schriftlicher Abstimmung mit einfacher Mehrheit gewählt. Die Amtsdauer der Präsidentin bzw. des Präsidenten und der anderen Präsidiumsmitglieder beträgt fünf Jahre. Einmalige Wiederwahl ist zulässig. Die Präsidiumsmitglieder bleiben nach Ablauf der Amtszeit bis zur Wahl ihrer Nachfolger kommissarisch im Amt.

4. Die/der angestellte Generalsekretärin/Generalsekretär ist in Unterstützung des Präsidiums für die Führung der Geschäfte zuständig. Sie/er nimmt mit beratender Stimme und als Schriftführerin/Schriftführer an den Präsidiumssitzungen teil.

§ 7
Senat

1. Der Senat wird gebildet aus
   a) einer Obperson jeder Sektion;
   b) je einem Adjunkt aus Österreich und der Schweiz;
   c) bis zu 10 weiteren Personen, um die sich der Senat durch Zuwahl selbst ergänzen kann, die nicht Mitglieder der Akademie sein müssen.

   Die unter a) und b) genannten Senatorinnen und Senatoren können in den Senatssitzungen durch gewählte Stellvertreterinnen oder Stellvertreter vertreten werden.

   Der Senat vertritt die Mitglieder vor dem Präsidium und ist für das Präsidium ein beratendes Gremium. Er wählt die Mitglieder des Präsidiums und die Ehrenmitglieder, wählt Kassenprüferinnen oder Kassenprüfer, prüft den Rechenschaftsbericht des Präsidiums und beschließt über dessen Entlastung. Er beschließt über die Wahlordnung der Mitglieder, der Obleute und Adjunkten, der Klassensprecherinnen und Klassensprecher, der Senatorinnen und Senatoren und ihrer Stellvertreterinnen und Stellvertreter, des Präsidiums sowie über die Strukturordnung für die Sektionen, Klassen und Adjunktenkreise und beschließt über den Ausschluss eines Mitglieds.

2. Die Sitzungen des Senates werden von der Präsidentin bzw. vom Präsidenten oder von der Stellvertreterin bzw. vom Stellvertreter einberufen und geleitet, die Mitglieder des Präsidiums nehmen an den Sitzungen mit beratender Stimme teil. Entscheidungen des Senates können auch schriftlich eingeholt werden. Über die Beschlüsse des Senates ist ein Protokoll zu fertigen und von der Präsidentin bzw. vom Präsidenten und einem weiteren Mitglied des Präsidiums zu unterzeichnen.

3. Der Senat beschließt die Vergabe von Akademie-Auszeichnungen.

§ 8
Mitgliederversammlung

1. Die Mitgliederversammlung tritt zusammen, soweit dies nach Gesetz oder Satzung erforderlich ist. Zu ihr muss die Präsidentin bzw. der Präsident unter Angabe der Tagesordnung schriftlich mit einer Frist von mindestens 4 Wochen einladen.
2. Jede ordnungsgemäß anberaumte Mitgliederversammlung ist beschlussfähig. Sie beschließt über Anträge mit einfacher Mehrheit, soweit die Satzung nichts anderes bestimmt.
3. Über die Mitgliederversammlung und deren Beschlüsse ist ein Protokoll zu fertigen, das von der Präsidentin bzw. vom Präsidenten zu unterschreiben und von einem anderen Präsidiumsmitglied gegenzuzeichnen ist.

§ 9
Geschäftsstelle

Die Geschäftsstelle erledigt die laufenden Geschäfte der Akademie und unterstützt ihre Organe. Sie wird von einer Generalsekretärin bzw. einem Generalsekretär geleitet. Näheres bestimmt die Geschäftsordnung des Präsidiums.

§ 10
Satzungsänderungen

Satzungsänderungen müssen vom Senat vorbereitet und beschlossen werden. Sie bedürfen einer Mehrheit von drei Vierteln der in der Mitgliederversammlung anwesenden Mitglieder.

§ 11
Auflösung der Akademie

1. Die Auflösung der Akademie kann nur von einer zu diesem Zweck einberufenen außerordentlichen Mitgliederversammlung mit einer Mehrheit von zwei Dritteln aller Mitglieder, deren Voten auch schriftlich eingeholt werden können, beschlossen werden.
2. Im Falle der Auflösung oder der Aufhebung der Akademie oder bei Wegfall ihrer bisherigen Zwecke fällt das Vermögen der Akademie der Alexander von Humboldt-Stiftung zu, die es unmittelbar und ausschließlich für gemeinnützige Zwecke zu verwenden hat.

Statutes

German Academy of Sciences Leopoldina, reg. Ass.

(Status 8th December 2009)

On the 5th April 1991, and on the basis of the previous Statutes of 1942, the Senate of the Academy passed Statutes adapted to today's conditions for the scholars' society, which acts in a charitable, non-profit capacity. Some of the passages of these Statutes were modified at the Members' General Assemblies on the 26th April 1993, the 9th April 1995, the 8th December 1998 and the 19th October 2003.

Further amendments have become necessary with the German Academy of Sciences being appointed the National Academy of Sciences by the Joint Science Conference of the Federal and Länder Governments on the 18th February 2008. The following version of the Statutes now applies:

§ 1
Name and Seat

The Academy is named "German Academy of Sciences Leopoldina", and since 2008, it has additionally borne the title "National Academy of Sciences". It is an international community of scholars that is seated in Halle an der Saale, where it has been registered in the list of associations of the responsible Local Court in Stendal.

Founded in Schweinfurt in 1652, and vested with privileges by Emperor Leopold I in 1687 that were confirmed by Emperor Karl VII in 1742, the Academy is identical with and constitutes the uninterrupted continuation of its predecessor, the "Imperial Leopoldina Carolina German Academy of Natural Scientists".

§ 2
Nature, Purpose and Mission

1. The German Academy of Sciences Leopoldina (referred to as the Academy in the following) has traditionally been a mainly natural science and medicine scholars' society. Since German reunification, it has adopted a broader remit in terms of membership and now also addresses scientists from the humanities, the social and behavioural sciences and the engineering sciences.

   The Academy's members traditionally come from Germany, Austria and Switzerland. However, thanks to a large number of members outside these countries, it has also become established world-wide.

2. Its mission is that of promoting science in national and international co-operation, traditionally "for the benefit of humankind and nature".

   For this purpose, it runs academic events, appoints commissions, and publishes the results obtained. It awards honours and prizes and promotes junior scientists.

   With its appointment as National Academy of Sciences, the Leopoldina officially assumes the representation of German scientists in the international committees in which other Academies of Sciences are represented, and it contributes to the science-based consulting of the public and politics. This does not affect the missions or activities of the German Research Foundation, the Max Planck Society or the other members of the alliance.

3. The Academy runs the necessary facilities to pursue these tasks, including its Secretariat, scientific archives and a scientific library.

4. The Academy operates in a charitable capacity. It exclusively pursues immediately non-profit purposes in the sense of the section on "tax-privileged purposes" in the tax code as opposed to profitable activities.

   The Academy's assets may only be used for purposes stipulated in the Statutes. The members receive no subsidies from Academy assets in their role as members. No person may benefit from expenditure that does not serve the Academy's purpose or from a disproportionately high level of remuneration.

§3
Members, Honorary Members and Honorary Sponsors

1. *Members*

   Scientists are elected as members who have distinguished themselves by academic achievements of excellence. They are elected by the Presidium, which may be extended for this purpose in accordance with ballot regulations to be passed by the Senate.

   All new members are adopted to the Academy as Full Members. They have the duty to actively collaborate with the Academy and enjoy the right of voting and being elected.

   Accepting the result of the ballot simultaneously acts as a declaration of membership in the sense of the law of associations.

   All persons who are already members when these statutes enter into force and do not feel that they are in a position to actively collaborate may apply for the status of a Corresponding Member. The Presidium rules on the application.

   A member may apply to retire from his or her duties for a limited or unlimited period. The Presidium decides on the acceptance of the application. All rights to vote and all duties then expire.

   In the event of gross misconduct that is damaging to the Academy's reputation, a member can be expelled from the Academy. The corresponding procedures are governed by the election regulations.

2. *Honorary Members*

Honorary membership is the greatest honour the Academy awards to members who have distinguished themselves by their Academy and academic achievements. They have a seat and a consultative voice in the Senate.

3. *Honorary Sponsors*

The Academy declares non-members honorary sponsors in honour of their having demonstrated special achievements in their areas of activity and having promoted the development of the Academy to a considerable degree.

§ 4
Sections, Classes and District Circles

The members belong, on the one hand, to the section relevant to their subject and on the other, in Austria and Switzerland, to the respective district circle. Additionally, each section is assigned to a class.

The members of the sections, classes and districts elect their spokespersons (Section representatives, Class spokespersons, Regional head).

Details on structuring in accordance with Clause 1 and the members' belonging to a section, class and district circle are stipulated in regulations to be approved by the Senate.

§ 5
Organs

The Academy's organs are the Presidium, the Senate and the Members' General Assembly.

§ 6
Presidium

1. The elected Presidium consists of the President, up to four Vice-Presidents, four Secretaries and up to three further members. The Presidium adopts rules of procedure.
2. The President and the Vice-Presidents form the executive board in the legal sense. Legally binding statements require the participation of two executive board members. The President heads the Academy's affairs. The presidential office can be exercised on a full-time basis. With the responsible Federal Ministry's consent, the employment contract will usually be signed by the office-holding president and another member of the Presidium.

   She/he chairs the meetings of the Presidium and the Senate as well as the Members' General Assembly. The President's Deputy is the respective most senior Vice-president.

   One Vice-President holds the office of the Treasurer.

3. The members of the Presidium are elected with a simple majority in a secret written ballot. The period in office of the President and the other members of the Presidium is five years. Re-election is permitted once. The members of the Presidium remain temporarily in office until their successors have been elected.
4. The Secretary-General, who works as a salaried employee, supports the Presidium in heading the Academy's affairs. She/he attends the meetings of the Presidium with a consultative voice and as the Keeper of the Minutes.

§7
Senate

1. The Senate comprises
   a) a representative for each section;
   b) one Regional head from Austria and one from Switzerland;
   c) up to ten further persons with whom the Senate can be supplemented by additional balloting who do not have to be Academy members.

   The Senators referred to in a) and b) can be represented in the Senate meetings by elected deputies.

   The Senate represents the members in the Presidium and acts as its advisory committee. It elects the members of the Presidium and the honorary members, elects auditors, and reviews and accepts the Presidium's reports and accounts. It approves the election regulations for members, section representatives, Class spokespersons, Regional heads, the Senators and their deputies, the Presidium and the structural regulations for the sections, classes and districts and rules on the expulsion of members.
2. The meetings of the Senate are announced and headed by the President or his or her Deputy, and the members of the Presidium attend the meetings with a consultative voice. Decisions made by the Senate can also be obtained in written form. Minutes are to be written of the decisions made by the Senate and are to be signed by the President and a further member of the Presidium.
3. The Senate decides on the award of Academy honours.

§8
Members' General Assembly

1. The members meet in the Members' General Assembly according to the need to do so as stipulated by law or the Statutes. The President is required to invite members to the General Assembly, stating the agenda, and with at least four weeks' notice.
2. Each Members' General Assembly that has been correctly announced is qualified to decide by vote. Decisions on applications are taken with a simple majority, unless required otherwise by the Statutes.
3. Minutes are to be written of the Members' General Assembly and its resolutions that are to be signed by the President and countersigned by another member of the Presidium.

§9
Secretariat

The Secretariat handles the Academy's day-to-day affairs and supports its organs. It is headed by the Secretary-General. Details are specified in the rules and regulations for the Presidium.

§10
Alterations of the Statutes

Alterations of the Statutes have to be prepared and adopted by the Senate. They require a three-quarter majority of the members attending the Members' General Assembly.

§11
Dissolution of the Academy

1. The dissolution of the Academy can only be resolved by an extraordinary Members' General Assembly specially announced for this purpose with a majority of two thirds of all members, the votes of whom can also be obtained in written form.
2. In the case of the dissolution or the suspension of the Academy or in the event of its existing purposes being annulled, the assets of the Academy go to the Alexander von Humboldt Foundation, which is required to use them immediately and exclusively for non-profit purposes.

Wahlordnung
Deutsche Akademie der Naturforscher Leopoldina e.V.

Die Deutsche Akademie der Naturforscher Leopoldina e.V., nach Ernennung durch die Gemeinsame Wissenschaftskonferenz (GWK) des Bundes und der Länder der Bundesrepublik Deutschland am 18. Februar 2008 zugleich Nationale Akademie der Wissenschaften (im Folgenden: die Akademie), gibt sich in Ergänzung ihrer Satzung vom 19. Oktober 2003 und nach einer Mitgliederversammlung am 9. Dezember 2008, die in einer Satzungsänderung die Einführung von Klassen beschloss, mit Beschluss des Senates am 29. September 2010 die folgende Wahlordnung:

§ 1
Zuwahl von Mitgliedern

Die Zuwahl von Wissenschaftlern[1] dient der wissenschaftlichen Bereicherung der Akademie. Sie erfolgt durch das zu diesem Zweck erweiterte Präsidium in Abstimmung zwischen dem Präsidium, den Klassen und den Sektionen.

A. Grundsätze

1. Zuwahlen von Mitgliedern der Leopoldina werden über die einzelnen Fachsektionen der Akademie eingeleitet. Anträge sind an die Geschäftsstelle zu richten. Jede Sektion richtet dazu eine Arbeitsgruppe ein, der neben der Obperson bzw. dem Senator in der Regel mindestens zwei bis drei weitere Mitglieder der Sektion angehören. Diese Arbeitsgruppe tagt mindestens einmal pro Jahr und bereitet für die Sektion bzw. die Teilsektionen u.a. eine bestimmte Anzahl von Zuwahlvorschlägen entsprechend Abschnitt B dieser Wahlordnung vor. Sie wird dabei von einem Mitarbeiter der Geschäftsstelle unterstützt. Die Sitzungen der Sektionsarbeitsgruppe, in denen die Zuwahlvorschläge besprochen werden, sind zu protokollieren. Die Protokolle sind Bestandteil des Zuwahlverfahrens.
2. Ausführlich schriftlich begründete Zuwahlanträge können von jedem Ordentlichen und Korrespondierenden Leopoldina-Mitglied gestellt werden; Einzelanträge mit den Unterschriften mehrerer Antragsteller sind möglich. Handelt es sich bei der vorgeschlagenen Person um einen Schüler des Nominierenden, muss der Antrag von mindestens einem weiteren Mitglied befürwortet werden. Diese Zuwahlanträge werden ebenfalls in der Sektionsarbeitsgruppe besprochen.

---

[1] In der Wahlordnung wird durchgehend die männliche Form genutzt, die zugleich auch die weibliche Form impliziert.

3. Das Präsidium kann nach Rücksprache mit der Obperson zusätzliche Wahlvorschläge machen, die in das laufende Wahlverfahren auf der Ebene der Sektionsarbeitsgruppen eingebracht werden.
4. Das Zuwahlverfahren findet auf der Basis der vorausgegangenen Abstimmungslage (Bewertung) in den Sektionen statt (1. Lesung).
5. Die Zuwahlkandidaten und das Ergebnis der ersten Lesung werden danach in der zuständigen Klassensitzung besprochen (2. Lesung). Dort wird eine Reihung der Kandidaten vorgenommen.
6. Die Wahl (3. Lesung) erfolgt im Präsidium, das sich dazu um den zuständigen Klassensprecher und die zuständige Obperson erweitert, die Stimmrecht haben. Gegebenenfalls kann das Präsidium vor der Wahl zusätzliche Gutachten einholen.
7. Die zur Zuwahl Vorgeschlagenen sollen aktiv in der Wissenschaft tätig sein, was aus der wissenschaftlichen Publikationsleistung in den letzten 5 Jahren hervorgehen muss. Eine Altersgrenze gibt es nicht.
8. Im Benehmen mit dem Senat legt das Präsidium die Zahl der Ordentlichen Mitglieder unter 75 Jahren für jede Klasse fest (Richtgröße). Mit Vollendung des 75. Lebensjahres wird der Platz eines Mitglieds frei und kann neu besetzt werden. Die Rechte dieser Mitglieder bleiben davon unberührt.
9. Auf Antrag kann ein Mitglied zeitlich befristet oder auf Dauer entpflichtet werden. Über die Annahme des Antrags entscheidet das Präsidium. Damit erlöschen dann alle Wahlrechte und Pflichten. Bei Entpflichtung auf Lebenszeit wird der Platz für ein neues Mitglied frei.

B. Ablauf des Wahlverfahrens

1. Lesung

1. Die von der Sektionsarbeitsgruppe erarbeiteten und/oder ihr unterbreiteten Zuwahlanträge werden von der Obperson zu einer Namensliste der Zuwahlkandidaten zusammengestellt, die für jeden Kandidaten einen Lebenslauf, die Begründungen/Laudationes sowie eine Übersicht über die 5 bis 10 wichtigsten Publikationen enthält. Diese Liste (mit Anhang) wird mit einem Bewertungsbogen, zur schriftlichen Bewertung in den Sektionen, allen Ordentlichen und Korrespondierenden Mitgliedern der Sektion bzw. Teilsektion zugeleitet.
2. Die Mitglieder einer Sektion (bzw. der zuständigen Teilsektion) bewerten die Kandidaten (1. Lesung) nach einem Punktsystem:
   – 5 (Aufnahme soll unbedingt erfolgen)
   – 4 (Aufnahme mit sehr hoher Priorität)
   – 3 (Aufnahme mit hoher Priorität)
   – 2 (Aufnahme mit mittlerer Priorität)
   – 1 (Aufnahme mit niedriger Priorität)
   – Bewertung nicht möglich, da fachlich zu weit entfernt
   – Ablehnung (Gründe für eine Ablehnung sind in jedem Fall zu benennen)
   Enthaltungen sind nicht möglich.

Die Mitglieder schicken ihre Bewertungsbögen, die vertraulich behandelt werden, einschließlich der Begründung für die Voten innerhalb der angegebenen Zeit an die Geschäftsstelle der Akademie zurück.

Kandidaten können nur dann in die 2. Lesung eingebracht werden, wenn drei Viertel der Ordentlichen und Korrespondierenden Mitglieder einer Sektion bzw. Teilsektion, die das 75. Lebensjahr noch nicht vollendet haben, ihr Votum abgegeben haben.

3. Die Obleute stellen entsprechend der Wertung durch die Sektionsmitglieder eine Rangfolge der Kandidaten auf, die sie einmal im Jahr mit Kommentar versehen dem zuständigen Präsidiumsmitglied zusenden.
4. Das zuständige Präsidiumsmitglied bzw. das Präsidium kann weitere Gutachten auch von Mitgliedern außerhalb der wählenden Sektion und von Nichtmitgliedern einholen.

2. Lesung

5. Die Obleute tragen Zuwahlantrag und Sachlage zur Abstimmung in der Klassensitzung vor. In der Klasse sind alle Obleute der entsprechenden Sektionen vertreten, den Vorsitz führt der gewählte Klassensprecher, bei dessen Verhinderung der Stellvertreter. Zu den Klassensitzungen werden das zuständige Präsidiumsmitglied und ein wissenschaftlicher Mitarbeiter der Geschäftsstelle als Gäste eingeladen. Die Zuwahlsitzung der Klasse ist zu protokollieren.
6. Die Zuordnung der Sektionen zu den Klassen ist im Anhang I zu dieser Wahlordnung zu finden.
7. In der Klassensitzung findet eine mündliche Aussprache zu allen Kandidaten statt. Die Klasse erstellt aufgrund der zur Verfügung stehenden Plätze und der wissenschaftlichen Notwendigkeit eine Rangfolge der Kandidaten. Jede Sektion hat eine Stimme, unabhängig von der Zahl der Obleute der Sektion. Sektionen, die bei einer Klassensitzung nicht persönlich vertreten sind, haben keine Stimme.
8. Für alle Sektionen ist eine Zweitmitgliedschaft in einer weiteren Klasse möglich. Dort hat sie dann kein Stimmrecht, sondern nur beratende Funktion.

3. Lesung

9. Das Präsidium entscheidet in einer erweiterten Sitzung (gemäß § 1, 6) einmal pro Jahr für jede Klasse über die Zuwahl der einzelnen Kandidaten. Jede Zuwahl benötigt die positiven Voten von zwei Dritteln aller Stimmberechtigten. Stimmberechtigt sind die Präsidiumsmitglieder, der zuständige Klassensprecher und die zuständige Obperson, in deren Sektion ein Mitglied aufgenommen werden soll; Stimmenthaltungen sind nicht möglich. Voten von abwesenden Präsidiumsmitgliedern, dem zuständigen Klassensprecher und der zuständigen Obperson sind auf schriftlichem Wege einzuholen. Nach Möglichkeit sollen der zuständige Klassensprecher und mindestens eine Obperson pro Sektion zur Wahl persönlich anwesend sein.
10. Der Präsident benachrichtigt die gewählten Kandidaten schriftlich über ihre Zuwahl, wobei diese ausführlich über Ziele, Strukturen und Aufgaben der Leopoldina informiert und zugleich gefragt werden, ob sie bereit sind, an den Aufgaben der Akademie aktiv mitzuarbeiten.

11. Die Zuwahl ist vollzogen, wenn der Kandidat seine schriftliche Zustimmung zur Annahme der Wahl und zur Mitarbeit gegeben hat. Der Klassensprecher, die Obperson, der Antragssteller und danach auch die Mitglieder der Sektion werden über das Ergebnis informiert.
12. Die technisch-administrativen Einzelheiten werden in einer Verfahrensrichtlinie geregelt.

§ 2
Wahl von Obpersonen (Sektionssprechern)

1. Alle Ordentlichen und Korrespondierenden Mitglieder einer Sektion/Teilsektion wählen in geheimer schriftlicher Abstimmung, die in der Regel als Briefwahl durchgeführt wird, ein Mitglied ihrer Sektion/Teilsektion zur Obperson. Wählbar und einmal wieder wählbar sind alle Ordentlichen Mitglieder unabhängig vom Lebensalter. Die Amtszeit beträgt vier Jahre.
2. Die Wahl wird vom zuständigen Präsidiumsmitglied eingeleitet, indem dieses den Mitgliedern der Sektion/Teilsektion die Wahlnotwendigkeit begründet und als Wahlschein der Sektion eine Liste der zur Kandidatur bereitstehenden Sektionsmitglieder beifügt.
3. Alle Sektionsmitglieder wählen ihre Obperson aus dem Kreis der Kandidaten durch eindeutige Kennzeichnung des Namens auf dem Wahlschein, den sie der Geschäftsstelle binnen vier Wochen zurücksenden. Als Obperson ist gewählt, wer die meisten Stimmen auf sich vereinigt. Bei Stimmengleichheit entscheidet das Präsidium. Die Kontrolle des Wahlvorganges obliegt dem Präsidium, das die Ordnungsmäßigkeit der Wahl prüft und die gewählten Obpersonen bestätigt. Der Stellvertreter wird analog dazu in einem zweiten Wahlgang ermittelt.

§ 3
Wahl von Klassensprecherinnen und Klassensprechern

1. Jede Sektion gehört entsprechend ihrer fachlichen Ausrichtung einer Klasse an (siehe Anhang I dieser Wahlordnung). Die Klasse ist die Struktureinheit, in der die Obleute der Sektionen einmal pro Jahr kompetitiv in der 2. Lesung eine Reihung der von den Sektionen (1. Lesung) vorgeschlagenen neuen Mitglieder vornehmen.
2. Alle Senatoren einer Klasse wählen in geheimer schriftlicher Abstimmung, die in der Regel als Briefwahl durchgeführt wird, eine Obperson ihrer Klasse zum Sprecher der Klasse. Die Amtszeit beträgt vier Jahre. Einmalige Wiederwahl ist möglich.
3. Alle Sektionen haben die Möglichkeit einer Zweitmitgliedschaft in einer anderen Klasse, haben dort aber kein Stimmrecht.
4. Die Wahl wird vom zuständigen Präsidiumsmitglied eingeleitet, indem dieses als Wahlschein eine Liste der zur Kandidatur bereitstehenden Obleute beifügt. Die Wahl erfolgt durch eindeutige Kennzeichnung des Namens auf dem Wahlschein, der der

Geschäftsstelle binnen vier Wochen zurückzusenden ist. Als Klassensprecher ist gewählt, wer die meisten Stimmen auf sich vereinigt. Bei Stimmengleichheit entscheidet das Präsidium. Die Kontrolle des Wahlvorganges obliegt dem Präsidium, das die Ordnungsmäßigkeit der Wahl prüft und den gewählten Klassensprecher bestätigt. Der Stellvertreter wird analog dazu in einem zweiten Wahlgang ermittelt.

§ 4
Wahl von Adjunkten (Regionalvorständen)

1. Die Akademie gliedert sich in Österreich und der Schweiz in je einen Adjunktenkreis.
2. Die dem jeweiligen Adjunktenkreis angehörenden Mitglieder wählen in geheimer schriftlicher Abstimmung, die in der Regel als Briefwahl durchgeführt wird, ein Ordentliches Mitglied ihres Adjunktenkreises zum Adjunkten. Das Präsidium holt im Vorfeld der Wahl das Einverständnis der wählbaren Mitglieder ein, die im Falle ihrer Wahl das Amt auch annehmen werden.
3. Die Wahl der Adjunkten verläuft sinngemäß in gleicher Weise wie die der Obpersonen (§ 2 dieser Wahlordnung).

§ 5
Wahl von Senatoren

1. Gemäß § 7 Abs. 1 der Satzung werden zu Mitgliedern des Senates Obpersonen (Abs. 1a) und Adjunkten (Abs. 1b) von den Mitgliedern gemäß § 2 bzw. § 4 dieser Wahlordnung gewählt; die zusätzlichen Senatoren (Abs. 1c) werden auf Vorschlag des Präsidiums vom Senat für vier Jahre gewählt. Einmalige Wiederwahl ist möglich.
2. Fünf dieser letztgenannten Senatoren sollen als Vertreter der wissenschaftsnahen Öffentlichkeit, weitere fünf *ex officio* als präsidiale Vertreter folgender Einrichtungen Sitz und Stimme im Senat der Leopoldina haben:
   – Deutsche Forschungsgemeinschaft
   – Max-Planck-Gesellschaft
   – Hochschulrektorenkonferenz
   – Alexander von Humboldt-Stiftung
   – Union der deutschen Akademien der Wissenschaften.
3. In Sektionen mit nur einer gewählten Obperson ist diese gleichzeitig Senator. In Sektionen mit zwei oder drei Obpersonen wird eine davon Senator für die Gesamtsektion nach zusätzlicher Abstimmung durch alle Sektionsmitglieder. Bei drei Obpersonen wird der Stellvertreter in einem zweiten Wahlgang ermittelt, bei zwei Obpersonen ist der Stellvertreter des Senators der in der Wahl Zweitplazierte.
4. Die beiden Adjunkten für Österreich bzw. für die Schweiz sind zugleich Senatoren.

§ 6
Wahl des Präsidiums

1. Der nach § 7 der Satzung und § 5 dieser Wahlordnung gebildete Senat wählt das Präsidium gemäß § 6 Satz 1 der Satzung. Wählbar sind alle Ordentlichen Mitglieder unabhängig vom Lebensalter. Die Amtszeit beträgt fünf Jahre, einmalige Wiederwahl ist möglich.
2. Die Wahl des Präsidenten und der Vize-Präsidenten wird von einer Findungskommission vorbereitet, die vom Präsidium eingesetzt wird.

   Der Findungskommission gehören an:
   - der Präsident und die Vize-Präsidenten,
     (Bei deren Wahl übernimmt der dem Gebiet des zu Wählenden nächst stehende Sekretar diese Aufgabe.)
   - die vier Sprecher der Klassen und
   - die beiden Präsidiumsmitglieder aus Österreich und der Schweiz bzw. zwei weitere Leopoldina-Mitglieder.
   - Im Falle der Wahl des Präsidenten gehören der Findungskommission zusätzlich drei *ex officio* Senatoren an.
   - Der Generalsekretär gehört der Findungskommission mit beratender Stimme an.
   - Den Vorsitz führt der Präsident bzw. der dienstälteste Vize-Präsident, der bei Stimmengleichheit eine zweite Stimme hat.

   Vorschlagsberechtigt zur Aufstellung von Kandidaten sind jeder Senator sowie die Mitglieder des Präsidiums.

   Die Vorschläge werden an die Findungskommission gerichtet. Diese erarbeitet einen Vorschlag und gibt ihn rechtzeitig vor dem Wahlgang den Mitgliedern des Senats schriftlich zur Kenntnis. Für jeden Sitz im Präsidium ist ein eigener Wahlgang erforderlich, Blockwahl ist unzulässig.
3. Die Findungskommission für die übrigen Präsidiumsmitglieder ist das Präsidium.
4. Der Wahlvorgang wird von einer dreiköpfigen Wahlkommission geleitet, die der Senat *ad hoc* bestimmt. Der Senat ist wahl- und beschlussfähig, wenn mehr als die Hälfte der Senatoren anwesend ist (oder an der Wahl schriftlich teilnimmt). Gewählt ist, wer mehr als die Hälfte der abgegebenen Stimmen auf sich vereinigt. Erreicht keiner der Kandidaten mehr als die Hälfte der Stimmen, so findet ein zweiter Wahlgang statt, in dem nur die beiden Kandidaten, die im ersten Wahlgang die meisten Stimmen erhalten haben, aufgestellt werden. Gewählt ist der Kandidat mit der einfachen Mehrheit der Stimmen, bei Stimmengleichheit entscheidet das Los.

§ 7
Beendigung der Mitgliedschaft

Die Mitgliedschaft endet durch:
1. Tod des Mitgliedes.

2. Schriftlich gegenüber dem Präsidenten erklärten Austritt aus der Akademie. Der Präsident ist berechtigt zu ergründen, ob die Austrittserklärung dem freien Willen des Mitglieds entspricht.
3. Ausschluss aus der Akademie.

   Voraussetzung für die Einleitung eines Verfahrens zum Ausschluss eines Mitglieds ist, dass mindestens zehn Mitglieder den Ausschluss beim Präsidenten mit einer ausführlichen schriftlichen Begründung beantragen. Der Präsident hat die Umstände zu prüfen. Einzuholen ist eine schriftliche Stellungnahme der zuständigen Obperson und gegebenenfalls des Adjunkten. Der Präsident trägt die Angelegenheit dem Präsidium vor, das zu prüfen hat, ob und in welcher Weise der Akademie Schaden entstanden ist. Das betroffene Mitglied soll schriftlich – oder auf seinen Wunsch hin auch mündlich – dem Präsidium seine Stellungnahme erläutern. Sollte das Präsidium mehrheitlich hinreichende Gründe für einen Ausschluss feststellen, so ist der Antrag auf Ausschluss mit ausführlicher Begründung dem Senat kund zu geben, der gemäß § 7 Abs. 1 der Satzung über den Ausschluss in einem schriftlichen Abstimmungsverfahren mit einfacher Mehrheit entscheidet. Gegen diese Entscheidung sind Rechtsmittel ausgeschlossen.

§ 8
Schlussbestimmung

Diese Wahlordnung tritt nach Beschlussfassung im Senat am 29. September 2010 in Kraft und ersetzt die Wahlordnung vom 9. Dezember 2008.

Anhang I zur Wahlordnung der Leopoldina (Stand 7. Oktober 2008)

Zuordnung der Sektionen zu den vier Klassen

Klasse	Sektions-Nr.	Bezeichnung
I:	1.	Mathematik
	2.	Informationswissenschaften
	3.	Physik
	4.	Chemie
	5.	Geowissenschaften
	27.	Technikwissenschaften
II:	6.	Agrar- und Ernährungswissenschaften
	8.	Organismische und Evolutionäre Biologie
	9.	Genetik / Molekularbiologie und Zellbiologie
	10.	Biochemie und Biophysik
	13.	Mikrobiologie und Immunologie
	14.	Humangenetik und Molekulare Medizin
	15.	Physiologie und Pharmakologie/Toxikologie
III:	11.	Anatomie und Anthropologie
	12.	Pathologie und Rechtsmedizin
	16.	Innere Medizin und Dermatologie
	17.	Chirurgie, Orthopädie und Anästhesiologie
	18.	Gynäkologie und Pädiatrie
	19.	Neurowissenschaften
	20.	Ophthalmologie, Oto-Rhino-Laryngologie und Stomatologie
	21.	Radiologie
	22.	Veterinärmedizin
IV:	23.	Wissenschafts- und Medizingeschichte
	24.	Wissenschaftstheorie
	25.	Ökonomik und Empirische Sozialwissenschaften
	26.	Psychologie und Kognitionswissenschaften
	28.	Kulturwissenschaften

Election Regulations
German Academy of Sciences Leopoldina, reg. Ass.

As a supplement to its Standing Rules of the 19th October 2003, and pending the resolutions of the Members' Assembly on the 9th December 2008, which are to provide for the introduction of Classes in an amendment to the Standing Rules, the German Academy of Sciences Leopoldina, reg. Ass., having also been appointed a National Academy of Sciences by the "Gemeinsame Wissenschaftskonferenz" (GWK) on the 18th February 2008, adopts the following Election Regulations upon a Senate decision made on 29th September 2010:

§ 1
Election of Members

The election of members serves the academic enrichment of the Academy. It is accomplished via the Presidium, extended for this purpose, in co-ordination between the Presidium, the Classes and the Sections.

A. Basic Principles

1. The election of members is initiated via the individual specialist Sections of the Academy. Applications are to be filed to the Academy office. To this end, each Section appoints a working group to which, alongside the Section representative or Senator, at least two or three further members of the Section belong. This working group meets at least once a year, and one of the duties it has towards the Section or the Subsection is to prepare a certain number of election proposals in accordance with Part B of these Election Regulations. Here, it is supported by a staff member of the Academy office. Minutes are to be taken of the sessions of the Section working group, at which the election proposals are discussed. The minutes are part of the election procedure.
2. Election applications with detailed reasons given in writing may be submitted by any Full or Corresponding Leopoldina Member; individual applications with the signatures of several applicants are possible. If the person proposed happens to be a student of the nominator, the application has to be signed by at least one further member. These election applications are discussed in the Section working group too.
3. After consultation with the Section representative, the Presidium may make further election proposals that are introduced into the ongoing election procedure at the level of the Section working groups.
4. The election procedure takes place on the basis of the preceding voting situation (assessment) in the Sections (1st Reading).

5. The candidates for election and the result of the first Reading are subsequently discussed at the responsible Class session (2nd Reading). There, a rating of the candidates is drawn up.
6. The ballot (3rd Reading) is held at the Presidium, which for this purpose is extended by the responsible Class spokesperson and the responsible Section representative, both of whom enjoy the right to vote. Should the need arise, the Presidium can obtain further expert opinion.
7. The persons proposed for election should be actively involved in academics, which has to be borne out by academic publications over the last 5 years. There is no age limit.
8. In agreement with the Senate, the Presidium defines the number of Full Members below the age of 75 years for each Class (guide size). On completion of his or her 75th year of life, the member's place becomes vacant and can be newly filled. The rights of these members remain untouched by this.
9. A member may apply to retire from his or her duties for a limited or unlimited period. The Presidium decides on the acceptance of the application. All rights to vote and all duties then expire. If a member retires from his or her duties for life, his or her place then becomes vacant for a new member.

B. Running of the Election Procedure

1st Reading

1. The applications prepared by or submitted to the Section working group are compiled by the Section representative as a list of names of the candidates for election containing a curriculum vitae, the reasons for election / encomia as well as a survey of the 5 to 10 most important publications. This list (together with the Annex) is handed on together with an evaluation sheet for written evaluation in the Sections to all members of the Sections or Sub-Sections.
2. The members of a Section (or the responsible Sub-Section) evaluate the candidates (1st Reading) according to a system of points:
   - 5 (election essential)
   - 4 (election with very high priority)
   - 3 (election with high priority)
   - 2 (election with medium priority)
   - 1 (election with low priority)
   - Evaluation not possible since speciality too remote
   - Rejection (reasons for a rejection are to be given in all circumstances)

   Abstention is ruled out.

   The members return their evaluation sheets, which are to be handled confidentially, together with a statement giving the reasons for their vote to the Academy within the period stated.

   Candidates may only enter the 2nd Reading if three quarters of the members of a Section or Subsection who have not completed their 75th year of life have voted.

3. In accordance with the evaluation by the Section members, the Section representative draws up a rating of the candidates that he or she sends to the responsible Presidium member together with his comments once a year.
4. The responsible Presidium member or the Presidium can obtain further expert opinion from members outside the voting Section, and also from non-members, as well.

2nd Reading

5. The Section representatives present the application for election and the facts and circumstances to the Class session. All representatives of the respective Sections attend the Class session, which is chaired by the elected Class Spokesperson, or by his or her Deputy in the event of his or her being unable to attend. The responsible member of the Presidium as well as an academic assistant are invited to the Class sessions as guests. Minutes are to be taken of the Class election session.
6. Annex I of these Election Regulations shows how the Sections are assigned to the Classes.
7. An oral discussion of all candidates is held in the Class session. On the basis of the places available and academic need, the Class draws up a rating of the candidates. Each Section has a vote, independently of the number of representatives a Section may have. Sections that are not personally represented at a Class session do not have a vote.
8. Additional membership of a further Class is possible for all Sections. They have no vote there but may only attend in an advisory capacity.

3rd Reading

9. At an extended session (in accordance with § 1, 6), the Presidium decides on the election of the individual candidates for each Class once a year. Each election requires the positive votes of two-thirds of those entitled to vote. Those entitled to vote are the Presidium members, the responsible Class spokesperson and the responsible representative in whose Section a member is to be adopted; abstention is not possible. The votes of Presidium members, the responsible Class spokesperson and the responsible Section representative who are absent are to be obtained in writing. If possible, the responsible Class spokesperson and at least one representative per Section ought to personally attend the ballot.
10. The President gives the elected candidates written notice of their election. They are informed in detail about the Leopoldina's goals, structures and mission and are asked whether they are willing to actively participate in the Academy's tasks.
11. Election is completed once the candidates have given their written approval of the election result and of working for the Academy. The Class spokesperson, the Section representative, the applicant and also, subsequently, the members of the Section are informed about the result.
12. The technical and administrative details are governed by a procedural rule.

§ 2
Electing Section Representatives

1. All Full and Corresponding Members of a Section/Subsection elect a member of their Section as a representative in a secret written ballot, which as a rule is conducted as a mail ballot. All Full Members are eligible for election and re-election once regardless of their age. The period of office is four years. Re-election is possible once.
2. The election is initiated by the responsible member of the Presidium by his or her giving the members of the Section the reasons for the need for an election and adding a list of Section members eligible for election as a ballot paper for the Section.
3. All Section members elect their representative from the circle of candidates by clearly marking his or her name on the ballot paper, which they return to the Academy office within four weeks. The Section member with the largest number of votes is the elected Section representative. If there is a tie, it is up to the Presidium to take a decision. The Presidium supervises the electoral procedure. It ascertains that the election complies with the regulations and confirms the elected Section representatives in their office. Deputies are elected in a second ballot in an analogous manner.

§ 3
Election of Class Spokespersons

1. In accordance with the speciality it focuses on, each Section belongs to one Class (see Annex I of these Election Regulations). The Class is the structural unit in which the Section representatives draw up a competitive rating (2nd Reading) of the new Members proposed by the Sections (1st Reading).
2. All Senators of a Class elect a Section representative of their Class as a spokesperson for the Class in a secret written ballot that is, as a rule, conducted as a mail ballot. The period of office is four years. Re-election is possible once.
3. All Sections may also be members of a second Class, but they do not enjoy the right to vote there.
4. The ballot is initiated by the responsible member of the Presidium, who submits a list of the Section representatives running for candidates as a ballot paper. Electing is by clear marking of the name on the ballot paper, which has to be returned to the Academy office within four weeks' time. Whoever has collected the largest number of votes is elected Class spokesperson. If there is a tie, it is up to the Presidium to take a decision. The Presidium is responsible for monitoring the ballot process. It checks whether the ballot has been orderly and confirms the elected Class spokesperson in his or her office. The Deputy is elected in analogy in a second ballot.

§ 4
Election of Regional Heads

1. The Academy has one district each in Austria and Switzerland.

2. The members of the respective district can elect one of their members Regional head in a secret written ballot which, as a rule, is conducted as a mail ballot. In the run-up to the ballot, the Presidium obtains the consent of the members eligible for election that they will accept office should they be elected.
3. The Regional heads are elected in the same manner as the Section representatives (Article 2 of these Election Regulations).

§ 5
Election of Senators

1. In accordance with § 7, Subparagraph 1 of the Statutes, Section representatives (Subparagraph 1a) and Regional heads (Subparagraph 1b) are elected members of the Senate by the members in accordance with Articles 2 and 3 respectively of these Election Regulations; the additional Senators (Subparagraph 1c) are elected by the Senate for four years on the recommendation of the Presidium. Re-election is possible once.
2. Five of these last-mentioned Senators are to have a seat and vote in the Leopoldina Senate as representatives of the public in the immediate environment of science, and so are five further ones *ex officio* as presidial representatives of the following institutions:
   - Deutsche Forschungsgemeinschaft
   - Max Planck Society
   - Hochschulrektorenkonferenz
   - Alexander von Humboldt Foundation
   - Union of the German Academies of Science.
3. In Sections with only one elected representative, he or she is also a Senator. In Sections with two or three representatives, one of these becomes Senator for the Section as a whole following an additional ballot by all Section members. If there are three Section representatives, the deputy is elected in a second ballot, while with two Section representatives, the deputy of the Senator is whoever is second in the ballot.
4. The two Regional heads for Austria and Switzerland are simultaneously Senators.

§ 6
Election of the Presidium

1. The Senate formed in accordance with § 7 of the Statutes and § 5 of the Election Regulations elects the Presidium in accordance with § 6, Subparagraph 1 of the Statutes. All full members may be elected, regardless of their age. The period of office is five years. Re-election is possible once.
2. The election of the President as well as of the Vice-President is prepared by a Selection Committee appointed by the Presidium.
   The Selection Committee is comprised of the following members:
   - President and Vice-Presidents
     (in case of their election, this task will be performed by the Secretary closest to the office to be elected)

- The four Class Speakers, and
- The two Presidium members from Austria and Switzerland or two additional Leopoldina members.
- In case of the election of the President, the Selection Committee will furthermore comprise three *ex officio* senators.
- The General Secretary will be a member of the Selection Committee in an advisory capacity.
- The President or the longest-serving Vice-President will chair the Committee, with a second vote in case of parity of votes.

Each Senator as well as the members of the Presidium are entitled to nominate candidates.

All nominations are addressed to the Selection Committee. The Selection Committee will prepare a proposal, and will give written notice to the members of the Senate in due time prior to the ballot. A separate ballot is required for each seat in the Presidium, and block votes are not permitted.

3. The Presidium serves as the Selection Committee for all other members of the Presidium.
4. The electoral process will be managed by an electoral commission comprised of three members, appointed by the Senate ad hoc. The Senate constitutes a quorum if more than half of the Senators are present (or take part in the ballot in writing). Whoever more than half of the votes are cast in favour of is elected. If none of the candidates gets more than half of the votes, a second ballot is held in which only the best-positioned candidates of the first ballot are nominated. The candidate is then elected with a simple majority of votes, and if there is a tie, the decision is by lot.

§7
Termination of Membership

Membership is terminated by
1. A member's death.
2. Withdrawal from the Academy, declared in writing vis-à-vis the President. The President is entitled to fathom out whether the member if withdrawing on his/her own free will.
3. Expulsion from the Academy.

   The precondition for initiating expulsion proceedings is that at least ten members apply to the President for a member's expulsion giving detailed reasons for it in writing. The President is required to assess the circumstances. A written statement by the responsible Section representative and, should this be appropriate, the Regional head has to be obtained. The President reports to the Presidium about the matter, and the latter is required to assess whether, and to what degree, damage has been done to the Academy. The member in question is called on to explain his or her view on the matter to the Presidium in writing or, if he or she requests this, orally. If the Presidium identifies by majority sufficient reasons for an expulsion, the Senate is to be notified of the application for an expulsion as well as of detailed reasons for it. In accordance with § 7, Subparagraph 1 of the Statutes, the Senate then decides on the expulsion with a simple majority in a written voting procedure. No appeal shall lie.

§ 8
Concluding Provisions

These Election Regulations enter force following a resolution by the Senate on the 7th October 2008 and replace the Election Regulations of the 24th September 2006.

They are subject to the amendment of the Statutes aimed at the introduction of Classes to be adopted by the Members' Assembly on the 9th December 2008.

Annex I of the Election Regulations of the Leopoldina

Assignment of the Sections to the Classes

Class	Sections No.	Name of Section
I:	1.	Mathematics
	2.	Informatics
	3.	Physics
	4.	Chemistry
	5.	Earth Sciences
	27.	Engineering Sciences
II:	6.	Agricultural and Nutritional Sciences
	8.	Organismic and Evolutionary Biology
	9.	Genetics/Molecular Biology and Cell Biology
	10.	Biochemistry and Biophysics
	13.	Microbiology and Immunology
	14.	Human Genetics and Molecular Medicine
	15.	Physiology and Pharmacology/Toxicology
III:	11.	Anatomy and Anthropology
	12.	Pathology and Forensic Medicine
	16.	Internal Medicine and Dermatology
	17.	Surgery, Orthopaedics, Anaesthesiology
	18.	Gynaecology and Paediatrics
	19.	Neurosciences
	20.	Ophthalmology, Oto-Rhino-Laryngology and Stomatology
	21.	Radiology
	22.	Veterinary Medicine
IV:	23.	History of Science and Medicine
	24.	Epistemology
	25.	Economics and Empirical Social Sciences
	26.	Psychology and Cognitive Sciences
	28.	Cultural Sciences

Bildnachweis

S. 13 – Amtskette des Leopoldina-Präsidenten (Foto: David AUSSERHOFER).

S. 14 – Foto: Thomas MEINICKE.

S. 16 – Vorderseite der Medaille aus Meißner Porzellan mit dem Signet der Leopoldina, die 2008 aus Anlass der Ernennung der Leopoldina zur Nationalen Akademie der Wissenschaften hergestellt worden ist und als Geschenk Ehrengästen der Akademie zugeeignet wird (Foto: Markus SCHOLZ).

S. 44 – Eintrag über Bernardino RAMAZZINI (1633–1744) in der Matrikel der Leopoldina (Archiv der Leopoldina, MNr. 201). Das Originaldokument ist eines der Objekte der Ausstellung zum 325. Jahrestag der Privilegierung der Akademie durch Kaiser LEOPOLD I 1687: SALUTEM ET FELICITATEM! Gründung und internationale Ausstrahlung der Leopoldina 2012 in Halle (Saale) und 2013 in Schweinfurt.

S. 45–150 – Porträtaufnahmen der neugewählten Mitglieder, die zum Teil von den Mitgliedern selbst zur Verfügung gestellt worden sind:
S. 45 – Maria Amparo ACKER-PALMER; S. 47 – Universität Leipzig, S. 49 – Brian COATS for UT Southwestern Medical Center; S. 51 – Michael BÖHM; S. 53 – Arndt BORKHARDT; S. 55 – Ueli BRAUN; S. 57 – Giulia MARTHALER; S. 59 – Webster K. CAVENEE; S. 61, 79, 93, 97, 101, 105, 109, 111, 117, 119, 123, 125, 127, 139, 143, 145, 149 – Markus SCHOLZ, S. 63 – Rena D'SOUZA; S. 65 – Reinhard Georg DUMMER; S. 67 – William B. DURHAM; S. 69 – Mary HINKLEY, UCL Creative Media Services; S. 71 – Felix ECKSTEIN; S. 73 – Martin EIMER; S. 75 – Jochen FELDMANN; S. 77 – Brett B. FINLAY; S. 81 – Andre ZELCK, Essen – Köln; S. 83 – Raghavendra GADAGKAR; S. 85 – Andrea ZIEFLE; S. 87 – Bernd GERBER; S. 89 – Ursula HAMENSTÄDT; S. 91 – Hanns HATT; S. 95 – Peter HEGEMANN; S. 99 – Bernhard HOMMEL; S. 103 – Ralph HODGSON; S. 107 – Heidi HOSTETTLER; S. 113 – Wolfgang LUTZ; S. 115 – Stefan M. MAUL; S. 121 – Universität Konstanz; S. 129 – Peter SCHIRMACHER; S. 131 – Brigitta SCHÜTT; S. 133 – Volker LANNERT, Universität Bonn; S. 135 – Ali Mehmet Celâl ŞENGÖR; S. 137 – Christine SILBERHORN; S. 141 – Barbara STOLLBERG-RILINGER; S. 147 – Julia VORHOLT.

S. 202 – Leopoldina-Präsident Jörg HACKER bei seiner Rede zur Verleihung der Kaiser Leopold I-Medaille an Berthold BEITZ am 25. Mai 2012 zur Feierlichen Einweihung des neuen Hauptgebäudes der Leopoldina (Foto: David AUSSERHOFER).

S. 204 – Foto: Markus SCHOLZ.

S. 206 – Carl Friedrich VON WEIZSÄCKER, gezeichnet von Ullrich BEWERSDORFF während der Vortragssitzung der Akademie „Quantentheorie elementarer Objekte" am 13. April 1987 (aus: BEWERSDORFF: Impressionen aus dem Vortragsleben der Leopoldina).

S. 210 – Der Präsident des Stifterverbands für die Deutsche Wissenschaft Arend OETKER, Preisträger Jürgen BAUMERT und Leopoldina-Präsident Jörg HACKER (*von links*) bei der Verleihung des Carl Friedrich von Weizsäcker-Preises 2012 am 21. Juni 2012 im Rahmen des Symposiums anlässlich des 100. Geburtstages von Carl Friedrich VON WEIZSÄCKER (Foto: Markus SCHOLZ).

S. 214 – Kaiser Leopold I-Medaille (Fotos: Markus SCHOLZ).

S. 215 – Foto: Alfried Krupp von Bohlen und Halbach-Stiftung.

S. 226, 231 – Hauptgebäude der Leopoldina (Fotos: Markus SCHOLZ).

S. 232 – Sitzungssaal des Leopoldina-Präsidiums im neuen Hauptgebäude der Akademie (Foto: Markus SCHOLZ).

S. 236, 251, 254, 263, 264, 265, 292, 294, 298, 319, 320, 321, 322, 323, 429, 430, 434, 436 – Fotos: Markus SCHOLZ.

S. 237, 256 – Fotos: David AUSSERHOFER.

Bildnachweis

S. 241 – Foto: Peter HIMSEL.

S. 278 – Ideenwettbewerb „UniGestalten" der Jungen Akademie in Kooperation mit dem Stifterverband für die Deutsche Wissenschaft: Auszeichnung der Preisträger auf der Festveranstaltung im Juni 2012 (Foto: Die Junge Akademie).

S. 282 – Blick in den Festsaal des Hauptgebäudes der Leopoldina (Foto: Thomas MEINICKE).

S. 283 – Festakt zur Einweihung des neuen Hauptgebäudes der Leopoldina: Festsaal während des Grußwortes von Ministerpräsident Reiner HASELOFF (Foto: David AUSSERHOFER).

S. 284 – Foto: mozZz – Fotolia.com.

S. 316 – Vortragssaal der Leopoldina im neuen Hauptgebäude der Akademie (Foto: Thomas MEINICKE).

S. 324 – Sitzung der Klasse I am 20. März 2012 im Vortragssaal der Leopoldina (Foto: Markus SCHOLZ).

S. 330 – Michael HALLEK ML während seiner Leopoldina-Lecture „Personalisierte Medizin: Marketing-Idee oder echter Fortschritt?" im Rahmen des Symposiums der Klasse III am 10. Juli 2012 (Foto: Markus SCHOLZ).

S. 334 – Blick in den Vortragssaal der Leopoldina während der Leopoldina-Lecture „Das Schweigen der Wölfe oder: Warum brauchte die Inquisition 73 Jahre, um den Kopernikanismus zu verdammen?" von Gereon WOLTERS am 20. November 2012 (Foto: Markus SCHOLZ).

S. 338 – Impression von der wissenschaftlichen Tagung zu Ehren von Carl Friedrich VON WEIZSÄCKER am 21. Juni 2012 im Festsaal des neuen Hauptgebäudes der Akademie (Foto: Markus SCHOLZ).

S. 347, 349 – Horst-Werner KORF.

S. 352 – Veit FLOCKERZI.

S. 356 – Programm des Leopoldina-Meetings „Risiko: Erkundungen an den Grenzen des Wissens".

S. 364 – Friedrich SCHORLEMMER bei seinem öffentlichen Abendvortrag: „Wohin gehen wir? Carl Friedrich von Weizsäcker als wegweisende Persönlichkeit" im Rahmen des Leopoldina-Symposiums aus Anlass des 100. Geburtstages von Carl Friedrich VON WEIZSÄCKER im Festsaal des Leopoldina-Hauptgebäudes am 20. Juni 2012 (Foto: Markus Scholz).

S. 383, 385 – Otmar D. WIESTLER.

S. 392, 394 – Tagungsimpressionen während des Leopoldina-Workshops „Nachhaltigkeit in der Wissenschaft" am 12. November in der Vertretung Sachsen-Anhalts beim Bund in Berlin (Foto: Thomas MEINICKE).

S. 396 – Foto: David AUSSERHOFER.

S. 420 – Fluoreszenz von propagierendem Licht in einem Wellenleiterarray (Foto: Jan-Peter KASPER, Friedrich-Schiller-Universität Jena).

S. 432 – Das Privileg Kaiser LEOPOLDS I. vom 5. August 1687 (Unterschrift des Kaisers und großes Majestätssiegel, Archiv der Leopoldina). Das Privileg ist eines der Objekte der Ausstellung zum 325. Jahrestag der Privilegierung der Akademie durch Kaiser LEOPOLD I. 1687: SALUTEM ET FELICITATEM! Gründung und internationale Ausstrahlung der Leopoldina 2012 in Halle (Saale) und 2013 in Schweinfurt.

S. 437 – Die älteste medizinisch-naturwissenschaftliche Zeitschrift der Welt in ihrer heutigen Gestalt (Nova Acta Leopoldina NF Bd. *118*, Nr. 400) und im barocken Gewand der Miscellanea von 1670 (Foto: Leopoldina-Archiv).

S. 449 – Foto: Ilja C. HENDEL.

Personenregister

Abbink, K. 134
Abderhalden, E. 172, 411, 452
Ache, B. 92
Achilles, D. 138
Acker, T. 46
Acker-Palmer, M. A. 45–46, 479
Adams, H. P. 82
Adamsons, I. 124
Adeishvilli, N. 96
Ader, P. 126
Aebersold, R. 108
Aertsen, A. 276
Aeschlimann, B. 94
Aguzzi, A. 221
Ahmadian, M. R. 54
Ahrens, V. M. 48
Aigner, I. 233
Akalin, C. 152
Aksu, Y. 62
Aktories, K. 351, 353
Albert, F. K. 82
Alejos, E. 50
Alferov, Z. I. 253–254, 424
Algazi, A. 66
Alim, K. 271
Allain, F. H.-T. 148
Allmendinger, J. 221
Allred, A. 66
Alt, K. W. 80
Altenhofen, W. 92
Alter, T. 289
Althoff, G. 142
Altman, J. D. 98
Amann, R. 24, 39, 43, 246, 250, 276
Amrhein, N. 217, 221
Andersson, E. 138
Antanaitis-Jacobs, I. 80
Anton, C. 249, 325
Anton, F. 110
Antonin, W. 108
Appendino, G. 118
Arendt, J. 348
Ariza, R. 391
Armstrong, F. A. 23
Arndt, Markus 30
Arndt, Michaela 422
Artero, V. 23
Artmann, S. 393
Aschersleben, G. 100
Aschoff, A. 82

Ash, M. 407
Ashman, K. 78
Aspelmeyer, M. 30
Assmann, A. 217
Aston, F. W. 369
Auernhammer, K. 26
Augsburger, H. 56
Augustin, S. 110
Ausserhofer, D. 479–480
Authier, A. 159–160, 218
Autrum, H.-J. 91
Avnir, D. 62
Avoto, C. 118

Babic, M. 102
Bach, T. 276
Bachert, C. 401
Bachmann, M. F. 66
Badertscher, L. 108
Baessler, H. 229
Bagot, M. 66
Bahlmann, J. 273
Ballmann, W. 276
Bamberg, E. 96, 322, 327
Bamberg, M. 217
Banaszek, K. 138
Bandelt, H.-J. 79
Bang, A. 84
Bank, M. 228
Banks, B. 154
Bankwitz, E. 190
Bankwitz, P. 190
Baranowski, B. 218
Barba, J. 78
Barbacid, M. 385
Barde, Y.-A. 156
Barner, A. 19
Barrandon, Y. 66
Barroso, J. M. 259–261
Barrot, M. 98
Barsh, G. S. 98
Barsotti, A. M. 130
Bartels, P. H. 153
Bartels, S. A. 271
Barth, F. G. 276
Barthlott, W. 276
Bartosch, U. 368
Bartram, C. R. 18, 276, 327, 345
Bastian, B. C. 323, 331, 340
Batram, C. 118
Baudisch, A. 38
Bauer, M. 140

Bauer, R. 218
Bauereisen, E. 172
Baumann, L. 48
Baumann, M. 221
Baumert, J. 19, 25, 207, 209–213, 302, 318, 450, 479
Baumgaertner, P. 66
Baumhäkel, M. 52
Baumjohann, W. 19
Baus, M. 251
Bausch, J. L. 433
Bayer, M. 30
Bayer, O. 199
Beachy, P. 383
Beavo, J. 353
Becher, D. 399
Bechert, K. 368
Beck, K. 108
Beck, M. 341
Beck, U. 357
Beck-Sickinger, A. G. 47–48
Becker, J. C. 66
Becker, K. 276
Beckers, B. 132
Beddington, J. 291
Beemelmanns, C. 271
Beermann, F. 66
Beetz, N. 98
Behrendt, H.-J. 92
Behrens, M. 118
Beier, H. 39, 257
Beisiegel, U. 118
Beitz, B. 20, 215–216, 238, 302, 450, 479
Bekeredjian-Ding, I. 401
Békésy, G. von 452
Bellarmin, R. 337
Beller, M. 221
Bellmann-Sickert, K. 48
Benad, G. 160–163, 218
Benad, H. 163
Bender, R. 276
Bendix, J. 321
Benedict, W. F. 60
Bentele, G. 266
Berg, Gunhild 428
Berg, Gunnar 15, 43, 237, 250, 269, 276, 288, 306–308, 358, 421
Berg, M. 410–411
Bergen, M. von 140
Berger, C. 48

Personenregister

Berger, M. 217, 276
Berghaus, A. 276
Bergmann, H. 126
Bergmeier, E. 277
Berking, J. 132
Bernacchia, A. 110
Bernardi, L. 34
Berndt, A. 96
Berndt, C. 266
Bernengo, M. G. 66
Bernhardt, J. 400
Bernreuther, W. 277
Bernstein, D. 98
Berry, Sir Colin 218
Berthold, P. 96
Bertram, H. 34, 38
Berz, G. 358–359
Best, H. 86
Bethe, H. 369
Beutler, B. A. 49–50
Bewersdorff, U. 479
Bieber, T. 28, 276
Biel, M. 98, 351, 355
Bienemann, K. 54
Biesalski, H. K. 288
Bilguer, J. U. 451
Bill, E. 62
Bimberg, D. 217
Binder, K. 105, 319
Birbaumer, N. 276
Birdwell, D. 50
Birnbacher, D. 32
Bischoff, F. R. 108
Blanckenburg, F. von 235, 253
Blankertz, B. 120
Blättermann, M. 132
Blattmann, H. 33
Blaum, K. 369
Blechert, S. 276
Bleckmann, H. 17, 221
Bloch, I. 319
Bloembergen, N. 220
Blossfeld, H.-P. 25
Blüher, M. 48
Blum, H. E. 221
Blum, W. 152
Blümel, W. D. 17, 276
Blumenberg, H. 309–310, 315
Blumenthal, E. 116
Blunschi, J. 66
Böck, A. 218
Bockisch, A. 323
Bodenmiller, B. 108
Boehm, G. 217
Boehm, T. 276
Boehmer, H. 217
Boesch-Saadatmandi, C. 126
Boetius, A. 221

Bogdan, C. 322
Bohle, H.-G. 357, 363
Bohlmann, F. 199
Böhm, M. 51–52, 479
Böhm, W. 229
Böhme, I. 48
Böhmer, C. 273
Bohr, N. 430
Bolay, C. 64
Bollmann, J. 94
Bologa, C. G. 118
Bolz, M. 88
Bondolfi, A. 417
Bondy, C. 168
Bonhoeffer, F. 163–164, 218
Boor, C. de 218
Borchert, Y. 393
Borer, J. S. 52
Borgers, T. 70
Bork, H.-R. 221
Borkhardt, A. 53–54, 479
Born, G. V. R. 219
Born, H. 241
Born, J. 348
Born, M. 368
Born, S. 118
Börner, A. 277
Börner, T. 276
Börsch-Supan, A. 38, 290
Borst, A. 221, 322
Borst, H.-G. 218
Borte, M. 140
Bose, S. 104
Bostedt, H. 19, 221
Böttcher, T. 272
Böttinger, E. 341
Boudreau, R. M. 72
Braak, H. 218, 229
Brabletz, T. 382–383
Bradshaw, A. 40
Brakhage, A. 378–379
Bramanti, B. 80
Bramkamp, M. 277
Brand, M. 277
Brandes, T. 277
Brandis, M. 18
Brandsch, C. 140
Brandt, G. 80
Brandt, M. C. 52
Brandt, W. 367
Braun, F.-J. 96
Braun, J. von 288
Braun, T. 173
Braun, U. 55–56, 479
Braun-Falco, O. 219, 229
Braunschweig, H. 320
Braunstein, P. 217
Braus, G. 24

Brecht, M. 277
Brede, M. 98
Bredekamp, H. 217
Breidbach, O. 229, 276, 308, 314, 336
Breiling, A. 391
Breit, D. 270
Brenig, B. 17, 221
Brenig, H.-W. 358, 362
Brenner, S. 218
Brennicke, A. 229
Breslin, P. S. A. 118
Breuer, C. 250, 335
Breuhahn, K. 130
Bringmann, G. 277
Brinkmann, B. 79
Britt, W. J. 102
Bröcker, E.-B. 276
Brockhoff, A. 118
Broeckel, U. 98
Bröker, B. 397, 401
Broy, M. 17, 222
Bruch, H.-P. 217
Bruch, R. vom 236, 407, 412
Bruchhausen, F. von 199
Brück, M. von 368
Brück, T. 238
Bruckner-Tuderman, L. K. 222, 276
Brügger, B. 110
Brunner, P. M. 339, 342
Bruno, G. 336–337
Brüstle, O. 18, 377
Bubic, I. 102
Bubnoff, S. von 190
Büchel, G. 277
Buchmann, J. 222, 320, 325
Büchner, A. E. 310
Büchting, A. J. 19
Buck, R. 72
Bufe, B. 118
Bühlmann, P. 146
Bünau, P. von 120
Burckhardt, G. 217
Burdett, R. 286
Burg, G. 65
Burgen, Sir Arnold 219
Burger, J. 80
Burger, M. 57–58
Burgio, G. R. 220
Burk, K. 46
Burmester, G.-R. 276
Burris, H. A. 3rd 66
Burtman, V. S. 136
Busch, D. 102
Busche, A. 102
Bussemaker, H. J. 130
Butorac, V. 102

Cain, S.   352
Calado, A.   108
Calarco, T.   30
Campagne, S.   148
Cancik-Kirschbaum, E.   116
Carafoli, E.   47
Carbone, E.   351
Carbonell, P.   378
Card, D.   70
Carell, T.   156, 391
Carnap, R.   61
Carrier, M.   19, 276
Carus, C. G.   452
Cassemiro, K. N.   138
Catterall, W. A.   351–352, 355
Cavender, A.   64
Cavenee, W. K.   59–60, 479
Cebon, J.   66
Cederman, L.-E.   287
Cekinović, Đ.   102
Čerami, A.   50
Červený, V.   165–166, 218
Chaffron, S.   148
Champagnat, P.   219
Chang, M.   50
Charkevič, D. A.   219
Charles, H. C.   72
Chaussy, C. G.   158
Chečinašvili, S. N.   220
Cheetham, A. K.   320
Childs, M.   152
Chin, D.   126
Chipperfield, L. E.   104
Chmura, T.   134
Chopra, V.   79
Choritz, L.   124
Christen, P.   148
Christodoulides, D.   271
Chruscinski, A.   98
Chung, K. S.   238, 256
Ciccotti, G.   106
Cikovic, A.   102
Cinelli, P.   66
Civatte, J.   219
Civenni, G.   66
Clarke, M.   382
Claudinot, S.   66
Claußen, M.   40, 235, 253
Clauser, C.   321
Clausing, A.   229, 269, 276, 421
Clevers, H.   385
Coats, B.   479
Cohen, A.   167
Cohen, R. jun.   167–168, 218
Cohen, R. sen.   167
Coleman, D. V.   153
Colzato, L. S.   100
Company, A.   62

Connerth, M.   110
Conrad, B.   88
Corillon, C.   258
Costagliola, S.   88
Cotofana, S.   72
Coupland, G.   276
Coussan, S.   144
Coutavas, E.   130
Cowley, A. W. Jr.   98
Cozzio, A.   66, 155
Cramer, P.   41
Crawford, D.   50
Cremer, J.   272
Cremer, T.   25
Cremers, B.   52
Crespo Cuaresma, J.   114
Crnkovic, I.   102
Crutzen, P.   40
Csépe, V.   258
Csillik, B.   151
Csucs, G.   108
Cunha-Vaz, J.   124
Cunningham, J. E.   76
Curie, M.   430

D'Souza, R. N.   63–64, 479
Dagenais, G. R.   52
Dahlberg, J. E.   108
Dahlmann, D.   428
Dahmen, N.   23
Dalbert, C.   266
Damberger, F. F.   148
Daniel, C.   273, 422
Daniel, H.   37
Dargazanli, S.   110
Darwin, C.   313, 336
Dascal, N.   353
Dau, H.   23
Daud, A.   66
David, R.   48
Davidson, T. J.   96
Dawson, J. B.   169–170, 218
Dawson, P.   76
Deak, A.   76
Debru, C.   222
Dech, S.   286
Decker, M.   274, 422
Deenen, R.   54
Degistirici, Ö.   54
Deisseroth, K.   96, 327
Delius, M. von   273
Delle Site, L.   106
Delmotte, N.   148
Delorme, G.   219
Delp, A. (Pater)   167
DeLuca, S. H.   48
Demus, D.   229
Deng, W.   78

Deng, Y.   92
Denk, H.   410
Desai, K.   98
Deubel, F.   190
Deutsch, U.   46
DeVinney, R.   78
Dewey, J. F.   135
Dhom, G.   219
Diab, R.   258–259
Diaz, R.   52
Dichgans, J.   168
Dickschat, J.   422
Diebold, J. J.   170–171, 218
Diederich, F.   156
Diedrich, K.   34, 38
Diehl, V.   196
Diekmann, A.   19
Diener, T. O.   219
Dietel, M.   28, 323
Dieterich, M.   88
Dietz, K.-J.   277
Diez, U.   140
Dikic, I.   222
Dinjus, E.   23
Dip, P. V.   110
DiPrete, T. A.   86
Dittmar, G.   110
Dityatev, A.   128
Djerassi, C.   222
Dolphin, A.   351
Domanskaya, A. V.   144
Dong, G.   112
Dordschbal, B.   140
Dornhege, G.   120
Drayna, D.   118
Dreier, H.   32
Drenckhahn, D.   18, 40, 249, 285–286, 306, 347, 440
Drieschner, M.   368
Driess, M.   61–62
Driscoll, N. W.   93
Driver, J.   74
Dryja, T. P.   60
Du, X.   50
Duan, J.   112
Dubost-Brama, A.   52
Duchaine, B.   74
Ducho, C.   422
Dudel, J.   91
Dudenhausen, J.   34, 38
Dugas, M.   54
Duggimpudi, S.   54
Duineveld, K.   118
Dukat, A.   52
Dulkeith, E.   76
Dullo, W.-C.   222
Dummer, R. G.   65–66, 340, 479

Personenregister

Düren, E. 219
Durham, W. B. 67–68, 479
Dürr, C. U. 272
Dürre, P. 23
Dustmann, C. 69–70
Duve, C. de 220
Dvorsky, R. 34
Dzau, V. J. 98

Ebel, M. Y. 415
Eberspächer, J. 276
Eckart, W. 229
Eckert, J. 258
Eckert, M. 369
Eckle, J. 444
Eckrich, F. 343, 346
Eckstein, F. 71–72, 479
Edenhofer, O. 40, 290, 393
Eder, K. 17, 140
Egert, S. 126
Eggers, H. J. 219
Eglinton, G. 94
Egly, J.-M. 391
Eha, J. 124
Ehmer, J. 34, 38
Ehrendorfer, F. 219
Ehses, S. 110
Eichhorn, H.-J. 220
Eigen, M. 219
Eils, R. 43, 250, 344
Eimer, M. 73–74, 479
Einhäupl, K. M. 217
Einstein, A. 428, 430
Eisenmenger, W. 18
El Guindi, M. 417
Elbert, T. 168
Eleganti, M. 414, 416
Elliott, R. J. 76
Elsner, B. 100
Emons, G. 331
Enck, S. 48
Enders, D. 222, 276
Endlicher, W. 217
Endo, M. 152
Endres, S. 403
Endress, P. K. 217, 276
Eng, L. 277
Engel, J. 352–353
Engelhardt, D. von 442, 444
Engelmann, S. 397, 400
Englmeier, K. H. 72
Enver, T. 382
Epe, B. 390
Erb, T. J. 148
Erbersdobler, H. F. 126
Erdmann, K. S. 46
Erker, G. 276, 320, 326
Ernst, A. 229

Ernst, I. M. 126
Erpenbeck, L. 271
Ertl, Georg 26, 28, 37
Ertl, Gerhard 187
Esatbeyoglu, T. 126
Eschrig, H. 151
Escobar-Henriques, M. 110
Esler, M. D. 52
Esnault, H. 222
Esser, B. 273
Esser, H. 335
Essmann, C. L. 46
Eulenburg, V. 46
Euler, U. S. von 452
Eulert, J. 154
Ewald, P. P. 159
Eynatten, H. von 277
Eysel, U. 276

Faber, S. 72
Fadlon, I. 70
Falchook, G. 66
Falkai, P. 18
Falkow, S. 78
Fangerau, H. 428
Farazi, T. A. 54
Fässler, R. 323
Faustmann, C. 229
Fazollahi, M. 130
Fehlhaber, K. 276, 289
Fehm, T. 88
Fehr, J. M. 433
Feichtinger, J. 407
Feige, M. 272
Feist, T. 260
Felberbaum, R. 88
Feld, L. P. 31
Felden, B. 399
Feldmann, J. 75–76, 479
Fenno, L. E. 96
Fenske, D. 217, 276
Ferstl, E. 277
Feyen, O. 54
Fiedler, K. 19, 41
Finkelstein, J. 96
Finlay, B. B. 77–78, 479
Fischer, A. 54
Fischer, D. 88
Fischer, G. S. 15, 222, 276
Fischer, H. 217, 222, 371, 374
Fischer, T. 422
Fischer-Lichte, E. 323
Flaherty, K. T. 66
Flavell, R. 41
Fleckenstein, B. 54
Fleckenstein, Bernhard 32
Fleischer, B. 36
Fleischer, W. 92

Fleischmann, B. 353
Flockerzi, V. 276, 351, 355, 480
Flucher, B. 351
Flügge, U.-I. 322
Folkerts, M. 229
Fonseca, C. 233
Ford, I. 52
Ford, L. E. 152
Forster, P. 79–80
Förster, T. 187
Försterling, H.-D. 154
Forsting, M. 81–82
Foscarini, P. A. 337
Foster, K. W. 95
Foster, R. 348–349
Foster, S. 400
Foxon, C. T. 76
Francez-Charlot, A. 148
Francis, N. 390
Franke, K. 120
Franke, W. 217
Franzini-Armstrong, C. 152
Franzl, T. 76
Frattini, T. 70
Frauenfelder, H. 219
Frechen, M. 132
Freichel, M. 354
French, L. E. 155
Frenette, P. 382
Frenkel, J. K. 219
Frenzel, P. 132
Freudenberg, M. 50
Freudenberg, U. 48
Freund, M. 88
Freund, N. 273
Frey, E. A. 78
Friedel, J. 219
Friederici, A. D. 25, 276
Friedrich, B. 15, 21, 23, 28, 39, 215–216, 234–235, 237–238, 240, 247, 249, 253, 288, 303, 394–395
Friedrich, W. 54
Friese, K. 87–88
Frings, S. 92
Fritsch, S. 106
Fritz, P. 218, 261
Frotscher, M. 18, 217
Frühwald, W. 238, 307
Fu, Z. 112
Fuchs, H. 30, 222, 276
Fuchs, J. 126
Fuchs, U. 54
Fudim, R. 96
Fuhrmann, M. 96
Fuhry, E. 154
Fuks, F. 391

Personenregister

Fulda, P. 151
Fürnkranz-Prskawetz, A. 34
Furrer, S. 118
Fürstner, A. 276

Gabriel, C. 48
Gábris, A. 138
Gadagkar, R. 83–84, 479
Gadebusch Bondio, M. 428
Gaebel, W. 217, 276
Gail, A. 277
Galanos, C. 50
Galindo, M. M. 118
Gall, C. von 349
Galler, K. M. 64
Gallie, B. L. 60
Gallwitz, H. 190
Galy, V. 108
Gangl, M. 85–86
Ganopolski, A. 94
Ganten, D. 37, 248
Gao, P. 52
Gašparovic, I. 102
Gass, A. 132
Gauck, J. 233
Gaudet, D. 98
Gautschi, A. 56
Gay, S. 276
Gebhardt, F. 102
Geiger, J. 46
Geiler, G. 20, 171, 219
Geimer, S. 110
Geldhof, C. 66
Gelis, L. 92
Gemeinholzer, B. 24
Genscher, H.-D. 20
Gensel, J. A. 451
Geoghegan-Quinn, M. 234
Gerber, B. 87–88, 479
Gerdes, F. 110
Gericke, A. 124
Gersch, M. 184
Gerstengarbe, S. 229, 411
Gessler, M. 98
Gethmann, C. F. 28, 32, 37, 41
Geulen, C. 409
Geyer, A. 48
Geyer, W.-D. 152
Giacobino, E. 30
Giaquinta, M. 217
Giebisch, G. H. 219
Gierl, M. 408
Gigerenzer, G. 33–34, 217, 229
Giggel, K. 140
Gilberger, T.-W. 277
Giles, K. M. 130
Gill, D. 233

Ginzel, S. 54
Gisselmann, G. 92
Gitsch, E. 220
Giuliani, L. 229, 323
Glaser, R. 286
Gläßer, D. 171–173, 218
Gläßer, W. 191
Glaßmeier, K.-H. 17
Gleiter, H. 15, 238, 286
Glocker, R. 187
Glossmann, H. 353
Glover, A. 259–261
Glück, A. 251–252
Göbel, B. 215
Göbel, E. O. 76
Göbel, U. 54
Godbout, R. 60
Godde, M. 92
Godijn, R. 100
Goethe, J. W. von 304, 314, 336, 444
Goetze, C. 67–68
Goetzmann, J. 142
Gohil, K. 126
Goldenfeld, N. 157
Goldinger, S. M. 66
Goldman, Y. E. 152
Goldstein, J. 34
Gombert, A. 76
Gombert, M. 54
Gong, J. 52
Gonzalez, R. 66
Goode, D. 78
Gorb, S. N. 229, 322
Gordon, A. M. 152
Gores, G. 130
Görg, B. 92
Göring, O. 152
Görlich, D. 108
Görnitz, T. 369
Goshen, I. 96
Gosling, A. 74
Gothan, W. 190
Gottstein, K. 368–369
Grabowski, Z. R. 219
Graevenitz, A. von 174–175, 218
Graevenitz, K. von 174
Grassl, M. 30
Greenwald, D. 50
Grest, G. S. 106
Grill, E. 327
Grimbacher, B. 277
Griss, I. 342
Gronenborn, D. 80
Grosberg, A. Y. 106
Groß, D. 26
Gross, M. 222, 320

Gross, W. 190
Grosse, S. 76
Großmann, S. 222
Gruenheid, S. 78
Gruissem, W. 289
Grundlach, H. 410
Grundmann, E. 219, 229
Grune, T. 126
Grunwald, D. 130
Grus, F. H. 124
Gruss, P. 20, 223
Grüters-Kieslich, A. 37, 323
Grüttner, M. 428
Guanaydin, L. 96
Gudermann, T. 353
Gudowius, S. 54
Guermazi, A. 72
Guggenheim, R. 415
Gulbins, E. 322
Gumbsch, P. 19
Gunaydin, L. 96
Günther, D. 94, 148
Günther, R. 48
Güntürkün, O. 19, 276
Guo, G. 150
Gupta, N. K. 257, 424
Gurney, J. J. 169
Gürth, D. 251
Guthoff, R. F. 18, 332
Güttinger, S. 108

Haack, M. 48
Haag, M. 110
Haag, R. 219
Haak, W. 80
Haas, H. L. 92
Haass, C. 328
Habenicht, U.-F. 34
Haber, F. 428
Haberl, H. 23
Haberland, K. 176
Habermas, J. 367
Hackbusch, W. D. 17, 276
Hacker, J. 15, 21, 24, 34, 36–37, 39, 160, 163–164, 166, 168, 170–171, 173, 175, 177, 180, 183, 185–186, 188, 192, 194, 196, 198, 201–202, 204–205, 207, 210, 215–216, 223, 233–234, 237–238, 246, 249–251, 256, 260, 265–266, 276, 286, 292–293, 295, 301, 307, 317, 319–323, 366, 393, 398, 410, 438, 440–442, 445, 479
Hadamek, K. 98
Haeckel, E. 184, 314, 336
Haenel, M. W. 156

Häffner, H. 229
Hafner, K. 219
Hafner, M. 54
Hagemann, R. 229
Hagen, J. von 31, 358
Hagenmuller, P. 219
Haggard, P. 74
Hagner, M. 229
Hahlbrock, K. 377
Hahn, U. 375
Haidle, M. N. 80
Haken, H. 219
Halenius, A. 54, 102
Hallek, M. 26, 28, 223, 323, 330, 333, 424, 480
Haller, D. 126
Haller, H. 220
Halverson, J. D. 106
Hamenstädt, U. 89–90, 479
Hamet, P. 98
Hamid, O. 66
Hamilton, C. 138
Hammann-Haenni, A. 66
Hammerschmidt, S. 400
Hammerstein, P. 134
Han, B. 112
Händel, J. 229
Hänggi, P. 30, 276
Hannon, M. J. 72
Hänsch, T. 276
Hansen, M. F. 60
Hanson, H. 172
Happe, K. 248, 327
Happe, T. 23
Harbers, K. 79
Harder, D. 156
Harford, J. B. 381
Hari, L. 66
Härle, W. 414, 416
Harris, J. 258
Harrison, M. 136
Harrison, M. D. 98
Harsanyi, J. C. 134
Hartgerink, J. D. 64
Hartig, R. 54
Hartl, F. U. 223
Hartman, P. 219
Hartmann, E. 108
Hartmann, S. 88
Harz, H. 96
Hasan, B. 66
Hasan, M. 102
Haselmann, U. 108
Haseloff, R. 233, 237, 266, 450, 480
Hasinger, G. 319, 326, 424
Hassehorn, M. 25
Hasselbach, W. 219

Hasselmann, K. 40
Hassenstein, B. 219
Hässig, M. 56
Hatt, H. 91–92, 479
Hattendorf, B. 148
Hattrup, D. 370
Hauer, J. 54
Haug, G. H. 93–94
Haugeneder, A. 76
Hausen, H. zur 15
Häuser, C. 24
Hautmann, S. 272
Havenith-Newen, M. 276
Haworth, C. A. 104
Hawryluk-Gara, L. A. 108
Hayaishi, O. 220
He, X. 50
Heap, B. 238
Heard, H. C. 68
Hécaen, H. 168
Hecker, M. 18, 28, 36, 39, 43, 223, 250, 397, 402
Heckl, W. M. 30, 41
Heckmann, G. 368
Hedrich, R. 276
Heesemann, J. 36
Hegemann, P. 95–96, 327, 353, 479
Hehn, J. 273
Heid, H. 130
Heiker, J. T. 48
Heilmann, S. 92
Hein, L. 97–98
Hein, M. 277
Heinemann, S. H. 375
Heiniger, T. 414
Heinrich, M. 271
Heintze, K. 88
Heinz, D. 36
Heinze, J. 223, 276
Heisenberg, W. 366–369, 430
Heitz, P. U. 15, 28, 42, 229, 247, 250, 287, 331, 339
Heldmaier, G. 32
Helminen, M. 54
Helmreich, E. J. M. 219
Helms, J. 218
Helwig, K. 273, 421
Hemp, C. 277
Hendel, I. C. 480
Hengartner, H. 276
Hengel, H. 102
Henn, F. A. 276
Hennecke, H. 175, 217
Hennig-Schmidt, H. 134
Henningsen, B. 407
Hensel, F. 188

Hentschel, K. 208, 229, 365–366, 370
Herberhold, C. 72
Herberth, G. 140
Hering, D. 277
Herrmann, B. 18, 439
Herrmann, W. A. 223
Herrnring, C. 88
Hertel, I.-V. 30
Hertwig, R. 287
Herz, A. 219
Hescheler, J. 378–379
Hess, J. 130
Heumann, R. 46
Heun, W. 31
Heyden, M. 272
Hiepe, F. 405
Hildebrand, J. G. 217
Hiller, J. 80
Hiller, K. A. 64
Hillerbrand, R. 360, 363
Hilmer, M. 76
Hilschmann, N. 151
Himsel, P. 480
Hinkley, M. 479
Hinterberger, T. 120
Hintzsche, W. 229
Hinz, D. 140
Hinz-Wessels, A. 411
Hippler, H. 20
Hirche, F. 140
Hiroshi, F. 112
Hirsch, A. 273
Hirzebruch, F. 151–152
Hitler, A. 167
Hodgson, R. 479
Hoeijmakers, J. 390
Hoell, J. I. 54
Hoelzmann, P. 132
Hofer, Helmut 320
Hofer, Heribert 32
Höffe, O. 19, 42
Hoffmann, D. 208, 229, 365–366, 370
Hoffmann, E. M. 124
Hoffmann, J. A. 223, 304, 426
Hoffmann, R. 218
Höfler, H. 28, 276
Hofmann, E. 276, 421
Hofmann, F. 18, 217, 353
Hofmann, H. J. 48
Hofmann, S. 273
Hofmann, T. 118
Hofstädter, F. 276
Hofstätter, P. 168
Hofstetter, W. 277
Högl, S. 271
Hohl, R. 190

Hohnisch, M.   134
Hölldobler, B.   276
Hollender, L. F.   157
Holsboer, F.   223
Hölscher, T.   115
Hölters, L.   349
Holtfrerich, C.-L.   31, 247
Holton, G.   219
Holtz, F.   161
Holubar, K.   229
Holzgreve, W.   34, 37–38, 248
Hömke, R.   403, 406
Hommel, B.   99–100, 479
Honjo, T.   217, 223
Hoppe, R.   219
Hoppe, U. C.   52
Horn, S.   151
Hornung, V.   405
Horvath, P.   108
Hostettler, H.   479
Hovemann, B.   92
Höver, G.   26
Hoyningen-Huene, P.   276
Huang, C. L.-H.   152
Hubble, E.   193
Huber, R.   218
Hubner, B.   54
Hübner, N.   54
Hucho, F.   26
Huck, K.   54
Hudelmaier, M. I.   72
Huebbe, P.   126
Huelga, S.   30
Hughen, K. A.   94
Huguenard, J.   96
Huhn, W.   96
Huinink, J.   34
Huisgen, R.   220
Huisken, G.   276
Hulmes, J. D.   50
Hummel, H.   92
Hungerbühler, K.   393
Hünig, S.   219
Hunstein, W.   65
Hunter, D. J.   72
Hurt, E.   276
Huster, D.   48
Hüttemann, A.   229
Hüttl, R. F.   22, 33, 37, 293, 301
Huxley, Sir Andrew F.   152, 301
Hyder, S. W.   48

Ibarra, J. A.   78
Ibrahim, N.   66
Illing, G.   31
Illinger, P.   41, 394–395

Infante, J. R.   66
Ingenhag, D.   54
Inhoffen, H. H.   199
Innerebner, G.   148
Iozzi, A.   58
Iriye, A.   122
Irmer, M.   56
Irrgang, B.   41
Isenbeck-Schroeter, M.   277
Isenberg, G.   217
Isermeyer, F.   289
Ivers-Tiffée, E.   19
Iversen, L. L.   156
Iwig, M.   173

Jablońska, S.   220
Jaccard, S. L.   94
Jackson, M. W.   323
Jacob, F.   376
Jacob, H. J.   98
Jacobs, C.   71
Jacobs, F.   166
Jacquat, D.   56
Jaenisch, R.   217
Jager, C. de   219
Jagodzinski, H.   153, 220
Jahn, R.   39
Jahn, T.   394
Jamieson, C.   382–383
Jankauskas, R.   80
Jansen, J. C.   122
Jansen, O.   82
Jansky, P.   52
Januszewski, F.   273
Janzarik, W.   220
Jaramillo, A.   378
Jarren, O.   33
Javed, M.   48
Jeggo, P.   390
Jennings, G. L. R.   52
Jeschke, U.   88
Jex, I.   138
Jiao, Y.   112
Joachim, S. C.   124
Joerden, J. C.   28
John, M. R.   72
Jonas, P.   276
Jonat, W.   18, 223
Jonjic, S.   101–102
Joost, H.-G.   118, 276
Jordan, P.   368
Jores, P.   80
Joshi, S.   417
Jost, J.   152
Jubitz, K.-B.   190
Jud, R.   56
Juhl, C.   48
Jumaa, H.   54

Jung, Gregor   421
Jung, Günther   47
Jünger, S.   26
Junghans, C.   106
Juranic Lisnic, V.   102
Jütte, R.   414

Kaasch, J.   285, 411, 445
Kaasch, M.   285, 411, 445
Kaczmarczyk, A.   148
Kagermann, H.   22
Kahl, B.   400
Kahlert, T.   407, 412
Kahmann, R.   39, 43, 250
Kaina, B.   390
Kaisers, U.   277
Kalden, J. R.   18, 218
Kaldunski, M.   98
Kalesse, M.   277
Kallinger, C.   76
Kandler, O.   220
Kant, H.   367
Kappes, M. M.   320
Karato, S.-I.   68
Karl VI.   451
Karl VII.   453, 458
Karrasch, M.   66
Kasper, J.-P.   480
Kateriya, S.   96
Kaube, J.   410
Kaufling, J.   98
Kaufmann, K. W.   48
Kaufmann, S. H. E.   246
Kaul, A.   156
Kaupp, M.   62
Kaupp, U. B.   92, 276
Kautz, S.   272
Kawanabe, M.   120
K. C., S.   114
Kefford, R. F.   66
Keil, U.   38
Keimer, B.   30
Kell, C.   348
Kempermann, G.   25, 38
Kenny, B.   78
Kerjaschki, D.   217
Kerkhoff, K.   409
Kern, E.   229
Kern, M.   26
Kessler, H.   156, 276
Kettenmann, H.   276
Khan, I. U.   48
Khorana, H. G.   301
Kißler, J.   277
Kiefer, P.   148
Kieser, D. G. von   451–452
Kim, K. B.   66
Kim, U.-K.   118

Kind, C. J.   80
Kindermann, I.   52
Kippenhahn, R.   229
Kiraly, F.   120
Kirby, S. H.   68
Kirchgässner, G.   31, 336
Kirchhoff, F.   276
Kirichok, Y.   353
Kirschner, K.   390
Kisker, C.   322
Kiss, M.   74
Kjær, A.   153
Klapper, W.   154
Klar, T. A.   76
Klauer, C.   41
Klausnitzer, B.   229
Klecker, T.   110
Kleeberg, U. R.   26
Kleene, R.   128
Kleiber, M.   19
Kleihauer, E.   219
Kleihues, P.   288
Klein, C.   404
Klein, D.   348
Klein, M.   22
Klein, R.   45–46
Kleiner, M.   20, 207, 257, 394–395, 424
Kleinert, A.   229
Kleist-Retzow, J.-C. von   110
Klenk, C.   273
Kletke, O.   92
Klingemann, H.-D.   218
Knapp, S.   54
Knapp, W. H.   18
Knecht, E.   45
Knief, C.   148
Knight, Sir Peter   103–104
Knoblauch, H.   452
Knobler, R.   66
Knoblich, J.   384
Knochel, P.   276
Knop, J.   276
Knüchel, R.   54
Kobilka, B. K.   98
Koch, A.   140
Koch, E.   229
Koch, H.   176–177, 218
Koch, K.   154
Koch-Krumrei, M.   235, 253
Köcher, R.   41
Kock, E.   60
Kocka, J.   31, 409–410
Kogel, K.-H.   277
Kögel-Knabner, I.   223
Kohl, S.   118
Kohlhepp, G.   23
Kohli, M.   34

Köhrer, K.   54
Kohse-Höinghaus, K.   23, 223, 395
Koivisto, E.   153, 219
Köle, H.   220
Koller, K.-P.   28
Kollipost, F.   144
Komajda, M.   52
König, B.   140
König, E.   239
König, F.   138
König, W.   409
Könneker, C.   266
Koon, T.   52
Kopernikus, N.   337
Koppen, M.   110
Korbel, J.   344
Korf, B.   349
Korf, H.-W   347, 349–350, 480
Körner, C.   23, 241
Korolkova, N.   138
Korsching, S.   118
Korth, M.   422
Koschak, A.   353–354
Kosel, D.   48
Koss, L. G.   153
Kostka, S.   108
Koszinowski, U. H.   102
Kotchen, T. A.   98
Kothe, E.   277
Kotthaus, J. P.   30, 276
Kowarik, S.   76
Kozak, K.   108
Krackl, S.   62
Kraegeloh, A.   277
Krafft, F.   229
Kraft, R.   108
Kragler, A.   92
Kraus, V. B.   72
Krause, A.   88
Krause, F.   219
Krause, J.   132
Kräusslich, H.-G.   36
Kräutler, B.   201
Krautwald-Junghanns, M.-E.   323, 332
Krautwurst, D.   118
Krebs, B.   17
Kreipe, H. H.   331
Kremer, K.   105–106
Kreß, H.   274
Krieg, T.   18
Kriegeskorte, A.   102
Krischer, A.   142
Krmpotic, A.   102
Kroemer, H. K.   28, 247
Kröger-Jakobs, C.   271
Krohn, W.   367

Kröncke, I.   277
Krull, W.   20
Krum, H.   52
Krupina, K.   108
Krutmann, J.   229
Krux, F.   54
Kubbinga, H.   229
Kudchadkar, R.   66
Kuhn, C.   118
Kuhn, D.   314, 444
Kuhn, H.   154
Kuhn, T.   367
Kühne, H.   140
Kuiper, R.   273
Kulmala, M.   286
Kulozik, A.   322, 327
Külz, T.   88
Kumbier, E.   428
Kummer, R. von   82
Kümmerle, F.   220
Kündig, T. M.   66
Kundt, G.   88
Kunze, S.   82
Kupper, T.   340
Küppers, B.-O.   229, 375, 380
Kurth, R.   37, 217
Kurz, P.   23
Kürzinger, K.   76
Kusche, J.   371
Kutay, U.   107–108
Kwoh, C. K.   72

Labisch, A.   19, 229, 307–308, 313, 366
Lacourcière, Y.   52
Lagally, M. G.   217
Lai, M.   323
Laiho, K.   138
Laitko, H.   367
Lal, K.   234, 238, 256
Lam, P. K.   138
Lämmel, E.   229
Lammel, S.   273
Lang, S.   323
Lange, J. M.   191
Lange, O. L.   219, 229
Lange, P.   37
Langer, T.   109–110
Langewiesche, D.   323
Langlands, R.   176
Lanier, L. L.   102
Lännergren, J.   152
Lannert, V.   479
Lanver, D.   271
Lanza, G.   341
Lanzerath, D.   344, 346
Lapin, B. A.   219
Laporte, Y.   154

Largiader, F. 229
Laron, Z. 219
Larsson, E. 54
Latour, S. 54
Laue, M. von 159
Lauer, W. 229
Laugwitz, K.-L. 353
Lauk, C. 23
Laurell, E. 108
Laws, H. J. 54
Layton, B. 50
Lebowitz, P. 66
Le Graverand, M. P. 72
Lee, J. J. 144
Lee, S. 78, 110
Leedman, P. J. 130
Leen, T. 120
Leenderts, A. 365, 367
Lefkowitz, M. 52
Legmen, G. T. 418
Lehmann, C. 178
Lehmann, I. 140
Lehn, J.-M. 377–378
Leibfried, S. 38
Leiderer, P. 17, 276, 366
Lembeck, F. 219
Lemke, T. 344
Lemm, S. 120
Lemmer, U. 76
Lenac, T. 102
Leng, M. J. 94
Lengauer, T. 17, 28
Lennert, K. 154, 171, 219
Leo, K. 40, 76
Leon, S. 106
Leopold I. 215, 238, 307, 433–434, 443, 451, 453, 458, 479–480
Lerebours, G. 52
Lersch, P. 168
Leßmöllmann, A. 266
Leuchs, G. 30, 138, 277
Leven, K.-H. 229, 323
Levermann, A. 358
Levi, F. 348
Levi, S. 76
Lewis, K. 66
Li, J. 111–112
Li, X. 112
Li, Y. 78
Liao, Z. 112
Lichtenberg, G. C. 428
Lichter, P. 277, 344
Liebig, J. von 430
Lilienfeld, O. A. von 120
Limbird, L. E. 98
Lindenberger, U. 25, 38, 291
Lindner, D. 48

Lindsay, J. 399
Link, R. E. 98
Linka, R. M. 54
Linka, Y. 54
Linke, M. 229
Linsenmair, E. 277
Linß, W. 218, 229
Lipp, P. 354
Lipp, V. 26
Liss, B. 352
Little, S. 66
Liu, G. 112
Liu, H.-K. 384
Liu, L. 52
Liu, M.-Y. 50
Liu, X. 112
Löbrich, M. 390
Lochte, K. 40
Loers, G. 128
Loewendorf, A. 102
Loewy, A. 452
Löffler, B. 400
Logothetis, N. 277
Lohmann, D. 219
Lohse, A. W. 36
Lohse, M. J. 15, 28, 32, 41, 43, 98, 223, 237, 243, 249–250, 288, 303
Loibl, S. 88
Lombardi, V. 152
Lomonosov, M. W. 255
Long, G. V. 66
Longerich, T. 130
Löning, M. 258
Lorkowski, S. 98
Lory, P. 352
Louis, D. N. 60
Löwer, B. 110
Lu, Y. 217
Lu, Z. 112
Lübbert, H. 92
Lubitz, W. 23
Lucin, P. 102
Luckner, G. 167
Ludsteck, J. 70
Lueth, F. 80
Luft, F. C. 217
Luhmann, N. 357
Lühmann, T. 48
Lüllmann, H. 98
Lund, E. 108
Lundeen, J. S. 138
Luo, D. 112
Lurija, A. 168
Lüst, R. 20
Lutich, A. A. 76
Lütkenhaus, N. 138
Lüttge, U. 229, 439

Lüttschwager, N. O. B. 144
Lutz, W. 113–114, 479
Lützner, H. 190
Lyden, D. 382
Lyre, H. 369

Maass, N. 88
Machin, S. 70
Mackey, M. C. 152
MacMillan, L. B. 98
Maeder, A. 217
Maguire, J. J. 126
Mahfoud, F. 52
Maison, M. 118
Makovitzky, J. 88
Maldonado, J. M. 233
Malke, H. 218
Mall, M. 108
Manegold, A. 421
Maness, P. F. 128
Manfras, B. 54
Mangoni, M. 352
Manin, Y. I. 218
Mann, J. F. 52
Mannic, T. 348
Manns, M. P. 223
Mansfeld, J. 108
Manz, J. 217
Marahiel, M. A. 277
Maramorosch, K. 220
Marangos, J. P. 104
Margarvey, N. 400
Margraf, J. 223
Märk, T. 224
Markova Car, E. 102
Maronde, E. 349
Marquardt, W. 394–395
Marshall, B. 175
Martens, H. 19
Marthaler, G. 479
Martin, A. 229
Martin, K.-H. 161
Martin-Villalba, A. 383–384
Martinez, E. 46
Marzahn, J. 116
Maslin, M. A. 94
Massou, S. 148
Mata, R. A. 144
Mathison, J. 50
Matsumura, S. 80
Mattaj, I. W. 108, 277
Mattauch, J. 369
Matthes, H. W. 190
Matyssek, R. 439
Mau, H. 154, 219
Mauch, C. 439
Maul, S. M. 115–116, 479
Maumenee, I. 60

Maurer, U.   30
Mayer, K. U.   25, 38, 394
Mayer, R.   219
Mayer, V. G.   124
Mayr, A.   219
Mayr, H.   217
Mayrhofer, O.   220
McFarland, D.   120
McKay, R.   381, 384
Mechler, U.   154
Megahed, M.   54
Meghir, C.   70
Mehlhorn, K.   224
Mehta, K.   88
Meier, C.   36
Meier, T.   76
Meier-Abt, P. J.   217
Meiler, J.   48
Meindl, A.   54
Meinecke, F. C.   120
Meinel, C.   19, 229
Meinicke, T.   479–480
Meisel, J.   25
Meisel, R.   54
Meng, L.   321
Meng, X.   112
Menten, K. M.   224
Menzel, R.   185, 438
Menzel, S.   118
Mering, C. von   148
Merkwirth, C.   110
Messerle, M.   102
Metalnikov, P.   78
Mettenleiter, T. C.   36, 288
Metzger, G. B.   433
Meuer, S. C.   277, 403
Meulen, V. ter   15, 20–21, 37, 215–216, 238, 248, 260–261
Meurman, J. H.   217
Mewes, H.-W.   341
Meyer, A.   24, 224, 277
Meyer, C.   157
Meyerhof, W.   117–118
Michel, B.   277
Michielin, O.   66
Miglior, S.   124
Mihály, A.   151
Mihic-Probst, D.   66
Mikołajczyk, M.   218
Milinski, M.   277
Millan, J.   120
Miller, D. A. B.   76
Miller, W. H.   321
Milsmann, C.   62
Milstein, D.   217
Minckwitz, G. von   88
Mischke, S.   277

Mitrovic, M.   102
Mittelstraß, J.   37, 204–205, 306
Mitzkewitz, M.   134
Möbius, D.   154
Möbius, W.   273
Möbus, G.   190
Moch, H.   66, 277, 413–415, 419
Moehring, J.   126
Mohr, H.   180
Mohr, K.   98
Möhring, J.   126
Mölg, T.   203–205, 286
Möller, M.   76
Monod, N.   58
Montavon, G.   120
Montecucco, C.   217
Moore, K.   76
Morgan, S. L.   86
Mori, Y.   352
Morik, K.   277
Mörl, K.   48
Morris, S.   66
Morteani, A. C.   76
Mosbrugger, V.   287, 325
Mößbauer, R.   301
Mosley, P. J.   138
Mössner, J.   277
Most, E.   126
Mothes, K.   181–182, 199
Mozes, S.   58
Msadek, T.   400
Mudgett, M. B.   271
Mueller, M. J.   126
Muhlhausser, P.   108
Müllen, K.   76, 217, 277
Müller, A.   277
Müller, C.   219
Muller, E. C.   108
Müller, F.   92
Müller, H.   88
Müller, I.   308
Müller, K. A. von   410–411
Müller, K.-R.   119–120
Müller, M.   186, 341
Müller, R.   62
Müller, U.   56
Müller, Uwe   308, 311, 314–315, 443
Müller, W.   86, 217
Müller-Hermelink, H. K.   18, 154, 171, 331
Müller-Mahn, D.   357, 360
Müller-Stoll, W. R.   178
Mulvaney, P.   76
Mund, A.   390
Munk, W. H.   220

Müntefering, F.   233
Müntz, I.   178
Müntz, K.   178–180, 218
Murphree, A. L.   60
Müschen, M.   382
Müsseler, J.   100
Musti, A.-M.   96
Myers, E.   224

Nagakura, S.   220
Nagel, G.   96, 327
Nakane, T.   233
Naseer, H.   48
Natal'in, B. A.   136
Nattkemper, D.   100
Nauck, F.   26
Nebel, A.   126
Nebreda, A.   45
Neher, E.   154
Neldner, W.   266
Nemirovskyi, O.   72
Nernst, W.   192
Neuhaus, E. M.   92
Neumann, O.   130
Neumann, U.   124
Neuneck, G.   368
Nevitt, M. C.   72
Neyer, G. R.   34
Nezelof, C.   219
Nichtl, A.   76
Nickelsen, K.   229, 323
Nickolay, B.   120
Nicotera, P.   38
Nieder, A.   32
Niedereichholz, T.   76
Niehrs, C.   224, 387, 390–391
Niehues, T.   54
Niemeyer, C.   224
Nilius, B.   354
Niv, M.   118
Nolden, M.   110
Noldus, J.   92
Noller, H.   157
Nordenskjold, M.   60
Nordsieck, K.   48
Nörenberg, M.   144
Norgall, T.   26
Nöth, H.   153
Nöthen, M. M.   25
Nöthlings, U.   126
Nötzold, P.   409
Nübel, U.   399
Nusbaum, J. D.   54
Nusing, R.   98
Nüsslein-Volhard, C.   42, 164, 217
Nüsslin, F.   156

Obama, B.   384
Oberender, P.   28
Obwegeser, H. L.   220
Odenbach, S.   277
O'Donnell, P.   78
Oelßner, W.   220
Oesterhelt, D.   95
Oetker, A.   207–208, 210, 479
Oh, I.-H.   257
Ohgaki, H.   60
Ohlerth, S.   56
Ohlinger, A.   76
Ohlsen, K.   400, 402
Okamura, H.   348
Okoniewski, M.   66
Olek, S.   140
Ollig, D.   96
Omran, H.   323
Oncken, O.   277
Oprea, T. I.   118
Orr, G.   120
Ortmann, O.   88
O'Shea, D. J.   96
Osman, D.   110
Osterbrink, J.   26
Osterhammel, J.   121–122
Osterloh, M.   394–395
Ostertag, W.   79
Ostgathe, C.   26
Ostner, I.   34
Ostopovici-Halip, L.   118
Otte, G.   86
Otte, P.   219
Otto, A.   108
Ouellet, D.   66
Ouwehand, A.   130

Packer, L.   126
Paech, H.-J.   190
Pálinkás, J.   238
Pallas, P. S.   428
Pallauf, K.   126
Palme, K.   277
Palmer, A.   46
Pan, Y. C.   50
Pannicke, U.   54
Pantaleo, G.   341
Pante, N.   108
Papp, Z.   217
Paquet, D.   272
Parada, L.   382–384
Parce, N. R.   157
Parthier, B.   15, 179–183, 218, 224, 229, 307, 310, 426, 441–443
Parthier, C. geb. Lücke   181, 183
Partridge, L.   38
Parzinger, H.   132, 229, 323

Pasteur, L.   175
Patel, K.   66
Patch, C.   342
Patzak, A.   124
Paufler, P.   160, 229
Pavic, I.   102
Pawson, T.   78
Paz, J.   96
Peachey, L. D.   152
Pedersen, T. F.   94
Pelz, L.   428
Penzlin, H.   183–185, 218, 229
Peppel, K.   50
Perek, L.   220
Perner, J.   323
Perner, M.   76
Pernjak Pugel, E.   102
Perrar, K.-M.   26
Perren, S.   185–186, 218
Peschel, A.   400
Peter, C.   106
Peter, G.   76
Peters, U.   20
Petersen, O. H.   328, 424
Petersen-Mahrt, S. K.   390–391
Peterson, L. C.   94
Petersson, N. P.   122
Petri von Hartenfels, G. C.   451
Pevet, P.   348
Peyerimhoff, S. D.   218
Peyraud, R.   148
Pfaff, H.   26
Pfaltz, A.   321
Pfanner, N.   224
Pfau, T.   30
Pfeffer, M.   349
Pfeffer, W.   182
Pfeiffer, N.   123–124
Pfennig, S.   46
Pfisterer, M.   26
Philipov, D.   34
Philipp, M.   98
Phillips, R. A.   60
Piascik, M. T.   98
Piazzesi, G.   152
Pichert, A.   48
Pieper, C.   237
Pieper, H.   176
Piercy, G. T.   106
Pies, I.   251–252
Pietrobon, D.   351–352
Pietsch, A.   142
Pisabarro, M. T.   48
Pittnauer, S.   134
Pitulescu, M. E.   46
Pitz-Paal, R.   40, 258, 290
Planck, M.   428
Plenio, M. B.   30, 104

Plessen, G. von   76
Plester, D.   219
Plückthun, A.   378
Poblete, S.   106
Poethke, H.-J.   277
Pohl, J.   357, 363
Poivre, P.   122
Polic, B.   102
Pollak, R.   86
Pollmann, S.   277
Poltorak, A.   50
Poppek, A.   92
Popper, K.   428
Portais, J.-C.   148
Porthin, A.   46
Potoček, V.   138
Potting, C.   110
Powers, M. A.   130
Pratt, J.   100
Pratt, R. E.   98
Preston, I.   70
Preuss, K.   151
Prigge, M.   96
Prinz, W.   100, 217
Prior, J. O.   66
Prives, C.   130
Probstfield, J.   52
Prokoph, S.   48
Propping, P.   15, 28, 42, 198, 217, 277, 327, 344–345
Puente, J. L.   78
Puhle, M.   142
Pühler, A.   28, 33, 39, 43, 250, 378–379
Pusterla, T.   130
Putz, R.   71–72, 217
Puzanov, I.   66
Pyzik, M.   102

Qian, Q.   112
Quaglino, P.   66
Queisser, H.-J.   224
Quenett, S.   266
Quinkert, G.   219

Radbruch, L.   26, 246
Radicella, J. P.   390
Radtke, U.   224
Rafii, S.   382
Raguse, J.-D.   118
Rahmstorf, S.   260, 287
Raj, B.   217
Rajadhyaksha, A.   352
Ralph, T. C.   138
Ramakrishnan, C.   96
Ramazzini, B.   44, 479
Rammensee, H.-G.   404
Rammer, G.   365–366

Rao, A. 388
Rapoport, T. A. 108, 217
Raschke, G. 76
Rasel, E. M. 30
Rathmann, D. 48
Raunser, S. 421
Raupach, M. 24
Ravens, U. 277
Rawashdeh, O. 349
Rechenberg, H. 366–367
Redhead, M. 369
Reed, D. R. 118
Reetz, M. T. 17
Reich, J. 207, 344
Reichardt, H. 176
Reichstein, M. 229
Reid, G. 387, 390
Reik, W. 391
Reimer, J. 241–242
Reimer, T. 88
Reinhardt, E. R. 37
Reinhardt, K. 229
Reinhart, K. 217, 323
Reinhoudt, D. N. 76
Reinitzer, H. 22, 36
Reinscheid, D. J. 78
Reiser, M. 71–72
Reller, A. 287
Remane, H. 155
Remschmidt, H. 224
Ren, D. 353
Renfrew, C. 79–80
Renn, J. 367, 410
Renn, O. 30, 33, 40–41, 357, 359, 362
Rennenberg, H. 277, 439
Renner, S. 24
Rennert, H. 428
Reschke, M. 273
Reusch, T. 277
Rezai, M. 88
Rheinberger, H.-J. 344, 346, 377
Ricciardi-Castagnoli, P. 50
Richly, H. 387
Richter, A. 366
Richter, C. 258
Richter, D. 88, 118
Richter, H. 155
Richter, T. 140
Riederer, M. 277
Riederer, P. 217
Rietschel, E. T. 394–395
Rimbach, G. 125–126
Ringler, M. 76
Riphahn, R. T. 19, 224
Rische, H. 219
Risse, S. L. 54

Robinson, G. 157
Robinson, J. S. 104
Röcken, C. 154
Röcken, M. 339, 342
Rockstroh, B. 168, 224
Rodemann, H. P. 323
Rodenfels, J. 110
Röder, B. 25, 247
Röder, P. (M.) 213
Röder, S. 140
Rodnina, M. V. 277
Roenneberg, T. 348–349
Rogach, A. L. 76
Rögner, M. 23
Rohde, P. P. 138
Rohen, J. W. 219
Röhl, U. 94
Rohr, D. 272
Röhring, J. 241
Rolle-Kampczyk, U. 140
Röller, H. 219
Röller, L.-H. 233
Romanin, C. 353
Romano, V. 80
Ronacher, B. 32, 39
Ronjat, M. 352
Roos, C. 24
Roquette, P. J. 219
Röring, J. 241
Roschitzki, B. 148
Rosell-Mele, A. 94
Rosenstrauch-Ross, L. S. 220
Rosenthal, W. 322
Rösler, F. 15, 25, 205, 230, 247, 335
Rossaint, R. 277
Rossello-Mora, R. 24
Rössler, H. 219
Roth, A. G. 272
Rothballer, A. 108
Rothmund, M. 217
Rots, M. 390–391
Rotter, V. 385
Roubitschek, W. 230
Roudnitzky, N. 118
Rubin, H. 197
Rubner, J. 238
Ruckert, C. 54
Rüdel, R. 152
Rudolph, U. 92
Rugarli, E. I. 110
Rühr, N. 273
Ruilope, L. M. 52
Runge, S. 54
Rupp, M. 120
Rüschendorf, F. 54
Ruth, P. 353
Rüting, F. 272

Sachs von Lewenhaimb, P. J. 433
Sack, U. 140
Sadrieh, A. 134
Sahl, H. G. 400
Sakmann, B. 218
Samsonov, S. A. 48
Sandage, A. 193
Sander, C. 54, 344
Sander, E. 219
Sanderson, W. 114
Sangiorgi, M. 219
Santillán, M. 152
Santorius, S. 428
Sarnak, P. 58
Sarnthein, M. 94, 170
Sartor, K. 82
Sattler, M. 277
Sauer, K. P. 277
Sauermann, H. 133–134
Saulig, T. 102
Sautter-Bihl, M. L. 88
Sawamiphak, S. 46
Scalzo, A. 102
Schachman, H. K. 163
Schachner Camartin, M. 127–128
Schädlich, M. 162
Schaefer, S. M. 66
Schafarewitsch, I. 176
Schäfer, E. 17
Schäfer, G. 277
Schäfer, R. 120
Schaller, H. 164
Schär, P. 391
Scharf, J.-H. 20, 219
Schartl, M. 230, 322
Schavan, A. 233–234, 237, 450
Scheel, D. 43, 250, 277
Scheer, R. 266
Schellenberger, A. 421
Schellnhuber, H. J. 40, 249, 286, 393
Scherbaum, W. A. 217, 277
Scherer, D. 205
Scherer, S. 86
Scherf, U. 76
Scherkenbeck, J. 277
Schick, B. 277
Schietinger, A. 76
Schildmann, J. 26
Schiller, F. 308
Schink, B. 23, 240, 303
Schinzel, A. 218
Schirmacher, P. 129–130, 479
Schirrmacher, A. 368, 409
Schlaghecken, F. 74

Schlaich, M. P. 52
Schlapbach, R. 148
Schleich, W. 30, 245, 277
Schleifer, K.-H. 24
Schleiermacher, S. 411
Schliephake, H. 323
Schlitt, H. J. 323, 332
Schlögl, R. 40, 321
Schlöndorf, D. 218
Schlote, K.-H. 230
Schmalhofer, F. 277
Schmalz, G. 18, 64
Schmalzried, H. 187–188, 218
Schmelzer, C. 126
Schmid, F.-X. 17
Schmid, J. 40
Schmid-Hempel, P. 277
Schmid-Staiger, U. 23
Schmidt, H. 367
Schmidt, M. 218
Schmidt, N. 140
Schmidt, R. 230
Schmidt, R. E. 277
Schmidt-Assmann, E. 37
Schmieder, R. E. 52
Schmiedmayer, J. 30
Schmiedt, E. 157
Schmitt, H. 415
Schmitt-Landsiedel, D. 30
Schmitt-Rink, S. 76
Schmitz, W. 116
Schmitz-Rode, T. 26, 28
Schmuth, M. 340
Schnabel, U. 33
Schneggenburger, P. 273
Schneider, D. T. 54
Schneider, F. 96
Schneider, M. 273
Schneider, N. 26
Schneider, Werner 27
Schneider, Wolfgang 277
Schnieke, A. 289, 323
Schnitzer-Ungefug, J. 15, 235, 237, 276, 306, 319, 322–323, 426
Schnyder, U. W. 155
Schober, O. 28
Schöler, H. 39
Schölkopf, B. 120
Schölmerich, J. 277, 347, 349
Schölmerich, P. 220
Scholz, C. 228
Scholz, E. 152
Scholz, H. 218
Scholz, M. 479–480
Scholz, P. 230
Schönberg, U. 70
Schöne-Seifert, B. 32, 42

Schöneburg, S. 428
Schönhammer, K. 30
Schopper, H. 224
Schorlemmer, F. 364, 367, 480
Schott, H. 15, 307, 410
Schrader, J. 218
Schraven, B. 54
Schreiber, A. 138
Schreiber, F. 273
Schreiber, S. 126
Schröder, E. 190
Schroeck, L. 310–311
Schroeder, H. E. 155
Schroff, M. 404
Schrör, K. 218
Schroth, W. 155
Schubert, J. 277
Schubert, R. 219, 224, 291
Schubring, S. R. 92
Schuchter, L. 66
Schuetz, C. 54
Schularick, M. 31
Schulenburg, J.-M. von der 344–345
Schulte am Esch, J. 18, 163
Schultz, J. 353
Schultz, P. G. 126
Schulz, A. 54
Schulz, C. 273
Schulz, G. E. 277
Schulz-Hofer, I. 18, 327
Schulze, A. 76
Schulze, E.-D. 23, 277
Schuster, P. 277, 375, 380
Schuster, S. 375, 378–379
Schüth, F. 40, 249, 287
Schutkowski, A. 140
Schütt, B. 131–132, 479
Schütte, G. 233, 241, 286, 293–295, 297, 301, 393
Schwab, G. 189
Schwab, Julius 189
Schwab, Jutta 192
Schwab, Margarethe geb. Günther 189
Schwab, Martin 19
Schwab, Matthias 340
Schwab, Max 189–192, 218
Schwalb, A. 132
Schwane, K. 92
Schwartz, D. A. 271
Schwartz, T. U. 108
Schwartz, T. W. 47
Schwarz, H. 15, 20, 225
Schwarz, Katrin 66
Schwarz, Klaus 54
Schweikl, H. 64
Schwemer, A. 76

Schwendener, R. A. 277
Schwermer, J. 152
Schwertmann, U. 219
Schwille, P. 225
Scriba, C. J. 230
Scriba, P. C. 403, 406
Seda, O. 98
Seebach, D. 48, 218, 277
Seefried, E. 367
Seeger, A. 219
Seeliger, M. W. 98
Seger, H. 48
Segura, I. 46
Seibold, E. 20, 220
Seidel, S. 46
Seideman, T. 321
Seidenbecher, C. I. 128
Seifert, G. 219
Seige, K. 219
Seller, H. 32
Selten, R. 133–134
Şengör, A. M. C. 135–136, 479
Senn, T. 23
Senturk, A. 46
Sergeeva, O. A. 92
Seyller, T. 277
Shah, J. 76
Shakespeare, W. 368
Shakhova, O. 66
Shen, M. 382, 384
Shibata, S. 220
Shin, H.-S. 352
Shmida, A. 134
Shull, M. M. 60
Siddell, H. 306
Sieber, C. 38
Siebert, R. 154
Siegert, S. 126
Siegrist, J. 38, 291
Sies, H. 218
Sietmann, A. 98
Siewert, J. R. 18
Sigman, D. M. 94
Sigmund, K. 277
Silberhorn, C. 30, 137–138, 479
Silva, M. 50
Simon, H.-U. 277
Simons, C. T. 118
Simons, K. 277
Singer, R. H. 130
Singer, S. 130
Singer, W. 32, 39
Singh, A. 66
Sinn, H.-W. 287
Skou, J. C. 220
Slaby, A. 409

Slack, J. P.   118
Slavuljica, I.   102
Sleight, P.   52
Slezak, H.   219
Sliwa, C.   138
Sloterdijk, P.   339
Smetacek, V.   23
Smirnova, I.   50
Smith, B. J.   138
Smith, G. L.   322
Smith, M. S.   98
Smola, A.   120
Sobotka, P. A.   52
Sobotka, T.   34
Søgaard-Andersen, L.   277
Sohal, V. S.   96
Solbach, W.   36
Solla, S.   120
Somerville, G.   400
Sommer, H. L.   88
Sommer, L.   66
Sonderegger, P.   128
Sonnabend, C.   118
Sonnentag, S.   323
Sönnichsen, C.   76
Sonntag, P.   365, 368
Soong, T. W.   352
Sosa, B. A.   108
Sosman, J.   66
Souchon, R.   88
Spann, W.   220
Sparkes, R. S.   60
Spehr, M.   92
Speiser, D. E.   66
Spek, J.   183
Sperling, K.   28
Spies, C.   323
Spieß, K.   25, 34
Spinath, F.   25
Spirkl, W.   76
Spitzner, R.   155
Squire, J. A.   60
Staab, H. A.   155–156
Stachs, A.   88
Stadler, R.   66
Stammberger, T.   72
Stangl, G. I.   139–140, 230
Starke, K.   218
Staudinger, U. M.   15, 25, 34, 38, 41, 207, 209, 213, 234–235, 237–238, 248–249, 256, 290
Steege, A.   124
Stefani, F. D.   76
Steffen, K.   407
Štefnák, M.   138
Steger, F.   258, 410
Stehfest, K.   96

Stehle, H.   88
Stehle, T.   399–400
Stein, G.   218
Stein, H.   218
Stein, M.   78
Stein, M. A. S.   272
Stein, V.   46
Steinicke, H.   249, 331
Steininger, K.   56
Steinlechner, M.   72
Stekeler-Weithofer, P.   22, 33
Stelzner, F.   220
Stemmermann, P.   290
Stepensky, P.   54
Sterba, G.   219
Stern, E.   25
Stern, M.   230
Steuer, H.   409
Stevanovits, P.   220
Stevens, M. E.   98
Stevens, M. J.   106
Stichweh, R.   408
Stieve, F.-E.   156
Stingl, G.   15, 28, 339, 342
Stock, G.   20, 22, 34, 37, 341
Stöckler, M.   369
Stoddart, J. F.   218
Stoeffel, P.   130
Stoffel, M.   37
Stoll, M.   98
Stollberg-Rilinger, B.   141–142, 479
Stolp, B.   272
Störtkuhl, K. F.   92
Straub, B. K.   130
Strauß, R.   116
Streeck, W.   31
Streissler, E.   342
Striessnig, J.   277, 351, 355
Strong, L. C.   60
Strowitzki, T.   38
Stubert, J.   88
Suerbaum, S.   24, 225, 230, 322, 328
Suhm, M. A.   143–144
Sumper, M.   218
Sun, P.   66
Sunyaev, R.   225
Sunyer, T.   72
Superti-Furga, G.   339
Surani, A.   388
Suttorp, N.   36–37, 276
Svedman, S. E.   233
Swann, G. E. A.   94
Swedberg, K.   52
Synaeve, C.   54
Syrota, A.   234
Szabados, D.   237

Szabo, B.   98
Szameit, A.   274, 422
Szekeres, L.   156, 230
Szellas, T.   96
Szöllösi-Janze, M.   428

Tag, B.   413–415
Tagaki, S.   159
Taillard, W.   158
Takahashi, J.   348–349
Takayasu, H.   220
Takeshima, H.   353
Tambets, K.   80
Tammann, A. G. A.   192–194, 218
Tammann, G. H. J. A.   192
Tammann, H.   193
Tammann, V.   193
Tammann, Y.   193
Tanner, K.   39, 265, 343–344
Tanner, W.   17
Tänzer, M.   80
Tatsuta, T.   110
Taupitz, J.   32, 39
Tautz, D.   277
Tavazzi, L.   52
te Velde, E. R.   35
Teichert, J. F.   272
Telieps, T.   54
Tembrock, G.   438
Teng, S.   112
Tenorth, H.-E.   408, 425
ter Meulen, V.   15, 20–21, 37, 215–216, 238, 248, 260–261
Terberger, T.   80
Teuber, H.-L.   168
Teutsch, G.   40, 290
Thal, W.   230
Thalmann, S.   118
Thamm, J.   230
Tharp, C. D.   118
Thauer, R. K.   23, 40, 240–241, 287, 303
Theerthagiri, G.   108
Theißen, G.   375
Thiede, J.   255, 424
Thiel, C.   218
Thiel, J.   410
Thiel, W.   225
Thiele, A.   140
Thiele, R.   230
Thirring, W. E.   219
Thoenen, H.   156
Thomas, L.   48
Thomas, M. G.   80
Thomas, P.   76
Thrän, D.   241
Tiedemann, R.   93–94

Tiesler, R.   361
Timonen, S.   220
Tisch, J. W. G.   104
Tkatchenko, A.   120
Tlsty, T.   382
Tomioka, R.   120
Töpfer, K.   393
Torri, V.   124
Toyka, K.   277
Trauner, D.   277, 353
Traut, M.   46
Trauzettel, B.   277
Treede, R.-D.   27
Treichel, N.   108
Tremblay, J.   98
Trentham, D. R.   152
Treue, S.   32
Treutter, D.   126
Troe, J.   277
Tröger, K.-A.   192
Trommsdorf, G.   25
Tröster, M.   279
Trümper, J. E.   194, 225
Trumpp, A.   381–383, 386
Tsai, F. T.   110
Tschuor, A.   56
Tsukamoto, S.   132
Tullner, M.   286, 293, 295, 298–301, 442
Tuschl, T.   54
Tyrrell, A.   378–379

U'Ren, A. B.   138
Uhlich, G. R.   134
Uitto, J.   340
Ukena, C.   52
Ulevitch, R.   50
Ulrich, H.   387, 390
Ulrich, R.   277
Unger, F.   186
Unger, K.   220
Ungureanu, I.   118
Unsicker, K.   218
Unterlaender, M.   80
Urban, A. S.   76
Urbanski, M. J.   98
Utikal, J.   385

Vahlen, T.   411
Vallance, B. A.   78
Valverde, M.   353
van de Geer, S. A.   145–146
van de Loo, J.   195–196, 218
van den Elzen, R.   277
van den Wildenberg, W. P. M.   100
van der Ven, H.   38
van Dijl, J. M.   399

van Ess, M.   116
Van Huffel, C.   50
van Niekerk, W.   258
van Steenberghe, D.   217
van Strijp, J.   400
van Veggel, F. C.   76
Van Velzen, J.   74
van Zwieten, P. A.   218
Vandenberghe, J.   277
Varró, V.   220
Vater, A.   451
Vaucouleurs, G. de   193
Vázquez, A.   78
Vedral, V.   104
Velde, E. R. te   35
Vermeulen, W.   390
Vettenranta, K.   54
Vetter, A.   168
Vidal, S. M.   102
Vieira-Coelho, M. A.   98
Villari, G.   270
Villems, R.   80
Vingron, N.   225
Vocelka, K.   238
Vogel, Johannes   24
Vogel, Jörg   399
Vogt, P. K.   196–198, 218
Voigt, H.-H.   220, 230
Volk, H.-D.   405
Völker, U.   400
Vollmar, B.   323
Vollmer, G.   277
vom Bruch, R.   236, 407, 412
von der Schulenburg, J.-M.   344–345
Vöneky, S.   344–345
Vonend, O.   52
Vorholt, J. A.   147–148, 479

Wacker, H. H.   54
Wägele, W.   24
Wagner, A. E.   126
Wagner, C.   187
Wagner, D. D.   271
Wagner, H.   18, 29, 32, 328
Wagner, H.-J.   19, 40, 277
Wagner, I.   152
Wahl, J.   124
Wahl-Schott, C.   353
Waisman, A.   110
Waldmann, H.   277
Walker, M.   365, 368
Wallaschek, M.   230
Walmsley, I. A.   138
Walter, J.   391
Walter, P.   225
Walter, S.   31
Walther, J.   411

Walther, P.   30
Wang, J.   112, 150
Wang, X.   112
Wang, Y.   68, 112
Wang, Z.   72
Wassermann, T. N.   144
Wasz-Höckert, O.   220
Watanabe, C. M.   126
Weber, D.   228, 307–308, 311, 314–315, 429, 433, 443
Weber, J.   66
Wege, N.   140
Wegner, M.   66
Wehling, P.   361, 363
Wehner, R.   19, 39
Wehrspohn, R. B.   266, 277
Weiß, O.   138
Weißbrich, T.   142
Weißkopf, M.   266
Weichenthal, M.   66
Weidemann, V.   156–157
Weidner, D. J.   68
Weikum, G.   277
Weiland, P.   23
Weinberg, R. A.   271
Weiner, J.   92
Weingart, P.   33, 247
Weinges, S.   46
Weiss, A.   46
Weiss, Y.   70
Weisse, W.   140
Weissmann, N.   277
Weiwad, M.   140
Weizsäcker, C. C. von   31, 207–208, 365
Weizsäcker, C. F. von   206–209, 211, 213, 302, 318, 365–370, 450, 479–480
Weizsäcker, E. U. von   291, 306
Weizsäcker, E. von geb. von Korff   207–208, 365
Weizsäcker, H. W. von   207–208, 365
Weizsäcker, V. von   410
Wellbery, D. E.   217
Weller, T.   142
Welte, K. H.   218
Welzl, E.   30
Wenclawiak, B.   132
Wenk, H.-R.   68
Wennemuth, U.   408
Wenzel, K.-P.   230
Werdan, K.   217, 276
Werner, C.   48
Werner, J.   258
Werner, J. A.   323
Werner, M.   54
Werner, S.   277, 323

Personenregister

Wernig, M. 385
Wess, J. 124
Wessel, A. 438
West, R. 61
Westendorff, S. 271
Westermann, B. 110
Westermann, S. 248, 250
Westphal, H. 394
Wetzel, C. H. 92
Weyand, I. 92
Whewell, W. 367
White, R. L. 60
White, S. D. M. 277
Whittaker, S. 66
Wichmann, C. 263
Widmann, B. 108
Widmann-Mauz, A. 342
Wieghardt, K. 62, 218
Wieland, F. T. 110, 277
Wienhard, A. 58
Wiescher, M. 369
Wiesen, D. 134
Wiesendanger, R. 30
Wiesing, U. 323
Wiestler, O. D. 60, 381, 383, 385–386, 480
Wild, T. 108
Wildenhain, S. 54
Wildgruber, D. 277
Wilk, T. 76
Wilkinson, G. 46
Willemze, R. 54
Willers, J. 66
Willmitzer, L. 17, 41
Willner, I. 217
Wilson, K. 23
Wilson, O. 76
Wimmer, E. 225
Windbichler, C. 230, 323
Winegrad, S. 152
Winkler, S. 140
Winter, J. 421
Winterfeldt, E. 198–201, 218, 225
Winterfeldt, Herbert 198
Winterfeldt, Herta 198
Wintermantel, M. 20
Wintterlin, J. 277
Wirth, W. 72
Wisker, E. 126
Wittbrodt, J. 385
Witte, O. 382, 384

Wittig, G. 452
Wittig, S. 15, 238, 258–259
Wittinghofer, A. 17, 277
Wittwer, V. 76
Wobus, U. 178, 180, 183, 218
Woese, C. R. 157
Wohlfarth, G. B. 433
Wohnlich, S. 277
Wolf, B. 29
Wolf, C. 86
Wolf, E. 39
Wolf, K.-J. 18
Wolf, S. 30
Wolff, B. 250–251, 299
Wolff, H.-P. 230
Wolffram, S. 126
Wölfle, P. 277
Wolfrum, R. 29, 42
Wolters, G. 19, 335–337, 366, 424, 480
Womelsdorf, T. 271
Woodbury, J. W. 152
Worm, B. 290
Wormer, H. 33
Wottawah, C. M. 48
Wozniak, R. W. 108
Wrozyna, C. 132
Wugt Larsen, R. 144
Wunderlich, F. T. 110
Wunderlich, M. 76
Wüstholz, G. 17
Wyler, E. 108
Wyman, B. T. 72

Xiang-Grüß, M. 273
Xiong, G. 112
Xiong, Y. 62
Xu, C. 112
Xu, G. 391
Xue, D. 112

Yamanaka, S. 381, 385
Yan, M. 112
Yang, H. 149–150
Yang, X. 150
Yao, S. 62
Yasuo, S. 349
Yin, A. 136
Yizhar, O. 96
Yoshimura, T. 348–349
Youdim, M. B. H. 225
Yu, F. H. 352, 355

Yu, J. 150
Yu, Y. 112
Yuan, M. 112
Yusuf, S. 52

Zabel, P. 36
Zafirova, B. 102
Zamponi, G. 353
Zatloukal, K. 341, 344, 346
Zehe, H. 230
Zehnacker, A. 144
Zeier, M. 405
Zeilinger, A. 30
Zelck, A. 479
Zemp, I. 108
Zeng, D. 112
Zengerle, R. 321, 325
Zenner, D. 82
Zenner, H.-P. 15, 25–26, 29, 42, 217, 236, 246–247, 250, 258
Zernikow, B. 27
Zeyen, T. 124
Zhang, W. 92
Zhang, Y. 391
Zhao, R. 130
Zhu, M. X. 353
Zhu, X. 112
Zhu, X. R. 92
Ziebuhr, W. 400
Ziefle, A. 86, 479
Ziegler, G. 326
Zielhofer, C. 155
Zienau, J. 273
Zimbelmann, R. 130
Zimmer, M. 46
Zingg, D. 66
Zink, E.-W. 176
Zink, T. 177
Zipfel, P. 400
Zischang, J. 144
Zoller, P. 30
Zong, X. 98
Zrenner, E. 225
Zschunke, A. 155
Zsigmond, J. 230
Zugmaier, G. 404
zur Hausen, H. 15
Zvara, V. 157
Zwanziger, D. 48
Zweig, K. 274
Zylicz, M. 322